# Grundzüge der Pflanzenökologie

Frank Thomas

# Grundzüge der Pflanzenökologie

Frank Thomas
Universität Trier FB VI Raum-
und Umweltwissenschaften
Trier, Deutschland

ISBN 978-3-662-54138-8 ISBN 978-3-662-54139-5 (eBook)
https://doi.org/10.1007/978-3-662-54139-5

Die Deutsche Nationalbibliothek verzeichnet diese Publikation in der Deutschen Nationalbibliografie; detaillierte bibliografische Daten sind im Internet über http://dnb.d-nb.de abrufbar.

Springer Spektrum


Planung: Stefanie Wolf

Gedruckt auf säurefreiem und chlorfrei gebleichtem Papier

Springer Spektrum ist ein Imprint der eingetragenen Gesellschaft Springer-Verlag GmbH, DE und ist ein Teil von Springer Nature.
Die Anschrift der Gesellschaft ist: Heidelberger Platz 3, 14197 Berlin, Germany

# Vorwort

Ein grundlegendes Buch zur Pflanzenökologie – wozu braucht man das?

Die moderne **Pflanzenökologie** ist eine biologische Disziplin, die sich – insbesondere im deutschsprachigen Raum – auf der Grundlage der eher beschreibenden und vergleichenden Untersuchungen von Pflanzen und Pflanzengesellschaften entfaltet hat. Durch Entwicklung neuer Methoden in den vergangenen Jahrzehnten konnte sie in zunehmendem Maße Prozesse analysieren und Ursache-Wirkungs-Muster erkennen. Dies geschah und geschieht über unterschiedliche räumliche und zeitliche Skalen: von der Zelle über das pflanzliche Individuum, pflanzliche Lebensgemeinschaften und Ökosysteme bis zur globalen Ebene; von Zeitspannen physiologischer Prozesse bis zu Zeiträumen, die für Evolutionsprozesse von Bedeutung sind. Dazu greifen pflanzenökologische Untersuchungen auch auf Grundlagen der Physik und Chemie zurück und beziehen mathematische und statistische Verfahren ein. Mit diesen Forschungsansätzen und Arbeitsfeldern ist die Pflanzenökologie auch ein Teil der **Umweltwissenschaften** – nicht nur in der Grundlagenforschung, sondern auch in angewandten Bereichen. So weist die Pflanzenökologie nicht nur enge Bezüge zu anderen biologischen Gebieten wie zum Beispiel der Tierökologie sowie zu geowissenschaftlich-geografischen Fächern auf, sondern auch zu anwendungsbezogenen Gebieten von Land- und Forstwirtschaft, Gartenbau, Naturschutz, Landschaftsplanung und Landespflege und anderen umweltorientierten Bereichen. Insbesondere wegen der skalenübergreifenden Bezüge innerhalb pflanzenökologischer Ansätze, wie auch zu den Nachbardisziplinen, ist es gerade im Bereich der ökologischen Wissenschaften erforderlich, **Einzelinformationen zu Wissen zu verknüpfen und in Zusammenhängen zu denken.** Dem trägt dieses Buch Rechnung: Unter kurzer und überblicksartiger Berücksichtigung anatomischer und morphologischer Strukturen und grundlegender Stoffumsetzungsprozesse auf verschiedenen Ebenen – von der Zelle bis zum Ökosystem – betrachtet es Strukturen in Zusammenhang mit Funktionen und Prozessen und arbeitet im Text mit Verweisen auf inhaltlich entsprechende Abschnitte. Diese Zusammenhänge werden anhand zahlreicher Fallbeispiele verdeutlicht. Dabei werden auch zeitgemäße Untersuchungsmethoden beschrieben. Insgesamt wurde ein tragfähiges Verhältnis zwischen einer ausgewogenen, verständlichen Darstellung der pflanzenökologischen Teilgebiete und einer vertiefenden Behandlung von Zusammenhängen angestrebt. Auf diese Weise wendet sich das Buch nicht nur an Studierende in biologisch-umweltwissenschaftlichen Bachelorstudiengängen, in denen notgedrungen viele Bereiche der Biologie und der Umweltwissenschaften eher nebeneinander als mit gegenseitigen Bezügen zueinander behandelt werden, sondern als Einführungs- und Übersichtswerk auch an alle in diesen Bereichen lehrend oder praktisch Tätigen. Auch Studierenden in Masterstudiengängen kann es als Übersichts- und Nachschlagewerk für grundlegende Definitionen und Zusammenhänge dienen.

Die Endfassung dieses Buches entsteht in einer Zeit, in der in den wissenschaftlich führenden Ländern nicht nur auf der politischen, sondern auch auf der gesamtgesellschaftlichen Ebene intensiv über „alternative Fakten" und die darauf beruhenden Fehlinterpretationen ökologischer Zusammenhänge diskutiert wird. Es ist zu wünschen, dass dieses Buch zumindest in seinem Bereich dazu anregt, auf wissenschaftlicher Grundlage geschaffene Erkenntnisse – wenn auch mit dem nötigen kritischen Hinterfragen – als solche wahrzunehmen und vorurteilsfrei zu diskutieren. Dazu ist es aber erforderlich, diese Erkenntnisse aus fundierten und wissenschaftlich seriösen Quellen zu beziehen. Diesem Zweck dienen auch im Zeitalter des Internet wissenschaftliche Lehrbücher und Veröffentlichungen in Fachzeitschriften, auf die in diesem Buch an den Kapitelenden hingewiesen wird, wenn auch auf umfangreiche Literaturlisten bewusst verzichtet wurde.

**Frank Thomas**
Trier, im Juni 2018

# Inhaltsverzeichnis

# Grundlagen pflanzenökologischer Arbeitsmethoden

*Frank Thomas*




F. Thomas, *Grundzüge der Pflanzenökologie*, https://doi.org/10.1007/978-3-662-54139-5_1

## 1.1 Die Entstehung der Pflanzenökologie als Naturwissenschaft

An welchen Orten kommen bestimmte Pflanzen vor und an welchen Orten sind sie nie zu finden? In welchen Pflanzen sind nützliche oder giftige Stoffe enthalten? Wo sind bestimmte Pflanzenformationen verbreitet und welche Flächen sind für den Anbau von Nutzpflanzen geeignet? Derartige Fragen stellten sich Menschen schon vor Jahrtausenden, lange bevor sie begannen, die Verbreitung von Pflanzen und Pflanzengesellschaften und deren Angepasstheit an Umweltbedingungen systematisch zu erfassen.

Bereits um das Jahr 300 v. Chr. herum befasste sich der griechische Philosoph **Theophrastos** aus Eresos (ca. 372–287 v. Chr.), ein Nachfolger des Aristoteles in der Leitung der von diesem gegründeten Philosophenschule, intensiv mit Bau und Gestalt von Pflanzen, insbesondere von Bäumen, und mit den Umweltbedingungen, unter denen sie gedeihen. Anstoß dazu war u. a. der damalige Holzmangel in der Region von Athen, der den Schiffsbau beeinträchtigte – ein früher Fall von Ressourcenmangel durch Übernutzung und damit ein ökologisches Problem, das die Menschen bis heute beschäftigt. Und bereits der römische Schriftsteller **Tertullian** (Quintus Septimius Florens Tertullianus; etwa 160–220 n. Chr.) stellte in seinen Schriften fest: „Wir sind eine Belastung für die Erde, die Ressourcen reichen nicht aus.“ Damals lebten weltweit schätzungsweise ungefähr 250 Mio. Menschen; im Jahr 2015 dagegen betrug ihre Anzahl 7320 Mio.!

Der erste Nachweis einer systematischen Erfassung der damals bekannten Natur geht auf den griechischen Historiker und Geographen **Strabon** (lateinisch: Strabo; etwa 63 v. Chr. bis 23 n. Chr.) zurück. In seinem 17 Bände umfassenden Hauptwerk *Geographika* fasste er das gesamte Wissen der damaligen Mittelmeerwelt sowie der bekannten Teile Europas, Afrikas und Asiens zusammen. Dabei unterteilte er die Erde in kalte, gemäßigte und tropische Zonen und schuf so eine erste Grundlage für die Gliederung von Regionen nach klimatischen Verhältnissen.

In der Neuzeit war es der schwedische Arzt und Naturforscher **Carolus Linnaeus** (Carl von Linné; 1707–1778), der in seinem Werk *Species plantarum* (1753) die binäre Nomenklatur, also die Benennung von Organismenarten mit einem vorangestellten Gattungsnamen (mit großem Anfangsbuchstaben) und einem nachgestellten Artnamen (mit kleinem Anfangsbuchstaben), einführte und die Welt der Lebewesen nach systematischen Kategorien einteilte. Auf diese Weise legte er den Grundstein für das bis heute gültige Prinzip der systematischen Erfassung von Lebewesen und erleichterte damit die Aufnahme des Artbestands geographischer Regionen beträchtlich. Davon profitierte auch der deutsche Naturforscher **Alexander von Humboldt** (1769–1859) auf seinen Reisen, insbesondere nach Lateinamerika, die eine Grundlage für seine Beschreibung der Vielfalt (Diversität) tropischer Lebensgemeinschaften lieferten (◘ Abb. 1.1). Dabei entdeckte er auch die Regelmäßigkeit in der Ausformung von Pflanzengemeinschaften bei gegebenen Umweltbedingungen und kam zu der Erkenntnis, dass ähnliche Umweltbedingungen zur Ausprägung ähnlicher Pflanzenbestände führen. Außerdem fand er die Entsprechung von geographische Breite und Höhenlage für die Ausbildung von Pflanzenformationen: Steigt man im Bereich des Äquators von Meeresspiegelhöhe bis in die oberen Gebirgsregionen, findet man eine ähnliche Abfolge von Vegetationstypen wie bei einer Reise vom Äquator in Richtung Nordpol. Der deutsche Botaniker **Andreas Franz Wilhelm Schimper** (1856–1901), einer der vier Begründer des Standardwerks *Lehrbuch der Botanik für Hochschulen*, führte in seinem Werk *Pflanzengeographie auf physiologischer Grundlage* (1898) physiologische Überlegungen in die Theorien zur Verbreitung der Pflanzen ein, die auch auf seinen Forschungen zur tropischen Pflanzenwelt beruhen. Damit gilt er als Mitbegründer der ökologischen Pflanzengeographie. Außerdem begründete er die bis heute im Wesentlichen gültige **Endosymbiontentheorie**, nach der die Plastiden und Mitochondrien der eukaryotischen Zellen aus der Aufnahme prokaryotischer Zellen hervorgegangen sind (► Abschn. 2.1).

An die Problematik der Ressourcenübernutzung knüpfte in der Neuzeit der britische Ökonom **Thomas Robert Malthus** (1766–1834) an, der 1798 in seinem *Essay on the Principle of Population* den Zuwachs der menschlichen Population hochrechnete

**Abb. 1.1** *Alexander von Humboldt und Aimé Bonpland am Fuß des Vulkans Chimborazo.* Gemälde von Friedrich Georg Weitsch (1810). Geführt von Einheimischen, versuchten Humboldt und sein französischer Begleiter im Jahr 1802, den im heutigen Ecuador liegenden Berg zu besteigen, den man damals für den höchsten Berg der Welt hielt. Ohne spezielle Ausrüstung mussten sie die Besteigung wegen ungünstiger Witterung knapp 400 m unterhalb des Gipfels abbrechen

und die Bedeutung von Ressourcen und Katastrophen für das Populationswachstum beschrieb. Den Wert seiner Überlegungen für die Entwicklung der Populationen von Tieren und Pflanzen erkannten auch die britischen Naturforscher **Charles Robert Darwin** (1809–1882) und **Alfred Russel Wallace** (1823–1913), die mit der Begründung der **Evolutionstheorie** das Verständnis der Menschen für die Entstehung der Lebewesen auf der Erde und ihrer Veränderungen im Lauf der Zeit grundlegend veränderten.

Der Begriff Ökologie schließlich wurde von dem deutschen Mediziner, Zoologen und Naturphilosophen **Ernst Haeckel** (1834–1919) geprägt. Der Anhänger von Darwins Evolutionstheorie definierte im Jahr 1866 die Ökologie als „die gesammte Wissenschaft von den Beziehungen des Organismus zur umgebenden Aussenwelt“ und grenzte sie so von der Physiologie ab, die sich mit den inneren Beziehungen der Organismen befasst, und von der Morphologie, die sich mit deren Struktur beschäftigt. Diese Definition befindet sich schon nahe an der heutigen Auffassung der Ökologie, der zufolge sie die Wissenschaft von der Verbreitung und der Häufigkeit (Abundanz) von Lebewesen und den Wechselwirkungen (Interaktionen) ist, die die Lebensbedingungen, die Verbreitung und die Abundanz der Lebewesen bestimmen. Haeckel führte auch Studien zu Verwandtschaftsverhältnissen zwischen Lebewesen und zur Theorie der Evolution durch und führte die biogenetische Grundregel ein, die besagt, dass ein Individuum in seiner Entwicklung in verkürzter Abfolge wesentliche Züge der Entwicklung seines evolutionären Stammbaums nachvollzieht – Überlegungen, die teilweise heute noch gültig sind.

Den Begriff Ökosystem definierte der englische Pflanzenökologe und Geobotaniker **Sir Arthur George Tansley** (1871–1955) in einem 1935 erschienenen wissenschaftlichen Aufsatz. Für Tansley sind Ökosysteme die Grundeinheiten der Natur auf der Erde; in ihnen stehen Organismen zusammen mit anorganischen Faktoren in ständiger gegenseitiger Wechselbeziehung. Nach Tansley sind diese Systeme prinzipiell mit physikalischen und chemischen Methoden quantitativ analysierbar. Damit vertritt Tansley eine bewusste Gegenposition zu der Anschauung, dass natürliche Systeme einen Überorganismus darstellen, der nur als Ganzes und nicht aus dem Zusammenwirken seiner Teile verstanden werden kann. Auf Tansleys Überlegungen beruhen die bis in die Gegenwart verfolgten Ansätze zur Erfassung von Energie- und Stoffflüssen in der **Ökosystemforschung**.

In der noch jungen Wissenschaft der Ökologie entwickelten sich rasch Konzepte und Forschungsrichtungen, die sich mit dem Vorkommen von Arten und der Veränderung von Lebensgemeinschaften befassten. Der Brite **Charles Elton** (1900–1991), von seiner Arbeitsausrichtung her Tierökologe, führte 1927 den Begriff ökologische Nische ein, der die Funktion einer Art einschließlich ihrer für Überleben, Wachstum und Fortpflanzung erforderlichen Eigenschaften umfasst. Dieses Konzept wurde später von dem Limnologen **George Evelyn Hutchinson** (1903–1991), einem gebürtigen Engländer, im Jahr 1957 in seiner heute gültigen Form weiter ausgearbeitet. Es wird auch in der Pflanzenökologie angewendet. Der US-amerikanische Botaniker **Frederic Edward Clements** (1874–1945) untersuchte die zeitlichen Abfolgen an einem gegebenen Ort – die **Sukzessionen** – von Pflanzengesellschaften. Er fand, dass diese bei ungestörter Entwicklung einem Endzustand, der **Klimax** oder **Klimaxgesellschaft**, zustreben, der durch das jeweilige Klima bedingt ist. Die Sukzessionsforschung findet bis heute breite Anwendung in der (Pflanzen-)Ökologie und auch das Klimaxkonzept wird, wenn auch in modifizierter und relativierter Form, weiterhin verwendet.

In Mitteleuropa entstand im in der ersten Hälfte des 20. Jahrhunderts die **Pflanzensoziologie**, die Lehre von der regelmäßig vorkommenden Vergesellschaftung von Pflanzenarten an Standorten, die von jeweils gleichartigen Umweltfaktoren geprägt sind. Sie wurde von dem Schweizer Botaniker **Josias Braun-Blanquet** (1884–1980) mitbegründet. Als Methode dafür entwickelte er die Vegetationsaufnahme, die im Prinzip auch heute noch verwendet wird. Der deutsche Botaniker **Reinhold Tüxen** (1899–1980), auch er ein Mitbegründer der Pflanzensoziologie, führte v. a. in Norddeutschland umfangreiche Vegetationskartierungen durch. Waren diese Ansätze noch vorwiegend beschreibend ausgerichtet, untersuchten Pflanzenökologen aus der Generation nach Braun-Blanquet verstärkt nach den ökologischen Wechselbeziehungen zwischen Pflanzen und deren jeweiligem Standort. Zu diesen Ökologen gehörte der deutsch-russische Botaniker **Heinrich Karl Walter** (1898–1989), der das Gesetz – besser die Regel – der relativen Standortkonstanz formulierte: Demnach wechseln bei Klimaänderung innerhalb eines Areals Pflanzen ihren Standort, sodass Auswirkungen der Klimaänderung mehr oder weniger aufgehoben werden (▶ Abschn. 7.2.2). Der deutsche Botaniker **Heinz Ellenberg** (1913–1997) kombinierte die bis zur Mitte des 20. Jahrhunderts betriebene, eher beschreibende Vegetationskunde mit Untersuchungen zu ökologischen Funktionszusammenhängen. Er entwickelte ein **Zeigerwertesystem** für Pflanzen, indem er jeder mitteleuropäischen Pflanzenart (einschließlich Moosarten) einen Zahlenwert für ihr jeweiliges typisches Vorkommen entlang der Gradienten von Licht-, Temperatur- und Bodenbedingungen zuwies. Außerdem begründete er **Ökosystemstudien** in Europa.

Dieser kurze Überblick (◼ Tab. 1.1) ist bei Weitem nicht vollständig. Er zeigt aber, dass die Ansätze und Erkenntnisse der noch relativ jungen Wissenschaft der Ökologie auf Fragen und Überlegungen beruhen, die Menschen schon seit langer Zeit beschäftigen, und auf Untersuchungsansätzen, deren Ursprünge mehrere Jahrhunderte zurückreichen. Heute ist die Ökologie – und damit auch die Pflanzenökologie – eine eigenständige Naturwissenschaft mit eigens dafür eingerichteten Professuren an Universitäten, wissenschaftlichen Fachzeitschriften und nationalen wie internationalen wissenschaftlichen Vereinigungen und regelmäßig stattfindenden Fachtagungen. Sie unterliegt klassischen wissenschaftlichen Prinzipien wie Überprüfbarkeit der in ihrem Rahmen formulierten Hypothesen, systematischem und nachvollziehbarem Vorgehen bei Untersuchungen und planvoller Auswertung der Ergebnisse mithilfe etablierter statistischer Verfahren. Dabei benutzt sie ein vielfältiges methodisches Spektrum einschließlich modernster analytischer Techniken und stützt sich auf Erkenntnisse und Verfahren der **Physik** und **Chemie. Grundkenntnisse in diesen beiden Naturwissenschaften sind also für eine tiefer gehende Beschäftigung mit der Ökologie unerlässlich.**

Die Ökologie als Wissenschaft ist also nicht das, was man umgangssprachlich mit Öko- oder ökologisch im Zusammenhang mit Umweltverträglichkeit, Naturschutz und naturnaher Lebensweise bezeichnet. Sie liefert aber die wissenschaftlichen Grundlagen dafür. Auf diese Weise hat die (Pflanzen-)Ökologie enge Beziehungen nicht nur zur Biologie und zu geowissenschaftlich-geographischen Fächern, sondern auch zu grundlagen- und anwendungsorientierten Bereichen von Agrar- und Forstwissenschaften bis hin zu Natur- und Umweltschutz, Landespflege, Planungswesen und verwandten Arbeitsgebieten. Die Wissenschaft der Ökologie hat also einen ausgeprägten Anwendungsbezug, wie schon der oben erwähnte Ökologe Charles Elton betonte.

## 1.2 Ökologische Grundprinzipien

In der Biologie gibt es eine Reihe von Grundprinzipien, die sich von der Ebene unterhalb einer Zelle bis zur Ökosystemebene erstrecken und auch in der (Pflanzen-)Ökologie gelten. Diese sind:

- **System und Organisation.** So wie das System einer Zelle als Funktionseinheit in Form unterschiedlicher Kompartimente und Organellen organisiert ist, verfügen auch Lebewesen und ganze Ökosysteme über eine Organisationsstruktur in Form von Komparti-

**Tab. 1.1** Zeitliche Abfolge von Werken und Ereignissen, die man heute dem Bereich der (Pflanzen-)Ökologie zuordnen kann

| Jahr | Akteur | Werk oder Ereignis |
|---|---|---|
| Zwischen 345 und 287 v. Chr. | Theophrastos von Eresos | Schriftenreihe *Naturgeschichte der Pflanzen* |
| Zwischen 24 v. Chr. und 23 n. Chr. | Strabon | Schriftenreihe *Geographika* |
| 1753 | Carl von Linné | Werk *Species plantarum* |
| 1798 | Thomas Robert Malthus | Schrift *Essay on the Principle of Population* |
| 1807 | Alexander von Humboldt | Schrift *Ansichten der Natur* |
| 1859 | Charles Robert Darwin | Werk *Über die Entstehung der Arten (On the origin of species)*: Formulierung der Evolutionstheorie |
| 1876 | Alfred Russel Wallace | Werk *The Geographical Distribution of Animals* |
| 1866 | Ernst Haeckel | Werk *Generelle Morphologie der Organismen*: Definition des Begriffs Ökologie |
| 1916 | Frederic Edward Clements | Werk *Plant succession*: Entwicklung der Sukzessionstheorie |
| 1935 | Arthur George Tansley | Werk *The use and abuse of vegetational concepts and terms*: Definition des Begriffs Ökosystem |
| 1927 | Charles Elton | Werk *Animal Ecology*: Formulierung des Konzepts der ökologischen Nische |
| 1928 | Josias Braun-Blanquet | Werk *Pflanzensoziologie*: Mitbegründung der Vegetationskunde und der Methode der Vegetationskartierung |
| 1949 | Aldo Leopold | Werk *A Sand County Almanac*: Formulierung von Prinzipien des biologischen Natur- und Umweltschutzes |
| 1957 | George Evelyn Hutchinson | Artikel *Concluding remarks*, Cold Spring Harbor Symposia on Quantitative Biology: Weiterentwicklung des Konzepts der ökologischen Nische |
| 1960–1967 | Heinrich Karl Walter | Klimadiagramm-Weltatlas (zusammen mit Helmut Lieth) |
| 1964 | Internationale Biologenkonferenz in Paris | Start des Internationalen Biologischen Programms (IBP) zur quantitativen Untersuchung von Ökosystemen |
| 1971 ff. | Reinhold Tüxen | Schriftenreihe *Bibliographia Phytosociologica Syntaxonomica*: umfassende Dokumentation pflanzensoziologischer Literatur |
| 1972 | Konferenz der Vereinten Nationen über die Umwelt des Menschen (UNCHE), Stockholm | Start des Umweltprogramms der Vereinten Nationen (*United Nations Environment Programme*, UNEP) |
| 1973 | Mehrere Staaten, Unterzeichnung in Washington, D.C. | Übereinkommen über den internationalen Handel mit gefährdeten Arten freilebender Tiere und Pflanzen (*Convention on International Trade in Endangered Species of Wild Fauna and Flora*, CITES) |
| 1974 | Heinz Ellenberg | Monographie *Zeigerwerte von Pflanzen in Mitteleuropa* (in der Schriftenreihe *Scripta Geobotanica*) |

**Tab. 1.1** (*Fortsetzung*)

| Jahr | Akteur | Werk oder Ereignis |
|---|---|---|
| 1977 | UN-Konferenz zur Desertifikation (United Nations Conference on Desertification, UNCOD), Nairobi | Übereinkommen der Vereinten Nationen zur Bekämpfung der Desertifikation (*United Nations Convention to Combat Desertification*, UNCCD) |
| 1984 | Bundesministerium für Ernährung, Landwirtschaft und Forsten | Erster Waldschadensbericht (heute: Waldzustandsbericht) für das gesamte Bundesgebiet |
| 1988 | Umweltprogramm der Vereinten Nationen (UNEP) und Weltorganisation für Meteorologie (WMO) | Einrichtung des Intergovernmental Panel on Climate Change (IPCC) |
| 1992 | Konferenz der Vereinten Nationen zu Umwelt und Entwicklung (United Nations Conference on Environment and Development, UNCED), Rio de Janeiro (Rio-Konferenz) | Beschluss der Agenda 21, Rio-Erklärung über Umwelt und Entwicklung, Klimarahmenkonvention, Biodiversitätskonvention |
| 1997 | Weltklimagipfel mit Vertretern von 157 Vertragsstaaten, Kyoto | Rahmenübereinkommen der Vereinten Nationen über Klimaänderungen (Kyoto-Protokoll) |
| 2015 | 21. UN-Klimakonferenz und 11. Treffen zum Kyoto-Protokoll, Paris | Paris-Konferenz zum Weltklima, Klimaabkommen zur Begrenzung der globalen Erwärmung auf deutlich unter 2 °C |

menten, die zusammen Funktionseinheiten bilden. Auf Ökosystemebene sind dies z. B. die verschiedenen Schichten der Vegetation und des Bodens oder die Massen an lebendem und totem organischen Material.

- **Struktur und Funktion.** Sowohl auf Zellebene als auch auf der Ebene von Organen und Ökosystemen hängen Struktur und Funktion von Kompartimenten miteinander zusammen. Die Struktur der Zellwand bedingt ihre elastischen Eigenschaften, die Struktur des wasserleitenden Gewebes eines Baums bestimmt die Geschwindigkeit des Wassertransports und die Dichte des Blätterdachs in der Kronenschicht eines Walds ist gekoppelt mit der Lichtausnutzung durch dieses Ökosystem und bestimmt den Lichtgenuss im Bereich der Bodenvegetation.
- **Stoff- und Energieumwandlung** sind unmittelbar mit lebenden Systemen verbunden und spielen sich auf allen Organisationsebenen ab, von den Stoffwechselprozessen in einer Zelle bis zur Produktion von Biomasse in einem Ökosystem mithilfe des absorbierten Sonnenlichts.
- **Angepasstheit und Variabilität.** Die Fähigkeit von Organismen, an Umweltveränderungen angepasst zu sein, gehört zu den Grundvoraussetzungen sowohl des Überlebens von Individuen als auch der Evolution von Arten. Angepasstheit als Ergebnis eines Anpassungsprozesses setzt aber Variabilität voraus – bei Individuen z. B. in Form einer ausreichenden Variationsbreite in der Reaktion auf Umweltfaktoren, bei Populationen (der Fortpflanzungsgemeinschaft von Individuen derselben Art) in Form einer ausreichenden Heterogenität des in ihr enthaltenen Erbmaterials.
- **(Selbst-)Regulation.** Auf zellulärer Ebene sorgen durch Enzyme katalysierte Rückkopplungen dafür, dass Stoffwechselprozesse innerhalb eines bestimmten, für ihr Funktionieren erforderlichen Bereichs ablaufen. Organismen und auch Ökosysteme sind innerhalb bestimmter Grenzen zur Wiederherstellung ihrer Funktionen nach Verletzungen oder Störungen fähig. Auf Ökosystemebene geschieht dies z. B. durch die Selbstreinigungsfähigkeit von Fließgewässern nach einer nicht zu starken Verschmutzung.
- **Reproduktion und Entwicklung.** Reproduktion auf der Ebene einzelner Zellen wie auch ganzer Individuen sowie Entwicklungsprozesse

bis zum Reifestadium sind Grundeigenschaften des Lebens. Ökosysteme wie z. B. Wälder durchlaufen ebenfalls einen Entwicklungsprozess von einer Anfangs(Initial)- über eine Optimal- bis zur Schluss- oder sogar Degenerationsphase.

- **Information und Kommunikation.** Die meisten Zelltypen enthalten während ihrer physiologisch aktiven Phase genetische Information, die an Tochterzellen weitergegeben wird. Externe und interne Reize sind Signale für Veränderungen von Stoffwechselprozessen. Blüten locken durch optische oder Geruchssignale mehr oder weniger spezifische Bestäuber an, von Fressfeinden attackierte Pflanzen senden Signale in Form flüchtiger Substanzen, durch die in artgleichen Pflanzen Abwehrreaktionen induziert werden, und unter dem Blätterdach oder der Laubstreu sorgt der Rotlichtanteil des dort einfallenden Lichtspektrums für die Beibehaltung oder Beendigung der Keimruhe von Samen. Dies sind nur wenige Beispiele für die zahlreichen Vorgänge, die auf Information und Kommunikation beruhen.
- **Wechselwirkungen zwischen Lebewesen** finden sich auf der Ebene einzelner Individuen, wie z. B. bei der Konkurrenz um Ressourcen oder bei mutualistischer Symbiose (Zusammenleben artverschiedener Lebewesen zum gegenseitigen Vorteil). Auf der Ebene von Populationen und Lebensgemeinschaften bestehen Wechselwirkungen beispielsweise bei der Ausbreitung invasiver Arten. Auf der Ebene ganzer Ökosysteme existieren Wechselwirkungen z. B. durch die Fixierung von Luftstickstoff durch Bakterien, die mit bestimmten Pflanzenarten in mutualistischer Symbiose leben und durch die Anreicherung von Mineralstickstoff in diesem Ökosystem anderen Pflanzenarten eine bessere Lebensgrundlage verschaffen.

Alle diese Grundprinzipien werden sich in einem oder mehreren der nachfolgenden Kapitel wiederfinden, wenn pflanzenökologisch wichtige Strukturen, Funktionen und Prozesse von der Ebene pflanzlicher Organe bis zur Ökosystemebene behandelt werden.

## 1.3 Wie betreibt man Pflanzenökologie?

Aus ▶ Abschn. 1.2 wird bereits deutlich, dass ökologische Untersuchungen auf unterschiedlichen Ebenen der strukturellen Organisation (von der Zellebene bis zu Ökosystemen), des Raums (z. B. von einzelnen Pflanzenorganen bis zur globalen Ebene) und der Zeit (von Minuten bis hin zu geologisch relevanten Zeiträumen) durchgeführt werden. Dabei werden unterschiedliche Forschungsansätze genutzt.

### 1.3.1 Die Ebenen pflanzenökologischer Forschung

In der Pflanzenökologie stellen Untersuchungen auf der Ebene von Zellen eher die Ausnahme dar, doch auf der Ebene von **Organen** wie Blättern oder Wurzeln wurden und werden Arbeiten z. B. zum Austausch von Kohlenstoffdioxid ($CO_2$) und Wasserdampf zwischen Blatt und Umgebungsluft oder zur Aufnahme von Mineralstoffen durchgeführt. Auf der Ebene von pflanzlichen **Individuen** stehen Untersuchungen zur gegenseitigen Beeinflussung von Pflanzen und ihrer unbelebten (abiotischen) und belebten (biotischen) Umwelt im Mittelpunkt des Interesses. Auf der Ebene von **Pflanzenpopulationen** (Fortpflanzungsgemeinschaften von Pflanzenindividuen derselben Art) interessieren neben der reinen Anzahl (der Abundanz) an Individuen die Alters- und Geschlechtsstruktur der Population und ihre Veränderungen mit der Zeit sowie Wechselwirkungen (Interaktionen) zwischen den Pflanzen wie z. B. innerartliche (intraspezifische) Konkurrenz. Auf der Ebene von **Lebensgemeinschaften** (mehrere Populationen unterschiedlicher Arten) werden z. B. die Häufigkeit oder Seltenheit sowie das Vorkommen (die Präsenz) oder das Fehlen (die Absenz) von Arten registriert, oft auch zusammen mit den Umweltfaktoren, die dafür verantwortlich sein können. Weitere Forschungsschwerpunkte liegen auf den Wechselwirkungen zwischen Arten wie zwischenartliche (interspezifische) Konkurrenz oder Begünstigung („facilitation") einer Pflanzenart durch eine andere. Auf der Ebene von **Ökosystemen** schließlich, also der Gesamtheit von Lebensgemeinschaften und ihrer abiotischen Umwelt, werden die Flüsse von Energie und von Stoffen wie Wasser, $CO_2$ oder Stickstoff sowie ihre Veränderungen im Lauf der Zeit und ihre Wechselwirkungen mit den Ökosystemstrukturen wie z. B. der Schichtung der Vegetation untersucht. Diese Vielfalt an Ebenen pflanzenökologischer Forschung macht bereits deutlich, dass in etlichen Bereichen Überschneidungen pflanzenökologischer Forschungsfragen mit Fragen anderer Forschungsgebiete der Ökologie bestehen und sich klare Trennlinien zwischen diesen nicht immer ziehen lassen.

In den **räumliche Ebenen** der Pflanzenökologie gibt es grundsätzlich keine Einschränkung: Sie erstrecken sich bis zur globalen Ebene, z. B. bei der Erforschung von Auswirkungen des Anstiegs der $CO_2$-Konzentration in der Atmosphäre auf die Erzeugung von Pflanzenmasse durch die Vegetation.

Die **zeitlichen Ebenen** pflanzenökologischer Forschung reichen von Minuten oder Stunden (beispielsweise bei der Reaktion des Blattstoffwechsels auf eine Veränderung der Temperatur oder der äußeren $CO_2$-Konzentration) über Tage und Wochen (z. B. bei der Erfassung des Wachstums in Abhängigkeit von äußeren Faktoren) bis hin zu erdgeschichtlichen Zeiträumen (z. B. bei der Rekonstruktion der Vegetation in verschiedenen Erdzeitaltern). Allgemein gilt, dass Langzeitstudien, d. h. Studien über viele Jahre bis Jahrzehnte, für die Pflanzenökologie von großem Wert sind, nicht nur, da sie wegen des dazu nötigen Aufwands relativ selten sind, sondern auch, weil sie besonders aussagekräftig sind, wenn es um Reaktionen von Pflanzengemeinschaften und Ökosystemen auf Umwelteinflüsse geht.

### 1.3.2 Forschungsmethoden in der Pflanzenökologie

Die wohl älteste Methode zum Studium von Pflanzen und Pflanzengesellschaften ist die **Beobachtung im Freiland**. Sie ist zwar i. d. R. rein beschreibend (deskriptiv) und erlaubt somit ohne weitere Vorkenntnisse und Begleituntersuchungen keine Schlüsse auf die Wirkung von Umweltfaktoren, liefert aber unverzichtbare Grundlagen dafür. So werden z. B. das Muster des Vorkommens von Pflanzenarten oder zeitliche Veränderungen von Pflanzengesellschaften heute noch mithilfe der von Braun-Blanquet entwickelten Methode der Vegetationsaufnahme oder davon abgewandelten Verfahren erfasst. Zur großräumigen Vegetationserfassung werden bereits seit etlichen Jahren von Flugzeugen aufgenommene Luftbilder sowie Satellitenbilder herangezogen. Zur Erfassung der Vegetation auf Bestandsebene nutzt man neuerdings auch ferngesteuerte, mit Kameras ausgestattete Drohnen (■ Abb. 1.2).

■ **Abb. 1.2** Mit einer Digitalkamera ausgestattete Drohne zur Erfassung des Vegetationszustands. Zusätzliche Informationen lassen sich gewinnen, wenn in Ergänzung zu den Fotografien durch Anbringen einer zweiten Kamera auch Infrarotaufnahmen angefertigt werden können

**Freilandexperimente** spielen eine große Rolle in der ökologischen Forschung. Dabei werden Umweltbedingungen manipuliert, z. B. durch die gezielte Verabreichung von Mineralstoffen in Düngungsexperimenten oder durch gezieltes Hinzufügen oder Entfernen von Pflanzenarten, um die Auswirkungen der pflanzlichen Artenvielfalt auf die Biomasseproduktion der Lebensgemeinschaft oder auf den Umsatz von Mineralstoffen zu ermitteln. Derartige Versuche sind natürlich mit kurzlebigen Pflanzen aus Graslandökosystemen einfacher und schneller durchführbar als vergleichbare Versuche in Wäldern. Ein Beispiel ist das 2002 begründete Jena-Experiment in Jena (Thüringen), das gemeinsam durch das dortige Max-Planck-Institut für Biogeochemie und die Universität Jena in Kooperation mit zahlreichen anderen Arbeitsgruppen durchgeführt wird. In ihm wird die Bedeutung des

■ **Abb. 1.3** Ein Teil des Jena-Experiments. Zu erkennen sind rechteckig angelegte Untersuchungsflächen mit unterschiedlicher Anzahl und Kombination von Pflanzenarten.
(© A. Ebeling, Jena 2012)

■ **Abb. 1.4** Ökosystemuntersuchungen in einem Mischwaldbestand im Pfälzerwald (Rheinland-Pfalz). Im Bestand verteilt sind Laubstreufänger mit quadratischer Auffangfläche und zylinderförmige Regensammler

Reichtums typischer Pflanzenarten des mitteleuropäischen Graslands auf die Produktion von Biomasse, auf Stoffflüsse und auf Wechselwirkungen zwischen Organismen untersucht (■ Abb. 1.3).

**Ökosystemstudien** gehören zu den ergiebigsten Forschungsansätzen in der (Pflanzen-)Ökologie, da in ihnen i. d. R. zahlreiche Prozesse auf unterschiedlichen räumlichen Ebenen – von Reaktionen einzelner Pflanzen bis zu Stoffkreisläufen im System – über eine längere Zeit parallel untersucht werden und dadurch Kombinations- und Wechselwirkungseffekte deutlich werden können. Sie sind auch mit experimentellen Manipulationen wie z. B. der gezielten Zufuhr von Mineralstoffen durch Düngung oder von $CO_2$ durch Begasung kombinierbar. Allerdings erfordern sie eine Laufzeit von mindestens einigen Jahren und sind daher arbeitsaufwendig und teuer. Das erste Projekt zur Ökosystemforschung in Deutschland, das unter Beteiligung verschiedener naturwissenschaftlicher Fächer im Rahmen des Internationalen Biologischen Programms (■ Tab. 1.1) durchgeführt wurde, war das 1966 auf Hauptinitiative von Heinz Ellenberg begründete Solling-Projekt im südniedersächsischen Bergland. Inzwischen werden an mehreren Untersuchungsstandorten in Wäldern langjährige Messungen zu Ein- und Austrägen von Stoffen und zum Stoffumsatz im Waldbestand durchgeführt (■ Abb. 1.4).

Ausschnitte aus Ökosystemen können auch im Labor untersucht werden, wenngleich unter deutlich naturferneren Bedingungen. Dies kann beispielsweise durch Studien an sogenannten **Mesokosmen** geschehen. Das sind z. B. im Freiland ausgestochene Bodensäulen mit naturnaher Lagerung der Bodenschichten, die ins Labor transportiert und dort kontrollierten Bedingungen ausgesetzt werden. Auf diese Weise lässt sich beispielsweise die Bedeutung von Umweltfaktoren oder gezielt hinzugefügter Organismen wie Regenwürmer auf den Abbau pflanzlicher Streu testen.

In **Laborexperimenten** einschließlich Experimenten in Gewächshäusern oder vergleichbaren Versuchsanlagen lassen sich auch die Reaktionen einzelner Pflanzen oder ihrer Organe auf kontrolliert variierte Umweltfaktoren (z. B. auf den Einfluss von Schadgasen) untersuchen (■ Abb. 1.5). Dort kann man Umweltfaktoren besonders fein einstellen und variieren. Allerdings weichen die Versuchsbedingungen in ihrer Gesamtheit oft mehr oder weniger stark von Freilandbedingungen ab, sodass i. d. R. keine unmittelbare Übertragung der Ergebnisse auf die Freilandsituation möglich ist – insbesondere dann, wenn z. B. bei Bäumen im Labor aus Platzgründen mit Jungpflanzen gearbeitet werden muss, aber auch die Reaktionen älterer Bäume von Interesse sind. Labor- und Gewächshausversuche liefern aber durchaus wertvolle Erkenntnisse über grundlegende Reaktionsmechanismen von Pflanzen, die im Freiland in dieser Form kaum zu erreichen sind.

**Mathematische und statistische Modelle** wurden schon in der Frühzeit der modernen Ökologie zum Testen von Hypothesen genutzt, haben aber in

**Abb. 1.5** Begasungskammer zur Untersuchung pflanzlicher Reaktionen auf Schadgase. Durch Anzucht in Nährlösung und Regelung von Temperatur und Luftfeuchte bei tagsüber konstanter Beleuchtung lassen sich Umweltfaktoren viel genauer einstellen und variieren, als es bei Freilanduntersuchungen möglich ist. Dies erlaubt das gezielte Testen spezifischer Arbeitshypothesen zu den physiologischen Reaktionen von Pflanzen, die gegebenenfalls anschließend unter naturnäheren Bedingungen zu überprüfen sind

den vergangenen drei Jahrzehnten wegen der exponentiellen Zunahme der Rechnerkapazitäten und der stark gesunkenen Kosten für die Beschaffung relativ leistungsstarker Rechner noch erheblich an Bedeutung gewonnen. Modelle werden z. B. zur Berechnung genetischer Ähnlichkeiten von Individuen oder Populationen, der Änderung von Populationsgrößen, der Einflussstärken von Umweltfaktoren auf die Verbreitung von Pflanzenarten und der Entwicklung der Vegetation unter den für die Zukunft erwarteten Klimaveränderungen herangezogen. Zur Auswertung von Daten und zur Präsentation von Forschungsergebnissen ist heutzutage der Einsatz entsprechender elektronischer Programme für Tabellenkalkulation, Statistik und grafische Darstellung selbstverständlich. Falls man sich selbst aktiv mit ökologischen Fragestellungen befasst, sind zumindest Grundkenntnisse in derartigen Programmen unerlässlich.

### 1.3.3 Die Formulierung von Hypothesen als Ausgangspunkt (pflanzen-)ökologischer Untersuchungen

Wie in den anderen naturwissenschaftlichen Disziplinen, so steht auch in der (Pflanzen-)Ökologie eine **Hypothese** am Beginn einer Untersuchung. Diese Hypothese beruht sehr oft auf einem oder mehreren beobachteten Phänomenen, beispielsweise aus der Beobachtung, dass Pflanzenart A auf schwach sauren bis schwach basischen Böden sehr gut gedeiht, auf stärker sauren Böden aber nur schlecht bis gar nicht wächst. Aus diesen Beobachtungen lässt sich nun die folgende Hypothese formulieren: Die Produktion oberirdischer Biomasse durch Pflanzenart A nimmt mit zunehmendem pH-Wert des Wurzelsubstrats zu. Begründet wird diese Hypothese durch das zuvor im Freiland beobachtete Vorkommen dieser Pflanzenart. Damit werden wesentliche Kriterien einer naturwissenschaftlichen Hypothese deutlich: Sie muss **durch Fakten begründet** sein und sie muss eine **Aussage** (und nicht etwa eine Frage) über **Zusammenhänge** oder **Unterschiede** zwischen **Phänomenen** darstellen, die **überprüfbar** und damit **prinzipiell widerlegbar** ist. Allgemein formulierte Aussagen wie „Es besteht ein Unterschied zwischen A und B“ sind also keine Hypothesen im wissenschaftlichen Sinn. Dasselbe gilt für Hypothesen, die prinzipiell nicht überprüfbar sind, weil dazu gar keine wissenschaftlichen Methoden erkennbar sind. Hypothesen können allerdings auch aus übergreifenden ökologischen Theorien oder Modellen abgeleitet werden, wie z. B. aus der Theorie, dass eine größere Vielfalt an Pflanzenarten in einem Ökosystem zu einer höheren Produktion pflanzlicher Biomasse führt. Daraus lässt sich für einen gegebenen Ökosystemtyp, z. B. alpines Grasland oder mitteleuropäischer Laubwald, eine entsprechende spezielle Hypothese formulieren, mit der geprüft werden kann, ob die generelle Theorie tatsächlich auch für den betrachteten Ökosystemtyp gilt.

Die so formulierte Hypothese wird nun mit einem geeigneten Untersuchungsansatz geprüft. In dem oben genannten Beispiel des stärkeren Wachstums einer Pflanzenart auf Böden mit einem pH-Wert, der im Bereich des Neutralpunkts liegt, könnte man dies z. B. unter kontrollierten Bedingungen im Gewächshaus mit Nährlösungen untersuchen, die man auf unterschiedliche pH-Werte eingestellt hat (wohl wissend, dass damit zwar die physiologische Reaktion der Art, nicht aber ihr Verhalten im Freiland getestet wird). Die daraus gewonnenen Daten können statistisch nun daraufhin geprüft werden, ob mit einer gewissen Wahrscheinlichkeit ein positiver Zusammenhang oder eine positive **Korrelation** zwischen Wachstum der Pflanzenart und pH-Wert des Substrats besteht oder ob kein Zusammenhang feststellbar ist. Falls sich der erwartete Zusammenhang aufgrund eines statistischen Tests bestätigt, können aufbauend darauf weitere Hypothesen aufgestellt werden, beispielsweise zu dem entsprechenden Verhalten nahe verwandter Arten oder – sicher noch spannender – zu dem physiologischen Mechanismus, auf dem die pH-Empfindlichkeit der untersuchten Pflanzenart beruht. Bestätigt sich der erwartete Zusammenhang nicht, muss man die eingangs formulierte Hypothese verwerfen oder zumindest modifizieren. So könnte es sein (und so ist es bei vielen Pflanzenarten auch), dass es nicht der pH-Wert des Bodens selbst ist, der sich negativ auf das Wachstum auswirkt, sondern dass es andere Faktoren sind, wie z. B. erhöhte Konzentrationen potenziell für Pflanzen schädlicher Ionen, die bei niedrigem pH-Wert des Bodens aus dessen Mineralen freigesetzt werden.

Dieses Beispiel zeigt bereits, dass eine statistisch signifikante positive oder negative Korrelation nicht zwangsläufig bedeutet, dass zwischen den beiden untersuchten Größen ein ursächlicher oder **kausaler** Zusammenhang besteht: Über eine weite Spanne von pH-Werten des Bodens ist es bei vielen Pflanzenarten eben nicht der pH-Wert selbst, sondern es sind eher die relativen Anteile von Kalzium- und Aluminiumionen an der Gesamtkonzentration der Ionen, die maßgeblich für das Gedeihen der jeweiligen Art sind. Die Kausalität von Beziehungen lässt sich nicht mit Statistik, sondern nur mit dafür geeigneten Untersuchungsansätzen belegen.

Grundsätzlich gilt, dass nie die generelle Richtigkeit einer Hypothese bewiesen werden kann, denn sie lässt sich immer nur an einer bestimmten Auswahl von Untersuchungsflächen oder einer gewissen Anzahl von Individuen unter bestimmten Bedingungen mit einem gegebenen Satz an Methoden prüfen. Es ist also nie auszuschließen, dass man unter leicht veränderten Bedingungen oder unter Einbeziehung eines größeren Sets von Untersuchungsobjekten zu einem anderen Resultat kommen würde. Formal besteht das wissenschaftliche Vorgehen deshalb darin, dass man eine Hypothese, die einer geeigneten Überprüfung standgehalten hat, so lange beibehält, bis sie widerlegt, also **falsifiziert**, wurde (anstatt sie grundsätzlich für allgemeingültig zu erklären).

### 1.3.4 Methoden der Statistik als grundlegende Auswertungsverfahren in der (pflanzen-)ökologischen Forschung

Bereits bei der Auswertung von Daten aus einfachen Beobachtungen im Gelände nutzt man statistische Verfahren. So kann es beispielsweise von Interesse sein, die durchschnittliche Individuenzahl (Abundanz) einer Pflanzenart pro Flächeneinheit auf einer bestimmten Anzahl von Untersuchungsflächen zu bestimmen. Mit am einfachsten zu berechnen ist dabei das **arithmetische Mittel**, also in diesem Fall die summierte flächenbezogene Anzahl aller Individuen über alle Untersuchungsflächen geteilt durch die Anzahl an Flächen. Nun interessiert vielleicht aber auch, wie stark die einzelnen Abundanzen vom Mittelwert aus sämtlichen untersuchten Flächen abweichen. Als Kenngröße dafür lässt sich die **Standardabweichung vom Mittelwert** berechnen. Man erhält sie, indem man von jedem Einzelwert die Differenz zum Mittelwert bildet, alle diese Differenzen quadriert (auf diese Weise erhalten alle Differenzen ein positives Vorzeichen), die Summe der quadrierten Differenzen bildet, diese Summe durch die um den Wert Eins verringerte Anzahl an Einzelproben, hier Anzahl der Untersuchungsflächen, dividiert und aus dem resultierenden Quotienten die Quadratwurzel zieht. Die Standardabweichung des Mittelwerts ist somit ein **Maß für die Streuung** der Einzelwerte, hier der Pflanzenhäufigkeiten der einzelnen Untersuchungsflächen, um ihren Mittelwert. Mathematisch-statistisch formuliert, befinden sich gut zwei Drittel (genauer 68,2 %) aller Einzelwerte in einem Wertebereich, der von einer Standardabweichungseinheit ober- und unterhalb des Mittelwerts abgegrenzt wird – sofern man eine hinreichend große Anzahl von Proben, hier Untersuchungsflächen, erfasst hat (je größer die Anzahl an Proben ist, desto stärker nähert sich die Verteilung der Werte der glockenförmigen **Normalverteilung** an). Je kleiner die Standardabweichung ist, desto näher liegt der Großteil der Einzelwerte am Mittelwert.

Ein weiteres, häufig verwendetes Streuungsmaß – und damit ein weiteres Maß für die statistische Schärfe des Mittelwerts – ist der **Standardfehler des Mittelwerts**. Ihn erhält man, indem man die Standardabweichung durch die Quadratwurzel der Stichprobenanzahl, hier der Anzahl der Untersuchungsflächen, teilt. Der Standardfehler des Mittelwerts gibt denjenigen Wertebereich an, innerhalb dessen mit einer gewissen Wahrscheinlichkeit der wahre Mittelwert liegt (den man im Beispielfall nur ermitteln könnte, wenn man die Individuenzahl der interessierenden Pflanzenart auf sämtlichen Flächen erfassen würde, auf denen sie vorkommt – was in der Praxis normalerweise unmöglich ist). Dieser wahre Mittelwert liegt mit einer Wahrscheinlichkeit von 95 % innerhalb eines Bereichs, der von 1,96 Standardfehlern oberhalb und unterhalb des Mittelwerts der Grundgesamtheit, hier der Anzahl sämtlicher Flächen, auf denen die interessierende Pflanzenart vorkommt, begrenzt wird. Diesen Bereich nennt man den **95 %-Vertrauensbereich** (Konfidenzintervall, „confidence interval") des Mittelwerts. Je kleiner das Konfidenzintervall ist, desto größer ist die **statistische Schärfe** des Mittelwerts. Um das Ausmaß der Abweichungen der Einzelwerte oder der aufgrund der Probenahmen geschätzten Mittelwerte vom wahren Mittelwert zu charakterisieren, gibt man bei grafischen oder tabellarischen Darstellungen berechneter Mittelwerte i. d. R. die Standardabweichung oder den Standardfehler des Mittelwerts mit an. Ohne derartige Angaben sind die reinen Mittelwerte oft wenig aussagekräftig, wenn man sie, z. B. die durchschnittlichen Abundanzen verschiedener Pflanzenarten, einander gegenüberstellt.

Arithmetisches Mittel, Standardabweichung und Standardfehler sind Kenngrößen, mit denen die Verteilung von Einzelwerten in einem Datensatz mit mehreren Werten beschrieben werden kann. Verfahren zur Berechnung dieser und etlicher anderer Kenngrößen von Verteilungen gehören zum Bereich der **beschreibenden** oder **deskriptiven Statistik**. Bei (pflanzen-)ökologischen Untersuchungen geht es darüber hinaus aber i. d. R. um die Überprüfung von Hypothesen zu Zusammenhängen oder Unterschieden zwischen Datensätzen. Diese werden mit Verfahren geprüft, die zur **schließenden** oder **Inferenzstatistik** gehören. Formal geht man dabei so vor, dass man zu der zu prüfenden **Arbeits-** oder **Alternativhypothese** (▶ Abschn. 1.3.3), die eine faktisch begründete, überprüfbare Aussage über einen Zusammenhang oder Unterschied trifft, eine **Nullhypothese** formuliert, die besagt, dass eben dieser Zusammenhang oder Unterschied **nicht** existiert. Formal betrachtet, testet der nun anschließende statistische Test die Nullhypothese. Als Ergebnis dieses Tests erhält man die auf den Maximalwert 1,0 bezogene Wahrscheinlichkeit, dass dieses Resultat unter der Voraussetzung erzielt wurde, dass die Nullhypothese wahr ist. Diesen Wahrscheinlichkeitswert bezeichnet man abgekürzt als $P$-Wert („probability", Wahrscheinlichkeit). Je kleiner der $P$-Wert ist, desto geringer ist die Wahrscheinlichkeit, ein solches Ergebnis zu erhalten, wenn die Nullhypothese wahr ist. In der Regel betrachtet man $P$-Werte von 0,05 oder kleiner als **statistisch signifikant** – ein **Schwellenwert**, der letztlich auf Konvention beruht. Bei $P \leq 0{,}05$ (entspricht 5 %) wird im Allgemeinen die Nullhypothese abgelehnt und die Alternativhypothese beibehalten, in anderen Fällen dagegen verwirft man die Alternativ- oder Arbeitshypothese.

Diese Vorgehensweise macht deutlich, dass sich mit statistischen Testverfahren die Gültigkeit einer Arbeitshypothese **nicht beweisen** lässt. Aussagen, dass man mit statistischen Verfahren etwas bewiesen hätte, wären falsch und entsprächen nicht der wissenschaftlichen Methode beim Einsatz statistischer Techniken zur Überprüfung naturwissenschaftlicher Hypothesen.

Vor allem in Fällen, in denen der gefundene $P$-Wert nur knapp oberhalb von 0,05 liegt, bedeutet dies nicht zwangsläufig, dass der angenommene Effekt oder Zusammenhang nicht existiert. Ein Verfehlen der Signifikanzschwelle könnte auch daran liegen, dass die erhobenen Beobachtungs- oder Messwerte zu stark streuen bzw. dass nicht genügend Daten erhoben wurden. Worauf bei der Erhebung ökologischer Daten vorrangig zu achten ist, wird im folgenden Abschnitt dargestellt.

### 1.3.5 Planung und Durchführung ökologischer Untersuchungen vor dem Hintergrund statistischer Methoden

Mögliche Ursachen für eine starke Streuung in Datensätzen sind schon bei der Planung der Probenahme zu berücksichtigen. Angenommen, es interessiert bei einer bestimmten Pflanzenart die Anzahl der Samen, die pro Pflanze gebildet wird. Der typische Standort der Pflanzenart ist Grasland auf mehr oder minder trockenen Böden auf Hügeln am Nordrand der deutschen Mittelgebirge. Für die Probenahme wird ein Hügel ausgewählt, auf dem Pflanzen dieser Art am Nordost- und am Südwesthang wachsen. Über den Hügel hinweg wird eine bestimmte Anzahl an Pflanzen zur Ernte der Samen nach dem Zufallsprinzip ausgewählt. Man spricht hier von einer **Zufalls-** oder **randomisierten Probenahme.** Berechnet man Standardabweichung und Standardfehler, wird man möglicherweise auf relativ hohe Werte dieser Streuungsmaße kommen. Bei genauerer Überlegung wird klar, woran das liegen könnte: Auf der Nordostseite ist die Sonneneinstrahlung weniger intensiv und der Boden daher weniger trocken, sodass die Pflanzen dort in der Lage sind, deutlich mehr Samen zu produzieren als unter den trockeneren Bedingungen auf der Südwestseite. Dabei wird auch deutlich, dass es wichtig war, beide Hügelseiten zu beproben, denn im Fall der Beprobung nur einer Hügelseite hätte man einen **systematischen Fehler** begangen und den wahren Mittelwert verfehlt (der erhaltene Mittelwert wäre nicht exakt gewesen). Zur Verringerung der Streuungsmaße bietet sich eine **geschichtete** oder **stratifizierte Probenahme** an: Auf der Nordost- und der Südwestseite wird jeweils die gleiche Anzahl an Pflanzenindividuen beerntet und zur Berechnung zweier getrennter Mittelwerte herangezogen. Diese beiden Mittelwerte können nun zu einem gemeinsamen Mittelwert verrechnet werden. Dieser Mittelwert unterscheidet sich wahrscheinlich nicht von dem Mittelwert, der im ersten Fall errechnet wurde, doch sind seine Streuungsmaße nun deutlich geringer: Er ist nun nicht nur **exakt**, sondern weist auch eine größere **statistische Schärfe** auf.

Vielleicht fällt zusätzlich noch auf, dass die von der Nordostseite gewonnenen Daten eine größere Streuung aufweisen als die von der Südwestseite erhaltenen: Auf der Nordostseite gibt es eventuell neben etlichen Pflanzen mit einer hohen Samenproduktion auch einige, deren Samenproduktion nur sehr gering ist (was an der unvermeidlichen Variabilität lebender Untersuchungsobjekte liegen könnte). In diesem Fall kann man auf der Nordostseite eine größere Anzahl an Pflanzen beproben, um die Streuung der Werte zu verringern, und den dazu nötigen Mehraufwand durch die Beprobung einer geringeren Pflanzenzahl auf der Südwestseite kompensieren. Aus diesem Beispiel wird deutlich, dass es i. d. R. sinnvoll ist, **Voruntersuchungen** durchzuführen (oder sich an bereits durchgeführten, ähnlich gelagerten Untersuchungen zu orientieren), um die Umsetzung der eigentlichen Probenahme besser planen und die zur Berechnung eines Mittelwerts mit hoher statistischer Schärfe erforderliche Anzahl an Proben besser abschätzen zu können. Insgesamt ist auch darauf zu achten, dass die für die Untersuchung aufzuwendenden Ressourcen (Arbeitskräfte, Arbeitszeit, Kosten) möglichst effektiv eingesetzt werden.

Zusammenfassend ist festzuhalten, dass bei der Planung und Durchführung ökologischer Untersuchungen die folgenden Richtlinien zu beachten sind:

- der zu schätzende statistische Wert (z. B. der Mittelwert) soll **exakt** sein (frei von systematischen Fehlern);
- der Schätzwert soll einen möglichst **kleinen Vertrauensbereich** (ein geringes Konfidenzintervall) aufweisen;
- falls möglich, sollen **biologisch unterscheidbare Untergruppen getrennt** behandelt werden (innerhalb der Untergruppen empfiehlt sich i. d. R. aber eine **randomisierte** Probenahme);
- der Probenahmeaufwand (Zeit, Kosten, Arbeit) soll möglichst **effektiv** sein.

Schließlich gehört zu einer wissenschaftlichen Arbeitsweise in der (Pflanzen-)Ökologie, die allgemein anerkannten Standards entspricht, auch eine vollständige, korrekte und nachvollziehbare Darstellung der Ergebnisse in Form von Texten, Tabellen und bildlichen Darstellungen. Aus dem Satz der erhobenen Ergebnisse dürfen Daten nicht einfach deswegen fortgelassen werden, weil sie als Ausreißer nicht gut zu dem übrigen Datensatz passen und das Zustandekommen eines gewünschten Ergebnisses gefährden würden. Ebenso darf nichts hinzugefügt werden, was nicht belegbar durch eigene oder andere Untersuchungen erhoben wurde. Werden Aussagen und Ergebnisse anderer in die eigene Präsentation übernommen, so sollte man dies auf Zusammenhänge beschränken, die für das jeweilige Thema von Bedeutung sind, und diese Übernahmen auf jeden Fall durch entsprechende vollständige Zitate eindeutig kennzeichnen. Die sorgfältige Beachtung dieser Prinzipien ist nicht nur Voraussetzung für das gegenseitige Vertrauen von wissenschaftlich Arbeitenden in die erzielten Forschungsergebnisse, sondern auch für das Vertrauen der Bevölkerung im Allgemeinen in wissenschaftliche Erkenntnisse und für die Übernahme dieser Erkenntnisse in politisches und gesellschaftliches Handeln.

## Weiterführende Literatur


Bannwarth H, Kremer BP, Schulz A (2013) Basiswissen Physik, Chemie und Biochemie, 3. Aufl. Springer Spektrum, Berlin Heidelberg

Begon M, Howarth RW, Townsend CR (2017) Ökologie, 3. Aufl. Springer Spektrum, Berlin Heidelberg

Hien K, Rümpler S (2008) Grafische Gestaltung in Naturwissenschaften und Medizin. Springer Spektrum, Berlin Heidelberg

Jahn I (2004) Geschichte der Biologie, 3. Aufl. Nikol, Hamburg

Karban R, Huntzinger M, Pearse IS (2014) How to do ecology, 2. Aufl. Princeton University Press, Princeton Oxford

Köhler W, Schachtel G, Voleske P (2012) Biostatistik, 5. Aufl. Springer Spektrum, Berlin Heidelberg

Kremer BP (2014) Vom Referat bis zur Examensarbeit, 4. Aufl. Springer Spektrum, Berlin Heidelberg

Latscha HP, Kazmaier U, Klein HA (2016) Chemie für Biologen, 4. Aufl. Springer Spektrum, Berlin Heidelberg

Pavel W, Winkler R (2007) Mathematik für Naturwissenschaftler. Pearson Studium, München

Schaefer M (2012) Wörterbuch der Ökologie, 5. Aufl. Springer Spektrum, Berlin Heidelberg

Scheiner SM, Gurevitch J (2001) Design and analysis of ecological experiments. Oxford University Press, Oxford

Sherratt TN, Wilkinson DM (2009) Big questions in ecology and evolution. Oxford University Press, Oxford

# Anpassung und Angepasstheit an die Umwelt – Struktur und Evolution der Höheren Pflanzen

*Frank Thomas*




F. Thomas, *Grundzüge der Pflanzenökologie*, https://doi.org/10.1007/978-3-662-54139-5_2

Der Bau der Pflanzen steht in unmittelbarer Wechselwirkung mit ihrem Funktionieren und ihren Anpassungsleistungen an die Umwelt. Daher ist ein Grundverständnis der pflanzlichen Strukturen wichtig, um ökophysiologische und ökologische Prozesse von der Ebene der Einzelpflanze bis zum Ökosystem zu verstehen. Dieses Kapitel vermittelt einen Überblick über die wichtigsten pflanzlichen Strukturen und deren Evolution, kann aber selbstverständlich kein Ersatz sein für speziellere botanische Lehrbücher, für die Beispiele in den Literaturhinweisen gegeben werden.

## 2.1 Wesentliche Eigenschaften der pflanzlichen Zelle

Pflanzenzellen besitzen eine meist mehrschichtige **Zellwand** (◘ Abb. 2.1) mit **Cellulose** als Hauptbestandteil und wesentlicher Gerüstsubstanz, die der Zelle Stabilität gibt, allerdings in gewissem Ausmaß auch elastisch ist. Auch durch diese Eigenschaft unterscheiden sich pflanzliche von tierischen Zellen, die keine Zellwand haben, und von Pilzen, deren Zellwände Chitin als Hauptbestandteil enthalten. Da Cellulose in allen Pflanzen und auch in Algen in hohen Anteilen vorkommt, ist sie wohl die mengenmäßig häufigste organische Verbindung auf der Erde. In der Zellwand sind die Cellulosemoleküle zu **Mikrofibrillen** gebündelt. In lebenden Geweben sind die Zellinhalte über Plasmodesmen miteinander verbunden, das sind Plasmastränge, die sich durch die **Tüpfel** der Zellwände aneinander angrenzender Zellen hindurchziehen.

Zusätzliche Stabilität erhalten insbesondere spezialisierte Zellen, z. B. die Zellen des für den Wassertransport in der Pflanze zuständigen **Xylems**, durch die Einlagerung von **Lignin**, einem hochkomplexen, aus vielen alkoholartigen Einzelmolekülen zusammengesetzten Molekül. Als allgemeine Stütz- und Festigungssubstanz insbesondere der höher wachsenden und länger lebenden Pflanzen wie der Bäume und Sträucher steht das Lignin wohl an zweiter Stelle in der Reihenfolge der global häufigsten organischen Verbindungen.

Die Zellwand einer lebenden und voll funktionsfähigen Pflanzenzelle ist normalerweise wassergesättigt. Die Wassermoleküle sind in die Zwischen-

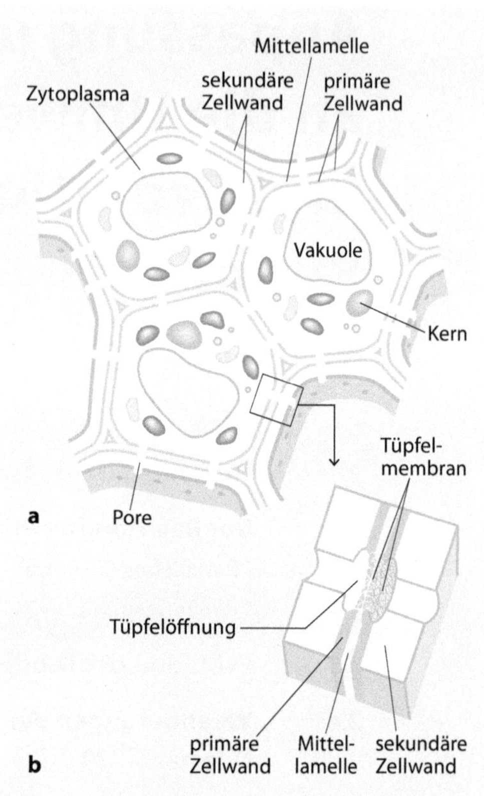


◘ **Abb. 2.1** Schema der Struktur einer pflanzlichen Zellwand. **a** Drei benachbarte Zellen im Gewebeverbund; **b** Zellwände zweier benachbarter Zellen mit Tüpfel (Aussparung der sekundären Zellwand) und Tüpfelmembran (gebildet aus Mittellamelle und dünnen Schichten der primären Zellwand). (Nach Nabors 2007)

räume der Mikrofibrillen eingelagert. Auf diese Weise existiert auch in der Zellwand eine wässrige Phase, in der Transportvorgänge und chemische Reaktionen möglich sind. Die Zellwände von Zellen, die in einem Gewebeverbund angeordnet sind, stehen miteinander in Kontakt, sodass Transportvorgänge über den auf diese Weise entstehenden Zellwandverbund, den sogenannten **Apoplasten**, möglich sind – auch wenn diese Transportvorgänge wegen der relativ hohen Leitungswiderstände in den engen Zellwandräumen nur recht langsam ablaufen.

Die für den pflanzlichen Stoffwechsel wichtigsten Reaktionen finden jedoch im **Protoplasten** statt, der von der Zellwand umgeben ist. Er ist von einer **Biomembran**, der **Plasmamembran** (früher auch **Plasmalemma** genannt), umhüllt, die an ihrer Au-

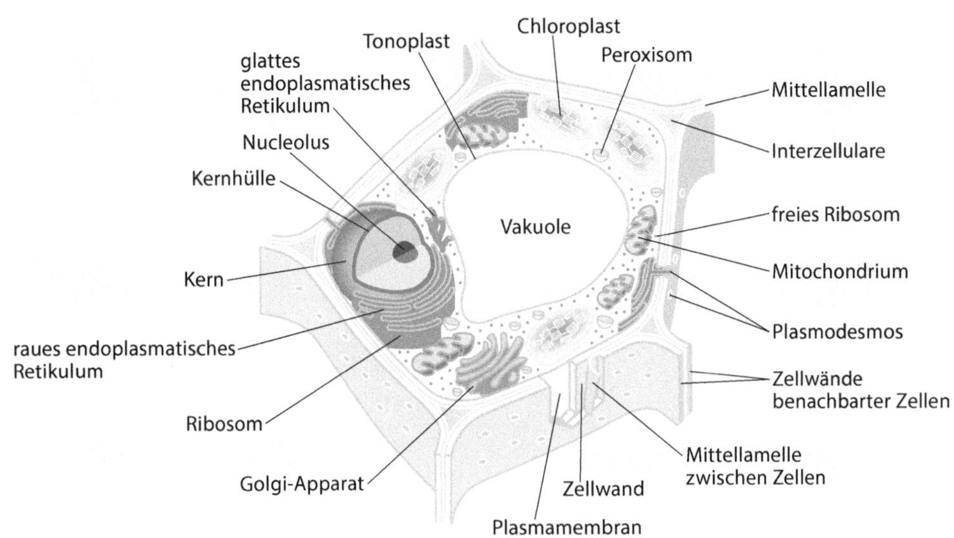


**Abb. 2.2** Schema einer Pflanzenzelle. (Nach Nabors 2007)

ßenseite der Zellwand anliegt. Wie sämtliche Biomembranen, die in der Zelle vorkommen, ist auch die Plasmamembran als eine Doppelschicht aus Fettsäuremolekülen aufgebaut, deren jeweils wasserabweisende (hydrophobe bzw. lipophile) Seite nach innen, die fettabweisende (hydrophile bzw. lipophobe) Seite dagegen nach außen weist. Derartige Membranen können wegen ihres fettartigen Aufbaus von kleinen, ungeladenen beziehungsweise unpolaren chemischen Verbindungen leicht, von geladenen Verbindungen wie z. B. Ionen dagegen nur relativ schwer passiert werden. Zum Ionentransport dienen daher besondere, in die Membranen eingelagerte Transportsysteme, die im Wesentlichen aus Proteinen bestehen. Angedockt an Biomembranen sind auch Enzymsysteme, die wesentliche Stoffwechselprozesse katalysieren.

Der Protoplast einer ausgereiften, lebenden Pflanzenzelle besteht i. d. R. aus dem **Zytoplasma**, in dem sich die **Zellorganellen** befinden, und der **Vakuole**, die Wasser und darin gelöste Stoffe enthält und von einer Biomembran, dem **Tonoplasten**, umgeben ist (Abb. 2.2). In ausgereiften, lebenden Zellen nimmt die Vakuole meist das größte Volumen der Zelle ein. Sie dient der (temporären) Speicherung von Stoffen, verleiht aber manchen Organen auch Stabilität, wenn sie durch pralle Füllung mit Wasser einen Gegendruck gegen die Zellwand ausübt (▶ Abschn. 3.1.1). Durch Änderung ihres Volumens ist sie auch entscheidend an der Regulation des Austauschs von Wasser und Kohlenstoffdioxid ($CO_2$) zwischen Blatt und umgebender Luft beteiligt (▶ Abschn. 3.1.5). Das Zytoplasma ist durch Biomembranen in verschiedene Kompartimente unterteilt, in denen unterschiedliche chemische Bedingungen als Voraussetzung für das Ablaufen bestimmter Stoffwechselprozesse eingestellt werden können. Zu diesen Kompartimenten gehören auch die **Zellorganellen**. Die ökologisch wichtigsten Zellorganellen sind die **Chloroplasten**, in denen die Photosynthese abläuft (▶ Abschn. 3.2.1), und die **Mitochondrien**, in denen die Atmung, der sauerstoffverbrauchende Teil der Dissimilation, angesiedelt ist (▶ Abschn. 3.2.6). Beide Organellen besitzen eine äußere und eine innere Membran. Dies ist eine von mehreren Eigenschaften, die dafür sprechen, dass diese beiden Organellen aus ursprünglich frei lebenden **Prokaryoten** (Einzellern ohne Zellkern) hervorgegangen sind, die von anderen Zellen aufgenommen, aber nicht verdaut, sondern zum Aufbau einer symbiotischen Beziehung genutzt wurden (Endosymbiontentheorie; ▶ Abschn. 1.1). Die Chloroplasten gehören zu den **Plastiden**, die nicht nur (bei den Chloroplasten) Photosynthesefunktion haben, sondern auch der

## Die wichtigsten organischen Stoffgruppen der Pflanzen

**Saccharide** oder **Kohlenhydrate** sind kohlenstoffhaltige Verbindungen, in deren chemischer Summenformel i. d. R. auf ein Atom Kohlenstoff (C) ein Molekül Wasser entfällt (■ Abb. 2.3). Sie umfassen Einfachzucker (Monosaccharide; z. B. Trauben- und Fruchtzucker) mit fünf oder sechs C-Atomen, aus zwei Monosacchariden zusammengesetzte Zweifachzucker (Disaccharide) wie Kristallzucker (Saccharose) und Milchzucker (Lactose), Oligosaccharide aus wenigen, aber mehr als zwei Monosacchariden sowie Polysaccharide aus vielen Monosacchariden, zu denen auch Cellulose und Stärke gehören. In Pflanzen ist die nur schlecht bis nicht wasserlösliche Stärke der wichtigste Speicherstoff.

**Lipide** sind als **Strukturlipide** essenzielle Bestandteile von Biomembranen oder dienen als **Speicherlipide** der Speicherung von Kohlenstoff. Sie bestehen aus der alkoholischen Verbindung Glycerol (Glyzerin), an die zwei (bei Strukturlipiden) oder drei (bei Speicherlipiden) Fettsäureseitenketten gebunden sind (■ Abb. 2.4). Bei Strukturlipiden ist in Glykolipiden an das dritte Kohlenstoffatom statt einer Fettsäurekette ein Zucker gekoppelt, in Phospholipiden eine Phosphatgruppe, an die eine weitere organische Verbindung gebunden ist. Sind die Speicherlipide (chemisch: Triacylglycerole) bei Raumtemperatur fest, werden sie als Fette bezeichnet, dagegen als Öle, wenn sie bei Raumtemperatur flüssig sind.

**Proteine** (Eiweiße) sind i. d. R. aus 100–800 **Aminosäuren** zusammengesetzt. Die Art der 20 verschiedenen, am Proteinaufbau potenziell beteiligten Aminosäuren und ihre Abfolge ergeben die Primärstruktur eines Proteins (■ Abb. 2.5). Durch Wasserstoffbrückenbindungen zwischen den Strangabschnitten dieser Aminosäureketten ergibt sich eine flächige Sekundärstruktur, aus der durch Faltung im dreidimensionalen Raum eine Tertiärstruktur entsteht. Diese spezifische Konfiguration der Tertiärstruktur macht die Proteine funktionsfähig in Stoffwechselprozessen, z. B. in ihrer Rolle als **Enzyme** oder als Rezeptoren von Signalstoffen, oder auch als Speicherproteine. Durch Einwirkung von Hitze oder starke Veränderungen des pH-Werts geht die Tertiärstruktur der Proteine verloren; sie **denaturieren** und verlieren dabei ihre physiologische Funktionsfähigkeit.

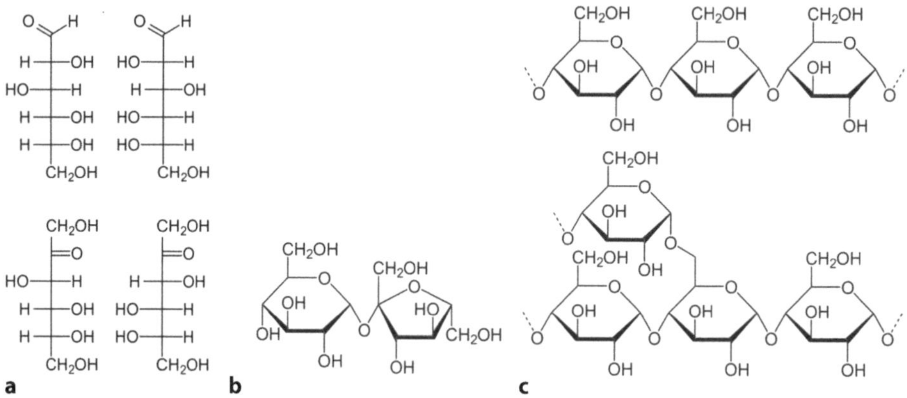

■ **Abb. 2.3** Chemische Strukturformeln einiger wichtiger Saccharide in Pflanzen. **a** Traubenzucker (Glucose; *oben*) und Fruchtzucker (Fructose; *unten*) als Beispiele für Monosaccharide; **b** Saccharose, ein Disaccharid; **c** Ausschnitte aus einem Amylose- (*oben*) und einem Amylopektinmolekül (*unten*), den beiden Bestandteilen von Stärke, als Beispiele für Polysaccharide (die Eckpunkte der Ringstrukturen in **b** und **c** stehen für Kohlenstoffatome)

**Nukleinsäuren** bestehen aus Nukleotiden, die ihrerseits aus jeweils einem Nukleosid und ein bis drei Phosphatgruppen zusammengesetzt sind (◘ Abb. 2.6). Ein Nukleosid wird aus einer stickstoffhaltigen, basischen Verbindung und einem aus fünf C-Atomen bestehenden Zucker, der Ribose oder der Desoxyribose, gebildet: In der Ribonukleinsäure, der **RNA**, ist es Ribose; in der **DNA**, der Desoxyribonucleinsäure, ist es Desoxyribose. Die DNA enthält die Erbinformation, die RNA bewirkt die Synthese der Proteine aus den Aminosäuren.

Neben diesen **primären Pflanzeninhaltsstoffen**, die unmittelbar für den Bau und die grundlegenden Stoffwechselvorgänge der Pflanzen nötig sind, enthalten Pflanzen auch eine Vielzahl so genannter **sekundärer Pflanzeninhaltsstoffe**, die insbesondere zur Abwehr von Krankheitserregern und Fraßfeinden eingesetzt werden. Diese Stoffe werden ausführlicher in ▸ Kap. 4 behandelt (▸ Abschn. 4.3).

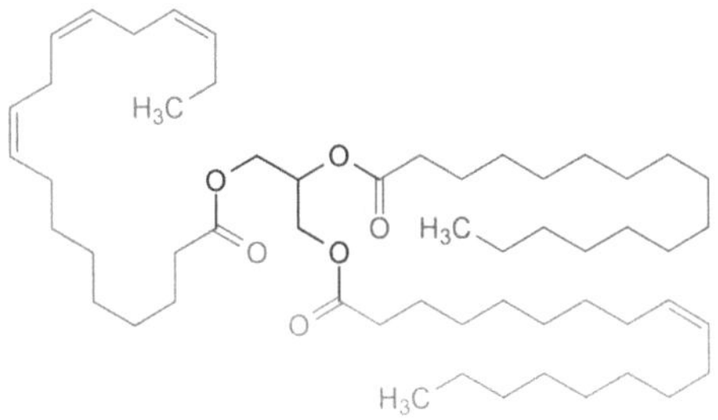

**◘ Abb. 2.4** Strukturformel eines Triglycerids als Speicherlipid mit drei unterschiedlichen Fettsäuren. Die einzelnen Verbindungspunkte stellen Kohlenstoffatome dar. Die an diese gebundenen Wasserstoffatome sind nicht eingezeichnet

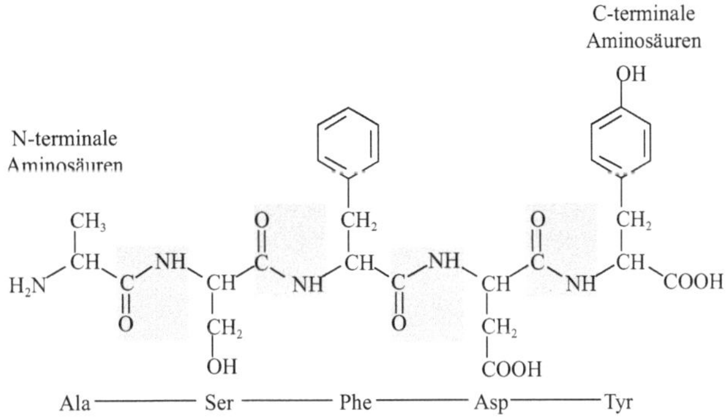

**◘ Abb. 2.5** Ausschnitt aus der Primärstruktur eines Proteins mit den Aminosäuren Alanin (Ala), Serin (Ser), Phenylalanin (Phe), Asparaginsäure (Asp) und Tyrosin (Tyr). Die *grauen Felder* markieren die Bindungen der einzelnen Aminosäuren, die sogenannten Peptidbindungen. (www.spektrum.de/lexika/images/chemie/fff1360_w.jpg)

**◘ Abb. 2.6** Ausschnitt aus einem DNA-Strang mit vier Kettengliedern, bestehend aus den Basen Cytosin (C), Guanin (G), Adenin (A) und Thymin (T), vier Desoxyribosemolekülen und vier Phosphatgruppen (mit jeweils einem zentralen Phosphoratom)

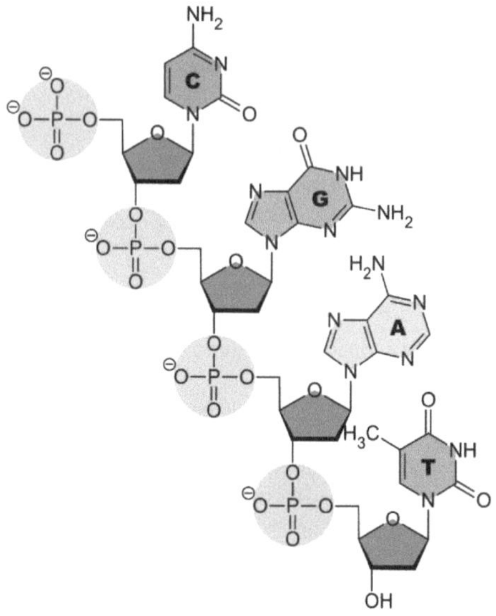

Speicherung von Reservestoffen wie Stärke und, als **Chromoplasten**, an der Färbung (insbesondere in Form von gelb oder orange) von Organen beteiligt sind. **Ribosomen** sind Komplexe verschiedener Moleküle (aus dem Zucker Ribose, basischen Verbindungen und Phosphat), an denen die Proteine synthetisiert werden. Sie liegen im Zytoplasma frei vor oder gebunden im rauen Bereich des **endoplasmatischen Retikulums**, eines die gesamte Zelle durchziehenden Membransystems, an dem für Bau- und Betriebsstoffwechsel wichtige Verbindungen produziert werden. **Peroxisomen** sind durch einfache Membranen umhüllte Vesikel, in denen u. a. Entgiftungsvorgänge ablaufen. Schließlich enthalten nahezu alle Arten lebender Zellen auch einen **Zellkern** mit der genetischen Information für den Bau- und Betriebsstoffwechsel. Durch diese Eigenschaft sind Pflanzen wie auch Algen, Pilze und Tiere den sogenannten **Eukaryoten** zugehörig, also denjenigen Lebewesen, die einen Zellkern besitzen – im Gegensatz zu den zellkernlosen **Bakterien** und **Archaeen (Prokaryoten)**.

Ein Verbund gleichartiger Zellen bildet ein **Pflanzengewebe.** Sind mehrere unterschiedliche Gewebe zu einer Funktionseinheit verbunden, spricht man von einem **Pflanzenorgan.**

## 2.2 Der Bau Höherer Pflanzen

### 2.2.1 Pflanzliches Gewebe

Entsprechend ihrer Funktion sind Pflanzenorgane aus unterschiedlichen Geweben zusammengesetzt (◘ Abb. 2.7). Das **Grundgewebe** von Pflanzen, dessen Zellstrukturen keine besondere Spezialisierung aufweist, bezeichnet man als **Parenchym.** Parenchymatisches Gewebe findet sich in den verschiedensten Pflanzenorganen. Es verleiht ihnen Masse und Volumen, dient aber auch oft der Speicherung von Reservestoffen wie Stärke, Fette, Öle oder Proteine. Wie alle anderen Gewebetypen wird auch das Parenchym durch **Bildungsgewebe**, das **Meristem**, erzeugt. Dieses besteht aus weitgehend vakuolenfreien Zellen, die zumindest über eine gewisse Zeit oder auch dauerhaft teilungsfähig sind. Es ist in der Wurzel, in der Sprossachse und in den Blättern anzutreffen. In Spross und Wurzel aller Gymnospermen (nacktsamigen Pflanzen) und zweikeimblättrigen Pflanzen sind die Meristemzellen miteinander zu einem ringförmigen **Kambium** verbunden, das im Verlauf des Dickenwachstums nach innen und außen Gewebezellen

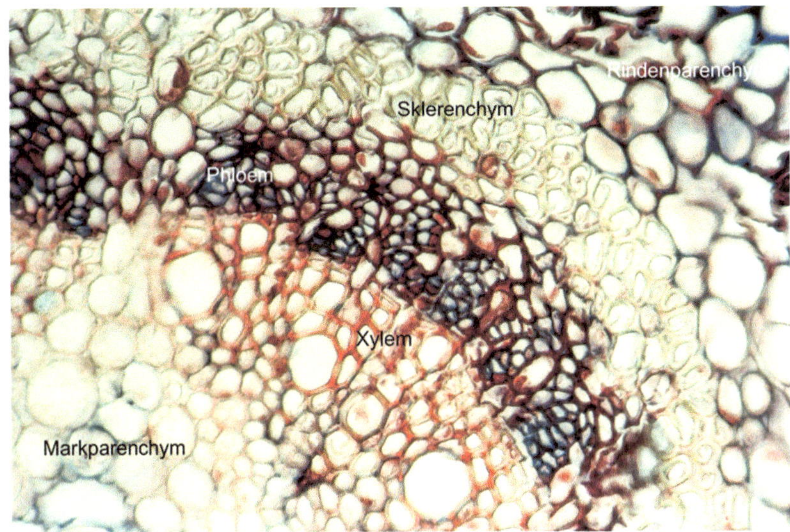


**Abb. 2.7** Gewebetypen einer Pflanze am Beispiel eines Ausschnitts aus dem Querschnitt durch den Blattstiel einer Stieleiche *(Quercus robur)*. Der Blattstiel selbst hat einen Durchmesser von ungefähr 1 mm. Die meristematischen Zellen zwischen Xylem und Phloem sind in dieser Darstellung nicht mehr zu erkennen

produziert. Zur Außenwelt hin sind Wurzel, Spross und Blätter durch **Abschlussgewebe** geschützt, das in der Form einer **Epidermis** aus lebenden Zellen besteht, aber auch aus abgestorbenen Zellen zusammengesetzt sein kann (die Wortendung -dermis bezeichnet i. d. R. eine Zelllage aus nur einer Zellschicht). Ihre Stabilität erhält die Pflanze – abgesehen vom Binnendruck wassergefüllter, lebender Zellen – durch **Festigungsgewebe**. Dies kann aus lebenden Zellen bestehen, deren Zellwände durch verstärkte Celluloseeinlagerungen verdickt sind (dem **Kollenchym**), oder aus abgestorbenen Zellen mit Lignineinlagerung in den Zellwänden (dem **Sklerenchym**, zu dem beispielsweise auch Bastfasern gehören). Zum Stofftransport gibt es in Pflanzen zwei Gewebetypen. Das **Xylem**, das dem Transport von Wasser und darin gelösten Mineralstoffen (sowie auch eines gewissen Anteils organischer Verbindungen einschließlich von Pflanzenhormonen) dient, besteht aus abgestorbenen Zellen, deren mehrfach von Poren durchsetzte und durchbrochene Zellwand einen mehr oder weniger großen Hohlraum umschließt. Das Xylem bildet den Hauptbestandteil des **Holzes**. Insbesondere bei Nadelbäumen, deren Holz sehr gleichförmig aufgebaut ist, hat das Xylem aber neben der Transport- auch eine wesentliche Stützfunktion. Das **Phloem** dagegen besteht aus lebenden Zellen ohne Vakuole, deren Zellkern allerdings zur Herabsetzung des Transportwiderstands in Nachbarzellen ausgelagert ist. In ihm werden die in den Blättern synthetisierten Kohlenhydrate und auch verschiedene organische und anorganische Stoffe in andere Pflanzenteile verteilt. Neben Grund-, Bildungs-, Transport- und Abschlussgewebe gibt es in Pflanzen noch spezialisierte Zellgruppen wie **Drüsen**, die z. B. in Blüten Nektar absondern oder in Blättern von Salzpflanzen (Halophyten) zur Entgiftung eine Salzlösung ausscheiden (▶ Abschn. 3.4.1.4).

### 2.2.2 Pflanzenorgane

Höhere Pflanzen (Farn- und Samenpflanzen) sind aus zwei morphologischen und funktionellen Grundeinheiten zusammengesetzt: der i. d. R. unter der Bodenoberfläche angesiedelten Wurzel und dem überwiegend oberirdisch befindlichen Spross.

Die Wurzel stellt ein eigenes Organ dar. Sie dient einerseits der Verankerung der Pflanze im Boden, andererseits der Aufnahme von Wasser und darin gelösten Mineralstoffen (▶ Abschn. 3.1.2, 3.3.3; ▶ Box Größeneinteilung von Wurzeln und Typen von Wurzelsystemen). Ihre ineinander übergehenden Bestandteile lassen sich nach ihrem Durchmesser und nach ihrem inneren Aufbau charakterisieren.

An der **Wurzelspitze** findet durch ständige Zellteilungen das Längenwachstum der Wurzel statt. Vor mechanischen Verletzungen durch Bodenpartikel ist die Wurzelspitze durch eine Haube aus

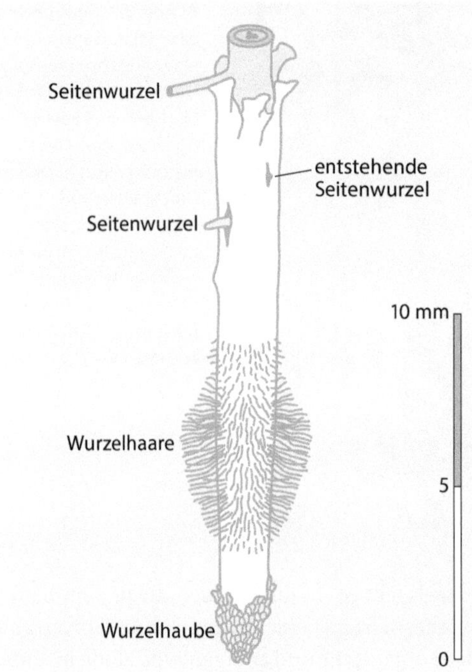


**Abb. 2.8** Morphologie einer jungen Wurzel. (Schema; nach Raven et al. 2006)

ständig neu gebildeten und schnell verschleimenden Zellen, der **Kalyptra**, geschützt (Abb. 2.8). Auf diese Weise kann die Wurzel ohne Beschädigungen an Bodenteilchen vorbei in die Länge wachsen. Für eine ausreichende Aufnahme von Wasser und Mineralstoffen ist dies nötig, denn die Diffusionsrate dieser Stoffe im Boden reicht zur Versorgung der Pflanze nicht aus, wenn ihre Wurzeln dauerhaft in derselben Position verharren. Oberhalb des vordersten Wurzelbereichs, in dem intensives Teilungs- und Streckungswachstum der Zellen stattfindet, befindet sich die **Wurzelhaarzone**, in der die Zellen der äußeren Gewebeschicht, der **Rhizodermis**, lange, fadenförmige Ausstülpungen bilden, die die Oberfläche der Wurzeln um ein Vielfaches vergrößern und damit die Aufnahmekapazität der Wurzel für Wasser und Mineralstoffe stark erhöhen. Während des zunehmenden Dickenwachstums der alternden Wurzel wird die Rhizodermis durch Abschlussgewebe ersetzt. Dies ist zunächst die **Exodermis** und im weiteren Verlauf des Dickenwachstums, durch das die Exodermis zerrissen wird, ein aus mehreren Zelllagen bestehendes **Periderm**.

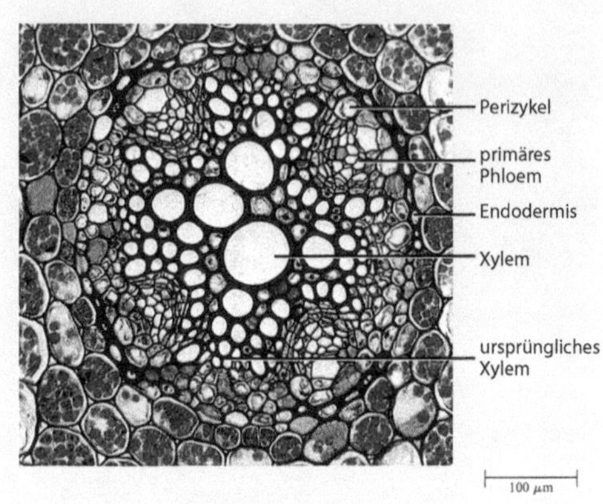


**Abb. 2.9** Querschnitt durch den Zentralzylinder der Wurzel einer Hahnenfuß-Art (Gattung *Ranunculus*). (Raven et al. 2006)

Beide Abschlussgewebe bestehen aus abgestorbenen Zellen mit eingelagerter Korksubstanz, wobei das Periderm auch Bildungsgewebe enthält, das für eine lebenslange Neubildung der später verkorkenden Zellen sorgt. Nach innen schließt sich an die Exo- beziehungsweise Rhizodermis ein parenchymatisches **Rindengewebe** an, das seinen inneren Abschluss in der **Endodermis** findet (Abb. 2.9). Die oberen, unteren und radialen Zellwände der Endodermis sind durch Einlagerungen von Lignin und fettartigen Substanzen quasi imprägniert und somit weitestgehend wasserundurchlässig. Dadurch werden Wasser und darin gelöste Stoffe auf dem Weg von der Wurzelrinde zum Transportgewebe im Wurzelinneren gezwungen, die Plasmamembranen der Endodermis zu passieren, wodurch diese eine wichtige Filterfunktion erhält (► Abschn. 3.1.2). Im innersten Bereich der Wurzel liegt der **Zentralzylinder** mit dem dort sternförmig angeordneten Xylem und dem dazwischen liegenden Phloem. Innerhalb der Endodermis befindet sich auch Bildungsgewebe zur kontinuierlichen Neubildung von Phloem- und Xylemzellen (das Kambium) sowie zur Bildung von **Seitenwurzeln** (der **Perizykel**).

Der **Spross** einer Pflanze unterteilt sich in die **Sprossachse**, die verzweigt sein kann und bei höherwüchsigen Pflanzen wie Bäumen und Sträuchern verholzt ist, und die **Blätter**. Wie die Wurzel, so vollzieht sich auch das Längenwachstum des Sprosses und seiner Seitentriebe an den Spitzen. Das äußere Abschlussgewebe des Sprosses wird durch Periderm

### Größeneinteilung von Wurzeln und Typen von Wurzelsystemen

Traditionell werden Wurzeln nach ihrem Durchmesser unterteilt (◘ Tab. 2.1). Die sehr dünnen **Fein-** und **Feinstwurzeln** bewerkstelligen den größten Teil der Aufnahme von Wasser und Mineralstoffen, zumal sie im Verhältnis zu ihrem Volumen eine große Oberfläche aufweisen, die zudem noch durch Wurzelhaare erheblich vergrößert werden kann. Bei vielen Pflanzen sind allerdings die Wurzelhaare durch Hyphen von Pilzen, mit denen die Pflanzen in einer mutualistischen Symbiose leben, funktionell ersetzt (► Abschn. 4.4.3). Fein- und Feinstwurzeln werden nur wenige Tage bis Wochen alt und bei mehrjährigen Pflanzen im Verlauf der Vegetationsperiode mehrmals neu produziert. Während die Aufnahme von Wasser auch durch Wurzeln mit einem Durchmesser von bis zu ungefähr 10 mm noch möglich ist, dienen diese und noch gröbere Wurzeln der langlebigen Gehölze im Wesentlichen der Verankerung der Pflanze im Boden. Diese **Grob-**, **Derb-** und **Starkwurzeln** sind auch verholzt und können ein ähnlich hohes Alter erreichen wie die Pflanze, durch die sie gebildet wurden.

Baumarten unterscheiden sich in der Architektur ihres Wurzelsystems (◘ Abb. 2.10). Bei einem **Pfahlwurzelsystem** wächst eine Hauptwurzel, die während der gesamten Lebensspanne des Baums erhalten bleibt, mehr oder weniger senkrecht in den Boden. In einem **Senkerwurzelsystem** stirbt die Hauptwurzel nach einer bestimmten Anzahl von Jahren ab und nachträglich gebildete Seitenwurzeln wachsen schräg oder senkrecht in den Boden. Die Wurzeln dieses Wurzelsystems können relativ große Bodentiefen erreichen, doch ist das Wurzelwerk nicht besonders dicht. Im Gegensatz dazu sind die Wurzeln des **Herzwurzelsystems** stark im Oberboden bis in wenige Dezimeter Tiefe konzentriert und bilden dort ein relativ dichtes Wurzelwerk aus.

◘ **Tab. 2.1** Einteilung von Wurzeln nach Größenklassen. (Nach Kreutzer 1961)

| Wurzelgrößenklasse | Durchmesser (mm) | Lebensdauer |
|---|---|---|
| Starkwurzeln (verholzt) | > 50 | Skelett oder Gerüstwurzeln, langlebig |
| Derbwurzeln (verholzt) | 20–50 | |
| Grobwurzeln (verholzt) | 5 bis < 20 | |
| Schwachwurzeln | 2 bis < 5 | |
| Fein- oder Saugwurzeln (unverholzt, oft mykorrhiziert) | < 2 | Kurzlebig |
| Feinstwurzeln (unverholzt, oft mykorrhiziert) | < 1 | |

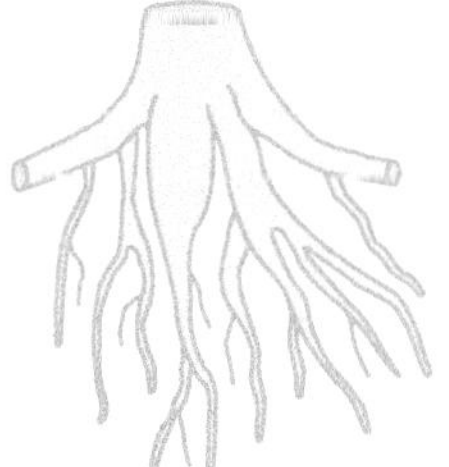

**Pfahlwurzelsystem**
Beispiele: Weißtanne *(Abies alba)*, Waldkiefer *(Pinus sylvestris)*

**a**

**Herzwurzelsystem**
Beispiele: Douglasie *(Pseudotsuga menziesii)*, Lärche *(Larix decidua)*, Birke *(Betula pendula)*, Buche *(Fagus sylvatica)*, Hainbuche *(Carpinus betulus)*

**b**

**Senkerwurzelsystem**
Beispiele: Fichte *(Picea abies)*, Eiche *(Quercus petraea, Q. robur* [nicht im Jugendstadium, dort Pfahlwurzelsystem!], Esche *(Fraxinus excelsior)*, Zitterpappel *(Populus tremula)*

**c**

◘ **Abb. 2.10** Grundtypen von Wurzelsystemen der Waldbäume. (Nach Braun 1982)

### Metamorphosen von Pflanzenorganen

Bei vielen Pflanzenarten haben die Grundorgane Wurzel, Spross oder Blatt oder Teile von ihnen im Verlauf der Evolution eine Gestalt- und Funktionsänderung, eine sogenannte **Metamorphose,** durchlaufen. Wurzeln können bei Kletterpflanzen wie dem Efeu (Gattung *Hedera*) zu **Haftwurzeln** umgebildet sein. **Stelzwurzeln** verleihen Mangrove-Pflanzen besseren Halt im Schlick der Küsten tropischer Meere und **Brettwurzeln** stützen hoch wachsende Bäume tropischer Tieflandregenwälder. Andere Metamorphosen der Wurzeln dienen der Speicherung von Nährstoffen, z. B. bei der **Speicherwurzel** der Karotte *(Daucus carota* Unterart *sativus)* und den **Wurzelknollen** mancher Orchideen sowie des Scharbockskrauts *(Ranunculus ficaria)*. Manche Aufsitzerpflanzen (Epiphyten; ▸ Abschn. 2.5), die sämtlich ohne Bodenkontakt existieren, können Niederschlagswasser über **Luftwurzeln** aufnehmen.

Auch Teile des Sprosses können, wie bei der Kartoffel *(Solanum tuberosum)* und dem Kohlrabi *(Brassica oleracea* Varietät *gongylodes)*, in Form verdickter **Sprossknollen** Speicherfunktion entwickelt haben. Bei manchen Arten fungieren auch **Rhizome** (unterirdische Sprossteile) als Speicherorgane; oft dienen sie aber, ebenso wie die oberirdischen Sprossausläufer oder **Stolonen,** der Ausbreitung der Pflanze. Vor allem in trockenen Regionen haben manche Arten wie insbesondere die Kakteen **Stammsukkulenz** entwickelt, indem sie in ihrem Rindenparenchym größere Mengen an Wasser speichern. Bei manchen Arten dieser Regionen wie dem Feigenkaktus (Gattung *Opuntia*) sind Sprossabschnitte zu abgeflachten und zur Photosynthese fähigen **Flachsprossen** umgebildet. Bei anderen Arten wie der Schlehe *(Prunus spinosa)* und dem Weißdorn (Gattung *Crataegus*) sind Kurztriebe des Sprosses vollständig zu **Dornen** umgeformt.

Bei Kletterpflanzen können zu **Sprossranken** umgebildete Sprosse als Halteorgane dienen. Parasitisch lebende Pflanzenarten haben Sprossabschnitte zu **Haustorien** umgeformt, mit denen sie das Leitgewebe ihrer Wirte anzapfen. Auch Blätter können wie bei der Gewöhnlichen Berberitze *(Berberis vulgaris)* oder manchen Kakteenarten zu **Dornen** umgewandelt sein. Bei Arten wie der Garten-Erbse *(Pisum sativum)* sind Blattabschnitte zu **Ranken** umgebildet. Am untersten Sprossteil gebildete **Niederblätter** können wie bei der Küchenzwiebel *(Allium cepa)* Speicherfunktion für Nährstoffe haben. Alle diese Metamorphosen können als Angepasstheiten an die speziellen Lebensweisen und Umweltbedingungen der Arten verstanden werden und sind daher von ökologischer Bedeutung.

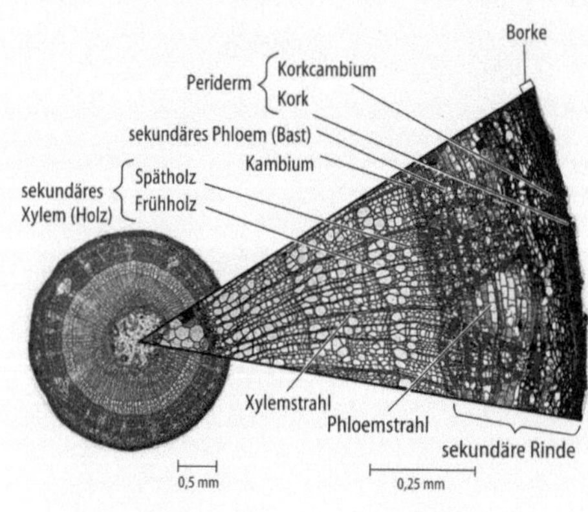


■ **Abb. 2.11** Anordnung der Gewebe in einem verholzten Stamm. (Aus: Campbell und Reece 2006, S. 881)

gebildet, das in vielen Baumarten bei Alterung durch eine vielschichtige, dicke **Borke** ersetzt wird, die auch Lagen abgestorbener Phloemzellen enthält (■ Abb. 2.11). Auf das innerhalb des Abschlussgewebes liegende Rindengewebe folgt nach innen (ähnlich wie bei der Wurzel, doch ohne Einlagerung wasserabweisender Stoffe in der Zellwand) auch im Spross eine Endodermis, die den Zentralzylinder umgibt. Im Zentralzylinder sind Xylem und Phloem oft konzentrisch angeordnet, wobei das Xylem innen und das Phloem außen liegt. Im innersten des Sprosses befindet sich das **Mark**.

Bei Nacktsamern und zweikeimblättrigen Pflanzen befindet sich zwischen Xylem und Phloem Bildungsgewebe (Kambium), das während der Wachstumsphasen neue Xylemzellen (nach innen) und Phloemzellen (nach außen) abgibt. Bei Nadelbäumen und zweikeimblättrigen Bäumen sind die Zellen des Kambiums im Sprossquerschnitt ringförmig zusammengeschlossen, sodass die Sprossachse (der Stamm) durch lebenslange Neuproduktion von Zellen jedes Jahr dicker wird. Dies bezeichnet man als **sekundäres Dickenwachstum**. Auf diese Weise ist der Stamm nach einigen Jahren seines Wachstums innerhalb des Kambiums nahezu vollständig von einem Holzkörper ausgefüllt, der allerdings mehr oder weniger regelmäßig von strahlenförmig angelegten Reihen aus Parenchymzellen durchsetzt ist. Diese Parenchymzellen erfüllen die wichtige Funktion eines Speichergewebes für Reservestoffe. Im Inneren des Holzkörpers sterben diese Parenchymzellen jedoch mit der Zeit ab, ebenso wie auch die dort befindlichen Xylemzellen ihre Funktionsfähigkeit verlieren. Diesen inneren Bereich des Holzkörpers bezeichnet man als **Kernholz**. Durch Einlagerung von Gerbstoffen ist das Kernholz mancher Baumarten dunkler gefärbt als das außen liegende **Splintholz**, dessen Zellen voll funktionsfähig sind. Da ein Baumstamm zwar jährlich dicker wird, sein Höhenwachstum aber von der Sprossspitze ausgeht, findet sich ein einmal in die Borke eingeritztes Zeichen auch nach vielen Jahren immer noch in derselben Höhe über der Bodenoberfläche.

Das **Blatt** ist an der Ober- und Unterseite durch eine **Epidermis** umhüllt, die – außer bei Wasserpflanzen mit untergetaucht lebenden Blättern – von einer wachsartigen Substanz, der **Cuticula,** bedeckt ist (◘ Abb. 2.12). Die Cuticula schränkt den Wasserverlust des Blattgewebes an die umgebende Luft stark ein und ist für Landpflanzen überlebenswichtig (► Abschn. 3.1.5). Einlagert in die Epidermis befinden sich paarig angeordnete **Schließzellen**, die in Abhängigkeit von der pflanzlichen Aktivität und von Umweltfaktoren dicht aneinander anliegen (und somit keinen nennenswerten Gasaustausch zwischen Blatt und Umgebungsluft ermöglichen) oder zwischen sich eine mehr oder weniger große **Spaltöffnung** (**Stoma** von altgr. „stóma" für Mund, Öffnung; Mehrzahl **Stomata**) freigeben, durch die $CO_2$ aus der Atmosphäre aufgenommen und dabei zwangsläufig auch Wasserdampf aus der Pflanze abgegeben wird (► Abschn. 3.1.5). Bei Landpflanzenarten befinden sich die Spaltöffnungen vorwiegend auf der Blattunterseite. Sie können aber auch auf der Blattoberseite (z. B. bei Schwimmblattpflanzen, deren Blätter der Wasseroberfläche aufliegen) oder auf beiden Blattseiten angeordnet sein. Im Blattinneren befindet sich das Blattzwischengewebe oder **Mesophyll**, in dessen chloroplastenbepackten Zellen Photosynthese betrieben wird. Bei vielen laubtragenden Pflanzen ist das Mesophyll noch unterteilt in das obere **Palisadenparenchym** mit lang gestreckten, dicht aneinander stehenden Zellen und das **Schwammparenchym** mit rundlichen Zellen, die zwischen sich relativ große, luftgefüllte Zellzwischenräume haben, durch die die Diffusion von $CO_2$ leichter (mit geringerem Widerstand) stattfinden kann. Im Inneren des Blatts findet sich das (oft mit Seitenverzweigungen versehene) Leitbündel mit Xylem und Phloem.

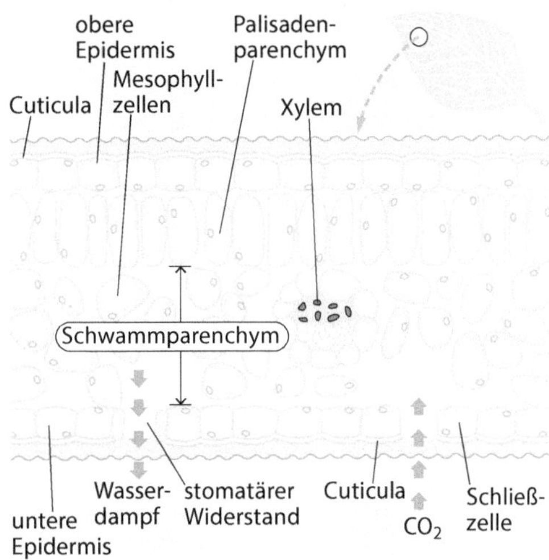


◘ **Abb. 2.12** Schematischer Querschnitt durch ein Laubblatt. (Nach Taiz und Zeiger 2006)

Die **Blüte** ist das für die geschlechtliche (generative) Fortpflanzung zuständige Organ der Pflanze. Bei vielen Arten der Bedecktsamer ist sie unterteilt in (oft grüne) **Kelchblätter**, die in der Evolution aus Laubblättern hervorgegangen sind, und **Blütenblätter**, die sich evolutiv aus **Staubblättern** gebildet haben. In den Staubblättern, den männlichen Geschlechtsorganen der Blüte, wird der **Pollen**, bestehend aus zahlreichen **Pollenkörnern**, gebildet. Diese repräsentieren die männlichen Geschlechtszellen, die nach **Bestäubung** der **Narbe**, die zusammen mit dem unter ihr sitzenden **Griffel** und den darunter befindlichen **Fruchtblättern** das weibliche Geschlechtsorgan der Blüte bildet, einen **Pollenschlauch** formen, der bis zur von den Fruchtblättern umgebenen **Eizelle** wächst und diese befruchtet. Aus der befruchteten Eizelle entsteht der **Embryo**, der zunächst noch von der Mutterpflanze ernährt wird. Der Embryo sowie gegebenenfalls ein zusätzlich gebildetes Nährgewebe sind von einer **Samenschale** umgeben. Auf diese Weise wird der **Samen** gebildet.

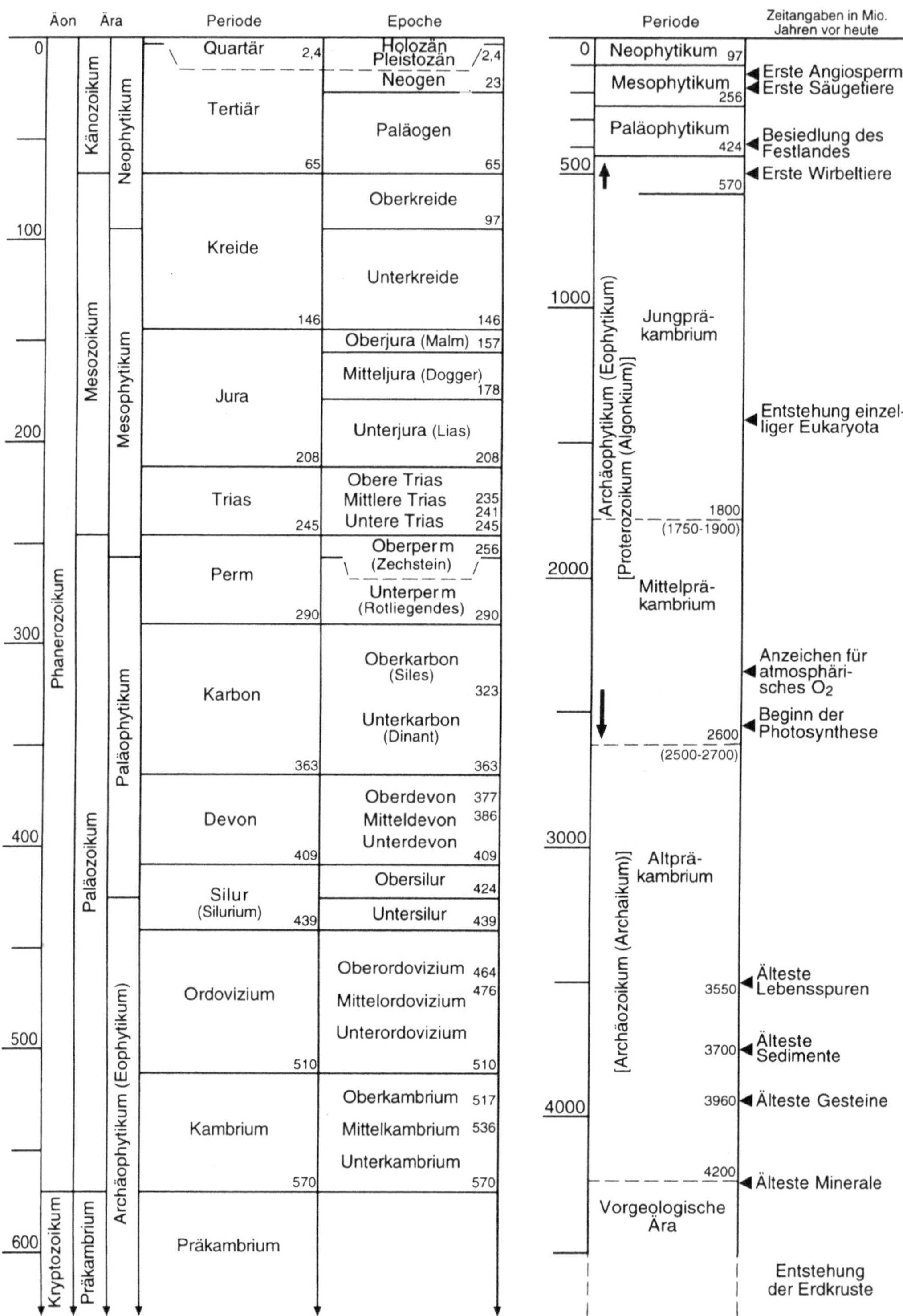


■ **Abb. 2.13** Überblick über die Erdzeitalter mit wesentlichen Stationen der Entwicklung des Lebens. (Frey und Lösch 2004)

## 2.3 Evolution der Landpflanzen und ihrer Strukturen

Nach der Entstehung der Erde vor 4,56 Mrd. Jahren bildete sich vor etwa 4 Mrd. Jahren als Produkt eines intensiven Vulkanismus eine erste dauerhafte Atmosphäre aus ungefähr 80 % Wasserdampf, 10 % $CO_2$ und 5–7 % Schwefelwasserstoff sowie kleineren Anteilen an molekularem Stickstoff ($N_2$), Wasserstoff und weiteren Verbindungen. Durch intensive ultraviolette Sonneneinstrahlung reicherten sich in ihr – u. a. durch photochemische Zerlegung von Wasserdampf, Methan ($CH_4$) und Ammoniak ($NH_3$) - $CO_2$ und $N_2$ an. Experimente haben gezeigt, dass aus den anorganischen Molekülen dieser Uratmosphäre unter Einwirkung elektrischer Entladungen (Blitze) organische Verbindungen entstehen können. Zu der Entstehung der ersten Lebensformen und deren Entwicklung bis zu den ältesten Eukaryoten (Lebewesen mit einem Zellkern) gibt es zahlreiche Hinweise und wissenschaftliche Theorien, die noch nicht alle als endgültig bestätigt gelten. Dennoch besteht in der Wissenschaft weitgehende Übereinstimmung über die entscheidenden Schritte auf dem Weg zum Leben (◘ Abb. 2.13).

Vorformen des Lebens waren vermutlich Ansammlungen solcher aus abiotischen Ausgangssubstanzen hervorgegangenen Moleküle, die von einer membranartigen Struktur umgeben und zu einfachen Vorgängen der Reproduktion und des Stoffwechsels befähigt waren. Die ersten heute noch fassbaren Formen des Lebens waren sogenannte **Stromatolithen**. Sie entstanden vor etwa 3,5 Mrd. Jahren in Küstenbereichen durch Ansammlungen cyanobakterienähnlicher Lebewesen und kalkiger Sedimentpartikel. Überbleibsel dieser Stromatolithe sind heute noch an der Küste Westaustraliens zu finden (◘ Abb. 2.14). Diese Lebewesen, die bis vor etwa 450 Mio. Jahren existierten, betrieben Photosynthese, in deren Verlauf molekularer Sauerstoff ($O_2$) entsteht. Zuerst wurde das gesamte, durch Photosynthese in die Atmosphäre freigesetzte $O_2$ bei der Oxidation mineralischer Oberflächen, z. B. von Gesteinen, verbraucht. Anschließend reicherte sich $O_2$ in der Atmosphäre an, sodass vor ungefähr 2,2 Mrd. Jahren eine $O_2$-haltige Atmosphäre entstanden war. Dadurch änderten sich die Lebensbedingungen auf der Erde grundlegend, denn nun waren diejenigen Lebewesen im Vorteil, die $O_2$ zur Atmung (Respiration) nutzen und somit durch Oxidation organischer Verbindungen die in diesen enthaltene Energie viel effizienter nutzen konnten (► Abschn. 3.2.6). Infolge der $O_2$-Anreicherung in der Atmosphäre entstand in der Stratosphäre durch Sonneneinstrahlung eine Schicht aus Ozon ($O_3$), die die in der Sonneneinstrahlung enthaltene UV-B-Strahlung im Wellenlängenbereich von 280 bis 315 nm stark absorbiert. Dadurch wird verhindert, dass ein Großteil der UV-B-Strahlung, die Schäden an der Erbsubstanz (DNA), an Biomembranen, Photosynthesepigmenten und Proteinen verursachen kann, bis zur Erdoberfläche durchdringt. Damit war eine entscheidende Voraussetzung für die Besiedlung der Landoberfläche durch Lebewesen geschaffen.

◘ **Abb. 2.14** Stromatolithe an der Küste Westaustraliens. (Pott 2005)

Im Vergleich zur Entwicklung der ersten Lebewesen nur etwa 1 Mrd. Jahre nach der Entstehung der Erde nahm die Evolution der ältesten Eukaryoten, die vor etwa 1,5 Mrd. Jahren entstanden, eine relativ lange Zeitdauer in Anspruch. Die ersten komplexeren mehrzelligen Lebewesen traten dauerhaft

**Abb. 2.15** **a** Bau einer frühen (Gattung *Parka*; nach Taylor 1988), **b** einer rezenten Landpflanze, eines in einer feuchten Umgebung lebenden Lebermooses

sogar erst vor ungefähr 600 Mio. Jahren auf, nachdem vor etwa 2,1 Mrd. Jahren wohl erste derartige Lebensformen entstanden waren.

Vor etwa 424 Mio. Jahren, in der geologischen Formation des oberen Silur, begann die Besiedlung des Landes durch Pflanzen. Zur Anpassung an das Leben auf Landoberflächen, auf denen sie beständig der Gefahr der Austrocknung ausgesetzt sind, mussten Pflanzen besondere Strukturen entwickeln, die für ihre im Wasser lebenden Vorfahren nicht überlebensnotwendig waren.

- Zur Verankerung im Boden müssen spezielle Organe gebildet werden. In der Evolution sind das zunächst Rhizoide, die reine Verankerungsfunktion haben, später echte Wurzeln, die den Hauptteil der pflanzlichen Wasseraufnahme übernehmen und mit Leitbündeln zum Transport von Wasser und Nährstoffen versehen sind.
- Die Photosynthese betreibenden Sprossabschnitte müssen vor zu starker Verdunstung geschützt sein, was durch einen wachsartigen Verdunstungsschutz (Cuticula) bewirkt wird.
- Um dennoch eine ausreichende $CO_2$-Aufnahme über die Pflanzenoberfläche zu gewährleisten, müssen die Photosynthese betreibenden Sprossabschnitte gasdurchlässige Strukturen aufweisen, was durch Spaltöffnungen mit Schließzellen, die in die Epidermis eingelagert sind, erreicht wird.
- Diejenigen pflanzlichen Organe, die Keimzellen (Gameten) bilden, müssen vor Austrocknung und mechanischen Schäden geschützt sein, was durch eine Wand aus sterilen Zellen bewirkt wird.
- Die Verbreitungseinheiten der Pflanzen (bei ursprünglicheren Landpflanzen die Sporen) müssen austrocknungsresistent sein (und sich idealerweise durch den Wind verbreiten lassen).

Der Evolutionsschritt hin zum Leben auf der Landoberfläche ist eng verbunden mit der Entwicklung eines **Embryos**. Er entsteht dadurch, dass sich die **diploide** (mit einem doppelten Chromosomensatz versehene) **Zygote**, die durch Verschmelzung zweier **haploider** (mit einem jeweils einfachen Chromosomensatz versehenen) Gameten gebildet wird, mehrfach teilt. So wird ein diploides Gewebe erzeugt, das noch **von der Mutterpflanze ernährt** und durch diese geschützt wird. Durch diese Eigenschaft unterscheiden sich Moose, Farne und Samenpflanzen, die so genannten **Embryophyta**, nicht nur von der Untergruppe der Grünalgen, aus der sie hervorgegangen sind, sondern auch von al-

**■ Abb. 2.16** *Cooksonia*, die älteste bekannte Gefäßpflanze (Obersilur, vor ca. 400 Mio. Jahren). Die Sprossachse erreichte eine Höhe von bis zu 2,5 cm. Am oberen Sprossende sind sporenproduzierende Strukturen erkennbar. Die Art wuchs wahrscheinlich auf schlammigen, ebenen Flächen in einer feuchten Umgebung. (Raven et al. 2006)

len anderen Organismengruppen, die zu der sehr heterogenen Gruppe der Algen gezählt werden.

Die ersten Landpflanzen waren flache, dem Untergrund dicht anliegende Gewebeverbände, ähnlich den heutigen Lebermoosen (■ Abb. 2.15). Die Ausbreitung dieser Pflanzen fand durch Sporen statt, die von einem speziellen, Sporen produzierenden Organ (Sporophyt) gebildet wurden. Sie kann aber umso effektiver erfolgen, je weiter der Sporophyt in die Höhe wächst: Die horizontale Sporentransportstrecke ist proportional zum Quadrat der Höhe des Sporenträgers. Daraus folgt, dass auch eine geringfügige Höhenzunahme des Sporophyten einen Reproduktionsvorteil durch eine Sporenverbreitung über weitere Distanzen ergibt. So werden auch bei vielen rezenten (heute existierenden) Moosarten Sporen in Sporophyten produziert, die deutlich über den Rest der Pflanze, durch die sie gebildet werden, hinauswachsen.

Bei einer fortschreitenden Zunahme des Höhenwachstums im Verlauf der Evolution reicht aber die Diffusion von Wasser und Mineralstoffen zur Versorgung der weiter oben an der Pflanze befindlichen Organe nicht mehr aus. Spezialisierte **Xylemzellen** werden nun gebildet, die den Transport des Wassers und der darin gelösten Mineralstoffe übernehmen. Deren verholzte Zellwände sorgen auch für zusätzliche Stabilität der in die Höhe wachsenden Sprossachse. Die Gruppe der Pflanzen, die ein derartig spezialisiertes Transport- und Stützgewebe besitzen, bezeichnet man als **Gefäßpflanzen** oder **Tracheophyten.** Zu ihnen gehören die Farnpflanzen (Schachtelhalm- und Bärlappgewächse sowie Farne im engeren Sinn) und die Samenpflanzen, nicht aber die Moose, die über ein solches spezialisiertes Gewebe nicht verfügen und auch nur Höhen von wenigen Dezimetern erreichen können. Nach derzeitigem Erkenntnisstand enthält die Gattung *Cooksonia* die ersten Gefäßpflanzen im Verlauf der Evolution (■ Abb. 2.16). Diese Pflanzen lebten im Obersilur (vor ca. 400 Mio. Jahren) wahrscheinlich auf schlammigen, ebenen Flächen in feuchter Umgebung. Ihre gabelig (dichotom) verzweigten und mit Spaltöffnungen versehenen Sprossachsen waren bis zu 2,5 cm hoch. An ihrer Spitze befanden sich die sporenproduzierenden Strukturen.

Im Verlauf des **Devon** nahmen die Sprosshöhen und damit auch die Durchmesser der Sprossachsen immer mehr zu (► Box Stabilität und Evolution lebender Sprossachsen). Vor etwa 380 Mio. Jahren, im Zeitalter des Oberdevon, war mit der Gattung *Archaeopteris* (Urfarn) der erste moderne Baum entstanden (■ Abb. 2.17). Er wurde bis ungefähr 20 m hoch und besaß wie die heutigen Bäume seitliche Verzweigungen des oberen Sprossabschnitts. Wasser- und Mineralstofftransport fanden in einem Holzkörper statt, Photosyntheseprodukte wurden in einem Phloem transportiert.

Im gleichmäßig feucht-warmen Klima des **Karbon** waren vor 363 bis 290 Mio. Jahren in Europa, insbesondere im heute mitteleuropäischen Raum, sowie in Sibirien, Ostasien und Nordamerika **Steinkohlewälder** weit verbreitet, die sich aus bis zu 40 m

**Abb. 2.17** *Archaeopteris*, der erste moderne Baum. (Nach Stewart und Rothwell 1993)

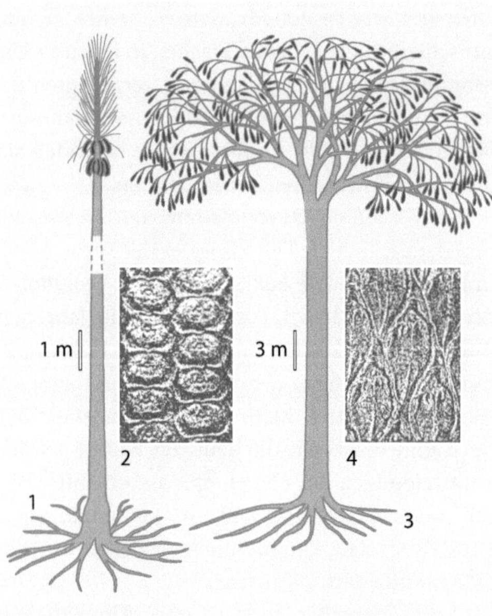


**Abb. 2.18** Bärlapp-Bäume mit Blattpolstern (ursprünglichen Ansatzstellen abgefallener Blätter). *Sigillaria* (*1*) mit Blattpolstern (*2*); *Lepidodendron* (*3*) mit Blattpolstern (*4*; nach Frey und Lösch 2004)

hohen **Bärlapp-** und **Schachtelhalmbäumen** zusammensetzten (Abb. 2.18). In dem sumpfigen Untergrund, auf dem diese Bäume wuchsen, wurde abgestorbenes und zu Boden gefallenes Pflanzenmaterial wegen des dort herrschenden Sauerstoffmangels kaum zersetzt. Durch ständige Ablagerungen von Sedimenten über Millionen von Jahren hinweg wurde dieses Material stark zusammengepresst und wandelte sich dabei in **Steinkohle** um. Wegen der unzureichenden Zersetzung eines Großteils des organischen Materials im Karbon wurde entsprechend wenig $CO_2$ an die Atmosphäre abgegeben und auch wenig $O_2$ aus der Atmosphäre verbraucht. Die $O_2$-Konzentration stieg somit vom Unteren Devon bis in das Karbon hinein von ungefähr 21 % auf bis zu etwa 30 % an, während die $CO_2$-Konzentration im selben Zeitraum von 0,3 auf 0,03 % absank. Die $O_2$-Anreicherung der Luft führte zur Entwicklung von riesigen Fluginsekten, die davon profitierten, dass $O_2$ nun besser durch ihr Tracheensystem zu ihren Organen diffundieren konnte und der Luftauftrieb durch den erhöhten $O_2$-Gehalt der Luft stärker war. Die starke $CO_2$-Abnahme war aber wegen des nun schwächeren natürlichen Treibhauseffekts auch ein wesentlicher Grund dafür, dass im anschließenden Zeitalter des **Perm** ein kühleres und trockeneres Klima herrschte. Die Steinkohlewälder und mit ihnen auch die Rieseninsekten waren nun verschwunden. Längeren Bestand hatten dagegen die Arten der **Gondwana-Flora,** die sich – zeitlich parallel zu den Steinkohlewäldern der Nordhemisphäre – auf den unter dem Begriff Gondwana zusammengefassten Kontinenten der Südhemisphäre in kühl-gemäßigtem Klima entwickelt hatten. Sie breiteten sich nun bis weit in die Nordhemisphäre aus. Leitform dieser Flora ist die Gattung *Glossopteris*, ein strauch- bis baumförmiger **Samenfarn** mit langen, zungenähnlichen Blättern (altgr. „glossa“ für Zunge). Diese Pflanzen besaßen nun echte **Samen**, also einen Embryo, der von einer festen Hülle umgeben ist, innerhalb derer sich meist auch noch Nährgewebe für die Entwicklung des Embryos befindet. Möglicherweise war *Glossopteris* die Ausgangsform für die Evolution der Palmfarne (Cycadeen), der Koniferen der Südhemisphäre und der Bedecktsamer.

Während des Übergangs vom Ober-Perm oder **Zechstein** (vor 256 Mio. Jahren) bis zur Unteren **Trias** (vor 240 Mio. Jahren) führte eine Trocken-

### Stabilität und Evolution lebender Sprossachsen

Aufgrund von Berechnungen des Schweizer Mathematikers und Physikers Leonhard Euler (1707–1783) lässt sich auch für lebende Strukturen wie Sprossachsen von Pflanzen eine Beziehung zwischen der maximal erreichbaren Höhe und dem Durchmesser aufstellen. Für Pflanzenstämme gilt

$$H_{\max} = C \cdot \left(\frac{E}{\rho}\right)^{\frac{1}{3}} \cdot D^{\frac{2}{3}},$$

wobei $H_{max}$ die maximale Höhe in Metern bezeichnet, die ein Stamm erreichen kann, ohne unter seinem eigenen Gewicht zusammenzubrechen. Der Term *C* ist eine Proportionalitätskonstante und *E* der Elastizitätsmodul nach Young, eine als Druckeinheit (hier $kN/mm^2$) angegebene Größe, die die Belastungsgrenzen bestimmter Materialien angibt. Je größer *E* ist, desto geringer ist die Deformation des Körpers bei Belastung (bei Holz beträgt *E* parallel zur Faser 7–20 $kN/mm^2$; im Vergleich dazu weist Aluminium einen *E*-Wert von 70 $kN/mm^2$ auf). Die Variable $\rho$ (in $kg/m^3$) steht für die Dichte des Gewebes und *D* für den Stammdurchmesser (in m).

Aus dieser Beziehung lässt sich nun die maximale Höhe von Sprossachsen mit einer bestimmten stofflichen Zusammensetzung ermitteln (◘ Abb. 2.19). In der Gruppe der ursprünglicheren Landpflanzen sind auch die Laubmoose, die im Gegensatz zu den Lebermoosen höher wachsende Stämmchen und Sporenträger ausbilden, unverholzt und in ihrer Stabilität auf den durch ihren Wassergehalt bedingten Innendruck (hydrostatischen Druck) angewiesen. Damit lässt sich keine besonders große Höhe erreichen; sie beträgt maximal 70 cm bei Moosen der Gattung *Dawsonia*, die in Australien und Südostasien verbreitet sind. Diese Höhe wird aber nur dadurch erreicht, dass diese Pflanzen über einen besonderen Zelltyp (Stereiden) mit besonders verdickten Zellwänden verfügen. Der Spross etlicher krautiger Pflanzenarten ist bereits durch Sklerenchymfasern verstärkt und kann daher höher wachsen. Manche Palmenarten mit ihren weitgehend verholzten Sprossachsen können nun Höhen erreichen, die ihre rechnerische Maximalhöhe überschreiten; dies wird durch Verstärkungen in Form von verholzten Ansätzen abgestorbener Blätter im äußeren Stammbereich bewirkt. So werden Palmen der Gattung *Ceroxylon*, die in Bergregionen des nördlichen Südamerika vorkommen, bis zu über 60 m hoch. Die größten Stammhöhen werden aber von Nadelbäumen erreicht, die ebenso wie Laubbäume über einen nahezu vollständig verholzten Stamm verfügen: Als nachweislich höchste jemals gemessene Höhe gilt ein Wert von 126 m, ermittelt bei einer Douglasie *(Pseudotsuga menziesii)*, eines im Westen Nordamerikas wachsenden Nadelbaums. Die maximale Höhe von Bäumen wird allerdings nicht nur durch mechanische Einschränkungen, sondern auch durch die Anforderungen an den Wassertransport von der Wurzel in die Krone und die Wasserversorgung der Blätter bestimmt (► Abschn. 3.1.3).

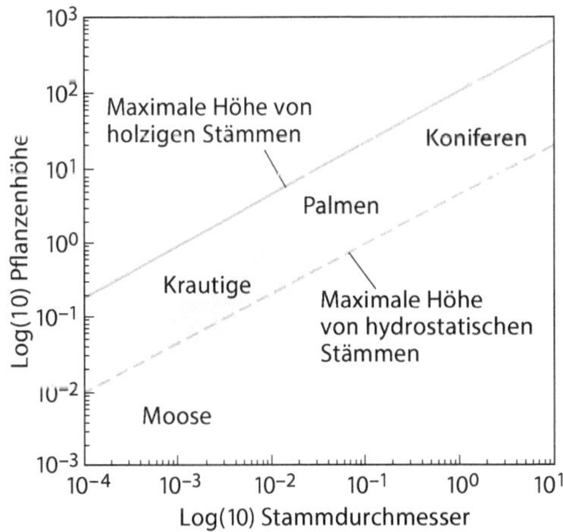


◘ **Abb. 2.19** Sprosshöhen (logarithmierte Meter-Werte) in Abhängigkeit vom Sprossdurchmesser (logarithmierte Meter-Werte) bei verschiedenen Gruppen von Landpflanzen. (Nach Niklas 1997)

Bei den frühen Landpflanzen mit einem senkrecht wachsenden Spross, die den Gasaustausch über die gesamte Sprossoberfläche vollzogen und Photosynthese in Zellen der äußeren Sprossrinde betrieben, trat aber bald ein Konflikt zwischen Photosynthese- und Stützfunktion auf: Sowohl Photosynthese als auch Festigung wird idealerweise durch Gewebe direkt unterhalb der Achsenoberfläche erreicht; es gibt aber keinen Gewebetyp, der in hohen Sprossachsen gleichzeitig die Photosynthese- und die Festigungsfunktion ähnlich gut erfüllen kann. In der Evolution der Pflanzen vollzog sich nun eine Entwicklung von einer Sprossachse mit einer photosynthetisch aktiven Rinde und einer zentralen hydrostatisch wirksamen Säule über die Ausbildung von Festigungsgewebe zwischen dieser Säule und der Rinde bis zu einer vollständigen Funktionstrennung der Gewebe: Die nun nahezu vollständig verholzten Sprossachsen höherer Stämme dienten nur noch der Festigung und dem Transport von Wasser und Mineralstoffen, während die Photosynthesefunktion von dafür spezialisierten Organen, den Blättern, übernommen wurde (◘ Abb. 2.20).

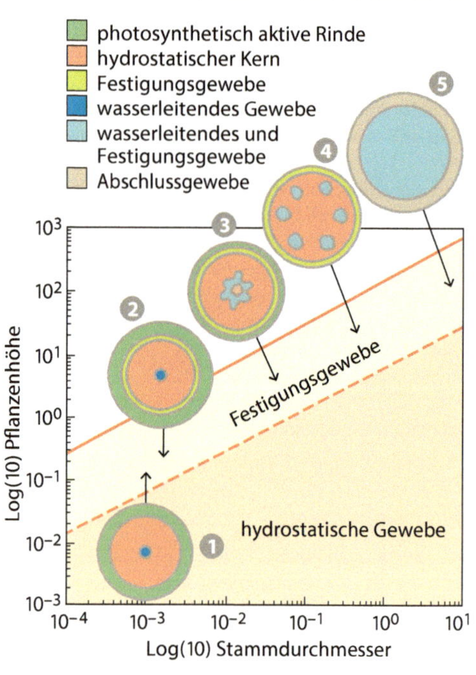


◘ **Abb. 2.20** Evolutive Entwicklung der Gewebe in Sprossachsen hin zu einer Spezialisierung auf Stütz- und Stoffleitungsfunktion. *1* Hydrostatischer Kern mit schmaler Säule wasserleitenden Gewebes, Rinde aus photosynthetisch aktivem Gewebe; *2* zusätzliche Ausbildung von Festigungsgewebe zwischen Kern und Rinde; *3* Erweiterung von Leit- und Festigungsgewebe, Reduktion des photosynthetisch aktiven Gewebes, Ausbildung spezialisierter photosynthetisch aktiver Organe; *4* Wasserleitungs- und Festigungsgewebe in der Achsenperipherie, fast vollständige Reduktion der photosynthetisch aktiven Rinde; *5* sekundäres Xylem (als Ergebnis des sekundären Dickenwachstums; ► Abschn. 2.2.2) und Periderm füllen nahezu die gesamte Sprossachse aus. (Nach Niklas 1997)

periode zum Rückgang der *Glossopteris*-Flora. In diesem Zeitraum gelangten **Nacktsamer (Gymnospermen)** zur Dominanz, bei denen sich die **Blütenbestäubung**, v. a. durch Wind, entwickelte. Ab der Mittleren Trias (vor etwa 240 Mio. Jahren) herrschte wiederum ein warm-feuchtes Klima, in dem neben Nacktsamern auch Schachtelhalme und Farne zahlreich vorkamen. Die Zeit des **Jura** bis zur Unteren **Kreide** (vor 208–97 Mio. Jahren) war durch warmes bis heißes und feuchtes Klima geprägt, in dem Palmfarne weit verbreitet waren und sich die Gattungen *Ginkgo* und *Araucaria* stark ausbreiteten. Insbesondere die Gattung *Araucaria* war im Jura- und Kreidezeitalter weit verbreitet; heutzutage dagegen kommt sie nur noch in relativ kleinen, weit voneinander entfernten (disjunkten) Arealen im südlichen Südamerika, Neuguinea, östlichen Australien und auf diesem vorgelagerten Inseln vor.

Im Zeitraum von der **Unteren** bis zur frühen **Oberen Kreide**, vor 140 bis 90 Mio. Jahren, breiteten sich aus einer bisher noch nicht bekannten Ursprungsregion (möglicherweise aus den damaligen tropisch-subtropischen Regionen oder dem südlichen Gondwana-Bereich) die **Bedecktsamer (Angio-**

**spermen)** aus. Neben einer nun stärker differenzierten Blütenhülle um ursprünglich zwittrige Blüten sind bei ihnen die Samenanlagen von geschlossenen Fruchtblättern umgeben. Man nimmt an, dass diese Ausdifferenzierung eine parallele Evolution – eine **Koevolution** – zwischen der Entwicklung von Formen der Blüten und den sie bestäubenden Tieren, insbesondere den Insekten, in Gang setzte. Die Beteiligung der Fruchtblätter und gegebenenfalls weiterer Blütenorgane ermöglichte bei den Bedecktsamern auch die Ausbildung einer Vielzahl unterschiedlicher Samen- und Fruchtformen und damit ganz unterschiedlicher Formen der Ausbreitung (▶ Abschn. 5.3). Auch die Wuchs- und Lebensformen dieser Pflanzengruppe differenzierten sich stark aus – von krautig bis baumförmig und von einjährig bis ausdauernd. Die Anatomie erfuhr ebenfalls eine Differenzierung, insbesondere die des Xylems, das durch Ausbildung spezialisierter wasserleitender und stützender Zellen nun viel heterogener wird als das sehr einheitliche Xylem der Gymnospermen (▶ Abschn. 3.1.3). Durch diese morphologische und ökologische **Plastizität** waren Bedecktsamer gut an stark unterschiedliche Lebensräume und auch an Änderungen der Umweltbedingungen angepasst.

Im Zeitraum der **Oberen Kreide,** vor 97–65 Mio. Jahren, stieg die Temperatur an und es wurde trockener. Wahrscheinlich begünstigte dies die Ausbreitung der anpassungsfähigeren Angiospermen, nachdem zu Beginn der Oberkreide die Gymnospermen noch vorgeherrscht hatten. Zu Beginn des **Tertiärs**, vor etwa 65 Mio. Jahren, gab es bereits eine große Artenfülle der Angiospermen mit ersten großen, baumkronenbildenden Formen, die in den Wäldern zunächst noch mit Nadelholzarten gemischt waren. Das **Alttertiär** oder **Paläogen** vor 65–23 Mio. Jahren, das die Zeitabschnitte Paläozän, Eozän und Oligozän umfasst, war durch das bisher letzte globale Klimaoptimum geprägt. Weltweit herrschte warmes und ausgeglichenes (sub-)tropisches Klima, das die Ausbreitung einer tropisch-subtropischen Regenwaldflora begünstigte. Dazu kamen – je nach Breitengrad und Höhenlage – immergrüne Laubwälder und sommergrüne Laub- und Nadelmischwälder. In diesem Zeitraum bildete sich auch die nordische (arktotertiäre) Flora mit vielen heute noch existierenden Baumgattungen wie Fichte *(Picea)*, Kiefer *(Pinus)*, Ahorn *(Acer)*, Birke *(Betula)*, Buche *(Fagus)*, Eiche *(Quercus)*, Erle *(Alnus)*, Pappel *(Populus)*, Weide *(Salix)* und anderen Gattungen aus. Diese Gattungen waren im gesamten zirkumpolaren Raum verbreitet und bildeten den Grundstock des heutigen holarktischen Florenreichs (▶ Abschn. 7.3.1).

## 2.4 Veränderungen der Vegetation in Jungtertiär und Quartär

Das **Jungtertiär** (Neogen) umfasst den Zeitraum von 23 bis knapp 2,6 Mio. Jahren vor unserer Zeit. Sein erster Abschnitt war das **Miozän**. Vom Eozän bis zum Miozän waren größere Bereiche Mitteleuropas von Sumpfwäldern geprägt, deren organische Reste zusammen mit organischen Ablagerungen in Seen die Ausgangsstoffe für **Braunkohle** bildeten, die im Verlauf von Jahrmillionen nach Überdeckung mit mineralischen Ablagerungen durch Luftabschluss und Druck entstand. Weit verbreitete Gattungen dieser **Braunkohlewälder** waren die nacktsamigen Mammutbäume *(Sequoia)* und Sumpfzypressen *(Taxodium)* sowie etliche weitere Arten, die während der späteren Eiszeit in Mitteleuropa ausstarben und heute nur noch in den wärmeren Regionen Nordamerikas vorkommen. Aus der Zeit der Braunkohlewälder stammt auch der Ausgangsstoff des aus der chemischen Substanz Succinit bestehenden **Bernsteins**, der aus gelblichem bis bräunlichem Harz von Kiefernarten hervorging.

Durch die Verschiebung von Landmassen in geografisch höhere Breiten entstanden im Miozän Eiskappen an den Polen und die Temperaturen nahmen im globalen Maßstab ab. Die Gebirgsbildungen von Anden, Alpen und Himalaja führten zur Entstehung weiträumiger Regenschatten. Dadurch wurde das Klima auch in Europa kontinentaler und die Floren- und Vegetationszonen verschoben sich nach Süden. Vormals in Europa verbreitete Bestandteile einer tropischen Flora kamen nur noch als Relikte im Mittelmeerraum vor, dafür verlagerte sich die arktotertiäre Flora nach Süden und bildete den Grundstock der heutigen Vegetation Mitteleuropas. Die kalten Regionen Europas sind seit dem Tertiär von Nadelbäumen geprägt, die besser an die physiologische Trockenheit im Winter angepasst sind (▶ Abschn. 3.4.1.3). Am Ende des **Pliozäns** (Zeitabschnitt vor 5,3–2,6 Mio. Jahren) war das Klima in Mitteleuropa dem heutigen sehr ähnlich.

Mit dem **Pleistozän (Diluvium)** begann vor 2,4 Mio. Jahren das bis heute andauernde **Quartär**. Mit seinem Verlauf bis vor 12.000 Jahren ist das Pleistozän das bisher jüngste **Eiszeitalter**. Der Begriff Eiszeitalter, der teilweise gleichbedeutend mit dem Begriff Eiszeit verwendet wird, bezeichnet korrekterweise einen längeren erdgeschichtlichen Zeitraum, in dem mindestens einer der beiden Pole ganzjährig vereist ist (demzufolge befinden wir uns heute immer noch in einem Eiszeitalter). Ein Eiszeitalter kann in Kaltzeiten (Glaziale; oft einfach Eiszeit genannt) und Warmzeiten (Interglaziale) unterteilt sein. Ursache für die Entstehung der Kaltzeiten ist vermutlich eine Kombination aus der Verteilung der großen Landmassen auf der Erdoberfläche und astronomischen Phänomenen wie periodischen Änderungen der Erdumlaufbahn (Exzentrizität) sowie der Neigung und der Kreisbewegung der Erdachse; der genaue Wirkungsmechanismus ist aber bisher noch nicht restlos geklärt.

Das Pleistozän war durch extreme Klimaschwankungen und eine schnelle Abfolge von Kalt- und Warmzeiten geprägt. Die Kaltzeiten des Mittelpleistozäns (vor 781.000–126.000 Jahren) und des Jungpleistozäns (vor 126.000–12.000 Jahren) waren dabei kälter und länger als die Kaltzeiten des Altpleistozäns, wogegen die letzte Warmzeit nur 11.000 Jahre dauerte. Zum Höhepunkt der Vergletscherung im Pleistozän waren bis zu zwei Drittel des europäischen Festlands mit Eis bedeckt, wobei das Eis eine Mächtigkeit von bis zu 3000 m erreichte. In den Alpen lag die Schneegrenze ungefähr 1200 bis 1400 m tiefer als heute. Zwischen dem nordischen Eisschild und den Alpengletschern lag zeitweise nur ein schmaler Korridor von etwa 280 km Breite. Bis an den Nordrand der Mittelmeerländer bildeten sich **Permafrostböden**, die bis in bestimmte Bodentiefen dauerhaft gefroren waren. Entlang der Eisschilde lagerte sich in breitem Saum **Löss** ab, ein im Wesentlichen aus der Korngrößenart Schluff (▶ Abschn. 3.1.2) bestehendes Sediment, das durch Wind aus den Kältesteppen herangeweht wurde. Durch die Festlegung riesiger Wassermassen in Form von Eis sank der Meeresspiegel um bis zu 200 m ab. In Mitteleuropa sanken die Jahresmitteltemperaturen um 8–12 °C, in tropischen Gebieten um 4–8 °C. In den Warmzeiten (Interglazialen) dagegen waren die Temperaturen teilweise höher als heute, im letzten Interglazial vor 128.000–117.000 Jahren um etwa 3 °C.

Im Verlauf der Kaltzeiten wurde die Waldflora in südliche Rückzugsgebiete verdrängt. Einige stärker wärmebedürftige Arten starben in Mitteleuropa bereits am Übergang vom Pliozän zum Pleistozän aus, da sie wegen des Ost-West-Verlaufs der Alpen keine Rückzugsmöglichkeiten nach Süden hatten (◘ Abb. 2.21). In Nordamerika dagegen, wo die größeren Gebirgszüge vornehmlich in Nord-Süd-Richtung verlaufen, zogen sich die Arten auf breiter Front nach Süden zurück und drangen nach Ende der letzten Kaltzeit wieder nach Norden vor. Wegen dieser Unterschiede in der Geografie ist die mitteleuropäische Waldflora heutzutage deutlich artenärmer als die Waldflora Nordamerikas.

Anstatt des Waldes breiteten sich in Mitteleuropa baumlose Steppen und Tundren (Kältesteppen; ▶ Abschn. 7.6.6) in eisfreie Gebiete aus. Während der Kaltzeiten des Mittel- und Jungpleistozäns, im Zeitraum von 780.000 bis etwa 12.000 Jahren vor unserer Zeit, gab es in Mitteleuropa kaum noch größere Waldflächen. Waldarten überdauerten in kleinen, isolierten Gehölzpopulationen im Süden und Südosten Europas und in Südwestasien, rückten während der Warmzeiten aber teilweise wieder nach Norden vor.

Eine derartige **subarktische Tundrenvegetation** herrschte in Mitteleuropa auch gegen Ende der letzten Kaltzeit vor etwa 14.000 Jahren.

Zwergstrauchgesellschaften enthielten Zwergbirke *(Betula nana)* und Weidenarten (Gattung *Salix*). **Steppentundra** bestand aus Steppenpflanzen wie z. B. Beifußarten (Gattung *Artemisia*), Gänsefußgewächsen (zur Familie Amaranthaceae gehörend) und Süßgräsern (Familie Poaceae). Besonders charakteristisch für diese Flora ist die heute nur noch in den Gebirgen Mittel- und Südeuropas und in den arktischen Regionen der Nordhemisphäre vorkommende Silberwurz *(Dryas octopetala)*. Nach dieser **Leitart** wird diese Flora auch als **Dryas-Flora** bezeichnet.

Überlebende Gehölzarten hatten sich in **Gehölzrefugien** der submontanen Lagen süd- und südosteuropäischer Gebirge (Süd- und Südwestrand der Alpen, Balkan, Südrand der Karpaten, südliches Griechenland) oder an die südliche

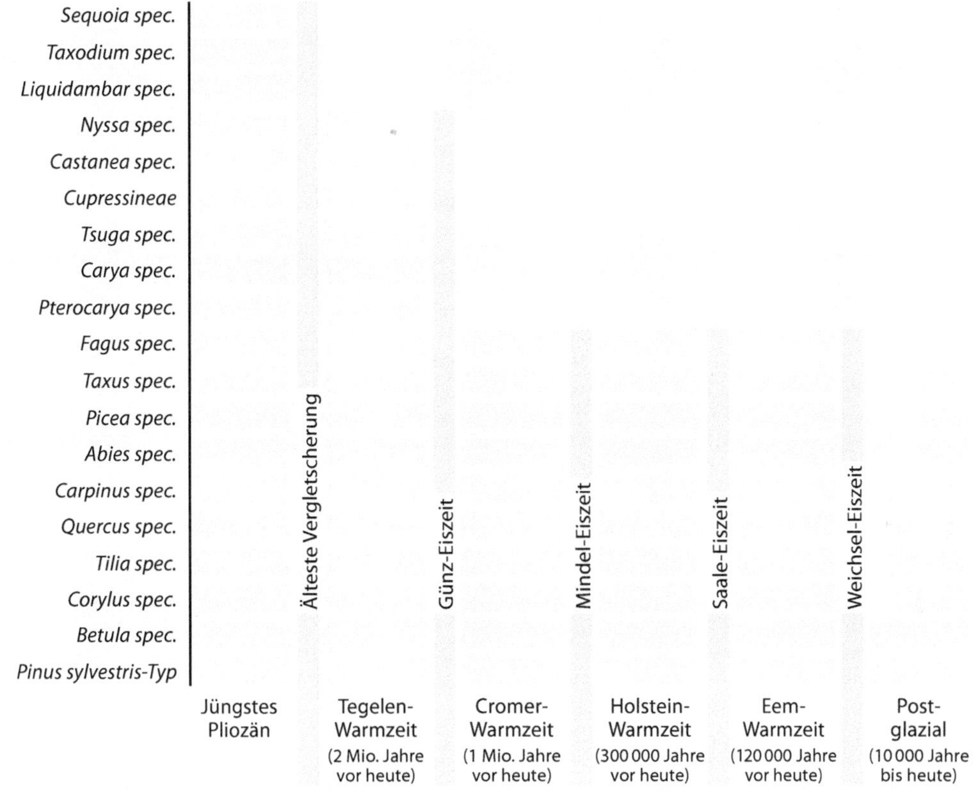


**Abb. 2.21** Aussterben von Arten der mitteleuropäischen Gehölzflora im Verlauf der Kaltzeiten des Pleistozäns. *Ockerfarbene Markierungen* zeigen das Vorhandensein der jeweiligen Gehölzgattung an. (Nach Beierkuhnlein 2007)

Schwarzmeerküste oder bis zur Südküste des Kaspischen Meeres zurückgezogen. Manche überdauerten auch in relativ warmen und feuchten Flussniederungen. Nach der letzten Kaltzeit wanderten sie je nach Gehölzart und Rückzugsgebiet auf unterschiedlichen Wegen, vornehmlich aber entlang Nord-Süd-orientierter Flusssysteme und in großen Quertälern der Gebirgszüge, wieder nach Mitteleuropa zurück.

Die ersten Baumarten, die wieder nach Mitteleuropa vorrückten, waren Birken, Weiden und Kiefern. Nach einer ersten Ausbreitung von lichten Wäldern und Weidengebüschen kam es während einer Trockenperiode zu einer erneuten Ausdehnung von Steppen, bis zu Beginn des bis heute andauernden **Holozäns** erneut waldfähige Lebensräume entstanden. Der Beginn des **Atlantikums** vor etwa 8000 Jahren ist auch der Beginn des Klimaoptimums nach der letzten Kaltzeit. In dieser Periode, die auch als **Mittlere Wärmezeit** oder **Eichenmischwaldzeit** bezeichnet wird, kam es zu einer weiten Verbreitung von Laubmischwäldern mit Eiche *(Quercus)*, Linde *(Tilia)*, Ulme *(Ulmus)* sowie zusätzlich Waldkiefer *(Pinus sylvestris)* im östlichen Mitteleuropa und Rotfichte *(Picea abies)* in den östlichen Mittelgebirgen. Die **Jüngere Eichenmischwaldzeit** schließlich war der wärmste Abschnitt der Nachkaltzeit mit günstigen Feuchtebedingungen. In versumpfenden Niederungen breiteten sich Bruch- und Auenwälder mit Erle *(Alnus)* und Esche *(Fraxinus)* aus, in den südöstlichen Mittelgebirgen Mitteleuropas die Rotfichte und von Süden und Südosten Mitteleuropas die Weißtanne *(Abies alba)* und schließlich die Rotbuche *(Fagus sylvatica)*. Während des **Subboreals** (vor ungefähr 5000–2500 Jahren), in der **späten Wärmezeit** oder

## Rekonstruktion von Klima und Vegetation

Eine Rekonstruktion des Klimas und der Vegetation der Nacheiszeit ergibt sich aus Kombinationen verschiedener bio- und geowissenschaftlicher Methoden. Bei der **Pollenanalyse** und dem durch sie vertretenen Wissenschaftsgebiet der **Palynologie** werden Bohrkerne aus Sedimenten von Mooren, Sümpfen oder Seen auf ihre Gehalte an Pflanzenpollen untersucht, die jeweils typisch für bestimmte Pflanzengruppen oder sogar Pflanzenarten sind (◘ Abb. 2.22). Da man weiß, unter welchen Klimabedingungen bestimmte Pflanzentaxa gedeihen, lässt sich aus dem Vorkommen und der relativen Häufigkeit der Pflanzenpollen in den verschiedenen Schichten der Bohrkerne auf das Klima des Zeitraums schließen, in dem die Arten in der Region vorkamen und die Pollen in der entsprechenden Sedimentschicht abgelagert wurden. Das Alter dieser Schicht lässt sich wiederum mit der **Radiokarbonmethode** datieren, die auf dem Zerfall des natürlicherweise in organischer Substanz vorkommenden radioaktiven Kohlentoffisotops $^{14}C$ beruht. Auf diese Weise ist eine Klimarekonstruktion für die pollenanalytisch erfassten Zeiträume möglich.

In der **Dendrochronologie** nutzt man die Breite der Jahrringe von Bäumen zur Rekonstruktion des Klimas. Die Jahrringe sind in Jahren mit günstiger Witterung (feucht und warm) deutlich größer als in Jahren mit ungünstigeren Wachstumsbedingungen (kalt oder trocken). Über die Jahre hinweg ergeben die Jahrringbreiten ein Muster, das dem eines Barcodes ähnelt. Aus diesen Mustern erstellt man nach bestimmten Kriterien standardisierte Jahrringkurven. Diese Jahrringkurven aus Stammbohrkernen oder aus Stammquerschnitten frisch gefällter Bäume kann man mit Witterungsdaten der vergangenen Jahrzehnte vergleichen und erhält dann ein Reaktionsprofil der Baumart für bestimmte Klimabedingungen. Jahrringkurven lassen sich auch von abgestorbenen Bäumen gewinnen, die in Seen, Sümpfen oder Mooren unzureichend zersetzt wurden, oder auch von Baumstämmen, die in Holzhäusern verbaut wurden. Indem man nun die Anfangs- und Endabschnitte der Jahrringkurven von Bäumen, die zu verschiedenen Zeiten abgestorben oder gefällt worden sind, miteinander zur Deckung bringt, lassen sich Zeitreihen oder **Chronologien** erstellen, die immer weiter in die Vergangenheit zurückreichen. Aus der Abfolge der Jahrringbreiten lässt sich dann das Klima der entsprechenden Region rekonstruieren. Vor allem aus den Jahrringkurven von Eichen und Kiefern ließen sich Chronologien erstellen, die bis zu ungefähr 9000 Jahre in die Vergangenheit zurückreichen. Eichen sind für derartige Chronologien besonders gut geeignet, da sie zwangsläufig in jedem Jahr ihres Lebens einen neuen Jahrring ausbilden, während manche anderen Baumarten in Jahren mit ungünstiger Witterung u. U. keinen neuen Jahrring formen.

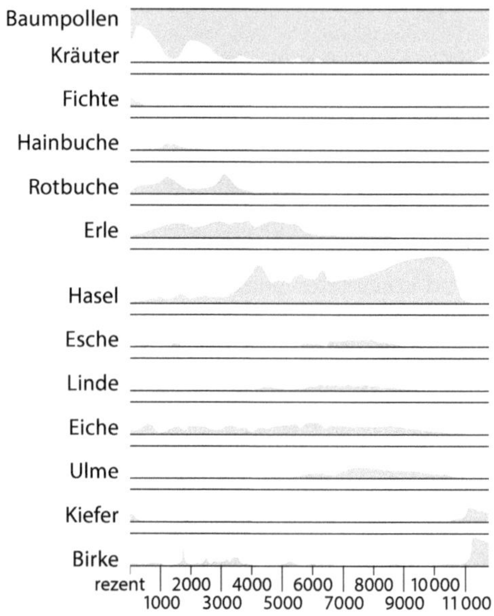

**◘ Abb. 2.22** Pollendiagramm aus Funden in der Eifel (vereinfachte Darstellung) mit Anteilen von Pollen verschiedener Baumarten und den Veränderungen dieser Anteile im Verlauf der Wiedereinwanderung von Bäumen nach Mitteleuropa. In den zuvor von Kältesteppen (gekennzeichnet durch einen deutlichen Anteil an Kräuterpollen) geprägten Regionen fanden sich die stärker kälteertragenden Baumarten Birke und Kiefer zuerst wieder ein, gefolgt von den eher wärmeliebenden Arten Ulme, Eiche, Hasel und Linde. Die Rotbuche, die ihr Optimum des Wachstums und der Ausbreitung unter gemäßigt kühl-feuchten Bedingungen hat und der im Gegensatz zur Eiche, deren Ausbreitung durch den Eichelhäher gefördert wird, ein spezieller Verbreitungsvektor fehlt, breitete sich erst später wieder in Mitteleuropa aus, nach dem warm-feuchten Klimaoptimum des Atlantikums (8000–5000 Jahre vor unserer Zeit). Die Zunahme der Kräuterpollen in den vergangenen 4000 Jahren zeigt die zunehmende Öffnung der Waldlandschaft durch den Menschen an, unterbrochen durch Phasen der Wiederbewaldung in Zeiten abnehmender Bevölkerungsdichte. (Nach Pott 2005)

Eine geologische Methode zur Rekonstruktion von Klimabedingungen ist die **Warvenchronologie**. Warven sind jährliche Ablagerungen von Stoffen, die in Schmelzwasserbecken (Seen) an der Stirnseite von Gletschern oder in Flüssen oder Mooren schichtförmig sedimentierten. In Sommern entstehen durch die Ablagerung feinen Sands helle Lagen, in Wintern tonig-schluffige, dunkle Lagen, die sogenannten Warven- oder **Bändertone**. Auf diese Weise lässt sich die Abfolge der Jahre erkennen. Je nach Örtlichkeit kann der durch Warvenchronologien abgedeckte Zeitraum mehrere 10.000 Jahre betragen. Aus den Dicken der einzelnen Warven lässt sich auf klimatisch bedingte Vorgänge wie stärkere Schmelzwasserbildung oder intensivere Vereisung schließen.

**Eichenmischwald-Buchenzeit**, herrschte kontinentaleres Klima mit kälteren Wintern und stärker schwankender Feuchtigkeit. Die Eichenmischwälder gingen zurück, dagegen erreichte die Rotbuche den Nordrand der mitteleuropäischen Mittelgebirge. In Feuchtgebieten dominierte die Erle. Das bis heute andauernde **Subatlantikum** (Nachwärmezeit, Buchenzeit), das vor etwa 2500 Jahren begann, ist durch ein in Mitteleuropa eher kühles und gleichmäßiger feuchtes Klima geprägt, das die Ausbreitung der Rotbuche bis in die niederen und mittleren Lagen begünstigte, während Haselstrauch *(Corylus avellana)* und Arten der Eichenmischwälder zurückgingen. Im Osten Mitteleuropas breitete sich die Hainbuche *(Carpinus betulus)* stärker aus. Die Gebirgswälder wandelten sich in Bestände mit Rotbuche, Rotfichte und Weißtanne um, wobei die Rotfichte nur in den oberen montanen Stufen der Mittelgebirge und der Nordalpen zur Dominanz gelangte. Auf diese Weise entstand die heutige Form der natürlichen Vegetation Europas (◘ Abb. 2.23).

## 2.5 Wuchs- und Lebensformen der Höheren Pflanzen

Pflanzen weisen unterschiedliche Wuchsformen auf, nach denen sie eingeteilt werden können.

**Einjährige** oder **annuelle Pflanzen** wie z. B. das auf Äckern und Unkrautfluren vorkommende Gewöhnliche Hirtentäschel *(Capsella bursa-pastoris)* durchlaufen alle Lebensphasen, von der Samenkeimung über die Ausbildung aller ober- und unterirdischen Organe bis zur Blüte und Fruchtbildung, innerhalb eines Jahres. Ungünstige Klimaperioden wie Kälte- oder Trockenphasen überstehen sie nur in Form ihrer Ausbreitungseinheiten oder **Diasporen** (Samen, Früchte oder Fruchtstände), alle anderen Pflanzenteile sterben ab. Da sie ihren gesamten Lebenszyklus innerhalb einer recht kurzen Zeit vollenden müssen, ist ihre Produktion an Biomasse in Bezug auf ihre Größe hoch.

**Zweijährige (bienne) Pflanzen** blühen und fruchten erst im Jahr nach der Keimung. Die klimatisch ungünstige Jahreszeit wird in Form des Wurzelstocks und gegebenenfalls einer grundständigen Blattrosette überdauert. Eine zweijährige Pflanze ist z. B. der Fingerhut *(Digitalis purpurea)*.

**Ausdauernde (perennierende) Gräser und Kräuter** werden umgangssprachlich oft als **Stauden** bezeichnet. Es sind kräftige, ausdauernde, aber nicht oder nur schwach verholzende Pflanzen, die mehrmals blühen. Ein Beispiel ist das Schmalblättrige Weidenröschen *(Epilobium angustifolium)*, das in Form dichter Bestände auf Waldlichtungen und an Waldrändern vorkommen kann. Die Raten der Biomasseproduktion sind bei ihnen geringer als bei den ein- und zweijährigen Pflanzen.

Bei **Halbsträuchern** und **Sträuchern** sind die mehrjährigen Pflanzenteile verholzt. Sie haben eine höhere Lebenserwartung als ausdauernde Gräser und Kräuter. Im Vergleich mit diesen ist ihre Biomasseproduktion und Wuchshöhe in den ersten Lebensjahren gering. Ihr morphologisches Hauptmerkmal ist ihre Verzweigung kurz oberhalb der Bodenoberfläche, somit bilden sie keinen einheitlichen Stamm aus. Bei Halbsträuchern verholzen und überdauern nur die unteren Sprossabschnitte. Diese bilden jährlich neue krautige Triebe, die zu Beginn der ungünstigen Jahreszeit absterben. Ein Beispiel für einen Halbstrauch ist die Heidelbeere *(Vaccinium myrtillus)*.

Bei **Bäumen** sind bis auf die Blätter nahezu alle überdauernden Pflanzenteile verholzt. Sie haben eine höhere Lebenserwartung als Sträucher und verzweigen sich im Gegensatz zu diesen aus einem ein-

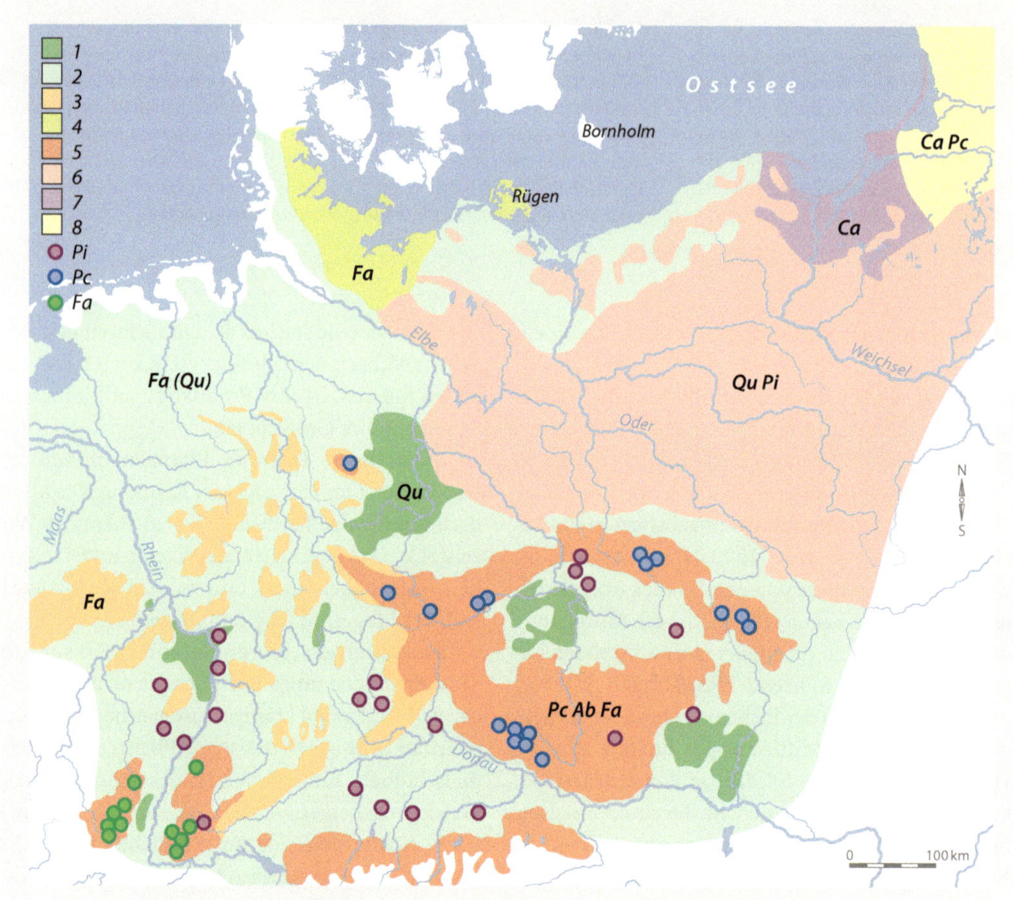


**Abb. 2.23** Waldbestände Mitteleuropas zur Zeitenwende (aufgrund pollenanalytischer Befunde) als Modell der heutigen natürlichen Vegetation ohne Einfluss des Menschen. *1* Trockengebiete mit Eichenmischwäldern; *2* Rotbuchen-Mischwaldgebiete tieferer Lagen; *3* Rotbuchen-Bergwälder; *4* kiefernarmes Buchenwaldgebiet der Moränengebiete; *5* Gebirgswald mit Rotbuche, Weißtanne und Rotfichte mit Dominanz von Buche (●) oder Fichte (●); *6* Waldkiefern-Eichenwald; *7* Hainbuchen-Mischwald; *8* Hainbuchen-Mischwald mit Rotfichte. Abkürzungen der Baumarten: *Ab* Weißtanne; *Ca* Hainbuche; *Fa* Rotbuche; *Pc* Rotfichte; *Pi* Waldkiefer; *Qu* Stiel- und Traubeneiche. (Nach Frey und Lösch 2004)

heitlichen Stamm erst deutlich oberhalb der Bodenoberfläche.

Eine andere, an Morphologie und Lebenszyklus der Pflanzen orientierte Einteilung, die bis heute oft angewendet wird, nahm zu Beginn des 20. Jahrhunderts der dänische Botaniker Christen Raunkiær vor. Er unterschied bei Pflanzen sogenannte Lebensformen nach der Position der Organe, die ungünstige Jahreszeiten überdauern, bzw. nach der Position der nach der ungünstigen Jahreszeit neu austreibenden Knospen. Demnach sind **Phanerophyten (Luftpflanzen)** Pflanzen, deren Erneuerungsknospen höher als 25–50 cm oberhalb der Bodenoberfläche angelegt werden. Bäume und Sträucher gehören zu dieser Gruppe. **Chamaephyten (Zwergpflanzen, Zwergsträucher)** sind holzige oder krautige grüne Pflanzen, die 25–50 cm hoch werden, sowie größere Pflanzen, deren Zweige periodisch von oben bis zu dieser Höhe absterben. Ihre Erneuerungsknospen befinden sich in einer Höhe von bis zu 50 cm über dem Boden. Zu ihnen gehören beispielsweise die Heidelbeere *(Vaccinium myrtillus)* und das Heidekraut *(Calluna vulgaris)*. Als **Hemikryptophyten (Oberflächenpflanzen)** bezeichnete Raunkiær überdauernde Pflanzen, deren Sprossachse zu Beginn der klimatisch ungünstigen Jahreszeit aber periodisch abstirbt. Ihre Erneuerungsknospen befinden sich in Bodennähe und sind durch Erde oder Pflanzenteile geschützt. Beispiele für diese Pflanzen sind die Brennnessel *(Urtica dioica)* und der Fingerhut *(Digitalis purpurea)*. Bei **Kryptophyten (verborgenen Pflanzen)** überdauern Pflanzenteile die ungünstige Jahreszeit nur unterhalb der Boden- oder Wasseroberfläche; alle anderen Organe sterben ab. Auf Landoberflächen lebende Kryptophyten werden als **Geophyten** bezeichnet. Buschwindröschen *(Anemone nemorosa)* und das Maiglöckchen *(Convallaria majalis)* beispielsweise sind Geophyten. Diese beiden Arten gehören wie einige andere Arten der mitteleuropäischen Rotbuchenwälder zu den **Frühblühern** oder **Frühjahrsgeophyten,** die den stärkeren Lichteinfall am Waldboden vor Belaubung der Baumkronen zur Photosynthese durch die neu gebildeten Blätter nutzen und nach Blühen und Fruchten den Lebenszyklus ihrer oberirdischen Organe bereits in der Jahresmitte beenden. **Therophyten (Annuelle, Einjährige)** schließlich sind kurzlebige (ephemere) bis einjährige oder überwinternd-einjährige Pflanzen. Ihre Gruppe ist identisch mit der Gruppe der annuellen Pflanzen aus der Einteilung nach Wuchsformen. Ackerwildkräuter wie Hirtentäschel *(Capsella bursa pastoris)* und Klatschmohn *(Papaver rhoeas)* gehören zu dieser Gruppe.

Lebensformen lassen sich auch gut zur Charakterisierung der Vegetation (► Abschn. 7.1) einer Region heranziehen, auch wenn die genaue Identität der einzelnen Pflanzenarten nicht bekannt ist. So lassen sich je nach Anteil der einzelnen Lebensformen **Spektren** erstellen, die sich beispielsweise zwischen Großlebensräumen deutlich unterscheiden (► Abschn. 7.1.2). Derartige Spektren lassen sich auch für andere pflanzliche Eigenschaften wie Lebensdauer oder Ausbreitungsverhalten erstellen und sind somit in der Pflanzenökologie ein wertvolles Mittel zur Charakterisierung von Lebensräumen.

Besondere Wuchsformen weisen Pflanzen auf, deren Wachstum mehr oder weniger eng an andere Pflanzen gebunden ist. **Aufsitzerpflanzen** oder **Epiphyten**, die insbesondere in tropischen Regenwäldern weit verbreitet sind (► Abschn. 7.6.1), leben auf Ästen oder als **Epiphylle** sogar auf Blättern anderer Pflanzen im Kronenraum eines Pflanzenbestands und können auf diese Weise von einem höheren Lichtgenuss (► Abschn. 3.4.1.1) profitieren. Dies wird mit dem Nachteil fehlender Bodenanbindung erkauft, denn die Aufnahme von Wasser und Mineralstoffen kann bei ihnen nicht aus dem Boden (und damit unabhängig von unmittelbaren Niederschlagsereignissen) erfolgen, sondern nur direkt aus dem Niederschlagswasser. Dieses Niederschlagswasser nehmen manche Epiphyten durch spezielle Zellen oder Gewebe auf, wie z. B. durch Saugschuppen (auf den Blättern mancher Bromelienarten) oder durch ein die Wurzel umhüllendes Gewebe (bei manchen Orchideenarten). Manche Arten sammeln allerdings eigenes oder fremdes abgestorbenes organisches Material in ihrem Wurzelgeflecht oder in Blattrosetten und nehmen dann Mineralstoffe auf, die durch Zersetzung dieses Materials frei werden. In niederschlagsarmen Perioden warmer Regionen sind Epiphyten allerdings einem erheblichen Trockenstress ausgesetzt, an den manche Arten der Orchideen und Kakteen speziell durch Wasserspeicherung im Spross oder durch CAM-Photosynthese (► Abschn. 3.2.2) angepasst sind.

Weitere Besonderheiten der Wuchs- und Lebensformen zeigt die umfangreiche Gruppe der **Lianen**, die nicht nur in tropischen, sondern auch in klimatisch gemäßigten Lebensräumen vorkommen. Die **Spreizklimmer** unter ihnen verkrallen sich mit Stacheln, Blättern oder Sprossabschnitten in der Vegetation ihrer Umgebung. Zu ihnen gehören z. B. Kletterrosen, Brombeeren und die mit wehrhaften Stacheln besetzten Rattan- oder Rotangpalmen (Gattung *Calamus*) in tropischen Regenwäldern Südostasiens. Die **Wurzelkletterer** wie der Efeu *(Hedera helix)* finden durch Haftwurzeln halt an den Stämmen anderer Pflanzen (oder an von Menschen erschaffenen Strukturen). **Schlingpflanzen** wie die Gartenbohne *(Phaseolus vulgaris)* und die Acker-Winde *(Convolvulus arvensis)* winden sich mit Abschnitten ihrer Sprossachse, die zwischen den Blattansätzen verlängert sind, um stützende Strukturen. **Rankenkletterer** wie die Weinrebe *(Vitis vinifera)* und die Gewöhnliche Waldrebe *(Clematis vitalba)* verfügen über **Ranken**, das sind dünne, langgestreckte Organe, die als Metamorphosen (► Abschn. 2.2.2) aus Sprossachsen, Blättern oder Wurzeln entstanden sind und sich um Stützen wickeln können.

## Weiterführende Literatur

Beerling D (2007) The emerald planet. Oxford University Press, Oxford

Beierkuhnlein C (2007) Biogeographie. Ulmer, Stuttgart

Braun HJ (1982) Lehrbuch der Forstbotanik. G. Fischer, Stuttgart New York

Campbell, Reece (2006) Biologie. Pearson Studium, München

Evert RF (2009) Esaus Pflanzenanatomie. De Gruyter, Berlin

Frey W, Lösch R (2004) Lehrbuch der Geobotanik, 2. Aufl. Spektrum Akademischer Verlag, Heidelberg

Frey W, Lösch R (2010) Geobotanik, 3. Aufl. Springer Spektrum, Berlin Heidelberg

Heldt H-W, Piechulla B (2015) Pflanzenbiochemie, 5. Aufl. Springer Spektrum, Berlin Heidelberg

Kadereit JW, Körner C, Kost B, Sonnewald U (2014) Strasburger – Lehrbuch der Pflanzenwissenschaften, 37. Aufl. Springer Spektrum, Berlin Heidelberg

Köstler JN, Brückner E, Bibelriether H (1968) Die Wurzeln der Waldbäume. Parey, Hamburg

Kreutzer K (1961) Wurzelbildung junger Waldbäume auf Pseudogleyböden. Forstwiss Centbl 80:356–392

Kutschera L, Lichtenegger E (2002) Wurzelatlas mitteleuropäischer Waldbäume und Sträucher. Leopold Stocker, Graz Stuttgart

Lüttge U, Kluge M, Thiel G (2010) Botanik – Die umfassende Biologie der Pflanzen. Wiley-VCH, Weinheim

Metcalfe CR, Chalk L (1979f) Anatomy of the dicotyledons Bd. I+II. Clarendon Press, Oxford

Nabors MW (2007) Botanik. Pearson Studium, München

Niklas KJ (1997) The evolutionary biology of plants. University of Chicago Press, Chicago London

Pott R (2005) Allgemeine Geobotanik. Springer, Berlin

Raven P, Evert RF, Eichhorn SE (2006) Biologie der Pflanzen, 4. Aufl. De Gruyter, Berlin

Reece JB, Urry LA, Cain ML, Wasserman SA, Minorsky PV, Jackson RB, Campbell N (2016) Campbell Biologie. Pearson, Hallbergmoos

Schweingruber FH (1990) Anatomie europäischer Hölzer. Haupt, Bern Stuttgart

Spectrum.de Lexikon der Chemie. http://www.spektrum.de/lexika/images/chemie/fff1360_w.jpg. Letzter Zugriff: 17.02.2018

Stewart WN, Rothwell GW (1993) Paleobotany and the evolution of plants. Cambridge University Press, Cambridge

Stewart WN, Rothwell GW (2010) Paleobotany and the evolution of plants, 2. Aufl. Cambridge University Press, Cambridge

Taiz L, Zeiger E (2006) Physiologie der Pflanzen. Spektrum, Heidelberg Berlin

Taylor TN (1988) The origin of land plants: some answers, more questions. Taxon 37:805–833

# Ökophysiologische Leistungen der Höheren Pflanzen

*Frank Thomas*




F. Thomas, *Grundzüge der Pflanzenökologie*, https://doi.org/10.1007/978-3-662-54139-5_3

## 3.1 Aufnahme, Transport und Abgabe des Wassers

Das Vorhandensein von Wasser in flüssiger Form war nicht nur Voraussetzung dafür, dass das Leben auf der Erde überhaupt entstanden ist. Bis heute spielen sich auch sämtliche Stoffwechselvorgänge physiologisch aktiver Zellen in einer wässrigen Phase ab. Bei der Photosynthese ist Wasser (genauer gesagt, der im Wassermolekül enthaltene Sauerstoff) der Elektronenlieferant für die Reduktion des Kohlenstoffs und Substrat für den freigesetzten molekularen Sauerstoff. In den Organen der Landpflanzen oder Embryophyta (Moose, Farne, Samenpflanzen) ist Wasser durch die Ausbildung eines Binnendrucks in den Zellen auch wesentlich an der Ausformung von Strukturen beteiligt: Wird in Organen ohne zusätzliche stützende Elemente Wasserverlust nicht durch Wasseraufnahme ausgeglichen, welkt die Pflanze. Abgesehen von den Flechten können lediglich die Moose völlige Austrocknung – wenn auch in physiologisch inaktivem Zustand – überleben und nach Befeuchtung ihre vollständige physiologische Aktivität wiedererlangen. Da ihr Wassergehalt relativ eng an den Wassersättigungsgrad der Luft gekoppelt ist und sich somit je nach Luftfeuchtigkeit stark verändern kann, werden sie als **wechselfeuchte** oder **poikilohydre Pflanzen** bezeichnet (altgr. „poikílos" für veränderlich und „hýdor" für Wasser). Von den Gefäßpflanzen oder Tracheophyta (Farne und Samenpflanzen) sind nur sehr wenige Arten, die sog. Wiederauferstehungspflanzen („resurrection plants"), dazu in der Lage. Die meisten Tracheophyta halten ihren Wassergehalt weitgehend unabhängig vom Wassersättigungsgrad der Luft in einem relativ engen Bereich konstant und werden deshalb **gleichfeuchte** oder **homoiohydre Pflanzen** genannt (altgr. „hómoios" für gleich). Austrocknung vertragen sie nur in besonderen Organen, die der Fortpflanzung dienen (Sporen, Samen); dort läuft der Wasserentzug unter von der Pflanze kontrollierten Bedingungen ab. Andere Organe werden durch starken Wasserverlust physiologisch, anatomisch und morphologisch geschädigt und sterben schließlich ab.

### 3.1.1 Die Wasserzustandsgleichung der Zelle und Wasseraufnahme durch die Zelle

Ausdifferenzierte Pflanzenzellen enthalten i. d. R. die mit einer wässrigen Lösung gefüllte Vakuole, die den größten Teil des Zellvolumens einnimmt und gegen das Zytoplasma durch eine Biomembran, den Tonoplasten, abgegrenzt ist (▶ Abschn. 2.1). Die Außengrenze des Zytoplasmas gegen die Zellwand wird von der Plasmamembran (frühere Bezeichnung Plasmalemma) gebildet. Tonoplast und Plasmamembran sind, wie alle Biomembranen, semipermeabel: Sie sind relativ gut durchlässig für Wasser, aber weniger durchlässig für Ionen und kaum durchlässig für große wasserlösliche Moleküle. Die wässrige Lösung der Vakuole enthält anorganische Kat- und Anionen sowie organische Moleküle, die den Tonoplasten kaum passieren können. Die Lösung der Vakuole ist daher an gelösten Substanzen stärker konzentriert – und somit pro Volumeneinheit ärmer an Wasser – als die wässrige Lösung außerhalb der Zelle, die i. d. R. deutlich geringere Konzentrationen an gelösten Stoffen und deshalb eine höhere Konzentration an Wasser enthält. Daher strömt das Wasser entlang des Konzentrationsgradienten vom Ort der höheren Wasserkonzentration (außerhalb der Zelle) in Richtung auf die geringere Wasserkonzentration (in der Vakuole). Einen derartigen Vorgang – die gerichtete Diffusion von Molekülen eines Lösungsmittels (hier Wasser) durch eine semipermeable Membran – bezeichnet man als **Osmose**.

Die Energie, die die Osmose antreibt, resultiert somit aus dem Konzentrationsunterschied zwischen Ausgangsvolumen und Zielvolumen des Lösungsmittels. Die in einem gegebenen Volumen (wie in der Vakuole) wirkende Energie lässt sich als Druck formulieren:

$$\text{Energie (Arbeit)} = \text{Kraft} \cdot \text{Weg};$$

$$\text{Energie/Volumen} = \text{Kraft} \cdot \text{Weg/Volumen} = \text{Kraft/Fläche} = \text{Druck}$$

(Einheit: Pascal [Pa]).

Diesen osmotischen Druck kann man in Relation setzen zu dem osmotischen Druck, der in reinem Wasser ohne jede gelöste Substanz herrschen würde – definitionsgemäß ist dieser osmotische Druck gleich Null. Davon abweichende osmotische Drücke (hervorgerufen durch osmotisch wirksame Teile in einem gegebenen Volumen) stellen somit ein Potenzial für die gerichtete Diffusion von Wasser dar; man spricht daher von einem **osmotischen Potenzial.** Es wird in der pflanzenphysiologischen Literatur mit dem griechischen Großbuchstaben Psi (Ψ) und dem griechischen Kleinbuchstaben pi (π) als Index bezeichnet ($\Psi_\pi$). Konventionsgemäß wird das osmotische Potenzial mit einem negativen Vorzeichen versehen: Das Wasser bewegt sich also immer in Richtung auf das negativere Potenzial. Je stärker negativ der Wert des osmotischen Potenzials ist, desto stärker ist die im Zielvolumen wirkende Kraft auf die Diffusion von Wassermolekülen, die in der Umgebung in höherer Konzentration vorliegen.

Durch den Einstrom des Wassers in die Vakuole würde sich der Protoplast wegen der Volumenzunahme immer stärker ausdehnen – wenn dem nicht die nur begrenzt elastische Zellwand entgegenstehen würde. Die Zellwand übt somit einen Gegendruck auf den Protoplasten aus und schränkt dabei die Volumenzunahme des Protoplasten ein. Dieser Gegendruck, den man als Turgordruck bezeichnet, kann ebenfalls als Potenzial betrachtet werden und wird dann **Turgor** genannt. Er wird mit dem Symbol $\Psi_P$ bezeichnet. Im Gegensatz zum osmotischen Potenzial ist der Turgor ein hydrostatisches und damit mechanisches Potenzial. In einer gut wasserversorgten Zelle nimmt der Turgor positive Werte an, in welkenden Organen geht er auf den Wert Null zurück. Einen negativen Turgor findet man nur unter besonderen Umständen oder in speziellen Geweben wie z. B. im Xylem (▶ Abschn. 2.2.1) beim Durchfluss von Wasser.

Aus den entgegengesetzten Wirkungen von osmotischem Potenzial und Turgor ergibt sich das **Wasserpotenzial ($\Psi_Z$) der Zelle**, das mit der **Wasserzustandsgleichung** beschrieben werden kann:

$$\underset{(-)}{\Psi_Z} = \underset{(-)}{\Psi_\pi} + \underset{(+)}{\Psi_P} \qquad (3.1)$$

wobei die Vorzeichen unter den Potenzialen angeben, ob diese i. d. R. negative oder positive Werte einnehmen. Die Wasserzustandsgleichung lässt sich in guter Näherung auf Gewebe und sogar Organe wie z. B. das Blatt übertragen. Typische Werte von Blattwasser- und osmotischen Potenzialen verschiedener Pflanzentypen sind in ◘ Tab. 3.1 aufgeführt.

Streng genommen gehört zum Wasserpotenzial der Zelle noch das sog. **Matrixpotenzial $\Psi_\tau$** (Psi tau). Es ist ein hydrostatisches Druckpotenzial, allerdings mit negativem Vorzeichen, sodass es in die gleiche Richtung wie das osmotische Potenzial wirkt. Seinen Ursprung hat es in den submikroskopisch kleinen Zwischenräumen zwischen den Cellulosebündeln der Zellwand. Dort wird Wasser durch Kapillarkräfte relativ stark gebunden: Je kleiner die Radien dieser Zwischenräume sind, desto negativer (und damit stärker) ist das Matrixpotenzial. Im physiologisch aktiven, mehr oder weniger wassergesättigten Zustand der Zellen samt ihrer Zellwände sind aber nicht die Einzelradien der Räume zwischen den Cellulosebündeln wirksam, sondern der gesamte Radius der wassergesättigten Zellwand. Damit ist das Matrixpotenzial der Zellwand relativ schwach und kann in der Wasserzustandsgleichung der Zelle vernachlässigt werden. Es ist aber die treibende Kraft bei der Wasseraufnahme durch **Quellung** ausgetrockneter pflanzlicher Strukturen wie z. B. bei ausgetrockneten Flechten und Moosen sowie bei den Samen der Samenpflanzen (▶ Box Quellung). Auch bei der Wasseraufnahme durch die Wurzeln aus dem Boden spielt es eine große Rolle.

Ein negatives Wasserpotenzial $\Psi_Z$ zeigt an, dass die Zelle aus ihrer Umgebung Wasser aufnehmen kann. Die Wasseraufnahme und damit die Zunahme des Zellvolumens hält so lange an, bis sich die Zelle wegen des Gegendrucks der Zellwand, d. h. wegen des Turgors, nicht weiter ausdehnen kann. An diesem Punkt haben Turgor und osmotisches Potenzial ihre höchstmöglichen Werte erreicht (im Fall des osmotischen Potenzials ist es der am wenigsten negative Wert; dieser entspricht der maximalen Verdünnung der osmotisch wirksamen Stoffe in der Zelle) und sind gleich stark. Entsprechend ◘ Gl. 3.1 heben sie sich gegenseitig auf und

**Tab. 3.1** Typische Spannbreiten des osmotischen Potenzials und durchschnittliche Minimumwerte des Wasserpotenzials photosynthetisch aktiver Organe von verschiedenen Pflanzentypen bei noch geöffneten Spaltöffnungen (in Klammern: Extremwerte; nicht immer wurden beide Messungen an derselben Pflanzenart vorgenommen). Sehr hohe (d. h. wenig negative) Werte finden sich in Wasserpflanzen, die ihren Wasserbedarf mühelos aus der Umgebung decken können. Sehr niedrige (stark negative) Wasserpotenziale können an Pflanzen warm-trockener Standorte und an Salzpflanzen gemessen werden, die ein stärker negatives Wasserpotenzial aufwenden müssen, um Wasser aus dem trockenen oder salzhaltigen Boden aufzunehmen. Viele Baumarten schließen bei Wasserknappheit ihre Spaltöffnungen recht schnell und vermeiden auf diese Weise starke Wasserverluste (und stark negative Wasserpotenziale). Die photosynthetisch aktiven Organe von Sukkulenten verfügen über wasserreiche Zellen, in denen die Konzentration osmotisch wirksamer Stoffe stark verdünnt ist. Außerdem ist bei Sukkulenten mit CAM-Photosyntheseweg (▶ Abschn. 3.2.2) die Wasserabgabe durch die auf die Nacht beschränkte Öffnung der Spaltöffnungen stark reduziert. Daraus resultieren relativ hohe (wenig negative) Werte von osmotischem und Blattwasserpotenzial. (Aus Larcher 2001 und Lösch 2001)

| Pflanzentyp | Spanne des osmotischen Potenzials (MPa) | Minimumwerte des Blattwasserpotenzials (MPa) |
|---|---|---|
| Wasserpflanzen | −0,2 bis −1,6 | −1,2 |
| Wiesenkräuter | −0,7 bis −2,7 | −2,5 |
| Sommergrüne Bäume und Sträucher, Klimatisch gemäßigte Zone | −1,0 bis −2,7 | −2,5 |
| Nadelbäume | −0,9 bis −2,5 | −2,5 |
| Immergrüne Hartlaubgehölze | −1,2 bis −5,1 | −4,5 (−5,0) |
| Bäume tropischer Regenwälder | −0,4 bis −1,6 | −1,5 |
| Wüstensträucher | −1,2 bis −4,4 | −5,0 bis −8,0 (−16,0) |
| Salzpflanzen (Halophyten) | −2,5 bis −6,0 | −6,0 |
| Sukkulenten | −0,4 bis −2,0 | −2,0 |

### Quellung

Teilweise oder vollständig ausgetrocknete pflanzliche Strukturen wie trockene Zellwände des äußeren Wurzelgewebes, Sporen und Samen sowie ausgetrocknete Moose und Flechten nehmen Wasser durch **Quellung** auf. Diese Form der Wasseraufnahme aus der Umgebung wird bewirkt durch kapillare Räume zwischen den Cellulosebündeln (den Mikrofibrillen) der Zellwand sowie durch die Eigenschaft von Makromolekülen (Polysaccharide, Proteine) der Zelle, sich mit einer Hülle aus Wassermolekülen (einer Hydrathülle) zu umgeben. Die Abstände zwischen den Mikrofibrillen der Zellwand sind mit durchschnittlich 10 nm sehr gering und üben daher in ausgetrocknetem Zustand eine sehr starke Saugkraft auf Wasser aus (nahezu −30 MPa bei einer Temperatur von 20 °C). Auf diese Weise können manche Flechten und Moose Wasserpotenziale ausbilden, die aufgrund sehr geringer Abstände zwischen den Mikrofibrillen und daraus resultierender sehr starker Kapillarkräfte negativer als −100 MPa sind und sich nahezu vollständig aus Matrixpotenzialen ergeben.

$\Psi_Z$ nimmt den Wert Null an. Die Zelle ist dann vollständig wassergesättigt. Verliert die Zelle ausgehend von diesem Zustand Wasser, so nehmen Turgor und osmotisches Potenzial ab. Das osmotische Potenzial wird negativer, da in der Zelle durch den Wasserverlust die Konzentration osmotisch wirksamer Stoffe zunimmt. Das Wasserpotenzial der Zelle wird zunehmend negativ. Schreitet der Wasserverlust immer weiter fort, nimmt das Volumen des Protoplasten immer stärker ab, bis schließlich die Zellwand überhaupt keinen Gegendruck gegen den Protoplasten mehr ausübt. An diesem Punkt ist der Turgor gleich Null und das Wasserpotenzial der Zelle ist nur noch durch das osmotische Potenzial bestimmt. An diesem Punkt beginnt auch die Ablösung der Plasmamembran

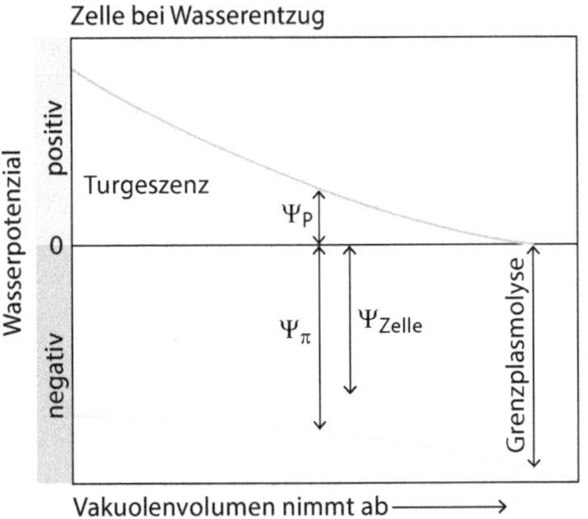


**Abb. 3.1** Das Höfler-Diagramm verdeutlicht Veränderungen von Turgor, osmotischem Potenzial und Wasserpotenzial der Zelle bei abnehmendem Volumen der Vakuole. (Nach Frey und Lösch 2004)

von der Zellwand (Grenzplasmolyse). Das **Höfler-Diagramm** (Abb. 3.1) veranschaulicht diese Zusammenhänge.

Plasmamembran und Tonoplast, die als typische Biomembranen aus einer Lipiddoppelschicht bestehen, sind zwar wasserdurchlässig, doch ist die Durchtrittsrate der Wassermoleküle durch diese Lipiddoppelschicht nicht sehr hoch. Sie wird aber bis auf das 70-Fache gesteigert durch **Aquaporine**, das sind tunnelartige Proteine, die in die Membranen eingelagert sind und die Wassermoleküle schnell und kaum gehindert passieren lassen. Die Leitfähigkeit einer Biomembran für Wasser wird im Wesentlichen durch ihre Dichte an Aquaporinen bestimmt.

### 3.1.2 Wasseraufnahme durch die Wurzeln

Abgesehen von einem kleinen Prozentsatz an Pflanzenarten nehmen die Gefäßpflanzen den allergrößten Teil des von ihnen benötigten Wassers aus dem Boden auf. Ob die Pflanze in der Lage ist, sich aus dem Boden ausreichend mit Wasser zu versorgen, hängt einerseits von der im Boden aktuell vorhandenen Wassermenge ab, andererseits aber auch von der Kraft, mit der das Wasser in den Bodenporen festgehalten wird. Miteinander in Verbindung stehende Bodenporen stellen Kapillaren dar, in denen das Wasser – ähnlich wie in den Zellwänden der Pflanzen – durch Kapillarkräfte festgehalten wird. Wie in den Zellwänden der Pflanzen, so spricht man auch bei den in den Bodenporen wirkenden Kapillarkräften von Matrixpotenzialen, die infolgedessen in Druckeinheiten angegeben werden. Auch im Boden gilt: Je enger die durch Bodenporen gebildeten Kapillaren sind, d. h. je kleiner ihr Durchmesser ist, desto stärker sind die Kapillarkräfte und desto negativer sind die Matrixpotenziale (Tab. 3.2). Sehr enge Poren und damit starke Kapillarkräfte und sehr negative Matrixpotenziale können **Tonböden** erreichen, da diese überwiegend aus sehr kleinen Partikeln mit Durchmessern kleiner als 2 µm zusammengesetzt sind. Pflanzenwurzeln müssen somit stärker negative Wasserpotenziale aufbringen, um aus Tonböden Wasser aufzunehmen; diese Böden können daher schon bei mäßigem Wasserverlust physiologisch trocken auf Pflanzen wirken. Andererseits wirken Tonböden auch oft stauend, da ihre

**Tab. 3.2** Anteile unterschiedlicher Porengrößen (Mittelwerte ± Standardabweichungen) in Böden verschiedener Korngrößenzusammensetzung sowie die jeweiligen Bereiche der Matrixpotenziale angegeben als pF-Werte, d. h. als dekadischer Logarithmus der in cm Wassersäule gemessenen Wasserspannung; vgl. ▸ Box pF-Kurven. Je höher der pF-Wert ist, desto stärker ist das Wasser in den Bodenporen gebunden. Ø Porendurchmesser. Das Gesamtporenvolumen unterscheidet sich zwischen den Bodenarten kaum, doch die Unterschiede in den Anteilen von Grob-, Mittel- und Feinporen sind beträchtlich. Daraus resultieren deutliche Unterschiede in den Kapillarkräften und damit in der Wasserspannung. (Aus Blume et al. 2010)

| Bodenart | Porenvolumen (%) | Grobporen (%)<br>Ø 10 bis > 50 µm<br>pF < 1,8–2,5 | Mittelporen (%)<br>Ø 0,2–< 10 µm<br>pF 2,5–4,2 | Feinporen (%)<br>Ø < 0,2 µm<br>pF > 4,2 |
|---|---|---|---|---|
| Tone | 50 ± 15 | 8 ± 5 | 10 ± 5 | 35 ± 10 |
| Schluffe | 47 ± 9 | 15 ± 10 | 15 ± 7 | 15 ± 5 |
| Sande | 46 ± 10 | 30 ± 10 | 7 ± 5 | 5 ± 3 |

Wasserleitfähigkeit wegen der geringen Porengröße und hohen Kapillarkräfte relativ gering ist. **Sandböden** dagegen mit ihren großen Bodenpartikeln von 63 bis 2000 µm Durchmesser enthalten überwiegend große Poren, in denen das Bodenwasser durch Kapillarkräfte nur schwach gebunden ist und daher ziemlich schnell – der Schwerkraft folgend – versickert. Wegen der raschen Versickerung ist der Wassergehalt in Sandböden oft gering und auf Sandböden wachsende Pflanzen weisen sogar in humiden Klimazonen mit recht hohen Niederschlagsmengen oft Angepasstheiten an trockene Umweltbedingungen auf. Eine Zwischenstellung nehmen **Schluffböden** mit ihren Korngrößendurchmessern zwischen 2 und 63 µm ein. Sie halten Wasser in für die Pflanzen ausreichendem Maß gegen die Schwerkraft fest, doch sind die Kapillarkräfte in ihren mittelgroßen Poren noch schwach genug, um eine relativ leichte Aufnahme durch die Pflanzenwurzeln zu gewährleisten. Aus der Sicht des Wasserhaushalts bieten daher schluffreiche Böden die günstigsten Standortsbedingungen für Pflanzen (▶ Box pF-Kurven). Schluffreiche, tiefgründige Böden, wie sie z. B. in der Hildesheimer und der Magdeburger Börde Norddeutschlands vorkommen, wurden daher schon vor vielen Jahrhunderten durch Rodung waldfrei gemacht und werden seitdem intensiv für den Ackerbau genutzt.

Je nach den Standortsbedingungen (▶ Abschn. 3.4.1.3) müssen die Wurzeln der Pflanzen mehr oder weniger negative Wasserpotenziale ausbilden, um Wasser gegen das Wasserpotenzial des Bodens aufnehmen zu können. An feuchte oder gar nasse Standorte gebundene Pflanzen, die sog. Hygrophyten, benötigen nur wenig negative Wasserpotenziale (bis ungefähr –1 MPa) in der Wurzel, um Wasser aus dem Boden aufzunehmen. Pflanzen einschließlich der mitteleuropäischen Waldbäume, die wegen der i. d. R. ausreichenden Wasserversorgung keine besonderen Angepasstheiten an ihre Standorte aufweisen und daher als **Mesophyten** bezeichnet werden, erreichen in ihren Wurzeln Wasserpotenziale von bis zu ungefähr –3 MPa, im Extremfall (Arten sonniger Standorte) von bis zu –4 MPa. Stärker negative Werte kommen in den Wurzeln von Halophyten vor, also von Pflanzen, die an Salzstandorten wachsen. Die am stärksten negativen Wurzelwasserpotenziale, die im Bereich von etwa –6 MPa liegen, wurden in **Xerophyten** festgestellt, die auch morphologisch an sehr trockene Standorte angepasst sind.

Wasser wird aus dem Boden v. a. durch die an den Feinwurzeln ausgebildeten **Wurzelhaare** der Rhizodermis aufgenommen. Bei Pflanzen, die in Symbiose mit Mykorrhizapilzen leben (▶ Abschn. 4.4.3), sind die Wurzelhaare durch die Hyphen der Mykorrhizapilze funktionell ersetzt. Aber auch Wurzeln mit einem größeren Durchmesser bis etwa 10 mm können an Stellen, an denen ihr Abschlussgewebe unvollständig ausgebildet oder durch nach außen durchgewachsene Seitenwurzeln durchbrochen ist, Wasser aus dem Boden aufnehmen.

Bei der Wasseraufnahme folgt das Wasser dem Gradienten des Wasserpotenzials – vom weniger negativen Matrixpotenzial des Bodens hin zum stärker negativen Wasserpotenzial der Wurzelzellen, das im Wesentlichen durch deren osmotisches Potenzial bestimmt ist. Von den äußeren Geweschichten der Wurzel (▶ Abschn. 2.2.2) gelangt das Wasser auf zwei Wegen in den Zentralzylinder (die inneren Gewebestränge der Wurzel, in denen Wasser, Mineralstoffe und Assimilationsprodukte transportiert werden): durch die miteinander in Kontakt stehenden Zellwände der Wurzelrinde (außerhalb der Protoplasten, d. h. *apoplastisch*) und *symplastisch* durch die Protoplasten der Zellen, die durch Zellwände durchquerende Plasmastränge miteinander verbunden sind. Ein Wasserübergang zwischen den Protoplasten zweier benachbarter Zellen unter Passage der Zellwände ist ebenfalls möglich. Bevor das über die Zellwände verlagerte Wasser in den Zentralzylinder eintreten kann, muss es die Endodermis passieren, die einschichtige Zelllage, die als innerste Rindenschicht die Wurzelrinde gegen den Zentralzylinder abgrenzt. Die oberen, unteren und radialen Bereiche der Endodermiszellwände sind mit wasserundurchlässigen Einlagerungen aus Lignin und fettartigen Substanzen, dem sog. Caspary-Streifen, versehen, sodass das Wasser auf seinem Weg zum Zentralzylinder gezwungen wird, in die Protoplasten der Endodermis einzutreten und dabei die Plasmamembran zu passieren. Dabei filtert die Plasmamembran im transportier-

### pF-Kurven

Die in einem gegebenen Boden bestehende Beziehung zwischen den jeweiligen, auf das Volumen bezogenen Bodenwassergehalten und den entsprechenden, durch die Kapillarkräfte bewirkten Bodensaugspannungen bzw. Wasserpotenzialen werden im Labor durch sog. pF-Kurven ermittelt. Eine Bodenprobe mit bekanntem Volumen wird mit Wasser aufgesättigt und anschließend stufenweise in Druckkammern durch das Anlegen von Drücken entwässert. Der Wasserverlust, der sich je nach Bodenzusammensetzung auf jeder Druckstufe einstellt, wird durch Wägung der Bodenproben bestimmt. Nach der letzten Druckstufe wird das noch im Boden enthaltene Restwasser aus der Gewichtsdifferenz vor und nach Ofentrocknung der Bodenprobe ermittelt. Die bei jeder Druckstufe noch im Boden verbliebenen Wassergehalte werden gegen den dekadischen Logarithmus dieser Druckstufe aufgetragen. Die Druckstufen beziehen sich dabei konventionellerweise auf die Einheit cm Wassersäule, also auf Drücke, die Wassersäulen einer bestimmten Höhe ausüben – diese Einheit war eine von mehreren, die vor der verbindlichen Festlegung der Einheit Pascal zur Angabe von Drücken verbreitet waren. Ihre Werte entsprechen in guter Näherung den Werten der Einheit Hektopascal (hPa). Saugspannungen werden als Druckwerte mit positiven Vorzeichen angegeben, Matrixpotenziale in den entsprechenden negativen Werten gleicher Größe.

In ◘ Abb. 3.2 sind typische pF-Kurven von einem Sand-, einem Schluff- und einem Tonboden wiedergegeben. Die **Feldkapazität** (FK, orangefarbener Bereich) bezeichnet die Saugspannung bei Wassersättigung des Bodens, also den Saugspannungsbereich, in dem die Kapillarkräfte des Bodens das Wasser nach Wassersättigung gerade noch gegen die Schwerkraft im Boden halten können. Der **permanente Welkepunkt** (PWP) ist die Saugspannungsschwelle, oberhalb derer nach konventioneller Annahme die Saugspannung so stark ist, dass Pflanzen kein Wasser mehr aus dem Boden aufnehmen können und daher irreversibel welken. Dieser Wert liegt bei −1,5 MPa, was einem pF-Wert von ungefähr 4,2 entspricht. Er wurde allerdings für landwirtschaftliche Nutzpflanzen festgelegt. Viele Pflanzen, darunter viele Baumarten der gemäßigten Klimazonen, können auch Wasser aufnehmen, das mit höheren Saugspannungen (also stärker negativen Wasserpotenzialen) im Boden gebunden ist. Bei Xerophyten – Pflanzen, die an sehr trockene Standorte angepasst sind (► Abschn. 3.4.1.3) – liegt der PWP bei ungefähr pF 4,8 (−6.4 MPa). Sehr negative Wasserpotenziale (unterhalb von −4 MPa) können auch an stark von Salz beeinflussten Standorten wie z. B. an Meeresküsten oder an den Rändern von Salzseen auftreten. In diesen Böden addiert sich zum Matrixpotenzial das osmotische Potenzial, das durch das im Wasser gelöste Salz hervorgerufen wird.

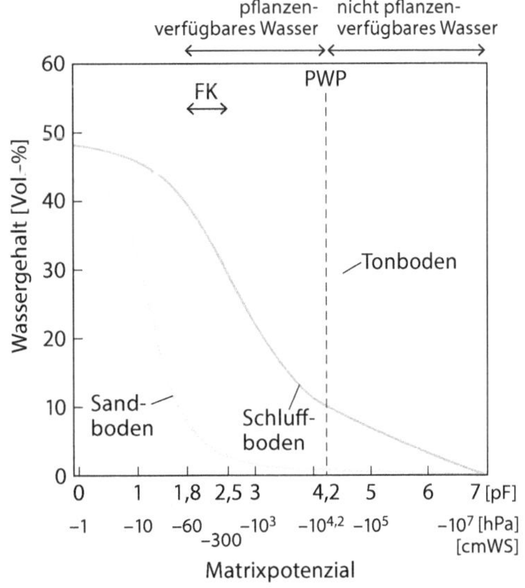


◘ **Abb. 3.2** Charakteristische pF-Kurven eines Sand-, Schluff- und Tonbodens. Die mit *PWP* gekennzeichnete, *vertikale gestrichelte Linie* bezeichnet den konventionell für landwirtschaftliche Nutzpflanzen festgelegten permanenten Welkepunkt. *FK* Feldkapazität; *pF* dekadischer Logarithmus des Matrixpotenzials in hPa bzw. cm Wassersäule. (WS; nach Blume et al 2010)

ten Wasser gelöste, aber von der Pflanze nicht benötigte Stoffe einschließlich toxischer Substanzen weitgehend aus und verhindert damit deren Verlagerung in den Spross. Ein vollständiger Ausschluss derartiger Stoffe ist aber nicht möglich, da der Caspary-Streifen nicht an jeder Stelle komplett ausgebildet ist. Außerdem wird die durch die Endodermiszellwände bewirkte Abdichtung des Zentralzylinders an denjenigen Stellen unterbrochen, wo Seitenwurzeln, die weiter innen in der Wurzel gebildet werden, die Endodermis durchstoßen und nach außen wachsen.

Wasseraufnahme über den Spross spielt nur bei untergetaucht lebenden Wasserpflanzen, die keine oder eine nur sehr schwach ausgebildete Cuticula besitzen, eine Rolle. Die meisten Landpflanzen können i. d. R. nur sehr geringe Wassermengen über ihre cutinisierten oder mit Abschlussgewebe versehenen Oberflächen aufnehmen. Ausnahmen sind speziell ausgebildete Organe von Epiphyten (Aufsitzerpflanzen), die nicht im Boden wurzeln. Die Öffnungsweite der Spaltöffnungen photosynthetisch aktiver Organe wie der Blätter ist zu gering für die Aufnahme flüssigen Wassers. Allerdings wurde für Pflanzen, die in sehr trockenen Regionen wie z. B. der Namib-Wüste Südwestafrikas wachsen, die Aufnahme von Wasser aus Nebel durch die Spaltöffnungen nachgewiesen. Doch sind diese Wassermengen sehr gering und nicht ausreichend für den Wasserbedarf der Pflanzen, der an diesen Standorten in erster Linie durch Wasseraufnahme aus dem Grundwasser gedeckt wird.

### 3.1.3 Wassertransport in der Pflanze

In den wasserleitenden Xylemelementen des Zentralzylinders herrscht zu den Zeiten, in denen die Pflanzen über ihre Blätter oder Photosynthese betreibenden Sprossabschnitte relativ große Mengen an Wasser abgeben, also **transpirieren,** ein Unterdruck, der einem negativen hydrostatischen Druck entspricht. Durch diesen Unterdruck wird den Zellen der Endodermis und des Xylemparenchyms ständig Wasser entzogen und in die wasserleitenden Xylemelemente verlagert. Dieser Wasserverlust bewirkt eine Verringerung des osmotischen Potenzials der Endodermis- und Xylemparenchymzellen, was wiederum zu einem Nachströmen des Wassers aus der Wurzelrinde führt.

Auch in Zeiten geringer oder fehlender Transpiration (z. B. bei sehr hoher Luftfeuchtigkeit oder im winterkahlen Zustand der Bäume zu Frühlingsbeginn) kann Wasser in die Xylemelemente verlagert werden. Dabei scheiden die Zellen der Endodermis und des Xylemparenchyms Ionen in die Xylemelemente des Zentralzylinders aus, was zu einer Herabsetzung des osmotischen Potenzials im Xylem und somit zu einem Nachströmen von Wasser führt. Als energiebedürftiger Prozess benötigt dieser Vorgang Sauerstoff und ist temperaturabhängig. Durch das Einströmen des Wassers in das Xylem entsteht dort ein positiver hydrostatischer Druck, der **Wurzeldruck.** Bei manchen Pflanzenarten kann er bis über 0,6 MPa erreichen. Zusammen mit einem auf die gleiche Weise aufgebauten Druck im Stamm bewirkt Wurzeldruck die Verlagerung von Wasser und darin gelösten Mineral- und Nährstoffen durch das Xylem in die oberen Sprossabschnitte. Dies ist insbesondere bei Bäumen vor dem Laubaustrieb wichtig, wenn zur Blattentfaltung Wasser, Mineral- und Nährstoffe wie z. B. Zucker aus den Speichergeweben von Wurzeln und Stamm in die Krone transportiert werden müssen – ein Vorgang, den man als Saftsteigen bezeichnet. Der zu diesem Zeitpunkt im Xylem herrschende Überdruck führt dazu, dass bei Verletzen des Xylems Xylemsaft austritt, der dann Blutungssaft genannt wird. Bei manchen Pflanzenarten, z. B. beim Zuckerahorn *(Acer saccharum)* in Nordamerika, ist dieser Saft so reich an Zucker, dass er in großem Maßstab zur Herstellung von Zuckersirup *(maple syrup)* genutzt wird. Wurzeldruck ist auch die Ursache für **Guttation**, das Austreten von Wassertropfen an Blättern oder anderen Stellen der Oberfläche insbesondere von krautigen oder grasartigen Pflanzen bei hoher Luftfeuchtigkeit. Durch Xylemüberdruck tritt das Wasser am Ende von Porensystemen, den sog. Hydathoden, aus. In mitteleuropäischen Lebensräumen ist Guttation beispielsweise an den Spitzen der Blätter von Gräsern oder des Frauenmantels *(Alchemilla)* zu beobachten.

In den miteinander in Verbindung stehenden Xylemelementen bilden die Wassermoleküle durch **Kohäsion** untereinander und durch **Adhäsion** an die Zellwände der Xylemelemente gleichsam kon-

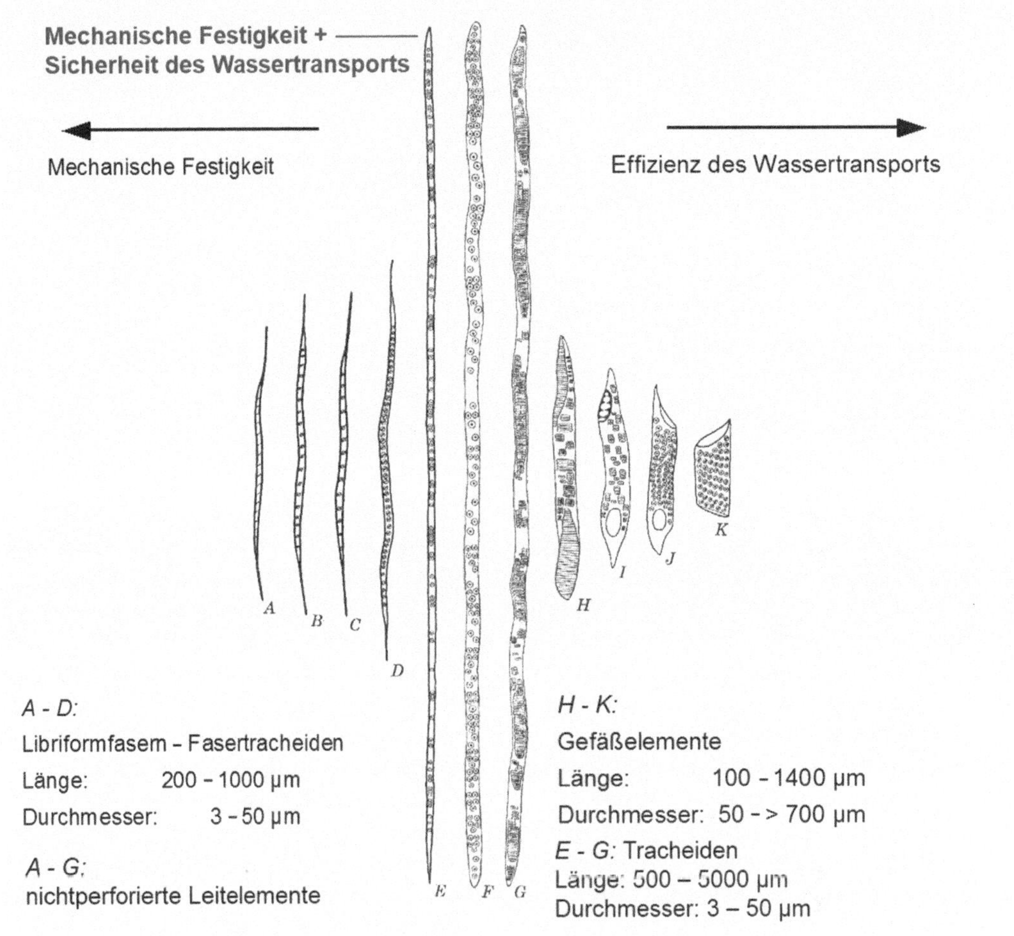


**Abb. 3.3** Xylemelemente der Samenpflanzen. (Evert 2009)

tinuierliche Wasserfäden von der Wurzel bis zu den Blättern. Die Grundlagen dieser **Kohäsions-Adhäsions-Theorie des Wassertransports** wurden schon im 19. Jahrhundert formuliert. Durch verschiedene Experimente wurde sie immer wieder bestätigt.

Im Xylem hängt die Transportgeschwindigkeit des Wassers v. a. vom Durchmesser und der Zellwandbeschaffenheit der Xylemelemente ab (Abb. 3.3). Nadelhölzer besitzen i. d. R. nur ein sehr einfach aufgebautes Xylem, das als Leitelemente für Wasser lediglich **Tracheiden** umfasst. Tracheiden sind mit 0,5–5 mm relativ lang, haben aber mit 0,003–0,05 mm einen nur geringen Durchmesser. Von einer Tracheide zur nächsten tritt das Wasser durch die über die gesamte Tracheidenoberfläche verteilten Poren über. Die Widerstände für die Wasserleitung sind auf diese Weise recht hoch, was eine relativ geringe Fließgeschwindigkeit zur Folge hat (Tab. 3.3). Viele Laubhölzer dagegen besitzen neben Tracheiden auch deutlich kürzere (0,1–1,4 mm), aber wesentlich dickere (0,05 bis > 0,7 mm) Leitelemente, deren obere und untere Zellwände bei etlichen Laubbaumarten auch reduziert oder sogar völlig aufgelöst sind. Senkrecht übereinander angeordnet, bilden solche Leitelemente die sog. **Tracheen** (Gefäße), die bei Lianen Längen von bis zu 10 m erreichen können. So weisen Hölzer mit Tracheen hohe Transportgeschwindigkeiten auf, die in den bereits erwähnten Lianen

■ **Tab. 3.3** Durchmesser und Länge wasserleitender Elemente, maximale Fließgeschwindigkeiten und Wasserleitfähigkeiten im Holz unterschiedlicher Pflanzentypen und im Vergleich mit einer idealen Kapillare. (Verschiedene Autoren.)

| Pflanzentyp | Leitelement-durchmesser (mm) | Leitelement- oder Gefäßlänge (m) | Maximale Fließgeschwindigkeit (m/h) | Wasserleitfähigkeit in Prozent des Werts einer idealen Kapillare |
|---|---|---|---|---|
| Immergrüne Nadelbäume | ≤ 0,05 | 0,0005–0,005 | 1–2 | 25–40 |
| Zerstreutporige Laubhölzer | 0,005–0,1 | 1–2 | 1–7 | 20–35 |
| Ringporige Laubhölzer | 0,01 bis > 0,7 | Bis 10 | 4–44 | 50–85 |
| Lianen | 0,2–0,3 | Bis 10 | Bis 150 | Bis 100 |

und in ringporigen Laubhölzern besonders hoch sind. In Letzteren werden zu Beginn jeder neuen Wachstumsperiode Leitelemente mit sehr großen Durchmessern gebildet, die in den Jahrringen schon mit bloßem Auge als Poren zu erkennen und deren Endwände komplett aufgelöst sind. Je nach Wasserverfügbarkeit und Transpirationsbeanspruchung kann ein Laubbaum mehrere Dutzend Liter bis sogar ein paar hundert Liter Wasser pro Tag durch Transpiration an die Atmosphäre abgeben.

Die Geschwindigkeit des Wassertransports durch die Xylemelemente hängt – außer von der Stärke des im Xylem herrschenden Wasserpotenzials und der Viskosität des Wassers – v. a. vom Radius der Xylemelemente ab. Sie lässt sich nach der Formel von Hagen und Poiseuille zum Volumenstrom in einer Kapillare berechnen:

$$V/t = \pi \cdot \Delta P \cdot r^4 / (8\eta \cdot H)\,; \qquad (3.2)$$

mit

*V* – Wasservolumen,

*t* – Zeit,

*ΔP* – Wasserpotenzialgradient entlang der vertikalen Transportstrecke,

*r* – Radius des Leitelements,

*η* – Viskosität des Wassers (1 mPa · s bei 20 °C) und

*H* – vertikale Transportstrecke.

Der Radius der Leitelemente geht also in seiner vierten Potenz in die Gleichung ein. Dies bedeutet, dass Leitelemente mit nur geringfügig größerem Radius schon deutlich mehr Wasser pro Zeit transportieren können und somit wesentlich effizienter sind als dünnere Leitelemente (■ Tab. 3.3).

Auf diese Weise lassen sich auf der Grundlage digitaler Auswertung mikrofotografischer Aufnahmen dünner Sprossquerschnitte die pro Sprossquerschnittsfläche maximal möglichen Wassertransportraten ermitteln. Die tatsächlichen Raten sind geringer aufgrund höherer Leitungswiderstände, die in der für ideale Kapillaren gültigen ■ Gl. 3.2 nach Hagen und Poiseuille nicht berücksichtigt werden. Realitätsnähere Werte erhält man durch Messungen des Wassertransports im Spross (▶ Box Messung des Wassertransports im Spross).

Wasserleitende Elemente mit großem Radius haben aber auch einen entscheidenden Nachteil: Sie sind anfälliger für einen Funktionsausfall durch **Kavitation** und **Embolie.** Als Kavitation bezeichnet man die Bildung eines wasserdampfgefüllten Hohlraums in einem Leitelement oder einer Trachee nach Abreißen des Wasserfadens, der sich ansonsten durchgehend durch funktionierende Xylemelemente erstreckt. Aus der Kavitation wird eine Embolie, wenn von außen Luft in diesen Hohlraum eindringt. Embolien können auch entstehen, wenn sich im Xylemwasser gelöste Gase (Kohlenstoffdioxid, Sauerstoff, Stickstoff aus der Luft oder aus Stoffwechselprozessen) zu größeren Luftblasen formieren, die dann die Leitelemente mehrjähriger Pflanzen verstopfen. Die betroffenen Leitelemente fallen zumindest zeitweise oder sogar endgültig für den Wassertransport aus.

### Messung des Wassertransports im Spross

Die pro Zeiteinheit im Spross verlagerte Menge an Wasser wird üblicherweise auf der Grundlage der Wärmemenge gemessen, die mit dem transportierten Wasser abgeführt wird. Am oder im Spross werden mit einigen Zentimetern Abstand übereinander Temperatursensoren installiert. Bei dickeren Stämmen sind dies z. B. dünne Nadeln, die ins Holz gebohrt werden (◘ Abb. 3.4); bei dünneren Ästen oder am Spross krautiger Pflanzen werden um einen geeigneten Sprossabschnitt mit Temperatursensoren versehene Manschetten gelegt. Im Bereich des oberen Sensors wird geheizt.
Bei einer transpirierenden Pflanze wird ein großer Teil der Heizwärme mit dem Transpirationsstrom nach oben abgeführt. Dadurch verringert sich die Temperaturdifferenz zwischen unterem und oberem Sensor. Je nach Messmethode wird nun durch Stromzufuhr und stärkere Heizung des oberen Sensors die ursprüngliche Temperaturdifferenz (vor Einsetzen der Transpiration) auf dem Ausgangswert konstant gehalten (in diesem Fall ist die Menge des zusätzlich zugeführten Stroms das Maß für den Wassertransport) oder das Ausmaß der Temperaturänderung wird registriert (und dient dann zusammen mit empirisch gefundenen Gleichungen als Grundlage für die Berechnung des Wassertransports). Diese Messungen können im Abstand weniger Minuten über etliche Wochen durchgeführt werden (◘ Abb. 3.5). Ihre Ergebnisse werden mit Datenloggern erfasst und können – gegebenenfalls unter Hinzuziehen der Fläche des wasserleitenden Sprossquerschnitts – auf die gesamte Pflanze bezogen werden. Die auf diese Weise ermittelte Menge des in die Krone transportierten Wassers entspricht in sehr guter Näherung der Wassermenge, die von der Pflanze im entsprechenden Zeitraum abgegeben (transpiriert) wurde, denn die Menge des im Pflanzenkörper gespeicherten Wassers ist bei den meisten Pflanzen im Vergleich zu ihrem Wasserdurchsatz vernachlässigbar gering.

**◘ Abb. 3.4** Vorbereitung der Messung des Wassertransports im Stamm einer Rotbuche mit der Methode nach Granier. Mit der oberen und der unteren Nadel wird die Temperatur gemessen, an der oberen Nadel wird durch Stromzufuhr (z. B. von einer Autobatterie) geheizt. Am Stamm sind die Nadeln zum Schutz vor von außen eindringender Feuchtigkeit mit einer Dichtungsmasse abgedichtet. Die zum Abschluss der Installation über den Sensoren angebrachte Temperaturisolation ist hier nicht mit abgebildet

In Regionen mit kalten Jahreszeiten friert das Xylemwasser während der jährlich auftretenden Winterfröste zumindest zeitweise. Da die Löslichkeit von Gasen in Eis geringer ist als in Wasser, entstehen beim Gefrieren kleine Gasblasen im Eis. Diese können sich prinzipiell beim Tauen wieder in Wasser lösen. In einem Leitelement mit größerem Radius kann sich jedoch aus vielen kleinen Gasblasen eine

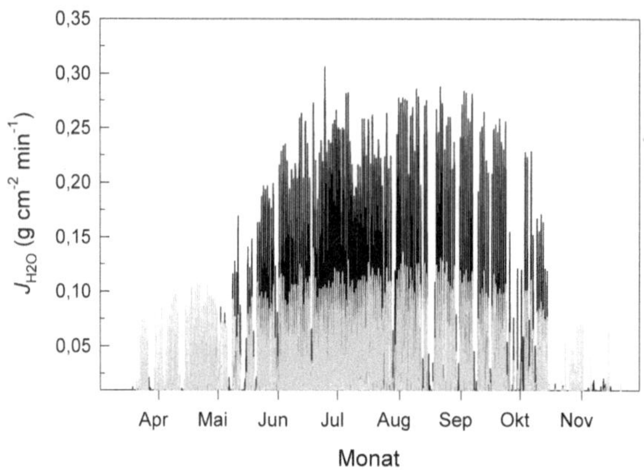


**Abb. 3.5** Wassertransportraten (gemessen als Saftflussdichten im Xylem, $J_{H2O}$) im Stamm eines Nadelbaums (Douglasie, *Pseudotsuga menziesii; grau*) und eines Laubbaums (Rotbuche, *Fagus sylvatica; schwarz*) mit vergleichbarem Stammdurchmesser (ungefähr 26 cm) im Verlauf einer Vegetationsperiode in benachbarten Waldbeständen im Mittelgebirge Südwestdeutschlands. Gemessen wurde im Stamm auf Brusthöhe mit viertelstündiger Auflösung, daher sind Maxima während der Lichtphase eines Tages und nächtliche Minima ansatzweise erkennbar. Die Masse des pro Minute transportierten Wassers ist auf Quadratzentimeter Stammquerschnittsfläche bezogen. In regnerischen Perioden gehen die Wassertransportraten gegen Null. Die Buche erreicht höhere Wassertransportraten, doch ist ihre Transpiration auf die Vegetationsperiode beschränkt. In der Douglasie sind die Wassertransportraten deutlich geringer, doch transpiriert sie im Gegensatz zur Buche schon im zeitigen Frühjahr und noch im Spätherbst recht intensiv. Somit sind ihre Nadeln über einen längeren Zeitraum physiologisch aktiv

große Gasblase bilden, die dann nicht mehr im Xylemwasser löslich ist. Diese Gefahr ist bei Auftreten von Spätfrost noch größer, wenn bereits die Blattentfaltung begonnen hat und das Wasser im Xylem daher unter einem Transpirationssog steht. Insbesondere die im Frühling des Vorjahres angelegten weiten Gefäße der ringporigen Gehölze werden nach jedem Winter embolisiert. Sie müssen in jedem Frühjahr durch frisch gebildete Gefäße ersetzt werden, um den Bedarf der Pflanze an Wassertransportkapazität zu decken. In winterkalten Regionen treiben die Blätter vieler ringporiger Gehölzarten oft recht spät aus. Auf diese Weise ist die Gefahr geringer, dass in den gerade neu gebildeten Gefäßen beim Tauen von durch Spätfrost gefrorenem Xylemwasser durch Unterdruck, der im Xylem durch bereits austreibende und transpirierende Blätter bewirkt wird, große Gasblasen entstehen und die Gefäße schon kurz nach ihrem Entstehen unbrauchbar machen.

Anatomisch-physiologische Untersuchungen haben ergeben, dass nur Leitelemente mit einem Radius von weniger als 15 µm weitestgehend frei von frostbedingten Embolien sind. Gehölze mit derart engen Leitelementen, zu denen auch viele Nadelbaumarten gehören, sind holzanatomisch insgesamt gut an periodisch kaltes Klima angepasst (▶ Box Hoftüpfel der Nadelbäume). Leitelemente mit einem Radius von mehr als 20 µm lassen sich dagegen relativ leicht embolisieren, wenn an ihnen beim Auftauen von Xylemwasser ein Unterdruck anliegt.

Außer durch Frost können Embolien auch durch zu starke Lufttrockenheit bei unzureichender Nachlieferung von Wasser aus der Wurzel und infolgedessen hohen Wasserverlust der Pflanze hervorgerufen werden. Wenn die Saugspannung im Xylem sehr stark (und damit das Wasserpotenzial sehr negativ) wird, kavitieren Wasserfäden und in den betroffenen Leitelementen können Embolien entstehen. Auch in diesem Fall sind Leitelemente mit größerem Radius empfindlicher für Embolisierung als englumige Elemente. Dies liegt aber nur z. T. an der Größe des Leitelementradius. Eine wesentliche Rolle spielt auch die anatomische Beschaffenheit der Leitelementzellwände. Luft kann leichter in ein Leitelement eintreten, wenn seine Hoftüpfel in der Zellwand groß sind. Untersuchungen haben

### Der Hoftüpfel der Nadelbäume: ein Sicherheitsventil bei Embolie

Nadelbäume besitzen eine besondere Schutzvorrichtung, die das Ausbreiten einer Embolie von einem Leitelement in ein Nachbarelement verhindert. In den Hoftüpfeln ihrer Leitelementzellwände ist der Mittelteil der Schließhaut, der aus der Mittellamelle und darüber gelagerten Primärwandschichten besteht, zu einem sog. Torus verdickt und an elastischen Cellulosefäden beweglich gelagert (◘ Abb. 3.6). Entsteht nun in einem Leitelement eine Embolie, so ist der ansonsten durch Transpirationssog bestehende Unterdruck aufgehoben und es herrscht in ihm nahezu der normale Atmosphärendruck. Im benachbarten, intakten und Wasser transportierenden Leitelement besteht aber durch den weiterhin vorhandenen Transpirationssog nach wie vor Unterdruck. Dadurch wird der Torus an die Porenöffnung (den Porus) des funktionsfähigen Leitelements gezogen und verschließt diese. So wird ein Ausbreiten der Embolie in das noch funktionierende Leitelement verhindert. Der Hoftüpfel der Nadelbäume wirkt bei Embolie also wie ein Rückschlagventil.

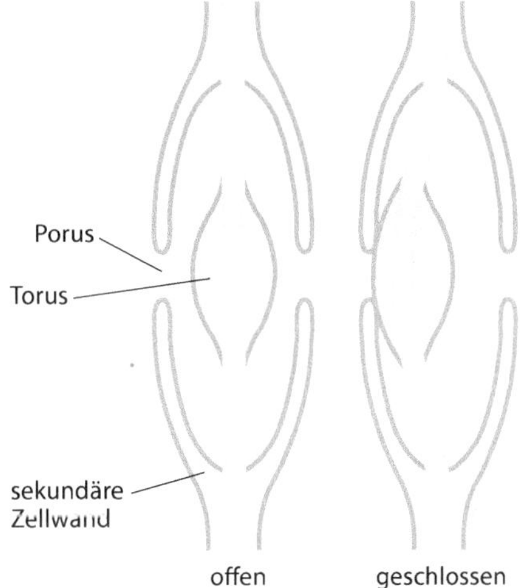


◘ **Abb. 3.6** Hoftüpfel von Nadelbäumen. Im Unterschied zu den Hoftüpfeln anderer Pflanzen ist bei den Hoftüpfeln der Nadelbäume die Schließhaut in der Mitte zu einem sog. Torus verdickt. Dieser lagert sich bei emboliebedingten Druckunterschieden zwischen zwei benachbarten Leitelementen dem Porus desjenigen Elements an, in dem durch fortbestehende Transpiration noch Unterdruck herrscht, und verhindert somit ein Ausbreiten der Embolie. (Nach Böhlmann 1994)

### Baumsterben durch Schädigung des Wasserleitungssystems

In den vergangenen Jahrzehnten kam es in Europa verbreitet zu einem Absterben der Feldulme *(Ulmus minor)*. Ursache war die Infektion mit einem ursprünglich aus Ostasien stammenden Pilz *(Ophiostoma ulmi)*, der in Form einer zwischenzeitlich veränderten Art *(Ophiostoma novo ulmi)* aus Nordamerika zurück nach Europa verschleppt wurde. Der Pilz wird vom Kleinen und Großen Ulmensplintkäfer *(Scolytus multistriatus, S. scolytus)* auf Ulmen übertragen. Er wächst in den Larvengängen des Käfers im Ulmenholz und verstopft die wasserleitenden Gefäße der Zweige. Zusätzlich werden Blätter durch ein vom Pilz ausgeschiedenes Gift abgetötet. Schließlich stirbt der Baum ab. Diesem Ulmensterben fielen in manchen Regionen Europas bis zu 70 % des Ulmenbestands zum Opfer.

gezeigt, dass bei Leitelementen mit großem Radius – und infolgedessen auch einer großen Zellwandoberfläche – die Wahrscheinlichkeit des Auftretens großer Hoftüpfel und damit das Risiko der Embolisierung deutlich größer sind als bei Leitelementen mit kleinerem Durchmesser. Pflanzen mit sehr weitlumigen Leitelementen wachsen also vorwiegend an Standorten, an denen keine starke Trockenheit auftritt und das Kavitationsrisiko somit gering ist, oder sie besitzen zusätzlich noch etliche

## Wie hoch können Bäume wachsen?

Das Höhenwachstum der Bäume ist nicht nur durch mechanische Faktoren wie die Stabilität des Stamms begrenzt, sondern auch durch ihre Fähigkeit, Wasser in die obersten Kronenteile zu transportieren. Mit der ◘ Gl. 3.2 nach Hagen und Poiseuille lässt sich für einen gegebenen Radius der Xylemelemente der Druckgradient berechnen, der erforderlich ist, um Wasser über eine bestimmte vertikale Strecke zu transportieren.

Die höchsten Bäume weltweit wie z. B. der Küstenmammutbaum *(Sequoia sempervirens)* im Westen Nordamerikas gehören zu den Nadelbäumen. Bei bekannten Wasserdurchsatzraten (maximale Fließgeschwindigkeit von ungefähr 2 m/h), Xylemelementen mit einem großzügig angenommenen Radius von 40 µm und einer Leitfähigkeit von 40 % einer idealen Kapillare (◘ Tab. 3.3) ist ein Druckgradient von 0,0075 MPa pro Meter Stammhöhe zum Wassertransport erforderlich. Bei einer Baumhöhe von 100 m, die von Küstenmammutbäumen durchaus erreicht wird, müssen die Blätter der Baumkrone dann allein zur Überwindung des Transportwiderstands von der Bodenoberfläche aus gerechnet ein Wasserpotenzial von −0,75 MPa aufwenden. Zusätzlich muss das Wasser noch gegen die Schwerkraft transportiert werden, wozu weitere −0,0098 MPa/m und somit −0,98 MPa auf 100 m erforderlich sind. Insgesamt muss also in der oberen Baumkrone ein Wasserpotenzial von −1,73 MPa aufgebaut werden. Derartige Werte sind zwar durch osmotische Potenziale durchaus erreichbar (◘ Tab. 3.1), doch sinkt bei Transpirationsbeanspruchung und infolgedessen stärker negativerem Wasserpotenzial auch der Turgor. Ein hinreichend positiver Turgor ist aber Voraussetzung für das Wachstum der Blattzellen und für eine Öffnungsweite der Stomata, die ausreicht, um den Photosyntheseapparat der Blätter mit Kohlendioxid ($CO_2$) zu versorgen. Dementsprechend wurden an hochgewachsenen Exemplaren des Küstenmammutbaums mit zunehmender Höhe immer kleinere Blätter vorgefunden, bis sie in 112 m Höhe nur noch schuppenartig ausgebildet waren. Das Blattwasserpotenzial war in einer Höhe von 108 m auf −1,84 MPa abgesunken (Koch et al. 2004). Bei starker Transpirationsbeanspruchung steigt in diesen Höhen auch das Kavitationsrisiko in den Ästen stark an. Man kann daher davon ausgehen, dass bei Bäumen wegen der Einschränkungen im Wassertransport eine Wuchshöhe von ungefähr 130 m nicht überschritten werden kann. Die größte belegte Baumhöhe betrug 126 m; sie wurde an einem Exemplar der im Westen Nordamerikas verbreiteten Douglasie *(Pseudotsuga menziesii)* gemessen.

andere Leitelemente mit kleinerem Radius, die weniger kavitationsanfällig sind. Gehölze in Regionen mit periodisch auftretenden Regen- und Trockenzeiten weisen in ihrem Xylem oft zwei unterschiedliche Typen von Leitelementen auf: weitlumige Gefäße, durch die in Perioden ausreichender Wasserversorgung große Mengen von Wasser schnell transportiert werden können, und englumige Leitelemente, die auch dann noch funktionsfähig sind, wenn ein großer Teil der weitlumigen Gefäße bereits embolisiert ist.

Außer durch Frost und unzureichende Wasserversorgung können Embolien auch durch mechanische Belastung (z. B. starkes Verbiegen des Sprosses durch Wind), Verletzungen oder Pilzinfektionen verursacht werden (► Box Baumsterben durch Schädigung des Wasserleitungssystems).

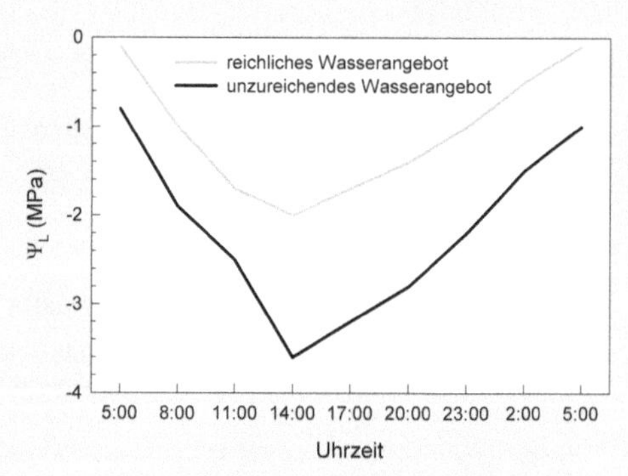


◘ **Abb. 3.7** Tagesgang des Blattwasserpotenzials $\Psi_L$ einer jungen Traubeneiche *(Quercus petraea)* bei reichlicher und bei unzureichender Wasserversorgung. Die relativ niedrigen Predawn-Wasserpotenziale und das stark negative mittägliche Wasserpotenzial bei unzureichender Wasserversorgung deuten bereits auf Trockenstress hin

**Wie ermittelt man das Blattwasserpotenzial?**

Die noch immer am weitesten verbreitete Methode zur Ermittlung des Blattwasserpotenzials ist die Druckkammermethode nach Scholander et al. (1965). Ein Blatt (oder beblättertes Zweigstück) wird mit sauberem und geradem Schnitt von der Pflanze abgeschnitten. Dadurch wird der durchgehende Wasserfaden im Xylem unterbrochen und der darin herrschende Unterdruck aufgehoben. Die nach wie vor durch das negative Blattwasserpotenzial bestehende Saugspannung zieht nun das Ende des Wasserfadens von der Schnittstelle des abgeschnittenen Blattes fort und zwar umso weiter, je negativer das Blattwasserpotenzial ist. Das Blatt wird nun möglichst schnell (zur Vermeidung stärkerer Wasserverluste) so in den durchbohrten Deckel einer metallenen Druckkammer eingespannt, dass sein Stiel mit der Schnittstelle gut sichtbar durch die abdichtbare Bohrung des Deckels herausragt (◘ Abb. 3.8). Nach luftdichtem Aufsetzen des Deckels auf die Druckkammer lässt man aus einer Druckluftflasche langsam Luft in die Kammer strömen. Dadurch steigt der Druck in der Kammer und drückt den Wasserfaden im Xylem des Blatts wieder in Richtung auf die Schnittstelle. Unter ständiger Beobachtung der Schnittfläche wird der Druck langsam immer weiter erhöht. In dem Moment, in dem der Wasserfaden die Schnittstelle wieder erreicht hat, erkennbar an einer plötzlichen dunklen Verfärbung der Schnittstelle, wird der in der Kammer erreichte Druck an einem Druckmesser abgelesen. Dieser Wert entspricht dem im Blatt herrschenden Wasserpotenzial.
Der Vorteil dieser Methode besteht in der relativ einfachen, von Elektrizität unabhängigen Handhabung, sodass sie leicht auch im Gelände einsetzbar ist. Ihre Messgenauigkeit ist für den Verwendungszweck i. d. R. hinreichend groß.

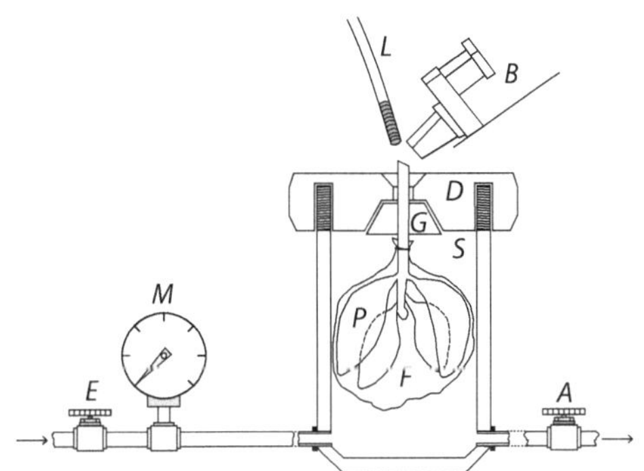


◘ **Abb. 3.8** Druckkammerapparatur nach Scholander zur Bestimmung des Blattwasserpotenzials. *A* Auslassventil; *B* Binokular oder Lupe; *D* Deckel; *E* Einlassventil; *F* Verdunstungsschutz (nicht zwingend erforderlich); *G* Gummistopfen; *L* Lichtquelle; *M* Manometer; *P* Pflanzenprobe; *S* Edelstahlkammer. (Nach Von Willert et al. 1995)

## 3.1.4 Die Blätter als Zielorte des Wassertransports

In einer transpirierenden Pflanze weisen die Blätter das am stärksten negative Wasserpotenzial auf. Auf diese Weise folgt das in der Pflanze transportierte Wasser einem Gradienten zunehmend negativeren Wasserpotenzials von der Wurzel bis zu den Blättern. Die Blattwasserpotenziale durchlaufen einen Tagesgang (◘ Abb. 3.7). Bei guter Wasserversorgung können die Pflanzen das tagsüber abgegebene Wasser durch nächtliche Wasseraufnahme vollständig ersetzen. Das Blattwasserpotenzial ist dann frühmorgens – kurz vor Sonnenaufgang – nur sehr wenig negativ. Nach Einsetzen der Transpiration werden die Blattwasserpotenziale infolge des Wasserverlusts immer negativer (► Abschn. 3.1.1) und erreichen ihr Minimum an warmen, sonnigen Tagen meist am späten Mittag oder frühen Nachmittag, wenn die Lufttemperatur am höchsten und die Luftfeuchtigkeit am geringsten ist: In diesem Zeitraum ist auch der potenzielle Wasserverlust am stärksten. Je nach ihrem Standort erreichen Vertreter unterschiedlicher Pflanzentypen mehr oder weniger stark negative Blattwasserpotenziale (◘ Tab. 3.1). Zum Abend hin nehmen die Blattwasserpotenziale wieder zu und erreichen kurz vor Sonnenaufgang des folgenden Tages ihren Höchstwert. Bei unzureichendem Wasserangebot ist eine vollständige Aufsättigung der Pflanze über Nacht allerdings nicht möglich. Das kurz vor Sonnenaufgang („predawn") gemessene Wasserpotenzial ist dann stärker negativ. Dieses Predawn-Wasserpotenzial ist daher eine Größe, die oft zur Beschreibung des Wasserzustands einer Pflanze herangezogen wird. Bei unzureichender Wasserversorgung sind auch die mittags und nachmittags erreichten Minima der Blattwasserpotenziale deutlich negativer als bei ausreichendem Wasserangebot.

Pflanzenarten unterscheiden sich auch in der Schwankungsbreite ihres Wasserzustands. **Hydrostabile Pflanzen** halten ihre Wasserbilanz in einem relativ engen Bereich konstant, da sie bei ausreichendem Wasserangebot wachsen oder Wasserverlust durch schnelles Schließen der Spaltöffnungen bei Wassermangel minimieren (► Abschn. 3.1.5). Sofern sie an Standorten mit weniger guter Wasserversorgung wachsen, besitzen viele von ihnen ein weit ausgreifendes, leistungsfähiges Wurzelsystem; manche Arten können auch Wasservorräte in Speicherorganen anlegen. Die täglichen und jahreszeitlichen Schwankungen des osmotischen sowie des gesamten Blattwasserpotenzials sind gering. Zu den hydrostabilen Pflanzen gehören z. B. Wasserpflanzen, Sukkulenten und Schattenkräuter sowie manche Gräser und Bäume humider Gebiete. **Hydrolabile Pflanzen** tolerieren stärkere Wasserverluste und teilweise sogar ein zeitlich begrenztes Auftreten von Welkeerscheinungen. Dementsprechend können das osmotische Potenzial und das gesamte Blattwasserpotenzial in einem recht weiten Bereich schwanken. In Zeiten guter Wasserversorgung sind diese Pflanzen in der Lage, innerhalb relativ kurzer Zeit viel Wasser aufzunehmen. Dies wird durch ein sehr leistungsfähiges Wasserleitungssystem ermöglicht. Zu den hydrolabilen Pflanzen gehören Sonnenkräuter, Steppengräser und manche Holzpflanzen, insbesondere Pioniergehölze wie z. B. die Sandbirke *(Betula pendula)*.

### 3.1.5 Wasserabgabe durch die Pflanze

Prinzipiell kann Wasser in Gasform über sämtliche Oberflächen einer Pflanze abgegeben werden. Der weitaus größte Anteil dieses Wassers verlässt die Pflanze jedoch über die Spaltöffnungen (Stomata) der photosynthetisch aktiven Organe, also i. d. R. über die Blätter. Der Übergang des Wassers von der flüssigen in die gasförmige Phase erfolgt in den Zellwänden des Mesophyllgewebes, die an die luftgefüllten Zellzwischenräume, die Interzellularen, grenzen. Die relative Luftfeuchte in den Interzellularen beträgt zwischen 95 und 99 %; sie nimmt in Richtung auf die Spaltöffnungen ab. Außerhalb des Blatts ist die Luftfeuchtigkeit meist deutlich geringer. Sie liegt selbst an kühlen, bedeckten Tagen meist unter 90 % und kann an warm-trockenen Sommertagen auch in gemäßigten Klimazonen 50 % deutlich unterschreiten. In Wüsten kann sie an solchen Tagen sogar auf weniger als 10 % absinken. Auch bei noch vergleichsweise hohen Werten der relativen Luftfeuchte und einer daraus resultierenden relativ geringen Untersättigung der Luft mit Wasserdampf ist das Wasserpotenzial der Luft bei einer Temperatur von 20 °C schon deutlich negativ und damit meist negativer als die minimal erreichbaren Blattwasserpotenziale (◘ Tab. 3.4). Der Unterschied zwischen den Wasserdampfkonzentrationen im Blattinneren und Blattäußeren ist also i. d. R. groß, sodass Landpflanzen normalerweise einer erheblichen Transpirationsbeanspruchung unterliegen. Das Ausmaß dieser Transpirationsbeanspruchung lässt sich durch das **Wasserdampfsättigungsdefizit („vapour pres-**

◘ **Tab. 3.4** Relative Feuchte und entsprechendes Wasserpotenzial der Luft bei Standardatmosphärendruck und einer Lufttemperatur von 20 °C

| Relative Luftfeuchte (%) | Wasserpotenzial der Luft (MPa) |
|---|---|
| 100 | 0 |
| 99,5 | −0,67 |
| 99,0 | −1,35 |
| 98,0 | −2,72 |
| 95,0 | −6,91 |
| 90,0 | −14,1 |
| 80,0 | −30,1 |
| 70,0 | −48,1 |
| 60,0 | −68,7 |
| 50,0 | −93,3 |

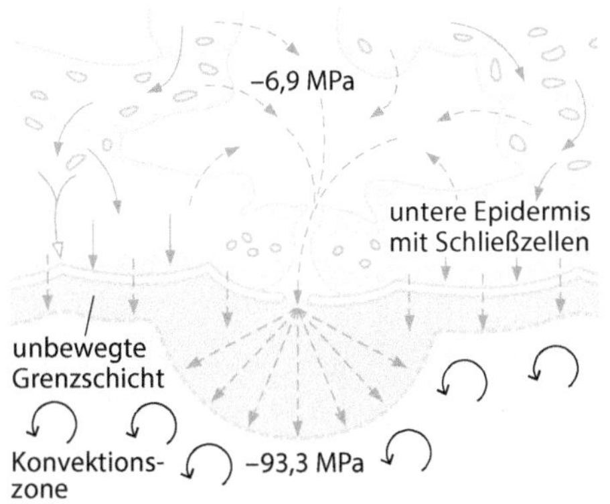


**Abb. 3.9** Diffusion von Wasserdampf aus einem Laubblatt. Die Wassermoleküle folgen dem Wasserpotenzialgradienten (MPa) von den Mesophyllzellen über die Atemhöhle (Interzellularraum in unmittelbarer Nachbarschaft der Spaltöffnung) und durch die Spaltöffnung nach außen. Die Konvektionszone ist der Bereich der mehr oder weniger turbulenten Umgebungsluft. (Nach Sitte et al. 2002)

**sure deficit", VPD)** angeben, das als Größe mit der Einheit Druck aus der Lufttemperatur, der relativen Luftfeuchte außerhalb des Blatts und dem Luftdruck ermittelt wird.

Die Schließzellen der Spaltöffnungen müssen also auf starken Wasserverlust durch rasches Schließen sensitiv reagieren, um ein Austrocknen zu verhindern. Andererseits können durch vollständig geöffnete Spaltöffnungen erhebliche Mengen Wasserdampf abgegeben werden, obwohl die Gesamtfläche aller Spaltöffnungen eines Blatts nur ungefähr 1–2 % der gesamten Blattfläche beträgt: Setzt man die durch ein Blatt maximal transpirierte Wassermenge ins Verhältnis zu der Menge an Wasser, das von einer gleich großen Wasseroberfläche verdunstet, so erhält man für die Transpiration über das Blatt einen Wert von 50 bis 70 % der freien Verdunstung. Möglich wird dies dadurch, dass die Stomata trotz ihrer hohen Dichte auf der Blattoberfläche (bei manchen Arten mehr als 300 Spaltöffnungen pro Quadratmillimeter) einen gewissen Abstand zueinander aufweisen. So können die durch die Spaltöffnungen austretenden Wassermoleküle nach allen Richtungen diffundieren und werden dabei nicht durch Wassermoleküle behindert, die zeitgleich aus benachbarten Spaltöffnungen austreten (Abb. 3.9). Diesen Effekt bezeichnet man als Randeffekt oder Randfeldeffekt.

Die Cuticula der Blätter ist ein effektiver Verdunstungsschutz. Doch auch sie ist nicht absolut undurchlässig für Wasserdampf: Je nach ihrer Dicke können bis zu 32 % des von einem Blatt abgegebenen Wassers über sie entweichen. Derartig hohe Werte findet man z. B. bei Kräutern feuchter Standorte wie dem Großen Springkraut *(Impatiens noli-tangere)*, während die cuticuläre Transpiration bei den besser gegen Wasserverlust geschützten Nadeln von Nadelbäumen nur maximal 3 % der Gesamttranspiration ausmacht. Und auch über das Abschlussgewebe von Sprossorganen kann Wasserdampf abgegeben werden, wenn auch nur in sehr geringem Maß. Die Wasserdampfdiffusion erfolgt bei ihnen durch die sog. **Lenticellen**, das sind relativ lockere Anhäufungen verkorkter Zellen, die den Gasaustausch der lebenden Gewebe (Kohlenstoffdioxid($CO_2$)-Abgabe und Sauerstoff($O_2$)-Aufnahme) und damit die Zellatmung ermöglichen. An den Sprossachsen mancher Gehölze sind diese Lenticellen gut zu erkennen, z. B. beim Holunder *(Sambucus)* als weißlich-bräunliche, warzenähnliche Strukturen und bei der Birke *(Betula)* in Form waagerechter Streifen.

An der Grenze größerer Oberflächen zur Umgebungsluft befindet sich eine dünne Luftschicht, die von den Luftströmungen der Umgebung kaum bewegt wird. Diese Luftschicht wird **Grenzschicht** genannt. Sie ist umso dicker, je geringer die Luftbewegungen in der Umgebung sind; bei starkem Wind dagegen ist sie nur sehr schwach oder gar nicht ausgebildet. Eine Grenzschicht besteht auch an Blattoberflächen. Bei der Diffusion aus den Spaltöffnungen in die Umgebungsluft müssen die Wassermoleküle diese Grenzschicht passieren. Je dicker die Grenzschicht ist, desto stärker behindert sie die Diffusion der Wassermoleküle. Daher spricht man von einem **Grenzschichtwiderstand**, den die Wassermoleküle überwinden müssen. Er ist bei Windstille am größten und bei starkem Wind vernachlässigbar gering.

Durch seinen Einfluss auf die Stärke des Grenzschichtwiderstands beeinflusst Wind die Transpiration: Diese ist hoch bei starkem Wind, bei Windstille dagegen deutlich geringer. Auch alle Faktoren, die sich auf den Unterschied der Wasserdampfkon-

### Messung von Transpiration und Blattleitfähigkeit

Durch technische Weiterentwicklungen sind Systeme zur Messung des pflanzlichen Gaswechsels kleiner und genauer geworden, sodass sie seit ungefähr drei Jahrzehnten als akkubetriebene transportable Porometer vielfältig im Gelände eingesetzt werden (◘ Abb. 3.10). Einzelne Blätter oder kleine Zweigabschnitte werden in eine oben lichtdurchlässige Messkammer gespannt, die an einem mit Sensoranschlüssen und Gasanalysatoren versehenen Handgriff sitzt. Der Handgriff ist mit einer Konsole verbunden, in der außer den zentralen Steuerelementen auch eine Pumpe untergebracht ist. Diese führt der Messkammer mit einer regulierbaren und bekannten Durchsatzrate Luft zu, deren Feuchtigkeit vor Eintritt in die Messkammer (als Maß für die Luftfeuchte der Umgebungsluft) und nach Austritt aus der Messkammer (und somit nach Anreicherung durch den vom Blatt abgegebenen Wasserdampf) gemessen wird. Die Differenz beider Messwerte entspricht der Transpiration des Blatts, die nun auf die Blattfläche bezogen werden kann (falls das Blatt nicht die bekannte Öffnungsfläche der Messkammer abdeckt, muss seine Fläche separat ermittelt werden). Aus gleichzeitig automatisch durchgeführten Messungen der Luft- und der Blatttemperatur sowie des Luftdrucks wird die Differenz der Wasserdampfpartialdrücke zwischen Blattinnerem und Umgebungsluft ($\Delta w$) ermittelt und zur Berechnung der Blattleitfähigkeit verwendet.

Derartige Porometer messen relativ genau, haben aber den Nachteil, dass in der Messkammer oft nur an einer relativ kleinen Teilfläche eines Blatts unter Bedingungen gemessen werden kann, die von den Verhältnissen in der natürlichen Umgebung des Blatts abweichen.

Eine alternative Methode besteht in der berührungslosen Messung der Blatttemperatur durch vom Blatt abgegebene Infrarotstrahlung mithilfe einer Wärmebildkamera und dem zeitnahen Vergleich mit den Temperaturen eines nicht transpirierenden (beispielsweise eines zuvor geernteten und getrockneten) Blatts sowie eines Blatts mit maximaler Verdunstungsrate (z. B. eines zuvor mit Wasser besprühten Blatts). Das Messprinzip beruht darauf, dass die Temperatur eines transpirierenden Blatts aufgrund der Verdunstungskälte geringer ist als die Temperatur eines nicht transpirierenden Blatts – je stärker die Transpiration ist, desto größer ist die Temperaturdifferenz zwischen transpirierendem und nicht transpirierendem Blatt. Aus den gemessenen Temperaturen wird ein Index berechnet, der wie bei einer Eichgerade mit direkt gemessenen Werten der stomatären Leitfähigkeit in Beziehung gesetzt wird. Auf diese Weise kann nach Umrechnung auf die Transpiration die Wasserabgabe ganzer Blätter, Zweige oder sogar gesamter Pflanzen ermittelt werden. Die inzwischen hohe Auflösung von Infrarotsensoren (unterhalb von 0,05 Kelvin) und ein starker Preisrückgang ermöglichen den Einsatz von Wärmebildkameras beispielsweise auch in der Landwirtschaft zur Überwachung des Wasserhaushalts und zur Entdeckung von Trockenstress bei Nutzpflanzen. Der Nachteil dieses Messansatzes besteht in der Notwendigkeit der Eichung mit anderen Methoden der Transpirationsbestimmung, seiner Beeinflussbarkeit durch morphologische Eigenschaften des Blatts und durch Umweltfaktoren (z. B. Wind) sowie durch teilweise noch relativ geringe Präzision.

◘ **Abb. 3.10** Messung des Gaswechsels eines Weinrebenblattes *(Vitis vinifera)* mit einem transportablen Gaswechselporometer

**Tab. 3.5** Maximale Werte für Transpiration *E* und Blattleitfähigkeit *g* verschiedener Pflanzentypen in Bezug auf die einseitige Blattoberfläche (in Klammern: Extremwerte). Transpiration und Blattleitfähigkeit sind hoch bei den relativ kurzlebigen Sonnenkräutern, die ihre gesamte Biomasse innerhalb einer recht kurzen Lebensspanne produzieren müssen. Die Werte langlebiger Gehölze sind im Durchschnitt deutlich geringer. Viele Gehölzarten verfolgen eine eher konservative Strategie sparsamer Wasserabgabe und vermeiden so das Risiko starken Trockenstresses, der mit einer umso höheren Wahrscheinlichkeit auftreten kann, je langlebiger die Pflanze ist. Die niedrigsten Werte weisen Sukkulenten auf, die an sehr trockenen Standorten wachsen und ihre Spaltöffnungen oft nur nachts bei niedrigeren Temperaturen und höherer Luftfeuchte und somit geringerer Transpirationsbeanspruchung öffnen. Wüstensträucher können trotz geringer Spaltöffnungsweite und daher geringer Blattleitfähigkeit hohe Transpirationsraten erreichen, wenn sie bei den oft gegebenen Bedingungen hoher Temperaturen und niedriger Luftfeuchte (und somit hoher Transpirationsbeanspruchung) Zugang zu ergiebigen Wasserressourcen wie z. B. Grundwasser haben. (Nach Körner 1995 und Larcher 2001)

| Pflanzentyp | *E* (mmol/[m²·s]) | *g* (mmol/[m²·s]) |
|---|---|---|
| Wiesengräser | 3,0–4,5 | 300–400 |
| Kräuter sonniger Standorte | 5,0–7,5 | (200) 400–500 (1000) |
| Sommergrüne Bäume und Sträucher, gemäßigte Zone | 1,2–3,7 | 120–350 |
| Immergrüne Hartlaubgehölze | 1,5–3,0 | 100–310 |
| Nadelbäume | 1,4–1,7 | 130–330 |
| Bäume tropischer Regenwälder | 0,5–1,9 | 250–400 (1000) |
| Wüstensträucher | 2,8–7,0 | 130–310 |
| Sukkulenten | 0,6–1,8 | 95–140 |

zentration zwischen Blattinnerem und Blattäußerem auswirken, üben einen Einfluss auf die Transpiration aus: Sie ist hoch bei geringer Luftfeuchtigkeit, hoher Lufttemperatur (und somit i. d. R. geringer Luftfeuchtigkeit), geringem Luftdruck (im Gebirge) und auch bei hohem Wassergehalt der Pflanze. Hohe Blatttemperaturen fördern den Übergang der Wassermoleküle von der flüssigen in die Gasphase und verstärken somit ebenfalls die Transpiration. Junge Blätter transpirieren oft stärker als alte, da bei jungen Blättern die gegen Verdunstung isolierende Cuticula noch nicht vollständig ausgebildet ist. Der stärksten Transpirationsbeanspruchung sind somit junge Blätter in warmer, trockener Luft bei starkem Wind ausgesetzt.

Die Transpirationsrate *E* wird meist auf die Blattoberfläche (seltener auf die Blattmasse) bezogen und dann in Millimol abgegebenes Wasser pro Quadratmeter Blattfläche und Sekunde (mmol/[m²·s]) angegeben. Wie oben dargestellt, ist nun aber die Transpirationsrate stark vom Gefälle der Wasserdampfkonzentration zwischen Blattinnerem und Blattäußerem abhängig. Um Messergebnisse (► Box Messung von Transpiration und Blattleitfähigkeit) vergleichen zu können, die unter verschiedenen Umweltbedingungen oder an unterschiedlichen Pflanzen gewonnen wurden, muss man die gemessenen Transpirationswerte auf dieses Wasserdampfkonzentrationsgefälle bzw. das Gefälle des Wasserdampfpartialdrucks normieren. Man teilt daher den gemessenen Transpirationswert durch die Größe $\Delta w$ (das ist die Differenz der Wasserdampfpartialdrücke zwischen Blattinnerem und Umgebungsluft geteilt durch den bei der Messung herrschenden Luftdruck) und erhält die Blattleitfähigkeit $g$:

$$g = E/\Delta w. \tag{3.3}$$

Bei Bezug auf die Blattfläche hat auch $g$ die Einheit mmol/(m²·s), da sich die Druckeinheiten in $\Delta w$ wegkürzen (wie der Luftdruck, so wird auch das Wasserdampfpartialdruckgefälle als Druck angegeben). Allerdings sind die Werte für $g$ zahlenmäßig deutlich größer als die entsprechenden Werte für $E$, da $\Delta w$ deutlich kleiner als 1 ist (die bei $\Delta w$ im Zäh-

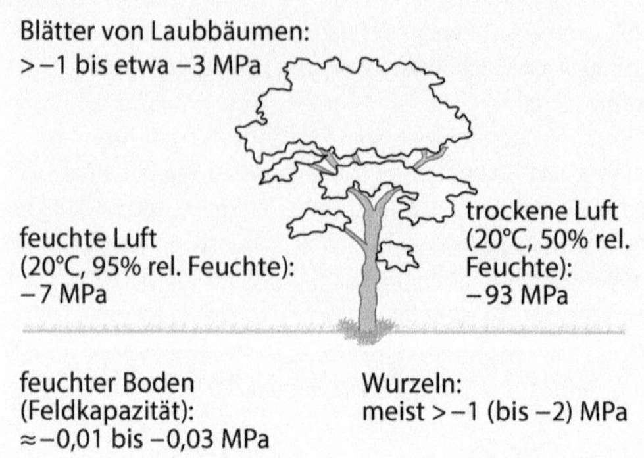


**Abb. 3.11** Eine transpirierende Pflanze ist in den Wasserpotenzialgradienten zwischen Boden und Atmosphäre eingespannt. Die Abbildung zeigt typische Wasserpotenzialwerte in verschiedenen Kompartimenten der Pflanze und ihrer Umwelt am Beispiel eines mitteleuropäischen Waldbaums

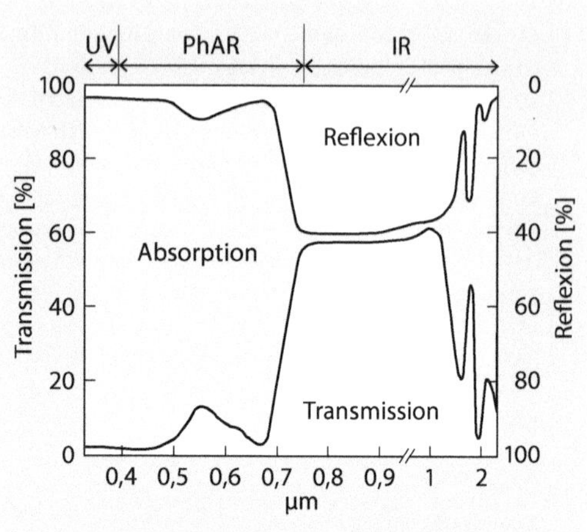


**Abb. 3.12** Absorption, Reflexion und Transmission von Licht durch ein Blatt der Kanadischen Schwarz-Pappel *(Populus deltoides)*. PhAR „photosynthetically active radiation", Licht im Wellenlängenbereich 0,380–0,710 µm. *UV* ultraviolette Strahlung; *IR* Infrarotstrahlung. (Nach Larcher 2001)

ler stehende Wasserdampfpartialdruckdifferenz ist wesentlich geringer als der im Nenner stehende Wert für den gesamten Luftdruck). In Tab. 3.5 sind Werte für Transpiration und stomatäre Leitfähigkeit verschiedener Pflanzentypen angegeben.

Auf seinem Weg vom Boden durch die Pflanze in die Atmosphäre folgt das Wasser einem Gradienten zunehmend negativen Wasserpotenzials (Abb. 3.11). Da der Wassertransport in der Pflanze gleichsam zwischen Boden und Atmosphäre eingespannt ist, spricht man von einem Soil-plant-atmosphere-Kontinuum des Wassertransports. Pflanzen sind somit Bindeglieder zwischen dem Wasserhaushalt des Bodens und der Atmosphäre. Auf diese Weise beeinflusst Vegetation das regionale und überregionale Klima (▶ Abschn. 6.2).

## 3.2 Kohlenstoffhaushalt der Pflanzen

Auf unserem Planeten sind nur grüne Pflanzen, Algen, einige eukaryotische Einzeller sowie manche Bakterienarten in der Lage, aus anorganischen Kohlenstoffverbindungen organische Stoffe zu synthetisieren. Diese Lebewesen bezeichnet man daher als **autotroph**. Zum Einbau von anorganischem Kohlenstoff in organische Verbindungen wird Energie benötigt. Nutzen die autotrophen Lebewesen dafür Licht als Energie, nennt man sie **photoautotroph** und den dabei ablaufenden Prozess Photosynthese. Die Kohlenstoffquelle ist in Luft oder Wasser gelöstes $CO_2$. Der Kohlenstoff wird in der Zelle durch das Enzym Ribulose-1,5-bisphosphat-Carboxylase/Oxygenase (RubisCO) fixiert, das damit mengenmäßig das am häufigsten vorkommende Enzym der Biosphäre ist. Bei seiner Überführung in Kohlenhydrate muss der Kohlenstoff chemisch reduziert werden, das heißt, es müssen Elektronen auf ihn übertragen werden. Diese Elektronen stammen aus Wassermolekülen, die in der Zelle enzymatisch in Wasserstoffionen (Protonen, $H^+$) und molekularen Sauerstoff ($O_2$) zerlegt werden. Der im Wasser enthaltene Sauerstoff wird somit oxidiert und anschließend freigesetzt. Bei Landpflanzen ist die Aufnahme von $CO_2$ über die Spaltöffnungen von Sprossorganen zwangsläufig mit einer Abgabe von Wasser an die Atmosphäre verbunden. Landpflanzen müssen also möglichst eine für sie optimale Balance zwischen Kohlenstoffgewinn und Wasserverlust einstellen. In einigen Pflanzenarten, die hauptsächlich an trockenen Standorten vorkommen, ist ein besonderer physiologischer $CO_2$-Konzentrierungsmechanismus entwickelt, durch den der Wasserverlust verringert wird. Die Veratmung von Kohlenhydraten entspricht einer Umkehr der Photosynthese: Bei Gewinnung von Energieäqui-

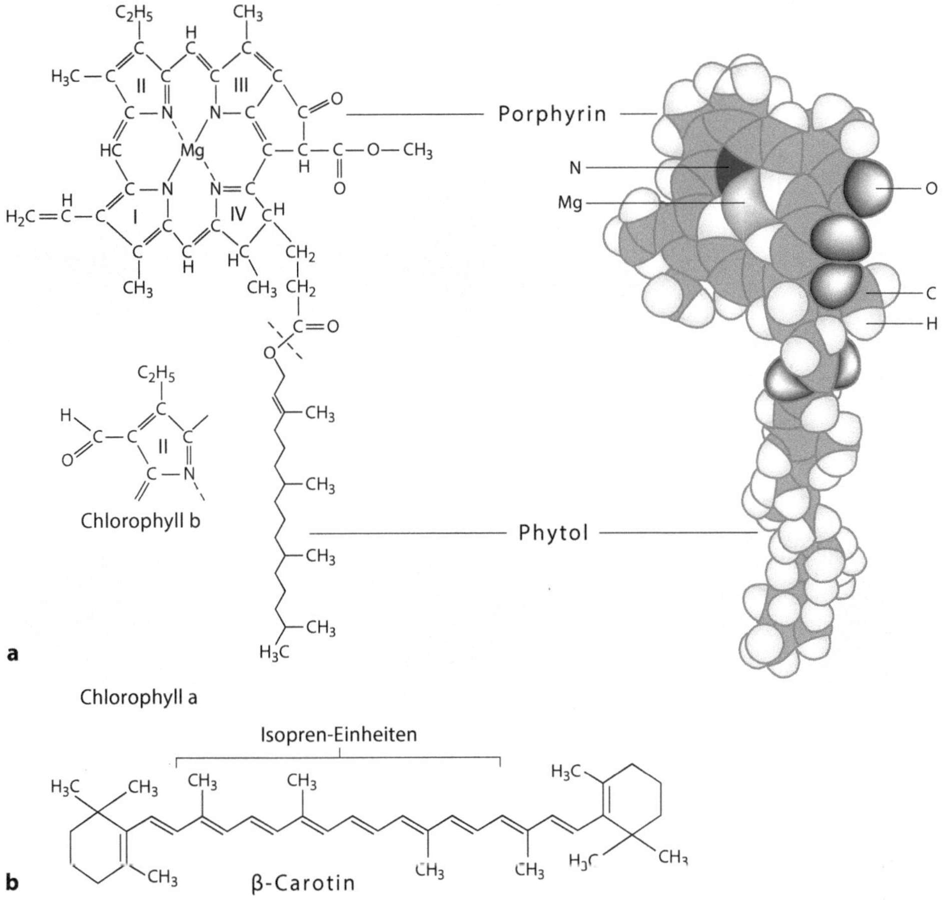

■ **Abb. 3.13** Molekularer Aufbau von Chlorophyll (**a**) und β-Carotin (aus der chemischen Gruppe der Carotinoide, **b**). Chlorophyll a und b unterscheiden sich durch die chemische Zusammensetzung von Pyrrol-Ring II des Porphyrinkomplexes, der ein Magnesiumion (Mg) als Zentralion besitzt. β-Carotin ist im Wesentlichen aus Isoprenmolekülen (verzweigter ungesättigter Kohlenwasserstoff aus fünf C-Atomen) zusammengesetzt. (Nach Schopfer und Brennicke 1999)

valenten wird Zucker unter Sauerstoffverbrauch zu Wasser und $CO_2$ abgebaut. Dabei werden Kohlenstoffatome oxidiert und Sauerstoffatome reduziert.

### 3.2.1 Grüne Pflanzen als Primärproduzenten: Grundprinzipien der Photosynthese

Die Energiequelle der Photosynthese ist Licht mit Wellenlängen zwischen 380 und 710 nm. Strahlung dieses Wellenlängenbereichs bezeichnet man daher auch als photosynthetisch aktive Strahlung („photosynthetically active radiation", PhAR oder PAR). Wirksam ist v. a. rotes und blaues Licht. Licht mit Wellenlängen im grünen Bereich wird von den Photosynthesepigmenten stärker reflektiert als rotes und blaues Licht; auch ist die Transmission, das ist der Anteil des Lichts, der durch ein (nicht zu dickes) Blatt unabsorbiert hindurchtritt, höher als im roten und blauen Wellenlängenbereich (■ Abb. 3.12). In den photosynthetisch aktiven Zellen wird das Licht von Photosynthesepigmenten absorbiert. Bei den Embryophyta sind dies **Chlorophylle** (fettlösliche grüne Farbstoffe) und **Carotinoide** (fettlösliche

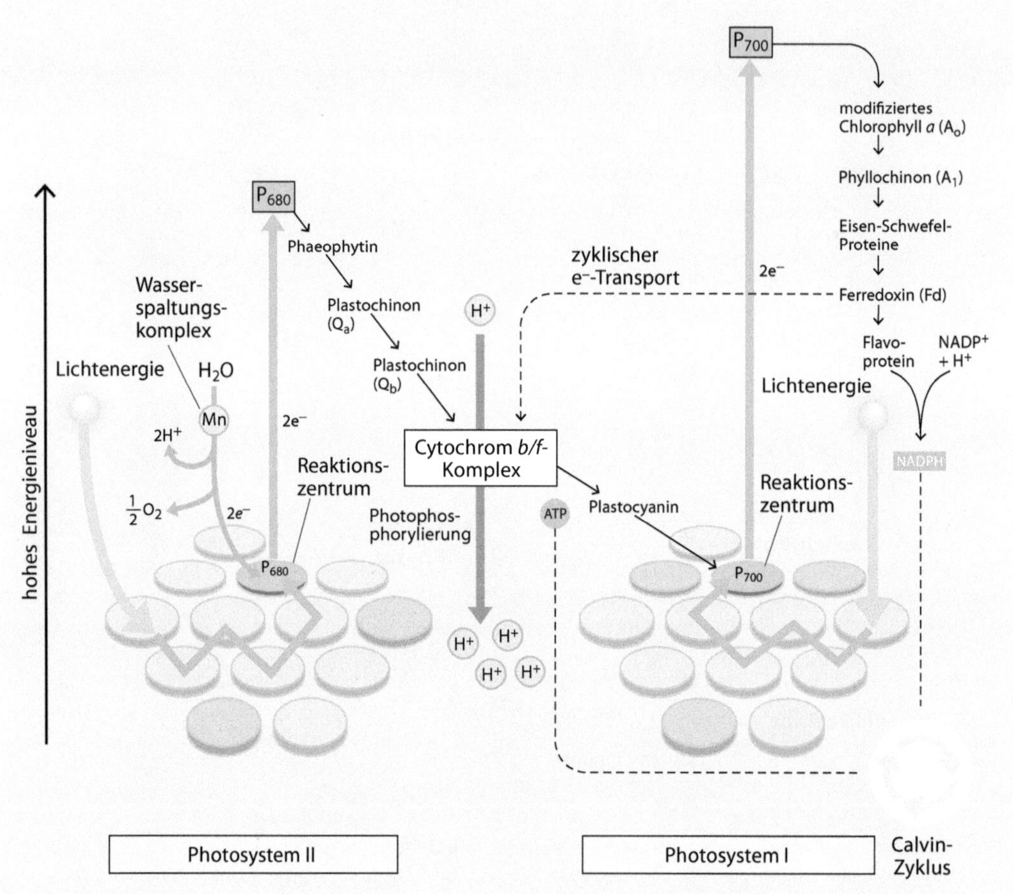


**■ Abb. 3.14** Lichtreaktion der Photosynthese. Theoretisch sind zur Produktion von einem Molekül Sauerstoff ($O_2$) mindestens acht Lichtquanten erforderlich; gemäß Messungen sind es neun bis zehn. (Nach Raven et al. 2006)

gelbe bis orangerote Farbstoffe). Die Chlorophylle liegen als Chlorophyll a oder Chlorophyll b vor (■ Abb. 3.13). Zusammen mit den Carotinoiden bilden sie die Lichtsammelkomplexe, die Lichtenergie effektiv absorbieren und an die Reaktionszentren weiterleiten, die stets aus Chlorophyll a bestehen.

Der gesamte Photosyntheseprozess lässt sich in zwei Vorgänge unterteilen: die Reaktionen der Energieübertragung (Lichtreaktionen) und die Kohlenstofffixierungsreaktionen (die früher hierfür verwendete Bezeichnung Dunkelreaktionen ist nicht ganz korrekt, da die Kohlenstofffixierungsreaktionen zwingend von den vorangegangenen Lichtreaktionen abhängig sind und normalerweise im Dunklen nicht ablaufen können). Beide Prozesse finden in den Chloroplasten statt (► Abschn. 2.1). Die Photosynthesepigmente und die Reduktions-Oxidations-(Redox)-Systeme des Elektronentransports sind in die vielfach aufgefaltete innere Membran der Chloroplasten, die Thylakoidmembran, eingebettet.

Im Verlauf der **Lichtreaktion** (■ Abb. 3.14) absorbieren die zu Lichtsammelkomplexen („light harvesting complexes") angeordneten Photosynthesepigmente Lichtquanten und leiten deren Energie an Chlorophyll a im Reaktionszentrum weiter. Ein derartiges Reaktionszentrum findet sich in zwei verschiedenen Photosystemen: im Photosystem I (PSI; so benannt, weil es als erstes der beiden Photosysteme entdeckt wurde) und im Photosystem II (PSII). Das Reaktionszentrum des

PSI wird als $P_{700}$ bezeichnet, weil es Licht mit einer Wellenlänge von 700 nm am stärksten absorbiert; das Reaktionszentrum im PSII nennt man aus entsprechendem Grund $P_{680}$. Zwei Photonen einer geeigneten Wellenlänge regen jeweils ein $P_{700}$ des PSI an. Dadurch werden zwei Elektronen aus dem Molekülverband des $P_{700}$ herausgelöst und gelangen auf einen primären Akzeptor. Von dort werden sie über verschiedene Redoxsysteme schließlich auf Nicotinsäureamid-Adenin-Dinucleotid-Phosphat im oxidierten Zustand ($NADP^+$) übertragen, das dadurch zu NADPH + $H^+$ reduziert wird. Das System von $NADP^+$ und NADPH + $H^+$ spielt im Stoffwechsel photosynthesebetreibender Zellen eine zentrale Rolle als Elektronentransporter. Das NADPH + $H^+$ wird die beiden aufgenommenen Elektronen auf das aus $CO_2$ stammende Kohlenstoffatom übertragen.

Ein Teil der insgesamt vom $P_{700}$ stammenden Elektronen gelangt aber nicht zum $NADP^+$, sondern kehrt auf einem anderen Weg zum $P_{700}$ zurück. Auf diesem Weg wird zusätzliches Adenosintriphosphat (ATP) gebildet, die Zelle erhält damit mehr Energieäquivalente.

Die auf $NADP^+$ übertragenen Elektronen hinterlassen im $P_{700}$ eine Elektronenlücke. Diese wird über eine weitere Kette von Redoxsystemen aufgefüllt durch Elektronen aus dem $P_{680}$, das ebenfalls durch Photonen angeregt wird. Auf dem Weg vom $P_{680}$ zum $P_{700}$ wird zusätzlich ATP gewonnen. Die Elektronenlücke im $P_{680}$ wiederum wird gefüllt durch Elektronen aus Wassermolekülen, die in zwei Protonen ($H^+$) und Sauerstoff gespalten werden. Die aus dieser Spaltung resultierenden Elektronen stammen vom Sauerstoffatom des Wassers, das somit oxidiert wird. Jedes Sauerstoffatom verliert dabei zwei Elektronen, pro Sauerstoffmolekül ($O_2$) werden somit vier Elektronen auf $P_{680}$ übertragen. Für die vollständige Elektronentransportkette vom $P_{680}$ über $P_{700}$ zum NADPH + $H^+$ werden rechnerisch acht Photonen benötigt, da für den Übergang jedes Elektrons zwei Reaktionszentren (eines im PSI und eines im PSII) angeregt werden müssen. Dem entsprechen in guter Näherung Messergebnisse, die neun bis zehn Photonen pro Molekül $O_2$ ergaben.

Die **Kohlenstofffixierungsreaktionen** (▪ Abb. 3.15) spielen sich im Raum zwischen der inneren und der äußeren Chloroplastenmembran, dem Stroma, ab. Das in der wässrigen Phase des Stroma gelöste $CO_2$ wird durch das Enzym RubisCO an einen aus fünf C-Atomen bestehenden, mit zwei Phosphatgruppen versehenen Zucker, das Ribulose-1,5-bisphosphat (RuBP), gebunden. Der dabei entstehende $C_6$-Körper ist extrem instabil und zerfällt sofort in zwei Moleküle 3-Phosphoglycerat (Anion der 3-Phosphoglycerinsäure [3-PGS]) mit jeweils drei Kohlenstoffatomen. Dies sind die ersten fassbaren Produkte der $CO_2$-Fixierung. Daher nennt man Pflanzen, die ausschließlich über diesen $CO_2$-Fixierungsweg verfügen, $C_3$-Pflanzen. Das aus der Lichtreaktion stammende, reduzierte NADPH+$H^+$ überträgt nun seine Elektronen auf das (zwischenzeitlich mit einer weiteren Phosphatgruppe versehene) 1,3-Bisphosphoglycerat, das dadurch (unter Abspaltung einer Phosphatgruppe) zu Glycerinaldehyd-3-phosphat (G3P) reduziert wird. Dies ist nun das erste Kohlenhydratprodukt der Photosynthese; als phosphorylierter Zucker mit drei Kohlenstoffatomen ist es ein **Triosephos-**

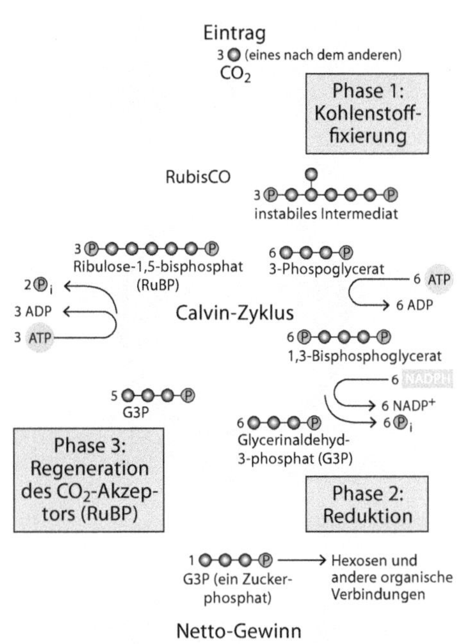


▪ **Abb. 3.15** Kohlenstofffixierungsreaktionen der Photosynthese (Calvin-Zyklus) im Stroma der Chloroplasten. *P* Phosphatgruppe. (Nach Campbell und Reece 2009)

**Nutzeffekt der Photosynthese**

Da Kohlenstoff weniger elektronegativ ist als Sauerstoff, besitzt er in der Bindungsform $CO_2$ die Oxidationsstufe +IV (jedes Sauerstoffatom hat hier die Oxidationsstufe –II). In der Glucose hat er jedoch die Oxidationsstufe 0, da er in dieser Verbindung jeweils an zwei Wasserstoffatome (Oxidationszahl jeweils +I) und ein Sauerstoffatom (Oxidationszahl –II) gebunden ist. Gemäß der Reaktionsgleichung

$$6CO_2 + 12H_2O + \text{Licht} \rightarrow C_6H_{12}O_6 + 6H_2O + 6O_2 \quad (3.4)$$

zur Synthese von Glucose aus $CO_2$ und Wasser werden somit 24 Elektronen zur Reduktion des Kohlenstoffs benötigt. In der Lichtreaktion der Photosynthese werden für den Übergang eines Elektrons von $P_{680}$ über $P_{700}$ auf $NADP^+$ zwei Photonen gebraucht: je ein Photon für jedes Photosystem. Zur Synthese von 1 mol Glucose sind daher 48 mol Photonen im Wellenlängenbereich zwischen 380 und 710 nm vonnöten. Der durchschnittliche Energiegehalt von 1 mol Photonen in diesem Wellenlängenbereich beträgt ungefähr 180 Kilojoule (kJ); 48 mol Photonen verfügen dementsprechend über eine Energie von 8642 kJ. Der Energiegehalt von 1 mol Glucose, den man durch Verbrennen zu $CO_2$ und $H_2O$ relativ leicht ermitteln kann, beträgt 2874 kJ (oder anders formuliert 39,9 kJ pro Gramm Kohlenstoff). Der Nutzeffekt der Photosynthese, also das Verhältnis von Energiegehalt zu Energiebedarf, liegt demnach rechnerisch bei 33,3 %; im Experiment wurde mit Chloroplasten unter Optimalbedingungen ein Nutzeffekt von maximal 30 % erreicht. Auf der Ebene gesamter Einzelpflanzen reduziert sich der Nutzeffekt unter Optimalbedingungen im Labor bereits auf maximal ungefähr 24 % bei $C_4$- und 14 % bei $C_3$-Pflanzen. Unter natürlichen Verhältnissen, unter denen nur selten sämtliche, für die Photosynthese relevanten Bedingungen optimal sind, sinkt bei der Einzelpflanze der Nutzeffekt der Bruttophotosynthese (das heißt, ohne Berücksichtigung der Dunkelatmung) auf 8–10 %, der Nutzeffekt der Nettophotosynthese (bei Berücksichtigung der pflanzlichen Dunkelatmung) auf 4–7 % ab. In Pflanzenbeständen unter natürlichen oder naturnahen Verhältnissen nimmt der Nutzeffekt notgedrungen weiter ab, da einerseits immer wieder Lücken in der Vegetationsdecke auftreten, durch die die Strahlung ungenutzt auf den Boden fällt, und andererseits die Pflanzen sich auch gegenseitig beschatten. In diesen Pflanzenbeständen liegt die Strahlungsausnutzung der Vegetation unterhalb von 2 % (► Abschn. 6.2.1).

**phat**. Ungefähr fünf Sechstel des G3P werden über mehrere Zwischenstufen in dem nach seinem Entdecker benannten **Calvin-Zyklus** zur Regeneration des $CO_2$-Akzeptormoleküls RuBP benutzt. Auf diese Weise steht immer eine relativ große Menge an Akzeptoren für die $CO_2$-Aufnahme zur Verfügung. Das verbleibende Sechstel wird zur Bildung von Hexosen (Zuckern mit sechs C-Atomen), u. a. Glucose, verwendet. Glucose wird im Zytosol aus Triosen (Zucker mit drei Kohlenstoffatomen) gebildet, die zuvor aus den Chloroplasten exportiert wurden. Die verschiedenen chemischen Verbindungen des Calvin-Zyklus dienen auch als Ausgangsstoffe für die Synthese von organischen Säuren, Fettsäuren, Aminosäuren, Nukleinsäurebestandteilen und anderen Substanzen.

Die **Grundgleichung der Photosynthese** zur Bildung von Glucose ($C_6H_{12}O_6$) lautet somit (ohne Berücksichtigung von Energie- und Reduktionsäquivalenten):

$$6CO_2 + 12H_2O + \text{Licht} \rightarrow C_6H_{12}O_6 + 6H_2O + 6O_2 \quad (3.4)$$

Gemäß dieser Formel werden von den Sauerstoffatomen der zwölf Wassermoleküle die 24 Elektronen geliefert, die zur Reduktion der sechs Kohlenstoffatome des $CO_2$ benötigt werden.

Das $CO_2$-fixierende Enzym RubisCO reagiert bei $C_3$-Pflanzen in 20–30 % aller Reaktionen mit in den Chloroplasten gelöstem Sauerstoff statt mit $CO_2$. Bei hohen Temperaturen kann dieser Anteil bis auf 50 % ansteigen. Als Produkte entstehen dann nicht Triosephosphat und Glucose, sondern es wird – neben dem ersten fassbaren $CO_2$-Fixierungsprodukt 3-PGS – über mehrere Zwischenstufen in den Mitochondrien die Aminosäure Serin gebildet. Auf dem Weg dorthin wird Sauerstoff verbraucht und $CO_2$ freigesetzt – ein Vorgang, der der Atmung (Respiration) entspricht. Da er als zwangsläufige Begleiterscheinung der Photosynthese unter Lichteinfluss auftritt, bezeichnet man ihn als **Photorespiration** (◘ Abb. 3.16). Durch Photorespiration geht der Pflanze also ein beträchtlicher Teil des aufgenommenen $CO_2$ wieder verloren. In den geologischen Zeiträumen, in denen die Photosynthese im Verlauf der Evolution entstanden ist, spielte die

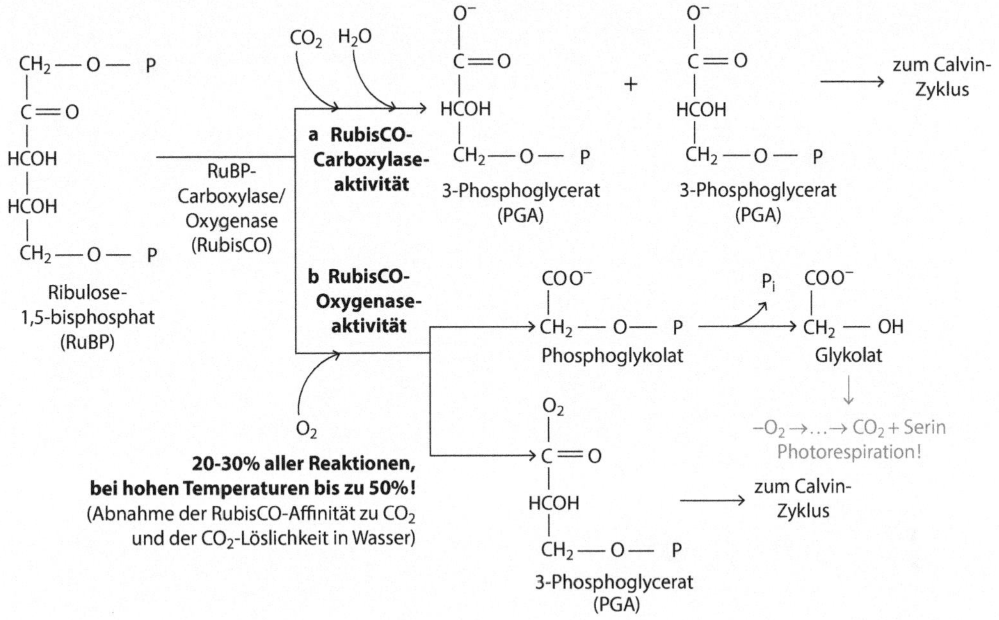

**Abb. 3.16** Carboxylase- und Oxygenase-Aktivität der Ribulose-1,5-bisphosphat-Carboxylase/Oxygenase (RubisCO) als Wege zur Photosynthese und Photorespiration. *P* Phosphatgruppe. (Nach Raven et al. 2006)

Photorespiration höchstwahrscheinlich keine wesentliche Rolle, da zu dieser Zeit die $CO_2$-Konzentration der Atmosphäre etwa 20-mal so hoch war wie heute. Bei hohen $CO_2$-Konzentrationen in der Außenluft (und demzufolge auch im Blattinneren) liegt das Reaktionsgleichgewicht sehr stark auf der Seite der Carboxylierung (und damit der Photosynthese).

## 3.2.2 Weitere Photosynthesewege: $C_4$ und CAM

In der zweiten Hälfte des Tertiärs führten Verschiebungen der Kontinentalplatten und dadurch bedingte Gebirgsauffaltungen und Änderungen der Niederschlagsverteilung langsam zur Entstehung eines kühleren und insgesamt trockeneren Klimas. Parallel dazu nahm die $CO_2$-Konzentration der Atmosphäre deutlich ab. Wahrscheinlich war es eine Kombination dieser Faktoren, die vor schätzungsweise 25–32 Mio. Jahren die Evolution und die anschließende weiträumige Ausbreitung von Pflanzen mit einem vom $C_3$-Weg abweichenden Photosyntheseweg begünstigte. Bei diesen Pflanzen findet die $CO_2$-Fixierung durch RubisCO und die anschließende Synthese von Triosephosphat in Zellen statt, die in den photosynthesebetreibenden Organen das Leitbündel wie eine Scheide umgeben – man nennt sie deshalb Bündelscheidenzellen. Die erste Bindung des $CO_2$ erfolgt jedoch schon vorher in den Chloroplasten der Mesophyllzellen außerhalb der Bündelscheidenzellen (Abb. 3.17). Dort wird Hydrogencarbonat, das durch chemische Lösung von $CO_2$ in Wasser entstanden ist, durch das Enzym Phosphoenolpyruvat-Carboxylase (PEP-Carboxylase) mit Phosphoenolpyruvat (einer Verbindung mit drei C-Atomen) zu Oxalacetat, einer $C_4$-Verbindung, synthetisiert. In diesem Fall ist also Oxalacetat das erste isolierbare Produkt der $CO_2$-Fixierung. Deshalb nennt man Pflanzen mit diesem Photosyntheseweg **$C_4$-Pflanzen**. Die Fixierung von $CO_2$ durch die PEP-Carboxylase ist sehr effektiv: Ihre Affinität zu Hydrogencarbonat ist ungefähr um den Faktor 60 höher als die Affinität der RubisCO zu $CO_2$. Das Oxalacetat wird zu Malat, einer weiteren $C_4$-Verbindung, reduziert, das anschließend in die Chloroplasten der Bündelscheidenzellen transportiert wird. Dort wird

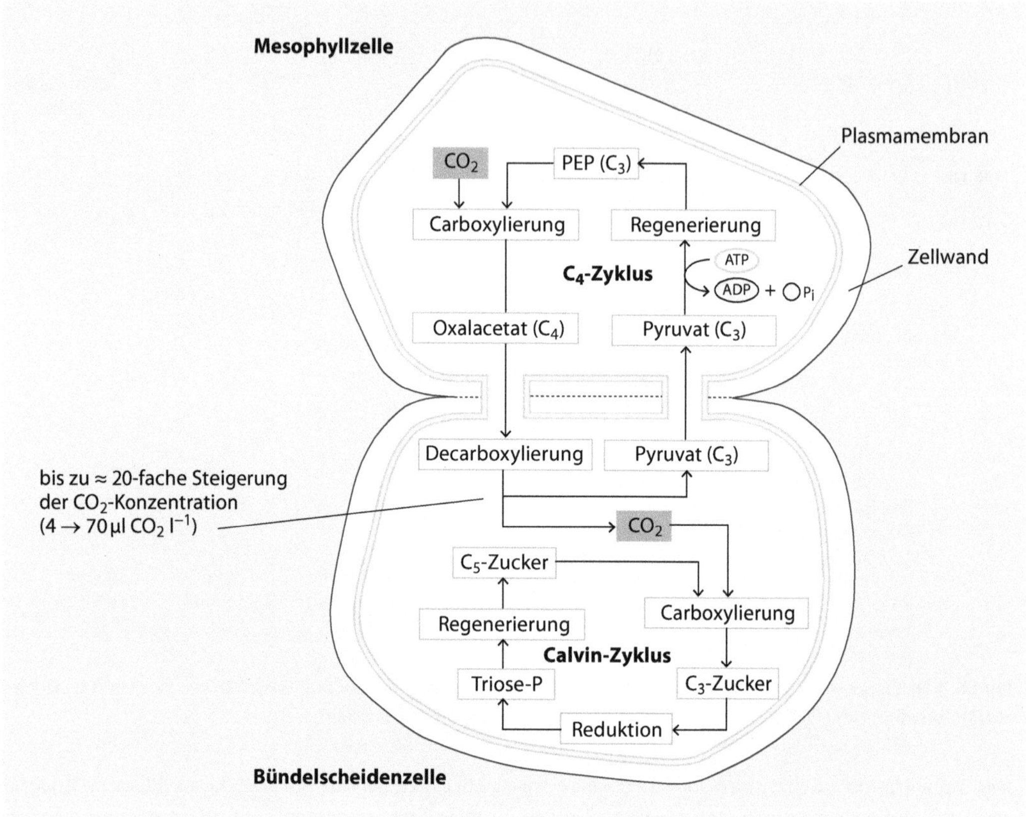


**Abb. 3.17** Stoffwechselwege der $C_4$-Photosynthese mit räumlicher Trennung zwischen $CO_2$-Fixierung (in den Mesophyllzellen) und Kohlenstoffassimilation (in den Bündelscheidenzellen). (Nach Sadava et al. 2006)

es in $CO_2$ und Pyruvat gespalten. Das Pyruvat wird zur Regeneration des $CO_2$-Akzeptormoleküls PEP wieder in die Chloroplasten der Mesophyllzellen verlagert, während das $CO_2$ wie bei den $C_3$-Pflanzen von RubisCO fixiert wird. Der entscheidende Vorteil der vorgeschalteten $CO_2$-Fixierung und des Transports von Malat in die Bündelscheiden ist, dass dort das $CO_2$ nach Abspaltung vom Malat in einer relativ hohen Konzentration vorliegt – sie ist fast um das 20-Fache höher als in der Atmosphäre (70 µl/l $CO_2$ gegenüber 4 µl/l $CO_2$). Dadurch wird das Reaktionsgleichgewicht der RubisCO sehr stark auf die Seite der Carboxylierung verlagert und damit fort von der Photorespiration. Bei den $C_4$-Pflanzen ist der Kohlenstoffverlust durch Photorespiration daher stark verringert. Wegen der sehr effizienten Vorfixierung des $CO_2$ durch die hohe $CO_2$-Affinität der PEP-Carboxylase ist eine effektive $CO_2$-Assimilation auch bei relativ niedrigen $CO_2$-Konzentrationen in der Umgebungsluft und in den luftgefüllten Zellzwischenräumen möglich. Dies erlaubt Photosynthese auch dann, wenn die Spaltöffnungen z. B. bei Trockenheit zum Schutz vor Wasserverlust nicht weit geöffnet sind. Dadurch ist die Wassernutzungseffizienz der $C_4$-Pflanzen, d. h. die Menge an aufgenommenem $CO_2$ im Verhältnis zum abgegebenen Wasser, höher als bei $C_3$-Pflanzen. Die $C_4$-Pflanzen haben daher gegenüber $C_3$-Pflanzen Vorteile an warm-trockenen Standorten. Da in den $C_4$-Pflanzen die aktive RubisCO auf die Bündelscheidenzellen beschränkt ist, haben sie auch durch ihren geringeren Stickstoffbedarf einen Konkurrenzvorteil gegenüber den $C_3$-Pflanzen. Nachteile der $C_4$-Pflanzen bestehen v. a. in ihrer Kälteempfindlichkeit: Photosynthese und damit Wachstum sind erst bei Temperaturen oberhalb von 5 bis 7 °C möglich. In kühl-gemäßigten und kalten Klimazonen kommen $C_4$-Pflanzen daher natürlicherweise kaum vor.

### Effizienz der $CO_2$-Assimilation bei $C_4$-Pflanzen

Wegen der sehr effizienten Vorfixierung des $CO_2$ durch die PEP-Carboxylase in ihren Bündelscheidenzellen können die $C_4$-Pflanzen insbesondere bei relativ geringen $CO_2$-Konzentrationen der Außenluft mehr $CO_2$ pro Blattfläche aufnehmen als $C_3$-Pflanzen (◘ Abb. 3.18). Dies hat man schon früh in einem Experiment festgestellt, in dem eine $C_4$-Pflanze wie z. B. Mais und eine $C_3$-Pflanze (beispielsweise eine Sonnenblume) bei ausreichender Versorgung mit Wasser und Mineralstoffen unter einer luftdichten Glasglocke im Sonnenlicht gehalten wurden. Die Photosyntheseaktivität beider Pflanzen führte bald zu einer deutlichen Abnahme der $CO_2$-Konzentration unter der Glasglocke. Die $C_4$-Pflanze überlebte diese Behandlung aber deutlich länger als die $C_3$-Pflanze, da sie auch bei denjenigen $CO_2$-Konzentrationen noch eine positive $CO_2$-Bilanz ($CO_2$-Aufnahme infolge Photosynthese höher als $CO_2$-Abgabe durch Atmung) aufrechterhalten konnte, bei denen die $C_3$-Pflanze ihren $CO_2$-Kompensationspunkt, also den Punkt, an dem sich Aufnahme und Abgabe von $CO_2$ gerade die Waage halten, längst unterschritten hatte. Durch diese Fähigkeit waren $C_4$-Pflanzen gegenüber $C_3$-Pflanzen in jüngeren erdgeschichtlichen Perioden mit geringerer $CO_2$-Konzentration der Atmosphäre im Vorteil. Angesichts der zurzeit steigenden $CO_2$-Konzentrationen der Atmosphäre nehmen manche Wissenschaftler an, dass sich die $C_3$-Pflanzen auf Kosten der $C_4$-Pflanzen stärker ausbreiten könnten, da der Vorteil der effizienteren $CO_2$-Aufnahme der $C_4$-Pflanzen langsam abnimmt.

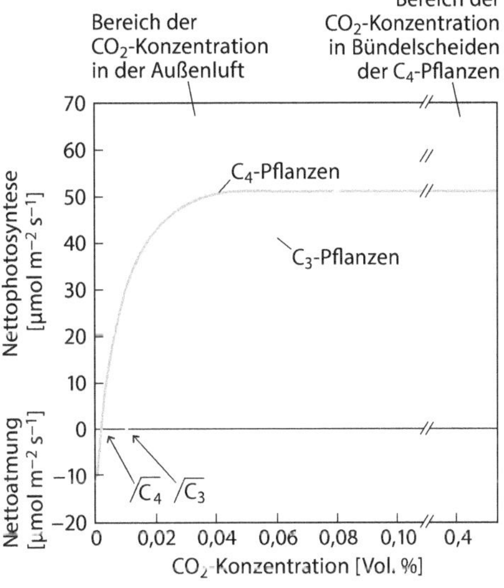


◘ **Abb. 3.18** Nettophotosynthese von $C_3$- und $C_4$-Pflanzen bei Lichtsättigung in Abhängigkeit von der $CO_2$-Konzentration der Luft. Auf der x-Achse sind die $CO_2$-Kompensationspunkte von $C_3$- und $C_4$-Pflanzen markiert (Gamma$C_3$ und Gamma$C_4$). (Nach Lüttge et al. 2010)

Der $C_4$-Photosyntheseweg ist in der Evolution offenbar mehrfach unabhängig voneinander entstanden. Dies wird durch sein Vorkommen in Pflanzen aus verschiedenen systematischen Gruppen belegt: Er tritt bei ungefähr 2000 Arten der Bedecktsamer aus 18 Pflanzenfamilien auf. V. a. in etlichen Savannengräsern ist er zu finden. Bekannte $C_4$-Kulturpflanzen sind Hirse (Gattungen *Sorghum*, *Panicum*), Mais *(Zea mays)* und Zuckerrohr *(Saccharum officinarum)*. Bäume mit $C_4$-Photosyntheseweg sind nicht bekannt.

Auch bei einer weiteren Gruppe von Pflanzen wird $CO_2$ von PEP-Carboxylase fixiert und anschließend über Oxalacetat zu Malat synthetisiert, bevor es durch Spaltung von Malat wieder freigesetzt und durch die RubisCO in den Calvin-Zyklus eingeschleust wird. Diese Pflanzen nehmen das $CO_2$ jedoch nachts über die dann offenen Spaltöffnungen auf – während dieser Zeit ist die Temperatur der Umgebungsluft niedriger und die Luftfeuchtigkeit höher, wodurch die Transpirationsbeanspruchung der Pflanzen und damit ihr Wasserverlust herab-

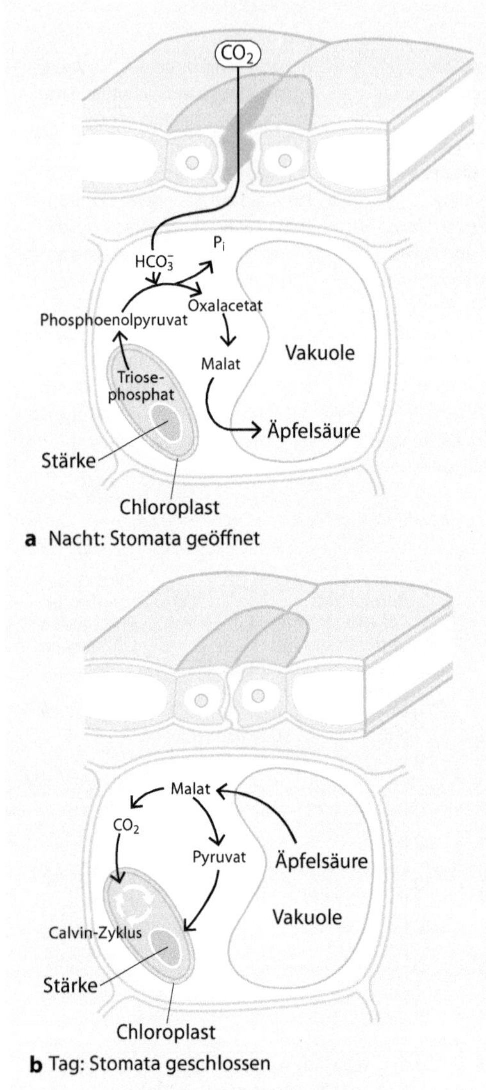


**Abb. 3.19** Crassulaceen-Säurestoffwechselweg mit zeitlicher Trennung von nächtlicher $CO_2$-Fixierung und C-Assimilation am Tag. (Nach Raven et al. 2006)

gesetzt werden. Die spätere Verstoffwechslung des Malats findet dann tagsüber unter Lichtgenuss, aber bei geschlossenen Spaltöffnungen statt. Zuvor jedoch wird das Malat während der Nacht zusammen mit Protonen als Äpfelsäure in der Vakuole gespeichert (Abb. 3.19). Durch die in der Nacht steigende Konzentration der Äpfelsäure sinkt der pH-Wert der Vakuole ab. Eine zu starke Abnahme des pH-Werts wird durch eine relativ große Wassermenge in der Vakuole verhindert. Somit haben Pflanzen mit diesem Photosyntheseweg oft durch wasserreiche Zellen dicke und fleischige (sukkulente) Photosyntheseorgane. Eine derartige Anatomie ist ein typisches Merkmal der Dickblattgewächse (Crassulaceae). Bei Pflanzen dieser Familie wurde dieser Stoffwechselweg entdeckt, auch ist er in dieser Familie weit verbreitet. Er wird deshalb **Crassulaceen-Säurestoffwechsel („Crassulacean acid metabolism", CAM)** genannt. Wegen der im Tag-Nacht-Rhythmus schwankenden Säurekonzentration spricht man auch vom **diurnalen Säurerhythmus.** Durch ihre verminderte Wasserabgabe sind CAM-Pflanzen gut an warm-trockene Standorte angepasst. Der hohe Wassergehalt ihrer photosynthetisch aktiven Zellen erfordert aber eine gewisse Mindestmenge an verfügbarem Wasser. Deshalb sind CAM-Pflanzen an den allertrockensten Standorten, die noch von mehrjährigen Pflanzenarten besiedelt werden können, nicht zu finden – dort kommen eher $C_4$-Pflanzen vor. Ein Nachteil der CAM-Pflanzen besteht in ihrer geringen Wachstumsrate.

Im Pflanzenreich ist CAM noch weiter verbreitet als der $C_4$-Photosyntheseweg: Über 16.000 Arten aus 33 Pflanzenfamilien gehören zu diesem Typ. Außer bei den Crassulaceen finden sich CAM-Pflanzen u. a. bei Agavaceen, Aizoaceen, Bromeliaceen (z. B. bei der Ananas, *Ananas sativus*), Cactaceen, Euphorbiaceen und Orchidaceen sowie bei bestimmten Bärlappgewächsen und sukkulenten tropischen Farnen. Höchstwahrscheinlich ist auch der CAM-Photosyntheseweg in der Evolution mehrfach unabhängig voneinander entstanden. Bei etlichen Gattungen gibt es auch Übergänge zwischen $C_3$- und CAM-Stoffwechsel. Manche Arten können je nach Umweltbedingungen zwischen beiden Photosynthesewegen wechseln: Bei günstigen Bedingungen wird $C_3$-Stoffwechsel betrieben, bei ungünstigen auf CAM umgeschaltet.

### 3.2.3 Zusammenhänge zwischen Bau und Photosynthese der Blätter

In Pflanzenbeständen wird die Intensität der Photosynthese i. d. R. an einzelnen Blättern mithilfe transportabler, akkubetriebener Gaswechselmessgeräte ermittelt, wie sie auch für die Bestimmung von Tran-

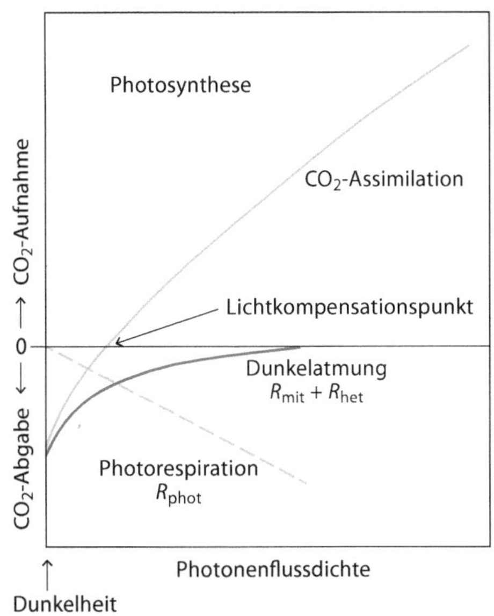


**Abb. 3.20** $CO_2$-Assimilation (Nettophotosynthese) in Abhängigkeit von der Beleuchtungsstärke als Bilanz aus Photosynthese, Photorespiration und Dunkelatmung. $R_{mit}$ Atmung der Mitochondrien; $R_{het}$ Atmung der heterotrophen (nicht photosynthesebetreibenden) Zellen. (Nach Schulze et al. 2002)

spiration und stomatärer Leitfähigkeit eingesetzt werden (▶ Box Messung von Transpiration und Blattleitfähigkeit in ▶ Abschn. 3.1.5). Die Rate der $CO_2$-Aufnahme wird dabei in Mikromol pro Quadratmeter Blattfläche und Sekunde ($\mu mol_{CO2}/[m^2 \cdot s]$) angegeben; statt der Blattfläche kann, je nach Fragestellung, auch die Blattmasse als Bezugsgröße dienen. Bei derartigen Messungen ist es jedoch nicht unmittelbar die Photosyntheseleistung, die gemessen wird, sondern die Bilanz aus $CO_2$-Aufnahme und $CO_2$-Abgabe aus Photorespiration und mitochondrialer Atmung (Dunkelatmung, da sie v. a. im Dunkeln abläuft; Abb. 3.20); deshalb spricht man auch von **Nettophotosynthese.** Die Nettophotosyntheserate ist zum großen Teil von der Beleuchtungsstärke abhängig, also von der Intensität des auf das Blatt eintreffenden Lichts, die konventionell in $\mu mol/(m^2 \cdot s)$ Photonen angegebenen wird. Je höher die Beleuchtungsstärke ist, desto höher ist die Nettophotosynthese, bis sie den Bereich der **Lichtsättigung** erreicht, ab dem die Nettophotosynthese durch zunehmende Beleuchtungsstärke nicht mehr gesteigert werden kann. Bei abnehmender Beleuchtungsstärke wird schließlich ein Punkt der Lichtintensität erreicht, an dem sich Aufnahme und Abgabe von $CO_2$ genau ausgleichen und die Nettophotosynthese gleich Null ist: Diese Beleuchtungsstärke entspricht dem **Lichtkompensationspunkt.**

Wie jede energieabhängige Stoffwechselreaktion ist auch die Nettophotosynthese temperaturabhängig. Bei Pflanzen aus mitteleuropäischem Klima steigt die Nettophotosyntheserate mit der Temperatur bis zu einem Wert etwas oberhalb von 30 °C und fällt dann ab, bis sie ab ungefähr 40 °C zum Erliegen kommt. Bei tropischen Pflanzen kann dieser Verlauf um bis zu 10 °C in Richtung auf höhere Temperaturen verschoben sein.

Wie alle Enzyme, so enthält auch die RubisCO Stickstoff. Kann eine Pflanze mehr Stickstoff aufnehmen, so kann sie auch größere Mengen RubisCO bilden. Die Nettophotosyntheseraten steigen daher mit der Stickstoffkonzentration der Blätter. Diese Steigerung ist bei Laubbäumen stärker ausgeprägt als bei Nadelbäumen.

Die Nettophotosyntheseraten unterscheiden sich auch zwischen Pflanzentypen (Tab. 3.6). Hohe Werte finden sich bei $C_4$-Pflanzen mit ihrer effektiven Vorfixierung des $CO_2$ sowie an strahlungsreichen Standorten bei kurzlebigen Pflanzen, die ihren Lebenszyklus innerhalb einer relativ kurzen Zeit abschließen müssen. Auch in klimatisch heißen Regionen können hohe Nettophotosyntheseraten auftreten, sofern die Pflanzen – beispielsweise durch Kontakt mit Grundwasser – genügend Wasser zur Verfügung haben. Langlebige Laubbäume und Sträucher der gemäßigten Klimazonen weisen Nettophotosyntheseraten im mittleren Bereich auf. Niedrigere Werte finden sich in hartlaubigen (sklerophyllen) Gehölzen mediterraner Klimabereiche. Bei Samenpflanzen wurden die niedrigsten Werte in Nadelbäumen gemessen.

Die genannten Pflanzentypen unterscheiden sich auch im Bau ihrer Blätter, insbesondere in der Blattdicke. Ein recht einfach zu ermittelndes Maß für die Blattdicke ist die **spezifische Blattfläche** („specific leaf area", SLA). Sie bezeichnet die Blattfläche pro Einheit Blatttrockenmasse und wird in Quadratmetern pro Kilogramm ($m^2/kg$) angegeben. Hohe SLA-Werte finden sich somit bei dünnen Blättern, niedrige bei derben und dicken, breitlaubigen Blät-

**Tab. 3.6** Nettophotosynthesevermögen unterschiedlicher Pflanzentypen bei Bezug auf die Fläche und die Trockensubstanz des Blatts. In Klammern sind Extremwerte angegeben. (Aus Larcher 2001)

| **Pflanzentyp** | **Nettophotosynthesevermögen bezogen auf** | |
|---|---|---|
| | **Fläche** | **Blatttrockensubstanz** |
| | **(μmol/[m²·s] $CO_2$)** | **(mg/[$g_{TS}$·h] $CO_2$)** |
| $C_4$-Pflanzen | 30–60 (70) | 60–140 |
| Bäume des tropischen Regenwalds (Blätter besonnter Kronenteile) | 10–16 | 10–25 |
| Sommergrüne Bäume, gemäßigte Klimazonen | | |
| Blätter besonnter Kronenteile | 10–15 (25) | |
| Blätter beschatteter Kronenteile | 3–6 | |
| Hartlaubige Bäume und Sträucher | 8–12 (16) | 3–10 (18) |
| Wüstensträucher | 10–15 (30) | (4) 8–15 (35) |
| Immergrüne Nadelbäume | 7–12 (15) | 3–18 |
| Zweikeimblättrige Sonnenkräuter | 12–20 (30) | 30–60 |
| Wiesengräser | 5–15 (20) | 8–35 |
| Sukkulenten | 6–10 (20) | 1–1,5 |

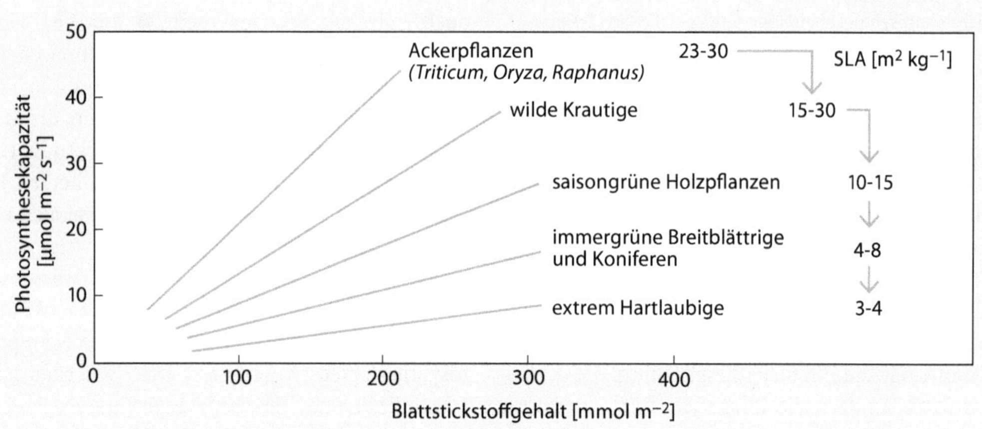


**Abb. 3.21** Photosynthesekapazität (Nettophotosynthese bei Lichtsättigung) in Abhängigkeit von der flächenbezogenen Stickstoffkonzentration des Blatts bei verschiedenen Pflanzentypen mit unterschiedlicher spezifischer Blattfläche. *SLA* spezifische Blattfläche („specific leaf area"), entspricht der Blattfläche pro Einheit Blatttrockenmasse. (Nach Bresinsky et al. 2008)

tern sowie bei Nadeln. Eine ebenfalls häufig verwendete Größe ist die spezifische Blattmasse oder „leaf mass per unit area" (LMA), die die Blatttrockenmasse pro Einheit Blattfläche in Gramm pro Quadratmeter (g/m²) angibt. Sie ist der Kehrwert der SLA. Bei einem Vergleich verschiedener Pflanzentypen zeigt sich nun, dass Arten mit einer hohen SLA (also mit eher dünnen Blättern) hohe maximale Nettophotosyntheseraten aufweisen, die mit zunehmender Stickstoffkonzentration der Blätter deutlich steigen. Sehr hartlaubige Arten dagegen haben die niedrigsten maximalen Nettophotosyntheseraten, die mit zunehmender Stickstoffkonzentration der Blätter auch nur relativ wenig zunehmen (Abb. 3.21).

**Tab. 3.7** Wassernutzungseffizienz der Photosynthese und der Produktivität bei verschiedenen Pflanzentypen. Zu beachten sind die unterschiedlichen Dimensionen in Zähler (C-Assimilation) und Nenner (Wasserverbrauch) der Werte. (Aus Larcher 2001 und Lambers et al. 2008)

| **Pflanzentyp** | **Wassernutzungseffizienz der Photosynthese** (mmol/[m$^2$·s] $CO_2$)/(mol/[m$^2$·s] $H_2O$) |
|---|---|
| Krautige $C_3$-Pflanzen | 2–5 |
| Hartlaubige Holzpflanzen | 4–8 |
| $C_3$-Gehölze allgemein | 4–12 |
| $C_4$-Pflanzen | 4–12 |
| CAM-Pflanzen | 4–20 |
| **Pflanzentyp** | **Wassernutzungseffizienz der Produktivität, ermittelt für eine Vegetationsperiode** (organische Trockensubstanzproduktion/ Wasserverbrauch [$g_{TS}$/$kg_{H2O}$]) |
| Landwirtschaftliche Nutzpflanzen (krautig, $C_3$) | 1,3–3,6 |
| Tropische Laubbäume | 1–2 |
| Laubbäume der gemäßigten Zone | 3–5 |
| Nadelbäume | 3–5 |
| Hartlaubsträucher | 3–6 |
| $C_4$-Pflanzen | 3–5 |
| CAM-Pflanzen | 6–15 (Extremwert 30) |

### Analyse der Verhältnisse stabiler Kohlenstoffisotope in Pflanzenmaterial zur Ermittlung von Wassernutzungseffizienz und der Wirkung von Trockenstress

Nahezu alle chemischen Elemente umfassen natürlicherweise neben einem weit überwiegenden Anteil von Atomen mit einer für sie typischen Masse auch einen – allerdings wesentlich kleineren – Anteil an Atomen mit einer abweichenden Atommasse aufgrund einer abweichenden Anzahl an Neutronen. So existieren neben den C-Atomen mit der Atommasse 12 ($^{12}C$), die fast 99 % aller C-Atome stellen, auch stabile, d. h. nicht radioaktiv zerfallende C-Atome mit der Atommasse 13 ($^{13}C$), die aber nur etwas mehr als 1 % aller C-Atome ausmachen. Zusätzlich gibt es noch die nicht stabilen, radioaktiv zerfallenden $^{14}C$-Atome mit dem verschwindend geringen Anteil von $10^{-10}$ % aller C-Atome, die aber bei der Altersbestimmung kohlenstoffhaltiger Substanzen eine wichtige Rolle spielen. Alle Atomtypen eines Elements mit jeweils gleicher Anzahl an Protonen und Elektronen, aber unterschiedlicher Anzahl an Neutronen werden als **Isotope** bezeichnet, da sie an derselben Stelle des chemischen Periodensystems der Elemente stehen (altgr. „ísos“ für derselbe; „tópos“ für Ort, Stelle). Aus den unterschiedlichen Anzahlen an Neutronen erklärt sich die ungeradzahlige Atommasse der Elemente, die ein Mittelwert aus sämtlichen vorkommenden Isotopen ist. So beträgt die Atommasse von C nicht exakt 12, sondern 12,011 (auf drei Dezimalstellen gerundet).
Da die Konzentrationen der in Stoffen seltener vorkommenden Isotope wie beispielsweise des $^{13}C$ so gering sind, werden sie nicht direkt gemessen. Stattdessen wird ihre Häufigkeit relativ zu der des häufigeren Isotops erfasst. Dies geschieht in Isotopenverhältnis-Massenspektrometern, in denen die verschiedenen Isotope eines Elements in die Gasform überführt, durch ein elektromagnetisches Feld beschleunigt und auf ihrer Flugbahn wegen ihrer unterschiedlichen Massen durch ein Magnetfeld unterschiedlich stark abgelenkt werden und deshalb an unterschiedlichen Stellen auf Detektoren treffen. Das auf diese Weise ermittelte Verhältnis wird mit dem Verhältnis eines Standardmaterials bekannter Isotopenzusammensetzung verglichen. Bei der Analyse des Verhältnisses von $^{13}C$ zu $^{12}C$ ist dies

der Pee-Dee-Belemnit, das sind fossile Überreste einer Kopffüßer-(Cephalopoden)-Art aus der Kreidezeit, die aus der geologischen Formation Pee Dee in South Carolina (USA) gewonnen werden. Aus den relativen Häufigkeiten $R$ des schwereren im Verhältnis zum leichteren Isotop in der zu untersuchenden Probe $R_{Probe}$ und im Standard $R_{Standard}$ berechnet man nun einen δ-Wert nach folgender Formel:

$$\delta = \left( \frac{R_{\text{Probe}}}{R_{\text{Standard}}} - 1 \right) \cdot 1000\,(‰). \quad (3.5)$$

Die Multiplikation mit 1000 und die daraus folgende Angabe in Promille wird vorgenommen, um besser handhabbare Werte zu erhalten, da ansonsten die aus der Berechnung resultierenden Werte nur einen kleinen Bruchteil von 1 ausmachen würden. Aus der Formel ergibt sich, dass der δ-Wert des Standards stets Null beträgt (in diesem Fall ist $R_{Standard} = R_{Probe}$). Für alle Proben, in denen das schwerere Isotop noch seltener vorkommt als im Standard, ist der δ-Wert negativ.

Stabile Isotope werden heutzutage zur Untersuchung einer Vielzahl (pflanzen-)ökologischer Fragestellungen eingesetzt. Dies beruht u. a. darauf, dass bei Stoffwechselprozessen bestimmte Isotope beim Einbau in organische Verbindungen bevorzugt, andere dagegen benachteiligt (diskriminiert) werden. So diskriminiert die RubisCO das Isotop $^{13}C$ bei der Fixierung des aus der Luft aufgenommenen $CO_2$. Die **$\delta^{13}C$-Werte** pflanzlichen Materials sind somit negativer als der $\delta^{13}C$-Wert des $CO_2$ der Luft, der wiederum mit durchschnittlich etwa −8 ‰ selbst schon negativer ist als der $\delta^{13}C$-Wert des Pee-Dee-Belemnit-Standards (ein erheblicher Teil des $CO_2$ in der Atmosphäre stammt ja aus organischem Pflanzenmaterial).

Physikalisch gesehen ist die Aufnahme von $CO_2$ aus der Umgebungsluft in das Blatt bei ausreichender Beleuchtungsstärke einerseits eine gerichtete Diffusion, da im Blatt durch Photosynthese ständig $CO_2$ verbraucht und dadurch das Nachströmen von $CO_2$ aus der Außenluft erleichtert wird.

Andererseits ist sie aber auch stets eine Bilanz aus $CO_2$-Einstrom und passiver Hinausdiffusion von $CO_2$. Derjenige Anteil des $CO_2$ im Blatt (genauer gesagt, in den gasgefüllten Zellzwischenräumen des Blattgewebes), der das schwerere Isotop $^{13}C$ enthält ($^{13}CO_2$), wird aber wesentlich durch die Öffnungsweite der Spaltöffnungen bestimmt, da $^{13}CO_2$ schwerer ist als $^{12}CO_2$ und wegen seiner dadurch geringeren Beweglichkeit weniger leicht wieder aus dem Blatt hinausdiffundieren kann. Dieses Hinausdiffundieren des $^{13}CO_2$ wird umso mehr erschwert, je stärker die Spaltöffnungen geschlossen sind. Daraus resultiert bei stärker geschlossenen Spaltöffnungen, wie es beispielsweise bei Trockenstress der Fall ist, eine stärkere Anreicherung von $^{13}CO_2$ in den Interzellularen des Mesophylls. Die höhere Konzentration an $^{13}CO_2$ im Blattinneren führt aber zu einer weniger starken Diskriminierung von $^{13}C$ bei der Photosynthese und somit zu einem stärkeren Einbau von $^{13}C$ in organisches Material. Bei Pflanzen, die einem Trockenstress ausgesetzt sind, ist also zu erwarten, dass ihre $\delta^{13}C$-Werte weniger negativ sind als bei Pflanzen, die gut wasserversorgt sind und deren Spaltöffnungen demzufolge über einen entsprechenden Zeitabschnitt weiter geöffnet sind (was zu einem geringeren Anteil an $^{13}CO_2$ in den Interzellularen und damit zu einer stärkeren Diskriminierung von $^{13}C$ bei der Photosynthese führt). Kurze Trockenstressperioden von einigen Stunden bis wenigen Tagen ließen sich dann am ehesten anhand der $\delta^{13}C$-Werte der aktuell gebildeten Kohlenhydrate Zucker und Stärke feststellen, längerer Trockenstress, z. B. während eines warm-trockenen Sommers auch anhand der $\delta^{13}C$-Werte der in Form von Cellulose gebildeten, langlebigen Struktursubstanz. Auf diese Weise lassen sich durch Analysen der $\delta^{13}C$-Verhältnisse in Jahrringen von Bäumen bzw. in deren Celluloseanteil auch die Auswirkungen von Witterungsverhältnissen vergangener Jahre rekonstruieren. Rechnerisch liegt bei $C_3$-Pflanzen unter Bedingungen fast geschlossener Spaltöffnungen das maximale (am wenigsten negative) $\delta^{13}C$-Verhältnis bei −12,4 ‰, unter Bedingungen maximaler Spaltöffnungsweite dagegen bei −35 ‰. Typisch sind Werte zwischen −25 und −29 ‰.

Die Spaltöffnungsweite beeinflusst nicht nur die Diffusion von $CO_2$, sondern auch von Wasserdampf ($H_2O$). Mit einer Molekülmasse von 18 g/mol sind $H_2O$-Moleküle deutlich leichter als $CO_2$-Moleküle (44 g/mol), sodass $H_2O$-Moleküle die Schwelle zwischen Blattinnerem und Außenluft v. a. bei weit geöffneten Spaltöffnungen viel leichter passieren können als $CO_2$-Moleküle. Andererseits ist ihre Diffusion bei Verengung der Spaltöffnungen auch relativ stärker beeinträchtigt als die Diffusion der $CO_2$-Moleküle und damit ist unter diesen Bedingungen die Abgabe von Wasser relativ stärker eingeschränkt als die Aufnahme von $CO_2$. Umgekehrt formuliert, steigt die Wassernutzungseffizienz – pro Einheit transpirierten Wassers nimmt die Menge an aufgenommenem $CO_2$ zu. Das $\delta^{13}C$-Verhältnis des untersuchten Materials sagt also auch etwas über die Wassernutzungseffizienz während des Zeitraums seiner Synthese aus: Die Wassernutzungseffizienz ist höher bei weniger negativen $\delta^{13}C$-Werten und geringer bei stärker negativen $\delta^{13}C$-Werten.

Mit −12 bis −14 ‰ weist das organische Material von $C_4$-Pflanzen deutlich höhere (weniger negative) $\delta^{13}C$-Werte auf als dasjenige von

$C_3$-Pflanzen. Der Grund dafür liegt in dem durch die PEP-Carboxylase angetriebenen $CO_2$-Konzentrierungsmechanismus in den Bündelscheidenzellen. Dadurch ist die $CO_2$-Konzentration am Wirkort der RubisCO so hoch, dass eine Diskriminierung von $^{13}C$ kaum noch stattfindet und dementsprechend deutlich mehr $^{13}C$ in organische Verbindungen eingebaut wird als bei $C_3$-Pflanzen. Auf diese Weise kann durch Analysen des $\delta^{13}C$-Verhältnisses festgestellt werden, ob das fragliche Material von einer $C_3$- oder einer $C_4$-Pflanze stammt und so z. B. geprüft werden, ob Haushaltszucker aus Zuckerrüben (einer $C_3$-Pflanze) oder Zuckerrohr (einer $C_4$-Pflanze) gewonnen wurde. Analog dazu lässt sich heutzutage die Herkunft vieler Lebensmittel auch durch Analyse der Verhältnisse stabiler Isotope prüfen.
Die $\delta^{13}C$-Werte des organischen Materials von Pflanzen mit CAM-Stoffwechsel nehmen mit −13 bis −20 ‰ eine Zwischenstellung zwischen $C_3$- und $C_4$-Pflanzen ein. Sie werden im Wesentlichen durch den Anteil des CAM-Stoffwechselwegs an der gesamten Photosyntheseleistung bestimmt.
Weitere Möglichkeiten zur Untersuchung (pflanzen-)ökologischer Fragestellungen bieten Analysen der Verhältnisse des häufigen, leichten Sauerstoffisotops $^{16}O$ zum seltenen, schweren Isotop $^{18}O$. Auf diese Weise lässt sich z. B. prüfen, ob eine Pflanze den Großteil ihres Wasserbedarfs aus Niederschlagswasser oder aus Grundwasser deckt, da Niederschlagswasser i. d. R. aufgrund der höheren Verdunstungsraten des leichteren $H_2{}^{16}O$ stärker mit $^{18}O$-Atomen angereichert ist als Grundwasser.

Hohe Nettophotosyntheseraten führen zwangsläufig auch zu einem gewissen Wasserverlust der Pflanze. Optimal wäre eine hohe Rate der Nettophotosynthese bzw. eine hohe Produktion an Biomasse im Verhältnis zum abgegebenen Wasser. Dieses Verhältnis bezeichnet man als Wassernutzungseffizienz („water use efficiency", WUE). Sie lässt sich auf zwei Ebenen angeben: auf der Ebene des Gaswechsels eines Blatts oder Zweigs und auf der Ebene der gesamten Pflanze. Auf der Ebene eines Blatts (Wassernutzungseffizienz der Photosynthese) wird sie ermittelt als das Verhältnis der Nettophotosynthese zur Transpiration (instantane Wassernutzungseffizienz, „instantaneous water use efficiency") oder zur stomatären Leitfähigkeit (intrinsische Wassernutzungseffizienz, „intrinsic water use efficiency"). Auf der Ebene der gesamten Pflanze (Wassernutzungseffizienz der Produktivität) wird sie bestimmt als das Verhältnis der Produktion von (oberirdischer) Biomasse zum Wasserverbrauch der Pflanze. In ◘ Tab. 3.7 sind Werte der Wassernutzungseffizienz für unterschiedliche Pflanzentypen angegeben. Man sieht, dass $C_3$-Pflanzen mit hohen Raten der Nettophotosynthese i. d. R. geringe Werte der Wassernutzungseffizienz aufweisen, während die Wassernutzungseffizienz von Pflanzen mit stark geregelter Transpiration deutlich höher ist. Hohe Werte der Wassernutzungseffizienz finden sich bei Pflanzentypen mit effektiver $CO_2$-Vorfixierung ($C_4$- und v. a. CAM-Pflanzen). Doch auch bei diesen wird 70- bis 300-mal so viel Wasser verbraucht wie Kohlenstoff assimiliert bzw. organische Substanz produziert wird. Dies zeigt, dass die Assimilation von Kohlenstoff bei allen Pflanzen grundsätzlich mit einem relativ hohen Verbrauch von Wasser verbunden ist, nur ist dieser Wasserverbrauch bei $C_4$- und CAM-Pflanzen, relativ betrachtet, im Allgemeinen deutlich niedriger als bei $C_3$-Pflanzen.

### 3.2.4 Transport und Speicherung von Kohlenstoffverbindungen

Im Verlauf der Photosynthese wird Kohlenstoff aus seiner anorganischen Bindung in organische Verbindungen überführt und damit den chemischen Komponenten, aus denen die Pflanze besteht, angeglichen (assimiliert). Zur Weiterverwendung oder Speicherung müssen diese **Assimilate** auch in andere Organe der Pflanze transportiert werden. Dies geschieht über das Phloem, ein aus röhrenartig miteinander verbundenen, lebenden Zellen bestehendes Leitgewebe, das parallel zum Xylem angeordnet ist (▶ Abschn. 2.2). Bei den meisten Pflanzen wird organischer Kohlenstoff als **Saccharose** (▶ Abschn. 2.1) im Phloem verlagert, doch kann er auch in Form von anderen Zuckern oder von Zuckeralkoholen transportiert werden. Der Zucker diffundiert aus den Blattzellen, in denen er

## Investition von Biomasse in Pflanzenorgane: funktionale Wachstumsanalyse

Nicht nur für die Grundlagenforschung, sondern auch für angewandte Fragestellungen, beispielsweise in der Züchtung und im Anbau von Nutzpflanzen, ist es von Interesse zu wissen, auf welche Organe die Pflanze die von ihr synthetisierten Stoffe zum Wachstum verteilt. Eine Übersicht über Größen, die derartige Beziehungen quantifizieren, gibt ◘ Tab. 3.8.

Diese Größen sind durch mechanistische Beziehungen miteinander verbunden, die sich mathematisch beschreiben lassen. So ist das Blattflächenverhältnis (LAR) das Produkt aus spezifischer Blattfläche (SLA) und Blattmassenanteil (LMF):

$$\mathrm{LAR}\ (\mathrm{m}^2_{\text{Blätter}}/\mathrm{g}_{\text{Pflanze}}) = \mathrm{SLA}\ (\mathrm{m}^2_{\text{Blatt}}/\mathrm{g}_{\text{Blatt}}) \cdot \mathrm{LMF}\ (\mathrm{g}_{\text{Blätter}}/\mathrm{g}_{\text{Pflanze}}). \quad (3.6)$$

Das Blattflächenverhältnis (LAR) ist eine wichtige wachstumsbestimmende Größe, wie ihre enge Korrelation mit der relativen Wachstumsrate („relative growth rate", RGR) zeigt (◘ Abb. 3.22). Die relative Wachstumsrate ist die Zunahme an Biomasse bezogen auf die Ausgangsbiomasse und den Untersuchungszeitraum. Die spezifische Blattfläche ist diejenige Komponente des Blattflächenverhältnisses, die den stärksten Einfluss auf die relative Wachstumsrate hat. Sie ergibt sich rechnerisch aus der Blatteinheitsrate (ULR) und dem Blattflächenverhältnis (LAR):

$$\mathrm{RGR}\ (\mathrm{g}_{\text{Zuwachs}}/[\mathrm{g}_{\text{Pflanze}} \cdot \mathrm{d}]) = \mathrm{ULR}\ \left(\mathrm{g}_{\text{Zuwachs}}/\left[\mathrm{m}^2_{\text{Blätter}} \cdot \mathrm{d}\right]\right) \cdot \mathrm{LAR}\ \left(\mathrm{m}^2_{\text{Blätter}}/\mathrm{g}_{\text{Pflanze}}\right). \quad (3.7)$$

Betrachtet man die ULR über einen längeren Zeitraum, wird sie auch oft als Nettoassimilationsrate („net assimilation rate", NAR) bezeichnet. Allerdings kann diese Betrachtungsweise problematisch sein, da sich die Blattfläche während eines längeren Untersuchungszeitraums verändern kann.

Analog zur Berechnung des Blattflächenverhältnisses (LAR) aus spezifischer Blattfläche (SLA) und Blattmassenfraktion (LMF; ◘ Gl. 3.6) ergibt sich das Wurzellängenverhältnis (RLR) aus der spezifischen Wurzellänge (SRL) und dem Wurzelmassenanteil (RMF):

$$\mathrm{RLR}\ (\mathrm{m}_{\text{Wurzel}}/\mathrm{g}_{\text{Pflanze}}) = \mathrm{SRL}\ (\mathrm{m}_{\text{Wurzel}}/\mathrm{g}_{\text{Wurzel}}) \cdot \mathrm{RMF}\ (\mathrm{g}_{\text{Wurzel}}/\mathrm{g}_{\text{Pflanze}}) \quad (3.8)$$

◘ **Tab. 3.8** Übersicht über einige wichtige Größen der funktionalen Wachstumsanalyse

| Größe | Berechnung (Einheit) |
|---|---|
| Blattmassenanteil („leaf mass fraction", LMF; „leaf mass ratio", LMR) | Anteil der Blatttrockenmasse an der Gesamttrockenmasse der Pflanze (g/g) |
| Stammmassenanteil („stem mass fraction", SMF; „stem mass ratio", SMR) | Anteil der Trockenmasse sämtlicher Sprossachsen an der Gesamttrockenmasse der Pflanze (g/g) |
| Wurzelmassenanteil („root mass fraction", RMF; „root mass ratio", RMR) | Anteil der Wurzeltrockenmasse an der Gesamttrockenmasse der Pflanze (g/g) |
| Spezifische Blattfläche („specific leaf area", SLA) | 1/LMA ($m^2$ Blattfläche pro g Trockengewicht des Blatts) |
| Spezifische Blattmasse oder spezifisches Blattgewicht („leaf mass per unit area", LMA) | 1/SLA (g Trockengewicht des Blatts pro $m^2$ Blattfläche) |
| Blattflächenverhältnis („leaf area ratio", LAR) | Gesamtfläche aller Blätter bezogen auf die Gesamtbiomasse der Pflanze ($m^2$/g) |
| Spezifische Wurzellänge („specific root length", SRL) | Wurzellänge pro g Trockengewicht der Wurzel (m/g) |
| Wurzellängenverhältnis („root length ratio", RLR) | Gesamte Wurzellänge pro Gesamtbiomasse der Pflanze (m/g) |
| Blatteinheitsrate („unit leaf rate", ULR) | Trockensubstanzzuwachs der Pflanze pro $m^2$ Blattfläche und Tag |

Da Stickstoff ein für das pflanzliche Wachstum entscheidender Mineralstoff ist (► Abschn. 3.3.1), wird das Sprosswachstum der Pflanze auch oft auf seine Stickstoffkonzentration bezogen. Daraus ergibt sich die Stickstoffproduktivität („nitrogen productivity", NP) des Sprosses als sein Biomassezuwachs pro Mol Stickstoff und Tag:

$$\mathrm{NP}\ (\mathrm{g}/[\mathrm{mmol_N}\cdot \mathrm{d}]) = \mathrm{RGR}\ (\mathrm{g}/[\mathrm{g}\cdot \mathrm{d}])/\mathrm{PNC}\ (\mathrm{mmol_N}/\mathrm{g}) \quad (3.9)$$

mit PNC = Stickstoffkonzentration des Sprosses („plant nitrogen concentration").

Welche Aussagen erlauben nun diese Kenngrößen? Pflanzen mit unterschiedlicher Wachstumsgeschwindigkeit unterscheiden sich hauptsächlich in ihrer Biomasseinvestition pro Einheit Blattfläche und Wurzellänge: Schnell wachsende Pflanzen wie z. B. viele krautige Arten weisen i. d. R. eine große spezifische Blattfläche (SLA) und spezifische Wurzellänge (SRL) auf, langsam wachsende Pflanzen wie die meisten Nadelbäume dagegen kleine Werte für SLA und SRL. In ◘ Tab. 3.9 sind einige charakteristische Werte der funktionalen Wachstumsanalyse für drei Gruppen von Pflanzentypen aufgeführt.

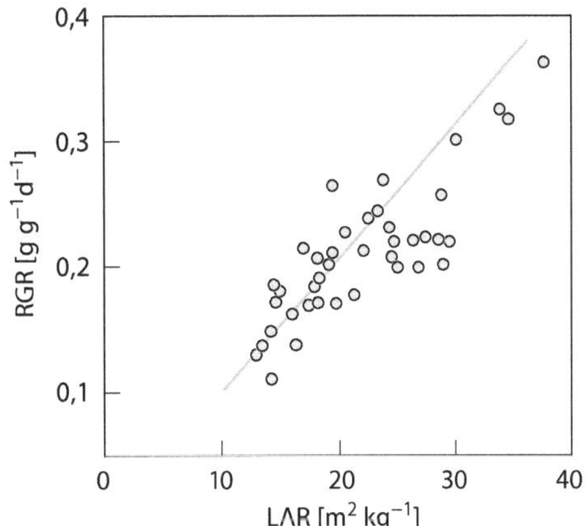


◘ **Abb. 3.22** Beziehung zwischen der relativen Wachstumsrate („relative growth rate", RGR) und dem Blattflächenverhältnis („leaf area ratio", LAR) auf der Grundlage von Untersuchungen an 51 krautigen Pflanzenarten. (Nach Körner 2014)

◘ **Tab. 3.9** Charakteristische Ergebnisse der funktionalen Wachstumsanalyse für drei verschiedene Pflanzentypen. Die Werte sind Richtwerte, die für voll entwickelte Wildpflanzen vor Beginn der Seneszenz gelten (in der Sämlings- und frühen Jugendphase sowie während der Seneszenz können andere Werte auftreten). Die Massenangaben beziehen sich auf die Trockensubstanz. (Aus Körner 2014)

| **Pflanzentyp** | **LMF** (g/g) | **SMF** (g/g) | **RMF** (g/g) | **SLA** ($m^2$/kg) | **SRL** (m/g) | **LAR** ($m^2$/kg) | **RGR** (g/[g · d]) |
|---|---|---|---|---|---|---|---|
| Krautige Pflanzen | 0,25 | 0,45 | 0,30 | 25 | 50 | 6 | 0,15 |
| Saisongrüne Bäume | 0,02 | 0,85 | 0,13 | 12 | – | 0,24 | 0,02 |
| Immergrüne Nadelbäume | 0,04 | 0,83 | 0,13 | 3 | – | 0,12 | 0,02 |

*LAR* Blattflächenverhältnis; *LMF* Blattmassenanteil; *RMF* Wurzelmassenanteil; *RGR* relative Wachstumsrate; *SLA* spezifische Blattfläche; *SMF* Stammmassenanteil; *SRL* spezifische Wurzellänge

gebildet wurde, hinaus und wird unter Energieumsatz (ATP-Verbrauch) in die **Siebzellen** des Phloems verlagert. Die steigende Zuckerkonzentration in den Siebzellen bewirkt eine Senkung des osmotischen Potenzials, wodurch Wasser aus den umgebenden Zellen – und letztlich aus dem Xylem – in die Siebzellen gesogen wird. Dadurch wiederum erhöht sich der Turgor der Siebzellen. Dieser Druckanstieg führt zu einer Verlagerung des zuckerhaltigen Siebzelleninhalts fort vom Ort der Beladung („source") hin zum Ort des Bedarfs („sink"), wo die Transportzucker aus dem Phloem entlassen werden und schließlich in die Zielzellen gelangen. In den Speicherorganen der Pflanze werden die Kohlenhydrate oft in Form von Stärke gespeichert. Bekannte stärkehaltige Speicherorgane sind die Speicherwurzeln der Möhrenpflanze und Wurzelknollen von Orchideen, die Sprossknollen der Kartoffelpflanze, die Hypokotylknollen (verdickte Abschnitte zwischen Wurzelansatz und Keimblättern) von Radieschen und Roter Rübe und die verdickten Niederblätter der Küchenzwiebel. Sie können aber auch in Stoffwechselprozessen zu Fetten und Proteinen umgewandelt und in diesen Formen gespeichert werden. Fette und Proteine als Speicherstoffe finden sich in etlichen Früchten oder Samen (z. B. Fette in Erdnüssen und im Fruchtfleisch der Avocado, Proteine in den Speicherkeimblättern von Erbsen und Bohnen).

### 3.2.5 Sekundäre Pflanzenstoffe

Neben Kohlenhydraten, Fetten und Proteinen, die als primäre Pflanzenstoffe für den Bau- und Betriebsstoffwechsel der Pflanzen unverzichtbar sind und somit eine essenzielle physiologische Funktion haben, bilden Pflanzen eine Vielzahl anderer Verbindungen, die keine unmittelbar erkennbare essenzielle Stoffwechselfunktion haben und daher als sekundäre Pflanzenstoffe bezeichnet werden. Im Gegensatz zu den primären Pflanzenstoffen schreibt man ihnen v. a. eine ökologische Funktion zu, da etliche von ihnen nachweislich zum Schutz vor Pflanzenfressern dienen. Ihrer chemischen Zusammensetzung entsprechend teilt man die sekundären Pflanzenstoffe in drei große Gruppen ein: **Terpenoide, phenolische Verbindungen** und **stickstoffhaltige Verbindungen**. Sie werden im Zusammenhang mit Abwehrmechanismen von Pflanzen in ► Abschn. 4.3 eingehender behandelt.

### 3.2.6 Abbau von Kohlenstoffverbindungen: Dissimilation

Für ihren Bau- und Betriebsstoffwechsel benötigen Pflanzen ATP als Energieäquivalent. Dieses ATP wird durch den kontrollierten Abbau von Kohlenstoffverbindungen, die **Dissimilation,** gewonnen (◘ Abb. 3.23). Der erste Teil der Dissimilation ist die **Glykolyse**; sie läuft im Zytosol der Zellen ab. Dabei wird der $C_6$-Körper Glucose, der durch den Abbau anderer Kohlenhydrate entsteht, in zwei Moleküle des $C_3$-Körpers Pyruvat zerlegt. Pro Molekül Glucose werden dabei zwei Moleküle ATP gewonnen.

Steht genügend Sauerstoff zur Verfügung, kann die Dissimilation **aerob** ablaufen. Dabei wird das Pyruvat in den Mitochondrien unter Sauerstoffverbrauch und $CO_2$-Freisetzung zu einem $C_2$-Körper oxidiert. Bei der Pyruvatoxidation werden Elektronen auf $NAD^+$ übertragen, das dadurch zu $NADH+H^+$ reduziert wird. Der durch die Oxidation entstandene $C_2$-Körper wird in den **Citrat-Zyklus** eingespeist, wo er unter ATP-Gewinnung vollständig zu $CO_2$ oxidiert wird. Die vom Kohlenstoff des $C_2$-Körpers stammenden Elektronen werden auf $NAD^+$ und einen weiteren Elektronenakzeptor, das Flavin-Adenin-Dinucleotid (FAD), übertragen. Auf diese Weise werden die reduzierten Formen $NADH+H^+$ und $FADH_2$ gebildet.

Der letzte Teil der aeroben Dissimilation besteht in der Übertragung der Elektronen von $NADH+H^+$ und $FADH_2$ auf molekularen Sauerstoff unter Bildung von Wasser. Dies geschieht in der ebenfalls in den Mitochondrien ablaufenden **Atmungskette**. Bei dieser schrittweise ablaufenden, enzymgesteuerten Reduktion wird durch Energieübertragung ATP gewonnen: Einschließlich der Pyruvat-Oxidation sind dies pro Glucosemolekül bis zu 36 ATP-Moleküle.

In der Summe entspricht der Abbau von Glucose bis zur Atmungskette in chemischer Hinsicht also einer Umkehr der Photosynthese:

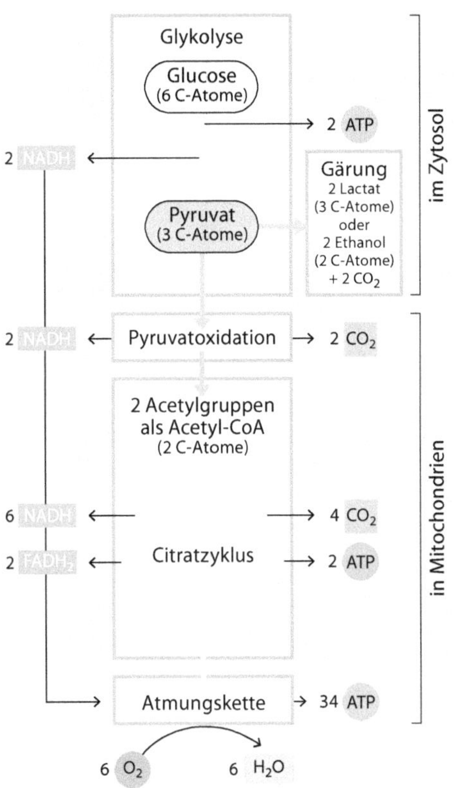


**Abb. 3.23** Schema des Abbaus von Kohlenhydraten im Verlauf der Dissimilation: Atmung und Gärung. (Nach Sadava et al. 2006)

$$C_6H_{12}O_6 + 6O_2 \rightarrow 6CO_2 + 6H_2O \quad (3.10)$$

Die Elektronenübertragung verläuft dabei vom Kohlenstoff der Glucose (der oxidiert wird) zum molekularen Sauerstoff (der reduziert wird) – bei der Photosynthese ist ja der bei der Wasserspaltung freigesetzte Sauerstoff der Elektronenspender (und wird dabei oxidiert) und der im $CO_2$ gebundene Kohlenstoff der Elektronenakzeptor (und wird dabei reduziert).

Bei Sauerstoffmangel kann die Dissimilation nur **anaerob** ablaufen, man spricht dabei auch von **Gärung**. Gärung kann in Pflanzenzellen auf zwei verschiedenen Wegen ablaufen. Bei der **alkoholischen Gärung** wird das durch Glykolyse entstandene Pyruvat unter $CO_2$-Abspaltung in Ethanol umgewandelt. Bei der **Milchsäuregärung** dagegen wird kein $CO_2$ freigesetzt, sondern aus dem $C_3$-Körper Pyruvat entsteht der $C_3$-Körper Milchsäure (bzw. Lactat als ihr Anion). Für Pflanzen, die nicht an Sauerstoffmangel angepasst sind, sind sowohl Ethanol als auch Milchsäure schädlich. Ethanol kann aber prinzipiell über die Plasmamembran nach außen diffundieren. Die Produktion größerer Mengen von Milchsäure dagegen kann eine deutliche Absenkung des pH-Werts in der Zelle verursachen, wodurch Stoffwechselvorgänge empfindlich gestört werden können. Der positive Effekt der Gärung überwiegt die möglichen negativen Auswirkungen der Bildung von Ethanol bzw. Milchsäure jedoch deutlich: Sowohl bei alkoholischer als auch bei Milchsäuregärung wird $NADH+H^+$ oxidiert, das sonst seine Elektronen unkontrolliert auf andere Verbindungen übertragen und damit schwerwiegende Stoffwechselstörungen verursachen könnte. Die Produktion von Ethanol oder Milchsäure ist somit das kleinere Übel. Der gravierende energetische Nachteil der Gärung bleibt jedoch erhalten: Die Energieausbeute der Gärungsprozesse bleibt auf der Ebene der Glykolyse bestehen; d. h. ausgehend von einem Glucosemolekül werden in der Bilanz nur zwei ATP-Moleküle gebildet – anstelle von maximal 38 im Fall der Dissimilation bis zur Atmungskette.

## 3.3 Mineralstoffhaushalt der Pflanzen

Pflanzliche Nährelemente sind diejenigen chemischen Elemente, die für Wachstum und Stoffwechsel der Pflanzen notwendig sind und in ihrer Funktion von keinem anderen chemischen Element ersetzt werden können. Oft wird der Begriff Nährelemente gleichbedeutend verwendet mit mineralische Nährstoffe (kurz Mineralstoffe). Im engeren Sinn sind aber Mineralstoffe diejenigen Nährelemente, die von Landpflanzen in Form von **Ionen** überwiegend aus dem **Boden** aufgenommen werden. Darin unterscheiden sich Mineralstoffe von Kohlenstoff (C), der überwiegend als $CO_2$ durch photosynthetisch aktive Organe aus der Luft aufgenommen wird, und von Wasserstoff und Sauerstoff, die dem Boden als Wasser ($H_2O$) in ungeladener Form entnommen werden. Verglichen mit

**Tab. 3.10** Makronährelemente von Pflanzen: Aufnahmeform, Funktion und Verlagerbarkeit innerhalb der Pflanzen

| Element | Aufgenommene Form | Wesentlicher Bestandteil/ Hauptfunktion | Verlagerbarkeit |
|---|---|---|---|
| Stickstoff (N) | $NH_4^+$, $NO_3^-$ ($NO_x$ aus Luft) | In Nukleinsäuren, Proteinen, sekundären Pflanzenstoffen | Gut |
| Phosphor (P) | $H_2PO_4^-$, $HPO_4^{2-}$ | In Nukleinsäuren, ATP, Phospholipiden etc. | Gut |
| Schwefel (S) | $SO_4^{2-}$ ($SO_2$ aus Luft) | In Proteinen, Koenzymen, sekundären Pflanzenstoffen | Gut (in organischer Form) |
| Kalium (K) | $K^+$ | Wasserhaushalt inklusive Regulation der Stomatabewegung; Enzymaktivierung; Ionengleichgewicht | Gut |
| Kalzium (Ca) | $Ca^{2+}$ | Quellungsregulation, Enzymaktivierung, Membranstabilisierung, Zellwandvernetzung; Einfluss auf das Zytoskelett | Schlecht |
| Magnesium (Mg) | $Mg^{2+}$ | Betriebsstoffwechsel (Photosynthese, Phosphattransfer) | Relativ gut |

Kohlenstoff, der nach Trocknung der Pflanzensubstanz bei etwas über 100 °C ungefähr 50 % der wasserfreien Masse ausmacht, sind Mineralstoffe jedoch in deutlich geringerem Anteil in der Pflanzenmasse enthalten. Die höchsten Konzentrationen aller Mineralstoffe erreicht Stickstoff, allerdings i. d. R. mit deutlich unter 10 % der Trockensubstanz. Verbrennt man Pflanzensubstanz bei Temperaturen zwischen 500 und 550 °C, entweichen der gesamte Stickstoff und Wasserstoff sowie erhebliche Anteile an Kohlenstoff, Schwefel und Chlor. Zurück bleibt eine Asche aus Oxiden und Carbonaten der restlichen Elemente. Der Aschegehalt von Pflanzenmaterial liegt i. d. R. zwischen 2 und 10 %, bei Salzpflanzen können auch 20 % erreicht werden. Ablagerungen auf der Oberfläche können zu noch deutlich höheren Ascheanteilen führen. So wurden bei Flechten Aschegehalte von bis zu 30 % ermittelt.

## 3.3.1 Makro- und Mikronährelemente und ihre Bedeutung für Pflanzen

Konventionell werden die mineralischen Nährelemente aufgrund ihrer üblicherweise in Blättern vorkommenden Konzentrationen in zwei große Gruppen unterteilt. **Makronährelemente** (Makronährstoffe) sind in Konzentrationen von mindestens 0,2 mg/g Trockensubstanz in Blättern enthalten. Dazu gehören Stickstoff (N), Phosphor (P), Schwefel (S), Kalzium (Ca), Kalium (K) und Magnesium (Mg). Die normalerweise mit geringeren Konzentrationen in Blättern vorkommenden **Mikronährelemente** (Mikronährstoffe) umfassen Mangan (Mn), Kupfer (Cu), Zink (Zn), Molybdän (Mo), Bor (B), Chlor (Cl) und Nickel (Ni). Wegen ihrer nur geringen Konzentrationen in pflanzlichem Material werden sie auch als **Spurenelemente** bezeichnet. Eisen (Fe), ein weiterer essenzieller Mineralstoff, ist meist zu 0,1–0,2 mg/g Trockensubstanz in Blättern enthalten und nimmt daher eine Zwischenstellung zwischen Makro- und Mikronährelementen ein: Oft wird es zu den Mikronährelementen, manchmal aber auch zu den Makronährelementen gestellt. Nur von bestimmten Pflanzen bzw. Algen benötigte Spurenelemente sind Kobalt (Co; benötigt in der Symbiose von Pflanzen mit stickstofffixierenden Bakterien), Natrium (Na, benötigt von obligaten Halophyten [► Abschn. 3.4.1.4] und von einigen $C_4$- und CAM-Pflanzen) sowie Silizium (Si; essenziell für Kieselalgen, Schachtelhalmarten und manche Gräser).

**Tab. 3.11** Mikronährelemente von Pflanzen: Aufnahmeform, Funktion und Verlagerbarkeit innerhalb der Pflanzen

| Element | Aufgenommene Form | Wesentlicher Bestandteil/ Hauptfunktion | Verlagerbarkeit |
|---|---|---|---|
| Eisen (Fe) | $Fe^{2+}$ (Fe[III]-Chelat) | Oxidoreduktionen, Elektronentransport, N-Stoffwechsel, Chlorophyllsynthese | Schlecht |
| Mangan (Mn) | $Mn^{2+}$ (Mn-Chelat) | Photosynthese, Enzymaktivierung | Schlecht |
| Kupfer (Cu) | $Cu^{2+}$ (Cu-Chelat) | Oxidoreduktionen, Elektronentransport | Schlecht |
| Molybdän (Mo) | $MoO_4^{2-}$ | Nitratreduktion, P-Stoffwechsel | Schlecht |
| Zink (Zn) | $Zn^{2+}$ (Zn-Chelat) | Enzymaktivierung, Hormonproduktion (Auxin) | Schlecht |
| Bor (B) | $HBO_3^{2-}$, $H_2BO_3^-$ | Kohlenhydrattransport, Phenolstoffwechsel | Schlecht |
| Chlor (Cl) | $Cl^-$ | Enzymaktivierung (Wasserspaltung an Photosystem II); manche Arten: Spaltöffnungsregulation | Gut |
| Nickel (Ni) | $Ni^{2+}$ | Enzymaktivierung (Urease zur Harnstoffspaltung) | Gut |

### Stickstoffformen und ihre Auswirkungen auf den pH-Wert

Stickstoff ist dasjenige mineralische Nährelement, das von den Pflanzen in den höchsten Mengen benötigt und dementsprechend auch in den größten Mengen aus dem Boden aufgenommen wird. Pflanzen nehmen Stickstoff hauptsächlich als Ammoniumion ($NH_4^+$) oder als Nitration ($NO_3^-$) auf (vgl. Tab. 3.10). Viele Pflanzen können beide Stickstoffformen nutzen. Bei der Aufnahme sowohl von $NH_4^+$ als auch von $NO_3^-$ muss aber der in anorganischer Form aufgenommene Stickstoff in eine organische Form überführt (assimiliert) werden. Bei Assimilation von Stickstoff aus $NH_4^+$ wird der Stickstoff durch das Enzym Glutaminsynthetase an Glutamat, das Salz der Aminosäure Glutaminsäure, gebunden. Es entsteht Glutamin, eine Aminosäure mit zwei Aminogruppen. In einer anschließenden, ebenfalls enzymatisch katalysierten Reaktion überträgt Glutamin eine der beiden Aminogruppen auf 2-Oxoglutarat, eine Vorstufe des Glutamats, sodass am Ende der Reaktion zwei Moleküle Glutamat stehen (GOGAT ist die Abkürzung für das Enzym Glutamin-2-Oxoglutarat-Aminotransferase):

$$NH_4^+ + \text{Glutamat} + \text{ATP} \xrightarrow[\text{Glutaminsynthetase}]{} \text{Glutamin} + \text{ADP} + P_i + H^+ \quad (3.11)$$

$$\text{Glutamin} + \text{2-Oxoglutarat} \xrightarrow[\text{GOGAT}]{} 2\ \text{Glutamat} \quad (3.12)$$

In die Pflanzenzelle gelangtes $NH_4^+$ muss möglichst schnell assimiliert werden, da es den Elektronentransport von Stoffwechselvorgängen stört. Daher speichern Pflanzen kein $NH_4^+$ in ihren Zellen.

Die Assimilation von $NH_4^+$ belastet den pflanzlichen Stoffwechsel, da Protonen ($H^+$-Ionen) freigesetzt werden, die den pH-Wert der Pflanzenzelle senken würden, falls keine zusätzlichen physiologischen Reaktionen eingreifen. Angesichts der von der Pflanze benötigten Menge an Stickstoff wäre die Absenkung des pH-Werts innerhalb relativ kurzer Zeit so stark, dass Stoffwechselreaktionen, die nur innerhalb eines recht engen pH-Bereichs optimal ablaufen, empfindlich gestört werden würden. Die Pflanzen müssen sich dieser Protonen also entledigen. Theoretisch möglich wäre dies durch eine verstärkte Produktion basisch wirkender Substanzen. Dies wären aber v. a. basische Aminosäuren, die selbst erst durch Stickstoffassimilation gebildet werden, die ja bei $NH_4^+$-Assimilation von Protonenfreisetzung begleitet ist. Der einzige langfristig wirksame Mechanismus, mit dem eine deutliche pH-Absenkung verhindert werden kann, ist somit die Ausscheidung von Protonen. Bei Landpflanzen geschieht dies über die Wurzeloberfläche. Bei überwiegender Aufnahme von Ammonium durch Pflanzen kann man daher im unmittelbaren Bereich um die Wurzeln, der **Rhizosphäre,** eine Absenkung des Boden-pH-Werts feststellen. Eine Düngung mit $NH_4^+$ wirkt somit physiologisch sauer in der Pflanze und versauernd auf den Boden.

Umgekehrt liegt der Fall bei der Assimilation von $NO_3^-$. Im Gegensatz zum $NH_4^+$ muss der in $NO_3^-$ gebundene Stickstoff zunächst durch Übertragung von Elektronen auf das Niveau von $NH_4^+$ reduziert werden:

$$NO_3^- + 4[NAD(P)H{+}H^+] + 2H^+ \xrightarrow[\text{Nitritreduktase(NiR)}]{\text{Nitrat(NR)- und}} NH_4^+ + 4\left[NAD(P)^+\right] + 3H_2O \quad (3.13)$$

Die dazu benötigten Elektronen stammen entweder aus der Photosynthese (falls die Reaktion in einem Blatt abläuft) und mit $NADPH{+}H^+$ als Elektronenüberträger oder aus der Atmung (bei $NO_3^-$-Reduktion in einem Organ, das keine Photosynthese betreibt) mit $NADH{+}H^+$ als Elektronenüberträger. Damit ist die $NO_3^-$-Reduktion direkt an den Energiehaushalt der Pflanze gekoppelt und verbraucht somit deutlich mehr Energieäquivalente als die Assimilation von $NH_4^+$. Das durch $NO_3^-$-Reduktion entstehende $NH_4^+$ wird dann gemäß den ◘ Gln. 3.11 und 3.12 assimiliert. Aus der Summengleichung der Reaktionen wird deutlich, dass bei der $NO_3^-$-Reduktion pro $NO_3^-$ zwei Protonen verbraucht werden. Da sich in der wässrigen Lösung des Zytosols, in dem die Reaktion stattfindet, Protonen und $OH^-$-Ionen komplementär verhalten, ist der Verbrauch von zwei Protonen gleichbedeutend mit der Produktion von zwei $OH^-$-Ionen. Zwar wird bei der anschließenden (und zur Entgiftung des $NH_4^+$ notwendigen) $NH_4^+$-Assimilation ein Proton pro $NH_4^+$ produziert (und damit ein $OH^-$-Ion neutralisiert), doch bleibt dann immer noch ein $OH^-$-Ion übrig. Das Zytosol würde also bei fortlaufender $NO_3^-$-Reduktion alkalischer werden. Dem kann die Pflanze durch die Produktion organischer Säuren entgegenwirken. Eine andere Möglichkeit, die von vielen Pflanzen mehr oder weniger stark realisiert wird, ist die Ausscheidung von $OH^-$-Ionen aus der Wurzel. Dadurch wird der pH-Wert der Rhizosphäre angehoben.

Wenn die Aufnahme von $NH_4^+$ oder $NO_3^-$ so starke Auswirkungen auf den pH-Wert der Rhizosphäre hat, warum ändert sich der pH-Wert von Böden mit starkem Pflanzenbewuchs nicht innerhalb von nur wenigen Jahren? Die Prozesse des Abbaus organischer Substanz im Ökosystem wirken dem entgegen. Im Verlauf der Mineralisierung setzen im Boden lebende Pilze und Bakterien im Prozess der **Ammonifikation** aus stickstoffhaltigen organischen Verbindungen Ammoniak ($NH_3$) frei, der sich im Bodenwasser als $NH_4^+$ unter Bildung von $OH^-$ löst. Das $OH^-$ neutralisiert Protonen, die von den Pflanzenwurzeln nach Assimilation von $NH_4^+$ ausgeschieden werden. Falls der pH-Wert des Bodens, die Bodentemperatur und der Sauerstoffgehalt des Bodens dies zulassen, kann das durch Ammonifikation gebildete $NH_4^+$ im Verlauf der **Nitrifikation** zu $NO_3^-$ oxidiert werden. Dabei entstehen pro Molekül $NO_3^-$, das gebildet wurde, zwei Protonen:

$$NH_4^+ + 1{,}5O_2 \rightarrow NO_2^- + 2H^+ + H_2O, \quad (3.14)$$

$$NO_2^- + 0{,}5O_2 \rightarrow NO_3^-. \quad (3.15)$$

Die in ◘ Gl. 3.14 dargestellte Reaktion wird durch Bakterien der Gattung *Nitrosomonas* bewirkt, die Reaktion in ◘ Gl. 3.15 durch Bakterien der Gattung *Nitrobacter*. Bei der Oxidation von $NH_4^+$ zu Nitrit ($NO_2^-$) können durch die Produktion von Protonen die $OH^-$-Ionen neutralisiert werden, die bei der Bildung von $NH_4^+$ im Verlauf der Ammonifikation entstehen, aber auch $OH^-$-Ionen, die von Pflanzenwurzeln nach Assimilation von $NO_3^-$ abgegeben werden. Falls also die Prozesse der Stickstoffmineralisierung im Boden und der Stickstoffassimilation in den Pflanzen zeitlich und räumlich ineinandergreifen, kommt es langfristig nicht zu einer auf Stickstoffumsetzung beruhenden pH-Veränderung des Bodens. Allerdings geschieht es immer wieder, dass Mineralisierungs- und Aufnahmeprozesse zeitlich und räumlich entkoppelt sind. In der Regel führt dies dann zu Versauerungsprozessen im Boden (Säureproduktion durch Nitrifikation, die nicht durch entsprechende Assimilation von $NO_3^-$ und Ausscheidung von $OH^-$ ausgeglichen wird). Ammoniumverbindungen, die z. B. in der Landwirtschaft freigesetzt und in andere Ökosysteme eingetragen werden, können stark zur Bodenversauerung beitragen, wenn sie unter Säureproduktion zu $NO_3^-$ umgesetzt werden und das entstandene $NO_3^-$ nicht in gleichem Maß von Pflanzen aufgenommen und assimiliert wird. Dann wird die bei der Nitrifikation entstehende Säure nicht durch pflanzliche $OH^-$-Ausscheidung ausgeglichen. Stattdessen wird ein erheblicher Teil des $NO_3^-$ mit versickerndem Niederschlagswasser aus dem Ökosystem zum Grundwasser hin ausgetragen, wobei es auch noch für das Ökosystem wichtige Kationen wie die von Ca, Mg und K mit sich führt.

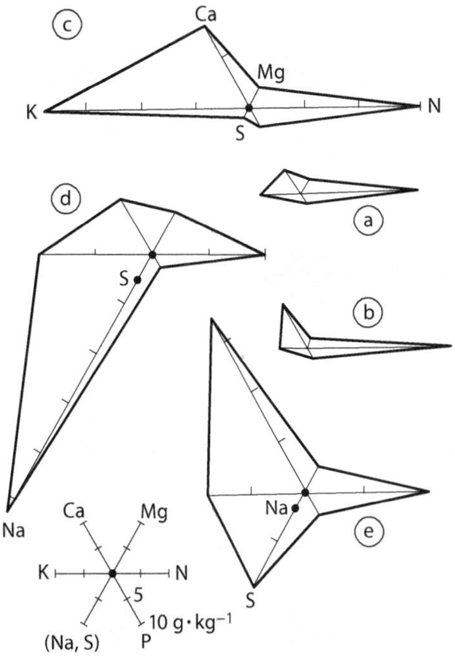


**Abb. 3.24** Mineralstoffkonzentrationen in Blättern von Pflanzen unterschiedlicher Ökosysteme. **a** Tropischer Regenwald; **b** Eichen in Wäldern klimatisch gemäßigter Zonen; **c** krautige Pflanzen feucht-gemäßigter Zonen; **d** Salzpflanzen (Halophyten); **e** Pflanzen trockener Gipsstandorte. (Nach Larcher 1994)

Die wesentlichen Aufnahmeformen der mineralischen Nährelemente und ihre Bedeutung für Pflanzen sind in Tab. 3.10 und 3.11 aufgeführt.

Aus Tab. 3.10 und 3.11 wird deutlich, dass die Nährelemente einerseits essenzielle Bedeutung für Stoffwechselvorgänge haben. Für Oxidations-Reduktions-Reaktionen spielen die Eigenschaften von Mikronährelementen wie Cu, Fe und Mn, ihre Wertigkeiten zu ändern, eine entscheidende Rolle. Nährelemente sind aber nicht nur für Stoffwechselprozesse unmittelbar wichtig, sondern sind auch wichtige Bestandteile pflanzlicher Strukturen wie im Fall des Ca, das für die Stabilität von Membranen und Zellwänden von Bedeutung ist.

Von Regionen mit Mittelmeerklima bis in die Nadelwaldregionen ist in den meisten Landökosystemen der Stickstoff dasjenige Nährelement, dessen pflanzenverfügbare Menge das pflanzliche Wachstum am stärksten begrenzt. Düngung mit Stickstoff führt daher meist zu einer deutlichen Steigerung des Pflanzenwachstums. Daher wird Nutz- und Zierpflanzen in Landwirtschaft und Gartenbau Dünger zugeführt, dessen Hauptkomponente Stickstoff ist. Stickstoffgabe verändert auch die Biomasseverteilung innerhalb der Pflanze: Je mehr Stickstoff die Pflanze aufnehmen kann, desto mehr wird ihr Sprosswachstum zulasten des Wurzelwachstums gefördert, das Verhältnis von Spross- zu Wurzelmasse nimmt also zu. In den während vieler Millionen Jahre stark verwitterten, mineralstoffarmen Böden der Tropen wirken auch die geringen Mengen von Phosphor begrenzend für das Pflanzenwachstum. Die Ergebnisse neuerer Untersuchungen legen nahe, dass sich sogar in Wäldern klimatisch gemäßigter Regionen eine relativ geringe Verfügbarkeit von Phosphor wachstumsbegrenzend auswirken kann. Neben Stickstoff ist Phosphor zusammen mit Kalium wesentlicher Bestandteil vieler Pflanzendünger.

Die charakteristischen Konzentrationen und Mengenverhältnisse von Mineralstoffen in Blättern unterscheiden sich zwischen verschiedenen Ökosystemtypen deutlich (Abb. 3.24). Pflanzen tropischer Regenwälder weisen oft sehr geringe Konzentrationen an Makronährelementen auf. Auch die Blätter von Bäumen in Wäldern gemäßigter Zonen verfügen typischerweise über relativ geringe Nährelementkonzentrationen, auch wenn diese etwas höher sind als in Blättern tropischer Regenwälder. Relativ hohe Konzentrationen an N, K und Ca finden sich in den schnellwüchsigen Kräutern feuchtgemäßigter Zonen. Pflanzen an Sonderstandorten mit hohen Salzkonzentrationen im Boden sind durch hohe Konzentrationen an Na bzw. Ca und S gekennzeichnet.

### 3.3.2 Mineralstoffe im Boden und Bodenreaktionen

Am leichtesten gelangen Pflanzen über ihre Wurzeln an diejenigen Mineralstoffe, die im Bodenwasser gelöst sind. Dies sind i. d. R. aber nur weniger als 0,2 % der insgesamt im Boden enthaltenen Mineralstoffe. Eine zehnfach höhere Menge an Mineralstoffen ist in Ionenbindung austauschbar an Bodenteilchen gebunden. Auch diese Mineralstoffe können sich Pflanzen verfügbar machen. Der mit 98 % weitaus überwiegende Anteil der Mineralstoffe im Boden ist allerdings in Mineralien, schwerlöslichen anorganischen Verbindungen (Carbonaten, Phosphaten, Sulfaten), in Humus oder in sonstigem organischem Material fest gebunden und wird nur langfristig durch Verwitterung oder Zersetzung freigesetzt und damit für die Pflanzen verfügbar.

Im Boden ist ein erheblicher Anteil mineralischer Elemente wie Ca, K, Mg, Fe und Mn in **Tonmineralen** enthalten. Tonminerale entstehen als Neubildung im Verlauf der Verwitterung **silikatischer Gesteine** (Gesteine aus Salzen der Kieselsäure mit Kationen von Aluminium [Al], Fe, Ca, Mg, K und Na) und gehören vorwiegend der Bodenart Ton an. Die Kristallstruktur der Tonminerale besteht aus Tetraedern mit Sauerstoffatomen oder aus Oktaedern mit Hydroxylionen (OH-Ionen) in den Ecken. Bei einem nach außen ungeladenen Kristall befindet sich im Zentrum eines Tetraeders ein vierwertiges (das heißt, ein vierfach positiv geladenes) Siliziumion und im Zentrum eines Oktaeders ein dreiwertiges Aluminiumion. Bei der Bildung von Tonmineralen wird aber in einem Teil der Kristalle das Zentralion durch ein ähnlich großes Ion ersetzt, das eine geringere Ladung besitzt. So kann in den Tetraedern das vierwertige Siliziumion durch ein dreiwertiges Aluminiumion und in den Oktaedern das dreiwertige Aluminiumion durch ein zweiwertiges Magnesiumion ersetzt werden. Dadurch entsteht nach außen in der Bilanz eine negative Überschussladung, die durch Anlagerung positiv geladener Ionen (Kationen) aus der Bodenlösung ausgeglichen wird. Bei Tonmineralen in Böden ist die nach außen wirkende Ladung immer negativ. Viele Tonminerale liegen als Zweier- oder Dreierschichten aus Tetraeder- und Oktaederlagen vor, man spricht dann von Zweischicht- bzw. Dreischichtmineralen (◘ Abb. 3.25). In den Dreischichtmineralen ist der Abstand zwischen den einzelnen Dreierlagen oft größer als bei den Zweischichtmineralen und die Dichte ihrer negativen Ladungen ist oft höher. Daher können sich an Dreischichtminerale meist mehr Kationen in Ionenbindung anlagern als an Zweischichtminerale. Je höher der Gehalt eines Bodens an Tonmineralen ist, desto höher ist auch sein Gehalt an mineralischen Nährstoffen. Sandböden, die meist überwiegend aus Quarzkörnern (Siliziumoxid, $SiO_2$) bestehen, sind daher i. d. R. sehr arm an essenziellen Mineralstoffen, tonhaltige Böden dagegen wesentlich reicher.

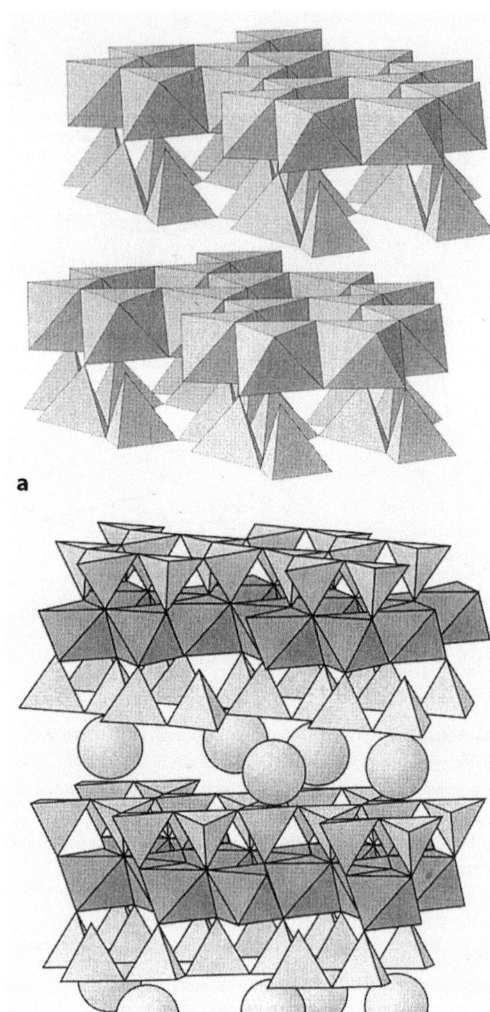


◘ **Abb. 3.25** Schematische Darstellung eines Zweischichtminerals mit einer Tetraeder- und einer Oktaederschicht (**a**) und eines Dreischichtminerals mit zwei Tetraederschichten und einer Oktaederschicht (**b**). Jeder Eckpunkt der Tetra- und Oktaeder steht für ein Sauerstoffatom. Die Kugelsymbole in (**b**) stellen Kationen dar, die zwischen den Schichtpaketen eingelagert und für Pflanzen relativ leicht verfügbar sind. (Schulze et al. 2002)

Die in Gesteinen und Mineralen enthaltenen Mineralstoffe werden im Verlauf von Jahrzehnten bis Jahrhunderten durch Verwitterung freigesetzt, wobei als zwischenzeitliche Verwitterungsprodukte auch Oxide und Hydroxide entstehen können. So wird die für Mineralböden klimatisch gemäßigter Breiten charakteristische gelbbraune Farbe durch

**Tab. 3.12** Richtwerte effektiver (bei aktuellem pH-Wert des Bodens vorliegender) Kationenaustauschkapazitäten ($mmol_{Ionenäquivalente}/kg_{Trockenboden}$) verschiedener Minerale, Bodenarten und mitteleuropäischer Bodentypen. (Aus Blume et al. 2010 und Nentwig et al. 2004)

| | | **Richtwerte effektiver Kationenaustauschkapazitäten (mmol/kg)** |
|---|---|---|
| Zweischichtminerale | Kaolinite | 30–150 |
| Dreischichtminerale | Illite | 100–400 |
| | Montmorillonite | 700–1500 |
| | Vermiculite | 1000–1500 |
| Bodenarten | Humusarmer Sand | 20–50 |
| | Humusreicher Sand | 50–100 |
| | Humusreicher Lehm | 200–250 |
| | Ton | 250–800 |
| | Organisches Bodenmaterial | 1500–5000 |
| Acker- und Waldböden | Podsol[a] (saurer, nährstoffarmer Bodentyp) | 30–70 |
| | Pseudogley[a] (saisonal staunasser, oft relativ tonreicher Bodentyp) | 70–180 |
| | Braunerde[a] (typischer, vergleichsweise tiefgründiger Boden in gemäßigt humiden Klimazonen) | 120–600 |

[a] Die wichtigsten Bodentypen Mitteleuropas werden ausführlicher in ▸ Abschn. 6.1.1 behandelt

Goethit (FeOOH) hervorgerufen, die rote Färbung von Böden wärmerer Regionen wie der Tropen durch Hämatit ($Fe_2O_3$). Physikalische Verwitterung erfolgt durch schnelle, starke Temperaturänderungen oder durch Eissprengung sowie mechanisch bei Verlagerung des Materials durch Eis, Wasser oder Wind. Chemische Verwitterung geschieht durch Sauerstoffeinfluss auf Oberflächen und durch Lösung in Wasser aus Niederschlägen. Da Niederschlagswasser durch Lösung von atmosphärischem $CO_2$ unter Bildung von Kohlensäure sauer ist, läuft die Gesteinsverwitterung in humidem Klima schneller ab. Bodenorganismen und Pflanzenwurzeln tragen zur chemischen Verwitterung bei, indem sie aus der Atmung stammendes $CO_2$ (das zusammen mit Bodenwasser Kohlensäure ergibt) sowie organische Säuren und Komplexbildner in den Boden freisetzen. **Carbonatgesteine** lösen sich durch Verwitterung nahezu vollständig auf und lassen nur die darin als Verunreinigung enthaltenen Tonminerale zurück. Bei dem Lösungsprozess gehen die in den Carbonaten enthaltenen Ca-Ionen (und die in geringeren Anteilen dort vorkommenden Mg-Ionen) in die Bodenlösung über oder binden an die negativen Überschussladungen an den Oberflächen der Tonminerale.

Eine weitere Quelle essenzieller Mineralstoffe ist die organische Substanz des Bodens aus abgestorbenen Lebewesen oder deren Teilen. Vor allem Stickstoff, der in Gesteinen höchstens in extrem geringen Anteilen vorkommt, wird nach Zersetzung organischer Substanz durch Mikroorganismen den Pflanzen verfügbar gemacht. Organische Substanz enthält aber auch chemisch sauer wirkende Komponenten wie Carboxyl- und Hydroxylgruppen, die nach Dissoziation der Protonen negativ geladen sind und positiv geladene Ionen, z. B. $Ca^{2+}$, $K^+$ oder $Mg^{2+}$, durch Ionenbindung anlagern können.

Ein Maß für die Fähigkeit von Böden, an ihre Bestandteile Kationen austauschbar anzulagern, ist die **Kationenaustauschkapazität** (KAK), die an Bodenproben im Labor nach festgelegten Verfahrensweisen ermittelt wird. Die KAK nimmt mit steigendem Anteil an (Dreischicht-)Tonmineralen

**Tab. 3.13** Pufferbereiche des Bodens mit wesentlichen Säurequellen, Versauerungsprozessen, Pufferreaktionen und Auswirkungen auf das Pflanzenwachstum. (Nach Ulrich 1983)

| $pH_{Bodenlösung}$ | 8,6 | 6,2 | 5,0 | 4,2 | 3,8 3,0 |
|---|---|---|---|---|---|
| **Pufferbereich** | **Carbonat-** | **Silikat-** | **Austauscher-** | **Aluminium-** | **Eisen-** |
| **Säurequelle** | $H_2CO_3$ | | $HNO_3$ | $NH_4^+$ | $H_2SO_4$, starke organische Säuren |
| **Versauerungs-prozess** | Wurzel- und Zersetzeratmung | | **Nitrifikation** | $NH_4^+$-Aufnahme | $SO_2$-Eintrag, Zersetzung organischer Substanz |
| **Pufferreaktion** | $Ca_2CO_3 + H_2CO_3 \rightarrow Ca^{2+} + 2\ HCO_3^-$ | Primäre Silikate → sekundäre Tonminerale | Al-Tonminerale → Al-Hydroxide (Zwischen-schichträume) | Al-Hydroxide → $Al^{3+}$-Ionen (in Lösung) | Fe-Hydroxide → $Fe^{3+}$-Ionen (in Lösung) |
| **Bodenlösung** | Viel $Ca^{2+}$, $HCO_3^-$ | Wenig $Ca^{2+}$, $Mg^{2+}$, $K^+$, $HCO_3^-$ | $Ca^{2+}$, $Mg^{2+}$, $K^+$, $NO^{3-}$, $SO_4^{2-}$ | $Al^{3+}$, $NO^{3-}$, $SO_4^{2-}$ | $Fe^{3+}$, $NO^{3-}$, $SO_4^{2-}$ |
| **Mineralstoff-Auswaschung** | Hauptsächlich $Ca^{2+}$ | Sehr begrenzt | $Ca^{2+}$, $Mg^{2+}$, $K^+$ | Vollständig | - |
| **Wachstums-begrenzung** | Gering; $Ca^{2+}$-Ionenkon-kurrenz | Keine | **Bei Al-empfind-lichen Arten** | Al-Toxizität | Al-Fe-Toxizität |

und Humus zu (Tab. 3.12). Unter vergleichbaren Klimabedingungen ermöglichen Böden mit hoher KAK i. d. R. eine höhere Produktivität der Pflanzen als Böden mit niedriger KAK.

Die in wässriger Bodensuspension gemessenen pH-Werte des Bodens sind charakteristisch für in und auf ihm ablaufende chemische und biologische Prozesse. Auf der Grundlage dieser Prozesse lassen sich den Böden verschiedene Pufferbereiche zuordnen, die das Puffervermögen der Böden gegenüber Säureeintrag kennzeichnen und vom jeweiligen Ausgangsgestein und den vorherrschenden Prozessen im Boden abhängig sind (Tab. 3.13). In den sehr gut gepufferten Carbonatböden auf Kalkgestein wirkt als Säurebelastung überwiegend Kohlensäure aus dem Eintrag mit dem Niederschlag, aber insbesondere auch aus der Atmung von Bodenorganismen und Pflanzenwurzeln. Wenn der Boden nicht zu flachgründig (und damit anfällig für Austrocknung) ist, besteht die Begrenzung des pflanzlichen Wachstums im **Carbonatpufferbereich** überwiegend in einer sehr hohen Konzentration an $Ca^{2+}$ in der Bodenlösung, durch die in Form von **Ionenkonkurrenz** andere essenzielle Kationen wie $K^+$ von den Aufnahmeorten der Wurzel verdrängt werden können. Auf kalkfreien Böden besteht die Pufferreaktion in einer über lange Zeiträume ablaufenden Verwitterung von primären Silikaten zu sekundären Tonmineralen. In diesem **Silikatpufferbereich** sind die Böden langfristig chemisch stabil und bieten mit ihrem relativ hohen, ausgewogenen Gehalt an Mineralstoffen sehr gute Wachstumsbedingungen für Pflanzen. Wegen ihrer guten Eignung für den Ackerbau sind in Mitteleuropa viele Flächen mit Böden im Silikatpufferbereich bereits sehr früh von Wald gerodet und für den Anbau von Nutzpflanzen genutzt worden. Im **Austauscherpufferbereich** wirkt neben Kohlensäure v. a. Salpetersäure als Quelle von Protonen, die bei der Zersetzung stickstoffhaltigen organischen Materials zu $NO_3^-$ schubweise freigesetzt werden und nicht durch entsprechende Aufnahme durch die Pflanzen neutralisiert werden können. Dabei wer-

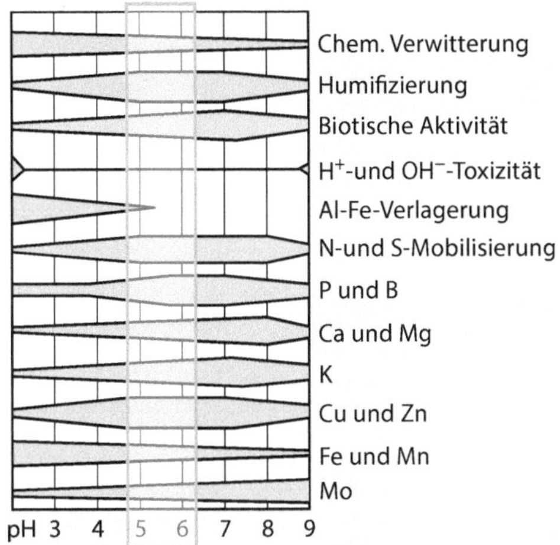


**Abb. 3.26** Intensität bodenchemischer und bodenbiologischer Prozesse, Toxizität von Protonen ($H^+$) und Hydroxylionen ($OH^-$) und Pflanzenverfügbarkeit essenzieller Mineralstoffe entlang der Spanne von pH-Werten mitteleuropäischer Böden. Die rechteckige Markierung zeigt den für Pflanzen optimalen pH-Bereich als Kompromiss über alle bodenchemischen und bodenbiologischen Prozesse sowie über die Verfügbarkeit essenzieller Mineralstoffe. (Nach Larcher 2001)

den Al-haltige Tonminerale zersetzt. Die entstehenden Al-Hydroxide sind zunächst unlöslich und lagern sich in den Zwischenräumen der noch unzersetzten Tonminerale an. Bei weiter sinkendem pH-Wert des Bodens wird das stickstoffhaltige organische Material nicht mehr bis zum $NO_3^-$, sondern nur noch bis zum $NH_4^+$ abgebaut. Die Aufnahme von $NH_4^+$ durch die Pflanze ist mit der Ausscheidung einer entsprechenden Menge von Protonen verbunden, was zu einer weiteren Versauerung des Bodens führt. Unter diesen Bedingungen gehen im **Al-Pufferbereich** nun auch die Al-Hydroxide in Lösung. In erhöhter Konzentration wirken Al-Ionen ($Al[OH]^{2+}$ und v. a. $Al^{3+}$) insbesondere auf empfindliche Pflanzenarten giftig, sodass an solchen Standorten nur noch gegenüber Al-Ionen relativ unempfindliche Pflanzenarten wachsen können. Durch Industrie, Verkehr und Landwirtschaft freigesetzte Säurebildner wie Schwefeldioxid ($SO_2$), Stickoxide ($NO_x$) und $NH_4^+$-haltige Stäube können diesen Versauerungsprozess stark beschleunigen und zu einem schnelleren Übergang der Böden in den Al- oder sogar **Fe-Pufferbereich** führen, in dem schließlich Fe-Ionen in für Pflanzen toxischen Konzentrationen in der Bodenlösung vorliegen. Der anthropogen bedingten Bodenversauerung wurde eine entscheidende Rolle beim Auftreten der neuartigen Waldschäden in den 1980er-Jahren zugeschrieben.

Die Protonen- bzw. $OH^-$-Konzentration der Bodenlösung selbst hat nur in extremen pH-Bereichen, d. h. bei pH-Werten deutlich unter 3 und deutlich oberhalb von 8, einen unmittelbar negativen Einfluss auf das Gedeihen der Pflanzen. Im Bereich zwischen pH 3 und 8 beeinflusst der pH-Wert aber die Intensität von Verwitterung, Um- und Abbau organischer Substanz und Aktivität der Bodenlebewesen sowie die Löslichkeit und damit die Verfügbarkeit von Mineralstoffen (Abb. 3.26). Diese Prozesse erreichen das Maximum ihrer Geschwindigkeit allerdings bei sehr unterschiedlichen pH-Werten: Während Humusbildung, Mobilisierung von N und S sowie die Verfügbarkeit der essenziellen Spurenelemente Cu und Zn ihr Maximum bei pH-Werten zwischen 5 und 7 haben, ist die Verfügbarkeit von Fe im stark sauren pH-Bereich, die Verfügbarkeit von Mo aber im alkalischen Bereich am höchsten (Abb. 3.26). Der Bereich zwischen pH 5 und 6 bietet insgesamt die günstigsten Voraussetzungen für die Abläufe bodenchemischer und -biologischer Prozesse sowie für die Verfügbarkeit der essenziellen Mineralstoffe. Böden, die sich natürlicherweise in diesem pH-Bereich (und damit im Silikatpufferbereich) befinden, sind am besten für den Ackerbau geeignet. Dementsprechend findet man Wald in Mitteleuropa überwiegend auf stärker sauren Böden mit nur relativ geringer Mineralstoffverfügbarkeit sowie auf Kalkböden mit pH-Werten um den oder über dem Neutralpunkt, die wegen ihrer Flachgründigkeit und ihrem geringen Wasserhaltevermögen recht schwer zu bearbeiten und deutlich weniger produktiv und somit für den Ackerbau schlechter geeignet sind.

### 3.3.3 Aufnahme und Transport von Mineralstoffen

Obwohl Mineralstoffe auch über oberirdische Pflanzenorgane in die Pflanze gelangen können,

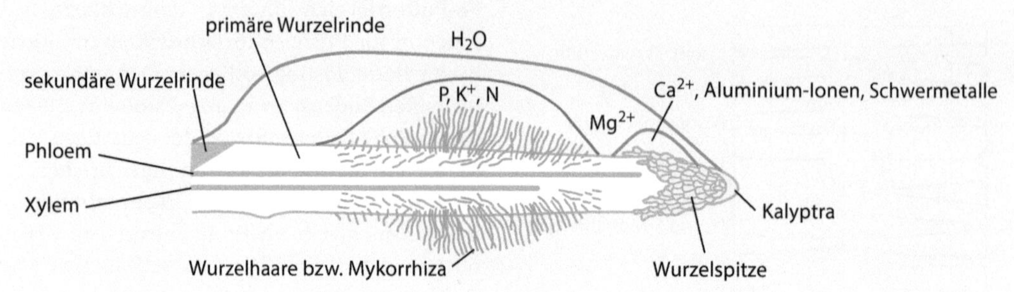


**Abb. 3.27** Schema der Bereiche von Feinwurzeln, in denen Wasser, essenzielle Mineralstoffe und Schadstoffe in die Wurzel gelangen. (Nach Schulze et al. 2002)

z. B. in Gasform als $SO_2$ oder $NO_x$ oder sogar in flüssiger Form durch gezielte Applikation bei Blattdüngung mit bestimmten Fe-Verbindungen, wird der weit überwiegende Teil der essenziellen Mineralstoffe über die Wurzeln aufgenommen. Wegen ihrer im Verhältnis zum Volumen großen Oberfläche spielen die Feinwurzeln (► Abschn. 2.2.2) mit einem Durchmesser von weniger als 2 mm die Hauptrolle bei der Mineralstoffaufnahme. Sie sind v. a. im humusreichen Oberboden sowie in der aus mehr oder weniger zersetztem organischem Material bestehenden organischen Auflage des Bodens ausgebildet, falls diese genügend Feuchtigkeit enthält.

Eine besonders starke Vergrößerung der Wurzeloberfläche wird durch Wurzelhaare erreicht, die in der Wurzelhaarzone kurz vor der Wurzelspitze als millimeter- bis zentimeterlange Ausstülpungen der Zellen in der äußersten Wurzelzellschicht gebildet werden. In diesem Bereich werden v. a. Stickstoffverbindungen, Phosphate und $K^+$ aufgenommen (Abb. 3.27) und mit dem Wasserstrom zum Zentralzylinder der Wurzel transportiert. Die höherwertig geladenen $Mg^{2+}$-Ionen, v. a. aber $Ca^{2+}$-Ionen werden verstärkt in Wurzelzonen aufgenommen, in denen der Zentralzylinder sehr junger Wurzelbereiche noch nicht hinreichend durch den Caspary-Streifen der den Zentralzylinder umgebenden Endodermis abgedichtet ist oder in denen die Endodermis durch Seitenwurzeln durchbrochen ist (► Abschn. 3.1.2). Auf diese Weise können auch von der Pflanze nicht benötigte und sogar toxische Komponenten in die Wurzel und gegebenenfalls weiter in den Spross gelangen.

Die Aufnahme der in Ionenform vorliegenden Mineralstoffe über die Plasmamembranen in die lebenden Zellen kann auf unterschiedliche Weise ablaufen: **passiv** durch Diffusion entlang eines Konzentrationsgefälles oder einer elektrischen Potenzialdifferenz zwischen Zelläußerem und -innerem oder **aktiv** unter Energieumsetzung. Die Rate des aktiven Transports ist wegen der damit verbundenen Energieumsetzung nicht nur von der Konzentration der aufzunehmenden Ionen und der mit diesen um Aufnahmestellen konkurrierenden, gleichartig geladenen Ionen im Außenmedium abhängig, sondern auch von der Sauerstoffversorgung der Zellen und der herrschenden Temperatur. Die Potenzialdifferenz zwischen Zellinnerem und -äußerem wird dadurch aufrechterhalten, dass in gleichem Maß positiv geladene und negativ geladene Ionen aufgenommen werden (z. B. ein $NO_3^-$ zusammen mit einem $K^+$) oder dass für jedes in die Zelle aufgenommene Ion ein gleichartig geladenes Ion aus der Zelle ausgeschieden wird. Letzteres spielt v. a. bei der Aufnahme von Kationen wie $K^+$ und $NH_4^+$ eine Rolle, deren Aufnahme von der Ausscheidung von Protonen begleitet wird. Die von der Wurzel abgegebenen Protonen können wiederum Kationen austauschen, die an negativen Ladungen von Tonmineralen oder Humuspartikeln sitzen. Diese Kationen gelangen in die Bodenlösung und können so von den Wurzeln relativ leicht aufgenommen werden. Durch Protonenausscheidung wird auch der pH-Wert in der unmittelbaren Umgebung der Wurzeln, der **Rhizosphäre**, abgesenkt. Dadurch können Fe- und Mn-Verbindungen sowie Phosphate leichter in Lösung gehen, die bei höhe-

■ **Tab. 3.14** Prozentualer Anteil an ATP als Maß für die aufgewendete Energie zur Ionenaufnahme, zum Wachstum und zum Energiestoffwechsel in Wurzeln der Seggenart *Carex diandra*. (Aus Marschner 2012)

| | **Alter der Pflanzen (Tage)** | | |
|---|---|---|---|
| **ATP-Anteil (%) für …** | **40** | **60** | **80** |
| … Ionenaufnahme | 36 | 17 | 10 |
| … Wachstum | 39 | 43 | 38 |
| … Energiestoffwechsel | 25 | 40 | 52 |
| Summe | 100 | 100 | 100 |

ren pH-Werten, die insbesondere in kalkreichen Böden vorliegen, nur schwer löslich sind. Auf diese Weise kann sich die Pflanze diese Mineralstoffionen verfügbar machen. Aber nicht nur Protonen, sondern auch organische Säuren wie z. B. Zitronensäure werden von Wurzeln ausgeschieden. Die Anionen mancher organischer Säuren bilden dann Komplexe mit den aufzunehmenden Ionen und erleichtern so deren Aufnahme in die Zellen. Die Wurzeln von Süßgräsern (Poaceae) scheiden spezielle Substanzen aus, die mit Fe-Ionen Komplexe bilden und in dieser Form von den Wurzeln aufgenommen werden.

Der Energiebedarf für die Mineralstoffaufnahme ist v. a. bei jungen, wachsenden Pflanzen beträchtlich. Für die Draht-Segge *(Carex diandra)*, eine an nassen Standorten des nördlichen Eurasiens und Nordamerikas vorkommende Sauergrasart, wurde ermittelt, dass 40 Tage alte Pflanzen mehr als ein Drittel ihrer Energie für die Ionenaufnahme aufbringen und damit fast so viel wie für ihr Wachstum. Bei doppelt so alten Pflanzen sinkt der für die Ionenaufnahme aufgewandte Energieanteil auf 10 % ab, der größte Energieanteil entfällt nun auf den Betriebsstoffwechsel (■ Tab. 3.14).

Sofern die aufgenommenen Mineralstoffe nicht bereits in das lebende Gewebe der Wurzeln oder der Sprossachse aufgenommen werden, gelangen sie mit dem Wasser zu den Orten der Wasserabgabe, also i. d. R. in die Blätter. Von dort können sie nur im Phloem in andere Pflanzenteile verlagert werden. Nicht alle Mineralstoffe sind aber im Phloem gut verlagerbar: Die meisten zwei- oder höherwertigen Kationen werden im Phloem kaum transportiert (■ Tab. 3.10 und 3.11). Dies gilt insbesondere für $Ca^{2+}$, das zudem mit den im Phloem in größeren Mengen transportierten Phosphatanionen schwerlösliche Verbindungen bilden würde. Organe wie Kartoffelknollen oder Erdnussfrüchte, die überwiegend über das Phloem mit Mineralstoffen versorgt werden, sind daher ausgesprochen arm an $Ca^{2+}$.

Mangel an Mineralstoffen führt je nach Pflanzenart zu charakteristischen Mangelsymptomen an Blättern oder Sprossachsen. So führt Mangel an Stickstoff zur Ausbildung von **Chlorosen** (grüngelben Verfärbungen) der Blätter, $Mg^{2+}$-Mangel zu gelben Feldern zwischen den Blattadern, $Ca^{2+}$-Mangel zu stark gewellten Blatträndern und zum Verkümmern junger Triebe und $K^+$-Mangel zu Welkeerscheinungen. Da gut verlagerbare Mineralstoffe in der Pflanze stets aus älteren Blättern zu jungen, aktiv wachsenden Organen transportiert werden, treten Symptome des Mangels an gut verlagerbaren Mineralstoffen zuerst an älteren Blättern auf. Der Mangel an schlecht verlagerbaren Mineralstoffen wie $Ca^{2+}$ oder Fe, die kaum aus den Blättern abgezogen werden können, wird dagegen zunächst an jungen, frisch gebildeten Blättern deutlich.

## 3.4 Angepasstheit von Pflanzen an ihre Standorte

Im Verlauf ihrer Entwicklungsgeschichte waren und sind Pflanzen, wie auch alle anderen Lebewesen, mit Veränderungen ihrer Umwelt konfrontiert. Aufgrund zufälliger genetischer Veränderungen (Mutationen), die sich als vorteilhaft für ihr Überleben an den jeweiligen Standorten und für ihre Fortpflanzungsfähigkeit erwiesen und auch zur Ausbildung ständig neuer Arten führten, war ein Teil von ihnen in der Lage, sich diesen Veränderungen an-

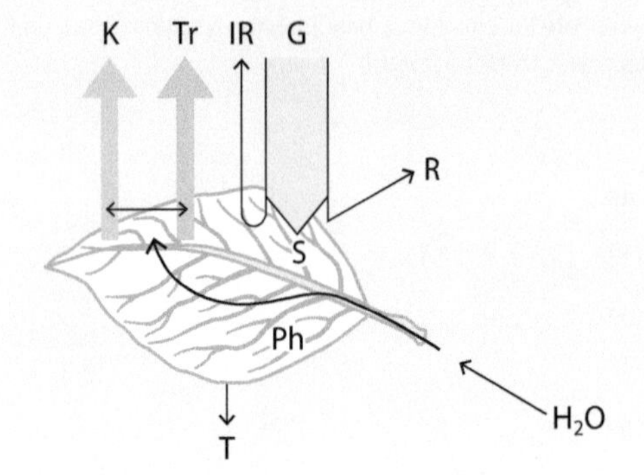


**Abb. 3.28** Strahlungsbilanz eines Blatts. *G* Globalstrahlung (direkte und diffuse kurz- und langwellige Sonneneinstrahlung); *IR* abgestrahlte langwellige Energie; *K* Konvektion (fühlbarer Wärmestrom); *Ph* photochemisch genutzte Energie; *R* reflektierter Teil der Globalstrahlung; *S* Strahlungsbilanz des Blatts; *T* Strahlungstransmission (meist < 1 % der Strahlungsbilanz); *Tr* Transpiration (nicht fühlbarer Wärmestrom, latente Wärme). Die Strahlungsbilanz S ergibt sich aus den genannten Größen zu S = G – R – IR – Ph – Tr – K = 0. (Nach Bresinsky et al. 2008)

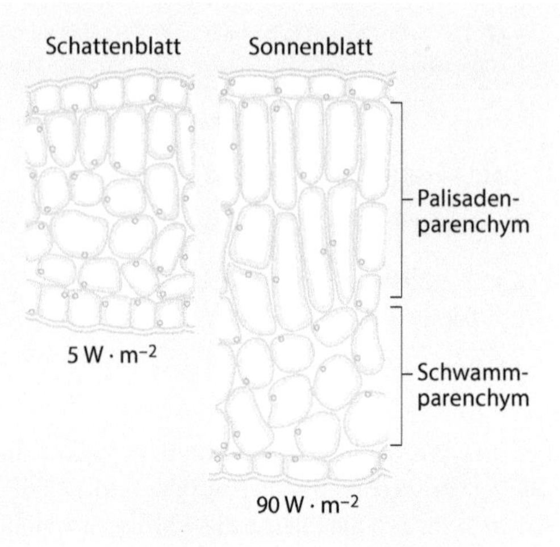


**Abb. 3.29** Querschnitt durch ein Schatten- und ein Sonnenblatt des Weißen Senfs *(Sinapis alba)*. Die Energiewerte geben die Beleuchtungsbedingungen an (Schwachlicht und Starklicht), unter denen die Blätter gebildet wurden. (Nach Schopfer und Brennicke 2016)

zupassen, während nicht angepasste Arten ausstarben. Durch natürliche **Selektion** entstand somit als Ergebnis einer langfristig wirkenden **Evolution** auf genetischer Grundlage eine **Angepasstheit** oder **Adaptation**. Darüber hinaus sind viele Pflanzenarten wie auch andere Lebewesen Umweltveränderungen unterworfen, die sich innerhalb der Lebensspanne eines einzelnen Individuums abspielen. Um diese Umweltveränderungen zu ertragen, können genetische Veränderungen, die durch Fortpflanzungsprozesse weitergegeben werden, nicht wirksam werden. Stattdessen müssen sich die Individuen im Rahmen der vorgegebenen genetischen Bandbreite an diese Veränderungen gewöhnen. Diesen Gewöhnungsprozess, der – z. B. in Regionen mit jahreszeitlichem Klimawechsel – auch umkehrbar sein kann, bezeichnet man als **Akklimatisation** (oder als **Akklimation**, wenn er durch künstliche Manipulation der Umweltbedingungen hervorgerufen wird).

Die Summe aller abiotischen und biotischen Umweltbedingungen, die für den Lebensraum einer Art charakteristisch sind, bezeichnet man als **Standort** (dieser Begriff ist gleichbedeutend mit dem Begriff Habitat, der v. a. in der Tierökologie verwendet wird). Der Standort ist also keine bestimmte Stelle innerhalb eines geographischen Raums, sondern bezeichnet eine Summe von Eigenschaften am typischen Ort des Vorkommens einer Art. Der **Fundort** (oder bei Pflanzen der **Wuchsort**) ist dagegen der konkrete geographische Ort, an dem eine Art aufgefunden wurde. Er lässt sich konkret z. B. auf einer Landkarte oder in Form von Geländekoordinaten angeben. Der Begriff **Biotop** bezeichnet den abiotischen Bereich des Lebensraums einer Art. Ein Biotop hat für die jeweilige Art eine charakteristische Mindestgröße und eine mehr oder weniger einheitliche Beschaffenheit, die ihn von seiner Umgebung abgrenzt.

Als Ergebnis von Adaptation und Akklimatisation ertragen Pflanzen an manchen natürlichen Standorten Umweltbedingungen, die umgangssprachlich zuweilen als rau, extrem oder stressend bezeichnet werden, weil sie von Menschen so empfunden werden. Dabei wird nicht berücksichtigt, dass gerade diese Kombination von Umweltbedingungen die Existenz der betreffenden Arten an diesen Standorten gewährleistet. Eine an Wüstenklima angepasste Art würde wohl kaum in einem tropischen Regenwald überleben und eine Art vom Rand der Arktis kaum in einer Region mit Mittelmeerklima. Daher sollte man mit derartigen Begriffen überlegt umgehen und bei ihrer Verwendung die Lebensbedingungen im Blick haben, unter denen die betreffende Art oder Lebensgemeinschaft normalerweise vorkommt.

## 3.4.1 Angepasstheit an Umweltbedingungen

### 3.4.1.1 Licht

Von der gesamten Lichtmenge, die als Teil der von der Sonne kommenden **Globalstrahlung** im Wellenlängenbereich von 300 bis 3000 nm auf ein Blatt fällt, wird nur ein sehr kleiner Teil für die Photosynthese genutzt (► Abschn. 3.2.1). Dagegen wird ein erheblicher Teil nach Absorption durch das Blatt in Wärmeenergie umgesetzt, die teilweise wieder an die umgebende Luft abgegeben werden kann. Ein weiterer, relativ hoher Anteil wird beim Übergang des Blattwassers vom flüssigen in den gasförmigen Aggregatzustand umgesetzt und bildet damit die Grundlage für die Transpiration, die Abgabe von Wasserdampf durch die Spaltöffnungen (► Abschn. 3.1.5). Ein Teil der Strahlung wird reflektiert, ein weiterer, meist nur geringer Teil tritt in Form von Transmission durch die Blätter hindurch (► Abschn. 3.2.1). Die Strahlungsbilanz eines Blatts ist in ◘ Abb. 3.28 schematisch dargestellt.

Je nachdem wie stark Blätter dem Licht ausgesetzt sind, können sie unterschiedlich gebaut sein. **Licht-** bzw. **Sonnenblätter** verfügen oft nicht nur über eine, sondern über zwei Schichten Palisadenparenchym (◘ Abb. 3.29). Dadurch sind sie i. d. R. dicker als **Schattenblätter** mit ihrem dünneren, meist nur einschichtigen Palisadenparenchym. Im Mesophyll der Schattenblätter sind die Chloroplasten dagegen oft dichter gepackt, daher sind bei ihnen bei Bezug auf die **Blattmasse** die Anzahl der Chloroplasten und die Chlorophyllkonzentration oft höher als bei Lichtblättern. Auf diese Weise wird die Ausnutzung des Lichts optimiert und eine positive $CO_2$-Bilanz ist – im Gegensatz zu Sonnenblättern – auch bei relativ geringen Beleuchtungsstärken noch möglich. Bei Bezug auf die **Blattfläche** kehren sich die Verhältnisse zwischen Sonnen- und Schattenblättern allerdings um: Dann verfügen die Sonnenblätter oft über höhere Werte von Chloroplastenanzahl und Chlorophyllkonzentration, da ihre Blätter dicker sind. Dies zeigt, dass es grundsätzlich bei der Angabe blattbezogener Werte entscheidend ist, welche Bezugsgröße (Blattmasse oder Blattfläche) jeweils gewählt wird.

Bei Sonnenblättern ist oft auch das Flächenwachstum der Blätter stärker begrenzt und ihre Blattflächen sind kleiner als bei Schattenblättern. Dadurch liegen bei ihnen i. d. R. die Blattnerven und die Spaltöffnungen dichter beieinander. Auch sind Schattenblätter, die sich bei Bäumen im inneren und unteren Kronenbereich befinden, eher horizontal ausgerichtet, während Sonnenblätter mitteleuropäischer Pflanzen oft in einem Winkel von ungefähr 45 bis 60° und damit näherungsweise parallel zum einfallenden Sonnenlicht gestellt sind.

Nicht alle Pflanzenarten bilden deutlich unterschiedliche Sonnen- und Schattenblätter aus. Typische Beispiele für Sonnen- und Schattenblätter finden sich in Mitteleuropa bei der Rotbuche *(Fagus sylvatica)* und Arten der Linde *(Tilia cordata, T. platyphyllos)*. Aber auch bei diesen Arten gibt es je nach Kronenbereich Übergangsformen zwischen Sonnen- und Schattenblättern.

Während Bäume, die Sonnen- und Schattenblätter ausbilden, i. d. R. beide Blatttypen mit Übergangsformen am selben Individuum tragen, besitzen viele krautige und grasartige Pflanzenarten ausschließlich Blattformen, die ihrem Standort entsprechen. Die Lichtverhältnisse am Wuchsort einer Pflanze lassen sich mit dem **relativen Lichtgenuss** charakterisieren. Er gibt das in Prozent umgerechnete Verhältnis aus der Beleuchtungsstärke am Wuchsort und der gleichzeitig gemessenen Beleuchtungsstärke im Freiland an, an dem ungehinderte Einstrahlung herrscht. Pflanzen, die in stark beschatteten Bereichen eines Waldes wachsen, haben einen nur geringen Lichtgenuss; am Waldrand dagegen ist der Lichtgenuss deutlich höher (◘ Tab. 3.15).

Entlang von Gradienten vom oberen oder äußeren Kronenbereich in Richtung auf das Kroneninnere von Gehölzen lässt sich ein relativer Lichtgenuss von Blättern oder Zweigen ermitteln. Während der relative Lichtgenuss im Kroneninneren sehr locker aufgebauter Kronen wie z. B. des Ölbaums *(Olea europaea)* noch ungefähr 12 % beträgt, sinkt er im Inneren sehr dichter und kompakt gebauter Kronen wie z. B. der Mittelmeer-Zypresse *(Cupressus sempervirens)* auf 0,5 % ab. Je nach Pflan-

**Tab. 3.15** Relativer Lichtgenuss von Pflanzen an Wuchsorten unterschiedlich starker Beschattung im und am Wald. Höchste Mittelwerte aus drei Messserien an zwei Tagen Ende Mai und Anfang Juni im Bereich eines Waldmeister-Buchenwalds in Südniedersachsen

| Wuchsort im oder am Wald | Pflanzenart | Relativer Lichtgenuss (%) |
|---|---|---|
| Stark beschattet | Wald-Sauerklee *(Oxalis acetosella)* | 2,0 |
| Stark beschattet | Wald-Frauenfarn *(Athyrium filix-femina)* | 2,6 |
| Stark beschattet | Waldmeister *(Galium odoratum)* | 5,2 |
| Stark beschattet | Einblütiges Perlgras *(Melica uniflora)* | 7,8 |
| Stark beschattet | Echte Goldnessel *(Galeobdolon luteum)* | 9,0 |
| Halbschatten | Große Sternmiere *(Stellaria holostea)* | 12,4 |
| Halbschatten | Gewöhnlicher Giersch *(Aegopodium podagraria)* | 23,0 |
| Waldrand | Gewöhnliche Quecke *(Elymus repens)* | 29,3 |

zenart reicht unterhalb eines bestimmten relativen Lichtgenusses die Beleuchtungsstärke nicht mehr für eine positive oder ausgeglichene Kohlenstoffbilanz aus, d. h. über einen Zeitraum von etlichen Tagen ist der Kohlenstoffverlust der Organe durch Atmung höher als der Kohlenstoffgewinn der Blätter durch Photosynthese. Der Bereich, in dem diese Verhältnisse herrschen, bezeichnet man als **dysphotische Zone**. In diesem Bereich werden keine Blätter gebildet bzw. bereits gebildete Blätter werden abgeworfen. Daher sind z. B. in einheimischen Forsten die unteren und inneren Zweige dicht gepflanzter Fichten unbenadelt.

An hohe Lichtintensitäten angepasste Pflanzen haben einige Gemeinsamkeiten: Sie weisen i. d. R. einen größeren Zuwachs an Trockensubstanz auf, die zudem einen höheren Energiegehalt hat, und besitzen eine bessere Fertilität, was sich in häufigerem Blühen, stärkerem Blütenansatz und höherem Fruchtertrag äußert. An Schwachlicht adaptierte Pflanzen dagegen haben neben relativ dünnen und großflächigen Blättern (größere spezifische Blattfläche; ► Abschn. 3.2.3) oft längere Sprossabschnitte zwischen den Blattansatzstellen.

Licht wirkt auch auf etliche Vorgänge des Wachstums und der Entwicklung. Grundlage vieler dieser Reaktionen ist das **Phytochromsystem**. Phytochrom besteht aus einem Protein und einem daran gebundenen Pigmentmolekül, dem Chromophor, das blaues und grünes Licht reflektiert und rotes Licht absorbiert. Die komplexen Zustände und Reaktionen des Phytochromsystems lassen sich vereinfacht wie folgt zusammenfassen. Der Chromophor kann zwei verschiedene Grundzustände einnehmen, in denen entweder hellrotes Licht ($P_{HR}$; Absorptionsmaximum bei 650–680 nm Wellenlänge) oder dunkelrotes Licht ($P_{DR}$; Absorptionsmaximum bei 710–740 nm) maximal absorbiert wird. Im Dunklen liegt Phytochrom überwiegend als physiologisch inaktives $P_{HR}$ vor. Volles Sonnenlicht enthält etwas höhere Anteile an hellrotem Licht (HR): Das Verhältnis von HR zu dunkelrotem Licht (DR) beträgt dort etwa 1,13. Wird ein Phytochrom enthaltendes Pflanzenorgan von Sonnenlicht beschienen, wandelt sich $P_{HR}$ in das physiologisch aktive $P_{DR}$ um, sodass dann mindestens 50 % des Phytochroms aus $P_{DR}$ bestehen. Das $P_{DR}$ ist die physiologisch aktive Komponente, die zahlreiche physiologische Reaktionen in Gang setzen kann. Durch Bestrahlung mit Licht, das überwiegend Dunkelrot enthält, sowie im Dunklen wandelt sich $P_{DR}$ wieder in seine physiologisch inaktive Form $P_{HR}$ um. Wird ein Pflanzenorgan in relativ kurzer Abfolge hell- und dunkelrotem Licht ausgesetzt, überwiegt die Wirkung der zuletzt dargebotenen Lichtqualität.

Über das Phytochromsystem löst Licht die Keimung bei sog. Lichtkeimern aus, also bei Pflanzen, deren Samen bei der Keimung auf Lichteinfall angewiesen sind. Ein typischer Lichtkeimer ist der Grüne Salat *(Lactuca sativa)*. Bei den Dunkelkeimern dagegen, wie z. B. bei Arten des Storchschnabels (Gattung *Geranium*), wird die Keimung durch Licht gehemmt.

Auf dem Phytochromsystem beruhen auch Vorgänge des **Photoperiodismus**, das sind Form- oder Gestaltänderungen von Pflanzen, die durch die Dauer des täglichen Lichtgenusses angeregt und gesteuert werden, wobei nach Überschreiten einer Minimumlichtintensität die Lichtmenge keine Rolle mehr spielt. Eine verbreitete Form des Photoperiodismus ist die Blütenbildung, die bei vielen Pflanzenarten von der Dauer der täglichen Lichtperiode ausgelöst wird. So blühen **Langtagpflanzen** wie z. B. der Roggen *(Secale cereale)* oder der Wiesen-Klee *(Trifolium pratense)* nur beim Überschreiten einer artspezifischen kritischen Tageslänge, deren Untergrenze oft bei zwölf Stunden liegt. Viele Pflanzenarten, die in höheren geographischen Breitengraden mit saisonal längerer täglicher Lichtperiode (auf der Nordhalbkugel nördlich des 40. Breitengrades) vorkommen, sind Langtagpflanzen. **Kurztagpflanzen** wie die Buschbohne *(Phaseolus vulgaris)* oder der Mais *(Zea mays)* dagegen blühen nur, wenn eine artspezifische Tageslänge nicht überschritten wird. Sie finden sich in niedrigen geographischen Breitengraden einschließlich der Tropen, in denen die Photoperiode nie länger als ungefähr 14 Stunden dauert. Kurztagpflanzen sind daher gleichzeitig Langnachtpflanzen. Dem Wirkungsmechanismus des Phytochromsystems entsprechend, kann man das Blühen von Kurztagpflanzen verhindern, indem die Nachtperiode durch das Verabreichen hellroten Lichts unterbrochen wird.

Die Anzahl der Tage mit kritischer Länge, die zur Induktion des Blühens benötigt wird, ist allerdings unterschiedlich: Bei manchen Arten reicht ein Tag aus, bei anderen sind mehr als 20 Tage erforderlich. Die Dauer der Photoperiode stellt aber keine absolute Schwelle für die Blühinduktion dar. So blühen in einer Population der tropischen Prachtwinde *(Ipomoea nil)*, einer Kurztagpflanze, nahezu alle Individuen bei einer Photoperiode von maximal zwölf Stunden, ein kleiner Anteil der Population kommt aber auch noch bei einer Photoperiode von 15 Stunden zur Blüte. Andererseits ist für die Blütenbildung an sämtlichen Pflanzen einer Population des Weißen Senfs *(Sinapis alba)*, einer Langtagpflanze, eine Photoperiode von ungefähr 17 Stunden vonnöten, ein kleiner Teil der Population blüht aber auch bei einer Photoperiode von etwas mehr als zwölf Stunden. Würde man also Pflanzen beider Arten gemeinsam bei einer Photoperiode von 14 Stunden kultivieren, würde von jeder der beiden Arten etwa die Hälfte der Pflanzen zur Blüte gelangen.

**Tagneutrale Pflanzen** wie das Einjährige Rispengras *(Poa annua)* und der Löwenzahn *(Taraxacum officinale)* zeigen keine oder eine nur geringe Reaktion auf die tägliche Beleuchtungsdauer. Zudem gibt es zahlreiche Übergangs- und Mischformen (Langkurztag-, Kurzlangtagpflanzen), die zur Blühinduktion nacheinander zwei unterschiedlich lange Photoperioden benötigen. Ein Beispiel für eine mitteleuropäische Kurzlangtagpflanze ist der Weiß-Klee *(Trifolium repens)*.

Andere physiologische Prozesse werden durch blaues Licht mit Wellenlängen unterhalb von 500 nm ausgelöst, das von einem Blaulichtrezeptor in der Pflanze registriert wird. Zu diesen Prozessen gehört der **Phototropismus**, der Wachstumsbewegungen im Verhältnis zur Lichtquelle umfasst. Keimlinge und Sprossachsen Höherer Pflanzen zeigen i. d. R. einen positiven Phototropismus, wachsen also auf die Lichtquelle hin. Die Haftwurzeln des Efeus *(Hedera helix)* dagegen sind negativ phototrop, wachsen also von der Lichtquelle weg. Bei manchen Arten wie z. B. dem Mauer-Zimbelkraut *(Cymbalaria muralis)*, das in Mauerritzen vorkommt, wachsen die Blütenstiele zunächst zum Licht hin (positiver Phototropismus). Sind die Blüten befruchtet, wachsen die Fruchtstiele in Richtung auf den dunkelsten Bereich ihrer Umgebung; i. d. R. ist dies eine Mauerritze, in der die Frucht dann abgelegt wird. Auf diese Weise kann der Samen an einem für die Pflanze geeigneten Standort keimen.

Die für den Phototropismus verantwortlichen Blaulichtrezeptoren regeln auch die Öffnungsbewegung der Schließzellen in den Blättern bei Einfall von Licht mit blauen Wellenlängen. Diese Öffnungsbewegung vollzieht sich unabhängig von Vorgängen der Photosynthese.

Rot- und Blaulicht sind Taktgeber bei der **circadianen Rhythmik**, die Wachstums- und Bewegungsreaktionen im täglichen Hell-Dunkel-Wechsel umfasst. So senken sich die Blattstiele und die Fie-

## Der Stressbegriff in der Biologie

In der Mechanik entspricht **„stress"** einer von außen auf einen Körper einwirkenden Kraft, die diesen zunächst reversibel, bei sich verstärkender Intensität aber schließlich irreversibel verformt. Die durch diese Kraft bewirkte Veränderung des Körpers bezeichnet man als **„strain"**. Dieses Stresskonzept übertrug Levitt (1980) auf Pflanzen: Bei diesen wird „stress" durch Umweltfaktoren bewirkt, wenn deren Intensität außerhalb des für Pflanzen zuträglichen Bereichs liegt. Die **Stressfaktoren** lösen in den Lebensvorgängen der Pflanze einen „strain" aus. Dieses Stresskonzept lässt allerdings für biologische Systeme wichtige Parameter vermissen. So ist bei Pflanzen und anderen Lebewesen neben der Stressintensität auch der Zeitfaktor von Bedeutung: Ein kurzfristig mit hoher Intensität einwirkender Stress kann oft die gleichen Folgen haben wie ein Stress geringer Intensität, der über eine längere Zeitdauer einwirkt – es gilt eine **Dosis-Wirkungs-Beziehung** (Stressstärke multipliziert mit Stressdauer). Außerdem verfügen Pflanzen wie auch andere Lebewesen über Mechanismen der Stressvermeidung sowie zur Akklimatisation durch **Abhärtung**, die zu einer erhöhten Stresstoleranz führen kann. In diesem Fall sowie bei Verringerung der Stressintensität ist der „strain" elastisch. Eine dauerhaft erworbene Abhärtung, die im Verlauf des Lebenszyklus eines Organismus auftritt oder durch genetische Mutation entstanden ist und durch Vererbung weitergegeben wird, bezeichnet man als **Resistenz.** In gewissem Umfang ist im Organismus auch eine Reparatur von Schäden möglich, die durch Stressfaktoren verursacht wurden. Auf diese Weise kann selbst ein plastischer „strain", der bereits zu erkennbaren Veränderungen in Physiologie, Anatomie oder Morphologie geführt hat, reversibel sein. Bei zu hoher Stressstärke, zu langer Stresseinwirkung oder zu hoher Stressdosis kann Stress allerdings zum Tod des Lebewesens führen. In ◼ Abb. 3.30 sind die möglichen Reaktionen eines Lebewesens auf Stresseinwirkung unter Berücksichtigung des Zeitfaktors zusammengefasst.

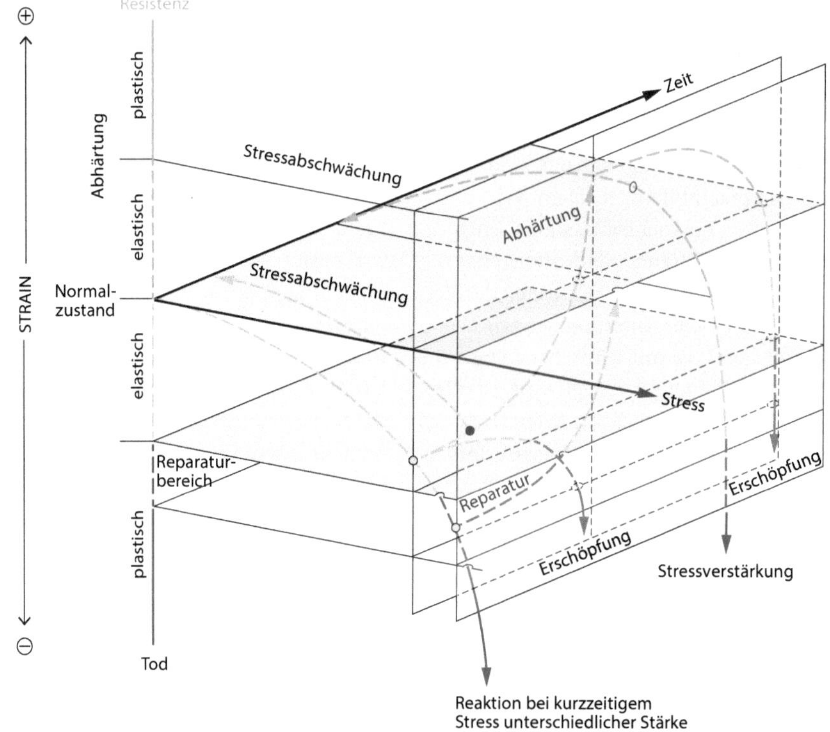


◼ **Abb. 3.30** Biologisches Stresskonzept nach Beck und Lüttge (1990) unter Berücksichtigung der Fähigkeiten zur Reparatur, Abhärtung und Resistenzbildung bei Lebewesen. (Schulze et al. 2002)

**Pflanzliche Strategien gegen Stress: Ausweichen, Vermeidung und Toleranz**

Pflanzliche Reaktionen der Abwehr von Stress und seinen Folgen setzen zunächst eine rechtzeitige Wahrnehmung des Stresses voraus. Ist die Pflanze dazu nicht in der Lage, kann sie auch keine Gegenreaktionen vornehmen und ist daher an dem entsprechenden Standort grundsätzlich nicht lebensfähig, sondern in ihrem Vorkommen auf Lebensräume beschränkt, an denen dieser Stress höchstens in sehr geringen Dosen einwirkt: Auf diese Weise wird Stress vermieden. Den Stress, der am jeweiligen Standort einer Pflanzenart auftritt, kann eine Pflanze dagegen nicht vermeiden. Sie kann aber seinen Auswirkungen begegnen. Dies ist grundsätzlich auf zwei verschiedenen Wegen möglich: Die Stresswirkung (also der „strain") kann in einer Strategie des **Ausweichens („escape")** umgangen werden, indem empfindliche Organe zu Zeiten intensiven Stresses gar nicht ausgebildet werden oder durch ihre Lage vor Stress geschützt sind. So überstehen einjährige Pflanzen jährlich auftretende Perioden von Dürre oder Frost nur in Form ihrer trockenheits- bzw. frostresistenten Samen oder Früchte; bei anderen Arten mit einer geophytischen Lebensform überdauern nur unterirdische und damit besonders geschützte Organe wie Zwiebeln, Rhizome, Spross- oder Wurzelknollen (► Abschn. 2.2.2), in denen Reservestoffe für die Neubildung des Sprosses nach Ende der Stressphase gespeichert werden. Die zweite Strategie ist die **Resistenz („resistance")**, durch die der „strain" abgemildert wird. Resistenz kann wiederum auf zwei unterschiedlichen Wegen erreicht werden: Pflanzen können dem „strain" mit **Vermeidung („avoidance")** begegnen, indem z. B. das Gefrieren von Wasser im Gewebe oder zu starker Wasserverlust bei Trockenheit durch entsprechende physiologische oder morphologische Reaktionen verhindert oder zumindest verzögert wird. **Toleranz („tolerance")**, die zweite Form von Resistenz, bedeutet ein Ertragen des „strain", z. B. durch Umstellung des Stoffwechsels oder durch Ausbildung besonders widerstandsfähiger Organe. Diese grundsätzliche Einteilung lässt sich bei allen Formen von Stresseinwirkung vornehmen. Die entsprechenden pflanzlichen Reaktionen werden in diesem Abschnitt im Zusammenhang mit den jeweiligen Stressformen dargestellt.

derblätter der Seidenakazie *(Albizia julibrissin)*, eines aus dem östlichen und südwestlichen Asien stammenden, strauch- bis baumförmigen Gehölzes, das in warm-gemäßigten Regionen auch oft als Zierpflanze genutzt wird, bei Einbruch der Dunkelheit und richten sich bei Tagesanbruch wieder auf. Dieser Rhythmus bleibt eine Zeit lang auch im Dauerlicht oder Dauerdunkel erhalten, allerdings mit im Zeitverlauf abnehmender Ausprägung und zunehmenden Abweichungen vom 24-Stunden-Zyklus.

**Lichtstress** kann in unterschiedlichen Formen auftreten: als Lichtmangel und Lichtüberschuss. **Lichtmangel** ist der Hauptstressor für die Bodenvegetation der Wälder. Die wesentliche Stressreaktion bei Lichtmangel ist die Krümmung von Spross oder Blattstielen in eine Position, die eine maximale Lichtabsorption durch photosynthetisch aktive Organe erlaubt. Die Lebensweise von Lianen und Epiphyten (► Abschn. 2.5) ist v. a. als eine Form der Vermeidung von Lichtmangel zu verstehen. Morphologisch-anatomische Angepasstheiten an Lichtmangel sind eine große spezifische Blattfläche („specific leaf area", SLA), eine geringe Mächtigkeit des Mesophylls bzw. des Palisadenparenchyms sowie viele und große Chloroplasten pro Einheit Blattmasse mit einer großen Chlorophyllmenge pro Chloroplast in den Mesophyllzellen.

**Lichtüberschuss** tritt auf, wenn ein Blatt mehr Strahlungsenergie absorbiert als zur Photosynthese verwendet werden kann. In diesem Fall kann es zur Photoinaktivierung bzw. **Photoinhibition** kommen, wobei die Funktion v. a. des Photosystems II beeinträchtigt wird. Diese Beeinträchtigung ist zunächst reversibel. Ist der Lichtüberschuss aber stärker oder hält länger an, kommt es zur permanenten Photoinhibition, die sich als **Photodestruktion** u. a. in Form größerer Membranschäden auswirkt. Eine besonders schädliche Folge von Lichtüberschuss ist die Bildung von **reaktiven Sauerstoffspezies** („reactive oxygen species", ROS), das sind chemisch besonders reaktionsfähige Formen oder Verbindungen des Sauerstoffs, die die Photosysteme schädigen, zum Chlorophyllabbau führen und schließlich Gewebeschäden verursachen können. Diese Substanzen werden prinzipiell zwar durch aufwendige Stoffwechselwege in den Zellen entgiftet, doch ist dieses Entgiftungssystem bei zu starker Stresseinwirkung überlastet. Lichtüberschuss können Pflanzen durch Veränderung der Blattstellung und durch Änderung der Chloroplastenanordnung in den Zellen (jeweils möglichst parallel zum einfallenden Sonnenlicht) vermeiden. Angepasstheiten an Lichtüberschuss auf morphologisch-anatomischer Ebene sind eine dichte Behaarung der Blätter, wodurch ein größerer Teil des Sonnenlichts reflektiert und die Blattoberfläche vor stärkerem Lichteinfall abgeschirmt wird, und Zellwandverdickungen in der Epidermis und den darunter liegenden Zellschichten, wodurch ein größerer Anteil des Lichts in den Zellwänden absorbiert wird. Eine physiologische Angepasstheit ist die Anreicherung von Schutzpigmenten in den Vakuolen der Epidermiszellen. Dies ist häufig bei der Bildung junger Blätter tropischer Gehölze zu beobachten, tritt aber auch bei manchen Pflanzenarten in gemäßigten Klimazonen auf.

Stress durch Strahlung kann auch durch eine erhöhte Dosis **ultravioletter (UV-)Strahlung** entstehen. Biologisch wirksam ist dabei v. a. die UV-B-Strahlung, die den Wellenlängenbereich von 280 bis 315 nm umfasst. Erhöhte UV-B-Strahlung führt zu Schäden an der DNA und an Biomembranen und Proteinmolekülen sowie zu einem Ausbleichen der Photosynthesepigmente und damit zu massiven Beeinträchtigungen des Stoffwechsels und Wachstums. Insbesondere das Streckungswachstum und das Wachstum des Pollenschlauchs auf der Narbe der bestäubten Pflanze sind davon betroffen. Diese Schäden können zumindest teilweise durch eine stärkere UV-Absorption vor dem Eindringen der Strahlung in das Gewebe vermieden werden. Dies kann erreicht werden durch eine Verstärkung der Cuticula in Form stärkerer Wachsablagerungen und durch die Produktion UV-absorbierender Schutzpigmente, die in den Vakuolen angereichert werden. Ein effektiver Schutz vor höheren Intensitäten der UV-Strahlung ist u. a. in den Höhenlagen von Gebirgen nötig, wo wegen der geringeren Konzentration an Wasserdampf und Partikeln in der Luft mehr UV-Strahlung auf die Pflanzen gelangt.

### 3.4.1.2 Temperatur

Eine positive Stoffbilanz, bei der der Kohlenstoffgewinn durch Photosynthese den Kohlenstoffverlust durch Atmung übersteigt und somit Wachstumsvorgänge möglich sind, ist bei Höheren Pflanzen an einen Temperaturbereich gebunden, der sich maximal zwischen ungefähr −5 °C und etwas unterhalb von +50 °C erstreckt. Oberhalb dieser Temperatur denaturieren viele Proteine, sodass Stoffwechselvorgänge nicht mehr geregelt ablaufen können. Der Bereich einer optimalen Stoffbilanz, d. h. eines maximalen Kohlenstoffgewinns im Verhältnis zum Kohlenstoffverlust, liegt bei vielen Pflanzen zwischen +10 und +35 °C. Für das Wachstum Höherer Pflanzen gemäßigter Klimazonen optimal sind Tagestemperaturen von durchschnittlich 15–25 °C tagsüber und ungefähr 10 °C niedrigere Temperaturen nachts. Wüstenpflanzen erreichen ein optimales Wachstum bei einer Tag-Nacht-Differenz von 20 °C, Tropenpflanzen bei einer entsprechenden Differenz von 3 °C. Dabei spielt die Temperaturabhängigkeit von Stoffwechselreaktionen eine entscheidende Rolle: Wenn im physiologisch relevanten Temperaturbereich die Temperatur um 10 °C steigt, verdoppelt sich durchschnittlich die Reaktionsgeschwindigkeit physiologischer Prozesse. Diese Regel bezeichnet man als **Reaktionsgeschwindigkeit-Temperatur-Regel (RGT-Regel)**. Für die Kohlenstoffbilanz der Pflanzen ist es also günstig, wenn zu Zeiten, in denen keine Photosynthese betrieben werden kann (also nachts), auch die lichtunabhängigen Atmungsprozesse mit verringerten Raten ablaufen.

Das Temperaturoptimum für bestimmte Lebensprozesse unterscheidet sich zwischen Pflanzenarten. So ist die für die Keimung erforderliche Temperatur bei Wintergetreide niedriger als bei Sommergetreide. Die bisher gefundene minimale Keimungstemperatur bei Pflanzen liegt bei 0 °C (im Winter keimende Wüstenpflanzen); unterhalb davon keimen keine Pflanzen. Pflanzen klimatisch gemäßigter Regionen keimen bei Temperaturen unterhalb von 10 °C. Die Samen mancher Pflanzen dieser Regionen wie die Rotbuche brauchen sogar niedrige Temperaturen (zwischen 0 und 10 °C) über mehrere Tage, bevor sie keimfähig werden; die entsprechende Temperaturbehandlung bezeichnet man als **Stratifikation** bzw. als **Vernalisation**, wenn diese Temperatureinwirkung unter natürlichen Bedingungen erfolgt. Auf diese Weise ist für die Keimlinge dieser Pflanzen die Wahrscheinlichkeit größer, dass zum Zeitpunkt der Keimung die jährliche Kälteperiode bereits vorbei ist. Nur wenige Pflanzenarten, zu denen manche Hochgebirgspflanzen gehören, benötigen Frosttemperaturen, um Keimfähigkeit zu erlangen. Dagegen keimen viele Tropenpflanzen erst bei Temperaturen von mindestens 10 °C. Die optimalen Keimungstemperaturen liegen bei Pflanzen in gemäßigtem Klima zwischen 10 und 25 °C, bei Pflanzen wärmerer Regionen, wie z. B. bei $C_4$-Gräsern der Subtropen, endet das Temperaturoptimum erst bei 40 °C. Oberhalb von 50 °C keimen Pflanzen nicht mehr.

Auch für andere Entwicklungsprozesse der Pflanzen gibt es Temperaturschwellen. Für das Wachstum von Wurzeln mitteleuropäischer Baumarten beträgt die Minimumtemperatur ungefähr 6 °C. Aber nicht nur das Überschreiten einer bestimmten Temperaturschwelle ist für viele Wachstums- und Entwicklungsprozesse erforderlich, sondern auch die Zeitdauer, während der diese Schwelle überschritten wird. Dieses kumulative Wärmeangebot wird als **Wärmesumme** bezeichnet und in Grad-Tagen angegeben, also als Anzahl der Tage, an denen die jeweils günstige Temperatur geherrscht hat (für die genaue Berechnung der Wärmesumme existieren unterschiedliche Ansätze). Für eine auf Pflanzenebene exakte Bestimmung dieses Werts müsste die Temperatur allerdings unmittelbar am betreffenden Pflanzenorgan gemessen werden, was technisch prinzipiell möglich, aber aufwendig ist. Außerdem ist die Bestimmung der Wärmesumme nur für diejenigen Prozesse anwendbar, die bis zu ihrem Temperaturoptimum linear verlaufen.

Eine zu starke Aufheizung aktiver Pflanzenorgane kann die Stoffwechselvorgänge nachhaltig stören oder sogar zum Erliegen bringen. Dabei kann je nach Pflanzenart die Photosynthese schon bei Temperaturen knapp unterhalb von 40 °C eingestellt werden, während die Atmung, die Energieäquivalente auch zur Linderung der Folgen von Hitzeeinwirkung liefert, auch bei Temperaturen oberhalb von 50 °C noch ablaufen kann. Überhitzung vermeiden Pflanzen je nach Art durch bestimmte morphologische oder physiologische Mechanismen. So sind geschlitzte Blätter besser als großflächige Blätter mit zusammenhängender Blattspreite in der Lage, Wärme an die umgebende Luft abzuleiten. Behaarung und glänzende Oberflächen auf Pflanzenorganen, z. B. durch Ausbildung einer dicken Wachsschicht, erhöhen den Anteil reflektierten Lichts und senken dadurch die Erwärmung. Dies kann auch durch eine Blattstellung parallel zum einfallenden Licht erreicht werden. Sofern im Boden ausreichend Wasser zur Verfügung steht, kann dieses auch zur Erhöhung der Transpirationsrate und somit durch **Transpirationskühlung** zu einer Senkung der Blatttemperatur genutzt werden, die dann sogar unterhalb der Lufttemperatur liegen kann. Dieser Mechanismus ist ein wirksamer Schutz vor Überhitzung der Blätter mancher Wüstenpflanzen sowie der aus tropischen und subtropischen Regionen stammenden, landwirtschaftlich intensiv angebauten Baumwolle (Gattung *Gossypium*).

Pflanzen können auch durch zu niedrige Temperaturen geschädigt werden. Dabei ist zwischen Auswirkungen von Kälte (Temperaturen noch oberhalb von 0 °C) und Frost (Temperaturen von 0 °C und darunter) zu unterscheiden. Kälteempfindliche Pflanzen wachsen in tropischen Regionen, in denen das Jahresminimum der Temperatur oberhalb von 5 °C liegt. Werden sie Temperaturen unterhalb dieser Schwelle ausgesetzt, verlangsamt sich der Stoffwechsel, was bei fortlaufender Sonneneinstrahlung zu einer Überlastung des Photosyntheseapparats führen kann, bei der die aufgenommene Strahlungsenergie wegen der nun stark verlangsamt ablaufenden Stoffwechselvorgänge nur noch in vermindertem Maß zur Kohlenstoffassimilation genutzt wird. Ein Teil der durch die Lichtenergie aus dem Chlorophyllverbund freigesetzten Elektronen wird nun nicht mehr auf die regulären Elektronenakzeptoren, sondern auf molekularen Sauerstoff übertragen. Auf diese Weise bilden sich auch bei dieser Stresseinwirkung hochreaktive Sauerstoffverbindungen (ROS), die Proteine und Zellmembranen schädigen. Kältestress kann auch unmittelbar die Funktionsfähigkeit von Zellmembranen beeinträchtigen, wenn diese bei abnehmender Temperatur starrer werden. Besonders kälteempfindliche Pflanzenteile sind Wurzeln, das Kambium, ältere Blätter, austreibende Knospen und Embryonen. An Kälte können sich Pflanzen kaum akklimatisieren.

Anders ist dies bei Sträuchern und Bäumen klimatisch gemäßigter und kühler Regionen, deren oberirdische Organe – insbesondere die Erneuerungsknospen – saisonal Frost ausgesetzt sind. Diese Pflanzen müssen sich jährlich in einem Prozess der **Abhärtung** an die Frosttemperaturen akklimatisieren. Ausgelöst wird der Abhärtungsprozess durch abnehmende Tageslänge und sinkende

Temperaturen im Herbst. Durch das Auftreten der ersten Nachtfröste wird der Abhärtungsprozess stark beschleunigt und führt in wenigen Tagen zur maximalen Frosthärte. Werden die Pflanzen wenige Tage lang Temperaturen oberhalb des Gefrierpunkts ausgesetzt, setzt eine partielle **Enthärtung** ein: Die Pflanzen sind nun weniger frosthart. Während des Mittwinters (Dezember, Januar) kann die maximale Frosthärte durch Einwirkung von Dauerfrost wiederhergestellt werden. Dies ist im Spätwinter kaum noch möglich, da die Pflanzen in diesem Zeitraum schon enthärtungsbereit sind. Spätestens Ende Mai ist der Enthärtungsprozess abgeschlossen.

In der Phase maximaler Frosthärte können die Organe von Gehölzen auch sehr starke Fröste überstehen. Knospen von Laubbäumen können Fröste bis unterhalb von −25 °C überleben und die Nadeln der Waldkiefer *(Pinus sylvestris)* ertragen sogar Temperaturen unterhalb von −40 °C. Am wenigsten frostempfindlich ist das Kambium der Stämme, das ja für die Neubildung von Leitgewebe im anschließenden Frühjahr am Leben bleiben muss und für das während der langen Lebenszeit eines Baums ein relativ hohes Risiko dafür besteht, dass ein Winter mit sehr tiefen Temperaturen eintritt: Das Kambium erträgt je nach Pflanzenart Temperaturen von ungefähr −50 °C bei Laubbäumen und bis −80 °C bei manchen Nadelbaumarten. Temperaturen unterhalb von −72 °C sind selbst in den nördlichen Nadelwäldern Nordamerikas und Sibiriens bisher nicht gemessen worden. Besonders die Bäume gemäßigter und nördlicher Breiten erreichen mit ihrer ausgeprägten winterlichen Frosthärte also eine relativ hohe Sicherheit vor Frostschäden. Gefährlich werden können ihnen allerdings plötzliche starke Temperaturstürze von Temperaturen oberhalb des Gefrierpunkts bis zu zweistelligen Minusgraden sowie Spätfröste im Frühjahr, wenn die Enthärtung schon relativ weit fortgeschritten ist. In diesen Fällen können der lebende Teil des Basts sowie das Kambium geschädigt werden. Die Einwirkung zusätzlicher Stressfaktoren kann die Frosthärte von Pflanzen allerdings deutlich verringern.

Weniger frosthart als die oberirdischen Pflanzenorgane sind die Wurzeln, die im Boden i. d. R. vor tiefen Frösten geschützt sind. Auch die ausgereiften Samen, die auf der Bodenoberfläche i. d. R. durch Laubstreu oder Schnee vor starkem Frost isoliert sind, weisen eine geringere Frosthärte auf. Jungpflanzen erreichen generell eine geringere Frosthärte als ausgewachsene Gehölze.

Interessanterweise bleiben die Organe mitteleuropäischer Bäume auch nach vollständiger Enthärtung bis zu einem gewissen Grad frosthart. Die Blätter und sogar die Blüten mancher Bäume können im Frühjahr Temperaturen von −2 bis −3 °C aushalten. Damit sind sie wenig empfindlich gegen leichten Spätfrost im Frühjahr. Durch Fröste, die strenger sind als ungefähr −5 °C, können sie aber nachhaltig geschädigt werden.

Frost schädigt lebendes Gewebe insbesondere durch Bildung von Eiskristallen im Zellinneren. Durch die fortwährende Anlagerung weiterer Wassermoleküle an die wachsenden Eiskristalle werden die Hüllen aus Wassermolekülen (Hydrathüllen) um physiologisch wichtige Makromoleküle und entlang von Zellmembranen abgebaut, sodass diese ihre Funktionsfähigkeit verlieren. Eisbildung in lebenden Zellen tötet die Zellen daher meist ab und muss deshalb durch entsprechende Mechanismen verhindert werden. Eisbildung außerhalb von Protoplasten, also in der Zellwand oder an ihrer Grenze zu den mit Luftgemisch gefüllten Zellzwischenräumen, birgt zwar die Gefahr der Entwässerung der Zellen, da das Luftgemisch in den Zellzwischenräumen über dem Eis extrem trocken ist, doch kann dies von lebendem Gewebe besser ertragen werden als Eisbildung innerhalb der Zellen. Bei Frosttemperaturen ist auch die Luft in der Umgebung der Pflanzen sehr trocken und tendiert dazu, der Pflanze Wasser zu entziehen. Trockenheitsschäden, die daraufhin an Pflanzenorganen entstehen können, bezeichnet man daher als **Frosttrocknis.**

Pflanzen saisonal kalter Regionen verfügen über verschiedene Mechanismen zur Vermeidung von Gefrierschäden und zum Ertragen von Frost. Gefrierbedingte Entwässerung der Zellen wird bis zu einem gewissen Grad durch die verstärkte Produktion osmotisch wirksamer Verbindungen, insbesondere von Zuckern, verzögert oder verhindert. Dieser Mechanismus ist aber nur bis zu Temperaturen von ungefähr −5 °C wirksam. Bei tieferen Temperaturen schützt **Unterkühlung** („deep supercooling") vor dem Gefrieren des Zellinhalts. Darunter versteht man das Phänomen, dass sich sehr geringe Wasservolumina, in denen kein Kristallisationskeim für die

### Immergrüne Gehölze höherer Gebirgslagen sind im Winter nicht nur durch Frost gefährdet

Immergrüne Nadelbäume höherer Gebirgslagen sind der Gefahr von Frosttrocknis besonders stark ausgesetzt. Zu dem extrem geringen Wasserdampfgehalt der Luft, die dadurch eine hohe Transpirationsbeanspruchung auf den Baum ausübt, kommt der geringe Luftdruck, der die Wasserabgabe durch die Pflanze zusätzlich fördert, und die an klaren Wintertagen relativ hohe Intensität der Sonneneinstrahlung, die in großen Höhenlagen nur wenig durch Staub und Wasserdampf gefiltert wird und den Wasserverlust der Pflanzen noch weiter erhöht. Zudem kann das von der Pflanze abgegebene Wasser aus dem gefrorenen Boden nicht ersetzt werden. Im Winter fegen die im Gebirge häufiger und intensiver als in tieferen Lagen auftretenden Stürme Eiskristalle der Schneeflocken an den Nadeln entlang, wodurch deren Cuticula zumindest teilweise gleichsam abradiert werden kann. Ist die Cuticula zudem noch ungenügend ausgebildet, weil eventuell in der vorangegangenen Vegetationsperiode bei kühler Witterung nicht genügend Assimilate produziert werden konnten, ist der winterliche Wasserverlust aus den Nadeln und damit die Gefahr der Frosttrocknis besonders hoch. Dennoch kommen auch in höheren Gebirgslagen Koniferenarten vor, deren Vertreter mehrere tausend Jahre alt werden können. Dazu gehören Exemplare der Langlebigen Grannen-Kiefer (*Pinus longaeva*), die in den Gebirgszügen der westlichen USA wächst und deren Bestände dort oft die Waldgrenze bilden (■ Abb. 3.31).

■ **Abb. 3.31** Langlebige Grannen-Kiefer *(Pinus longaeva)* im Gebirgsmassiv der Rocky Mountains im Westen der USA

Bildung von Eiskristallen vorhanden ist und die keinen mechanischen Erschütterungen ausgesetzt sind, auf Temperaturen bis weit unter den Gefrierpunkt herunterkühlen lassen, ohne zu gefrieren. Auf diese Weise können Knospen und lebende Zellen des Holzes Temperaturen von bis zu −50 °C ertragen. Erschütterungen z. B. durch Wind können aber eine plötzliche Eisbildung in der Zelle auslösen und die

Zelle somit zum Absterben bringen. Ein weit verbreiteter Mechanismus der Gefriervermeidung ist die **Isolation** empfindlicher Organe durch andere Pflanzenteile oder durch den Boden. So befinden sich die Überdauerungsorgane mancher mitteleuropäischen Pflanzen im Boden (Wurzelknollen, Rhizome oder Zwiebeln der Geophyten) oder dicht an der Oberfläche (bei Hemikryptophyten), wo sie durch Blattrosetten oder, bei Horstgräsern, durch die dicht stehenden abgestorbenen Halme sowie auch durch Laubstreu vor zu niedrigen Temperaturen geschützt sind. Knospen einheimischer Sträucher und Bäume sind i. d. R. durch isolierende Knospenschuppen, das sind umgewandelte Blätter, vor schädlicher Frosteinwirkung geschützt. Etliche mehrjährige Hochgebirgspflanzen wachsen als **Polsterpflanzen** mit dicht nebeneinander angelegten Sprossabschnitten, die dem Boden eng anliegen. Die Stämme mancher Gehölze tropischer Hochgebirge, in denen jede Nacht Frost eintreten kann, sind von einer dichten Hülle abgestorbener Blätter umgeben. Die Wärme, die das stark wasserhaltige Mark der Stämme bei den tagsüber herrschenden hohen Temperaturen gespeichert hat, bleibt auf diese Weise zum großen Teil im Stamm erhalten und verhindert die Eisbildung im Gewebe. Vor allem in und an der Zellwand verhindern vom Protoplasten ausgeschiedene **Antifreeze-Proteine** („antifreeze proteins", AFP) das Wachsen von Eiskristallen, indem sie sich an bereits entstandene Kristalle anlagern und so eine weitere Anlagerung von Wassermolekülen verhindern.

Frostharte Gewebe können gefrierbedingten Wasserentzug bis zu einem gewissen Ausmaß durch die Produktion **kryoprotektiver Stoffe** ertragen. Dies können höhermolekulare Zucker (Zuckermoleküle aus drei oder mehr Einzelmolekülen), Zuckeralkohole, Aminosäuren oder Polyamine sein. Wenn sich derartige Stoffe an den Oberflächen von Proteinen oder Zellmembranen ansammeln, verringern sie dadurch einen zu starken Anstieg der Konzentrationen anorganischer Ionen in diesem Bereich und verhindern somit einen Funktionsverlust dieser physiologisch wichtigen Komponenten. Manche kryoprotektiven Stoffe wie z. B. die Aminosäure Prolin können sogar Bestandteil der für die Funktionsfähigkeit dieser Komponenten wichtigen Hydrathülle werden und diese dadurch stabilisieren. Membranschutz bewirken auch manche **Gefrierschutzproteine** („cold related proteins", COR, oder „cold adaptation proteins", CAP). Andere Gefrierschutzproteine sind Isoformen (Formen mit gleicher chemischer Zusammensetzung, aber unterschiedlichem Aufbau) von Enzymen des regulären Stoffwechsels, die auch bei niedrigeren Temperaturen funktionieren.

#### 3.4.1.3 Wasser

An ihren typischen Standorten sind Pflanzen bestimmten Bedingungen der Boden- und Luftfeuchte ausgesetzt, an die sie morphologisch und anatomisch angepasst sind. Standorte mehr oder weniger humider Regionen mit einem genügend hohen Wasserangebot, an denen andererseits wegen guter Drainage und ausreichendem Abstand zum Grundwasser auch keine längerfristige Staunässe im Boden auftritt, erfordern allerdings keine speziellen Angepasstheiten. Pflanzen solcher Standorte bezeichnet man als **Mesophyten** (altgr. „mésos" für mittelmäßig). Zu ihnen gehören die meisten Bäume, Sträucher und Kräuter der Wälder und des Grünlands in Mitteleuropa. Pflanzen feuchter bis nasser Standorte, an denen die relative Luftfeuchte oft sehr hoch ist, weisen dagegen Einrichtungen zur Steigerung der Transpiration auf. So sind bei manchen dieser Arten die Spaltöffnungen der zumeist dünnen Blätter durch Aufwölbungen der Epidermis über das Niveau der Blattspreite hochgehoben, wodurch der Grenzschichtwiderstand für die Diffusion des Wasserdampfs aus dem Blatt in die umgebende Luft reduziert wird. Bei manchen Arten tritt auch Guttation auf. Diese **Hygrophyten** (altgr. „hygrós" für feucht) wachsen z. B. im Unterwuchs feucht-tropischer Tieflandregenwälder. **Helophyten** (Sumpfpflanzen; altgr. „hélos" für Sumpf) wurzeln zeitweise oder sogar ständig im wasserbedeckten Boden, ihre Blätter und Blüten befinden sich aber fast immer im Luftraum. Zu ihnen gehören viele Pflanzenarten der Sümpfe oder Gewässerränder, von denen etliche wie z. B. der Tannenwedel *(Hippuris vulgaris)*, der einem Schachtelhalm ähnelt, auch in Mitteleuropa zu finden sind. Pflanzen, die zum großen Teil oder vollständig im Wasser leben, nennt man Wasserpflanzen oder **Hydrophyten** (altgr. „hýdor" für Wasser). Die untergetauchten Blätter dieser Pflanzen sind wie z. B. beim Gebirgs-Wasserhahnenfuß *(Ranunculus trichophyllus)* oft sehr dünn und zerschlitzt, wodurch der

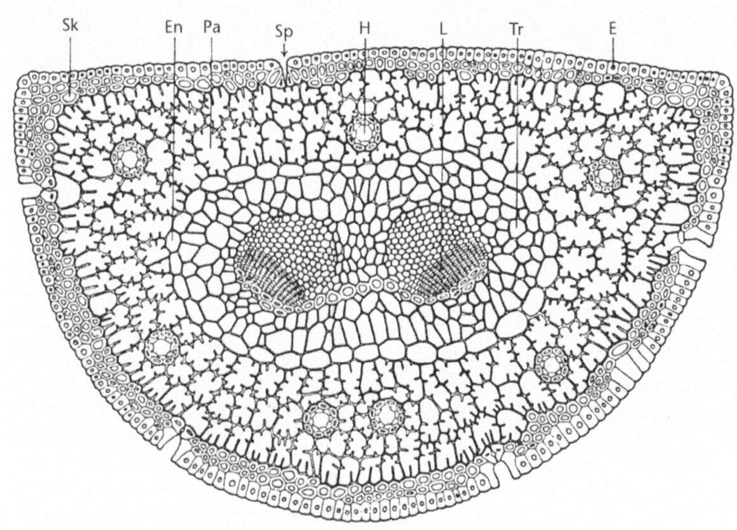


**Abb. 3.32** Anatomische Angepasstheit an Trockenheit durch Dürre und Frost bei einer südeuropäischen Waldbaumart: Querschnitt durch das Nadelblatt einer Schwarz-Kiefer *(Pinus nigra)*. Die Armpalisadenzellen des Assimilationsgewebes liegen eng beieinander, sodass Interzellularen nur in Form von Spalten zwischen den in der Nadel senkrecht scheibenförmig angeordneten Gewebeschichten vorhanden sind (hier nicht dargestellt). *E* Epidermis; *En* Endodermis; *H* Harzkanal; *L* Leitbündel (Xylem oben); *Pa* Assimilationsparenchym; *Sk* Sklerenchym der Hypodermis (Gewebeschicht unterhalb der Epidermis); *Sp* Spaltöffnung; *Tr* Transfusionsgewebe (Gewebe aus lebendem Parenchym und kurzen toten Tracheiden zum Stofftransport zwischen Leitbündel und Mesophyll). (Aus Bresinsky et al. 2008)

Gasaustausch mit dem umgebenden Wasser erleichtert wird. Bei anderen Hydrophyten wie z. B. der Seerose (Gattung *Nymphaea*), die am Gewässergrund wurzeln, befindet sich nahezu der gesamte Spross im Wasser und nur die Blätter, die ihre Spaltöffnungen an der Blattoberseite haben, und die Blüten schwimmen an der Wasseroberfläche. Ebenso wie bei vielen Helophyten sind auch bei den Hydrophyten die Zellzwischenräume des Parenchyms i. d. R. stark erweitert; man spricht dabei von einem Durchlüftungsgewebe oder **Aerenchym** (altgr. „aér" für Luft). Dies begünstigt den Gastransport und insbesondere die Versorgung mit Sauerstoff innerhalb der Pflanze. Generell müssen Pflanzen mit Wurzeln, die während längerer Zeit wasserbedeckt sind, nicht nur wenig empfindlich gegenüber den Produkten der Gärung sein, die bei Sauerstoffmangel im Verlauf der Dissimilation im Gewebe entstehen (▶ Abschn. 3.2.6), sondern auch gegenüber Verbindungen, die sich bei Sauerstoffmangel im Boden anreichern. Dies sind z. B. reduzierte Ionen des Eisens und Mangans sowie Sulfide und organische Säuren, die auch durch Beteiligung anaerober Mikroorganismen gebildet werden können. **Xerophyten** (altgr. „xerós" für trocken) dagegen sind Pflanzen überwiegend oder dauerhaft trockener Standorte. Sie weisen etliche morphologisch-anatomische Angepasstheiten auf, die die Fähigkeit der Wasseraufnahme erhöhen (ein stark ausgebildetes Wurzelsystem) oder die Wasserabgabe vermindern. Eine Verringerung der Wasserabgabe wird erreicht durch relativ dicke Blätter mit einer kleinen spezifischen Blattfläche, eine Behaarung der Blätter, die den Grenzschichtwiderstand erhöht, eine dicke Cuticula und Epidermis sowie kleine, unter die Blattoberfläche eingesenkte Spaltöffnungen, die die Wasserabgabe über die Blattoberfläche verringern. Außerdem ist bei diesen Arten das Volumen der Zellzwischenräume oft sehr klein, was den Diffusionswiderstand für die Wassermoleküle erhöht (◘ Abb. 3.32). Zusätzlich sind die Blätter mancher xeromorphen Arten eingerollt, wodurch die Wasserabgabe zusätzlich reduziert wird. Manche Arten warm-trockener Lebensräume werfen ihre Blätter zu

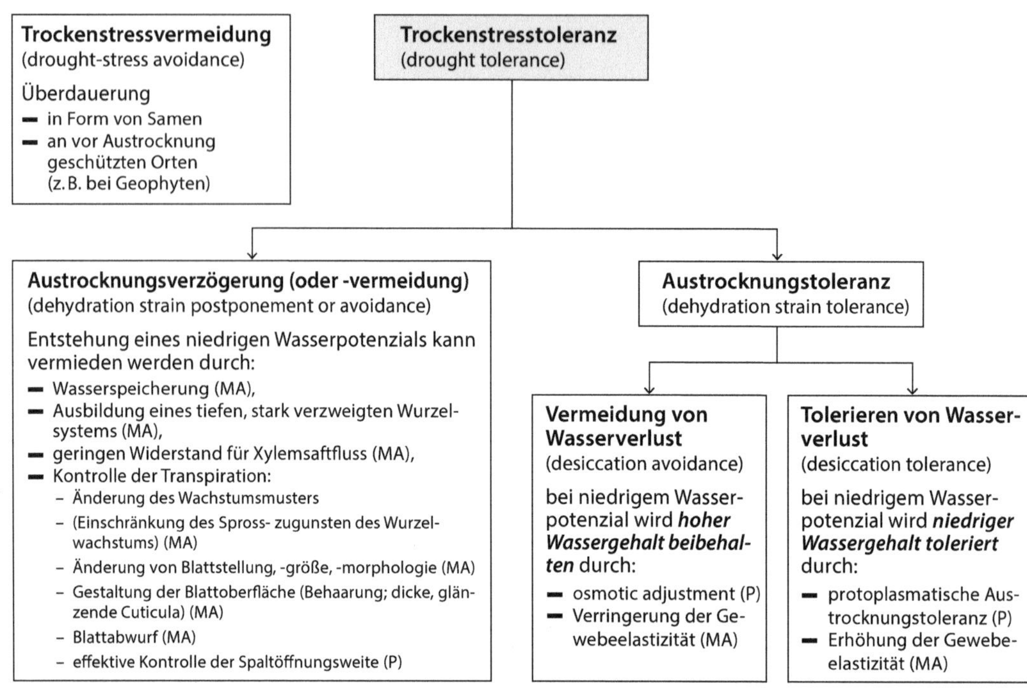


**Abb. 3.33** Mechanismen der Adaptation an Trockenstress. *MA* Morphologisch-anatomische Eigenschaften; *P* physiologische Eigenschaften. (In Anlehnung an Pallardy 2008)

Beginn der Trockenzeit ab, wodurch sie ihre Wasserabgabe stark einschränken. Beispiele für Arten mit xeromorpher Blattstruktur sind der Schafschwingel *(Festuca ovina)* in Mitteleuropa und der Oleander *(Nerium oleander)* im Mittelmeerraum. Einige Arten speichern Wasser im Gewebe von Blättern, Spross oder Wurzeln. In zeitweilig oder dauerhaft trockenen Regionen, aber auch in anderen Lebensräumen finden sich **Phreatophyten** (altgr. „phréar" für Quelle), die zumindest temporär Anschluss an Grundwasser oder dessen Kapillarsaum haben. In der Regel weisen sie ein rasches, senkrecht nach unten gerichtetes Wurzelwachstum auf, das ihnen ermöglicht, schnell Kontakt zum Grundwasser zu gewinnen, sowie einen relativ hohen Anteil an Xylemleitelementen mit großem Durchmesser, die eine hohe Wasserleitfähigkeit ermöglichen. Außerdem können sich viele von ihnen effektiv durch vegetative Fortpflanzung ausbreiten. Manche Akazien- und Eukalyptus-Arten, aber auch Schilf *(Phragmites australis)* in Wüstengebieten sind Phreatophyten.

Neben morphologischen und anatomischen Angepasstheiten sind auch physiologische Mechanismen an einer effektiven Regelung des pflanzlichen Wasserhaushalts beteiligt. Bei hohen Transpirationsraten und insbesondere bei unzureichender Wassernachlieferung aus dem Boden werden die Spaltöffnungen geschlossen; ein kompletter Spaltöffnungsschluss findet spätestens bei Verlust des Turgors statt. Am Spaltöffnungsschluss ist oft auch das Pflanzenhormon **Abszisinsäure** (ABA) beteiligt, das in Blättern und Wurzeln gebildet werden kann. Bei starkem Wasserentzug besteht die Gefahr, dass nicht nur der Wassergehalt in der Vakuole, sondern auch im Zytoplasma zu sehr absinkt. In der Vakuole kann eine aktive Anreicherung osmotisch wirksamer Verbindungen einschließlich anorganischer Ionen – und somit eine Absenkung des osmotischen Potenzials – zumindest über eine gewisse Zeit für eine stärkere Wassernachlieferung über den Spross und eine Verminderung des Wasserentzugs sorgen. Diesen Vorgang bezeichnet man als **„osmotic adjustment"**. Im Zytoplasma jedoch würde eine entsprechend hohe Konzentration anorganischer Ionen zu einer Störung von Enzymaktivitäten führen, da Proteine bei höherer Salzkonzentration ausgefällt werden. Stattdessen werden bei Wasserentzug im Zytoplasma vermehrt organische Verbindungen wie

**Tab. 3.16** Für Pflanzen wesentliche Standorteigenschaften von Kalk- und Silikatböden

| **Eigenschaft** | **Kalkböden** | **Silikatböden** |
|---|---|---|
| pH-Wert | Schwach sauer bis basisch | Stärker sauer |
| Konzentration an $Ca^{2+}$ in der Bodenlösung | Hoch | Sehr niedrig |
| Pflanzenverfügbarkeit von Eisen, Mangan, Phosphor und einigen Spurenelementen | Gering | Relativ hoch |
| Konzentration an (toxischen) $Al^{3+}$-Ionen | Immer extrem niedrig | Unter Umständen hoch (je nach Aluminiumgehalt des Ausgangsgesteins und aktuellem Boden-pH) |
| Wasserspeicherkapazität im Wurzelraum | Meist gering, da Böden meist flachgründig | Eher groß, da Böden oft tiefgründig |
| Durchlüftung | Stärker (da Boden humusreich und Humus durch Bodenlebewesen gut mit Mineralbestandteilen durchmischt) | Geringer (da Mineralboden humusärmer und Humus durch Bodenlebewesen geringer mit Mineralbestandteilen durchmischt) |
| Bodentemperatur | In der Regel höher (da Boden gut durchlüftet) | In der Regel niedriger (da Boden weniger gut durchlüftet) |

Aminosäuren (z. B. Prolin) oder andere Aminoverbindungen (wie z. B. Glycinbetain) angereichert, die die Stoffwechselvorgänge im Zytoplasma nicht stören, also mit diesen kompatibel sind und daher **„compatible solutes"** genannt werden. Die verschiedenen Mechanismen der Adaptation an Trockenstress sind überblicksartig in ◘ Abb. 3.33 dargestellt. Grundsätzlich spielen dabei morphologisch-anatomische Angepasstheiten eine größere Rolle als physiologische Mechanismen.

### 3.4.1.4 Bodenfaktoren

Das Vorkommen etlicher mitteleuropäischer Pflanzenarten, insbesondere von krautigen Arten, ist an bestimmte Bodenbedingungen gebunden. So kommen Waldarten wie das Bingelkraut *(Mercurialis perennis)*, das Gefleckte Lungenkraut *(Pulmonaria officinalis)* und die Mandelblättrige Wolfsmilch *(Euphorbia amygdaloides)* nur auf dem kalkhaltigen Boden der sog. Kalkbuchenwälder vor. Pflanzenarten, die ausschließlich oder überwiegend auf kalkhaltigen Böden zu finden sind, bezeichnet man als **calcicole Arten** (lat. „colere" für bewohnen). Sie sind gut in der Lage, die auf kalkhaltigen Böden nur schwer pflanzenverfügbaren Nährelemente Fe, Mn und P aufzunehmen, sind aber empfindlich gegen höhere Konzentrationen von dreiwertigen Al-Ionen in der Bodenlösung, die bei niedrigerem pH-Wert des Bodens (< 4,2) massiv aus den Bodenmineralien freigesetzt werden (► Abschn. 3.3.2) und zu Wurzelschäden führen können. Ein grundsätzliches Problem für Pflanzen auf kalkreichen Böden können die hohen Konzentrationen von $Ca^{2+}$ in der Bodenlösung von Kalk- oder Gipsböden darstellen. Obwohl Kalzium ein essenzielles Nährelement für Pflanzen ist (► Abschn. 3.3.1), muss die Konzentration seiner Ionen im Zytosol der Pflanzenzellen auf einen relativ engen Bereich (0,1–0,2 μmol/l) begrenzt werden, da sonst Stoffwechselprozesse gestört werden. Viele auf Kalk- oder Gipsböden wachsende Pflanzen sind daher in der Lage, größere Mengen an $Ca^{2+}$ zusammen mit anorganischen oder organischen Säureanionen in der Vakuole anzureichern oder sie dort in der Form eines nur schwer löslichen Salzes (Kalziumoxalat) auszufällen (da Oxalate nur zwei Kohlenstoffatome enthalten, sind die Kosten dieser Form der Entgiftung für die Pflanze auch nicht allzu hoch).

Im Gegensatz zu den calcicolen Arten kommen **calcifuge Arten** (lat. „fugere" für fliehen) auf kalkhaltigen Böden nicht vor, sondern auf Silikatböden mit stärker sauer reagierendem Verwitterungsmate-

**Tab. 3.17** Ionenkonzentrationen und osmotisches bzw. Wasserpotenzial im Zytosol von Glykophyten und im Meerwasser

| Ion | Zytosol von Glykophyten | Meerwasser |
|---|---|---|
| $Na^+$ (mmol/l) | 1–10 | 470 |
| $K^+$ (mmol/l) | 100–200 | 10 |
| $Ca^{2+}$ (mmol/l) | 0,1–0,2 | 10 |
| $Cl^-$ (mmol/l) | 1–10 | 546 |
| Summe Ionenäquivalente (mmol/l) | 102–220 | 1036 |
| Osmotisches bzw. Wasserpotenzial (bei 20 °C) inklusive $Mg^{2+}$ (MPa) | −0,24 bis −0,54 | −2,7 |

rial (▶ Abschn. 3.3.2). Zu ihnen gehören Pflanzenarten bodensaurer Wälder wie die Draht-Schmiele *(Deschampsia flexuosa)*, die Weiße Hainsimse *(Luzula luzuloides)* und die Heidelbeere *(Vaccinium myrtillus)*. Sie sind relativ unempfindlich gegen erhöhte Konzentrationen dreiwertiger Al-Ionen in der Bodenlösung, wären aber auf Böden mit hohem pH-Wert kaum in der Lage, in ausreichender Menge Fe, Mn und P aufzunehmen. An den meisten mitteleuropäischen Standorten ist der pH-Wert selbst somit nur von indirekter Bedeutung für das Vorkommen von Pflanzen. Eine direkte schädigende Wirkung hat er nur im Bereich sehr niedriger (deutlich unterhalb von 3,0) und sehr hoher Werte (deutlich oberhalb von 8,0). Einige für Pflanzen wichtige Unterschiede zwischen Kalk- und Silikatböden sind in ◘ Tab. 3.16 dargestellt.

Ein weiterer für Pflanzen wesentlicher Standortfaktor ist der Salzgehalt des Bodens, der im Bereich von Meeresküsten, aber auch an Rändern von mit Auftausalz behandelten Straßen erhöht ist. In der Bodenlösung bewirkt das gelöste Salz eine Absenkung des Wasserpotenzials, sodass die auf solchen Böden wachsenden Pflanzen bereits in der Wurzel ein noch negativeres Wasserpotenzial aufbauen müssen, um aus dem Boden das benötigte Wasser aufzunehmen. Auf nicht an Salzstandorte angepasste Pflanzen, die sog. **Glykophyten** (altgr. „glykýs" für süß), wirkt eine erhöhte Salzkonzentration der Bodenlösung daher entwässernd (◘ Tab. 3.17). Aber Salz, insbesondere Natriumchlorid (NaCl, Kochsalz), wirkt sich auch unmittelbar negativ auf Pflanzenzellen aus: Erhöhte Salzkonzentrationen schädigen Biomembranen, hemmen die Photosysteme und führen zu Chlorophyllabbau, behindern durch die hohe Konzentration an $Na^+$ die Aufnahme des für die Pflanze essenziellen $K^+$ und beeinträchtigen verschiedene Stoffwechselprozesse wie z. B. die Assimilation von Stickstoff und den Proteinstoffwechsel. Dies beeinträchtigt Streckungs- und Teilungswachstum der Zellen und führt zum Absterben von Gewebe und damit zu **Nekrosen** in den Blättern. **Salzpflanzen** oder **Halophyten** (altgr. „hála" für Salz) dagegen sind an erhöhte Konzentrationen von Natriumchlorid, -carbonat und -sulfat in der Bodenlösung angepasst. Je nach der Salzkonzentration, die für die Pflanzen noch zuträglich ist, unterscheidet man **fakultative** und **obligate Halophyten** sowie **salzindifferente Pflanzen**. Das Wachstum der fakultativen Halophyten wird durch geringe Bodenversalzung gefördert, durch Salzanreicherung auf über 50 % der Salzkonzentration von Meerwasser, dessen Salzkonzentration im globalen Durchschnitt ungefähr 3,5 % beträgt, dagegen gehemmt. Zu dieser Gruppe gehören etliche Gräser und Grasartige von Salzwiesen (▶ Abschn. 7.7.2.3) sowie einige krautige Arten wie z. B. Strand-Wegerich *(Plantago maritima)* und Strand-Nelke *(Armeria maritima)*. Obligate Halophyten dagegen wachsen nur an Salzstandorten. Ihr Wachstum wird durch mäßige Salzaufnahme gefördert und erreicht sein Optimum bei 75–100 % der Salzkonzentration von Meerwasser. Erst durch noch höhere Salzbelastung wird ihr Wachstum gehemmt. Zu diesen Arten gehören z. B. der Queller *(Salicornia europaea)*, eine bis ins Watt vorkommende Art, sowie Arten der Gattungen *Salsola* (Salzkräuter) und *Suaeda* (Sode).

■ Tab. 3.18 Typische Schwermetallkonzentrationen im Ackerboden und in den Sprossen von Chalkophyten und Nicht-Chalkophyten. (Aus Frey und Lösch 2010)

| | Schwermetallkonzentration (mg/kg) | | | | |
|---|---|---|---|---|---|
| **Kompartiment** | Blei (Pb) | Cadmium (Cd) | Chrom (Cr) | Kupfer (Cu) | Zink (Zn) |
| Ackerboden | 14 | 0,4 | 50 | 30 | 40 |
| Nicht-Chalkophyten (Spross) | 5–10 | 0,05–0,7 | 0,1–5 | 5–20 | 25–150 |
| Chalkophyten (Spross) | ≤ 11.400 | ≤ 560 | ≤ 20.000 | ≤ 13.700 | ≤ 25.000 |

Salzindifferente Pflanzen wie beispielsweise der Salz-Schwaden *(Puccinellia distans)*, eine auch an salzbelasteten Straßenrändern wachsende Grasart, kommen hauptsächlich auf salzfreien Böden vor, vertragen aber geringe bis mäßige Salzbelastung.

Halophyten sind durch anatomische und physiologische Eigenschaften an die erhöhten Salzkonzentrationen ihres Standorts angepasst. Die Entstehung zu hoher Salzkonzentrationen vermeiden sie oft schon auf der Ebene der Wurzeln, die einen Teil des Salzes aus der aufgenommenen Bodenlösung herausfiltern können. In den Pflanzenkörper gelangte Salzionen, insbesondere $Na^+$, werden in Wurzeln und Stammteilen zurückgehalten und somit von dem empfindlichen Photosyntheseapparat der Blätter ferngehalten. Viele Halophyten besitzen dicke (sukkulente) Blätter mit Zellen großen Volumens, in deren Vakuolen die in die Blätter gelangten Salzmengen effektiv verdünnt werden. Auch sind etliche Halophyten in der Lage, in die Blätter gelangtes Salz durch das Phloem aus den Blättern zu verlagern und über den restlichen Pflanzenkörper zu verteilen, sodass die Salzkonzentration der Blätter verringert wird. Einige Halophyten können Salz auch über Drüsen, die in die Epidermis eingelagert sind, auf die Blattaußenseite ausscheiden oder in die großen Vakuolen von Blasenhaaren transportieren, die auf der Blattoberfläche sitzen, schließlich platzen und ihren Inhalt auf der Blattoberfläche freisetzen. In beiden Fällen wird das Salz durch den nächsten Regen von der Blattoberfläche abgespült. Toleranz gegenüber erhöhten Salzkonzentrationen in der Zelle erreichen Halophyten v. a. durch die Bildung von „compatible solutes" wie Prolin, Glycinbetain und Zuckeralkoholen im Zytoplasma (► Abschn. 3.4.1.3).

**Chalkophyten** oder **Metallophyten** sind Pflanzenarten, die auf Böden mit erhöhter Konzentration an Schwermetallen vorkommen; sie werden auch als **Schwermetallpflanzen** bezeichnet. Schwermetalle sind Metalle mit einer Dichte von mehr als 5 $g/cm^3$. Zu ihnen gehören einige für Pflanzen essenzielle Spurenelemente wie Kupfer, Nickel und Zink, aber auch von Pflanzen nicht benötigte und auf diese toxisch wirkende Elemente wie Blei, Cadmium und Chrom. In Böden können erhöhte Schwermetallkonzentrationen durch Verwitterung nahe an der Bodenoberfläche anstehender, erzhaltiger Gesteine entstehen, aber auch durch von Menschen verursachte Belastungen des Bodens mit Abraum aus dem Erzbergbau, Industrieabfällen, Kunstdünger oder Haushaltsabfällen. Im Vergleich mit Nicht-Chalkophyten kann die Schwermetallkonzentration im Spross von Chalkophyten auf das mehr als 100.000-Fache angereichert sein (■ Tab. 3.18). Die sog. Hyperakkumulatoren, zu denen global ungefähr 400 Pflanzensippen zählen, können Cobalt, Nickel oder Blei sogar bis zu einer Konzentration von mehr als 0,1 % der pflanzlichen Trockenmasse bzw. Cadmium bis zu über 0,01 % ihrer Trockenmasse anreichern. Daher eignen sich einige von ihnen zur **Phytoremediation,** d. h. zur Bodenentgiftung durch Pflanzen, indem sie auf einem schwermetallbelasteten Boden angebaut werden, dem Boden dann Schwermetalle entziehen und im Pflanzenkörper anreichern. Ist die Schwermetallkonzentration in den von diesen Böden geernteten Pflanzen hoch genug, lohnt sich sogar die Rückgewinnung des betreffenden Metalls; ansonsten wird das Pflanzenmaterial als Sondermüll endgelagert.

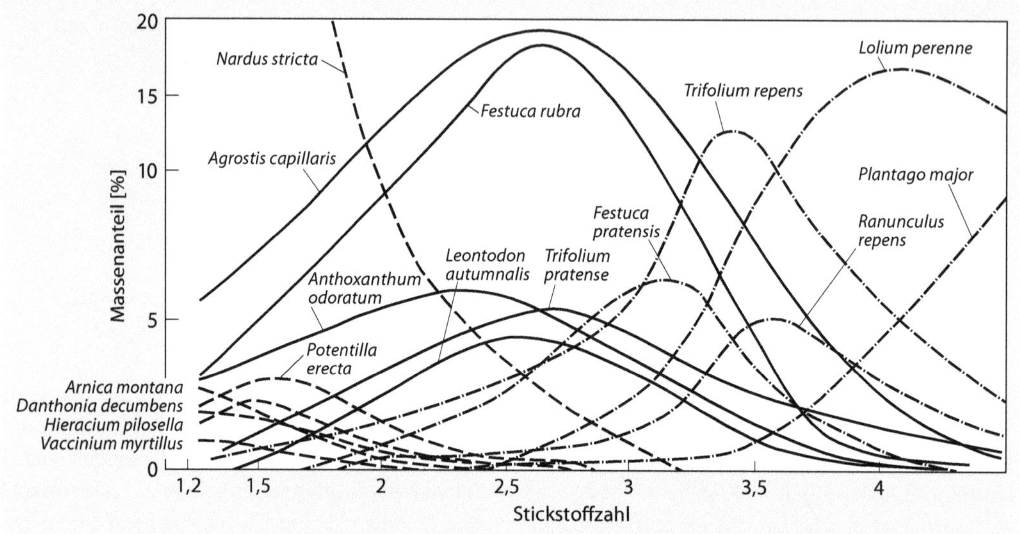


■ **Abb. 3.34** Vorkommen von Kraut- und Grasarten im Grünland (Almweide) eines mitteleuropäischen Gebirges entlang eines Gradienten der Stickstoffkonzentration im Boden von gering (niedrige Stickstoffzahl) bis hoch (hohe Stickstoffzahl). Auf der y-Achse ist der prozentuale Anteil der Trockenmasse aller Individuen einer Art in Relation zu der Gesamttrockenmasse aller vorkommenden Arten angegeben. (Nach Frey und Lösch 2004)

Schwermetalle schädigen Pflanzen durch eine Hemmung der Photosynthese, die insbesondere durch das Schließen der Spaltöffnungen bewirkt wird, sowie durch Hemmung von Enzymen, beispielsweise indem funktionell wichtige Ionen von ihren Wirkungsorten verdrängt werden. Außerdem können sie die Bildung von ROS stimulieren (► Abschn. 3.4.1.1).

Etliche Pflanzenarten oder deren Ökotypen können auf schwermetallreichen Böden gedeihen, indem sie Schwermetalle von der Aufnahme in den Pflanzenkörper ausschließen. Dies erreichen sie, indem sie Verbindungen in den Boden oder zumindest in die Wände der Wurzelzellen ausscheiden, die mit den Schwermetallen Komplexe bilden und diese dort festlegen. Ein weiterer Ausschlussmechanismus, der im Detail aber noch nicht vollständig aufgeklärt ist, ist die erschwerte Permeation der Schwermetalle durch die Plasmamembran. Schwermetalltoleranz kann erreicht werden durch Bindung der Schwermetalle an bestimmte Peptide im Zytoplasma. Dies sind Metallothioneine, die reich an Schwefelwasserstoffgruppen sind und v. a. Kupfer binden, sowie Phytochelatine. In der Vakuole können Schwermetalle durch anorganische oder organische Säuren, Phenolderivate oder Glykoside komplexiert werden.

### 3.4.2 Vorkommen von Pflanzen entlang von Gradienten der Umweltfaktoren

In Monokultur, d. h. ohne Anwesenheit anderer Pflanzenarten, überleben, wachsen und blühen viele Pflanzenarten innerhalb eines breiten Spektrums von Umweltfaktoren wie Stickstoffkonzentration oder Wassergehalt des Substrats und erreichen ein maximales Wachstum bei einer mittleren Ausprägung dieser Faktoren. Sucht man manche dieser Arten aber an ihren typischen Standorten im Freiland auf, stellt man fest, dass sie nur unter bestimmten Ausprägungen eines Umweltfaktors vorkommen. So erreicht auf Wiesen und Weiden das Borstgras *(Nardus stricta)* seine maximale Biomasseproduktion nur bei sehr geringen Stickstoffkonzentrationen im Boden, das Deutsche Weidelgras *(Lolium perenne)* dagegen bei relativ hohen (■ Abb. 3.34). Das **physiologische Optimum**, das ist diejenige Ausprägung eines Umweltfaktors, bei der aus physiologischen Gründen eine bestimmte Pflanzenart ohne Konkurrenzdruck durch andere Arten optimal gedeiht, unterscheidet sich also oft von ihrem **ökologischen Optimum**, das ist diejenige Ausprägung eines Umweltfaktors, bei der die Art im Freiland in Konkurrenz mit anderen Arten opti-

### Das Zeigerwertesystem nach Ellenberg

Aufbauend auf einer zunächst fünfstufigen Skala, begründete der deutsche Pflanzenökologe Heinz Ellenberg in den 1960er- und 1970er-Jahren ein System von Zeigerwerten, in dem jeder mitteleuropäischen Art der Höheren Pflanzen, Moose und Flechten gemäß ihrem Vorkommen im Freiland, also unter Bedingungen der Konkurrenz mit anderen Arten, ein Zahlenwert zugeordnet wird, wobei die Ziffer 1 die jeweils geringste und die Ziffer 9 die stärkste Ausprägung des entsprechenden Umweltfaktors angibt. So kommt die durch ihren namensgebenden Geruch auffallende Knoblauch-Rauke *(Alliaria petiolata)* mit der Stickstoffzahl N = 9 hauptsächlich an extrem stickstoffreichen Standorten wie z. B. an Wegrändern und auf Schuttplätzen vor, während der Scharfe Mauerpfeffer *(Sedum acre)* mit der Stickstoffzahl N = 1 eine charakteristische Pflanzenart der Mauerspalten und Felsfluren mit extrem geringer Stickstoffverfügbarkeit ist. Nach demselben Schema gibt es auch Zeigerwerte für Pflanzen gemäß ihrem Vorkommen in Abhängigkeit von den Umweltfaktoren Licht, Temperatur (die hier v. a. durch die Höhenlage im Gelände – vom Flachland bis ins Gebirge – bestimmt ist), Kontinentalität (in Meeresnähe bis in das Innere des Kontinents), Bodenfeuchte (mit drei zusätzlichen Stufen für auf zeitweise überschwemmten Böden, im Wasser wurzelnde und im Wasser untergetaucht lebende Pflanzenarten), Säuregrad des Bodens bzw. Bodenreaktion und Salzkonzentration des Bodens (◘ Tab. 3.19). Die ungeradzahligen Stufen dieser Skalen sind jeweils mit einer bestimmten Definition versehen, wogegen die geradzahligen Stufen nicht weiter definierte Zwischenstufen darstellen, aber eine Verfeinerung der Aussage ermöglichen. Zusätzlich wird oft noch in zwei Stufen die Schwermetallresistenz (mäßig = b oder hoch = B) für Pflanzen angegeben, die an Standorten mit hohen Konzentrationen an Blei, Zink oder anderen Schwermetallen vorkommen. Pflanzenarten, deren Vorkommen keine deutliche Bindung an den betrachteten Umweltfaktor aufweist, werden mit **x** für indifferentes Verhalten markiert.

Auf der Grundlage systematischer Aufnahmen von Pflanzengesellschaften in einem Ökosystem (► Abschn. 7.5) lassen sich aus den Zeigerwerten der dort vorgefundenen Arten Mittelwerte berechnen, die Aussagen über die dort herrschenden ökologischen Standortfaktoren ermöglichen. Streng mathematisch gesehen ist eine solche Mittelwertbildung zwar nicht zulässig, da prinzipiell nicht gewährleistet sein kann, dass die Abstände zwischen den einzelnen Wertestufen jeweils gleich sind, doch lassen Untersuchungen darauf schließen, dass diese Abstände zumindest ähnlich groß sind; zudem besteht der Vorteil einer Mittelwertbildung darin, dass sich über die Angabe einer Nachkommastelle viel genauere Aussagen bei Vergleichen von Untersuchungsstandorten treffen lassen. So kann z. B. beurteilt werden, ob der dort vorgefundene Lebensraum feucht, stickstoffarm oder bodensauer ist. Die Vorteile dieser Methode bestehen darin, dass sich mit relativ geringem Mess- und Zeitaufwand Feststellungen über die längerfristige biologische Wirkung von Umweltfaktoren auf die Vegetation treffen lassen, während direkte Messungen physikalischer Faktoren und chemische Analysen von Boden- und Pflanzenproben im Prinzip nur den momentanen Zustand zum Zeitpunkt ihrer Erfassung angeben. Allerdings können die nach dem Zeigerwerteverfahren gewonnenen Ergebnisse die deutlich detaillierteren Resultate physikalisch-chemischer Analysen nicht ersetzen. Eine weitere Einschränkung des Zeigerwertesystems besteht darin, dass es eigentlich nur für diejenige Region gültig ist, in der es entwickelt wurde – die Bedingungen, unter denen eine bestimmte Pflanzenart in Mitteleuropa wächst, können deutlich von denjenigen abweichen, unter denen sie beispielsweise in Südschweden vorkommt. Streng genommen, müssen die Zeigerwerte also für neu zu erfassende Regionen wieder neu ermittelt werden.

◘ **Tab. 3.19** Zeigerwerte nach Ellenberg mit Spannbreite der Umweltfaktoren, ökologischer Aussage und Beispielen für Pflanzenarten

| Zeigerwertetyp | Umweltfaktor, Wertebereich, Aussage und Beispiel |
|---|---|
| Lichtzahl (L) | Reihung nach **relativer Beleuchtungsstärke** des Wuchsorts: 1 (Tiefschattenpflanze; Sauerklee, *Oxalis acetosella*) bis 9 (Volllichtpflanze; Strandhafer, *Ammophila arenaria*) |
| Temperaturzahl (T) | Reihung nach **Wärmeangebot** des Wuchsorts: 1 (Kältezeiger, z. B. in hohen Gebirgslagen; Gletscher-Mannsschild, *Androsace alpina*) bis 9 (extremer Wärmezeiger, z. B. an Felsen und Mauern außerhalb der Hochgebirge; Milzfarn, *Asplenium ceterach*) |

**Tab. 3.19** (*Fortsetzung*)

| Zeigerwertetyp | Umweltfaktor, Wertebereich, Aussage und Beispiel |
|---|---|
| Kontinentalitätszahl (K) | Reihung von **ozeanischer bis kontinentaler Verbreitung**: 1 (streng ozeanisch verbreitet; Gewöhnlicher Stechginster, *Ulex europaeus*) bis 9 (streng kontinental verbreitet; in Mitteleuropa nicht vertreten) |
| Feuchtezahl (F) | Reihung nach **Bodenfeuchtigkeit**: 1 (Starktrockniszeiger; Walliser Schillergras, *Koeleria vallesiana*) bis 9 (Nässezeiger; Wasserminze, *Mentha aquatica*); zusätzlich 10 (Wechselwasserzeiger, erträgt längere Zeiten ohne Wasserbedeckung des Bodens; Gewöhnliches Schilf, *Phragmites australis*), 11 (Wasserpflanze, wurzelt unter Wasser, Blätter oberhalb der Wasseroberfläche oder an Wasseroberfläche flottierende Schwimmpflanze; Weiße Seerose, *Nymphaea alba*) und 12 (Unterwasserpflanze, ständig oder fast dauernd untergetaucht; Flutender Wasser-Hahnenfuß, *Ranunculus fluitans*) |
| Reaktionszahl (R) | Reihung nach **Bodenreaktion und Kalkgehalt des Bodens**: 1 (Starksäurezeiger; Echtes Weißmoos, *Leucobryum glaucum*) bis 9 (Basen- und Kalkzeiger; Pyramiden-Knabenkraut, *Orchis pyramidalis*) |
| Stickstoffzahl (Nährstoffzahl; N) | Reihung nach **Mineralstickstoffversorgung** während der Vegetationszeit: 1 (stickstoffärmste Standorte anzeigend; Heidekraut, *Calluna vulgaris*) bis 9 (an übermäßig stickstoffreichen Standorten konzentriert inklusive Verschmutzungszeiger; Große Brennnessel, *Urtica dioica*) |
| Salzzahl (S) | Reihung nach **Salzverträglichkeit**: 0 (nicht salzertragend; die meisten mitteleuropäischen Arten, die nicht unmittelbar im Küstenbereich oder an salzbelasteten Standorten vorkommen) bis 9 (euhalin bis hypersalin, d. h. auf Böden mit sehr hohem, in Trockenzeiten extremem Salzgehalt mit einer Chloridkonzentration > 2,3 %; Gewöhnlicher Queller, *Salicornia europaea* subsp. *europaea*) |

## Der Hohenheimer Grundwasserversuch von Ellenberg

In der Mitte des vorigen Jahrhunderts führte der deutsche Pflanzenökologe Heinz Ellenberg an der Universität Hohenheim einen Versuch zum Wachstum typischer Wiesenpflanzenarten in Abhängigkeit vom Grundwasserstand durch, der als **Hohenheimer Grundwasserversuch** bekannt wurde. Auf einem abgeschrägten Beet mit Grundwasserabständen von 0 bis 1,5 m wurden u. a. die Samen der Grasarten Aufrechte Trespe *(Bromus erectus)*, Glatthafer *(Arrhenatherum elatius)* und Wiesen-Fuchsschwanz *(Alopecurus pratensis)* ausgesät – jeweils als Reinkultur mit nur einer Art und in Mischkultur mit allen drei Arten. In Reinkultur wuchsen alle diese Arten bei relativ geringem Grundwasserabstand, also bei optimaler Wasserversorgung, am besten. In Mischkultur allerdings erreichten die Arten ihre maximale Wuchsleistung bei ganz unterschiedlichen Grundwasserabständen: die Aufrechte Trespe bei relativ großer Entfernung zum Grundwasserspiegel, der Glatthafer bei mittlerem Grundwasserabstand und der Wiesen-Fuchsschwanz bei sehr geringer Entfernung zum Grundwasser. Dieses Verhalten entspricht auch dem Vorkommen dieser Arten unter Konkurrenz mit anderen Pflanzenarten an ihren jeweils typischen Standorten: Die Aufrechte Trespe ist eine typische Art der Halbtrockenrasen Mitteleuropas mit zumindest zeitweise bodentrockenen Bedingungen, der Glatthafer wächst typischerweise auf frischen Wiesen mit guter, aber nicht übermäßiger Wasserversorgung und der Wiesen-Fuchsschwanz in feuchtem bis nassem Grünland. Mit diesem Versuch wies Ellenberg den Unterschied zwischen dem **physiologischen Optimum** einer Pflanzenart – also den Bedingungen (hier: der Wasserverfügbarkeit), unter denen sie ohne Konkurrenz durch andere Arten ihre höchste Wuchsleistung vollbringt – und ihrem **ökologischen Optimum,** also den Bedingungen, unter denen sie im Freiland unter Konkurrenz mit anderen Arten am besten wächst. Dass eine Pflanzenart wie die Aufrechte Trespe im Freiland

**Der Hohenheimer Grundwasserversuch von Ellenberg** *(Fortsetzung)*

vorwiegend bis ausschließlich unter eher trockenen Standortsbedingungen vorkommt, bedeutet also nicht, dass sie derartige Bedingungen bevorzugt und unter diesen stets am besten wächst, sondern lediglich, dass sie sich unter diesen Bedingungen am besten gegenüber anderen Arten behaupten kann. Vor diesem Hintergrund sind auch die Zeigerwerte nach Ellenberg zu interpretieren: Sie bezeichnen nicht, wie zuweilen fälschlicherweise formuliert, den Anspruch einer Art an einen bestimmten Umweltfaktor, sondern diejenige Ausprägung eines bestimmten Umweltfaktors, unter der sich die Art gegenüber anderen durchsetzen kann – und sei es auch nur, weil sie an anderen Standorten, an denen sie in Reinkultur besser wachsen würde, dort noch konkurrenzstärkeren Arten unterlegen ist. Auf diese Vorgaben bei der Benutzung der Zeigerwerte hat auch Ellenberg stets hingewiesen.

In der Folgezeit ist die Durchführung des Hohenheimer Grundwasserversuchs wiederholt kritisiert worden, da er erstens mit zu wenigen Wiederholungen im Rahmen des Versuchs durchgeführt wurde und da zweitens ja nicht die Bodenfeuchte selbst, sondern die Grundwasserentfernung variiert wurde – die Ergebnisse konnten also durch die unterschiedliche Fähigkeit der Pflanzenarten, durch schnelles vertikales Wurzelwachstum den Grundwasserspiegel rasch zu erreichen, beeinflusst worden sein. Später durchgeführte, abgewandelte Versuchsansätze mit variierter Bodenfeuchte ergaben aber im Wesentlichen die gleichen Ergebnisse wie der Hohenheimer Grundwasserversuch.

mal gedeiht. Eine Art, die im Freiland nur innerhalb eines relativ engen Bereichs eines Umweltfaktors wie Mineralstoffangebot, Bodenfeuchte oder pH-Wert des Bodens vorkommt, bezeichnet man als **stenopotent** gegenüber diesem Umweltfaktor im Unterschied zu einer **eurypotenten** Art, die über eine breite Spanne eines Umweltfaktors im Freiland anzutreffen ist. Stenopotente Arten zeigen daher durch ihr Vorkommen (oder auch durch ihr Fehlen) biologisch längerfristig wirksame Umweltfaktoren an und eignen sich somit als **Zeigerarten** oder **Bioindikatoren**. Aufbauend auf bereits vorhandenen Erfahrungen und Voruntersuchungen hat der deutsche Pflanzenökologe **Heinz Ellenberg** ein **Zeigerwertesystem** für Gefäßpflanzen, Moose und Flechten entwickelt. In diesem System wird jeder in Mitteleuropa vorkommenden Art ein Zahlenwert gemäß ihres Vorkommens entlang von Gradienten der Umweltfaktoren Licht (Beleuchtungsstärke), Temperatur, Kontinentalität, Bodenfeuchtigkeit, Bodenreaktion einschließlich Kalkgehalt des Bodens, Mineralstickstoffversorgung und Salzkonzentration des Bodens zugeordnet (▶ Box Zeigerwertesystem nach Ellenberg).

Der Vorteil von Bioindikatoren besteht darin, dass sie – anders als chemisch-physikalische Messwerte, die i. d. R. nur die augenblickliche Ausprägung von Umweltfaktoren erfassen – die biologische Wirksamkeit dieser Faktoren als Integral über einen biologisch relevanten Zeitraum anzeigen. Bioindikatoren werden daher als wertvolle Ergänzungen zu exakten chemisch-physikalischen Messungen herangezogen.

Nicht nur einzelne Pflanzenarten, sondern auch Gruppen von Arten lassen sich zur Charakterisierung von Standortsbedingungen heranziehen. So kommen an mitteleuropäischen Waldstandorten bei bestimmter Ausprägung von Bodensäure und Bodenfeuchtigkeit regelmäßig bestimmte Gruppen von Pflanzenarten vor, so z. B. auf mäßig feuchten bis frischen Böden mit pH-Werten im neutralen bis alkalischen Bereich der Bär-Lauch *(Allium ursinum)*, der Hohle Lerchensporn *(Corydalis cava)*, der Wald-Goldstern *(Gagea lutea)* und der Märzenbecher *(Leucojum vernum)*, die zur sog. Lerchensporn-Gruppe zusammengefasst werden (◘ Abb. 3.35). Eine derartige, in wissenschaftlichen Darstellungen zur Ökologie weit verbreitete Präsentationsweise, in der das Vorkommen von Arten oder Artengruppen in einem Koordinatensystem entlang der Ausprägung zweier Umweltfaktoren (wie in diesem Fall Feuchtigkeit und Säuregrad des Bodens) angegeben wird, bezeichnet man als **Ökogramm.** Durch das regelmäßige Vorkommen von Artengruppen lassen sich Standorte nach den relevanten Umweltfaktoren noch besser charakterisieren als durch das Vorkommen einzelner Pflanzenarten.

Ein Begriff, der in der Ökologie oft falsch verwendet wird, ist der Begriff der **Fitness.** Individuen, die im ökologischen bzw. populationsbiologischen

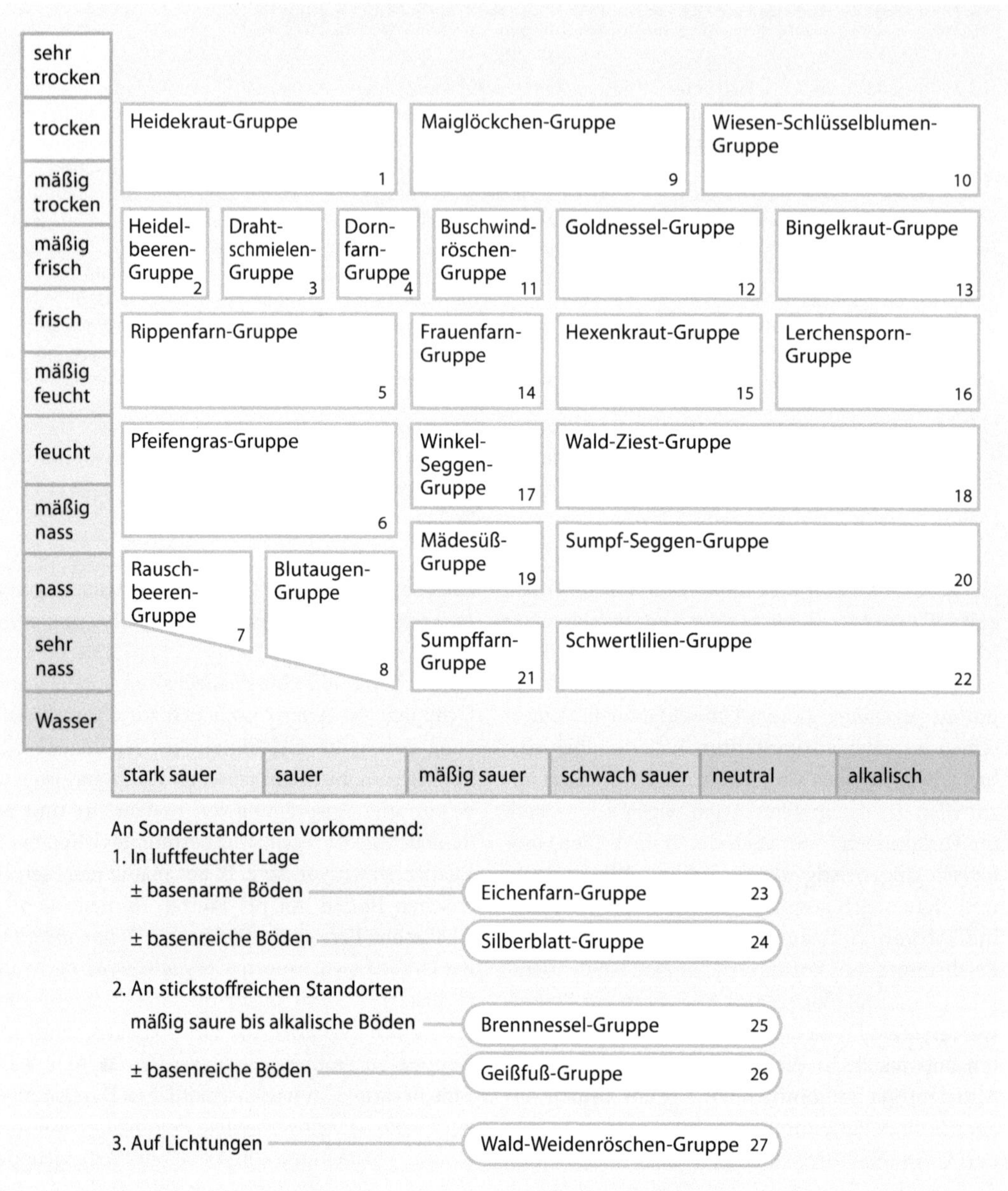


**Abb. 3.35** Ökologische Gruppen von Waldbodenpflanzen entlang verschiedener Ausprägungen der Umweltfaktoren Bodenfeuchtigkeit und Bodenreaktion. (Nach Hofmeister 1997)

Sinn fit sind, sind nicht etwa besonders große oder (wuchs-)kräftige Individuen, sondern solche, die ihre genetische Information erfolgreich an die nachfolgende(n) Generation(en) weitergeben können. Dieser Fitnessbegriff bezieht sich somit auf die Fähigkeit eines bestimmten Genotyps (also eines Organismus mit einer bestimmten genetischen Ausstattung), sich in gegebenen bzw. sich ändernden Umweltsituationen im Rahmen der natürlichen Selektion zu behaupten. Dies muss nicht notwendigerweise starkes körperliches Wachstum oder einen kräftigen Körperbau voraussetzen, wohl aber die Fähigkeit, überlebensfähige und fruchtbare Nachkommen hervorzubringen.

**Tab. 3.20** Beispiele typischer Pflanzenarten kurzlebiger, beständiger und ausdauernder Ruderalgesellschaften Mitteleuropas, unterteilt nach der Stickstoffverfügbarkeit der Standorte. Nach dem Artnamen sind die Lebensformen angegeben (*C* Chamaephyt; *G* Geophyt; *H* Hemikryptophyt; *T* Therophyt; ► Abschn. 2.5), dahinter die Licht-, Temperatur-, Feuchte- und Stickstoffzahlen nach Ellenberg (► Abschn. 3.4.2)

| **Schwache Bindung an stickstoffreiche Standorte** | **Mäßig starke Bindung an stickstoffreiche Standorte** | **Starke Bindung an stickstoffreiche Standorte** |
|---|---|---|
| Kurzlebige Gesellschaften von Pionierpflanzen | | |
| Verschiedene kurzlebige Erstbesiedler, da Mineralstoffe ausreichend vorhanden | Weißer Amaranth *(Amaranthus albus)*; T; L = 8, T = 8, F = 2, N = 7<br>Gestreifter Gänsefuß *(Chenopodium strictum)*; T; L = 9, T = 7, F = 4, N = 6<br>Gewöhnliche Spitzklette *(Xanthium strumarium)*; T; L = 8, T = 7, F = 5, N = 6 | Mauer-Gänsefuß *(Chenopodium murale)*; T; L = 8, T = 7, F = 4, N = 9<br>Weg-Malve *(Malva neglecta)*; H, T; L = 8, T = 6, F = 5, N = 9<br>Kleine Brennnessel *(Urtica urens)*; T; L = 7, T = 6, F = 5, N = 8 |
| Beständigere Gesellschaften einjähriger Arten | | |
| Kompasslattich *(Lactuca serriola)*; H, T; L = 9, T = 7, F = 4, N = 4<br>Taube Trespe *(Bromus sterilis)*; T; L = 7, T = 6, F = 4, N = 5<br>*Mäuse-Gerste (Hordeum murinum)*; T; L = 8, T = 7, F = 4, N = 5 | Langblättrige Melde *(Atriplex oblongifolia)*; T; L = 9, T = 7, F = 4, N = 6<br>Gewöhnliche Besenrauke *(Descurainia sophia)*; T; L = 8, T = 6, F = 4, N = 6<br>Loesel-Rauke *(Sisymbrium loeselii)*; H, T; L = 7, T = 6, F = 4, N = 5 | Österreichische Rauke *(Sisymbrium austriacum)*; H, T; L = 7, T = 6, F = 4, N = 7<br>Schlangenäuglein *(Asperugo procumbens)*; T; L = 7, T = 6, F = 4, N = 9<br>Herabgebogener Igelsame *(Lappula deflexa)*; H, T; L = 8, T = x, F = 4, N = 8 |
| Ausdauernde Hemikryptophyten-Gesellschaften | | |
| Graukresse *(Berteroa incana)*; H, T; L = 9, T = 6, F = 3, N = 4<br>Gewöhnlicher Natternkopf *(Echium vulgare)*; H; L = 9, T = 6, F = 4, N = 4<br>Echter Steinklee *(Melilotus officinalis)*; H; L = 8, T = 6, F = 3, N = 3 | Gewöhnliche Ochsenzunge *(Anchusa officinalis)*; H; L = 9, T = 7, F = 3, N = 5<br>Schwarzes Bilsenkraut *(Hyoscyamus niger)*; H, T; L = 8, T = 6, F = 4, N = 9<br>Rainfarn *(Tanacetum vulgare)*; H; L = 8, T = 6, F = 5, N = 5 | Gewöhnliche Schwarznessel *(Ballota nigra)*; C, H; L = 8, T = 6, F = 5, N = 8<br>Guter Heinrich *(Chenopodium bonus-henricus)*, G, T, L = 8, T = x, F = 5, N = 9<br>Alpen-Ampfer *(Rumex alpinus)*; H; L = 8, T = 4, F = 6, N = 9 |

### 3.4.3 Angepasstheit von Pflanzen an anthropogen beeinflusste Standorte

Mit Ausnahme der Antarktis existieren auf allen Kontinenten ausgedehnte Bereiche, die anthropogen (d. h. von Menschen) beeinflusst sind. In Mitteleuropa sind dies – neben den zum Anbau von Nutzpflanzen angelegten Äckern und Feldern und den zur Holzgewinnung künstlich angelegten Forsten – v. a. die Wiesen zur Produktion von Viehfutter und die Halbtrocken- und Trockenrasen als Weideflächen v. a. für Schafherden, aber auch die sog. **Ruderalfluren** an Straßen- und Wegrändern sowie auf Schuttflächen. Pflanzen, die an solchen **Ruderalstandorten** wachsen, müssen besonders unempfindlich gegen **Störungen** sein wie z. B. mechanische Belastungen wie Tritt und Entfernung oberirdischer Pflanzenteile. Aber auch ein zeitlich stark und unregelmäßig wechselndes Angebot an Wasser und Mineralstoffen (einschließlich Überdüngung mit stickstoffreichen Verbindungen) sind charakteristische Umweltfaktoren von Ruderalstandorten. In Tab. 3.20 sind beispielhaft einige typische Pflanzenarten mitteleuropäischer Ruderalstandorte aufgeführt. Charakteristischerweise sind diese Arten Halb- bis Volllichtpflanzen eher trockener bis mäßig frischer (d. h. nicht feuchter) und warmer Standorte, mit Ausnahme von Arten mit alpinem Verbreitungsschwerpunkt.

## Weiterführende Literatur

Beck E, Lüttge U (1990) Streß bei Pflanzen. Biol Unserer Zeit 20:237–244

Blume H-P, Brümmer GW, Horn R, Kandeler E, Kögel-Knabner I, Kretzschmar R, Stahr K, Wilke B-M (2010) Scheffer/Schachtschabel – Lehrbuch der Bodenkunde, 16. Aufl. Spektrum, Heidelberg

Böhlmann D (1994) Botanisches Grundpraktikum zur Phylogenie und Anatomie. Quelle & Meyer, Wiesbaden

Bresinsky et al (2008) Strasburger – Lehrbuch der Botanik, 36. Aufl. Spektrum, Heidelberg

Campbell NA, Reece JB (2009) Biologie, 8. Aufl. Pearson Studium, München

Crawley MJ (Hrsg) (2007) Plant ecology, 2. Aufl. Blackwell, Malden Oxford Carlton

Dawson TE, Siegwolf RTW (Hrsg) (2001) Stable isotopes as indicators of ecological change. Elsevier/Academic Press, Amsterdam

Ellenberg H (1953) Physiologisches und ökologisches Verhalten derselben Pflanzenarten. Ber Dtsch Bot Ges 65:351–362

Ellenberg H, Weber HE, Düll R, Wirth V, Werner W, Paulißen D (2001) Zeigerwerte von Pflanzen in Mitteleuropa, 3. Aufl. Scripta Geobotanica 18. Erich Goltze, Göttingen

Evert RF (2009) Esaus Pflanzenanatomie. De Gruyter, Berlin

Farquhar GD, Ehleringer JR, Hubick KT (1989) Carbon isotope discrimination and photosynthesis. Annu Rev Plant Physiol Plant Mol Biol 40:503–537

Frey W, Lösch R (2004) Lehrbuch der Geobotanik. Spektrum, München

Frey W, Lösch R (2010) Geobotanik, 3. Aufl. Springer Spektrum, Berlin Heidelberg

Fry B (2006) Stable isotope ecology. Springer, New York

Hacke UG, Sperry JS (2001) Functional and ecological xylem anatomy. Perspect Plant Ecol Evol Syst 4:97–115

Hofmeister H (1997) Lebensraum Wald. Parey, Berlin

Kinzel H (1982) Pflanzenökologie und Mineralstoffwechsel. Ulmer, Stuttgart

Koch GW, Sillett SC, Jennings GM, Davis SD (2004) The limits to tree height. Nature 428:851–854

Körner C (1995) Leaf diffusive conductances in the major vegetation types of the globe. In: Schulze E-D, Caldwell MM (Hrsg) Ecophysiology of Photosynthesis. Springer, Berlin, S 463–490

Körner C (2014) Pflanzen im Lebensraum. In: Kadereit JW, Körner C, Kost B, Sonnewald U (Hrsg) Strasburger – Lehrbuch der Pflanzenwissenschaften, 37. Aufl. Springer Spektrum, Berlin Heidelberg

Lambers H, Chapin FS III, Pons TL (2008) Plant physiological ecology, 2. Aufl. Springer, New York

Larcher W (1994) Ökophysiologie der Pflanzen, 5. Aufl. Ulmer, Stuttgart

Larcher W (2001) Ökophysiologie der Pflanzen, 6. Aufl. Ulmer, Stuttgart

Levitt J (1980) Responses of plants to environmental stresses Bd. 2. Academic Press, New York

Lösch R (2001) Wasserhaushalt der Pflanzen. Quelle & Meyer, Wiebelsheim

Lüttge U, Kluge M, Thiel G (2010) Botanik – Die umfassende Biologie der Pflanzen. Wiley-VCH, Weinheim

Marschner P (Hrsg) (2012) Marschner's mineral nutrition of higher plants, 3. Aufl. Academic Press, London

Mengel K (1999) Ernährung und Stoffwechsel der Pflanze, 7. Aufl. Spektrum, Heidelberg

Nentwig W, Bacher S, Beierkuhnlein C, Brandl R, Grabherr G (2004) Ökologie. Spektrum, Heidelberg Berlin

Pallardy SG (2008) Physiology of woody plants, 3. Aufl. Elsevier, Amsterdam

Raven et al (2006) Biologie der Pflanzen. De Gruyter, Berlin

Sadava et al (2006) Purves Biologie. Spektrum, Wiesbaden

Scholander PF, Bradstreet ED, Hemmingsen EA, Hammel HT (1965) Sap pressure in vascular plants: negative hydrostatic pressure can be measured in plants. Science 148:339–346

Schopfer P, Brennicke A (1999) Pflanzenphysiologie. Springer, Berlin

Schopfer P, Brennicke A (2016) Pflanzenphysiologie, 7. Aufl. Springer Spektrum, Berlin Heidelberg

Schulze E-D, Beck E, Müller-Hohenstein K (2002) Pflanzenökologie. Spektrum, Heidelberg Berlin

Sitte P, Weiler EW, Kadereit JW, Bresinsky A, Körner C (2002) Strasburger – Lehrbuch der Botanik. Spektrum, Heidelberg

Thomas FM (2014) Ecology of phreatophytes. In: Lüttge U, Beyschlag W, Cushman J (Hrsg) Progress in botany, Bd. 75. Springer, Berlin Heidelberg, S 335–375

Ulrich B (1983) Stabilität von Waldökosystemen unter dem Einfluß des "sauren Regens". Allg Forst Z 38:670–677

Von Willert DJ, Matyssek R, Herppich W (1995) Experimentelle Pflanzenökologie. Thieme, Stuttgart

Zorn W, Marks G, Heß H, Bergmann W (2016) Handbuch zur visuellen Diagnose von Ernährungsstörungen bei Kulturpflanzen, 3. Aufl. Springer Spektrum, Berlin Heidelberg

# Ökologische Interaktionen

*Frank Thomas*




F. Thomas, *Grundzüge der Pflanzenökologie*, https://doi.org/10.1007/978-3-662-54139-5_4

Neben den Reaktionen auf Umweltbedingungen sind Wechselwirkungen mit anderen Lebewesen mitentscheidend für Entwicklung, Wachstum und Fortpflanzung der Pflanzen. Zu diesen Wechselwirkungen gehören sowohl fördernde Beziehungen, wie z. B. Mutualismus, oder hemmende bis schädigende Beziehungen wie Fraß durch Pflanzenfresser (Herbivorie) oder Parasitismus. Konkurrenz ist eine Wechselwirkung, die i. d. R. alle Beteiligten in ihren Lebensäußerungen einschränkt, doch kann sie sich für einen der Beteiligten wesentlich ungünstiger auswirken als für den jeweiligen Gegenspieler.

## 4.1 Konkurrenz zwischen Pflanzen

Die am weitesten verbreitete Form von Konkurrenz zwischen Pflanzen ist Konkurrenz um **Ressourcen**. Im Gegensatz zu **Umweltbedingungen**, also chemisch-physikalischen Eigenschaften der Umwelt wie Temperatur, Luftfeuchte oder pH-Wert des Bodens, die zwar durch Pflanzen beeinflusst, aber nicht verbraucht werden, werden Ressourcenbestandteile von Pflanzenindividuen in einer Weise verbraucht, dass sie von anderen Individuen nicht mehr nutzbar sind. Ein Photon eines Lichtstrahls, das von einer Pflanze absorbiert wird, kann von keiner anderen Pflanze genutzt werden. Entsprechendes gilt für ein Molekül Wasser oder ein Ion eines Mineralstoffs und auch für den Raum, den eine Pflanze oder eines ihrer Organe einnimmt. Zusammen mit den Umweltbedingungen bilden die Ressourcen die **Umweltfaktoren**, die auf ein Lebewesen oder eine Lebensgemeinschaft einwirken.

### 4.1.1 Intra- und interspezifische Konkurrenz

Konkurrenzbeziehungen lassen sich unterteilen in Konkurrenz zwischen Individuen derselben Art, also die **intraspezifische Konkurrenz**, und in Konkurrenz zwischen Individuen unterschiedlicher Arten, die **interspezifische Konkurrenz**. Der klassische Fall intraspezifischer Konkurrenz findet in Beständen aus nur einer Art, den **monospezifischen** Beständen, statt. Wenn in solchen Beständen Pflanzen aufwachsen, reichen für die sich entwickelnden Keimlinge die vorhandenen Ressourcen zunächst noch aus. Mit zunehmendem Höhenwachstum wird aber die Konkurrenz um Licht immer stärker: Auch bei nur geringfügig höheren Sprossachsen können einzelne Pflanzen mehr Licht absorbieren, dadurch mehr Photosynthese betreiben und mehr Assimilate produzieren. Dadurch werden Spross- und Wurzelwachstum stärker gefördert, wodurch der Wachstums- und damit Konkurrenzvorteil gegenüber etwas schwächerwüchsigen Pflanzen noch größer wird. Auf diese Weise kommt es schließlich zur **Selbstausdünnung**: Schwächerwüchsige Pflanzen werden überwachsen und sterben wegen mangelnder Aneignungsfähigkeit von Ressourcen ab. Der Bestand wird lichter, da nun weniger Pflanzenindividuen pro Einheit Bodenfläche übrig bleiben, doch jedes der verbleibenden Individuen verfügt nun über eine größere Masse. Bezogen auf ein Pflanzenindividuum lässt sich der Prozess der Selbstausdünnung mathematisch beschreiben:

$$W = c \cdot n^{-3/2}; \tag{4.1}$$

daraus folgt:

$$\log W = \log c - 1{,}5 \cdot \log n, \tag{4.2}$$

mit

*W* – Biomasse pro Individuum,

*n* – Individuendichte (Anzahl der Individuen pro Flächeneinheit),

*c* – Proportionalitätsfaktor (abhängig vom Licht- und Mineralstoffangebot),

*–3/2* – Selbstausdünnungskonstante (ergibt sich aus räumlicher Ausdehnung der Pflanzenmasse und Ausdehnung der projizierten Fläche eines Pflanzenindividuums auf den Boden).

Diese Beziehung wurde auch durch ein Experiment mit Pflanzen nachvollzogen (■ Abb. 4.1).

Bezogen auf die gesamte Pflanzenbiomasse pro Flächeneinheit lautet die Beziehung folgendermaßen:

$$B = c \cdot n^{-0{,}5} \tag{4.3}$$

bzw. nach Logarithmieren:

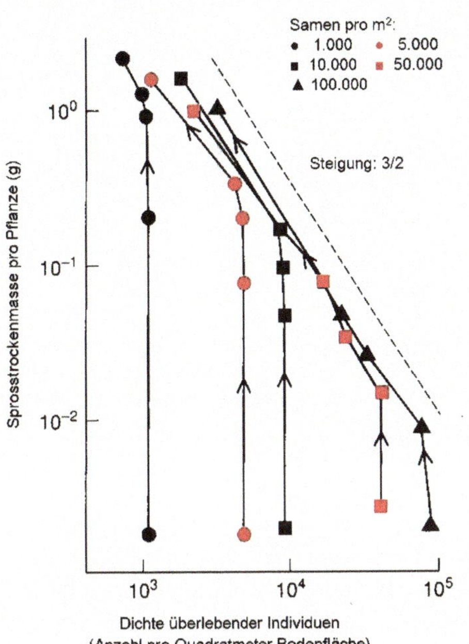


**Abb. 4.1** Selbstausdünnung bei pflanzlichen Monokulturen: ein Experiment mit unterschiedlichen Saatdichten von *Lolium perenne* (Ausdauerndes Weidelgras). Beide Achsen sind logarithmisch skaliert. Die Positionen der *Symbole* zeigen die Werte zu den jeweiligen Erntezeitpunkten an (Tag 14 bis maximal 146 des gesamten Versuchs, *vom unteren zum oberen Bereich* der Abbildung fortschreitend). Es wird deutlich, dass die Masse der einzelnen Pflanzenindividuen schon ab dem zweiten Erntezeitpunkt bei höherer Dichte geringer ist. Ab einer bestimmten Schwelle nimmt zudem die Dichte der Pflanzen mit zunehmender Individuenmasse ab, diese Schwelle ist bei hohen Dichten eher erreicht. (Aus Begon et al. 2006)

$$\log B - \log c - 0{,}5 \cdot \log n \qquad (4.4)$$

mit

***B*** – Biomasse pro Fläche (ergibt sich aus Biomasse pro Individuum *W* multipliziert mit Individuendichte *n*).

Die maximale Biomasse auf einer Fläche ist somit artspezifisch abhängig von der Individuenzahl. Die Steigung der Geraden (−0,5) gilt für einen weiten Bereich von Wuchsformen (Kräuter, Sträucher, Bäume) unter der Voraussetzung, dass der Bestand eine Monokultur ist und bei gegebener Beleuchtungsstärke die maximale Blattfläche erreicht wird. Die der mathematischen Beziehung zugrunde liegenden Gesetzmäßigkeiten gelten prinzipiell aber auch für ungleichaltrige Mischbestände, allerdings ist dann die Steigung der Ausdünnungskurve steiler, d. h. bei gleicher Individuendichte ist die Biomasse pro Flächeneinheit größer. Dies erklärt sich daraus, dass die Ressourcen, insbesondere ihre im Boden verfügbaren Bestandteile wie Wasser und Mineralstoffe, in Mischbeständen oft besser ausgenutzt werden, da sich die einzelnen Pflanzenarten in der Struktur ihrer Wurzelsysteme und ihren Eigenschaften der Mineralstoffaufnahme oft unterscheiden. Der Verlauf der Selbstausdünnung wird aber durch verschiedene Faktoren beeinflusst: einerseits durch die Verfügbarkeit von Mineralstoffen und Wasser im Boden, was v. a. in denjenigen Ökosystemen eine Rolle spielt, in denen ein großer Teil der Mineralstoffe in der Biomasse gebunden ist und sich wegen begrenzter Verwitterungsraten nur relativ wenig Mineralstoffe im ökosystemaren Kreislauf befinden; dies ist z. B. in den Wäldern der klimatisch gemäßigten Zonen der Fall. Andererseits können auch morphologische Veränderungen der Pflanzen in ihrem Lebenszyklus eine Rolle spielen. Kommt es z. B. im Lebenslauf eines Baums zu einer Verbreiterung der Krone, was bei der Waldkiefer *(Pinus sylvestris)* der Fall ist, so führt dies zu einer entsprechend geringeren Anzahl von Individuen pro Flächeneinheit. Auch externe Störungen wie Blitzschlag, Feuer, Wind- und Schneebruch beeinflussen den Verlauf der Selbstausdünnung. Auf land- und forstwirtschaftlich genutzten Flächen sorgen menschliche Eingriffe dafür, dass die Schwelle der potenziellen Selbstausdünnung nicht erreicht wird. Auf solchen Flächen wird durch optimale Saat- oder Pflanzdichte bzw. durch gezieltes Fällen der beste Kompromiss zwischen Bestandesdichte und Ertrag angestrebt.

Pflanzen konkurrieren mit Artgenossen (intraspezifische Konkurrenz) und mit Individuen anderer Arten in Form von interspezifischer Konkurrenz sowohl um oberirdische (Licht) als auch um unterirdische Ressourcen (Wasser, Mineralstoffe). Diese Ressourcen weisen deutliche Unterschiede in ihrer Verteilung, ihrer Erschöpfbarkeit und ihrer Speicherbarkeit auf. So nimmt die oberirdische Ressource Licht von der Vegetations- bis zur Bodenoberfläche stets mehr oder weniger stark ab, während die Gradienten der Konzentrationen von Wasser und Mineralstoffen im Boden oft weniger

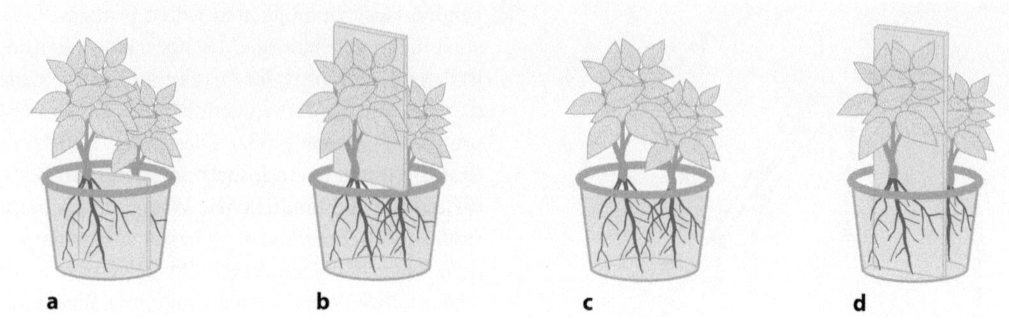


◼ Abb. 4.2 Schematische Darstellung der Anordnung von Experimenten zur Wurzel- und Sprosskonkurrenz. **a** Untersuchung von Sprosskonkurrenz (Wurzelkonkurrenz unterbunden); **b** Untersuchung von Wurzelkonkurrenz (Sprosskonkurrenz unterbunden); **c** Untersuchung von Spross- und Wurzelkonkurrenz; **d** Kontrollansatz unter Ausschluss sowohl von Spross- als auch von Wurzelkonkurrenz. (Nach Gurevitch et al. 2006)

stark ausgerichtet sind. Das pro Flächeneinheit einfallende Licht kann im Prinzip von einer Pflanze exklusiv genutzt werden (wenn sie die Nachbarpflanzen komplett beschattet), wohingegen es ihr kaum möglich ist, sämtliche Wasser- und Mineralstoffressourcen unterhalb der Fläche, auf der sie wächst, für sich allein zu nutzen. Die Konkurrenz um Licht verläuft daher oft **asymmetrisch**, was bedeutet, dass der eine Konkurrent in der Konkurrenz deutlich überlegen ist, während Konkurrenz um Wasser und Mineralstoffe oft eher **symmetrisch** verläuft, worunter beide Konkurrenten ungefähr gleich stark leiden. Andererseits können Wasser und Mineralstoffe in begrenztem Ausmaß und je nach Pflanzenart im Pflanzenkörper gespeichert werden, während das für Licht nicht möglich ist. Oft ist die intraspezifische Konkurrenz stärker als die interspezifische, da sich Angehörige derselben Art in Morphologie, Anatomie, der Fähigkeit zur Aufnahme von Ressourcen, der Reaktion auf Umweltbedingungen und in ihrem Lebenszyklus viel stärker ähneln als Angehörige verschiedener Arten.

Konkurrenzbeziehungen lassen sich experimentell z. B. im Gewächshaus oder in Anzuchtbecken im Freiland untersuchen. Dabei ist es möglich, die Auswirkungen nur der Wurzelkonkurrenz, nur der Sprosskonkurrenz oder beider Konkurrenzformen zu testen (◼ Abb. 4.2). Bei derartigen Experimenten ist darauf zu achten, dass alle zu untersuchenden Individuen den gleichen Abstand zueinander haben. Bei einem Versuch zur interspezifischen Konkurrenz zwischen zwei Arten A und B sollte jede Pflanze der Art A von einer gleich großen Anzahl von Pflanzen der Art B umgeben sein und umgekehrt. In einem Topf oder Pflanzbeet randlich stehende Individuen werden daher bei der Versuchsdurchführung zwar als Konkurrenten für ihre nicht randständigen Nachbarn mit kultiviert, bei der späteren Auswertung des Versuchs aber nicht mehr berücksichtigt. Interessiert die Auswirkung von Konkurrenz an sich, so sind als Kontrollansatz auch einzeln (isoliert) angezogene Individuen einzubeziehen, die weder intra- noch interspezifischer Konkurrenz ausgesetzt sind. Die Auswirkungen von Konkurrenz auf Pflanzen lassen sich auch quantitativ erfassen (▶ Box Quantifizierung von Konkurrenz).

Auf der Grundlage seiner Arbeiten zur Konkurrenz zwischen Arten formulierte der russische Mikrobiologe Georgi Gause in den 1930er-Jahren das **Konkurrenzausschlussprinzip**. Es besagt, dass Arten mit identischen ökologischen Ansprüchen im selben Lebensraum nicht auf Dauer nebeneinander existenzfähig sind, wenn eine lebenswichtige Ressource ins Minimum gerät. Arten, die langfristig (gemessen an der Dauer ihrer Generationen) im selben Lebensraum vorkommen, müssen daher ökologisch differenziert sein. Allerdings muss eine Art, die bei Aneignung einer bestimmten Ressource konkurrenzstark ist, nicht auch in der Konkurrenz um eine andere Ressource überlegen sein. Das wies u. a. der US-amerikanische Ökologe David Tilman um das Jahr 1980 herum in Veröffentlichungen von Untersuchungen zur Konkurrenz zwischen zwei Arten von Kieselalgen (Diatomeen) nach, die in Süßwasser leben (◼ Abb. 4.3). In einer Kultur beider Arten in einem Nährmedium kann bei sehr ge-

## Quantifizierung von Konkurrenz

Ein in Experimenten sehr häufig gebrauchtes Maß für Konkurrenzauswirkungen ist das Wachstum der Pflanzen, das in Form der Veränderungen von Pflanzenhöhe oder pflanzlicher Biomasse erhoben werden kann. Im letzteren Fall muss für den Versuch eine relativ große Anzahl von Pflanzen angezogen werden, da zur Biomassebestimmung sowohl zu Beginn des Versuchszeitraums als auch an dessen Ende sowie gegebenenfalls zu bestimmten Zeitpunkten während des Versuchsverlaufs immer eine bestimmte Anzahl von Pflanzen zur Biomassebestimmung geerntet werden muss. Da i. d. R. das Wachstum v. a. junger Pflanzen mit der Zeit nicht linear verläuft, benutzt man zu dessen Ermittlung oft eine logarithmische Beziehung, die **mittlere relative Wachstumsrate („mean relative growth rate", mRGR)**:

$$\mathrm{mRGR} = (\ln W_2 - \ln W_1)/(t_2 - t_1) \tag{4.5}$$

mit

*W* – Biomasse zum Zeitpunkt $t_1$ bzw. $t_2$.

Aus den durchschnittlichen mittleren relativen Wachstumsraten mRGR der Individuen einer Pflanzenart lässt sich die Stärke der interspezifischen Konkurrenz zwischen den Pflanzenarten A und B durch Berechnung der **relativen Konkurrenzintensität („relative competitive intensity", RCI)** zunächst für die Pflanzenart A ermitteln:

$$\mathrm{RCI_A} = \frac{\mathrm{mRGR(A)_{monoA}} - \mathrm{mRGR(A)_{mixAB}}}{\mathrm{mRGR(A)_{monoA}}} \tag{4.6}$$

mit

***mono*** – Reinkultur (nur Individuen derselben Art) und

***mix*** – Mischkultur der Arten A und B.

Nach demselben Schema ist auch der RCI-Wert für die Art B zu berechnen (dann entsprechend mit $\mathrm{mRGR(B)_{monoB}}$ und $\mathrm{mRGR(B)_{mixAB}}$). Im Vergleich der beiden Arten ist die Art mit dem höheren RCI-Wert durch die Konkurrenz stärker beeinträchtigt und somit unter den gewählten Versuchsbedingungen konkurrenzschwächer.

**Beispiel.** Angenommen, in einem Konkurrenzversuch zwischen den beiden Pflanzenarten A und B beträgt nach Keimung und Entwicklung des Sämlings die durchschnittliche (aus mehreren Individuen ermittelte) Sprosstrockenmasse beider Arten zu Versuchsbeginn 1,0 g. Nach einem Monat in Reinkultur ist in diesem Beispiel die durchschnittliche Sprosstrockenmasse der Art A auf 101,0 g angestiegen, die der Art B auf nur 25,0 g (die Art B wächst also unter den gewählten Anzuchtbedingungen offenbar grundsätzlich schwächer, was aber noch nichts über ihre Konkurrenzstärke gegenüber der Art A aussagt). Nach einem Monat in Mischkultur dagegen beträgt die durchschnittliche Sprosstrockenmasse der Art A 100,0 g, die der Art B 10,0 g. Zur Berechnung der auf den Zeitraum von einem Monat bezogenen mittleren relativen Wachstumsrate (mRGR) für die Art A wird für jeden der beiden Versuchsansätze (Rein- und Mischkultur) der natürliche Logarithmus aus dem Anfangs- und dem Endwert der Sprosstrockenmasse ermittelt und für jeden Versuchsansatz die Differenz aus diesem logarithmierten End- und Anfangswert gebildet. Für $\mathrm{mRGR(A)_{monoA}}$ erhält man auf diese Weise den Wert 4,62, für $\mathrm{mRGR(A)_{mixAB}}$ den Wert 4,61. Diese Werte setzt man in die oben angegebene Formel zur Berechnung des $\mathrm{RCI_A}$ ein und erhält den Wert 0,0022. Entsprechend verfährt man für die relativen Wachstumsraten der Art B: $\mathrm{mRGR(B)_{monoB}} = 3{,}22$, $\mathrm{mRGR(B)_{mixAB}} = 2{,}30$ und $\mathrm{RCI_B} = 0{,}29$. Dieser Wert ist deutlich höher als der Wert von $\mathrm{RCI_A}$ und zeigt somit an, dass das Sprosswachstum der Art B in Mischkultur mit A durch interspezifische Konkurrenz wesentlich stärker beeinträchtigt wird, als dies für die Art A der Fall ist. Allerdings sind beide RCI-Werte positiv, was darauf hindeutet, dass beide Arten in Mischkultur schlechter wachsen als in Reinkultur; bei Art A ist der Konkurrenzeffekt in diesem Beispiel aber nur sehr gering. Ein negativer RCI-Wert würde bedeuten, dass die betreffende Art bei interspezifischer Konkurrenz sogar besser wächst als in Reinkultur. Dies ist möglich bei Pflanzenarten, die eine sehr starke intraspezifische Konkurrenz aufweisen und gleichzeitig sehr konkurrenzstark gegenüber andersartigen Pflanzen sind.

Auf ähnliche Weise wie die interspezifische Konkurrenz lässt sich die Stärke der intraspezifischen Konkurrenz, z. B. in Form der **relativen Konkurrenzstärke („relative competitive ability", RCA)** ermitteln. Dazu muss eine gewisse Anzahl von Pflanzen in Einzelkultur, also isoliert von Artgenossen, angezogen werden. Eine entsprechende Formel für eine Pflanzenart A lautet

$$\mathrm{RCA_A} = \frac{\mathrm{mRGR(A)_{isoA}} - \mathrm{mRGR(A)_{monoA}}}{\mathrm{mRGR(A)_{isoA}}} \tag{4.7}$$

mit

***isoA*** – Reinkultur in Isolation (isolierte, also konkurrenzfreie Individuen der Pflanzenart) und

***monoA*** – Reinkultur (mehrere Individuen derselben Art in intraspezifischer Konkurrenz).

Hier zeigen hohe RCA-Werte eine starke Beeinträchtigung des Wachstums durch Konkurrenz mit Artgenossen an (im Vergleich zum Wachstum ohne benachbarte Artgenossen).

Es gibt noch zahlreiche andere Formeln zur Ermittlung von Konkurrenzstärken, die je nach Fragestellung angewendet werden.

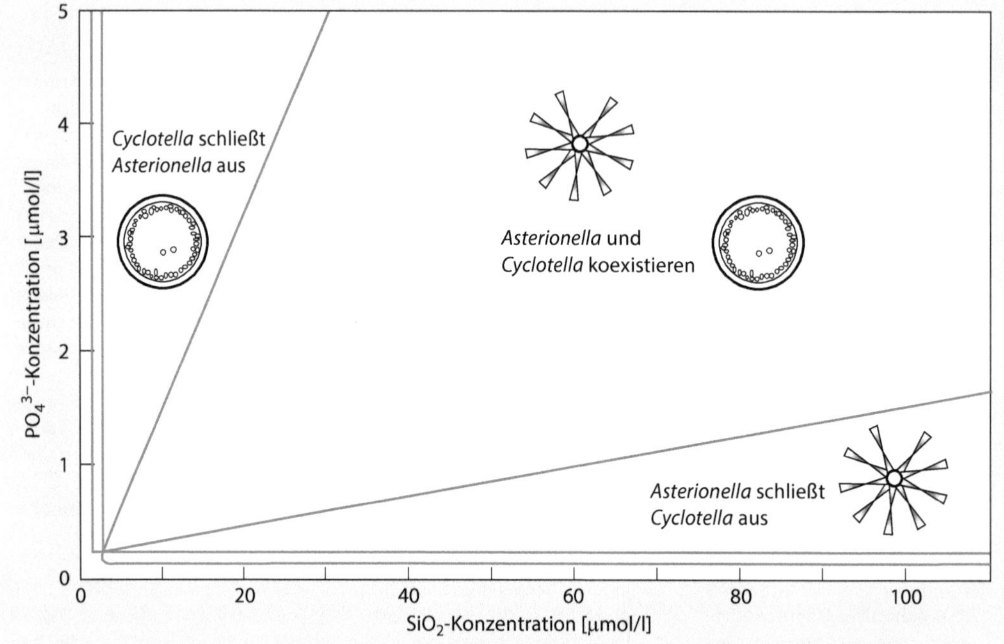


**Abb. 4.3** Konkurrenzausschluss bei Kieselalgenarten. Die beiden Kieselalgenarten *Asterionella formosa* und *Cyclotella meneghiniana* wurden gemeinsam in einem Kulturmedium gehalten, das bestimmte Konzentrationen an Mineralstoffen enthielt. Beide Arten brauchen für ihr Wachstum Silicium (Si) und Phosphor (P). Sie können solange koexistieren, wie die Verfügbarkeit an Si (in der Kultur als Siliciumdioxid, $SiO_2$, angeboten) und von P (verabreicht als Phosphation, $PO_4^{3-}$) für beide Arten ausreicht. *Asterionella* ist aber in der Lage, die Ressource $PO_4^{3-}$ besser auszubeuten und die $PO_4^{3-}$-Konzentration dadurch auf sehr geringe Konzentrationen abzusenken, unter denen *Cyclotella* nicht mehr lebensfähig ist. Andererseits kann *Cyclotella* die Ressource $SiO_2$ besser ausbeuten und dadurch dessen Konzentration so stark verringern, dass unter diesen Bedingungen *Asterionella* nicht mehr existieren kann. (Nach Townsend et al. 2003)

ringer Konzentration einer der beiden lebenswichtigen Ressourcen Phosphor und Silicium nur jeweils eine der beiden Arten überleben; nur bei ausreichendem Angebot beider Ressourcen können beide Arten koexistieren.

### 4.1.2 Ökologische Modelle zur Konkurrenz

Die Ergebnisse seiner Untersuchungen lieferten für David Tilman die Grundlage zur Formulierung des **Resource-Ratio-Modells.** Demnach ist eine (Pflanzen-)Art in der Konkurrenz immer nur bei einer Ressource erfolgreich (und unterliegt in der Konkurrenz um eine andere Ressource). In Landlebensräumen sind die wichtigsten Ressourcen einerseits Licht, andererseits die im Boden vorhandenen Mineralstoffe, insbesondere Stickstoff, und Wasser (► Abschn. 4.1.1). Wird nun eine bisher vegetationsfreie Fläche von neu eintreffenden Arten besiedelt, so ist das Lichtangebot dort ausreichend hoch, doch enthält der Boden noch sehr wenig Stickstoff (der sich im Boden erst im Verlauf der Besiedlung durch Pflanzen in Form von Humus anreichert). In diesem Zeitraum ist daher Stickstoff der Hauptgegenstand der Konkurrenz. Mit aufwachsender Vegetation (und damit einhergehender Stickstoffanreicherung im Boden) nimmt aber die gegenseitige Beschattung der Pflanzen zu. Bei dichter Vegetation wird nun Licht zu der Ressource, um die am stärksten konkurriert wird. Im zeitlichen Verlauf der Vegetationsentwicklung sowie in einem gegebenen Lebensraum treten Zwischenstadien zwischen diesen beiden Extremen der Vegetationsentwicklung auf. Dementsprechend kann ein Raum umso mehr Arten ent-

**Tab. 4.1** Pflanzliche Strategietypen nach Grime – das C-S-R-Modell

| | C (Konkurrenzstrategen, „competitors") | S (Stresstoleranzstrategen, „stress tolerant") | R (Ruderalstrategen, „ruderals") |
|---|---|---|---|
| Standortbeschaffenheit | Günstig | Ungünstig | Häufige Störungen |
| Einschränkung der Ressourcenverfügbarkeit | Keine | Stark | Variabel |
| Stress | Sehr gering | Hoch | Variabel |
| Wuchsform | Bäume, Sträucher, Stauden | Variabel (u. a. Flechten) | Meist krautig |
| Rate der Biomasseproduktion | Kontinuierlich | Niedrig | Hoch |
| Samenproduktion | Gering | Gering | Hoch |
| Lebensdauer | Hoch | Hoch | Gering |
| Konkurrenzstärke | Hoch | Gering | Gering |
| Typische Standorte | Mittlere bis späte Sukzessionsstadien | Magerrasen, Salzstandorte etc. | Pioniergesellschaften, Schutthalden, Spülsäume etc. |

halten, je heterogener er ist. Nach diesem Modell ist in jeder Phase der Vegetationsentwicklung die Konkurrenzintensität insgesamt in etwa gleich stark, nur der Gegenstand der Konkurrenz ändert sich.

Wie in der Biologie generell, so können auch in der Ökologie einzelne Modelle nicht sämtliche Sachverhalte, auf die sie sich beziehen, hinreichend erklären. So wurde auch am Resource-Ratio-Modell berechtigte Kritik geübt: Die Erstellung einer Rangfolge von Pflanzenarten nach ihrer Konkurrenzstärke um Stickstoff und Licht sei problematisch; die Hypothese, dass Pflanzenarten in einem frühen Stadium der Besiedlung zuvor vegetationsfreier oder vegetationsarmer Flächen starke Konkurrenten um Stickstoff sind, sei ungenügend belegt (oft ist eher das Gegenteil wahr); im Resource-Ratio-Modell würden zwei unterschiedliche Eigenschaften unzulässig miteinander vermengt: die Fähigkeit von Pflanzen, eine Ressource stark zu reduzieren, und ihre Fähigkeit, auf niedrigem Ressourcenniveau zu überleben; und schließlich gäbe es keine Belege dafür, dass Mineralstoff- und Lichtknappheit im Verlauf der Evolution unterschiedliche Lebensweisen (und damit unterschiedliches Konkurrenzverhalten) von Pflanzen hervorbringen. Dagegen gäbe es aber zahlreiche Belege dafür, dass sowohl Mineralstoff- als auch Lichtknappheit gleiche Lebensweisen hervorbringen, die charakteristisch für späte Stadien der Besiedlung eines Lebensraums durch Pflanzen sind.

Das Resource-Ratio-Modell besagt u. a., dass die Intensität der Konkurrenz im Verlauf der Vegetationsentwicklung in einem Lebensraum (von einer vegetationsfreien Fläche hin zu einem dichten Pflanzenbewuchs) im Wesentlichen gleich bleibt (und nur der Gegenstand intensiver Konkurrenz wechselt – vom Stickstoff zum Licht). Im Gegensatz dazu steht das **C-S-R-Modell pflanzlicher Strategietypen**, das der britische Pflanzenökologe J. Philipp Grime ab Mitte der 1970er-Jahre entwickelte (Tab. 4.1). Nach diesem Modell steigt die Konkurrenzintensität zwischen Pflanzenarten mit zunehmender Produktivität des Standorts, d. h. insbesondere mit steigender Verfügbarkeit wichtiger bodenbürtiger Ressourcen wie Stickstoff. Zu Beginn der Besiedlung einer Fläche durch Pflanzen ist die Verfügbarkeit bodenbürtiger Ressourcen oft gering und die Häufigkeit von Störungen beispielsweise durch Überflutungen oder durch Tritteinfluss von Tieren oder Menschen hoch. Pflanzen, die an derartige Bedingungen angepasst sind und somit oft an Weg- und Straßenrändern oder Schutthalden (sog. Ruderalstandorten; ► Abschn. 3.4.3) oder aber an bisher vegetationsfreien Standorten vorkommen, werden in diesem Modell als **Ruderalstrategen** („ruderals", Kürzel R) bezeichnet. An manchen

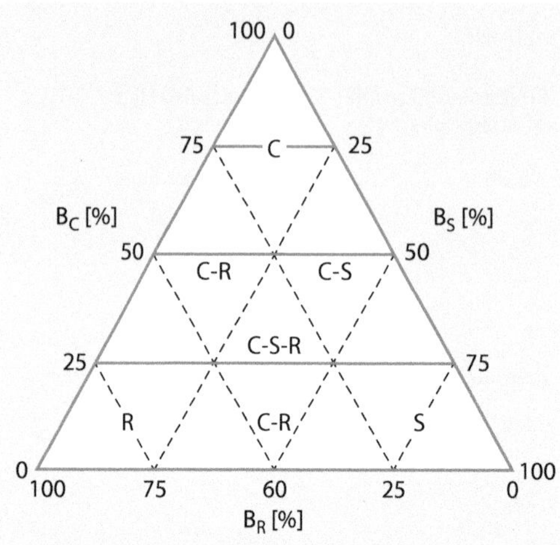


**Abb. 4.4** Das C-S-R-Diagramm der Strategietypen nach Grime. *C* Konkurrenzstrategen, *S* Stresstoleranzstrategen, *R* Ruderalstrategen. Zwischen den extremen Ausprägungen dieser Strategietypen existieren Zwischenformen mit einem gewissen Anteil der Eigenschaften von Konkurrenz- ($B_C$), Ruderal- ($B_R$) oder Stresstoleranzstrategen ($B_S$). (Nach Schulze et al. 2002)

Standorten wie z. B. mineralstoffarmen oder trockenen Magerrasen oder auch Salzwiesen sind die dort vorkommenden Pflanzen Bedingungen ausgesetzt, die für viele Pflanzenarten zu stressend wären. Pflanzenarten, die an derartige Bedingungen angepasst sind, erhalten die Bezeichnung **Stresstoleranzstrategen** („stress tolerant", Kürzel S). Der Buchstabe C im Namen dieses Modells steht für „competitors" oder **Konkurrenzstrategen**, also konkurrenzstarke Pflanzenarten, die oft erst in einer späten Phase der Besiedlung eines Lebensraums auftreten oder zur Dominanz gelangen. Zwischen diesen Strategietypen gibt es Übergangsformen, die für die spezifischen Bedingungen des jeweiligen Standorts charakteristisch sind (Abb. 4.4). So treten C-R-Typen bei Störung unter ansonsten günstigen Bedingungen auf, z. B. auf Mähwiesen. C-S-Typen repräsentieren langlebige, an nicht optimale Standorte angepasste Arten. Dazu zählen viele Baumarten der Wälder gemäßigter Klimazonen, in denen jährlich Frost auftritt. An Standorten, die nicht nur extreme Bedingungen wie (periodisch auftretende) Trockenheit, Mineralstoffarmut oder erhöhte Salzkonzentrationen aufweisen, sondern auch häufigen Störungen unterworfen sind, dominieren Pflanzenarten des S-R-Typs. Viele Grasarten gehören zum intermediären C-S-R-Typ.

Mit dieser Einteilung trifft das C-S-R-Modell auch Annahmen über die Abfolge der Besiedlung von Lebensräumen durch unterschiedliche Pflanzenarten. So erfolgt in klimatisch gemäßigten, winterkalten Regionen an produktiven Standorten (mit einer relativ hohen Verfügbarkeit mineralischer Pflanzennährstoffe im Boden, beispielsweise in einem Kalkbuchenwald) die Abfolge von Ruderal- zu Konkurrenzstrategen und schließlich zu einer Übergangsform aus Konkurrenz- und Stresstoleranzstrategen (die, wie die Waldbäume Mitteleuropas, in der Lage sein müssen, winterlichen Froststress zu ertragen). An wenig produktiven Standorten dagegen (mit geringer Verfügbarkeit mineralischer Pflanzennährstoffe) verläuft die Abfolge der Pflanzenarten von Ruderal- zu Stresstoleranzstrategen, wobei oft eine Mischform aus Ruderal- und Stresstoleranzstrategen dazwischengeschaltet ist. Je produktiver der Standort ist, desto höher ist der Anteil an Konkurrenzstrategen in mittleren Stadien der Abfolge von Pflanzenarten.

Auch am C-S-R-Modell gab es Kritik. So ist die Zuordnung von Pflanzenarten zu bestimmten Strategietypen nicht immer eindeutig möglich und es kann schwierig sein, Stresstoleranz und Konkurrenzfähigkeit deutlich voneinander abzugrenzen. Außerdem berücksichtigt das Modell die Akklimatisationsfähigkeit von Pflanzenarten an für sie ungünstige Bedingungen nur ungenügend. Für bestimmte Fragestellungen kann es allerdings, wie auch andere ökologische Modelle, einen geeigneten Bezugsrahmen darstellen.

### 4.1.3 Konkurrenz durch direkte und indirekte Wechselwirkung

Konkurrenz zwischen Pflanzen tritt nicht nur um Ressourcen auf, sondern auch um für sie nützliche Partner in ihrer Lebensgemeinschaft. Insektenbestäubte Pflanzen sind bei ihrer Fortpflanzung auf die Anwesenheit einer ausreichend großen Anzahl bestäubender Insekten in ihrem Lebensraum angewiesen. Ist auf einer Wiese die Dichte blühender Pflanzen sehr gering, so ist dies für alle insektenbestäubten Pflanzen dort nachteilig, da die Wiese dann für die Insekten wenig attraktiv ist und daher nur wenig von diesen aufgesucht wird. Mit zunehmender Blütendichte wird die Wiese für die Bestäuber attraktiver und dementsprechend steigt die Anzahl der Insektenbesuche pro Pflanze. Wird die Blütedichte aber sehr hoch, nimmt die Zahl der Insektenbesuche pro Pflanze wieder ab, da die Anzahl der Insekten, die die Wiese anfliegen, nicht unbegrenzt ansteigt. In diesem Stadium konkurrieren die einzelnen Pflanzen im Effekt um die sie bestäubenden Insekten (◘ Abb. 4.5).

Eine eigene Kategorie der Konkurrenz bildet die **Konkurrenz durch direkte Wechselwirkung („interference competition")**, indem ein Pflanzenindividuum ein oder mehrere andere Individuen direkt beeinträchtigt. So können sich z. B. in einem Wald die Kronen dicht stehender Bäume bei starkem Wind gegenseitig mechanisch schädigen, indem deren Äste gegeneinander schlagen. Manche Baumarten sind gegenüber solchen Schäden weniger empfindlich oder können sich schneller regenerieren; dann haben sie gegenüber benachbarten Individuen einen Konkurrenzvorteil bei der Eroberung des Kronenraums durch ihre Äste.

Eine Form der Konkurrenz durch direkte Wechselwirkung ist auch die **Allelopathie**. Dieser Begriff bezeichnet generell die Ausscheidung von Hemmstoffen durch einen Organismus, wodurch Wachstum und Fortpflanzung anderer Organismen beeinträchtigt werden oder diese sogar absterben. Als klassisches Beispiel für Allelopathie bei Pflanzen wird die Wirkung des Walnussbaums *(Juglans regia)* auf die Keimung anderer Pflanzen betrachtet. In den Blättern und Früchten des Baums wird eine inaktive Vorstufe des späteren Hemmstoffs gebildet. Wenn diese Substanz aus dem Pflanzengewebe ausgewaschen wird und in den Boden gelangt, entsteht durch Oxidation die Verbindung **Juglon**, die die Keimung konkurrierender Pflanzen im Bodenbereich, der von der Krone des Walnussbaums überschirmt wird, stark behindert. Allerdings hat sich herausgestellt, dass die Bodenflora im mittelasiatischen bis mediterranen Herkunftsgebiet des Walnussbaums, der vermutlich erst durch die Römer in Mitteleuropa eingeführt wurde, an das Juglon angepasst ist und kaum eine Keimhemmung erfährt. Im Herkunftsgebiet des Walnussbaums könnte das

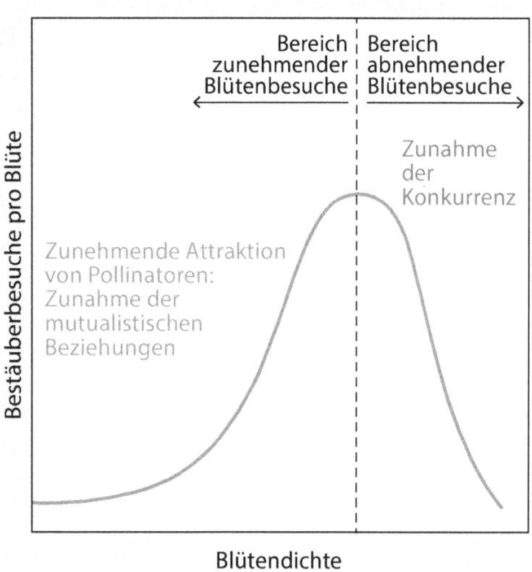


◘ **Abb. 4.5** Konkurrenz um Bestäuber: Zusammenhang zwischen Bestäuberbesuchen und Blütendichte. (Schulze et al. 2002)

Juglon somit v. a. zur Abwehr von Pflanzenfressern und Krankheitserregern dienen. Dieses Beispiel zeigt, dass die ökologische Interpretation der Wirkung eines Stoffs nicht immer einfach ist, sondern stets die Entstehung dieser Wirkung im Zusammenhang mit den Eigenschaften der betrachteten Pflanzenart und ihrem natürlichen Hauptverbreitungsgebiet beachtet werden muss. Ähnlich ist die Situation bei der in Europa und Kleinasien verbreiteten Gefleckten Flockenblume *(Centaurea stoebe)*, die Ende des 19. Jahrhunderts mit Sämereien nach Nordamerika eingeschleppt wurde. Sie gibt Catechin, eine aus Phenolen bestehende Verbindung, an den Boden ab, das in ihrem Herkunftsgebiet nur einen geringen Effekt auf andere Pflanzen ausübt, in Nordamerika jedoch Keimung und Wachstum einheimischer Gräser (nicht aber der Flockenblume) behindert. Da die Flockenblume zudem vom Vieh nicht gefressen wird, verfügt sie über einen großen Konkurrenzvorteil gegenüber einheimischen Graslandarten und kann sich auf deren Kosten stark ausbreiten.

Eine weitere Form der Konkurrenz ist die **indirekte** oder **apparente Konkurrenz („apparent competition")**. Diese Form der Konkurrenz tritt auf, wenn eine Art neu in einen Lebensraum gelangt und dadurch der Fraßdruck auf vorhandene Arten verstärkt wird. Auch dieser Mechanismus spielt eine Rolle bei der aggressiven Ausbreitung eingeschleppter Arten. So wurde in einer Dünenlandschaft an der Küste Kaliforniens beobachtet, dass eine in ihrem Bestand gefährdete Lupinenart *(Lupinus tidestromii)* stark darunter leidet, dass ihre Samen noch vor deren Verbreitung von der Nordamerikanischen Hirschmaus *(Peromyscus maniculatus)* gefressen werden, nachdem eine gebietsfremde Strandhaferart *(Ammophila arenaria)* eingeschleppt wurde. Diese Grasart bietet den Hirschmäusen Schutz, sodass sich mehr Tiere dieser Art in den Dünen aufhalten und Lupinenpflanzen in der Umgebung der Strandhaferhorste stärker befressen werden. Dadurch geht die Anzahl der Lupinenpflanzen in diesem Lebensraum zurück. Nach außen wirkt dies, d. h. es ist apparent, wie eine Konkurrenz zwischen der Lupinen- und der Grasart um Ressourcen, doch scheint dies nur so.

### 4.1.4 Koexistenz

Nicht immer allerdings ist in einem gemeinsamen Lebensraum das Vorkommen von Arten, die ähnliche oder gleiche Ressourcen nutzen, von Konkurrenz und Verdrängung geprägt. Entscheidend ist zunächst das Verhältnis von Ressourcenangebot zu Ressourcenbedarf: Zu einem konkurrenzbedingten Ausschluss einer Art kommt es nur, wenn das Angebot dauerhaft geringer ist als der Bedarf. Wenn Ressourcen ausreichend vorhanden sind, Ressourcen zu unterschiedlichen Zeiten oder an unterschiedlichen Orten genutzt werden oder eine Art auf andere Ressourcen ausweichen kann, ist **Koexistenz** möglich. Dies ist auch dann der Fall, wenn zwei konkurrierende Arten über die gleiche oder ähnliche Konkurrenzstärke verfügen und somit symmetrische Konkurrenz vorliegt. Auch **Störungen** wie z. B. Windwurf von Bäumen in einem Waldbestand, Überschwemmungen entlang von Flussufern oder Feuer in einem Grasland können die Konkurrenzverhältnisse zwischen Arten stark beeinflussen. Der Einfluss von Störungen auf Lebensgemeinschaften ist Gegenstand der **Hypothese der mittleren Störungshäufigkeit** („intermediate disturbance hypothesis"), die in der Form, in der sie heutzutage diskutiert wird, von dem US-amerikanischen Tierökologen Joseph Connell im Jahr 1978 veröffentlicht wurde. Sie besagt kurzgefasst, dass bei einem mittleren Störungsniveau, also bei mittlerer Häufigkeit und Intensität von Störungen, Konkurrenzausschluss seltener vorkommt und auch deshalb der Artenreichtum eines Lebensraums unter solchen Bedingungen am größten ist (siehe auch ► Abschn. 6.4.2).

## 4.2 Parasitismus zwischen Pflanzen

Parasitismus ist in der Natur weit verbreitet: Ein großer Teil aller Lebewesen lebt parasitisch und alle Arten können Parasiten haben. Parasiten (Schmarotzer) sind dadurch definiert, dass sie

1. ihren jeweiligen Wirt als Lebensraum nutzen;
2. in der parasitischen Phase ihres Lebenszyklus obligatorisch von mindestens einem für ihr Leben essenziellen Stoff abhängig sind, den sie von ihrem Wirt beziehen;
3. ihren Wirt schädigen.

Allerdings bringen Parasiten ihren Wirt nicht zwangsläufig zum Absterben. Dies kommt zwar vor, ist aber als Begleitschaden zu verstehen und für den Parasiten i. d. R. nachteilig, da er sich dadurch seine eigene Lebensgrundlage entzieht.

Durch seine Lebensweise hat der Parasit v. a. einen energetischen Vorteil: Sein Leben an, auf oder in dem Wirt bietet ihm eine gesicherte Versorgung mit den von ihm benötigten Stoffen, sodass er einen relativ großen Anteil seiner Energie in die Erzeugung von Nachkommen investieren kann. Parasiten, die viele Nachkommen erzeugen, erhöhen damit für ihren Nachwuchs die Wahrscheinlichkeit, einen geeigneten Wirt zu finden.

Die parasitischen Samenpflanzen gehören fast ausschließlich zu den Bedecktsamern (Angiospermen). Bei ihnen unterscheidet man zwischen **Hemiparasiten (Halbparasiten)** und **Holoparasiten (Vollparasiten)**. Hemiparasiten betreiben selbst Photosynthese, aber beziehen vom Wirt Wasser und darin gelöste Mineralstoffe. Dies geschieht durch sog. **Haustorien**, das sind zu Saugorganen umgebildete Wurzel- oder Sprossabschnitte, mit denen sie das Xylem ihrer Wirtspflanze anzapfen (◘ Abb. 4.6a; ► Abschn. 2.2.1). Hemiparasitische Pflanzen sind z. B. die Arten der Gattungen Wachtelweizen *(Melampyrum)*, die an Wurzeln von Wald-

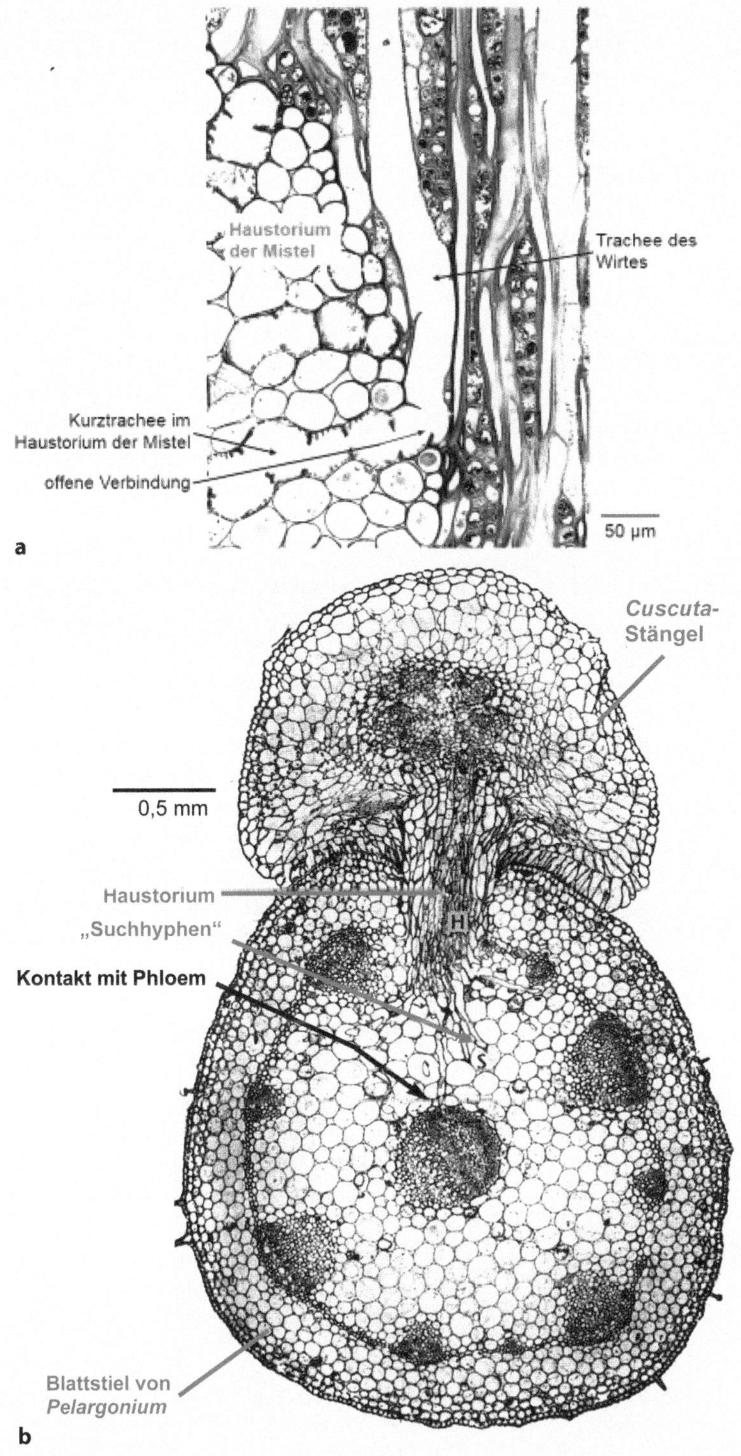


**Abb. 4.6** Anschluss von Hemi- und Holoparasiten an das Leitgewebe ihrer Wirte. **a** Haustorium einer Mistel auf einem Apfelbaum; **b** Haustorium (*H*) des Teufelszwirns *(Cuscuta odorata)* mit Suchhyphen (*S*) auf *Pelargonium zonale*. (Aus Sitte et al. 2002, Kap. 4.2, S. 173, Abb. 4-39; mit Genehmigung von Springer Nature)

bäumen und Zwergsträuchern wie dem Heidelbeerstrauch parasitieren, sowie Arten des Klappertopfs *(Rhinanthus)* auf Grasarten und parasitierende Arten der Mistel *(Viscum)* auf Tannen, Kiefern und Laubhölzern. Um ihrem Wirt Wasser zu entziehen, müssen sie in ihren Blättern ein Wasserpotenzial aufbauen, das negativer ist als das Wasserpotenzial im Xylem ihres Wirts. Dies wird durch hohe Transpirationsraten pro Einheit Blattoberfläche des Hemiparasiten erreicht. Holoparasiten betreiben selbst keine Photosynthese und ihre Stängel und Blätter sind chlorophyllfrei. Vom Wirt beziehen sie nicht nur Wasser und Mineralstoffe, sondern auch Assimilate und müssen deshalb Anschluss an das Phloem ihres Wirts finden (▶ Abschn. 2.2.1 und 3.2.4). Beispiele für Holoparasiten sind die artenreichen und weit verbreiteten Gattungen Teufelszwirn *(Cuscuta)*, deren Vertreter die Stängel ihrer Wirtspflanzen befallen (◘ Abb. 4.6b), und die Sommerwurz *(Orobanche)*, deren Haustorien in die Wurzeln ihrer Wirte eindringen. Manche holoparasitischen Pflanzenarten wie die Nestwurz (Gattung *Neottia*), eine Orchidee, beziehen die von ihr benötigten anorganischen und organischen Stoffe von bodenlebenden Pilzen.

## 4.3 Abwehrmechanismen von Pflanzen

Jede Pflanzenart wird in mehr oder weniger starkem Ausmaß von Pflanzenfressern oder **Herbivoren** befressen. Gegen diese **Herbivorie** verfügen Pflanzen über eine Reihe von Abwehrmaßnahmen. Eine gewisse Abwehr wird bereits durch morphologische und anatomische Eigenschaften erreicht. So erschweren einzellige Haare oder **Trichome** auf Blatt- oder Stängeloberflächen beispielsweise der Goldrute (Gattung *Solidago*) das Fortkommen kriechender Herbivoren wie z. B. Milben. Dadurch wird deren Fraßintensität deutlich reduziert. Manche Trichome, beispielsweise die Trichome von Primeln (Gattung *Primula*), tragen an ihrem oberen Ende auch Kapseln mit hautreizenden Ölen, die insbesondere gegen pflanzenfressende Säugetiere wirksam sind. Gegen diese Pflanzenfresser wirken auch Brennhaare wie die der Brennnessel *(Urtica dioica)*: Die durch Einlagerung von Kieselsäure gehärtete Spitze der Brennhaare bricht bei Berührung ab und es wird Ameisensäure in die Haut des Herbivoren injiziert, die schmerzhafte Schwellungen verursacht.

Außer Trichomen können auch Stacheln oder Dornen, verholzte Gewebe und Silikateinlagerungen in die Blätter z. B. von Gräsern, Palmen und Schachtelhalmen als Herbivorenabwehr fungieren. Sehr wirksam gegen Herbivore können auch **sekundäre Pflanzeninhaltsstoffe** sein. Als sekundär werden sie bezeichnet, da sie im Allgemeinen keine unmittelbare Bedeutung für Wachstum und Entwicklung der Pflanze haben, sondern ökologisch wirksam sind. Gemäß ihrer chemischen Zusammensetzung lassen sie sich in drei große Stoffgruppen einteilen: **Terpenoide**, **phenolische Verbindungen** und **stickstoffhaltige Verbindungen**, zu denen auch Alkaloide gehören.

**Terpenoide** setzen sich im Wesentlichen aus Terpenen zusammen, deren Grundbaustein das Isopren ist (◘ Abb. 4.7a). Terpene sind in allen Pflanzen enthalten. Terpene, die aus zehn oder 15 C-Atomen bestehen, sind flüchtig. Zu ihnen gehören die **ätherischen Öle** von Basilikum, Pfefferminz, Salbei und Zitrone, die insbesondere Insekten vertreiben (aber von Menschen als Gewürz, Duftstoff oder Bestandteil von Heilmitteln genutzt werden). Diterpene (Terpene mit 20 C-Atomen) finden sich in erheblichen Mengen im Baumharz; sie wirken giftig und abschreckend auf Pflanzenfresser. Polyterpene, die aus einer Vielzahl von Isopreneinheiten zusammengesetzt sind, sind z. B. im Kautschuk des Kautschukbaums *(Hevea brasiliensis)* und in Milchröhren verschiedener Pflanzenarten enthalten. Sie wehren Pflanzenfresser ab, haben aber wohl auch eine Schutzfunktion bei der Wundheilung nach mechanischen Verletzungen.

Eine besondere Untergruppe der Terpenoide bilden die **Herzglykoside**, die beispielsweise im Fingerhut *(Digitalis)*, Maiglöckchen *(Convallaria majalis)* und Oleander *(Nerium oleander)* vorkommen und insbesondere für Säugetiere sehr giftig sind. Eine spezielle Wirkung entfaltet ein triterpenisches Herzglykosid, das von Seidenpflanzen der Gattung *Asclepias* synthetisiert wird und giftig für Vögel und Säugetiere ist. Die Raupen des Monarchfalters *(Danaus plexippus)*, die sich von der Seidenpflanze ernähren, werden von dieser Substanz nicht geschädigt (sofern diese eine bestimmte Menge nicht übersteigt), sondern lagern sie in ihren Körpern ein. Wird eine solche Raupe oder der sich daraus entwickelnde Falter von einem Vogel gefressen, so erzeugt das Gift bei diesem Übelkeit und Erbrechen, sodass der Vogel spätestens nach wenigen weiteren Versuchen gelernt hat, die auffällig gefärbten Raupen als Beute zu meiden. Das Gift wirkt allerdings nicht tödlich auf den Vogel. Im Gegenteil macht sein Überleben den Lernprozess der Beutevermeidung erst möglich, wodurch zwar nicht das einzelne Raupen- oder Falterindividuum, wohl aber die gesamte Monarchfalterpopulation in diesem Lebensraum den Vorteil eines geringeren Räuberdrucks hat. Manche Vögel sind jedoch an den Giftstoff angepasst und können herzglykosidhaltige Raupen oder Falter unbeschadet fressen.

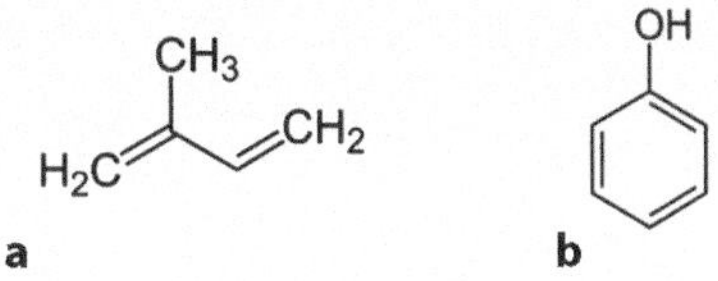

**Phenolische Verbindungen** mit dem Grundbaustein Phenol (◘ Abb. 4.7b) umfassen eine Reihe unterschiedlicher Stoffe. Einfache Phenole wie z. B. die Kaffeesäure wirken antimikrobiell und allelopathisch (▶ Abschn. 4.1.3) und dienen als Fraßschutz. Die zu den Phenolcarbonsäuren gehörende Salicylsäure erhöht die Widerstandsfähigkeit von Pflanzen nach einer Schädlingsattacke durch ihre Wirkung als Signalstoff innerhalb der Pflanze, der physiologische Abwehrreaktionen induziert. Ihren Namen erhielt sie von den Weidenbäumen (Gattung *Salix*), aus deren Borke man früher ihre Vorstufe gewonnen hat. Sie wurde bereits im Altertum als Schmerzmittel genutzt und ist heutzutage u. a. Bestandteil des Schmerzmittels Aspirin. **Tannine** (Gerbstoffe), die u. a. in relativ hohen Konzentrationen in Pflanzenorganen von Eichen enthalten sind, inaktivieren Proteine von Pflanzenfressern und verringern somit die Verdaubarkeit des Pflanzenmaterials. **Flavonoide** treten besonders in Bedecktsamern (Angiospermen) auf und haben dort vielfältige Funktionen, zu denen auch der Schutz vor Herbivoren gehört. **Lignin**, der Grundbaustein des Holzes und nach der Cellulose die häufigste organische Verbindung auf der Erde, setzt sich aus den phenolischen Verbindungen Coniferyl-, Cumaryl- und Sinapylalkohol zusammen, wobei im Holz von Gymnospermen der Coniferylalkohol überwiegt, während das Holz von Dikotylen Coniferyl- und Sinapylalhohol in mehr oder weniger gleichen Mengen, Cumarylalkohol aber nur in Spuren enthält. Lignin besteht aus einer sehr komplexen, dreidimensionalen Vernetzung dieser phenolischen Komponenten und ist als einzelnes Molekül grafisch nicht darstellbar. Der biologische Abbau kann nur an relativ wenigen Stellen dieser Verbindung ansetzen. Entsprechend langwierig ist der Abbauprozess, der nur von bestimmten Pilzarten durchgeführt werden kann, die man zur Gruppe der **Weißfäulepilze** zusammenfasst (da das nach dem beginnenden Ligninabbau zurückbleibende Produkt, die Cellulose, weißlich gefärbt ist).

$CH_3$ $H_2C$ $CH_2$ a OH b

◘ **Abb. 4.7** Grundbausteine von zwei Stoffgruppen der sekundären Pflanzeninhaltsstoffe. **a** Isopren, der Grundbaustein der Terpene; **b** Phenol, der Grundbaustein phenolischer Verbindungen

**Stickstoffhaltige Verbindungen** umfassen u. a. die aus Aminosäuren synthetisierten **Alkaloide**, von denen etliche insbesondere für Säugetiere hochgiftig sind, von Menschen in geringen Dosen aber je nach Verbindung als Beruhigungs-, Anregungs- oder Heilmittel genutzt wurden oder werden. Dazu gehören beispielsweise Atropin (in Nachtschattengewächsen, z. B. in der Tollkirsche [*Atropa bella-donna*]), Cocain (im Cocastrauch *Erythroxylum coca*), Coffein (u. a. in Kaffee-Arten der Gattung *Coffea*), Nicotin (in Tabakpflanzen-Arten der Gattung *Nicotiana* und in anderen Arten der Nachtschattengewächse), Morphin (im Schlafmohn *Papaver somniferum*) und Strychnin (in den Brechnuss-Arten *Strychnos nux-vomica* und *S. ignatii*).

Unter anderem in manchen Arten der Rosengewächse und in einigen Populationen von Klee-Arten kommen stickstoffhaltige **cyanogene Glycoside** vor. Bei Verletzung des Gewebes wird Cyanwasserstoff (Blausäure) freigesetzt, eine Verbindung, die für nahezu alle Tiere giftig ist, da sie die Atmungskette der Zellen hemmt. **Glucosinolate** sind der Ausgangsstoff der Senföle, die durch ihren stechenden Geruch und Geschmack fraßhemmend wirken, aber auch toxisch für Bakterien und Pilze sind.

**Verstärkte Abwehr, Frühwarnsysteme und „Hilferufe" – Reaktionen von Pflanzen auf Pflanzenfresser**

Von außen einwirkende Beschädigungen ihrer Organe rufen bei Pflanzen Abwehrreaktionen hervor: Verstärkt werden Signalstoffe gebildet, die die Produktion sekundärer Pflanzeninhaltsstoffe durch die Pflanze erhöhen. Allerdings spielt es für die Intensität der Reaktion eine Rolle, ob eine rein mechanische Einwirkung vorliegt oder ob tatsächlich ein Pflanzenfresser angreift. Dies ist schon seit Längerem bekannt, wurde aber kürzlich an Jungpflanzen des Berg-Ahorns *(Acer pseudoplatanus)* und der Rotbuche *(Fagus sylvatica)* an einem natürlichen Wuchsort erneut nachgewiesen (Ohse et al. 2016). An einem Teil der Pflanzen wurden obere Knospen und Blätter abgeschnitten. Bei einer Teilgruppe der auf diese Weise beschnittenen Pflanzen wurde auf die Schnittstellen Speichel von Rehen *(Capreolus capreolus)* aufgetragen. Das Abschneiden von Gewebe führte bei beiden Baumarten zu einer Aktivierung von Jasmonaten, das sind Pflanzenhormone, die die Produktion von sekundären Pflanzeninhaltsstoffen aktivieren. Eine zusätzliche Applikation von Rehspeichel aber erhöhte die Produktion von Salicylsäure in den Buchenblättern sowie von Tanninen und Flavonolen in den Ahornblättern. Beide Stoffgruppen fungieren als Abwehrstoffe gegen Pflanzenfresser. Ausgelöst wurden diese Reaktionen offensichtlich durch spezifische Verbindungen im Speichel der Rehe. Andere Untersuchungen an Bäumen, aber auch an anderen Pflanzengruppen haben gezeigt, dass sich gleichartige, aber auch andersartige Pflanzenindividuen von durch Pflanzenfresser attackierten Pflanzen warnen lassen können (siehe z. B. Baldwin et al. 2006). Von Herbivoren befressene Pflanzen geben flüchtige organische Verbindungen („volatile organic compounds", VOC) an die Umgebungsluft ab. Treffen diese Verbindungen durch Luftbewegungen auf andere, noch nicht befressene Pflanzen, so können bei diesen bereits effektive Abwehrreaktionen eingeleitet werden, bevor der Pflanzenfresser angreift. Die Abgabe derartiger Verbindungen kann aber auch als „Hilferuf" wirken: Insbesondere im Fall von Insekten oder Milben als Pflanzenfresser können Fraßfeinde dieser Pflanzenfresser angelockt werden, die dann die Herbivoren wirksam attackieren und die Pflanze zumindest teilweise von den Pflanzenfressern befreien (siehe z. B. Frost et al. 2008).

## 4.4 Mutualismus und Begünstigung („facilitation")

Als **Mutualismus** (lat. „mutuus" für gegenseitig) bezeichnet man das Zusammenleben, oft auf engem Raum, zweier unterschiedlicher biologischer Arten zu ihrem gegenseitigen Vorteil. Für diesen Begriff, der im angloamerikanischen Sprachraum mit gleicher Bedeutung als „mutualism" bezeichnet wird, verwendet man im Deutschen auch den Ausdruck **Eu-Symbiose**, was so viel wie echtes Zusammenleben bedeutet. Verwirrenderweise wird im deutschen Sprachgebrauch die Bezeichnung **Symbiose** auch noch als gleichbedeutend mit Mutualismus benutzt. Der Begriff Symbiose wurde ursprünglich von dem deutschen Naturwissenschaftler und Mediziner Anton de Bary in einer Veröffentlichung aus dem Jahr 1879 geprägt und als Zusammenleben ungleichnamiger Organismen definiert. Er bezog sich dabei insbesondere auf die Flechten, die allerdings das klassische Beispiel für eine Eu-Symbiose beziehungsweise einen Mutualismus sind. In englischsprachiger Literatur wird mit „symbiosis" auch heutzutage im Allgemeinen das Zusammenleben zweier Arten samt ihrer Wechselwirkungen bezeichnet, unabhängig davon, ob dieses Zusammenleben Vorteile für die betreffenden Arten mit sich bringt.

### 4.4.1 Flechten

Die Lebensgemeinschaft einer Flechte besteht aus dem Zusammenleben einer autotrophen (Photosynthese betreibenden) Grünalgen- oder Cyanobakterienart (einer bestimmten Bakterienform) einerseits und einer heterotrophen (auf organische Verbindungen angewiesenen) Pilzart andererseits. Obwohl sie aus verschiedenen Arten zusammengesetzt sind, werden die spezifischen Flechtenformen botanisch als eigenständige Arten betrachtet. Dies ist auch insofern gerechtfertigt, als der jeweilige Flechtenpilz außerhalb der Flechte nicht frei lebend vorkommt und sich die Algenart nicht mehr geschlechtlich (generativ), sondern nur noch ungeschlechtlich (vegetativ) fortpflanzen kann. Der

## Theorie der optimalen Abwehr („optimal defense theory")

Pflanzliche Abwehrstoffe lassen sich in zwei Gruppen einteilen. **Konstitutive Wirkstoffe** werden i. d. R. auch ohne Angriff durch Herbivore gebildet und sind somit in Pflanzenorganen ständig vorhanden. Auf diese Weise schützen sie die Pflanze dauerhaft und umfassend, sind aber für die Pflanze recht kostspielig, da sie bei deren Wachstum stetig mitproduziert werden müssen. Zu diesen Wirkstoffen gehören z. B. die im Gewebe von Eichen gebildeten Gerbstoffe. Konstitutive Wirkstoffe werden auch als **quantitative Wirkstoffe** bezeichnet, da sie oft erst bei relativ hohen Konzentrationen sehr effektiv sind. **Qualitative Wirkstoffe** dagegen sind auch in kleinen Mengen giftig. Ihre Produktion wird aber erst durch einen Herbivorenangriff induziert, daher werden sie auch als **induzierbare Wirkstoffe** bezeichnet. Die Bildung dieser Abwehrstoffe erfolgt allerdings relativ schnell. Da sie nicht ständig synthetisiert werden, bereiten sie der Pflanze geringere Fixkosten und sind somit aus energetischer Sicht vorteilhaft. Langlebige und für Herbivore leicht auffindbare Pflanzenarten, wie z. B. Waldbäume, tendieren zur Investition in **konstitutive Wirkstoffe**. Relativ kurzlebige Pflanzen dagegen besitzen einen gewissen Schutz bereits dadurch, dass ihr Vorkommen in Raum und Zeit schlecht vorhersehbar ist. Daher kommen sie auch mit einer geringeren Investition in ihre Abwehrmechanismen aus. Etliche von ihnen bilden, wenn Abwehrstoffe erforderlich sind, **induzierbare Toxine**. Eine kürzlich durchgeführte **Metaanalyse**, also eine Studie, in der die Ergebnisse zahlreicher Einzeluntersuchungen vergleichend ausgewertet werden, bestätigte im Großen und Ganzen die Hypothese, dass sich krautige Pflanzen eher durch qualitative (induzierbare) Wirkstoffe und die im Vergleich dazu auffälligeren Gehölzarten eher durch quantitative (konstitutive) Abwehrmechanismen vor Herbivoren schützen (Smilanich et al. 2016). Chemische Abwehrmechanismen können sich von Art zu Art und innerhalb einer einzelnen Pflanze von einem Organ zum anderen (oder sogar innerhalb eines Organs) unterscheiden. Wichtige Pflanzenteile genießen dann einen konstitutiven (aber kostspieligeren), weniger wichtige Pflanzenteile einen induzierbaren (und damit kostengünstigeren) Schutz. Ein Beispiel dafür sind Pflanzen aus Wildvorkommen des einjährigen Garten-Rettichs (*Raphanus sativus*, Familie Brassicaceae), die von Raupen des Kleinen Kohlweißlings *(Pieris rapae)* befressen werden. Ihre Blütenkronblätter, die für diese insektenbestäubte Art sehr wichtig für die Fortpflanzung sind, werden konstitutiv durch eine relativ hohe Konzentration an Glucosinolaten geschützt (aus Glucosinolaten, die den Pflanzenteilen vieler Arten der Kreuzblütler [Brassicaceen] einen scharfen Geschmack verleihen, entstehen bei Verletzung scharf schmeckende oder stechend riechende **Senföle**). Ein gewisser Gewebeverlust von Laubblättern, die für die Fortpflanzung nicht unmittelbar erforderlich sind, ist dagegen für die Pflanze nicht besonders nachteilig. Für die Laubblätter ist daher – bei ständigem Vorhandensein einer gewissen Hintergrundkonzentration des Abwehrstoffs – ein induzierbarer Schutz ausreichend, der energetisch günstiger ist, als es eine ständige Produktion größerer Mengen an Toxin für die relativ große Masse von Laubblättern wäre. Allerdings kann bei starkem Fraß auch eine hohe Toxinkonzentration in Blättern erreicht werden (◘ Abb. 4.8).

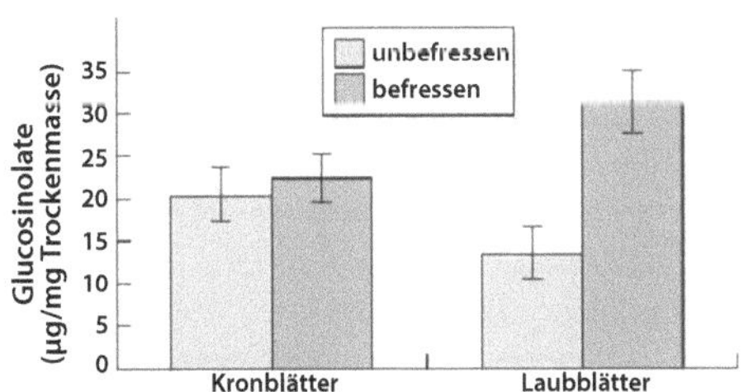


◘ **Abb. 4.8** Glucosinolat-Konzentration in unbefressenen und befressenen Pflanzenteilen des Garten-Rettichs (Mittelwerte mit Standardfehlern). In einem Experiment ließ man Raupen des Kleinen Kohlweißlings *(Pieris rapae)* an Pflanzen aus Wildvorkommen des Garten-Rettichs (*Raphanus sativus*), einer einjährigen Pflanzenart, fressen und untersuchte die Konzentration von Glucosinolaten (von dieser Pflanzenart gegen Pflanzenfresser gebildete Abwehrstoffe) in Kron- und Laubblättern im Vergleich mit Kontrollpflanzen ohne Raupenbesatz. Die Ergebnisse deuten auf einen konstitutiven Schutz durch Glucosinolate in den Kronblättern (nahezu gleiche Glucosinolat-Konzentrationen in befressenen und unbefressenen Pflanzen), aber auf einen induzierbaren Schutz vor dem Pflanzenfresser in den Laubblättern hin (signifikant höhere Glucosinolat-Konzentration in den Blättern nach Beginn des Fraßes). (Aus Townsend et al. 2009)

gegenseitige Vorteil des Zusammenlebens besteht darin, dass die Photosynthese betreibende Algen- oder Cyanobakterienart ihrem Pilzpartner Kohlenhydrate zur Verfügung stellt und der Pilz der Flechte Lebensraum sowie Schutz vor Fraß und Austrocknung gibt. Der Pilz bestimmt auch die Struktur der Flechte: Je nach ihrer Wuchsform unterscheidet man Krusten-, Laub- (oder Blatt-) und Strauchflechten. Insgesamt existieren ungefähr 16.000 Flechtenarten (◘ Abb. 4.9).

Flechten sind austrocknungsresistente Besiedler von Extremstandorten: Sie sind sehr resistent gegen Hitze (bis 70 °C) und Kälte (bis −196 °C). Allerdings wachsen sie nur sehr langsam (bei Krustenflechten beträgt der Durchmesserzuwachs oft nur wenige Millimeter pro Jahr), können aber unter Umständen ein hohes Alter erreichen (manche Krustenflechten werden über 100 Jahre alt).

◘ **Abb. 4.9** Flechtengesellschaft in der alpinen Stufe Äthiopiens (> 4000 m). Die wichtigste Quelle an Mineralstoffen dort sind Ausscheidungen von Vögeln. (Aus Schulze et al. 2002, Kap. 4.3, S. 722, Abb. 4.3.19; mit Genehmigung von Springer Nature)

### 4.4.2 Symbiotische Luftstickstofffixierer

Eine Form der Eu-Symbiose, die auch für den Stoffhaushalt von Ökosystemen eine große Bedeutung hat, ist das Zusammenleben von luftstickstofffixierenden Bakterien mit Höheren Pflanzen. Ohne Beteiligung dieser Bakterien können Höhere Pflanzen Stickstoff nur in mineralischer Form als Ammonium ($NH_4^+$) oder Nitrat ($NO_3^-$; ► Abschn. 3.3.1) sowie – in gewissen Anteilen – in organischer Form aufnehmen (was in den meisten Ökosystemen mengenmäßig eine nur geringe Rolle spielt). Einige Bakterienarten sind aber in der Lage, in einem relativ energieaufwendigen Stoffwechselprozess den in der Atmosphäre reichlich vorhandenen molekularen Stickstoff ($N_2$) in Ammoniak ($NH_3$) zu überführen, eine Verbindung, die sich in Wasser zu $NH_4^+$ löst und in dieser Form von Pflanzenzellen aufgenommen werden kann. Derartige Bakterienarten kommen in 19 Bakterienfamilien vor, acht davon sind Familien der Cyanobakterien (wegen ihrer blaugrünen Farbe früher unpassenderweise als Blaualgen bezeichnet). Stickstofffixierende Cyanobakterien gehören beispielsweise zu den weit verbreiteten Gattungen *Anabaena* und *Nostoc*. Andere wichtige stickstofffixierende Bakteriengattungen sind *Rhizobium*, *Bradyrhizobium* und weitere, die mit Pflanzenarten der Familie Fabaceae in Symbiose leben, sowie Bakterien der Gattung *Azospirillum* (in Süßgräsern *[Poaceae]*) und Actinomyceten der Gattung *Frankia*, die eine Symbiose mit Erlen eingehen.

Von allen Lebewesen sind ausschließlich diese und einige andere Bakterienarten dazu befähigt, $N_2$ zu fixieren; alle anderen Lebensformen einschließlich Pilze können dies nicht. Infolgedessen ist auch das zur Stickstofffixierung nötige Enzym **Nitrogenase** nur bei Bakterien zu finden. Seine Aktivität wird von molekularem Sauerstoff ($O_2$) gehemmt, deshalb muss es vor $O_2$ abgeschirmt werden. In den Wurzeln der Fabaceen, in denen symbiotische, stickstofffixierende Bakterien, die **Rhizobien**, in knöllchenartigen Strukturen leben (◘ Abb. 4.10), geschieht dies durch das **Leghämoglobin**, ein Protein, das speziell in dieser Familie, die früher als Leguminosen bezeichnet wurde, vorkommt. Es ist ähnlich wie das Hämoglobin im Blut von Wirbeltieren aufgebaut und bindet $O_2$ sogar noch effektiver. Die Bestandteile des Leghämoglobins werden teils von der Pflanze, teils von den Bakterien synthetisiert. Auf diese Weise werden in den Wurzelknöll-

**Abb. 4.10** Eu-Symbiose zwischen einer Pflanze aus der Familie der Fabaceae und den in ihren Wurzeln lebenden Knöllchenbakterien (Rhizobien). Knöllchen an den Wurzeln; frei im Boden lebende Rhizobien heften sich an Bindungsstellen der pflanzlichen Wurzelhaare an, wodurch die Pflanze zur Bildung eines Knöllchens angeregt wird. (Aus Gurevitch et al. 2006)

chen sauerstoffarme Bedingungen geschaffen, die Voraussetzung für die Aktivität der Nitrogenase sind. Die Rhizobien profitieren von der Symbiose durch starke Vermehrung im Bereich der Wurzeloberfläche ihrer Wirtspflanze. Die Pflanze profitiert in Form zusätzlicher Stickstoffzufuhr, was insbesondere an mineralstickstoffarmen Standorten von Bedeutung ist. Da auch die Pflanze schließlich abstirbt, gelangt durch die Aktivität der stickstofffixierenden Bakterien deutlich mehr Stickstoff in das Ökosystem, als es sonst der Fall wäre.

Symbiotische Stickstofffixierer, die nicht innerhalb von Pflanzengewebe leben, müssen sich auf andere Weise vor einer zu hohen $O_2$-Konzentration schützen. Im Cyanobakterium *Anabaena azollae*, das in den Blattachseln von Pflanzen der tropischen Wasserfarngattung *Azolla* lebt, befindet sich die Nitrogenase in sog. **Heterozysten,** das sind Zellen, in denen im Gegensatz zu den anderen Zellen des fadenförmigen Zellverbands keine Photosynthese betrieben und damit auch kein $O_2$ freigesetzt wird. Außerdem setzt die verdickte Zellwand der Heterozysten einer zelleinwärts gerichteten Diffusion von $O_2$ einen relativ hohen Widerstand entgegen.

Auch manche frei lebenden Bakterien sind zur Stickstofffixierung befähigt. Ihre Fixierungsleistung ist aber geringer als diejenige der symbiotischen Stickstofffixierer (Tab. 4.2).

**Tab. 4.2** Flächenbezogene Stickstofffixierungsleistung symbiotischer und nicht symbiotischer Stickstofffixierer. (Aus Larcher 2001)

| Stickstofffixierer | Stickstofffixierung (kg $N_2$ pro Hektar und Jahr) |
|---|---|
| **Symbiotische Stickstofffixierer und Symbiosepartner** | |
| Cyanobakterium *Anabaena azollae*, Wasserfarn *Azolla* | 60–120 |
| *Rhizobien*, Arten der Fabaceae | 55–140 (Maximum: 400) |
| *Frankia*, Erlen-Arten (Gattung *Alnus*) | Bis zu 200 |
| **Standorte mit frei lebenden Stickstofffixierern** | |
| Subarktis, Arktis | 0,1–2 |
| Ackerböden, gemäßigte Zone (nach Gründüngung mit Pflanzen) | < 10 |
| Reisfelder der Tropen | 50–70 |

### 4.4.3 Mykorrhiza

Eine global weit verbreitete Form des Mutualismus ist die **Mykorrhiza** (altgr. „mykes" für Pilz; „rhiza" für Wurzel), das Zusammenleben von Pflanze und Pilz zu gegenseitigem Nutzen. In allen terrestrischen Ökosystemen spielt die Mykorrhiza eine wichtige Rolle für die Ernährung und das Wachstum der Pflanzen, nur in sehr kalten und in sehr trockenen Lebensräumen ist ihre Bedeutung geringer. Die ungefähr 6000 Pilzarten, die mit Pflanzen eine Mykorrhiza bilden können, finden sich in verschiedenen systematischen Gruppen der Pilze. Manche Pilzarten wie die auch als Speisepilze sehr geschätzten Arten der Gattung Steinpilz *(Boletus)* kommen ausschließlich zusammen mit ihren pflanzlichen Partnern (beim Steinpilz Baumarten) vor; infolgedessen ist es nicht möglich, diese Pilze ohne ihren Pflanzenpartner zu züchten. Das Vorkommen mancher Pilzarten ist relativ stark auf bestimmte Pflanzenarten angewiesen. Ungefähr 90 % aller Landpflanzenarten können mit Pilzen in einen Mykorrhizamutualis-

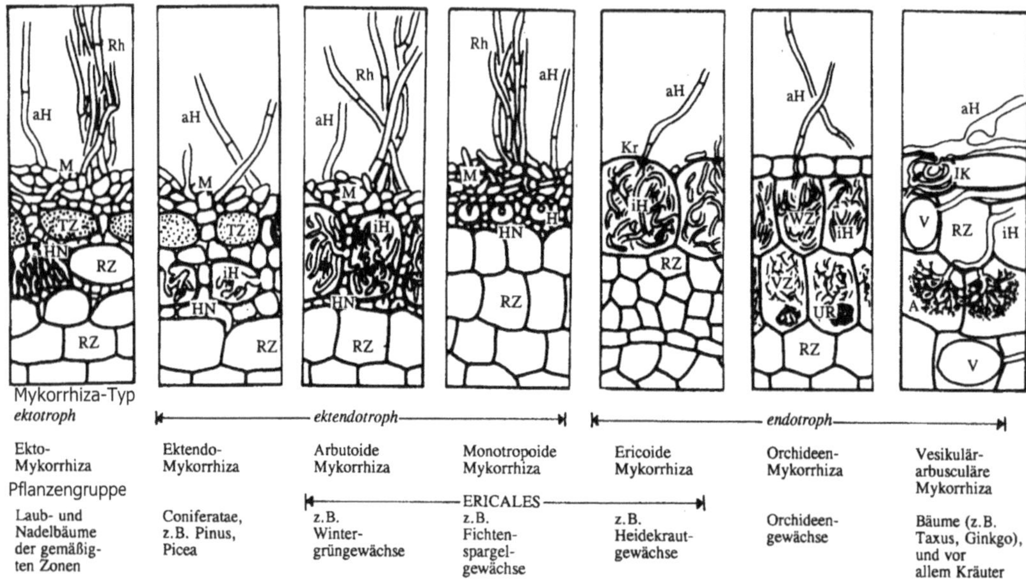


**■ Abb. 4.11** Mykorrhizatypen und Pflanzengruppen, in denen sie vorkommen. *A* Arbuskel, *aH* abziehende Hyphe, *H* Haustorium (in die Wurzelzelle eindringender Hyphenfortsatz), *HN* Hartigsches Netz, *iH* intrazelluläre Hyphe, *IK* Infektionsknäuel, *Kr* Kragen (Wandverdickung), *M* Hyphenmantel, *Rh* Rhizomorphe (Hyphenbündel), *RZ* Rindenzelle, *TZ* Tanninzelle, *UR* unverdaute Reste, *V* Vesikel (Bläschen), *VZ* Verdauungszone, *WZ* Wirtszone. (Aus Steffens et al.1994)

mus eintreten, wobei die Pflanzen i. d. R. keine enge Bindung an eine bestimmte Pilzart aufweisen.

Der jeweilige Mykorrhizapilz versorgt die Pflanze, mit der er in Symbiose lebt, über deren Wurzeln insbesondere mit mineralischen Stickstoff- und Phosphorverbindungen sowie mit anderen Mineralstoffen und mit Wasser. Die als **Hyphen** bezeichneten Zellfäden des Mykorrhizapilzes, der wie sämtliche existierende Pilzformen kein echtes Gewebe bilden kann, durchziehen den Boden über viel weitere Distanzen, als es die Wurzelhaare der Pflanzen vermögen. So werden die Bodenressourcen an Mineralstoffen viel gründlicher ausgebeutet und infolgedessen erhält der pflanzliche Symbiosepartner deutlich mehr Mineralstoffe, als er mit seinen eigenen Wurzeln aufnehmen könnte. Der Stoffaustausch erfolgt über die Rindenzellen der Spitzen von Feinwurzeln (▶ Abschn. 2.2.2), die bei manchen Mykorrhizaformen dicht von den Pilzhyphen umhüllt werden. Man nimmt an, dass Mykorrhizapilze auch die Resistenz ihres Pflanzenpartners gegenüber Krankheitserregern (Pathogenen) erhöhen.

Der Stoffaustausch zwischen Pilzhyphe und Pflanzenwurzel erfolgt bei der **ektotrophen Mykorrhiza** über die Zelloberflächen, indem die Pilzhyphen in den Zellzwischenräumen der Wurzelrinde ein dichtes Geflecht, das nach dem deutschen Forstbotaniker Robert Hartig benannte Hartigsche Netz, ausbilden. Bei der **endotrophen Mykorrhiza** dagegen dringen die Pilzhyphen direkt in die Zellen der Wurzelrinde ein (■ Abb. 4.11). Zwischen beiden Formen existieren Übergänge (**ektendotrophe Mykorrhiza**). Während die meisten mitteleuropäischen Baumarten mit Pilzen in Form einer Ekto- oder Ektendomykorrhiza vergesellschaftet sind (■ Tab. 4.3), ist die weltweit häufigste Mykorrhizaform die **vesikulär-arbuskuläre Mykorrhiza** oder abgekürzt **VA-Mykorrhiza.** Bei dieser Mykorrhizaform bilden die Pilzhyphen in den Zellen der Wurzelrindenzellen bläschen(vesikel)- und bäumchen(arbuskel)-artige Strukturen aus und stellen damit eine Form der Endomykorrhiza dar. Der Stoffaustausch geschieht über die Arbuskeln. Eine besondere Form der Mykorrhiza ist die Orchideen-Mykorrhiza, eine Endomykorrhiza, die bei fast allen

**Tab. 4.3** Wichtige einheimische Baum- und Straucharten oder -gattungen mit (überwiegend) Ekto- oder Ektendomykorrhiza. (Nach Steffens et al. 1994)

| Stark mykotroph (bilden regelmäßig Mykorrhiza, wachsen ohne Mykorrhiza nur kümmerlich) | | Schwach mykotroph (bilden gelegentlich Mykorrhiza, können ohne diese relativ gut gedeihen) | Nicht mykotroph (bilden keine Mykorrhiza) |
|---|---|---|---|
| Nadelbäume | Laubbäume | | |
| Douglasie, Eibe[a], Fichte[b], Kiefer[b], Lärche, Tanne | Birke[b], Eiche, Esskastanie, Hainbuche, Hasel, Pappel (Espe[b]), Rotbuche, Weide | Ahorn, Apfel, Birne, Eberesche, Esche[a], Kirsche, Linde, Walnuss, Weißdorn | Robinie, Rosskastanie, Wacholder |

[a] VA-Mykorrhiza; [b] Übergänge zu endotropher Mykorrhiza

Orchideen-Arten vorkommt. Erstens sind bereits deren sehr kleine, mit wenig Reservestoffen ausgestattete Samen bei Keimung und Entwicklung auf mutualistische Pilzarten angewiesen. Zweitens werden bei dieser Mykorrhizaform diejenigen Pilzhyphen, die in tiefere Bereiche der Wurzelrinde eindringen, von den Wurzelzellen zerstört; der Stoffaustausch zwischen Pilz und Pflanze ist auf die äußeren Zellschichten der Wurzelrinde begrenzt.

Mykorrhizapilze können über ihr komplexes Netzwerk mit mehreren Baumindividuen in Beziehung stehen, auch wenn diese Bäume unterschiedlichen Arten angehören. Kürzlich wurde nachgewiesen, dass sich auch Bäume unterschiedlicher Artzugehörigkeit über die Mykorrhiza gegenseitig mit organischen Kohlenstoffverbindungen versorgen können. Auf diese Weise erhält wohl auch der Mykorrhizapilz mehr organisch gebundenen Kohlenstoff und wird dadurch in Wachstum und Ausbreitung gefördert (Klein et al. 2016).

Neben den beiden Mykorrhizapartnern kann auch noch eine weitere Art an den mutualistischen Beziehungen beteiligt sein. An der Pazifikküste der USA kommt es neben der Eu-Symbiose zwischen Nadelbaumarten und Mykorrhizapilzen auch zu einem Mutualismus mit Wühlmäusen: Die Wühlmäuse ernähren sich von den unterirdisch wachsenden Pilzfruchtkörpern und verbreiten mit ihrem Kot deren Sporen, wodurch die Ausbreitung des Pilzes gefördert wird. Davon profitieren auch die Nadelbäume, da auf diese Weise die Wahrscheinlichkeit steigt, dass Bäume, deren Wurzeln bisher nicht mit Hyphen des Mykorrhizapilzes infiziert waren, nun diese mutualistische Beziehung eingehen können.

### 4.4.4 Begünstigung („facilitation")

Der im deutschen mit Begünstigung benannte Vorgang, für den häufiger der englische Originalbegriff „facilitation" verwendet wird, bezeichnet in seiner umfassenden Bedeutung die förderliche Wirkung einer Art auf eine andere. So fördern beispielsweise Flechten oder Moose, die als Erstbesiedler einer vegetationsfreien Fläche auftreten, durch die Anreicherung organischen Materials nach ihrem Absterben die Ansiedlung von Folgearten, deren Wachstum auf die Freisetzung von Mineralstoffen aus dem organischen Material angewiesen ist. Innerhalb von Lebensgemeinschaften können **Ammenpflanzen** oder **„nurse plants"** das Aufwachsen einer anderen Pflanzenart fördern oder auch erst ermöglichen. So können z. B. in Gebirgsregionen Pflanzenarten, die gegenüber Hitze, Frost oder Wind empfindlich sind, durch die polsterartige Wuchsform unempfindlicherer Arten geschützt werden, in deren Mitte sie wachsen. Allerdings kann eine „facilitation" auch in eine Konkurrenzbeziehung umschlagen. So keimt und wächst im Südwesten Nordamerikas der Saguaro-Kaktus *(Carnegiea gigantea)* oft unter dem zu den Fabaceen gehörigen Palo-Verde-Baum (*Parkinsonia microphylla*). Die Begünstigung des Kaktus durch den Baum erfolgt möglicherweise durch die Ansammlung von Blattstreu, die Termiten von Attacken auf den Kaktus abhält. Der aufwachsende Kaktus konkurriert aber mit dem Baum um Wasser und kann diesen schließlich sogar verdrängen.

## Weitere Formen von Mutualismus

Eine auch ökonomisch wichtige Form des Mutualismus ist die **Bestäubung** oder **Pollination** von Blüten durch Insekten. Im Verlauf der Evolution hat sich aus einfachen Formen des Blütenaufbaus mit unverwachsenen Kelch-, Blüten- und Staubblättern, die auch Insekten mit nur wenig spezialisierten Mundwerkzeugen leicht zugänglich waren, eine Vielfalt von Blütenstrukturen entwickelt, deren Nektardrüsen teilweise nur mit hochspezialisierten Organen wie z. B. dem Saugrüssel der Schmetterlinge erreicht werden können. Diese im Verlauf der Evolution parallele Entwicklung von Blütenformen und Bestäubern, die sich offenbar gegenseitig bedingen, sieht man als ein Beispiel für **Koevolution** an (◘ Abb. 4.12).

Eine Form von Mutualismus zwischen Pflanzen- und Tierarten, die in tropischen und subtropischen Regionen anzutreffen ist, ist die Beziehung zwischen den sog. **Ameisenpflanzen** und bestimmten Ameisenarten. Die im tropischen Amerika beheimatete Stierhornakazie *(Vachellia [Acacia] cornigera)* bietet Ameisen der Gattung *Pseudomyrmex* Wohnraum in ihren großen und hohlen, namensgebenden Dornen sowie Nahrung in Form von Nektar, der aus Drüsen (Nektarien) an Blattstielen ausgeschieden wird, und von fett- und proteinreichen Anhängseln (Beltsche Körper) an den Spitzen ihrer Fiederblätter (◘ Abb. 4.13). Die Ameisen wiederum verteidigen ihre Wirtspflanze gegen Pflanzenfresser.

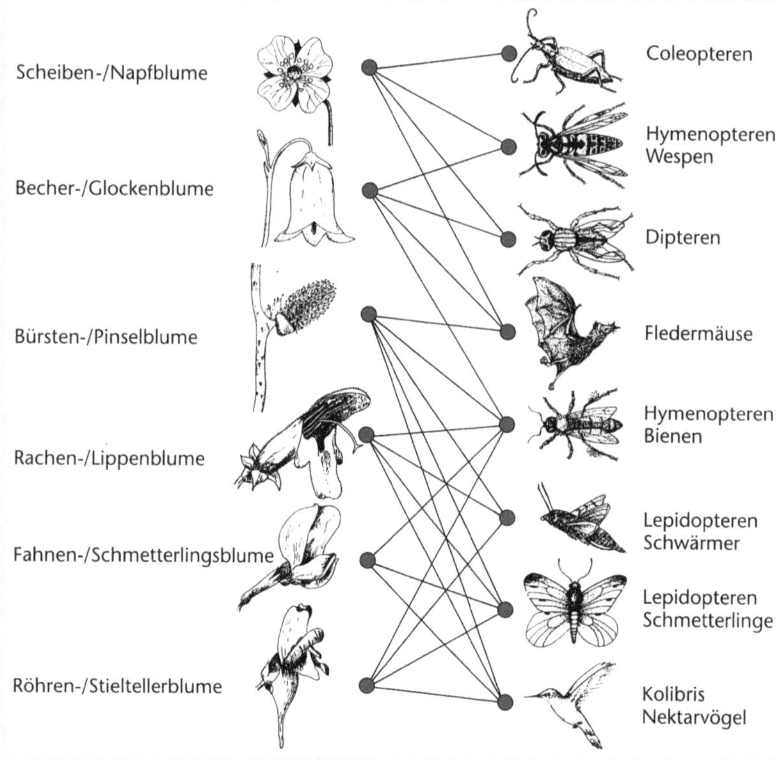


◘ **Abb. 4.12** Beispiel für Pflanze-Tier-Mutualismus: Pollination. (Nach Schulze et al. 2002)

Die Wirksamkeit einer derartigen Verteidigung wurde experimentell an einer Akazienverwandten *(Vachellia [Acacia] drepanolobium)* der afrikanischen Savanne nachgewiesen. Bei Anwesenheit von Ameisen der Gattung *Crematogaster* waren sowohl die Anzahl der Bisse weidender Ziegen in Blätter als auch der Anteil der von den Ziegen gefressenen Blätter deutlich geringer als bei Pflanzen, von denen die Ameisen zuvor abgesammelt worden waren. Wie aber können die Blüten der Bäume von Insekten bestäubt werden, wenn auf der Pflanze eine große Anzahl abwehrfähiger Ameisen lebt? Dies wurde an der ostafrikanischen Akazienart *Acacia zanzibarica* untersucht, die von Ameisen der Gattung *Crematogaster* verteidigt wird. Während der Blütezeit der Akazien geht in den Morgenstunden, wenn sich die Pollensäcke der Akazienblüten öffnen und die Aktivität der bestäubenden Bienen zunimmt, die Anzahl der Ameisen an den betreffenden Zweigabschnitten deutlich zurück. Am Nachmittag, wenn die Aktivität der Bienen nachlässt, nimmt die Anzahl der an diesen Zweigabschnitten patrouillierenden Ameisen wieder zu. Auf diese Weise ist eine Blütenbestäubung möglich.

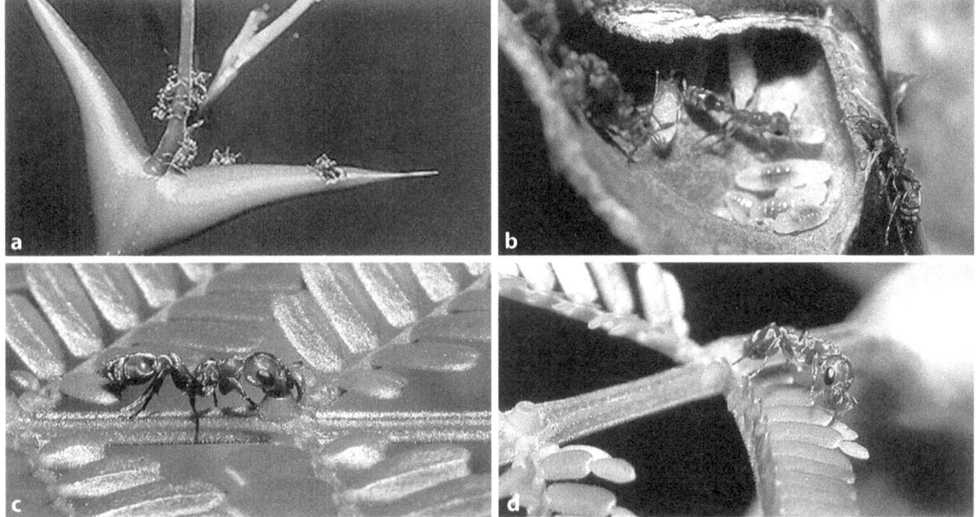

**Abb. 4.13** Die Stierhornakazie *(Vachellia cornigera)* – eine Ameisenpflanze in mutualistischer Beziehung mit Ameisen der Gattung *Pseudomyrmex*. **a** Eingangsbereich zum Ameisennest in einem hohlen Dorn, **b** Ameisennest im Dorn, **c** Ameise an einem Nektarium eines Blattstiels, **d** Ameise beim Absammeln eines Beltschen Körpers. (Fotos: Alex Wild)

## Weiterführende Literatur

Baldwin IT, Halitschke R, Paschold A, von Dahl CC, Preston CA (2006) Volatile signaling in plant-plant interactions: „talking trees" in the genomics era. Science 311:812–815

Begon M, Townsend CR, Harper JL (2006) Ecology. Blackwell, Oxford

Begon M, Howarth RW, Townsend CR (2017) Ökologie, 3. Aufl. Springer Spektrum, Berlin Heidelberg

Crawley MJ (Hrsg) (2007) Plant ecology, 2. Aufl. Blackwell, Malden Oxford Carlton

Frost CJ, Mescher MC, Carlson JE, De Moraes CM (2008) Plant defense priming against herbivores: getting ready for a different battle. Plant Physiol 146:818–824

Grime JP (2001) Plant strategies, vegetation processes, and ecosystem properties, 2. Aufl. Wiley, Chichester

Gurevitch J, Scheiner SM, Fox GA (2006) The ecology of plants, 2. Aufl. Sinauer, Sunderland

Hajek P, Seidel D, Leuschner C (2015) Mechanical abrasion, and not competition for light, is the dominant canopy interaction in a temperate mixed forest. For Ecol Manag 348:108–116

Keddy PA (2007) Plants and vegetation: origins, processes, consequences. Cambridge University Press, Cambridge

Klein T, Siegwolf RTW, Körner C (2016) Belowground carbon trade among tall trees in a temperate forest. Science 352:342–344

Larcher W (2001) Ökophysiologie der Pflanzen, 6. Aufl. Ulmer, Stuttgart

Ohse B, Hammerbacher A, Seele C, Meldau S, Reichelt M, Ortmann S, Wirth C (2016) Salivary cues: simulated roe deer browsing induces systemic changes in phytohormones and defence chemistry in wild-grown maple and beech saplings. Funct Ecol 31(2):340–349

Schulze E-D, Beck E, Müller-Hohenstein K (2002) Pflanzenökologie. Spektrum, Heidelberg Berlin

Sitte P, Weiler EW, Kadereit JW, Bresinsky A, Körner C (2002) Strasburger – Lehrbuch der Botanik. Spektrum, Heidelberg

Smilanich AM, Fincher RM, Dyer LA (2016) Does plant apparency matter? Thirty years of data provide limited support but reveal clear patterns of the effects of plant chemistry on herbivores. New Phytol 210:1044–1057

Steffens F, Arendholz W-R, Storrer JG (1994) Die Ektomykorrhiza: Eine Symbiose unter der Lupe. Biol Unserer Zeit 24:211–218

Thomas FM (2005) Ameisen und Akazien. Unterr Biol 29(306):41–45

Townsend CR, Harper JL, Begon ME (2003) Ökologie. Springer, Berlin

Townsend CR, Begon M, Harper JL (2009) Ökologie, 2. Aufl. Springer, Dordrecht

Weigelt A, Jolliffe P (2003) Indices of plant competition. J Ecol 91:707–720

# Populationsökologie der Pflanzen

*Frank Thomas*




F. Thomas, *Grundzüge der Pflanzenökologie*, https://doi.org/10.1007/978-3-662-54139-5_5

Unter Population versteht man die Gesamtmenge aller Lebewesen einer biologischen Art, die in einem bestimmten, zusammenhängenden Lebensraum vorkommen und ihre genetische Information über mehrere Generationen weitergeben können. In der Populationsökologie sind daher die Bedingungen, Prozesse und Mechanismen von großer Bedeutung, die für die Fortpflanzung und Vermehrung der Lebewesen wichtig sind. Fortpflanzung und Vermehrung wiederum sind entscheidend für die Ausbreitung einer Art und für mögliche oder tatsächliche Veränderungen der Populationsgröße. In einem gegebenen Lebensraum kommen i. d. R. Populationen verschiedener Arten vor und bilden in ihrer Gesamtheit die **Lebensgemeinschaft** dieses Lebensraums. Sind Teile einer Population durch geographische Gegebenheiten wie z. B. Gebirgszüge räumlich voneinander getrennt, aber nicht vollständig voneinander isoliert (sodass ein genetischer Austausch noch möglich ist), so bilden diese Teilpopulation in ihrer Gesamtheit eine **Metapopulation.** In Ländern mit stark entwickelter Industrie, Infrastruktur und Landwirtschaft und damit einhergehendem Flächenverbrauch ergibt sich daraus für den angewandten Naturschutz, dass die Teilpopulationen gefährdeter Arten möglichst durch Korridore miteinander verbunden sind, die Wanderungsbewegungen und damit Genaustausch in einem Ausmaß ermöglichen, das das Fortbestehen der Arten gewährleistet.

## 5.1 Fortpflanzung und Vermehrung

Unter **Fortpflanzung** versteht man das Hervorbringen neuer Individuen, wogegen **Vermehrung** einen Fortpflanzungsvorgang bezeichnet, der zumindest potenziell zu einer Erhöhung der Individuenzahl in der nächsten Generation führt. Fortpflanzung oder Vermehrung kann **generativ** (geschlechtlich, sexuell) erfolgen, wobei das Erbmaterial der Eltern neu kombiniert wird, oder **vegetativ** (ungeschlechtlich, asexuell), wodurch erbgleiche Individuen oder **Klone** hervorgebracht werden. Klonale Lebewesen gehören zu den **modularen Organismen.** Sie bestehen aus mehreren **Modulen**, das sind Gestalteinheiten eines Lebewesens, die in ihrer Anzahl und Anordnung nicht strikt festgelegt sind und im Prinzip auch ständig neu gebildet werden können. Dies gilt z. B. für die Äste und Zweige eines Baums oder für Sprosse, die von Pflanzen durch Ausläufer gebildet werden (◘ Abb. 5.1). Im Gegensatz zu den modularen Organismen sind bei den **unitaren Lebewesen** wie z. B. Insekten, Vögeln und Säugetieren Entwicklung und Gestalt genetisch vorbestimmt. So verfügen die Angehörigen dieser Tiergruppen alle über eine festgelegte Anzahl an Gliedmaßen und einen determinierten Bauplan ihres Körpers. Die Existenz eines Moduls beginnt als vielzelliger Auswuchs eines anderen Moduls und endet u. U. lange vor dem Tod der Einheit, aus der es hervorgegangen ist. Die von manchen Pflanzen klonal aus Wurzel- oder Sprossausläufern gebildeten Module, deren Verbindung zur Mutterpflanze schließlich auch verloren werden kann (durch Absterben oder mechanische Zerstörung), werden auch als **Rameten** („ramet") bezeichnet. Zusammen mit ihrer Mutterpflanze und allen von dieser erzeugten Rameten bilden sie das genetische Individuum oder **Genet.** Ein Klon kann beträchtliche Ausmaße erreichen. So wurde in flussbegleitenden Pappelwäldern *(Populus euphratica)* am Rand der Taklamakan-Wüste im Nordwesten Chinas ein Pappelklon entdeckt, der eine Fläche von 121 ha umfasst (Vonlanthen et al. 2010).

Vegetative Reproduktion tritt bei Pflanzen in unterschiedlicher Form auf. Manche Arten wie das in Laubwäldern vorkommende Zwiebel-Schaumkraut *(Cardamine bulbifera)* oder das aus Madagaskar stammende und in Mitteleuropa als Zimmerpflanze genutzte Brutblatt *(Kalanchoe daigremontiana)* bilden in den Blattachseln beziehungsweise an den Blatträndern **Brutknospen** aus, die sich schließlich von der Mutterpflanze lösen und zu eigenständigen Pflanzen heranwachsen können. Andere Arten bilden auch größere Fragmente, die nach der Abtrennung von der Mutterpflanze selbstständig existieren können. Dies gilt für die Ausbildung neuer Sprosse aus oberirdischen Sprossausläufern, den **Stolonen** (Einzahl Stolo; Beispiel Erdbeerpflanze *[Fragaria]*), aus unterirdischen Sprossausläufern, den **Rhizomen** (Beispiel Schwertlilie *[Iris]*), oder aus Wurzelsprossen (z. B. bei der Acker-Kratzdistel *[Cirsium arvense]*; ► Abschn. 2.2.2).

**Abb. 5.1** Beispiele für modulare Strukturen bei Pflanzen. **a** Die Wasserlinse *(Lemna)* zerfällt beim Wachstum in einzelne Module; **b** eine Erdbeerpflanze *(Fragaria)* breitet sich über Sprossausläufer (Stolone) aus; **c** ein Polster des Gelbpunkt-Steinbrechs (*Saxifraga bronchialis*, westliches Nordamerika) als Kolonie von Modulen. (Townsend et al. 2003)

Bei manchen Arten kommen geschlechtliche und ungeschlechtliche Fortpflanzung sogar am selben Individuum vor. Bei Veilchen *(Viola)* tritt bei geschlechtlicher Fortpflanzung neben Fremdbestäubung auch Selbstbestäubung auf, die auch innerhalb derselben Blüte ablaufen kann. In diesem Fall öffnen sich die Blüten überhaupt nicht, Bestäubung und Befruchtung finden innerhalb der geschlossenen Blüte statt. Man bezeichnet dies als **Kleistogamie** (altgr. „kleistós" für verschlossen; „gaméin" für heiraten). Ungeschlechtliche Fortpflanzung vollzieht sich bei diesen Pflanzen über Stolone und Rhizome.

Werden Teile einer Population z. B. durch die Auffaltung von Gebirgen, die Ausbreitung von Meeren oder die Verdriftung von Fortpflanzungseinheiten auf Inseln geographisch voneinander getrennt und wird dadurch auch ein Genaustausch zwischen ihnen unterbunden, sodass sie genetisch isoliert sind, können neue Arten entstehen. Diese Form der Artbildung bezeichnet man als **allopatrische Artbildung** (altgr. „állos" für anders; „pátra" für Heimat). **Sympatrische Artbildung** dagegen findet ohne geographische Isolation innerhalb des Lebensraums der Ausgangsart(en) statt. Sie spielt bei Pflanzen eine größere Rolle als bei Tieren. Ein bei Pflanzen häufiger Prozess der sympatrischen Artbildung ist die **Polyploidie**, die Vervielfachung des Chromosomensatzes. Findet die Polyploidisierung innerhalb einer Art statt, spricht man von Autopolyploidie; eine Vervielfachung des Chromosomensatzes durch Kreuzung zweier verschiedener Arten bezeichnet man als Allopolyploidie. Durch Allopolyploidie kann bei den Nachkommen ein ungerader, z. B. ein dreifacher (triploider), Chromosomensatz entstehen. Wegen der ungeradzahligen Anzahl ihrer Chromosomen kann nur ein kleiner Anteil der Keimzellen, die von den Nachkommen gebildet werden, eine geschlechtliche Fortpflanzung durch Verschmelzung von Pollenkern und Eizelle vollführen. Diese Nachkommen können sich dann fast nur noch vegetativ fortpflanzen.

## 5.2 Bestäubung und Befruchtung

Bei vielen Arten der Blütenpflanzen stammen die miteinander verschmelzenden Keimzellen (Spermazelle des Pollenkorns und Eizelle) vom selben Individuum und führen damit zur Selbstbestäubung und Selbstbefruchtung. Diesen Vorgang nennt man **Autogamie.** Falls nur Selbstbestäubung und keine Fremdbestäubung möglich ist, bezeichnet man dies als **obligate Autogamie**; sind sowohl Selbst- als auch Fremdbestäubung möglich, so ist die Autogamie **fakultativ**. Fakultative Autogamie

### Der Saatweizen entstand durch Polyploidisierung

Durch Polyploidisierung entstand der **Saat-** oder **Weichweizen** ***(Triticum aestivum)***, die global wichtigste Nahrungspflanzen- und am weitesten angebaute Kulturpflanzenart. Vor ungefähr 8000 Jahren entwickelte sich durch Hybridisierung des diploiden Wilden Einkorns (*Triticum urartu*; doppelter Chromosomensatz $2n = 14$) mit einem unbekannten diploiden Wildgras ($2n = 14$) der tetraploide Rauweizen *(Triticum turgidum)* mit $2n = 4x = 28$, wobei x für die haploide (einfache) Chromosomenzahl steht. Vor etwa 5000 Jahren entstand nach Bestäubung der weiblichen Blütenorgane des tetraploiden *Triticum turgidum* ($2n = 28$) mit Pollen des diploiden Langgrannigen Walchs (*Aegilops squarrosa*; $2n = 14$) der hexaploide Saatweizen *(Triticum aestivum)* mit $2n = 6x = 42$. Weitere, in historischer Zeit kultivierte Weizenarten sind das diploide **Einkorn** (*Triticum monococcum*; $2n = 14$) und der tetraploide **Emmer** (*Triticum dicoccum*; $2n = 28$).

### Apomixis – eine Form der asexuellen Fortpflanzung

Bei manchen Pflanzenarten werden Samen gebildet, die an der Mutterpflanze ohne eine Verschmelzung von Keimzellen entstehen und dennoch Embryonen mit derselben Chromosomenanzahl enthalten, die auch in der Mutterpflanze vorliegt. Die Samen sind dann genetisch identisch mit der Mutterpflanze. Diese Form der ungeschlechtlichen Fortpflanzung wird als **Apomixis** bezeichnet. Sie erfolgt in der Samenanlage oder im unreifen Samen. Apomixis ist bei Bedecktsamern relativ weit verbreitet: Man findet sie bei mehr als 300 Arten aus über 35 Familien. Dazu gehören insbesondere Arten der Rosengewächse (Rosaceae), Korbblütler (Asteraceae) und Süßgräser (Poaceae). Die Vorteile von Apomixis liegen in der Reproduktion über Samen in Regionen, in denen eine Bestäubung mit relativ großer Unsicherheit verbunden wäre, wie z. B in hohen Gebirgen. Apomixis spielt aber auch eine große Rolle bei der Züchtung von Nutzpflanzen: Mit dieser Fortpflanzungsart lassen sich erwünschte Eigenschaften leicht auf die nachfolgenden Generationen übertragen.

kommt v. a. bei einjährigen Pflanzen, den Therophyten (▶ Abschn. 2.5), und dort insbesondere bei Unkräutern, Pionierpflanzen und bei Pflanzenarten von Lebensräumen vor, die für das Wachstum eher ungünstige Umweltbedingungen beispielsweise hinsichtlich der Temperatur, der Bodenfeuchtigkeit oder der Häufigkeit von Störungen aufweisen. Der Nachteil der Autogamie besteht darin, dass die Nachkommen genetisch relativ einheitlich sind. Dieser Nachteil wird oft durch eine große Vielfalt des Phänotyps oder, anders formuliert, durch eine hohe **phänotypische Plastizität** kompensiert. Beispiele für fakultativ autogame Blütenpflanzen sind das Acker-Stiefmütterchen *(Viola arvensis)* und das Gewöhnliche Greiskraut *(Senecio vulgaris)*. Zum Lebensraum dieser Arten gehören Weg- und Feldränder, die häufig gestört werden und zumindest zeitweise warm und trocken sein können.

Fremdbestäubung mit anschließender Fremdbefruchtung, d. h. Bestäubung und Befruchtung durch Pollen der Blüte eines anderen Pflanzenindividuums, bezeichnet man als **Allogamie**. Zur Fremdbestäubung sind Überträger erforderlich, die den Pollen transportieren. Bei der **Tierbestäubung** oder **Zoogamie** lassen sich die bestäubten Blüteneinheiten, die **Blumen** (bestehend aus einer Einzelblüte oder einem Blütenstand), nach ihren Bestäubern einteilen. Zu den **Insektenblumen** gehört eine Vielzahl unterschiedlich gebauter Blumen, die ihre Bestäuber durch unterschiedliche Mechanismen anlocken. **Käferblumen** und **Fliegenblumen** ziehen ihre Bestäuber meist durch Düfte an (im Fall der Fliegenblumen können dies auch von Menschen als unangenehm empfundene Aas- oder Fäkalgerüche sein; ▶ Box Wärme und Fäkalgeruch). **Bienen-** und **Hummelblumen** sind i. d. R. für ihre Bestäuber durch Blau- oder Gelbtöne auffällig gefärbt, rötliche Farben können diese Insekten dagegen nicht wahrnehmen. Manche dieser Blumen reflektieren ultraviolettes Licht, andere absorbieren es; auf diese Weise können sie von Insekten, die in der Lage sind, bestimmte Wellenlängen ultravioletten Lichts zu erkennen, unterschieden werden. Manche Blüten leiten ihre Bestäuber durch auffällig gefärbte Saftmale, die sich vom andersfarbigen Rest der Blütenblätter deutlich abheben, auf ihre nektarproduzierenden Drüsen, die **Nektarien**,

### Wärme und Fäkalgeruch – die Anlockung von Bestäubern durch Gleitfallenblumen von Aronstab-Arten

Bei den **Gleitfallenblumen** verschiedener Aronstab-Arten (Gattung *Arum*) wirken physiologische Prozesse und die Struktur des Blütenstands beim Bestäubungsvorgang in komplexer Weise zusammen. Ein helles Hochblatt (Spatha) umhüllt einen Kolben, an dessen unterem Ende die männlichen und weiblichen Blüten angeordnet sind (◘ Abb. 5.2). Das obere, verdickte Ende des Kolbens enthält große Mengen an Stärke, die zur Blütezeit innerhalb kurzer Zeit veratmet wird. Dabei entsteht Wärme, durch die sich der Kolben auf Temperaturen erwärmt, die bis zu 17 °C oberhalb der Umgebungstemperatur liegen können. Diesen Vorgang der Wärmeerzeugung durch Stoffwechselprozesse bezeichnet man als **Thermogenese**. Die Wärmeproduktion fördert die massive Freisetzung von nach Fäkalien riechenden Duftstoffen. Diese Duftstoffe locken bestäubende Fliegen, Mücken oder Käfer an. Setzt sich eines dieser Insekten auf den Kolben oder die Spatha, rutscht es auf der glatten Epidermis ab und in den unteren, kesselförmig ausgebildeten Teil der Spatha hinein. Der Ausweg wird ihm durch Borsten versperrt, die am Kolben oberhalb des Blütenstands angebracht sind. Die am Grund des Kolbens angeordneten weiblichen Blüten werden durch Pollen bestäubt, den das Insekt von einer anderen Pflanze mitgeführt hat. Daraufhin entladen die männlichen Blüten ihren Pollen auf das Insekt. Nun endet die Geruchsentwicklung, die Borsten am Kolben welken und geben den Weg für das gefangene Insekt frei, das nun den nächsten Blütenstand aufsuchen kann.

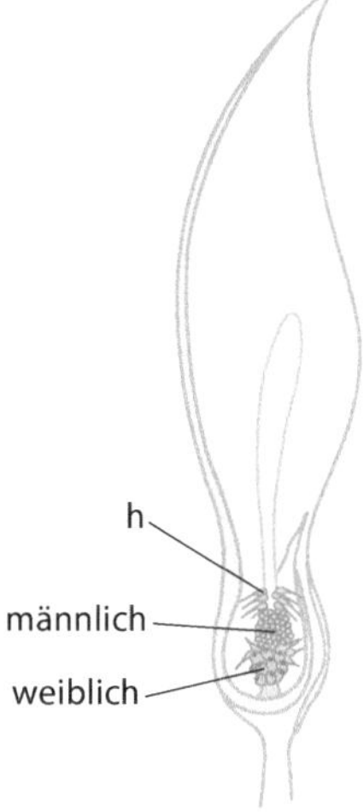


◘ **Abb. 5.2** Querschnitt durch die Gleitfallenblume des Gefleckten Aronstabs *(Arum maculatum)*. Markiert sind die männlichen und weiblichen Blüten sowie die zu Borsten umgebildeten Hindernisblüten *(h)*. (Nach Bresinsky et al. 2008)

hin (▶ Box Die Saftmale der Rosskastanie; ▶ Box Blütenfarbstoffe). **Tagfalter-** und **Nachtfalterblumen** dagegen sind oft bleich oder weiß; ihr Nektarium sitzt typischerweise am Grund einer langen Blütenkronenröhre und ist i. d. R. nur von den spezialisierten Saugrüsseln dieser Schmetterlinge erreichbar. **Vogelblumen** sind häufig lebhaft rot oder gelb gefärbt, oft aber geruchlos. Sie bilden große Mengen meist dünnflüssigen Nektars. **Fledermausblumen** weisen i. d. R. keine auffällige Färbung auf, sondern verströmen charakteristische Gerüche und erzeugen große Mengen Nektar. Die gegenseitige Angepasstheit von Blütenbau und Bestäuber wird als ein Ergebnis von Koevolution interpretiert (▶ Box Weitere Formen von Mutualismus in ▶ Abschn. 4.4.3).

Bei den Bedecktsamern (Angiospermen) sind die in der Evolution zuerst auftretenden Pflanzengruppen tierbestäubt oder **zoogam**. Die evolutiv ursprünglicheren Nadelbäume dagegen wie auch etliche Gruppen der Angiospermen, die wie die Gräser im Verlauf der Evolution erst relativ spät entstanden, sind windbestäubt oder **anemogam** (altgr. „ánemos"

### Die Saftmale der Rosskastanie ändern ihre Farbe nach Bestäubung

Die Gewöhnliche Rosskastanie *(Aesculus hippocastanum)*, eine auf dem Balkan heimische, aber in Mitteleuropa häufig als Park- und Straßenbaum angepflanzte Baumart, besitzt auffällige Stände zahlreicher weißer Blüten. Die nach oben ausgerichteten Blütenblätter besitzen in ihrer unteren Mitte auf der Innenseite ein gelbes **Saftmal**, das sich deutlich von der weißen Grundfarbe der Blütenblätter abhebt. Auf diese Weise werden die bestäubenden Insekten – i. d. R. Bienen oder Hummeln – zu den Nektarien (nektarproduzierende Drüsen) geleitet. Ist die Bestäubung erfolgt, endet die Nektarproduktion. Die Saftmale färben sich nun rot und sind damit für die Bestäuber nicht mehr auffällig. Auf diese Weise werden die Bestäuber zielgerichtet zu den noch unbestäubten Blüten mit den gelben Saftmalen geleitet, wodurch der Anteil bestäubter Blüten erhöht wird. Der Bestäuber wiederum spart Energie, indem er keine vergeblichen Flüge zu bereits bestäubten Blüten ohne Nektarproduktion unternimmt. Diese Umfärbung der Saftmale findet sich auch bei den roten Blüten der Fleischroten Rosskastanie *(Aesculus × carnea)*, einer in Mitteleuropa häufig als Zierbaum angepflanzten Hybride aus der Gewöhnlichen Rosskastanie und der nordamerikanischen Roten Rosskastanie *(Aesculus pavia)*. Auch deren Blüten besitzen in unbestäubtem Zustand gelbe Saftmale, deren Färbung sich von dem roten Grundton der Blütenblätter deutlich unterscheidet und die sich nach erfolgter Bestäubung und Einstellung der Nektarproduktion über orange nach rot umfärben (■ Abb. 5.3).

**■ Abb. 5.3** Saftmale in Blüten der Fleischroten Rosskastanie *(Aesculus × carnea)* im unbestäubten *(gelb; Mitte)* und bestäubten Zustand *(orange, links; rot, rechts)*

für Wind). Voraussetzung für eine langfristig erfolgreiche Anemogamie sind großflächig ausgebreitete, individuenreiche Populationen, in denen die Wahrscheinlichkeit groß ist, dass der Pollen einer Pflanze auf den weiblichen Blütenorganen eines artgleichen Individuums landet. Lebensräume mit hohem Anteil an Anemogamie sind oft windexponiert oder zumindest zeitweise arm an bestäubenden Insekten. Dies ist z. B. im Hochgebirge, in Steppen und in Wüsten der Fall oder auch in Laubwäldern klimatisch gemäßigter Regionen, wo im zeitigen Frühjahr wegen der noch niedrigen Temperaturen Bestäuber kaum aktiv sind. Kelch- und Kronblätter windbestäubter Blüten sind oft stark reduziert und bieten somit dem Wind beim Anströmen von Staub- und Fruchtblättern höchstens geringen Widerstand. Oft hängen wie bei vielen Grasarten, z. B. dem Mais *(Zea mays)*, die Pollensäcke und die Narben der Fruchtblätter weit aus der Blüte heraus. Bei etlichen Gehölzarten wie bei Birken *(Betula)* und Haselnusssträuchern *(Corylus avellana)* sind viele Einzelblüten in Form langer Blütenstände angeordnet, die von den Zweigen herab im Wind hängen. Die Blütezeit windbestäubter Gehölzarten liegt i. d. R. vor dem Zeitpunkt der vollen Belaubung, wenn der Transportwiderstand für die Pollen auf dem Weg von Blüte zu Blüte noch relativ gering ist.

Bei manchen Arten der Wasserpflanzen tritt **Hydrogamie** auf. Dabei wird der Pollen durch Wasser an oder auch unterhalb der Wasseroberfläche auf die weiblichen Blütenorgane übertragen. Bei manchen hydrogamen Arten wird der Pollen mitsamt der

**Blütenfarbstoffe**

Rot-, Orange-, Gelb- und Blaufärbungen von Blüten und anderen Pflanzenorganen entstehen durch Einlagerung von Blütenfarbstoffen in die Zellen. Die zur chemischen Stoffgruppe der Flavonoide gehörenden **Anthocyane** sind wasserlösliche Farbstoffe, die in der Vakuole gelöst sind. Bei den meisten Angiospermen sind sie die wichtigsten Blütenfarbstoffe. Sie umfassen Verbindungen, die zu einer roten (Farbstoff Pelargonidin), violetten (Cyanidin) oder blauen (Delphinidin) Farbgebung führen. Die letztlich resultierende Farbe ist auch von der Konzentration dieser Farbstoffe in der Vakuole und deren pH-Wert abhängig. Weitere Flavonoide sind die **Flavonole**, die eine weißliche Färbung verursachen. Allerdings kann eine weiße Blütenfarbe auch durch Totalreflexion von Licht durch die hohlen Zellzwischenräume der Blütenblätter entstehen.
**Betalaine** umfassen die rötlichen Betacyane und die gelblichen Betaxanthine. Chemisch gehören sie zu den stickstoffhaltigen Verbindungen der Alkaloide (▶ Abschn. 4.3), sind aber ungiftig. Sie sind wie die Anthocyane wasserlöslich. Ihr Vorkommen ist auf die taxonomische Gruppe (Ordnung) der Nelkenartigen (Caryophyllales) beschränkt, zu denen u. a. die Pflanzenfamilien der Nelkengewächse (Caryophyllaceae), Bleiwurzgewächse (Plumbaginaceae) und Knöterichgewächse (Polygonaceae) gehören. Unter anderem verleihen sie der Hypokotylknolle, dem verdickten Sprossabschnitt zwischen den Ansatzstellen von Wurzeln und Keimblättern, der Roten Beete *(Beta vulgaris* Unterart *vulgaris)* die rote Färbung. Sie sind auch für die rötliche Färbung der Hochblätter der südamerikanischen Drillingsblume *(Bougainvillea)* aus der Familie der Wunderblumengewächse (Nyctaginaceae) verantwortlich, die in vielen tropischen und subtropischen Regionen der Erde häufig als Zierpflanze angebaut wird.
**Carotinoide** sind gelbe, orangefarbene oder orangerote Farbstoffe, die fettlöslich sind und in Plastiden (Chloroplasten oder speziell der Farbgebung dienenden Plastiden, den Chromoplasten) lokalisiert sind. Ihr zentraler Bestandteil sind Kohlenwasserstoffketten mit im Wechsel auftretenden Einfach- und Doppelbindungen der Kohlenstoffatome, sogenannten konjugierten Doppelbindungen. Sie lassen sich in zwei Untergruppen unterteilen: in die Carotine (▶ Abschn. 3.2.1), die zu dunkelgelber bis orangeroter Färbung führen, und die Xanthophylle, die eine gelbe, orangefarbene oder rote Färbung verursachen.
Die Blüten etlicher Pflanzenarten sind mehrfarbig, woran oft mehrere Gruppen von Pflanzenfarbstoffen beteiligt sind. Beim Garten-Stiefmütterchen *(Viola wittrockiana)* z. B. ist der äußere Rand der Kronblätter durch Anthocyane blau gefärbt. Die gelbe Färbung der zentralen Bereiche der Kronblätter kommt durch Carotinoide zustande. Die braune Färbung der unteren (inneren) Abschnitte der Kronblätter wird durch das gemeinsame Vorkommen von wasserlöslichen Anthocyanen in der Vakuole und membrangebundenen Carotinoiden in Chromoplasten derselben Zellen verursacht (subtraktive Farbmischung).

männlichen Blüten transportiert, die sich von ihrer Pflanze lösen und auf der Wasseroberfläche treiben.

## 5.3 Ausbreitung

Ausbreitungseinheiten von Pflanzen, also diejenigen Pflanzenteile, die der Verbreitung dienen, werden **Diasporen** genannt. Eine Diaspore kann auf generativem Weg erzeugt werden und je nach Pflanzenart einen Samen, den Teil einer Frucht, eine ganze Frucht oder, wie bei der Gattung *Ananas*, auch einen Fruchtstand umfassen. Bei den sogenannten Steppenrollern dient der gesamte oberirdische Spross als Diaspore. Dazu gehört z. B. das Ruthenische Salzkraut *(Kali tragus)*, das in Osteuropa und Zentralasien beheimatet ist, aber global in Steppenregionen verschleppt wurde und in Westernfilmen symbolisch menschenleere und öde Orte charakterisiert. Vegetative Diasporen sind z. B. Brutknospen (▶ Abschn. 5.1) sowie Sprossstücke und Ausläuferknollen des Sprosses wie die Kartoffel der Kartoffelpflanze *(Solanum tuberosum)*.

Bei der Form der Ausbreitung unterscheidet man **Autochorie** (Selbstausbreitung) und **Allochorie**, worunter Ausbreitung durch außerhalb der Pflanze liegende Triebkräfte wie Wind, Wasser, Tiere oder den Menschen zu verstehen ist. Autochor sind einerseits die **Selbststreuer**, die ihre Diasporen aktiv ausschleudern. Dies ist z. B. beim Springkraut *(Impatiens)* und manchen Mistelarten der Fall. So sind Zwergmisteln der Gattung *Arceuthobium*, die im westlichen Nordamerika auf Nadelbäumen parasitieren, in der Lage, durch Aufplatzen der Beeren ihre

Samen, die in eine klebrige Substanz eingehüllt sind, bis zu 15 m weit fortzuschleudern. (Die Samen der einheimischen Laubholz-Mistel *Viscum album* werden aber durch Vögel verbreitet!) Auch die im Mittelmeerraum an Ruderalstandorten (▶ Abschn. 3.4.3) verbreitete Spritzgurke *(Ecballium elaterium)*, ein Kürbisgewächs, gehört in diese Kategorie. Dagegen legen **Selbstableger** durch Wachstums- oder Krümmungsbewegungen des entsprechenden Sprossabschnitts ihre Diasporen an für die Keimung geeigneten Stellen ab. Dies ist z. B. beim einheimischen Zymbelkraut *(Cymbalaria muralis)* der Fall, das in Mauerspalten wächst (▶ Abschn. 3.4.1.1).

Zur Allochorie gehören die zahlreichen Formen der **Zoochorie**, der Ausbreitung durch Tiere. Bei der **Endozoochorie** passieren die Diasporen den Darm des verbreitenden Tiers, was die Ausbreitung über größere Distanzen fördert. Bei manchen Samenarten ist die Darmpassage aufgrund der Einwirkung verdauender Substanzen sogar notwendig für die Keimung, die Samen sind dabei aber durch die Zusammensetzung ihrer Samenschale vor vollständiger Verdauung geschützt. Pflanzen, die endozoochore Diasporen produzieren, locken ihre Ausbreiter oft durch auffällige Färbung (z. B. durch glänzend rote oder schwarze Färbung von Beeren, die durch Vögel verbreitet werden), durch Duft oder durch die Bereitstellung von Nahrungsstoffen an. Ein klassisches Beispiel dafür sind die leuchtend roten, beerenartigen Früchte der Eberesche oder Vogelbeere *(Sorbus aucuparia)*. Bei der **Myrmekochorie** werden die Ameisen, die in diesem Fall die Früchte oder Samen ausbreiten, durch fettreiche Anhängsel der Diasporen, sogenannte Elaiosomen, angelockt. Myrmekochorie spielt v. a. bei der Nahausbreitung eine Rolle. Zu den myrmekochoren Pflanzen gehören manche in Mitteleuropa verbreitete krautige Arten von Wäldern, wie z. B. das Buschwindröschen *(Anemone nemorosa)* und das Leberblümchen *(Hepatica nobilis)*. **Epizoochorie** ist die Ausbreitung von Diasporen durch Anheftung an Tiere, z. B. im Fall der Kletten *(Arctium)*. Sie kann auch Fernausbreitung bewirken. Ausbreitung von Diasporen durch Menschen, letztlich eine besondere Art der Zoochorie, bezeichnet man als **Anthropochorie**. Entsprechend der Vielfalt an Fortbewegungs- und Transportarten der Menschen kann sie sehr unterschiedliche Formen annehmen, einschließlich des Ferntransports durch Anheftung an Kraftfahrzeuge oder Eisenbahnen oder durch Verschleppung mit Schiffen oder Flugzeugen.

Die Ausbreitung mit dem Wind wird **Anemochorie** genannt. Dabei können Diasporen über kurze oder auch lange Distanzen verbreitet werden. Beispiele sind die Früchte des Löwenzahns *(Taraxacum officinale)*, bei denen der umgebildete Blütenkelch, der Pappus, als eine Art Kombination aus Segel und Fallschirm dient, und das bereits oben erwähnte Ruthenische Salzkraut *(Kali tragus)*, das mit dem Wind über Steppen verbreitet wird. **Hydrochorie** ist die Nah- oder Fernausbreitung durch Wasser. Hydrochore Diasporen erhalten ihre Schwimmfähigkeit oft durch Luftsäcke oder lufthaltiges Schwimmgewebe. Letzteres ist in den Nüssen, botanisch korrekt Steinfrüchten, der Kokospalme *(Cocos nucifera)* enthalten und verleiht ihnen ihre Schwimmfähigkeit, die über mehrere Wochen anhalten kann. Zusammen mit der Resistenz gegen die Einwirkung von Salzwasser begünstigte dies die natürliche Ausbreitung dieser Art im indopazifischen Raum. Die keimfähige Steinfrucht der Seychellen-Palme *(Lodoicea maldivica)*, die den größten bekannten Pflanzensamen enthält, ist dagegen nicht schwimmfähig. Dies ist wahrscheinlich ein Grund dafür, warum diese Art nur auf zwei Inseln der Seychellen im westlichen Indischen Ozean endemisch vorkommt.

## 5.4 Lebenszyklen und Veränderungen pflanzlicher Populationen

### 5.4.1 Lebenszyklen

In ihrem Leben durchlaufen Pflanzen mehrere Stadien vom Samen über Keimung, jugendliche Wachstumsphase, Blütenbildung und Fruchtreife (Fortpflanzungsphase) bis zum Absterben (postreproduktive Phase). Diese Abfolge bezeichnet man als **Lebenszyklus** („life cycle"). Während sich der Lebenszyklus von mehrjährigen (perennen oder perennierenden) Arten über zwei oder mehrere Jahre erstreckt (▶ Box Wie alt können Pflanzen werden?), umfasst der Lebenszyklus einjähriger (annueller) Pflanzen weniger als zwölf Monate. Der Lebenszyklus der **Sommerannuellen** wird innerhalb einer Vegetationsperiode abgeschlossen. Der Lebenszyklus der **Winterannuellen** beginnt im Herbst und endet im darauf folgenden Frühjahr oder Frühsommer nach der Fruchtreife. Generell überdauern annuelle Pflanzen ungünstige (sehr kalte oder trockene) Jahreszeiten in Form ihrer Samen.

Die Anzahl an Samen, die auf eine Einheit Bodenoberfläche eines Lebensraums gelangt (durch Produktion innerhalb dieses Lebensraums oder durch Eintrag von außen), bezeichnet man als **Samenregen** („seed rain"). Die Anzahl an Samen im Boden bezeichnet man als **Samenbank** („seed bank"). In bewirtschaftetem Boden kann sie bis zu 86.000 keimfähige Samen pro $m^2$ Boden umfassen.

Die Keimfähigkeit kann je nach Pflanzenart unterschiedlich lange andauern: Die Samen von Pappelarten (Gattung *Populus*) und Weidenarten (Gattung *Salix*) z. B. sind nur wenige Tage bis Wochen keimfähig, diejenigen des Indischen Blumenrohrs *(Canna compacta)* dagegen bis zu 600 Jahre lang, wie man aus entsprechenden Beigaben zu Gräbern eindeutiger Datierung schließen konnte. Eine noch längere Keimfähigkeit erreichen z. B. die Samen des Acker-Spergels *(Spergula arvensis)* und des Weißen Gänsefußes *(Chenopodium album)*, beides Arten von Äckern und Unkrautfluren. Sie können u. U. auch nach 1700 Jahren noch keimfähig sein.

Sowohl bei Annuellen als auch bei Perennen gibt es Arten, die sich nur einmal fortpflanzen und dann als **semelpar** (lat. „semel" für einmal), **monokarp** (altgr. „karpós" für Frucht) oder **hapaxanth** (altgr. „hápax" für einmal; „ánthos" für Blüte, Blume) bezeichnet werden. Dagegen reproduzieren sich **iteropare** (lat. „iterum" für wiederholt) beziehungsweise **polykarpe** oder **pollakanthe** Arten (altgr. „polýs" für viel, zahlreich) mehrmals. Semelparität ist nicht eng an die Lebensspanne der Art gekoppelt. Agaven (Gattung *Agave*), etliche semelpare Arten der zu den Süßgräsern gehörenden Unterfamilie der Bambusgewächse und sogar die südasiatischen Fischschwanz-Palmen der Gattung *Caryota*, von denen Exemplare mancher Arten weit über 20 m hoch wachsen können, blühen und sterben erst nach mehreren Jahrzehnten.

Normalerweise verlangsamt sich das Wachstum vor der Fortpflanzung beziehungsweise wird sogar vollständig unterbrochen oder beendet, denn zwischen Wachstum und Reproduktion besteht ein **Ressourcenkonflikt**: Die durch Photosynthese hergestellten Assimilate können entweder in die Biomasse von Wurzeln, Sprossachsen, Zweigen oder Blättern investiert werden oder in die Reproduktionsorgane einschließlich der aus ihnen hervorgehenden Früchte und Samen. Dies ist auch für iteropare Baumarten bekannt (▪ Abb. 5.4). Bei der in Deutschland jährlich durchgeführten **Waldzustandserhebung**, bei der der Belaubungsgrad bzw. der Laubverlust der Bäume eines der wesentlichen Beurteilungskriterien für deren Gesundheitszustand ist, wird das jeweilige Ausmaß der Blüten- und Fruchtbildung mit erfasst und bei der Einstufung des entsprechenden Baums in eine bestimmte Schadklasse berücksichtigt.

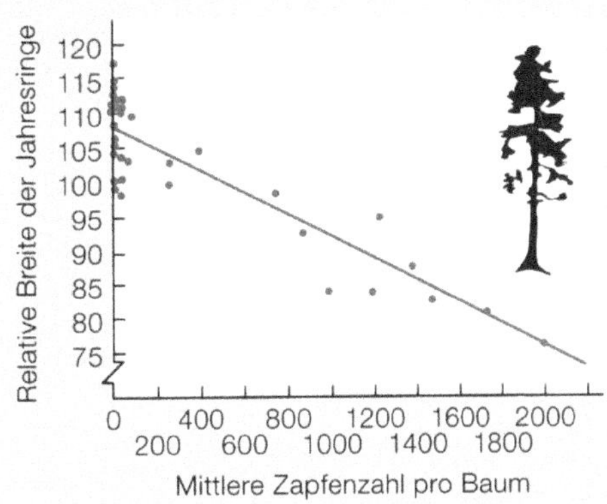


▪ **Abb. 5.4** Jahresproduktion an Zapfen und jährlicher Zuwachs des Stammdurchmessers (in Relation zum mehrjährigen Mittelwert in Prozent) bei einer Population von Douglasien *(Pseudotsuga menziesii)*. Die relativ starke Streuung der Jahrringbreiten bei geringer Zapfenproduktion ist durch den Einfluss von Umweltfaktoren wie der Witterung bedingt. (Townsend et al. 2003)

Nicht jedes Pflanzenindividuum erreicht die jeweils nächste Phase seines Lebenszyklus. Einerseits verlassen nicht alle Samen den Zustand der **Dormanz**, der durch eine Kombination exo- und endogener Faktoren bedingten Samenruhe, beim nächsten Auftreten günstiger Umweltbedingungen. Andererseits sind manche Samen auch gar nicht keimfähig oder werden gefressen, an andere (möglicherweise auch für die Keimung ungeeignete) Orte verschleppt oder verfaulen bei zu hoher Feuchtigkeit. Von der Anzahl der Keimlinge, die sich aus den letztlich gekeimten Samen entwickeln, wird auch wieder ein gewisser Anteil gefressen oder fällt ungünstigen

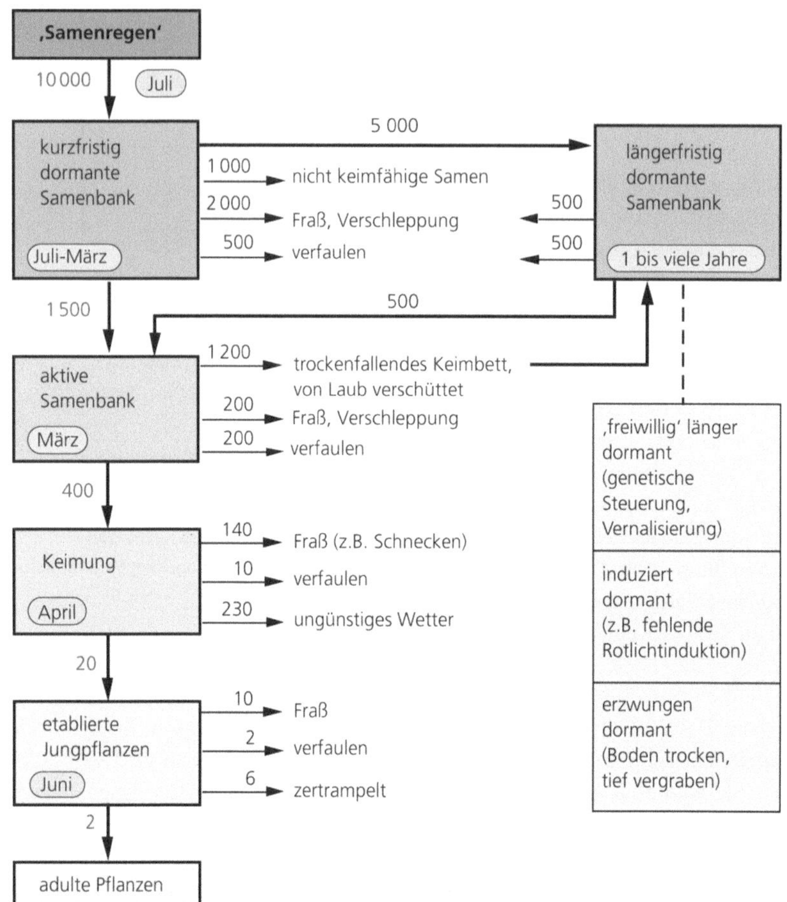


**Abb. 5.5** Schicksal der Samenpopulation einer kleinsamigen krautigen Art auf 10 $m^2$ einer Wiese. Die Zahlenwerte geben die Anzahl der Samen oder Pflanzen an, die das am Ende der Pfeile genannte Schicksal erleben; die Werte wurden durch Auszählen, Keimversuche, Schätzungen und Modellrechnungen ermittelt. Zu beachten ist insbesondere, dass von 10.000 Samen im nächsten Frühjahr rechnerisch nur 400 Samen keimen und von diesen Keimlingen nur zwei Pflanzen das adulte Stadium erreichen, in dem generative Fortpflanzung möglich ist. (Bresinsky et al. 2008)

Umweltbedingungen zum Opfer. Das gleiche Schicksal kann ein Anteil der Jungpflanzen erleiden, die sich aus den überlebenden Keimlingen entwickelt haben, sodass aus einer großen Anzahl von Samen nur eine sehr kleine Anzahl fortpflanzungsfähiger Individuen hervorgeht. Die Wahrscheinlichkeit, dass ein Individuum den nächsten Abschnitt seines Lebenszyklus erreicht, bezeichnet man als **Übergangswahrscheinlichkeit** (Abb. 5.5).

Bei mehrjährigen Arten ändern sich im Verlauf ihres Lebenszyklus auch die Anteile an Biomasse, die in einzelne Organe investiert werden. **Zweijährige Pflanzen** legen im ersten Jahr ihres Lebens neben einem (oft kurzen) Stängel v. a. Laubblätter an. Durch Photosynthese erzeugen sie Assimilate, die auch zur Ausbildung einer relativ großen Speicherwurzel dienen, in die größere Mengen Reservestoffe eingelagert werden. Diese Reservestoffe werden im Folgejahr zur Produktion weiterer Laubblätter sowie, zusammen mit von diesen produzierten Assimilaten, zur Bildung eines Blütensprosses mit Blüten und, nach Befruchtung, mit Früchten genutzt. Danach stirbt die gesamte Pflanze ab. Bei **Bäumen** wird anfangs – neben der Ausbildung von Blättern – ein großer Teil der Biomasse in die Wurzeln investiert, die den Baum langfristig nicht nur verankern, sondern ihn auch mit Wasser und Mineralstoffen versorgen müssen. Auf den Stamm entfällt zunächst nur

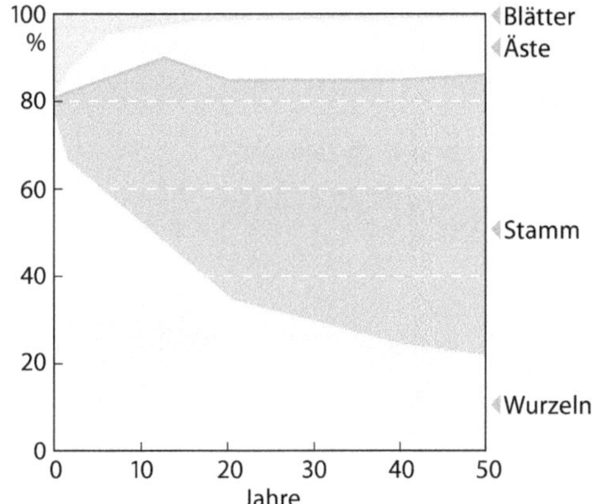


**Abb. 5.6** Biomassepartitionierung bei Bäumen am Beispiel mitteleuropäischer Eichenarten. (Nach Larcher 1994)

ein kleiner Teil der Biomasse. Mit zunehmendem Baumalter gehen die Investitionen in Blätter und Wurzeln zurück, dafür steigt der Biomasseanteil des Stamms. Bei einem ausgewachsenen Baum entfallen in grober Näherung zwei Drittel seiner Biomasse auf Stamm und Äste und ein Viertel bis ein Drittel auf die Wurzeln. Dagegen beträgt dann der Biomasseanteil der Blätter nur noch etwa 3 % (Abb. 5.6).

## 5.4.2 Wachstum von Populationen

Ist eine Pflanzenart, die mit einem geringen Angebot an Bodenwasser und Mineralstoffen auskommt, in der Lage, eine bisher vegetationsfreie Fläche zu besiedeln, so kann im Prinzip ihre Individuenzahl zu Beginn dieser Entwicklung exponentiell zunehmen. Diese Zunahme der Individuenzahl mit der Zeit, das Populationswachstum, lässt sich durch eine einfache Exponentialfunktion als **exponentielle Wachstumskurve** mit der natürlichen Zahl e (oder Eulerschen Zahl, nach dem Mathematiker Leonhard Euler) als Basis beschreiben:

$$N_t = N_0 \cdot e^{r \cdot t}, \qquad (5.1)$$

mit

$N_0$ – Ausgangszahl der Individuen,
$N_t$ – Anzahl der Individuen zum Zeitpunkt $t$,
$t$ – Zeit und
e = 2,718.

### Wie alt können Pflanzen werden?

Lange Zeit galt die Grannen-Kiefer *(Pinus longaeva)*, die in den Gebirgen des westlichen Nordamerikas vorkommt (► Abschn. 3.4.1.2), als die Art mit den langlebigsten Pflanzen: Der aktuelle Altersrekord eines Exemplars dieser Art liegt bei mehr als 5000 Jahren. Vor einigen Jahren wurde aber in der schwedischen Provinz Dalarna eine Rotfichte *(Picea abies)* entdeckt, deren Wurzelstock ein Alter von über 9550 Jahren aufweist. Dies wurde mithilfe der Radiocarbonmethode festgestellt. Dieser Wurzelstock hat im Lauf der Zeit offenbar immer wieder neue Sprosse gebildet und auf diese Weise auch den zur Zeit seiner Entdeckung oberirdisch sichtbaren Stamm, der nur einige hundert Jahre alt ist. Klonkolonien, also Kolonien von oberirdisch erkennbaren Pflanzen, die zumindest zum Zeitpunkt ihrer Entstehung miteinander über Ausläufer verbunden waren, können allerdings noch wesentlich älter werden. Die älteste bekannte Klonkolonie ist eine Kolonie der Amerikanischen Zitterpappel *(Populus tremuloides)*, die im US-amerikanischen Bundesstaat Utah gefunden wurde. Das Alter ihres Wurzelsystems wird auf ungefähr 80.000 Jahre geschätzt.

Die Änderungsrate der Individuenzahl mit der Zeit, $\mathrm{d}N/\mathrm{d}t$, ist das Produkt aus $N$ und $r$:

$$\frac{\mathrm{d}N}{\mathrm{d}t} = r \cdot N, \qquad (5.2)$$

wobei $r \cdot N$ die **Nettowachstumsrate der Population** und $r$ die **spezifische natürliche Wachstumsrate** bezeichnet. Je größer $r$ ist, desto schneller wächst die Population.

Nun sind aber in einem gegebenen Lebensraum die Ressourcen, wie z. B. Raum, Bodenwasser und für die Ernährung wichtige Mineralstoffe, endlich. Ein unbegrenztes, exponentielles Wachstum der Population kann es daher nicht geben. Das Populationswachstum ist nur bis zu einer gewissen Grenze möglich, die durch die vorhandenen Ressourcen, im natürlichen Lebensraum aber auch durch biotische Faktoren wie Konkurrenz, Herbivorie, mutualistische Beziehungen und andere Gegebenheiten bestimmt wird. Diese Grenze bezeichnet man als **Kapazitätsgrenze** („carrying capacity"). Nähert sich die Populationsdichte (also die Anzahl der Individuen pro Raum- oder Flächeneinheit) der Kapazitätsgrenze, so geht die Nettowachstumsrate der

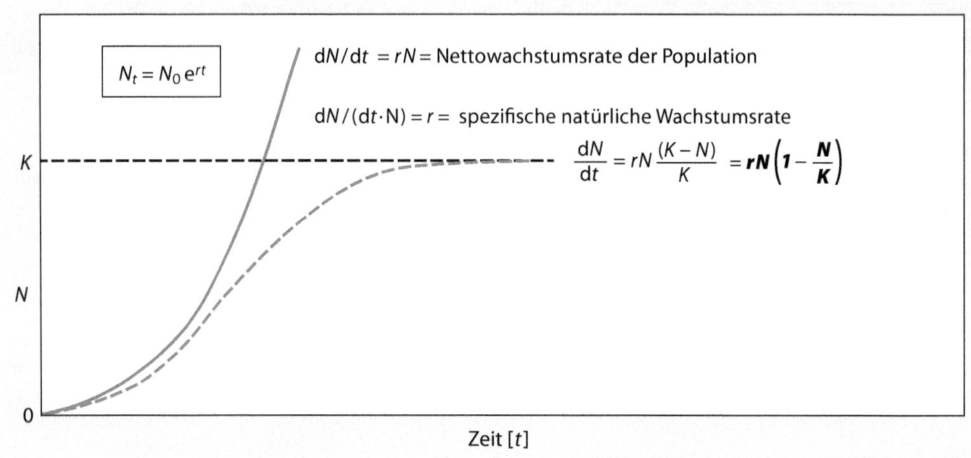


**Abb. 5.7** Exponentielles *(durchgezogene Linie)* und logistisches (sigmoides) Wachstum *(gestrichelte Linie)* von Populationen. (Nach Townsend et al. 2003)

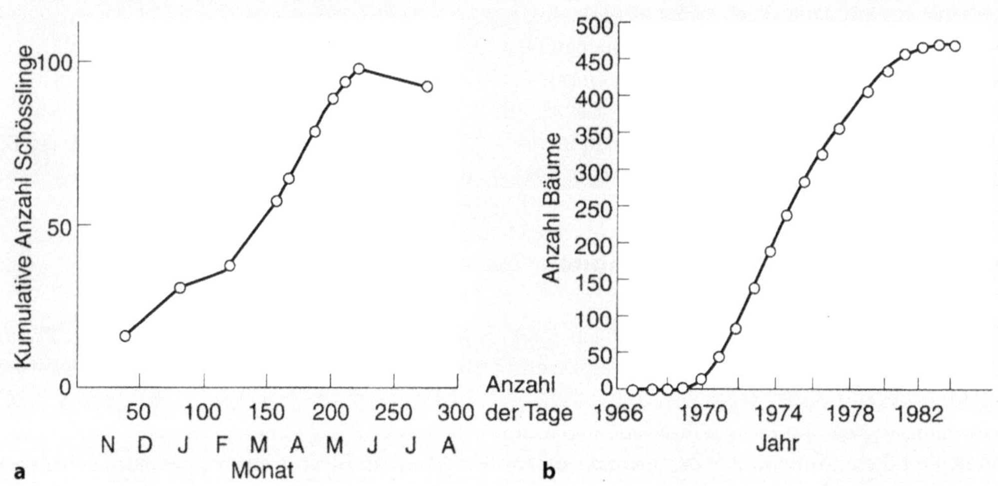


**Abb. 5.8** Beispiele für sigmoides Populationswachstum von Pflanzenarten. **a** Population von Schösslingen der Boddenbinse *(Juncus gerardii)* in einer Salzwiese an der Westküste Frankreichs; **b** Population der Grau-Weide *(Salix cinerea)* ohne Herbivorie (nach Myxomatose-Epidemie in der Kaninchenpopulation in diesem Lebensraum). (Townsend et al. 2009)

Population gegen Null. Dies lässt sich mit folgender mathematischen Beziehung beschreiben:

$$\frac{dN}{dt} = r \cdot N \cdot \frac{(K-N)}{K} = r \cdot N \cdot \left(1 - \frac{N}{K}\right), \quad (5.3)$$

wobei $K$ für die Kapazitätsgrenze steht, also die maximal in einem Lebensraum mögliche Anzahl an Individuen einer Population. Diese Kurve hat einen s-förmigen oder sigmoiden Verlauf und wird deshalb als **sigmoide** oder **logistische Wachstumskurve** bezeichnet (Abb. 5.7). Tatsächlich gibt es in der Natur Beispiele für ein derartiges sigmoides Populationswachstum von Pflanzenarten (Abb. 5.8).

Individuen einer Art, deren Populationsgröße sich unter natürlichen Bedingungen i. d. R. an der Kapazitätsgrenze ihres Lebensraums befindet, müssen konkurrenzstark sein, um die Ressourcen dieses

**Tab. 5.1** Merkmale pflanzlicher *r*- und *K*-Strategen

| Merkmal | *r*-Strategen | *K*-Strategen |
|---|---|---|
| Abiotische Faktoren des Lebensraums | Variabler und/oder schlechter vorhersagbar | Relativ konstant und/oder besser vorhersagbar |
| Zeitpunkt der ersten Reproduktion | Früh | Spät |
| Anzahl der Samen im Verhältnis zur Pflanzenbiomasse | Viele | Wenige |
| Größe der Samen im Verhältnis zur Pflanzenbiomasse | Klein | Groß |
| Häufigkeit der generativen Reproduktion | Einfach | Mehrfach |
| Lebensdauer | Ein bis wenige Jahre | Viele Jahre |
| Sterblichkeitsrate | Oft hoch | Meist niedrig |
| Konkurrenzfähigkeit | Geringer | Größer |

Lebensraums in der Konkurrenz mit artgleichen oder artverschiedenen Individuen möglichst gut und effektiv ausschöpfen zu können. Arten mit dieser Eigenschaft bezeichnet man daher als *K*-Strategen, wobei auch hier die Abkürzung *K* für die Kapazitätsgrenze (und nicht für Konkurrenz) steht. Den Gegenpol bilden Arten mit hohen Raten des Populationswachstums *r*, die folglich als *r*-Strategen bezeichnet werden.

Diese Unterschiede in den Strategietypen des Populationswachstums sind mit einer weiteren Reihe von Eigenschaften verknüpft, in denen sich *K*- und *r*-Strategen unterscheiden (Tab. 5.1). Typische Beispiele pflanzlicher *K*-Strategen sind Waldbäume. Sie sind langlebig und erreichen den Zeitpunkt der ersten Fortpflanzung erst relativ spät, sind aber iteropar; investieren im Verhältnis zu ihrer Biomasse relativ wenig Energie in die Fortpflanzung, produzieren jedoch relativ große Samen. Im Gegensatz dazu sind annuelle Ruderalpflanzenarten typische *r*-Strategen.

Wie jede Aufteilung in nur wenige Kategorien, so ist auch bei der Einteilung von Arten in *r*- und *K*-Strategen eine eindeutige Zuordnung nicht immer möglich. Typische *r*-Strategen finden sich an Standorten, an denen die Lebensbedingungen nur über kurze Zeitspannen konstant bleiben und die häufigen Störungen unterworfen sind, während *K*-Strategen in ihrer reinen Form in Lebensräumen dominieren, die über lange Zeiträume günstige Lebensbedingungen bieten. Zwischen diesen beiden Polen gibt es Übergänge. Nicht berücksichtigt bei dieser Eingruppierung sind die Auswirkungen von Stress, die dagegen im C-S-R-Modell nach Philipp Grime enthalten sind (▶ Abschn. 4.1.2).

Neben dem (anfänglich) exponentiellen und dem sigmoiden Verlauf existieren auch noch andere Formen des Populationswachstums. Eine relativ häufig vorzufindende Form ist die Optimumkurve, bei der die Rate des Populationswachstums bei mittlerer Individuenzahl der Population am größten ist. Der Grund für einen derartigen Verlauf des Populationswachstums ist die bei geringer Individuenzahl niedrige Populationsdichte, bei der die Wahrscheinlichkeit generativer Fortpflanzung durch die relativ großen Abstände zwischen den Individuen gering ist, und andererseits die starke intraspezifische Konkurrenz bei großer Populationsdichte (nahe der Kapazitätsgrenze), durch die die Sterberate steigt und damit der Nettozuwachs der Population abnimmt.

### 5.4.3 Dichteabhängigkeit von Populationen und Überlebenskurven

Mit dem im vorigen Absatz dargestellten Zusammenhang ist bereits eine grundlegende Regel für die Entwicklung von Populationen genannt: Mit zunehmender Populationsdichte nimmt im Allgemeinen die Konkurrenz zwischen den Individuen zu, was zu einer Abnahme der Geburtenrate oder **Natalität** und zu einer Zunahme der Sterberate oder **Morta-**

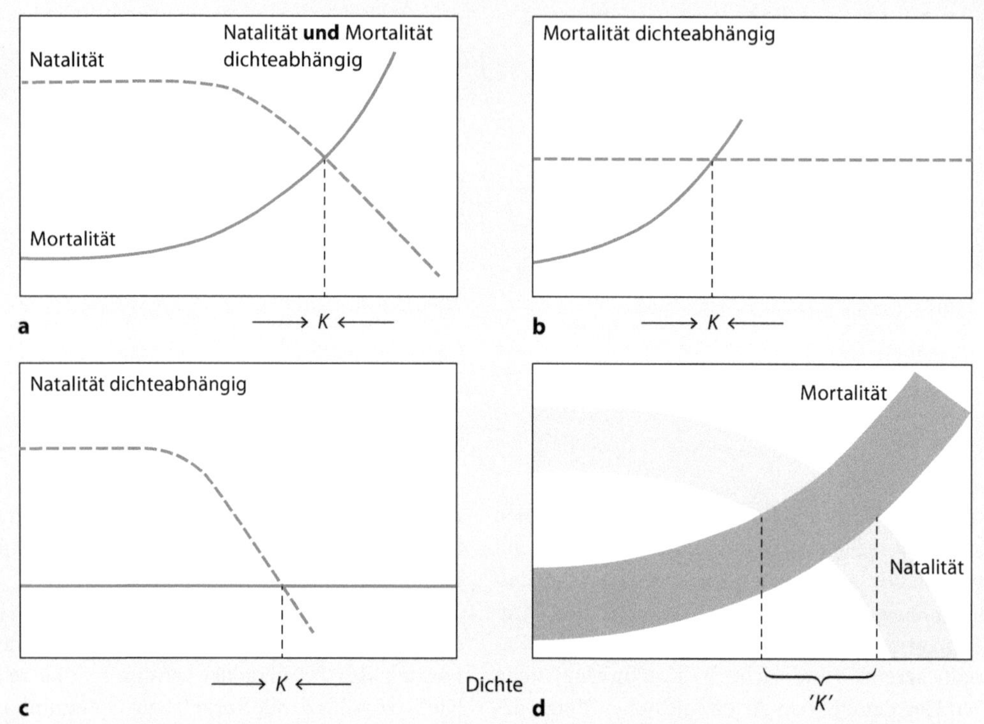


**Abb. 5.9** Dichteabhängigkeit von Geburtenrate (Natalität; *gestrichelte Linie*) und Sterberate (Mortalität; *durchgezogene Linie*) und die durch sie bestimmte Kapazitätsgrenze *(K)*. **a** Natalität *und* Mortalität sind dichteabhängig; **b** *nur* die Mortalität ist dichteabhängig; **c** *nur* die Natalität ist dichteabhängig; **d** in der Realität bedingt die natürliche Variabilität innerhalb der Population eine gewisse Spannbreite von Natalität und Mortalität. (Nach Townsend et al. 2003)

**lität** führt. Damit ist klar, dass die Populationsgröße auch **dichteabhängig** ist. Wenn die Natalität oder die Mortalität (oder beide) dichteabhängig sind und man beide gegen die Populationsdichte aufträgt, so schneiden sich Natalität und Mortalität an der Kapazitätsgrenze, also derjenigen Anzahl an artgleichen Individuen pro Flächen- oder Raumeinheit, für die die vorhandenen Ressourcen gerade ausreichen. Befindet sich die Populationsdichte unterhalb der Kapazitätsgrenze, dann nimmt i. d. R. die Populationsdichte im weiteren Zeitverlauf zu (die Natalität ist höher als die Mortalität), hat die Populationsdichte die Kapazitätsgrenze aber während eines bestimmten Zeitraums überstiegen, so nimmt die Populationsdichte wieder ab (die Mortalität übersteigt die Natalität). Allerdings liegt in der Realität die Kapazitätsgrenze nicht an einem genau definierten Punkt der Populationsdichte, sondern bezeichnet einen Bereich, in dem sich bestimmte Bandbreiten von Natalität und Mortalität überschneiden (Abb. 5.9).

Natalität und Mortalität sind natürlich oft auch vom Alter der Individuen abhängig. Dies lässt sich anhand sogenannter **Überlebenskurven** verdeutlichen, bei denen der Anteil der Überlebenden logarithmisch gegen ihr Lebensalter aufgetragen wird (Abb. 5.11). Von diesen Überlebenskurven existieren drei verschiedene Grundtypen. Bei Typ I ist die Mortalität erst am Ende der maximalen Lebensspanne hoch, dementsprechend steigt das Mortalitätsrisiko erst bei Erreichen eines höheren Alters stark an. Bei Pflanzen ist dieser Typ selten und am ehesten bei gepflanzten Exemplaren langlebiger Ziersträucher oder -bäume anzutreffen. Typ II ist durch eine mehr oder weniger gleichbleibende Mortalitätsrate – und dementsprechend ein konstantes Mortalitätsrisiko – über die gesamte Altersspanne gekennzeichnet. Dies trifft z. B. auf Samen in einer

## Reproduktion in Populationen einer seltenen Pflanzenart

Der Deutsche Fransenenzian *(Gentianella germanica)*, der im Grasland des mitteleuropäischen Berglands wächst, ist eine ein- bis zweijährige Art, die zumindest in der Schweiz in ihrem Fortbestand gefährdet und deshalb dort teilweise bis vollständig geschützt ist. An 23 Populationen dieser Art in der Nordwestschweiz und in Südwestdeutschland wurde untersucht, welche Auswirkungen die Populationsgröße dieser Art auf die Wachstumsrate der Population und das Reproduktionsvermögen der Pflanzen hat. Dass sich die Wachstumsrate der Population mit abnehmender Populationsgröße verringert, konnte erwartet werden. Interessant war aber v. a. der Befund, dass mit abnehmender Populationsgröße auch die Anzahl der Samen pro Pflanze und pro Frucht zurückgeht (◘ Abb. 5.10). Neben einer geringeren Bestäubungsrate in kleineren Populationen wurden v. a. genetische Effekte wie ein Verlust genetischer Variation, eine Häufung schädlicher Mutationen und vermehrte Inzucht als Ursache für die verringerte Fitness angenommen. Derartige Erkenntnisse haben eine große Bedeutung für den Naturschutz, belegen sie doch die Bedeutung einer ausreichenden Populationsgröße für die dauerhafte Erhaltung seltener Pflanzenarten.

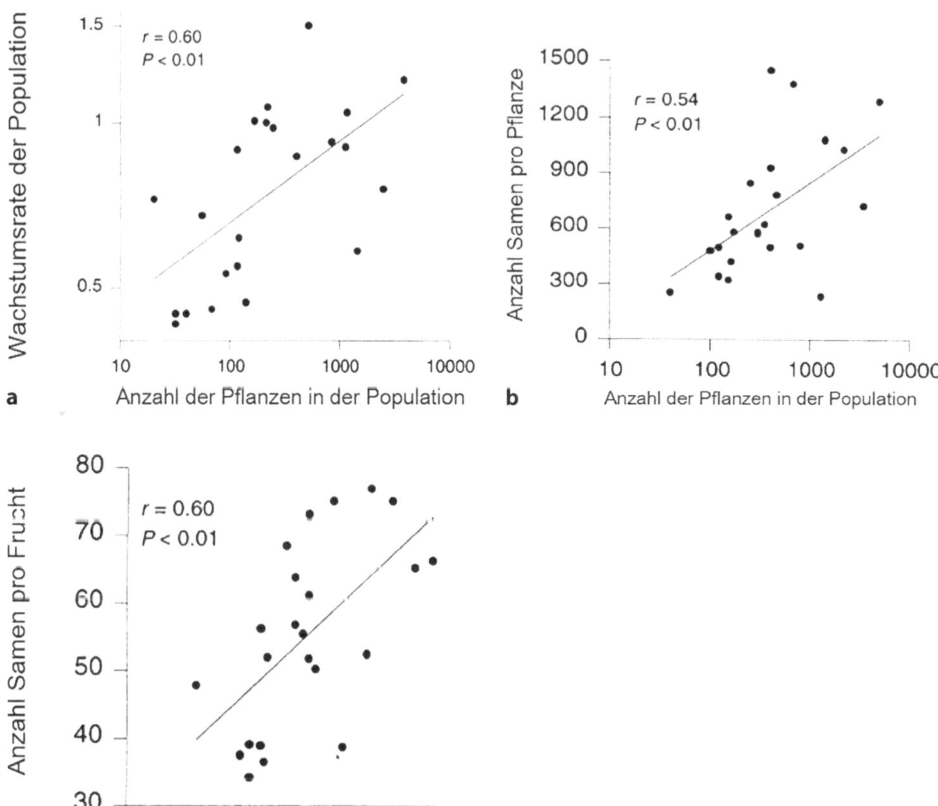


◘ **Abb. 5.10** **a** Auswirkungen der Populationsgröße auf die Wachstumsrate der Population; **b,c** die Anzahl an Samen pro Pflanze und die Anzahl an Samen pro Frucht in Populationen des Deutschen Fransenenzians *(Gentianella germanica)* aus Südwestdeutschland und der Nordwestschweiz (nach Fischer und Matthies 1998, verändert). Die Anzahl der Pflanzen in der Population und die Wachstumsrate der Population sind logarithmisch aufgetragen. Alle drei Beziehungen sind statistisch signifikant ($P < 0{,}01$). (Fischer und Matthies 1998)

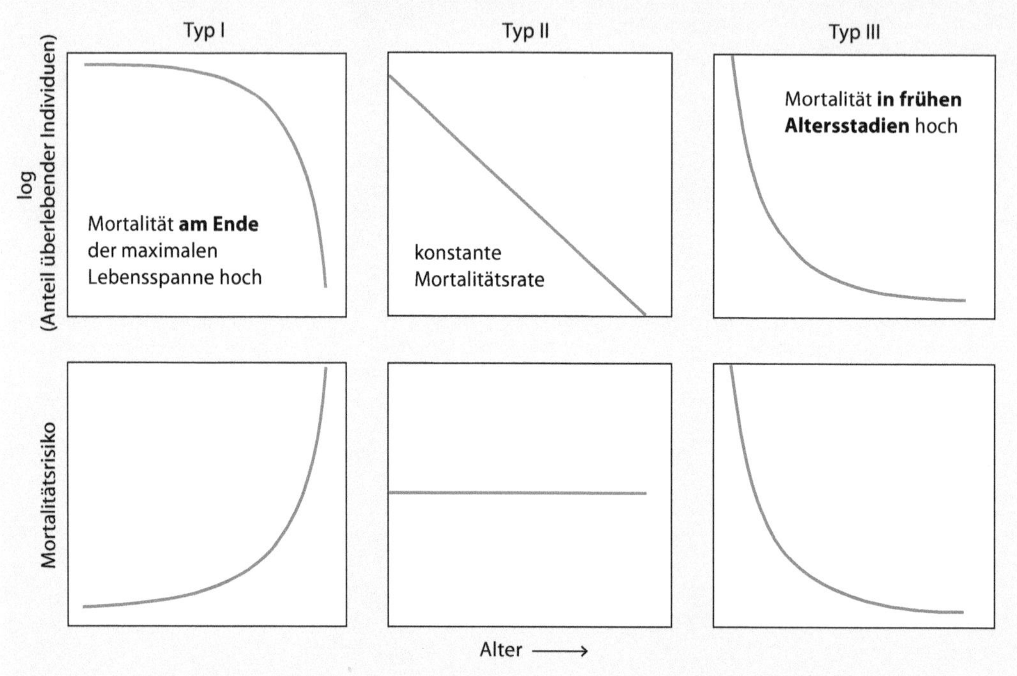


**Abb. 5.11** Drei theoretisch mögliche Szenarien des Anteils überlebender Individuen (*obere Grafiken*; logarithmische Darstellung) und des Mortalitätsrisikos (*untere Grafiken*) in Abhängigkeit vom Alter der Individuen. Diese Szenarien lassen sich in drei Typen von Überlebenskurven darstellen. (Nach Townsend et al. 2003)

Samenbank zu. Bei Typ III, dem in der Natur häufigsten Typ, ist das Mortalitätsrisiko in der frühen Jugendphase am höchsten, wie es am Beispiel der Übergangswahrscheinlichkeiten zwischen den Lebenszyklusabschnitten einer krautigen Wiesenpflanzenart gezeigt wurde (Abb. 5.5).

In der Realität allerdings können Überlebenskurven wesentlich komplexer sein und die Populationsdichte kann den Typ der Überlebenskurve bestimmen. So ergaben Untersuchungen an Populationen des Frühjahrs-Hungerblümchens *(Draba verna)* auf Sanddünen bei geringer Populationsdichte eine hohe Mortalität (entsprechend einem starken Rückgang der Anzahl an Überlebenden) erst bei relativ hohem Alter der Individuen, was einer Überlebenskurve des Typs I entspricht. Bei mittlerer Populationsdichte nahm die Anzahl an Überlebenden über eine weite Spanne von Altersstadien bei logarithmischer Auftragung in ungefähr linearer Weise ab und entsprach damit Typ II. Eine starke Abnahme der Überlebenden schon bei relativ geringem Alter und damit eine Überlebenskurve nach Typ III wurde dagegen bei einer hohen Populationsdichte gefunden (Abb. 5.12).

Es liegt nahe, als Ursache für die unterschiedlichen Verläufe der Überlebenskurven der Populationen des Frühjahrs-Hungerblümchens intraspezifische Konkurrenz anzunehmen, die bei hoher Populationsdichte relativ schnell zur Selbstausdünnung führt (▶ Abschn. 4.1.1). Tatsächlich ist bei der Determinierung der Populationsgröße die intraspezifische Konkurrenz einer der wesentlichen **dichteabhängigen Faktoren**. Das sind Faktoren, deren Wirksamkeit unmittelbar von der Dichte der Population bestimmt wird. Andere wesentliche dichteabhängige Faktoren sind artspezifische Herbivoren oder Parasiten und Infektionskrankheiten, die sich bei hoher Populationsdichte schneller ausbreiten und einen größeren Anteil der Population zum Absterben bringen können. Die Wirksamkeit der **dichteunabhängigen Faktoren** dagegen wird von der Populationsdichte nicht beeinflusst. Zu diesen Faktoren gehören das Klima, die physikalischen und chemischen Bodenbedingungen, un-

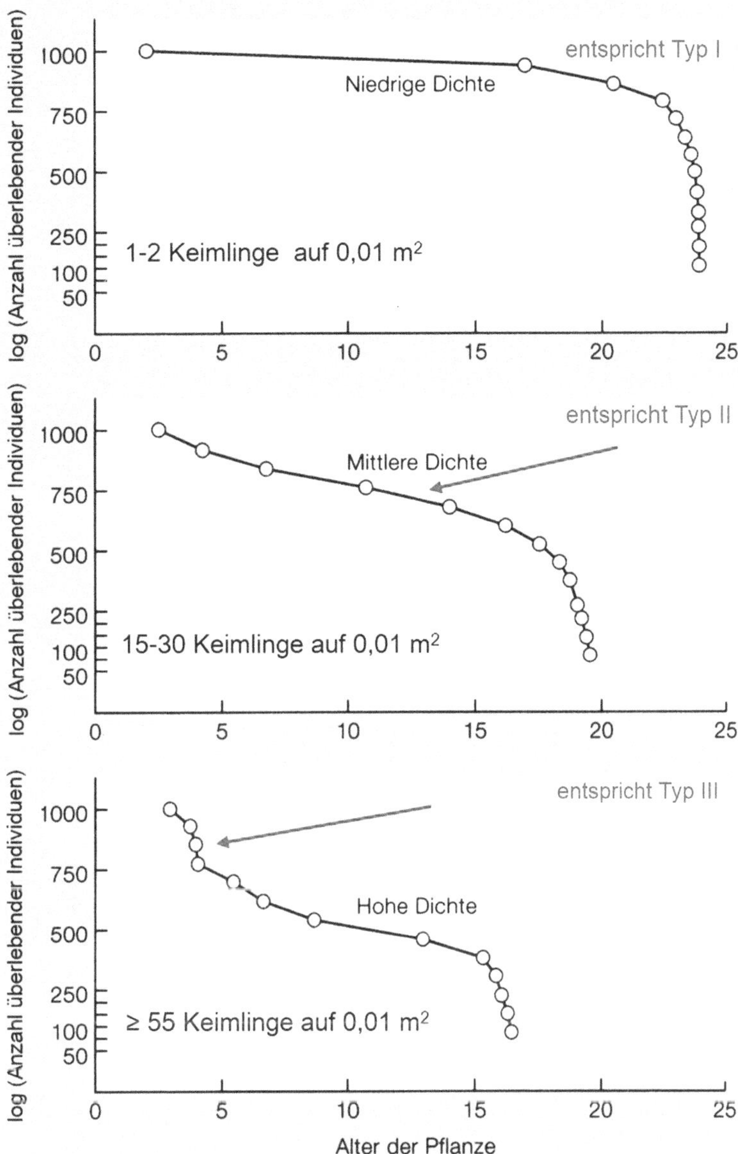


**Abb. 5.12** Abhängigkeit des Anteils überlebender Individuen von ihrem Alter bei unterschiedlicher Individuendichte am Beispiel von Populationen des Frühjahrs-Hungerblümchens *(Draba verna)* auf Sanddünen. Die Anzahl der überlebenden Individuen ist logarithmisch dargestellt. Die *Pfeile* bezeichnen den Altersabschnitt der Beziehung, der dem jeweiligen Überlebenskurventyp entspricht. (Townsend et al. 2003)

spezifische Pflanzenfresser und nicht ansteckende Krankheiten. Sie wirken auf alle Lebewesen einer Population unabhängig von deren Dichte ein.

Dichteabhängige Faktoren, insbesondere die intraspezifische Konkurrenz, bewirken auch die **Regulation der Population** („population control"). Darunter versteht man die Tendenz zur Abnahme der Populationsgröße, wenn ein bestimmter Grenzwert überschritten wurde, und die Tendenz zur Zunahme der Populationsgröße, wenn diese unterhalb des Grenzwerts liegt. Dieser Grenzwert lässt sich, wie in Abb. 5.9 dargestellt, durch den Schnittpunkt von Natalität und Mortalität finden, sofern mindestens einer dieser beiden Prozesse dichteabhängig ist (was in natürlichen oder naturnahen Lebensräumen meistens der Fall ist). Dieser Schnittpunkt bezeichnet auch diejenige Individuenzahl, bei der sich die Populationsdichte theoretisch in einem Gleichgewicht befindet.

Zur Feststellung der Regulation einer Population und der sie bestimmenden Faktoren ist es i. d. R. nötig, mehrere aufeinander folgende Generationen in die Betrachtung einzubeziehen. In der Realität ist wohl aber keine natürliche Population über längere Zeiträume wirklich im Gleichgewicht, da es im Zeitverlauf neben natürlichen Schwankungen der Populationsdichte auch immer wieder zu katastrophalen Ereignissen kommen kann, die die Population zusammenbrechen lassen, und auch Einwanderungs- und Aussterbeereignisse auftreten können.

### Räumliche Verteilung von Individuen einer Population (Dispersion)

Neben Wachstum und Größe einer Population ist auch die Verteilung ihrer Individuen im Raum, ihre **Dispersion**, ein wichtiges Merkmal ihrer Struktur. Individuen einer Population können an bestimmten Stellen im Raum gehäuft oder **aggregiert** vorkommen, ihre Verteilung kann aber auch **gleichmäßig** oder **zufällig** sein. So ist zum Beispiel das Vorkommen von Pflanzen einer Population der Echten Sternmiere *(Stellaria holostea)*, einer Art der Krautschicht relativ lichter Laubwälder, in diesen Wäldern unterhalb von Kronenlücken aggregiert. Betrachtet man aber eine einzelne **Fazies** dieser Population, also ein einzelnes gehäuftes Vorkommen von Individuen dieser Art, so stellt man wahrscheinlich fest, dass dort alle Individuen mehr oder weniger den gleichen Abstand zueinander haben und damit gleichmäßig verteilt sind. Die Beurteilung der Dispersion hängt also wesentlich von der Größe und Art des jeweils betrachteten Raumausschnitts ab.

## Weiterführende Literatur


Begon M, Howarth RW, Townsend CR (2017) Ökologie, 3. Aufl. Springer Spektrum, Berlin Heidelberg

Bresinsky et al (2008) Strasburger – Lehrbuch der Botanik, 36. Aufl. Spektrum, Heidelberg

Cousens R, Dytham C, Law R (2008) Dispersal in plants: a population perspective. Oxford University Press, Oxford New York

Crawley MJ (Hrsg) (2007) Plant Ecology, 2. Aufl. Blackwell, Malden Oxford Carlton

Fischer M, Matthies D (1998) Effects of population size on performance in the rare plant *Gentianella germanica*. J Ecol 86:195–204

Larcher W (1994) Ökophysiologie der Pflanzen, 5. Aufl. Ulmer, Stuttgart

Nentwig W, Bacher S, Beierkuhnlein C, Brandl R, Grabherr G (2004) Ökologie. Spektrum, Heidelberg Berlin

Smith TM, Smith RL (2009) Ökologie, 6. Aufl. Pearson Studium, München

Townsend CR, Harper JL, Begon ME (2003) Ökologie. Springer, Berlin

Townsend CR, Begon M, Harper JL (2009) Ökologie, 2. Aufl. Springer, Berlin Heidelberg

Vonlanthen B, Zhang X, Bruelheide H (2010) Clonal structure and genetic diversity of three desert phreatophytes. Am J Bot 97:234–242

# Pflanzen in Ökosystemen

*Frank Thomas*




F. Thomas, *Grundzüge der Pflanzenökologie,* https://doi.org/10.1007/978-3-662-54139-5_6

Ökosysteme sind räumlich abgrenzbare Funktionseinheiten der Biosphäre, also des belebten Bereichs der Erde. Sie sind gekennzeichnet durch eine große Vielfalt von Umweltfaktoren und deren Interaktionen. Die **Hauptfunktionen** von Ökosystemen sind die **Umsätze von Stoffen** einschließlich der Produktion von Biomasse und die damit verbundenen **Energieumsätze**. Die in ihnen ablaufenden Prozesse sind i. d. R. nur über kurze Zeitabschnitte linear. Da Ökosysteme im Lauf ihrer Existenz immer wieder Störungen unterworfen sind, befinden sie sich meist auch nicht über lange Zeiträume dauerhaft in einem Gleichgewicht und ihre Stabilität ist zeitlich begrenzt.

Ökosysteme sind **offene Systeme**, deren Funktionieren auf die Aufnahme von Energie aus externen Quellen angewiesen ist und die einen Teil der Energie in Form von Strahlung einschließlich Wärme auch wieder abgeben. Auch Stoffe werden aufgenommen und abgegeben, befinden sich teilweise aber auch in einem intensiven ökosysteminternen Kreislauf. Ökosysteme sind nicht durch ihre räumliche Größe oder die Anzahl ihrer Arten definiert, sondern durch das Zusammenwirken der Arten einer **Lebensgemeinschaft** oder **Biozönose** („community") mit ihrem **Lebensraum** oder **Biotop**. An der Basis eines jeden Ökosystems stehen die **Produzenten**, also diejenigen Lebewesen, die unter Energieumsetzung aus anorganischen Verbindungen organische Stoffe herstellen können. Diese Lebewesen bezeichnet man daher auch als **autotroph**. In den Landlebensräumen sind dies die grünen Pflanzen, in aquatischen Lebensräumen insbesondere die Photosynthese betreibenden Algen, die v. a. im uferfernen Freiwasserbereich, dem **Pelagial**, in Form ein- oder wenigzelliger Lebewesen das im Wasser treibende **Phytoplankton** bilden. Beide Gruppen dieser **photoautotrophen** Primärproduzenten nutzen Sonnenlicht als Energiequelle, um $CO_2$ in organische Substanz zu überführen. Nur in wenigen Lebensräumen wird die Primärproduktion durch Lebewesen gebildet, die andere Energiequellen als das Sonnenlicht nutzen. Dazu gehören bestimmte Bakterienarten, die als **chemoautotrophe** Primärproduzenten ihre Energie aus chemischen Umsetzungen in Form von Oxidations-Reduktions-Reaktionen beziehen und damit $CO_2$ durch **Chemosynthese** in organische Stoffe überführen. Derartige Bakterien finden sich z. B. im Bereich hydrothermaler Schlote an Ozeanböden in Bereichen starker geothermaler Aktivität. Dort steigt aus dem darunterliegenden Gestein heißes Wasser mit darin gelösten mineralischen Bestandteilen auf, die von den Bakterien oxidiert werden.

Die Primärproduzenten dienen als Nahrung für die **Konsumenten**, die als **heterotrophe** Organismen zur Aufrechterhaltung ihres Bau- und Betriebsstoffwechsels organische Stoffe aufnehmen müssen. **Primärkonsumenten** nehmen pflanzliche Nahrung auf, **Sekundärkonsumenten** sowie Konsumenten noch höherer Ordnung leben von tierischer Nahrung. Abgestorbene Lebewesen werden von **Destruenten** zersetzt. Dazu gehören die **Detritusfresser** (Abfallfresser), z. B. aasfressende Tiere und Bodentiere, die sich von abgestorbenem Pflanzenmaterial ernähren, organische Körper in kleinere organische Einheiten zerlegen und damit die Angriffsfläche für die **Mineralisierer** vergrößern. Diese sind ausnahmslos bestimmte Pilz- und Bakterienarten, die organische Stoffe im Prozess der **Respiration** unter Freisetzung von $CO_2$ (oder, bei Sauerstoffmangel, von Methan) wieder in anorganische Verbindungen zerlegen, die dann wiederum von den Primärproduzenten aufgenommen werden können. Die Destruenten und von diesen v. a. die Mineralisierer sind in einem funktionierenden Ökosystem für dessen Stoffkreisläufe unabdingbar, wogegen die Konsumenten – und damit die Tiere – für ökosystemare Stoffkreisläufe prinzipiell entbehrlich sind. All diese verschiedenen Stufen der Nahrungskette werden als **trophische Ebenen** oder **Trophieebenen** bezeichnet (altgr. „trophé" für Nahrung). Durch die Verknüpfung der Nahrungsbeziehungen finden Stoff- und Energieübergänge von einer trophischen Ebene zur nächsten statt.

## 6.1 Eigenschaften von Ökosystemen

Jedes Ökosystem besitzt eine **Struktur**, die in enger Wechselwirkung mit seinen Energie- und Stoffflüssen und deshalb auch mit seinem Funktionieren steht. Die Struktur von Landökosystemen ergibt

## Natürliche und künstliche Ökosysteme – Größe und Funktionsfähigkeit

Das größte bisher bekannte Ökosystem ist die Erde selbst, die Strahlungsenergie von der Sonne erhält und einen Teil dieser Energie auch wieder in den Weltraum abstrahlt. Auf der Erde selbst befinden sich alle für das Leben essenziellen Stoffe wie Wasser, Kohlenstoff, Stickstoff, Phosphor, Schwefel und andere in z. T. erdumspannenden Kreisläufen.

Zu Demonstrationszwecken sind aquatische Miniaturökosysteme, die käuflich zu erwerben sind, nachgebaut worden. Ein solches Kleinstökosystem besteht aus einer durchsichtigen, wassergefüllten Glaskugel, die mit Algen besetzte Äste eines Korallenstocks, Garnelen und mineralisierende Bakterien enthält. Wird diese wasser- und gasdichte Glaskugel ausreichend belichtet, betreiben die Algen Photosynthese, indem sie das von den Garnelen und Bakterien abgegebene $CO_2$ nutzen. Die Garnelen weiden die Algen ab. Ihre Ausscheidungen sowie abgestorbene Algenzellen werden von den Bakterien unter Freisetzung von $CO_2$ und Mineralstoffen zersetzt, die wiederum von den Algen aufgenommen werden. Auf diese Weise kann sich dieses künstliche Ökosystem etliche Monate lang am Leben erhalten.

Künstliche Ökosysteme in viel größerem Ausmaß enthält die Konstruktion Biosphere II (in Anlehnung an die Erde, die Biosphere I), die als eine Art Miniaturausgabe der Erde geplant war (◘ Abb. 6.1). Vor dem Hintergrund von Überlegungen zu zukünftigen Weltraumreisen wurde sie ursprünglich von einem reichen US-amerikanischen Geschäftsmann finanziert und sollte die irdischen Stoffkreisläufe so stabil und dauerhaft nachbilden, dass Menschen etliche Jahre lang bei komplett geschlossenen Stoffkreisläufen ohne Außenkontakte völlig autark und nur unter Nutzung des Sonnenlichts darin überleben können. Der Gebäudekomplex wurde Ende der 1980er-Jahre auf einer Fläche von knapp 1,3 ha in der Nähe von Tucson (Arizona) errichtet. Neben Wohnräumen und landwirtschaftlichen Nutzflächen umfasste er Nachbauten so unterschiedlicher Ökosysteme wie tropischer Regenwald, Mangrove, Savanne, Wüste und Ozean mit Korallenriff. Während einer ersten Mission von 1991 bis 1993 lebten acht Menschen zwei Jahre lang in Biosphere II. Danach wurde das Experiment beendet, u. a. wegen einer zu starken Anreicherung von $CO_2$ in der Luft, einem zu starken Verlust von $O_2$, zeitweise zu geringen Ernten und der massenhaften Vermehrung von Schadinsekten. Ein zweiter Versuch erstreckte sich 1994 über sechs Monate. Danach wurde die Anlage bis heute für verschiedene wissenschaftliche Projekte, zu Ausbildungszwecken und als Erlebniszentrum genutzt. Nach wechselnder Verantwortlichkeit ist sie jetzt Eigentum der University of Arizona.

◘ **Abb. 6.1** Ansichten von Biosphere II im Süden von Arizona (USA). **a** Teil der Außenansicht; **b** der Ökosystemtyp Savanne im Inneren der Anlage

Obwohl das ursprüngliche Ziel des Vorhabens letztendlich nicht erreicht wurde, lieferte es doch wertvolle Erkenntnisse über die Komplexität ökosystemarer Prozesse und die Schwierigkeiten, langfristig ein „ökologisches Gleichgewicht" künstlich aufrechtzuerhalten.

sich durch die Gliederung des Raums in einen oberirdischen und einen unterirdischen Bereich. Wichtige Strukturmerkmale sind die Menge und die Verteilung der anorganischen und organischen Stoffe in den verschiedenen **Kompartimenten** des Ökosystems wie dem Boden mit seinen abiotischen und biotischen Bestandteilen, den Vegetationsschichten und den verschiedenen trophischen Ebenen. Die stoffliche Struktur von Ökosystemen lässt sich in lebende und abgestorbene Masse einteilen. Die lebende Masse oder **Biomasse** („biomass", „standing crop") umfasst alle lebenden ober- und unterirdischen Lebewesen einschließlich toter, aber für das Leben von Organismen wichtiger Strukturen, wie z. B. das Kernholz lebender Bäume. Die **Nekromasse** („necromass", „standing dead") bezeichnet die gesamte Masse der abgestorbenen ober- und unterirdischen Lebewesen einschließlich der an Pflanzen anhaftenden abgestorbenen und für ihre Existenz nicht benötigten Teile, beispielsweise einen von einem lebenden Baum herabhängenden, toten Ast. **Bestandsabfall** („litter") ist die Bodenstreu auf der Bodenoberfläche („litter" im engeren Sinn) und der unterirdische Bestandsabfall, z. B. in Form abgestorbener Wurzeln. Kennzeichen des Bestandsabfalls ist, dass seine Organstrukturen mit bloßem Auge noch erkennbar sind. Im **Humus** („soil organic matter") dagegen sind Organstrukturen mit bloßem Auge nicht mehr erkennbar. Er umfasst schon relativ stark zersetzte organische Reste, die zum großen Teil aus hochmolekularen Kohlenstoffverbindungen, den **Huminstoffen**, bestehen.

### 6.1.1 Unterirdische Ökosystemkompartimente

Unterhalb der **organischen Auflage,** die aus mehr oder weniger zersetztem Bestandsabfall besteht, befindet sich der **Mineralboden**, der in unterschiedliche **Bodenhorizonte** unterteilt ist. Diese Horizonte werden von oben nach unten in alphabetischer Reihenfolge mit Großbuchstaben versehen. Der **A-Horizont** ist durch Ein- und Auswaschungsprozesse von organischer Substanz und Tonteilchen geprägt. Durch Einwaschung und Einmischung von organischem Material aus der organischen Auflage ist er schwärzlich bis grau gefärbt. Je stärker seine Färbung in Richtung schwarz geht, desto höher ist seine Konzentration an organischem Material; bei grauer Färbung dagegen ist ein großer Teil der organischen Substanz schon nach unten ausgewaschen worden. Die Stärke und der Typ der Auswaschung und Bleichung wird mit Kleinbuchstaben gekennzeichnet, die dem Buchstaben A nachgestellt werden. Der größte Teil des darunterliegenden **B-Horizonts** ist in seiner Färbung sowie in seinen physikalischen und chemischen Eigenschaften im Wesentlichen durch Einwaschung von Stoffen aus den darüberliegenden Schichten und/oder durch die Verwitterungsprozesse des Gesteins gekennzeichnet, aus dem er hervorgegangen ist. Seine in Mitteleuropa häufig gelbbraune Farbe stammt v. a. aus Eisenoxiden und -hydroxiden, die sich im Laufe der Verwitterung gebildet haben und die Bodenteilchen umkleiden. Der B-Horizont kann Schichten enthalten, die durch organische Substanzen oder durch Tonteilchen geprägt sind, die aus oberen Bodenbereichen nach unten ausgewaschen wurden. Andererseits kann der B-Horizont in sehr jungen Böden oder in Böden auf Kalkgestein, dessen Bestandteile bei Verwitterung größtenteils in Lösung gehen und mit dem Sickerwasser ausgewaschen werden, auch völlig fehlen. Unterhalb des B-Horizonts befindet sich der mehr oder weniger unverwitterte **C-Horizont**, der vom Ausgangsgestein gebildet wird. Von diesem Grundmuster des Bodenaufbaus existieren etliche Abwandlungen, die z. B. vom Wasserhaushalt des Standorts oder von der Bewirtschaftung durch Menschen geprägt sind. Auch verändern sich die Böden im Lauf von Jahrhunderten und Jahrtausenden durch Verwitterungsprozesse, die mit einer zunehmenden Versauerung einhergehen. Die verschiede-

### Humusformen

Die Humusformen terrestrischer Böden bezeichnen die stoffliche Struktur der abgestorbenen und mehr oder weniger stark zersetzten organischen Substanz. Generell werden mit **Mull**, **Moder** und **Rohhumus** drei Humusformen unterschieden, zwischen denen Übergangsformen existieren.
Der **Mull** ist charakterisiert durch eine organische Auflage auf dem Mineralboden, die aus nicht oder nur wenig zersetzter Streu besteht (L-Horizont). Organstrukturen der Streubestandteile sind mit bloßem Auge gut zu erkennen. Bereits stark zersetztes organisches Material ist bei dieser Humusform durch Bodenorganismen schon intensiv mit dem Mineralboden vermischt. Diese starke Vermengung mit organischer Substanz verleiht dem oberen Horizont des Mineralbodens eine schwärzliche Färbung und eine deutliche Krümelstruktur, die eine gute Durchlüftung der Bodenporen ermöglicht. Die intensive Vermischung des Mineralbodens mit organischer Substanz wird v. a. durch senkrecht grabende Arten von **Regenwürmern** bewirkt, die auf diesen höchstens schwach sauren bis leicht alkalischen Böden geeignete Lebensbedingungen finden. Für das Pflanzenwachstum ist Mull wegen der vorteilhaften bodenphysikalischen Bedingungen und des relativ rasch ablaufenden Streuabbaus, der bereits nach einem Jahr abgeschlossen sein kann, die günstigste Humusform.
Der **Moder** ist durch das Vorhandensein dreier verschiedener Horizonte gekennzeichnet: L-, Of- und Oh-Horizont. Alle diese Horizonte befinden sich oberhalb des Mineralbodens. Der unter dem L-Horizont liegende, deutlich ausgeprägte Of-Horizont besteht überwiegend aus stärker zersetztem Bestandsabfall, in dem aber Organteile mit bloßem Auge noch als solche zu erkennen sind. Er kann bereits von Wurzeln oder Pilzhyphen durchzogen sein. Der darunter befindliche, oft stark durchwurzelte Oh-Horizont mit einer Mächtigkeit von weniger als 0,5 bis maximal etwa 6 cm dagegen enthält überwiegend stark zersetztes, schwärzliches organisches Material als formlose Substanz. Ihr ist mit bloßem Auge nicht mehr anzusehen, aus welchen Strukturen sie hervorgegangen ist. Je ungünstiger die Bodenbedingungen sind, desto stärker ist der Oh-Horizont ausgeprägt. Senkrecht grabende Regenwürmer sind auf diesen stärker sauren Böden nicht mehr vorhanden und die Durchmischung der organischen Substanz mit dem Mineralboden ist deutlich schwächer als auf Mullböden.
Die für das Wachstum der meisten Pflanzenarten ungünstigste Humusform ist der **Rohhumus.** In ihm sind alle drei Humushorizonte nicht nur deutlich ausgeprägt, sondern auch scharf voneinander abgegrenzt. In dem stark sauren und häufig auch nassen Milieu dieser Böden verläuft die Zersetzung abgestorbenen organischen Materials nur sehr langsam. Dieser langsame Abbau ist an diesen Standorten auch bedingt durch die meist schwer zersetzbare Streu der dort wachsenden Pflanzen (z. B. Nadelbäume oder Heidekraut-Arten). Das organische Material reichert sich in einer Mächtigkeit von 5 bis über 30 cm auf dem Mineralboden an. Die Durchmischung des Mineralbodens mit organischer Substanz ist sehr gering und auf die allerobersten Zentimeter des Mineralbodens beschränkt, einen Horizont, der dünner ist als die Summe der Mächtigkeiten von Of und Oh. Die wasserlösliche Fraktion der sehr sauren Zersetzungsprodukte bewirkt bei Verlagerung in den Mineralboden auch eine Ablösung höhermolekularer Substanzen von den Mineralkörnern, sodass diese gebleicht wirken und, mit bloßem Auge erkennbar, weißlich aussehen.
Prinzipiell sind diese Humusformen auch aufgrund ihrer chemischen Eigenschaften, namentlich ihres Verhältnisses der Kohlenstoff- zur Stickstoffmasse im Material (C/N-Verhältnis), unterscheidbar. Im Mull ist das C/N-Verhältnis wegen des relativ schnellen Abbaus der kohlenstoffhaltigen Substanzen mit ungefähr 10–17 g/g relativ eng, im Rohhumus mit 30–40 g/g dagegen sehr weit; der Moder nimmt eine Zwischenstellung ein. Durch die jahrzehntelangen anthropogenen Depositionen von Stickstoffverbindungen aus Landwirtschaft, Industrie und Verkehr ist aber seit zwei bis drei Jahrzehnten eine Tendenz der Angleichung dieser C/N-Verhältnisse zwischen den Humusformen in Richtung auf engere C/N-Werte auch im Moder und Rohhumus zu beobachten.

nen chemischen Zustände, die dabei durchlaufen werden, bezeichnet man als Pufferbereiche (▶ Abschn. 3.3.2). Sie spielen eine wichtige Rolle bei der Mineralstoffernährung der Pflanzen.

Vonseiten der Pflanzen wird der belebte Bereich des Bodens v. a. durch die Wurzeln unterschiedlicher Stärke und Verteilung gebildet (▶ Abschn. 2.2.2). Die Architektur des Wurzelsystems kann sich von Pflanzenart zu Pflanzenart stark unterscheiden, was z. B. in artenreichen Grünlandbeständen deutlich wird (◘ Abb. 6.2): Unterschiedliche Pflanzenarten durchwurzeln verschiedene Bereiche des Bodens

### Weit verbreitete terrestrische Bodentypen Mitteleuropas

Boden entsteht aus dem Ausgangsgestein durch physikalische (Klimafaktoren, mechanische Einwirkung fließenden Wassers, eindringende Pflanzenwurzeln) und chemische Verwitterung (atmosphärischer Sauerstoff, lösende Wirkung von Wasser, Ausscheidungen von Pflanzenwurzeln und von Bestandteilen der Bodenflora). Böden in einem bestimmten Entwicklungszustand und mit einer bestimmten Abfolge der Horizonte werden zu **Bodentypen** gruppiert.

Durch Verwitterung des Ausgangsgesteins entsteht als **Syrosem** zunächst ein weniger als 2 cm mächtiger, mit Humus angereicherter Oberboden, der unmittelbar dem Gestein aufliegt. Auf silikatischem Gestein geht aus diesem Boden durch fortschreitende Verwitterung der **Ranker** mit einem Ah-Horizont von 2 bis 30 cm Mächtigkeit hervor, unter dem das Ausgangsgestein ansteht. Bildet sich aber der humose Ah-Horizont auf einem Lockergestein wie z. B. auf Flug- oder Geschiebesand, spricht man von einem **Regosol**. Auf Carbonat- und Gipsgestein dagegen entsteht aus einem Syrosem die **Rendzina** mit einer Mächtigkeit des Ah-Horizonts von bis zu 40 cm über dem festen oder lockeren C-Horizont. In diesem Bodentyp ist die organische Substanz insbesondere durch Regenwürmer intensiv mit den mineralischen Bestandteilen des Ah-Horizonts vermischt. Dieser weist daher eine lockere Krümelstruktur auf, was zu einer guten Durchlüftung des Bodens führt. Die Wasserverfügbarkeit für Pflanzen ist aber durch die geringe Mächtigkeit des Bodens und durch die rasche Versickerung von Niederschlagswasser durch die Verwitterungsklüfte des Kalkgesteins eingeschränkt. Da Kalk- und Gipsgesteine nur sehr geringe Anteile an Tonmineralen enthalten, die bei Auflösung dieser Gesteinsarten zu einem Anwachsen des Bodenprofils führen, verläuft die von der Rendzina ausgehende, weitere Bodenentwicklung nur langsam. Reichert sich der Lösungsrückstand des Gesteins, v. a. begünstigt durch warm-feuchte Klimaverhältnisse, wie sie in Mitteleuropa im Tertiär herrschten, auf Mächtigkeiten von 10 bis 30 cm und darüber an, entsteht eine **Terra fusca** mit einem tonreichen B-Horizont typisch gelbbrauner Färbung, von der sich der Name dieses Bodentyps ableitet. Auf Silikatgesteinen entsteht aus dem Ranker eine tiefergründige **Braunerde** mit einem B-Horizont, der sich bis in eine Tiefe von 1,5 m erstrecken kann. Die namensgebende braune Färbung des Bodens im B-Horizont wird durch chemische Verbindungen hervorgerufen, die dreiwertiges Eisen enthalten und die Mineralkörner umhüllen. Die Bildung von Ton in diesen Böden führt auch zur Verlehmung des B-Horizonts. Je nach Art des Ausgangsgesteins können Braunerden arm oder reich an austauschbarem $Ca^{2+}$ und $Mg^{2+}$ sein und demnach den Pflanzen schlechtere oder bessere Wachstumsbedingungen aufgrund der Verfügbarkeit essenzieller Mineralstoffe und des bodenchemischen Milieus bieten. Fortschreitende Auswaschung von Ton aus oberen Bodenbereichen (wodurch unterhalb des Ah-Horizonts ein tonverarmter Al-Horizont entsteht), Verlagerung des Tons in tiefere Bodenschichten und dessen Anreicherung dort (unter Bildung eines Bt-Horizonts) führt zur Entstehung einer **Parabraunerde**. Die Tonanreicherung im Unterboden kann zu der Ausbildung stärker verdichteter Schichten führen, die Niederschlagswasser stauen. Auf diese Weise entsteht ein **Pseudogley**, der unterhalb des Ah-Horizonts einen tonverarmten AlSw-Horizont aufweist. In diesem wird von oben durchsickerndes Niederschlagswasser in einer Stauzone (Sw) durch den darunterliegenden, tonreichen Staukörper (Sd-Horizont) gestaut. Abfolgen von Niederschlags- und Trockenperioden führen zu einem Wechsel von Vernässung und Austrocknung dieses Bodentyps. Diese wechselnassen Bedingungen verursachen die charakteristischen fahlgrauen und rostfleckigen Färbungen des Sw-Horizonts und die fahlgrau-rostbraunen Marmorierungen des Sd-Horizonts. Die auf diese Weise entstandenen Pseudogleye sind zwar oft an essenziellen Mineralstoffen verarmt, bieten aber noch geeignete Standorte für Wiesen und Wälder. Das Endstadium der Verwitterung und Verlagerung von organischen Substanzen, Aluminium- und Eisenverbindungen sowie von Tonmineralen ist in Regionen mit kühlem bis gemäßigtem, humidem Klima mit dem Bodentyp des **Podsols** erreicht. Unter einer mächtigen Humusauflage folgt auf eine geringmächtige Aeh- oder Ahe-Lage ein aschgrauer Ae-Horizont, der durch Versauerungsprozesse und nachfolgende Auswaschung an organischer Substanz sowie an Eisen und Manganverbindungen verarmt ist. Die verlagerte organische Substanz reichert sich weiter unten im Boden in Form eines humusreichen, braunschwarzen Bh-Horizonts an, unter dem ein durch Anreicherung von Eisenverbindungen rostbraun gefärbter Bs-Horizont liegt. Dieser Horizont kann als Ortstein so stark verfestigt sein, dass er von Wurzeln kaum zu durchdringen ist. Podsole sind typische Böden des borealen Nadelwalds (► Abschn. 7.6.5) und der Heide. Durch Grundwassereinfluss können **Gleye** entstehen. Unter dem Ah-Horizont liegt der durch Oxidation rostfarbene Go-Horizont (Oxidationshorizont), auf den nach unten der stets nasse Gr-Horizont (Reduktionshorizont) mit grauer bis schwärzlicher Färbung folgt. Gleye sind oft relativ reich an für Pflanzen essenziellen Mineralstoffen und meist nur schwach bis mäßig sauer. Allerdings kann die Pflanzenverfügbarkeit von Mineralstoffen, namentlich von Phosphor, durch Festlegung in Form schwerlöslicher Verbindungen mehr oder weniger stark eingeschränkt sein.

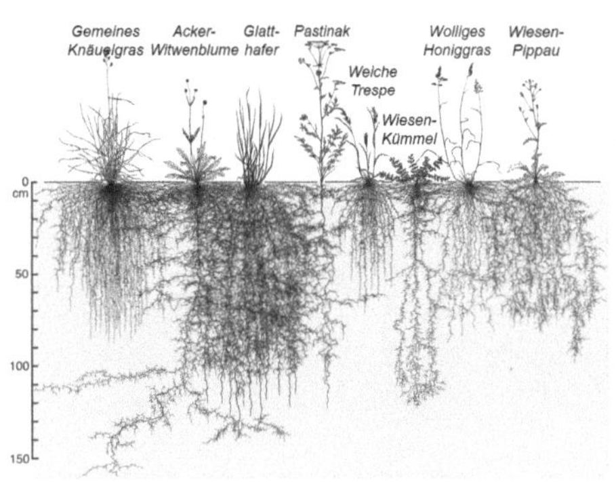


■ **Abb. 6.2** Durchwurzelung eines Wiesenbodens (Ausschnitt) durch verschiedene Arten von Grünlandpflanzen. (Aus Bresinsky et al. 2008)

unterschiedlich intensiv. Auf diese Weise ist auch eine gründlichere Ausbeutung der Wasser- und Mineralstoffressourcen des Bodens möglich. Eventuell ist dies einer der wesentlichen Gründe dafür, dass in der Tendenz artenreiches Grünland pro Einheit Bodenoberfläche mehr pflanzliche Biomasse produziert als artenarmes.

Je nach Vegetationstyp können die Wurzeln unterschiedlich tief in den Boden hineinreichen (■ Tab. 6.1). Relativ gering ist die maximale Wurzeltiefe in Tundren (▶ Abschn. 7.6.6) und in den nördlichen (borealen) Nadelwäldern Nordamerikas, Nordeuropas und Nordasiens. In diesen Lebensräumen ist der Boden in gewissen Tiefen auch dauerhaft gefroren und wird daher als **Permafrostboden** bezeichnet. Auch wächst ein großer Teil dieser Wälder auf flachgründigen Böden über nur langsam verwitterndem Granitgestein. Eine maximale Wurzeltiefe von bis zu ungefähr 4 m, günstige Bodenbedingungen vorausgesetzt, erreichen Bäume in Laubwäldern gemäßigten Klimas. Sehr große Bodentiefen wurden für manche Pflanzenarten in warm-trockenen Regionen gefunden, in denen teilweise erst in großer Bodentiefe ausreichend Wasser in Form von Grundwasser zur Verfügung steht. Die mit 68 m größte nachgewiesene Wurzeltiefe erreichte

■ **Tab. 6.1** Maximale Wurzeltiefen in verschiedenen Vegetationstypen. (Canadell et al. 1996)

| **Vegetationstyp** | **Maximale Wurzeltiefe (m)** |
|---|---|
| Tundra | 0,9 |
| Borealer Nadelwald | 3,3 |
| Ackerland | 3,7 |
| Laubwald klimatisch gemäßigter Regionen | 4,4 |
| Laubabwerfender tropischer Wald | 4,7 |
| Nadelwald klimatisch gemäßigter Regionen | 7,5 |
| Grasland klimatisch gemäßigter Regionen | 6,3 |
| Immergrüner tropischer Wald | 18 |
| Hartlaubwald und Trockenbusch | 40 |
| Wüste | 53 |
| Grasland/Savanne der Tropen | 68 |

ein Exemplar des Schäferbaums oder Weißstammbaums *(Boscia albitrunca)*, einer immergrünen Laubbaumart, die in Trockenregionen Südafrikas vorkommt. Dies wurde zufällig bei Bohrungen zur Anlage eines Brunnens entdeckt.

### 6.1.2 Oberirdische Ökosystemkompartimente

Oberirdisch sind Landökosysteme durch die **Schichtung** der Vegetation strukturiert. So findet sich in vielen Wäldern oberhalb der **Moosschicht** eine **Krautschicht**, zu der man neben Kräutern und Gräsern auch junge Sträucher und Bäume zählt. Sie endet konventionellerweise bei 1,5 m oberhalb der Bodenoberfläche. Darüber bilden Sträucher und Jungbäume bis zu einer Höhe von 5 m die **Strauch-**

## Quantifizierung von Wurzelmasse und Wurzelverteilung im Boden

Die Erfassung von Wurzelmasse, insbesondere im Oberboden, kann apparativ relativ einfach (aber bei der Probenaufbereitung aufwendig) durch Entnahme zylindrischer oder quaderförmiger Bodensäulen mit bekannten Abmessungen geschehen, aus denen dann im Labor die Wurzeln ausgewaschen und nach Durchmesserklassen (► Abschn. 2.2.2) sortiert, getrocknet und gewogen werden. Die Trockenmassen der Wurzelfraktionen lassen sich dann auf die Bodenoberfläche oder auf das Bodenvolumen beziehen. Mithilfe von Scannern und spezieller Software ist es auch möglich, nach der Probenahme und vor dem Trocknen die Oberfläche der Wurzeln zu bestimmen.

Die vertikale Verteilung der Wurzeln im Boden kann Gegenstand einer weitergehenden Untersuchung sein. Dazu wird im Gelände ein Graben mit einer senkrechten Profilwand möglichst über die gesamte Tiefe des durchwurzelten Bereichs gezogen (im Wald beispielsweise in angemessener Entfernung zu Stämmen der interessierenden Baumart). An diese Profilwand wird, z. B. in Form eines Metallgitters, ein Raster aus Quadraten definierter Kantenlängen angelegt. Die Wurzeln mit Durchmessern bis zu einem zuvor festgelegten Maximalwert, die innerhalb jedes Quadrats erkennbar sind, werden gezählt (gegebenenfalls noch nach Durchmesserunterklassen getrennt). Bei der Auswertung der Daten werden für einen bestimmten Streifen des Profils die Mengen sämtlicher Wurzeln der gewählten Durchmesserklasse von oben nach unten bis zur maximal erreichten Bodentiefe aufaddiert. Dieser Gesamtwert wird gleich 1 gesetzt. Nun können für jede interessierende Tiefenstufe des Bodens (z. B. in Zehn-Zentimeter-Intervallen) die anteiligen Mengen der Wurzeln berechnet und gegen die Tiefenstufen aufgetragen werden. Es resultiert eine Exponentialfunktion in der Form (Gale und Grigal 1987)

$$Y = 1 - \beta^{d} \quad (6.1)$$

mit

*Y* – kumulative relative Wurzelhäufigkeit und

*d* – Bodentiefe (cm; ■ Abb. 6.3).

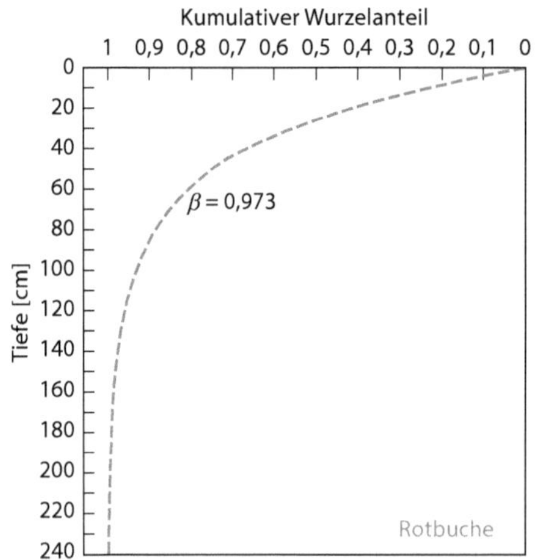


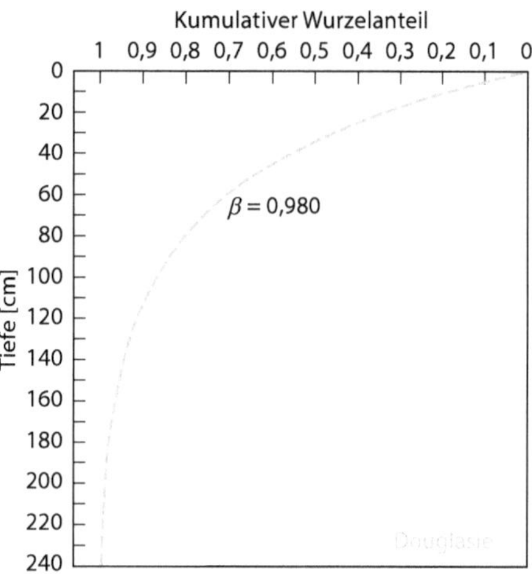


■ **Abb. 6.3** Kumulative Verteilung der Feinwurzeln (Durchmesser < 2 mm) von fünf ungefähr 55-jährigen Rotbuchen *(Fagus sylvatica)* und vier etwa 40-jährigen Douglasien *(Pseudotsuga menziesii)* in einem Bestand auf saurer Braunerde im Pfälzerwald. Die Rotbuchen als Angehörige einer in der Vegetationsabfolge spät auftretenden Art weisen typischerweise einen niedrigeren β-Wert auf (Wurzelsystem stärker im Oberboden konzentriert) als die Douglasien, die sich zumindest in ihrem Herkunftsgebiet (westliches Nordamerika) wie auch in Regionen, in die sie eingeführt wurden, in der Vegetationsabfolge relativ früh einstellen. Bei der Rotbuche sind 90 % der Feinwurzeln in den obersten 70 cm des Bodens konzentriert, bei der Douglasie dagegen verteilen sich 90 % der Feinwurzeln über einen Tiefenbereich von 0–125 cm. Das Feinwurzelsystem der Douglasie weist also eine gleichmäßigere vertikale Verteilung auf als das der Rotbuche

Die Basis $\beta$ ist die gesuchte Kenngröße der vertikalen Wurzelverteilung. Je näher dieser Wert bei 1 liegt, desto homogener sind die Wurzeln über die Bodentiefe verteilt (d. h. desto weniger stark sind die Wurzeln im Oberboden konzentriert), während ein Wert deutlich kleiner als 1 eine Konzentration der Wurzelverteilung auf die oberen Bodenschichten anzeigt. In Nadelwäldern gemäßigter Zonen liegt der $\beta$-Wert bei 0,976, in Laubwäldern dieser Regionen bei 0,966 und im borealen Nadelwald bei 0,943. Innerhalb dieser Vegetationstypen weisen Baumarten, die in der zeitlichen Abfolge der Vegetationsentwicklung erst spät auftreten, niedrigere $\beta$-Werte (und damit ein stärker auf den Oberboden konzentriertes Wurzelsystem) auf als Pioniergehölze, die in der zeitlichen Abfolge relativ früh vorkommen.

**schicht.** Die **Baumschicht** wird ausschließlich von Bäumen gebildet. Je nach Waldstruktur und Waldbewirtschaftung kann mehr als eine Baumschicht vorhanden sein. So findet sich in ausgewachsenen Eichen-Hainbuchen-Wäldern unterhalb der ersten Baumschicht, die von Stieleichen *(Quercus robur)* gebildet wird, eine zweite Baumschicht aus Hainbuchen *(Carpinus betulus)*.

Eine vertikale Struktur existiert auch in Grünlandökosystemen. So ragen die Stängel der Gräser und Kräuter, die die Blütenstände tragen, deutlich über die Obergrenze des geschlossenen Blätterdachs hinaus. Diese Obergrenze wird allerdings auch durch die Verfügbarkeit der für die Pflanzen essenziellen Mineralstoffe bestimmt: In mineralstoffreichen Wiesen ist diese Obergrenze in deutlich größere Höhen verlagert (◘ Abb. 6.4). Schnell wachsende Pflanzenarten mit einer hohen Rate der Biomasseproduktion profitieren besonders von einer höheren Mineralstoffverfügbarkeit. Bei höherem Mineralstoffangebot ändert sich auch die anteilige Investition an Biomasse in die einzelnen Pflanzenorgane: Die Investition in Stängel und Blätter wird auf Kosten der Investition in die Wurzeln gefördert (◘ Abb. 6.5).

Eine wichtige Kenngröße der Vegetationsdichte ist der **Blattflächenindex** („leaf area index", LAI). Er gibt die aufsummierten einseitigen Blattflächen oberhalb einer Einheit Bodenoberfläche an und wird in $m^2/m^2$ angegeben (◘ Tab. 6.2). Eine apparativ einfache (und oft als Referenzmethode verwendete) Methode zur Bestimmung des Blattflächenindex in Wäldern ist das Aufsammeln von Laubstreu im Herbst durch Sammelgefäße mit definierter Fläche des Sammeltrichters. Im Grünland kann man stattdessen eine definierte Teilfläche des Bestands abernten. An einer repräsentativen Stichprobe der Blätter werden dann mit Scannern und entsprechender Software die Flächen einzelner Blätter bestimmt. Nach Trocknung dieser Blätter lässt sich ihre spezifische Blattfläche (▶ Abschn. 3.2.3) berechnen, also die trockenmassenbezogene Blattfläche. Multipliziert man diese mit der Gesamtmasse der pro $m^2$ aufgefangenen Blätter, erhält man den LAI. Diese Methode ist allerdings nur für Bestände mit laubabwerfenden Bäumen praktikabel und gibt lediglich den Höchstwert des Blattflächenindex an, der in einer Vegetationsperiode maximal erreicht wurde. Der Verlauf der Belaubung kann damit nicht erfasst werden. Letzteres ist mit indirekten Methoden möglich, die auf Lichtmessung beruhen. Dabei wird der durch das Kronendach gefilterte Lichtanteil innerhalb des Bestands mit der gleichzeitig im Freiland herrschenden Einstrahlung in Beziehung gesetzt. Unter der Annahme bestimmter Größen für die Verteilung der Blätter im Kronendach (gleichmäßig oder geklumpt) und für den durchschnittlichen Winkel, in dem die Blätter an den Zweigen sitzen, wird dann der Blattflächenindex berechnet.

Sowohl in der Grundlagen- als auch in der anwendungsbezogenen ökologischen Forschung ist der Blattflächenindex eine wichtige Größe, insbesondere, da er über eine weite Spanne von Werten mit der Produktion von Biomasse korreliert (◘ Abb. 6.7). Zudem ist es inzwischen möglich, den Blattflächenindex aus Satellitenbildern zu ermitteln. Diese Daten wiederum gehen in globale Modelle zur Kohlenstofffestlegung durch die Vegetation ein und bilden eine wichtige Grundlage für die Berechnung zukünftiger Werte der atmosphärischen $CO_2$-Konzentration.

Eine weitere, allerdings seltener benutzte Kenngröße zur Charakterisierung der Vegetationsstruktur ist die Blattflächendichte („leaf area density", LAD). Man erhält sie, indem man den Blattflächenindex

**Abb. 6.4** Struktur der oberirdischen Vegetation von Wiesenökosystemen. **a** Mineralstoffarme Goldhaferwiese mit (von *links* nach *rechts*) Borstgras *(Nardus stricta)*, Scharfem Hahnenfuß *(Ranunculus acris)*, Bärwurz *(Meum athamanticum)*, Goldhafer *(Trisetum flavescens*; drei blühende Halme), Berg-Platterbse *(Lathyrus linifolius)*, Trollblume *(Trollius europaeus)*, Geflecktem Johanniskraut *(Hypericum maculatum)*, Gewöhnlichem Rot-Schwingel *(Festuca rubra)*, Tüpfel-Hartheu *(Hypericum perforatum)*, Wiesen-Bärenklau *(Heracleum sphondylium)* und Gewöhnlichem Frauenmantel *(Alchemilla vulgaris)*; **b** mineralstoffreiche Kohldistelwiese mit (von *links* nach *rechts*) Kohldistel *(Cirsium oleraceum)*, Sumpf-Segge *(Carex acutiformis)*, Sumpf-Kratzdistel *(Cirsium palustre)*, Sumpf-Hornklee *(Lotus pedunculatus)*, Wolligem Honiggras *(Holcus lanatus)*, Sumpf-Labkraut *(Galium palustre)*, Echtem Mädesüß *(Filipendula ulmaria)*, Bach-Nelkenwurz *(Geum rivale)*, Wald-Engelwurz *(Angelica sylvestris)*, Scharfem Hahnenfuß *(Ranunculus acris)* und Gewöhnlichem Rispengras *(Poa trivialis*; Kohldistel, Wolliges Honiggras und Sumpf-Segge erscheinen mehrfach). Ungefähre Obergrenze des geschlossenen Blätterdachs (*gepunktete horizontale Linien*). Die durch die Pflanzenwurzeln erschlossene Bodentiefe ist in beiden Wiesentypen gleich, doch ist die Vegetation der mineralstoffreichen Kohldistelwiese höher und dichter. (Nach Ellenberg 1996)

durch die vertikale Ausdehnung des Kronenraums teilt, für den er ermittelt wurde. Dementsprechend lautet ihre Einheit $m^2/m^3$. Ein hoher LAD-Wert zeigt eine dichte vertikale Anordnung der Blätter im Kronenraum an, ein niedriger Wert dagegen eine relativ lockere vertikale Verteilung der Blätter (◘ Tab. 6.3).

Insbesondere in Pflanzenbeständen, die von Phanerophyten (▶ Abschn. 2.5) geprägt sind, kann es sinnvoll sein, Kennwerte der **Bestandsdichte**, also der Dichte der in diesem Bestand vorkommenden Individuen, zu erfassen. So lässt sich beispielsweise relativ einfach die Anzahl der Bäume pro Hektar Waldfläche ermitteln. Ein etwas komplexeres Merkmal eines Waldbestands ist seine **Grundfläche** („basal area"), das ist die Summe der in Brusthöhe gemessenen Stammquerschnittsflächen, die durch Messungen des Stammumfangs ermittelt werden können, in Bezug auf einen Hektar Bodenfläche.

Die Struktur der Vegetation wirkt selbst wieder auf Umweltbedingungen und Ressourcen zurück. So befinden sich in einem geschlossenen Pflanzenbestand das frühmorgendliche Temperaturminimum der Luft und das nachmittägliche Temperaturmaximum im Bereich der oberen Kronenschicht mit der größten Dichte der Blattmasse – im Gegensatz zu einer vegetationsfreien Fläche, in der die

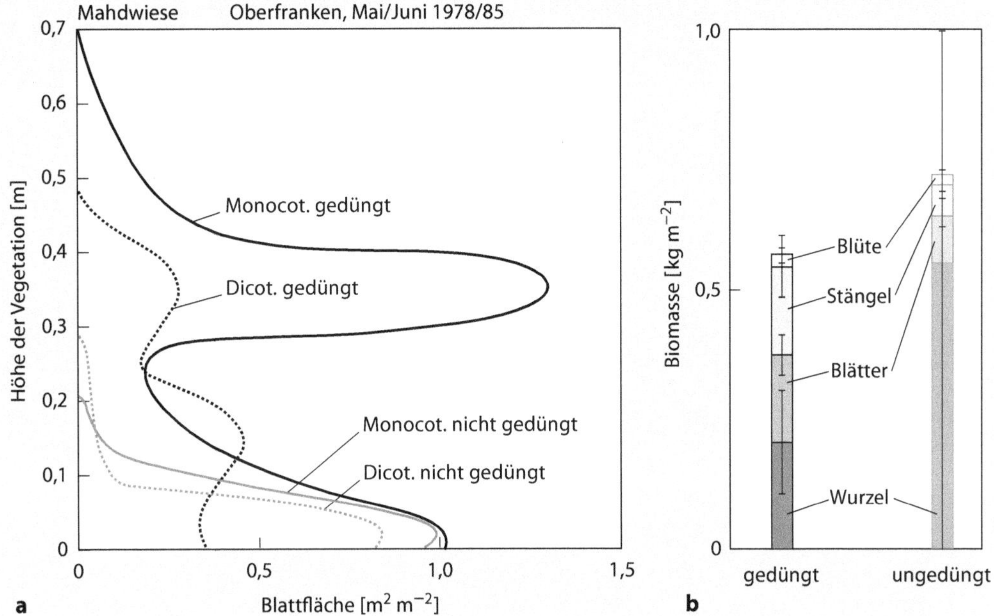


**Abb. 6.5** Vegetationsstruktur (**a**) und Biomasseverteilung (**b**) in Pflanzen auf einer ungedüngten und einer gedüngten Wiese in Oberfranken. *Monocot.* monocotyle Pflanzen (Gräser und Grasartige); *Dicot.* dicotyle Pflanzen (Kräuter). (Nach Schulze et al. 2002)

**Tab. 6.2** Typische Werte des Blattflächenindex verschiedener Vegetationsformen. Der durch die Anbaupraktiken bedingte Blattflächenindex landwirtschaftlicher Kulturen ist offenbar ein für den Ertrag optimaler Kompromiss aus Dichte der Pflanzen und gegenseitiger Beschattung. (Aus Larcher 2001; Körner 2014)

| **Vegetationsform** | **Blattflächenindex ($m^2/m^2$)** |
|---|---|
| Hochgebirgsrasen | 2 |
| Kiefernwälder | 3–4 |
| Landwirtschaftliche Kulturen | Etwa 4 |
| Temperate Laubmischwälder | Etwa 5,5 |
| Fettwiesen (mähreif) | 7–8 |
| Tropische Regenwälder (Tiefland) | 6–16 |
| Fichtenplantagen | Bis 10 |

Temperaturextreme im Tagesverlauf unmittelbar an der Bodenoberfläche zu finden sind. Neben einer Abschwächung der Strahlung führt Vegetation auch zu einer deutlichen Verringerung der Windgeschwindigkeit im Bestandsinneren. Die $CO_2$-Konzentration weist eine deutliche Abnahme mit zunehmender Bodenentfernung auf, da sie einerseits in Bodennähe durch die Atmung der Bodenlebewesen erhöht, andererseits mit zunehmender Entfernung vom Boden infolge der $CO_2$-Aufnahme durch die Photosynthese betreibenden Pflanzen verringert wird. Vor allem in Wiesen ist durch die Wasserverdunstung aus dem Boden und durch die Wasserdampfabgabe von transpirierenden Pflanzen oft die Wasserdampfkonzentration der Luft in Bodennähe erhöht, insbesondere auch wegen der dort geringen Luftbewegung. Aufgrund der unterschiedlichen Einstrahlungsverhältnisse und der dadurch hervorgerufenen Veränderungen der Temperatur zeigen die genannten Gradienten auch deutliche Unterschiede im Tagesverlauf (Abb. 6.8).

In Wäldern ist der Gradient der Lichtabsorption entscheidend durch die Bestandsdichte und die Kronenstruktur der Bäume bedingt. Das dicht geschlossene Kronendach voll entwickelter Rotbuchenbestände lässt nur relativ wenig Licht durch die Kronenschicht hindurchfallen. Infolgedessen

### Ermittlung des Blattflächenindex durch digitale Auswertung von Lichtmessungen

Infolge von Reflexion und Absorption durch die Blätter wird die Intensität des Lichts, das durch die Kronenschicht eines Pflanzenbestands einfällt, abgeschwächt. Der Verlauf dieser Abschwächung gehorcht im Prinzip dem aus der Physik bekannten Lambert-Beerschen Gesetz, das auch der photometrischen Bestimmung der unbekannten Konzentration eines gelösten Stoffs zugrunde liegt. Es lässt sich folgendermaßen formulieren:

$$I = I_0 \cdot e^{-k \cdot \mathrm{LAI}} \qquad (6.2)$$

mit

***I*** – Beleuchtungsstärke (im Bereich photosynthetisch aktiver Strahlung) an einem bestimmten Punkt in der Vegetation,

$\boldsymbol{I_0}$ – Beleuchtungsstärke oberhalb der Vegetation,

**LAI** – Blattflächenindex *(leaf area index)* und

***k*** – der für die jeweilige Pflanzengesellschaft typische Extinktionskoeffizient.

Typische *k*-Werte sind 0,4–0,5 für Bestände mit sehr steil gestellten oder sehr kleinen Blättern, 0,5 für Wiesen, 0,65 für temperate Laubwälder und 0,7–0,8 für Bestände mit mehr oder weniger horizontal ausgerichteten, großen Blättern wie z. B. bei breitlaubigen Laubbäumen.

Auf dieser Grundlage lässt sich der Blattflächenindex im Bestand mit transportablen Strahlungssensoren bestimmen, die die Beleuchtungsstärke an verschieden Stellen des Bestands unterhalb des Kronendachs messen. Gleichzeitig wird die Beleuchtungsstärke im Freiland bzw. oberhalb des Kronendachs ermittelt und z. B. per Funk an das im Bestandesinneren eingesetzte Gerät übermittelt. Aus der Beziehung dieser beiden Beleuchtungsstärken und den einstellbaren Kennwerten zur durchschnittlichen Verteilung der Blätter im Kronenraum und zum durchschnittlichen Winkel, in dem die Blätter an den Stängeln oder Zweigen ansetzen, wird dann der Blattflächenindex berechnet.

Eine weitere Möglichkeit zur Bestimmung des Blattflächenindex auf der Grundlage von Lichtmessungen sind hemisphärische Fotos mit einem Bildwinkel von 180° über die Bilddiagonale oder das gesamte Bild (◘ Abb. 6.6). Dazu wird eine Digitalkamera mit einem Fischaugenobjektiv verbunden und nach exakter Ausrichtung nach Norden senkrecht nach oben in den Kronenraum gerichtet. Aus einer Belichtungsreihe wird das Foto mit optimalem Kontrast und nicht zu geringer Helligkeit ausgewählt und mit einer speziellen Software analysiert. Unter Berücksichtigung von geographischem Längen- und Breitengrad, Datum und genauer Uhrzeit, Geländeneigung und Geländeexposition sowie Annahmen über die Art der Blattverteilung im Kronenraum wird der Blattflächenindex berechnet.

◘ **Abb. 6.6** Hemisphärisches Foto des Kronenraums eines Südbuchen-Bestands *(Nothofagus alpina)* im südlichen Zentralchile. (Bilddiagonale entspricht 180°)

findet sich dort kaum eine Strauchschicht und auch die Krautschicht ist – zumindest auf nährstoffarmen Böden – nur schwach entwickelt. Ähnlich ist dies in den dichten Beständen der im Flach- und unteren Bergland künstlich begründeten Rotfichtenforste. Die Kronenschicht von Eichen-Hainbuchen-Wäldern dagegen weist deutlich mehr und größere Lücken auf, sodass mehr Licht in das Bestandsinnere gelangen kann und dort das Gedeihen einer kräftig ausgebildeten Strauch- und Krautschicht ermöglicht. Auch sind die Lichtverhältnisse in derartigen Beständen heterogener und fördern somit das benachbarte Vorkommen von Pflanzenarten, die an unterschiedliche Beleuchtungsstärken angepasst sind. Allerdings weisen diese Bestände i. d. R. auch eine geringere Dichte an Bäumen auf. Da aber in

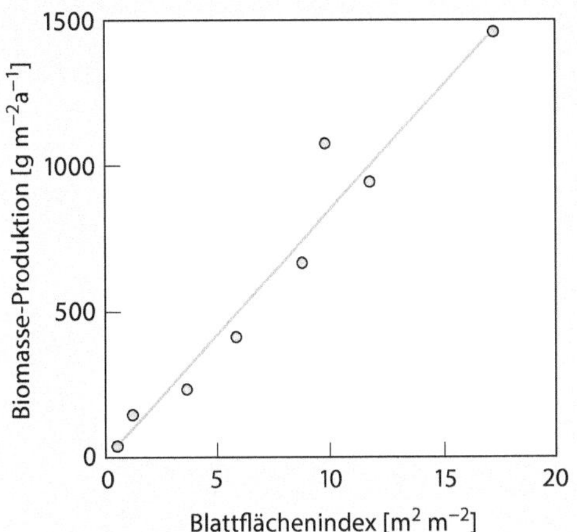


**Abb. 6.7** Korrelation des Blattflächenindex mit der Biomasseproduktion in nordamerikanischen Wäldern. (Nach Gurevitch et al. 2006)

**Tab. 6.3** Blattflächendichte unterschiedlicher pflanzlicher Wuchs- und Vegetationsformen. (Aus Larcher 2001)

| Wuchs- bzw. Vegetationsform | Blattflächendichte ($m^2/m^3$) |
|---|---|
| Hochwüchsiger Baum (Rotbuche) | 1,1–1,6 |
| Kleiner Baum (Weißdorn, Feldahorn) | 1,7–1,8 |
| Strauch (Stachelbeere, Schlehe) | 1,9–2,9 |
| Kletternder Strauch (Brombeere) | 3,3 |
| Reisfeld | 5,8 |
| Steppe | 12,3 |

Wäldern der Großteil der Biomasse durch das Stammholz der Bäume gebildet wird, ist die gesamte oberirdische Biomasse der Eichen-Hainbuchen-Wälder i. d. R. geringer als diejenige der Rotbuchenwälder und der Rotfichtenforste (Abb. 6.9).

Insbesondere in Laubwäldern gemäßigter Klimazonen ändert sich die Lichtabsorption durch die verschiedenen Vegetationsschichten auch im Jahresverlauf (Abb. 6.10). Im zeitigen Frühjahr, wenn die Baumkronen noch kahl sind, gelangen mehr als 30 % der auf den Waldbestand einfallenden Sonnenstrahlung durch das Kronendach bis zum Waldboden (Transmission). Davon profitieren die **Frühblüher** oder **Frühjahrsgeophyten** wie z. B. das Buschwindröschen *(Anemone nemorosa)*, das Frühlings-Scharbockskraut *(Ficaria verna)* und der Märzenbecher *(Leucojum vernum)*. Sie nutzen den Zeitraum des unbelaubten Zustands der Bäume zur Erzeugung von Assimilaten durch Blätter, die kurz zuvor durch Mobilisierung der in den unterirdischen Speicherorganen eingelagerten Reservestoffe angelegt wurden. Im Sommer dagegen reflektieren und absorbieren die nun voll beblätterten Baumkronen wesentlich höhere Anteile der einfallenden Sonnenstrahlung, sodass nur noch weniger als 10 % dieser Strahlung in die Krautschicht gelangen. Die Frühjahrsgeophyten schließen dann ihre oberirdische Wachstumsphase mit Blühen und Fruchten ab und verlagern einen großen Teil ihrer Assimilate in ihre unterirdischen Speicherorgane. Daraufhin

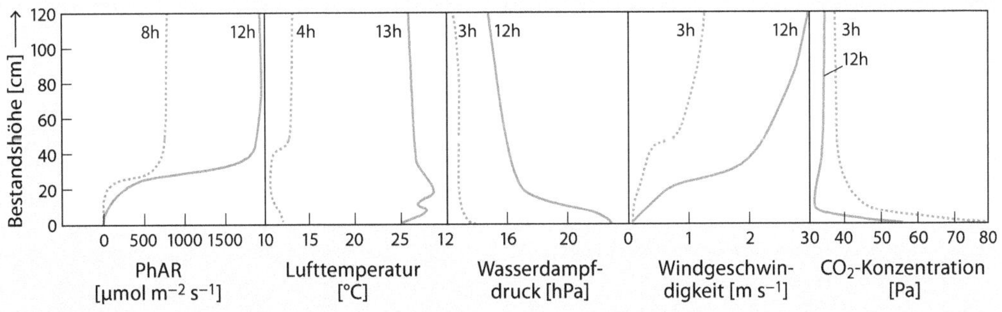


**Abb. 6.8** Veränderungen von Umweltfaktoren entlang des Höhenprofils eines mitteleuropäischen Wiesenökosystems. *PhAR* photosynthetisch aktive Strahlung. (Nach Larcher 2001)

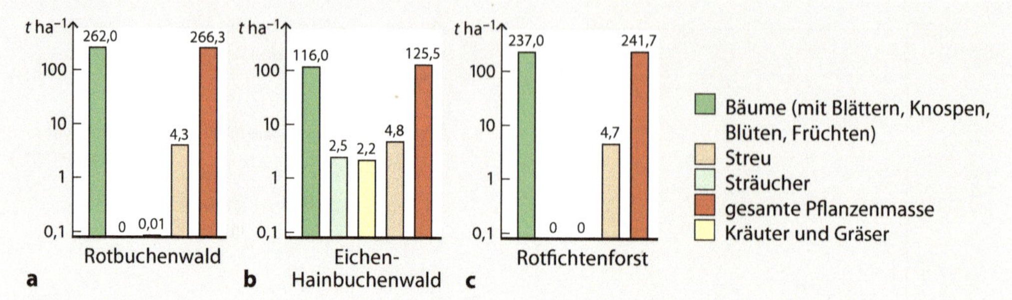


**Abb. 6.9** Biomassenverteilung auf die Vegetationsschichten unterschiedlicher Waldbestände. **a** Rotbuchenwald, **b** Eichen-Hainbuchen-Wald, **c** Rotfichtenforst; Darstellung der Biomassen in logarithmischer Skalierung. (Jaenicke und Paul 2004)

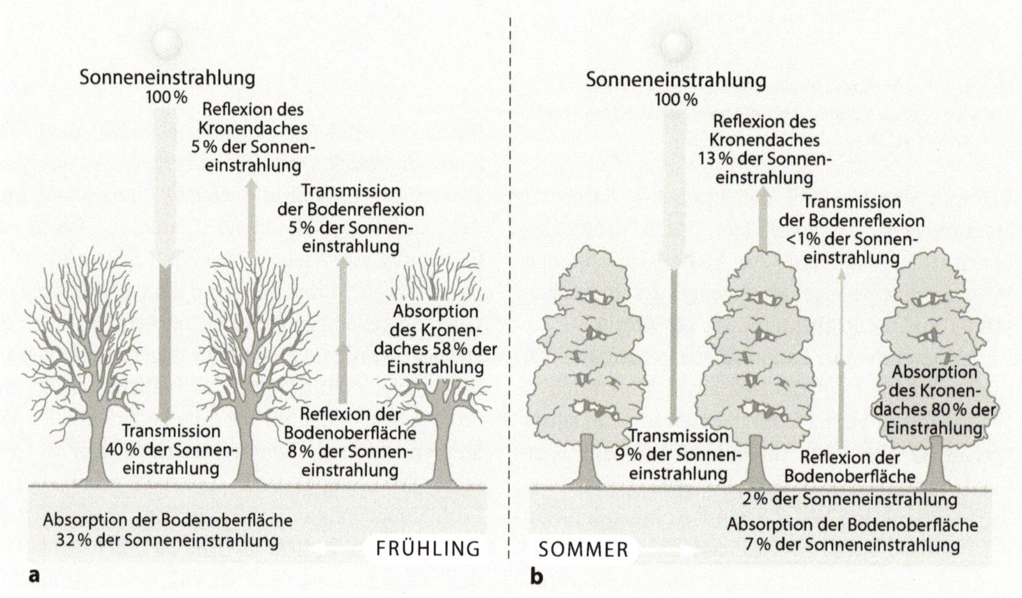


**Abb. 6.10** Strahlungsbilanz eines Buchenwalds im Frühjahr (**a**) und im Sommer (**b**). (Nach Schulze et al. 2002)

sterben ihre oberirdischen Teile vollständig ab, sodass diese Arten im Hochsommer nicht mehr zu sehen sind.

## 6.2 Die Rolle der Vegetation in Ökosystemen

### 6.2.1 Strahlung und ihre Nutzung durch Photosynthese

Die Globalstrahlung umfasst den Wellenlängenbereich der Strahlung, der von der Sonne zur Erdoberfläche gelangt; er erstreckt sich ungefähr von 300 bis 3000 nm. Die Bestrahlungsstärke (Energie pro Zeit- und Flächeneinheit) wird mit sog. Pyranometern gemessen. In diesen werden je nach Konstruktionsart nach dem fotoelektrischen Prinzip in einer Photozelle durch die Lichtenergie aus einer metallischen Oberfläche Elektronen freigesetzt, die einen Stromfluss induzieren; oder zwei miteinander als Thermoelement verbundene unterschiedliche Metalle induzieren nach dem thermoelektrischen Prinzip eine elektrische Spannung, wenn ihre freien Enden unterschiedlichen Temperaturen ausgesetzt werden. Im globalen Mittel beträgt die globale

**Tab. 6.4** Typische Albedo-Werte verbreiteter Oberflächenformen. (Aus Chapin et al. 2011)

| Oberflächentyp | Albedo (1 entspricht 100 %) |
|---|---|
| Schnee | Bis 0,95 |
| Boden | |
| Trocken, hell | 0,40 |
| Nass, dunkel | 0,05 |
| Wüste | 0,20–0,45 |
| Ackerflächen | 0,18–0,25 |
| Savanne | 0,18–0,23 |
| Laubwald | 0,15–0,20 |
| Tundra | 0,15–0,20 |
| Nadelwald | 0,09–0,15 |
| Ozeane, Seen | 0,03–0,10 |

Sonneneinstrahlung an der Erdoberfläche (ohne Berücksichtigung von Absorption und Reflexion durch Wolken) 342 W/m$^2$; maximal können im Freiland etwas mehr als 1000 W/m$^2$ auftreten. Die an der Obergrenze der Atmosphäre eintreffende Globalstrahlung dagegen bleibt mit 1367 W/m$^2$ und einer Schwankung von derzeit 3,3 % über das Jahr hinweg vergleichsweise konstant und wird daher als **Solarkonstante** bezeichnet. Der größte Energieanteil der Globalstrahlung stammt aus dem Bereich des sichtbaren Lichts.

Die auf die Atmosphäre einschließlich ihrer Bestandteile und auf die an der Erde befindlichen Oberflächen eintreffende Strahlung wird zu einem Teil absorbiert, z. T. aber auch reflektiert. Den Anteil des kurzwelligen reflektierten Lichts bezeichnet man als **Albedo**. Die Albedo (lat. „albus" für weiß) wird relativ zur maximalen Reflexion angegeben, die den Wert 1 (entsprechend 100 %) erhält. Die Höhe der Albedo hängt stark von der Färbung der reflektierenden Oberfläche ab (Tab. 6.4).

Im globalen Jahresmittel gelangt etwas mehr als die Hälfte der Strahlung, die auf die äußere Grenze der Atmosphäre trifft, in Form von direkter Einstrahlung und von gestreuter kurzwelliger Himmelsstrahlung auf die Erdoberfläche. Ein Teil dieser Strahlung führt zur Erwärmung von Körpern bzw. Oberflächen und wird daher als **fühlbare Wärme** bezeichnet. Ein anderer, insgesamt deutlich größerer Teil der Energie wird umgesetzt bei der Verdunstung von Wasser einschließlich der pflanzlichen Transpiration. Da man diesen Anteil der Energie nicht als Erwärmung fühlen kann, nennt man ihn **latente Wärme** (lat. „latens" für verborgen). Weitere Anteile der eingestrahlten Energie werden von der Erdoberfläche in Form langwelliger Wärme in die Atmosphäre zurückgestrahlt. Von dieser zurückgestrahlten Energie wird wiederum ein gewisser Teil durch atmosphärische Gase wie Wasserdampf und $CO_2$ absorbiert, der größte Teil aber Richtung Erdoberfläche reflektiert. Ein kleiner Teil der langwelligen Strahlung wird ins Weltall abgestrahlt. Aus diesen Energieflüssen lässt sich die globale Strahlungsbilanz formulieren:

$$\begin{aligned}&\text{Strahlungsbilanz}\\&= \text{kurzwellige Einstrahlung} - \text{Reflexion}\\&\quad + \text{langwellige Einstrahlung}\\&\quad - \text{langwellige Ausstrahlung.}\end{aligned} \tag{6.3}$$

Die photosynthetisch aktive Strahlung (PAR-Strahlung) umfasst nur den Anteil der Globalstrahlung im Wellenlängenbereich von 380 bis 710 nm (▶ Abschn. 3.2.1). Die pro Zeiteinheit auf eine Pflanzenoberfläche einfallende Lichtmenge wird als photosynthetisch aktive Photonenflussdichte („photosynthetically active photon flux density", PPFD) bezeichnet und mit der Einheit µmol Photonen pro Quadratmeter und Sekunde angegeben. Sie wird mit sog. Quantumsensoren gemessen. Diese enthalten eine mit einem Filter zur Begrenzung des absorbierten Lichtspektrums ausgestattete Siliziumdiode und messen die Beleuchtungsstärke im Wellenlängenbereich zwischen 400 und 700 nm. Auf der Erde können im Freiland Werte von etwas mehr als 2000 $\mu mol_{Photonen}/(m^2 \cdot s)$ auftreten.

Die von den Pflanzen über einen gewissen Zeitraum (i. d. R. während des Jahres oder der Vegetationsperiode) produzierte Biomasse wird als **Nettoprimärproduktion (NPP)** bezeichnet. Sie entspricht der Nettophotosynthese (▶ Abschn. 3.2.1) abzüglich der pflanzlichen Atmung. Im Vergleich aller Landflächen wird in den Regionen des tropischen Tieflands mit ihrem ganzjährig warmen und humiden

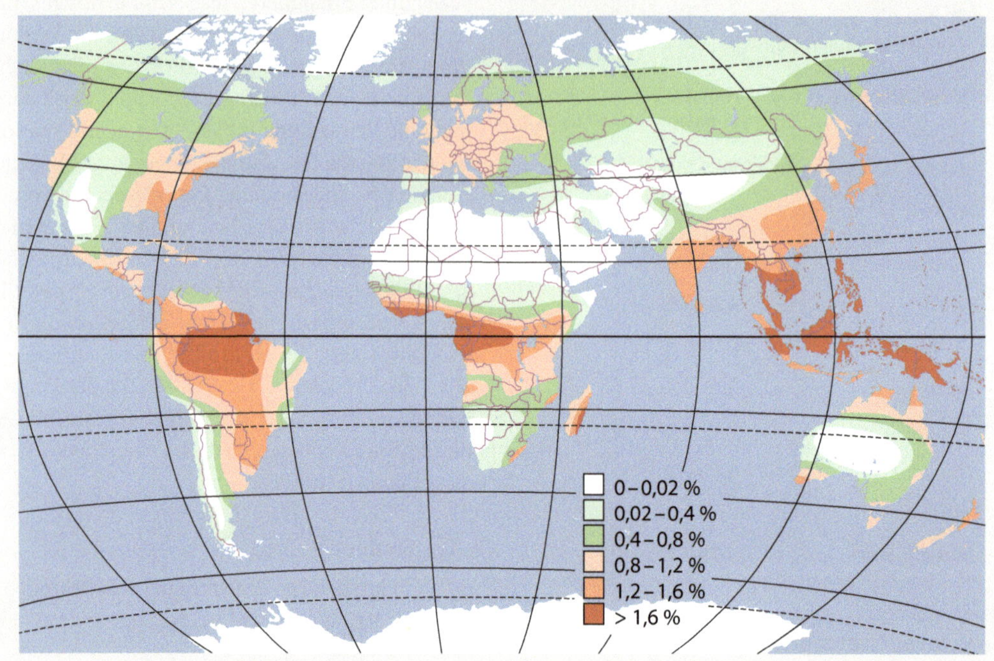


**Abb. 6.11** Globale Strahlungsnutzung durch die Vegetation: Energiebindung durch die potenzielle Nettoprimärproduktion in Prozent desjenigen Anteils der jährlich auf die Erdoberfläche einfallenden Strahlungsmenge, der in den geographisch und klimatisch unterschiedlichen Großlebensräumen der Erde prinzipiell zur Photosynthese genutzt werden kann. (Nach Larcher 2001)

Klima der größte Anteil der photosynthetisch aktiven Photonenflussdichte für die Nettoprimärproduktion genutzt (Abb. 6.11). Dahinter folgen die von tropischem oder subtropischem Grasland geprägten Regionen und bewaldete Regionen gemäßigter Klimazonen. Die geringste Strahlungsausnutzung für die Photosynthese weisen – neben den arktischen und antarktischen Bereichen – die Wüstenregionen auf. Wegen der hohen Anteile von Evapotranspiration, Erwärmung und Reflexion der einfallenden Strahlung und des relativ geringen Nutzeffekts der Photosynthese auf der Ebene der gesamten Pflanzen und Pflanzenbestände (▶ Abschn. 3.2.1) werden aber auch in den tropischen Tieflandsregionen mit ihren immergrünen Regenwäldern nur bis zu ungefähr 2 % der nutzbaren Beleuchtungsstärke zur Bildung von Biomasse genutzt. Höher ist der Nutzeffekt nur auf landwirtschaftlichen Nutzflächen, in denen optimale Pflanzdichte sowie der Einsatz von Dünger und Pestiziden zu einer maximalen Biomasseproduktion führen (Tab. 6.5).

**Tab. 6.5** Strahlungsnutzung durch verschiedene Vegetationstypen: maximale Nettoprimärproduktion (NPP) in Prozent des Anteils an photosynthetisch aktiver Photonenflussdichte (PPFD) der jährlichen Globalstrahlungssumme. (Aus Larcher 2001)

| Vegetationstyp | Maximale Nutzung der einfallenden PPFD für die NPP (%) |
|---|---|
| $C_4$-Kulturpflanzen | 3–6 |
| $C_3$-Kulturpflanzen | 1,5–4 |
| Feuchtgebiete | < 2 |
| Immergrüne Regenwälder | < 2 |
| Grasgesellschaften | Bis 1 |
| Wälder der gemäßigten Zone | Bis 1 |
| Steppen, Halbwüsten, Tundren | 0,2–0,5 |

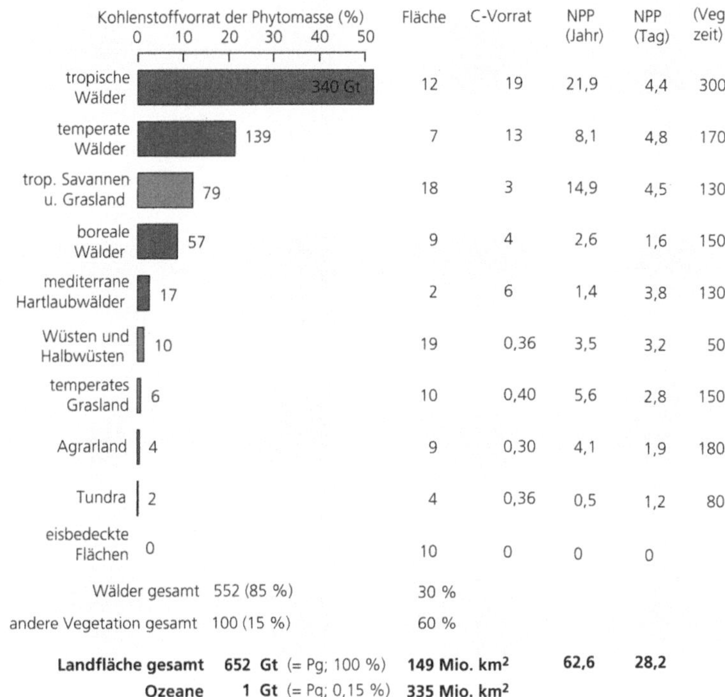

| Kohlenstoffvorrat der Phytomasse (%) 0 10 20 30 40 50 | | Fläche | C-Vorrat | NPP (Jahr) | NPP (Tag) | (Veg. zeit) |
|---|---|---|---|---|---|---|
| tropische Wälder | 340 Gt | 12 | 19 | 21,9 | 4,4 | 300 |
| temperate Wälder | 139 | 7 | 13 | 8,1 | 4,8 | 170 |
| trop. Savannen u. Grasland | 79 | 18 | 3 | 14,9 | 4,5 | 130 |
| boreale Wälder | 57 | 9 | 4 | 2,6 | 1,6 | 150 |
| mediterrane Hartlaubwälder | 17 | 2 | 6 | 1,4 | 3,8 | 130 |
| Wüsten und Halbwüsten | 10 | 19 | 0,36 | 3,5 | 3,2 | 50 |
| temperates Grasland | 6 | 10 | 0,40 | 5,6 | 2,8 | 150 |
| Agrarland | 4 | 9 | 0,30 | 4,1 | 1,9 | 180 |
| Tundra | 2 | 4 | 0,36 | 0,5 | 1,2 | 80 |
| eisbedeckte Flächen | 0 | 10 | 0 | 0 | 0 | |
| Wälder gesamt | 552 (85 %) | 30 % | | | | |
| andere Vegetation gesamt | 100 (15 %) | 60 % | | | | |
| **Landfläche gesamt** | **652 Gt** (= Pg; 100 %) | **149 Mio. km²** | | **62,6** | **28,2** | |
| **Ozeane** | **1 Gt** (= Pg; 0,15 %) | **335 Mio. km²** | | | | |

**Abb. 6.12** Kohlenstoffvorräte in den Biomassen unterschiedlicher Vegetationstypen. Die flächenbezogenen Werte sind Durchschnittswerte; in ungestörter, voll entwickelter Vegetation können die Flächenvorräte noch höher sein. Die Vorräte in einzelnen Biomen (Balkendarstellungen) sind in Gt (Milliarden Tonnen) angegeben. Die Werte für „Fläche" sind Prozentwerte der gesamten Landfläche (große Inlandwasserflächen nicht enthalten). Die daneben stehenden Kohlenstoffvorräte sind in kg/$m^2$ angegeben. *NPP* Nettoprimärproduktion in Gt Kohlenstoff bei Bezug auf das gesamte Jahr und das gesamte jeweilige Biom sowie in g(Kohlenstoff)/($m^2 \cdot d$) bei Bezug auf eine Flächeneinheit und einen Tag in der Wachstumsperiode. *Veg.zeit* Dauer der Wachstumsperiode in Tagen (Mittelwert für das betreffende Biom). (Aus Kadereit et al. 2014)

Die durch Photosynthese produzierte Biomasse ist nicht nur zwischen den verschiedenen Klimaregionen, sondern auch zwischen den Vegetationsformen sehr unterschiedlich verteilt. Da der Kohlenstoffgehalt trockener pflanzlicher Biomasse im globalen Mittel mit 46–50 % recht einheitlich ist, lässt sich die Biomasseverteilung auch gut mit den Kohlenstoffvorräten in den verschiedenen Vegetationstypen wiedergeben (Abb. 6.12). Demnach findet sich der größte Kohlenstoffvorrat pflanzlicher Biomasse in den tropischen Wäldern, gefolgt von den Wäldern klimatisch gemäßigter Zonen. Auch flächenbezogen weisen Wälder die höchsten Kohlenstoffvorräte auf: Insgesamt befinden sich vier Waldformen unter den fünf Vegetationstypen mit den höchsten Kohlenstoffvorräten. Obwohl sämtliche Wälder insgesamt nur etwa 30 % der Landoberfläche bedecken, enthalten sie 85 % der in terrestrischen Pflanzen gebundenen Kohlenstoffvorräte von insgesamt schätzungsweise 652 Gt (652 Mrd. t).

## 6.2.2 Stoff- und Energieflüsse in Ökosystemen

### 6.2.2.1 Kohlenstoff- und Energieflüsse

Da der Energiegehalt der Kohlenhydrate, die durch Photosynthese erzeugt werden, bekannt ist (1 g in Form von Kohlenhydraten assimilierter Kohlenstoff entspricht einer Energie von 39,9 kJ; ► Abschn. 3.2.1), lässt sich der Fluss des Kohlenstoffs von einem Öko-

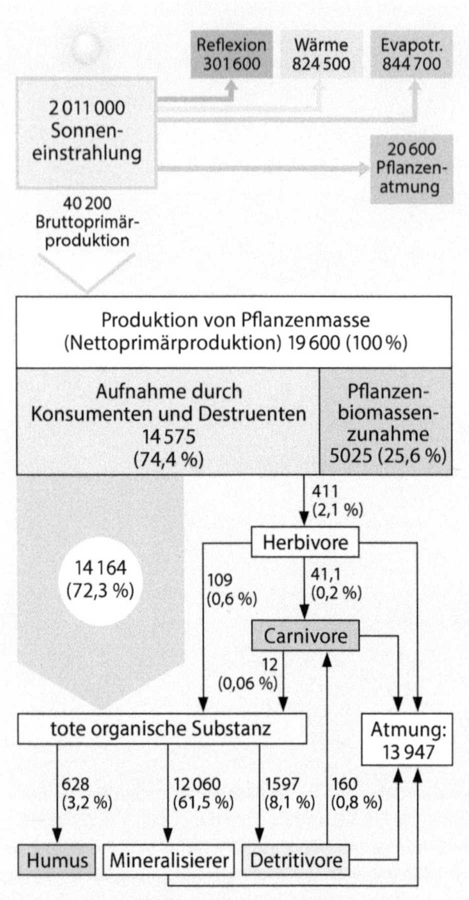


**Abb. 6.13** Energiefluss in einem mitteleuropäischen Rotbuchenwald in kJ/($m^2$ · a). (Nach Jaenicke und Paul 2004)

systemkompartiment ins andere in Form von Energieeinheiten darstellen und mit der Energie der photosynthetisch aktiven Strahlung in Beziehung setzen, die pro Zeit- und Flächeneinheit in das Ökosystem gelangt.

Von der jährlich auf einen mitteleuropäischen Rotbuchenwald einfallenden Globalstrahlung (Abb. 6.13) werden etwas mehr als 15 % reflektiert; die weitaus größten Anteile der gesamten Energiemenge werden aber in Form von fühlbarer Wärme und latenter Wärme umgesetzt (latente Wärme gleich Evapotranspiration). Ungefähr 2 % werden zur pflanzlichen Photosynthese genutzt (Bruttoprimärproduktion), von denen aber die Hälfte von den Pflanzen selbst wieder bei der Atmung freigesetzt wird und nur die andere Hälfte zur Produktion pflanzlicher Biomasse dient (Nettoprimärproduktion). Zur Nettoprimärproduktion wird somit nur ungefähr 1 % der einfallenden Sonnenstrahlung genutzt (▶ Abschn. 6.2.1). Auffallend ist, dass nur ungefähr 2 % (im hier dargestellten Beispiel 411 kJ/[$m^2$ · a]) der Nettoprimärproduktion in die nächsthöhere trophische Ebene, die Ebene der Herbivoren, übergehen. Dies unterscheidet den Wald von anderen Ökosystemen, in denen wesentlich höhere Energieanteile der Nettoprimärproduktion von den Pflanzenfressern aufgenommen werden (in Seen beispielsweise kann der Anteil des Energiegehalts im Phytoplankton, der vom Zooplankton aufgenommen wird, nahezu 40 % betragen). Im groben globalen Mittel gehen 5–20 % des Energiegehalts einer trophischen Ebene in die nächsthöhere Ebene über. In diesem Bereich liegt in dem Beispiel des mitteleuropäischen Rotbuchenwalds auch der Energieübergang von der Ebene der Herbivoren zur Ebene der Carnivoren (Fleischfresser). Der geringe Prozentsatz des Energieübergangs von der Pflanzenmasse in die Masse der Pflanzenfresser dagegen liegt in der chemischen Zusammensetzung des pflanzlichen Materials: Dieses besteht im Wald größtenteils aus Holz und damit aus einem nur schwer verdaulichen Stoff. Somit geht im Wald der größte Teil der produzierten Pflanzenmasse, die nicht in den längerfristigen Zuwachs in Form von Stammmasse, Ästen und größeren Zweigen sowie verholzten Wurzeln investiert wird, direkt in das Kompartiment des Bestandsabfalls (tote organische Substanz) über, der von Detritusfressern zerkleinert und schließlich von Mineralisierern unter $CO_2$-Freisetzung in anorganische Bestandteile zerlegt wird. Die beim Abbau des Bestandsabfalls jährlich freigesetzte Energie (und damit in Form von $CO_2$ freigesetzte Kohlenstoffmenge) ist fast so hoch wie der gesamte jährlich anfallende Bestandsabfall. Der nicht zersetzte Rest, der ungefähr 3 % der im Jahr produzierten Pflanzenmasse beträgt, reichert sich als Humus längerfristig (über Jahre, Jahrzehnte und Jahrhunderte) im Boden an.

Die Kohlenstoffflüsse in Grasland wie z. B. in Steppen unterscheiden sich von den Kohlenstoffkreisläufen der Wälder. Im Gegensatz zu Wäldern verschiedener Klimazonen, in denen ungefähr 40 % der jährlich produzierten Biomasse auf die unterirdischen Pflanzenteile entfallen, werden im

**Pflanzenmasseproduktion in mitteleuropäischen Laub- und Nadelwäldern**

Trotz unterschiedlicher Struktur und Nettophotosyntheserate sind mitteleuropäische Nadelwälder (Rotfichtenforste) und Laubwälder (Rotbuchenwälder) in der Jahressumme fast genauso produktiv (◘ Tab. 6.6). Zwar ist die maximale Photosyntheserate der Buchenblätter höher als die der Fichtennadeln, doch können die ganzjährig benadelten Fichten im Gegensatz zu den laubabwerfenden Buchen einen deutlich längeren Zeitraum des Jahres zur Photosynthese nutzen. Zudem investieren die Fichten einen größeren Biomasseanteil in den gerade wachsenden Hauptstamm als die Buchen, die einen größeren Teil ihrer Biomasse in die Äste und Zweige ihrer Baumkronen verlagern, die für die Forstwirtschaft weit weniger wichtig sind als das Stammholz. So können Fichten im Allgemeinen schon nach einer Umtriebszeit von ungefähr 80 Jahren geerntet werden, während Buchen generell erst nach etwa 120 Jahren hiebsreif sind. Diese Zusammenhänge erklären das große Interesse der neuzeitlichen Forstwirtschaft an der Fichte als Nutzbaumart und die heutige weite Verbreitung von Fichtenforsten auch in Regionen des Tieflands und unteren Berglands, in denen Rotfichtenwälder in Mitteleuropa natürlicherweise nicht vorkommen.

◘ **Tab. 6.6** Struktur, Photosyntheseleistung und Biomasseproduktion eines Nadelforsts (Rotfichte) und eines benachbart wachsenden Laubwalds (Rotbuche) im südniedersächsischen Bergland. Die Bestände waren Teil eines langfristig angelegten Forschungsprojekts. (Aus Ellenberg et al. 1986)

| | **Fichtenforst** | **Rotbuchenwald** |
|---|---|---|
| Baumalter (Jahre) | 118 | 125 |
| Durchschnittliche Stammhöhe (m) | 31,7 | 26,9 |
| Anzahl der Stämme pro ha | 284 | 241 |
| Blattform | Nadelblatt | Laubblatt |
| Jahresproduktion an Blättern (t/ha) | 2,1 | 3,3 |
| Gesamte Blattmasse (t/ha) | 13 | 3,3 |
| Trockenmassenbezogene maximale Photosyntheserate der Sonnenblätter (mg $CO_2$/[g · h]) | 2,5–4,8 (je nach Nadelalter) | 14 |
| Durchschnittliche Länge der Wachstumsperiode (Tage) | 260 | 176 |
| Pflanzenmasseproduktion (t/[ha · a]) | 8,7 | 10,9 |

Grasland gemäßigter Zonen etwa zwei Drittel der gesamten Biomasse in Form von Wurzeln unterirdisch produziert. Dementsprechend ist auch die jährliche Menge unterirdisch anfallenden Bestandsabfalls deutlich höher als die Menge des oberirdisch absterbenden Pflanzenmaterials. Ein großer Teil des jährlich anfallenden Bestandsabfalls wird im Oberboden relativ schnell zersetzt. Dagegen reichern sich die geringen Mengen kohlenstoffhaltiger Substanzen, die in Form wasserlöslicher Verbindungen in untere Bodenschichten gelangen, in diesen Schichten an. Dort gehen sie in schwer lösliche Verbindungen über, die jahrhundertelang bestehen bleiben können. Auf diese Weise wurde der Boden solcher Ökosysteme über viele Jahrhunderte mit Kohlenstoffverbindungen angereichert, die in ihrer Gesamtmenge die Menge des in den lebenden Pflanzen enthaltenen Kohlenstoffs um ein Mehrfaches übersteigen. Die Böden der Graslandökosysteme, die auf ungefähr 10 % der gesamten Landfläche global weit verbreitet sind, stellen also einen bedeutsamen Kohlenstoffspeicher dar.

#### 6.2.2.2 Flüsse des Wassers in und zwischen Ökosystemen

Die Vegetation beeinflusst die Menge und die Verteilung des Wassers, das in Form von Niederschlä-

### Der globale Kohlenstoffkreislauf

Auch auf globaler Ebene ist mehr Kohlenstoff im Boden gespeichert als in der Pflanzenbiomasse (■ Abb. 6.14). Jährlich wird zurzeit mehr Kohlenstoff in pflanzlicher Biomasse festgelegt als aus ihr durch Atmungs(Respirations-) und Zersetzungsprozesse freigesetzt wird. Der Grund dafür sind noch im kräftigen Wachstum befindliche Wälder vorwiegend in Nordamerika und Nordasien, die somit für Kohlenstoff eine Senke darstellen. Eine weitere Kohlenstoffsenke sind zurzeit noch die Ozeane. Beide Senken können aber nicht die Kohlenstoffmengen ausgleichen, die vom Menschen (anthropogen) durch Verbrennung fossiler Energieträger wie Kohle, Erdöl und Erdgas sowie durch das großflächige Roden ursprünglicher Wälder (Landnutzung), v. a. in den Tropen, freigesetzt werden. Eine weitere anthropogene Kohlenstoffquelle ist die Herstellung von Zement für Bautätigkeiten, bei der ebenfalls $CO_2$ freigesetzt wird. Diese Prozesse führen zu der Anreicherung der Atmosphäre mit $CO_2$. Insgesamt sind die Kohlenstoffvorräte in der Atmosphäre aber gering im Vergleich mit den Kohlenstoffmengen, die global noch in Form fossilen organischen Materials, insbesondere aber in Sedimenten der Tiefsee und im Kalkgestein festgelegt sind.

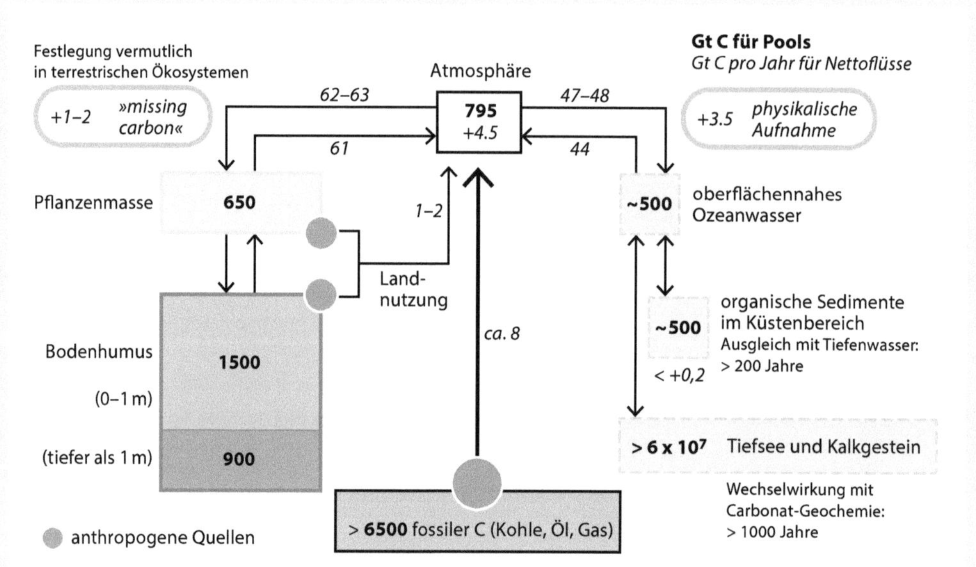


■ **Abb. 6.14** Globaler Kohlenstoffkreislauf. Kohlenstoffvorräte in Gigatonnen (Gt, *fett gedruckt*); jährliche Kohlenstoffflüsse in Gt (*kursiv gedruckt* an *Pfeilen*); jährliche Zunahmen der Kohlenstoff-Vorräte (positive Vorzeichen). Der Kohlenstoffaustausch zwischen Prozessen an der Landoberfläche (Photosynthese, Respiration, Freisetzung von Kohlenstoffverbindungen durch anthropogene Aktivitäten) und der Atmosphäre vollzieht sich auf der Zeitskala von Monaten (Jahreszeiten), während sich der Austausch zwischen Oberflächen- und Tiefenwasser der Ozeane über Jahrhunderte, der Austausch zwischen Ozeanwasser und den Sedimenten der Tiefsee und dem Carbonatgestein über viele Jahrtausende erstreckt. (Nach Kadereit et al. 2014)

gen in Ökosysteme eingetragen wird. In einem belaubten Wald beispielsweise wird ein mehr oder weniger großer Teil des Niederschlags durch das Kronendach aufgefangen, was man als **Interzeption** bezeichnet (■ Abb. 6.15). Davon kann ein großer Teil gleich wieder durch **Evaporation** in die Atmosphäre verdunsten, ein anderer Teil tropft als **Kronentraufe** aus dem Kronenbereich ab. Bei Bäumen wie z. B. der Rotbuche, deren Stämme anstatt einer gefurchten Borke ein mehr oder weniger glattes Abschlussgewebe besitzen, läuft ein relativ großer Teil des Wassers aus dem Kronenraum als **Stammablauf**

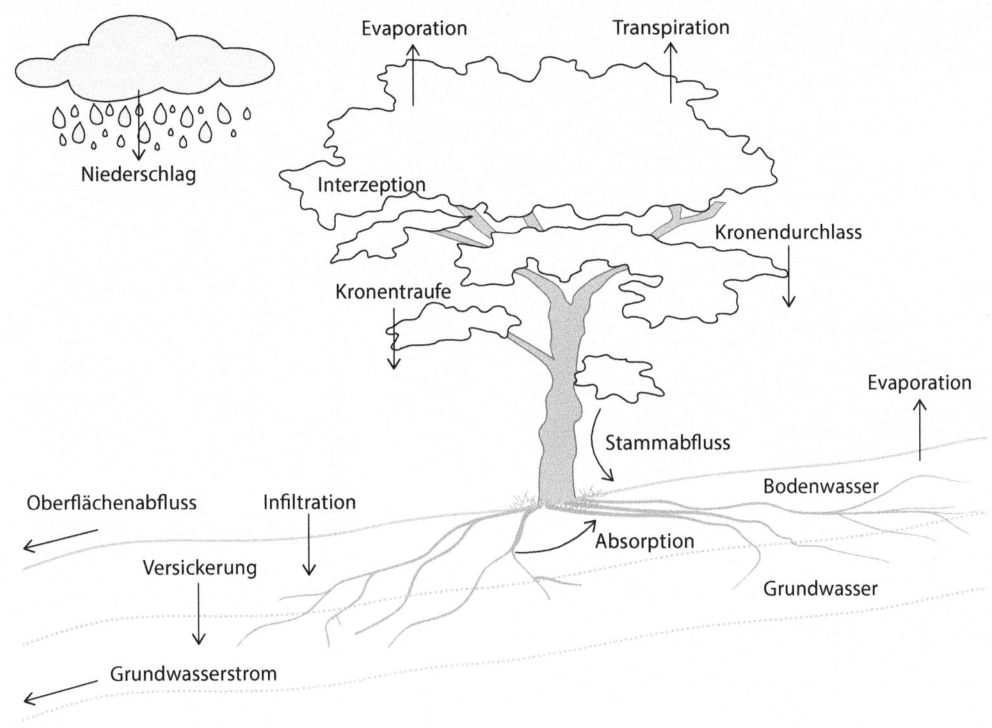


**Abb. 6.15** Komponenten des Wasserkreislaufs in Landökosystemen am Beispiel eines Rotbuchenwalds. (Nach Nentwig et al. 2004)

oder **Stammabfluss** ab. Bei der Quantifizierung von Wassereinträgen in Buchenwälder muss dieser Stammabfluss wegen seiner mengenmäßig relativ großen Bedeutung durch spezielle Auffangvorrichtungen separat erfasst werden. Durch Kronenlücken kann ein Teil des Niederschlags als **Kronendurchlass** auch direkt in die unteren Kompartimente des Ökosystems geraten. Wegen des Evaporationsanteils der Interzeption ist aber i. d. R. die Menge des **Bestandsniederschlags** geringer als die Menge des von außen auf den Kronenraum eintreffenden Niederschlags bzw. des außerhalb der Vegetation niedergehenden **Freilandniederschlags**. Die Menge des Bestandsniederschlags lässt sich ermitteln aus der Summe von Kronentraufe, Kronendurchlass und Stammabfluss. Aus der Differenz zwischen Freiland- und Bestandsniederschlag erhält man die Interzeption.

In den unteren Vegetationsschichten können sich die für den Kronenraum angegebenen Prozesse in kleinerem Maßstab wiederholen. Das letztlich auf den Boden gelangende Wasser kann bei ausreichender Neigung des Geländes zumindest teilweise als **Oberflächenabfluss** abfließen oder durch **Infiltration** in den Boden einsickern. Ein Teil dieses **Bodenwassers** wird von den Pflanzenwurzeln durch **Absorption** aufgenommen und über die Blätter durch **Transpiration** weitestgehend wieder an die Atmosphäre abgegeben. Ein weiterer Teil versickert in Richtung auf das **Grundwasser**.

Bedingt durch die Unterschiede in der Struktur, unterscheiden sich bei gleichen Niederschlagsmengen Laub- und Nadelwälder in Interzeption und Versickerung (■ Tab. 6.7). Wegen der ganzjährigen Benadelung, des i. d. R. höheren Blattflächenindex (▶ Abschn. 6.1.2) und der typischerweise größeren Stammdichte ist die Interzeption in einem mitteleuropäischen Rotfichtenbestand größer als in einem benachbarten Rotbuchenwald, der dafür höhere Versickerungsmengen aufweist. Soll in einer bewaldeten Region die Bildung von Grundwasser verstärkt werden, so ist dies durch den Anbau von

**Tab. 6.7** Wasserhaushalt eines Laub- und eines benachbarten Nadelwaldbestands im südniedersächsischen Bergland. (Aus Lyr et al. 1992)

| Komponente des ökosystemaren Wasserhaushalts | Rotfichtenbestand 84-jährig, 24 m hoch; 600 Stämme pro ha | Rotbuchenbestand 120-jährig, 25 m hoch; 250 Stämme pro ha |
|---|---|---|
| Jahresniederschlag (mm) | 1063 | |
| Transpiration (mm) | 335 | 287 |
| Interzeption (mm) | 305 | 187 |
| Versickerung (mm) | 423 | 589 |

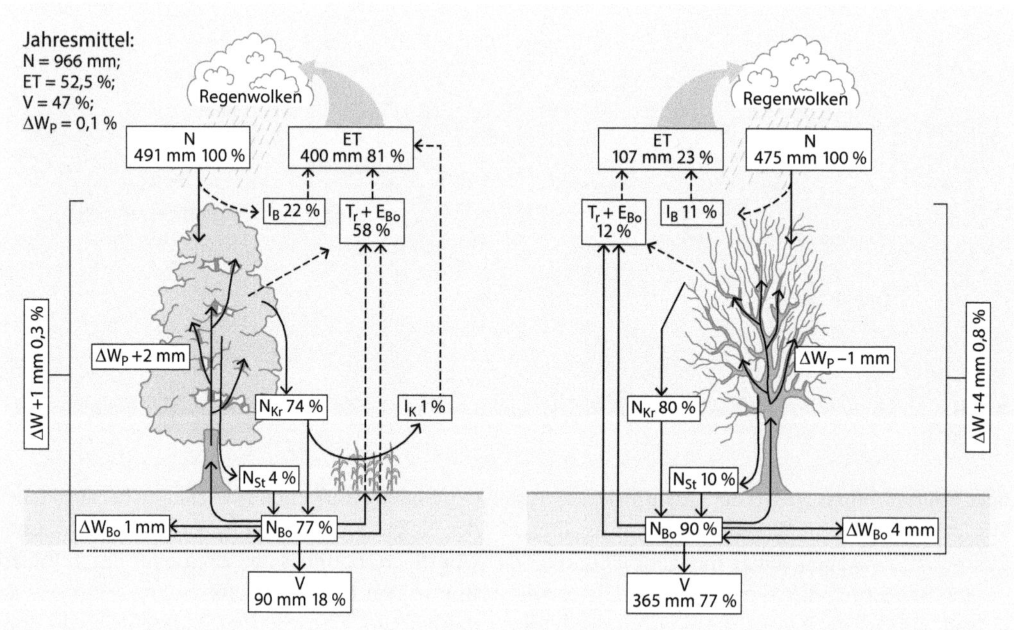


**Abb. 6.16** Wasserbilanz eines Eichenwalds im atlantischen Klima Mitteleuropas im belaubten und winterkahlen Zustand. $E_{Bo}$ Bodenverdunstung; *ET* Evapotranspiration; $I_B$ Interzeption durch die Baumschicht; $I_K$ Interzeption durch die Krautschicht; *N* Freilandniederschlag; $N_{Bo}$ Infiltration; $N_{Kr}$ Kronentraufe + Kronendurchlass; $N_{St}$ Stammablauf; $T_r$ Bestandstranspiration; *V* Versickerung; *ΔW* Änderung des Wasservorrats im Ökosystem; $ΔW_{Bo}$ Änderung des Wasservorrats im Boden; $ΔW_P$ Änderung des Wasservorrats in der Phytomasse. (Nach Larcher 2001)

Laubwald besser zu erreichen als durch Aufforstung mit Nadelwald.

Insbesondere in Laubwäldern unterscheiden sich die Komponenten des ökosystemaren Wasserhaushalts zwischen Sommer und Winter, auch im Fall nahezu gleicher Niederschlagsmengen (Abb. 6.16). Im Sommer transpirieren die Bäume in ihrem voll belaubten Zustand kräftig und die höheren Temperaturen fördern den Übergang des Wassers von der flüssigen in die Gasphase. Evaporation und Transpiration, die man zur Evapotranspiration zusammenfassen kann, sind dann ungefähr viermal so hoch wie im Winter. Auch die Interzeption durch die belaubten Baumkronen ist im Sommer höher. Dafür ist im Winter die Versickerung stärker. In beiden Jahreszeiten erreichen aber die Evapotranspiration, die insgesamt ungefähr 50 % des Jahresniederschlags beträgt, und die Versickerung zusammen nahezu die auf den Bestand fallenden Niederschlagsmengen. Daraus folgt, dass

Tab. 6.8 Transpiration unterschiedlicher Vegetationstypen. (Extremwert in Klammern; aus Larcher 2001)

| Pflanzenbestand | Transpiration pro Jahr bzw. Vegetationsperiode (mm) |
|---|---|
| Tropische Tieflandregenwälder | 900–2000 |
| Tropische Gebirgswälder | 500–850 |
| Immergrüne Lorbeerwälder | 650–750 |
| Hartlaubgehölze | (300) 400–600 |
| Laubabwerfende Wälder der gemäßigten Zone | 300–600 |
| Immergrüne Nadelwälder | 300–600 |
| Getreidefelder | 400–500 |
| Mähwiesen und Weiden | 250–400 |
| Trockenrasen und Steppen | ≈ 200 |
| Ericaceenheiden | 100–200 |

von der gesamten Niederschlagsmenge nur ein sehr kleiner Bruchteil, nämlich deutlich weniger als 1 %, im Jahreszuwachs der pflanzlichen Biomasse gespeichert wird.

Die Transpiration wird getrieben von der Menge des Wassers, das für die Vegetation verfügbar ist, vom Wasserdampfsättigungsdefizit der Atmosphäre (▶ Abschn. 3.1.5) und von der Dauer und Intensität der Sonneneinstrahlung, die bei ausreichender Wasserverfügbarkeit direkt und indirekt zur Öffnung der Spaltöffnungen führt und die notwendige Energie für den Übergang des Wassers aus der flüssigen in die Gasphase liefert. Daraus ergeben sich hohe Transpirationswerte für Regionen mit starker Sonneneinstrahlung, entsprechend hohen Lufttemperaturen und hohen Niederschlagsmengen, wie sie in den Tropen gegeben sind (Tab. 6.8).

Übersteigt allerdings der Jahresniederschlag im groben Mittel eine Menge von ungefähr 2000 mm, so nehmen i. d. R. Evaporation und Transpiration nicht mehr zu und der zusätzliche Anteil des Niederschlags geht mehr oder weniger vollständig in Sickerwasser und Oberflächenabfluss über. Der Anteil an Oberflächenabfluss und Sickerwasser ist daher hoch in Regionen mit hohen Jahresniederschlägen auch bei einer dichten Vegetationsdecke wie z. B. in tropischen Regenwäldern. Deutlich niedriger ist er bei geringen Jahresniederschlägen wie beispielsweise in Steppen oder in Regionen mit ausgesprochen warm-trockenen Jahreszeiten wie in tropischen Savannen (Tab. 6.9). In Wüsten geht rechnerisch die gesamte Niederschlagsmenge in Form von Evapotranspiration wieder in die Atmosphäre über. Die Evapotranspiration kann die Jahresniederschlagsmenge sogar deutlich übersteigen, wenn die spärliche Vegetation sehr trockener Regionen aus mehrjährigen Pflanzen besteht, die Anschluss an das Grundwasser haben. Hohe Raten des Oberflächenabflusses können allerdings nach punktuell starken Niederschlägen auftreten, wenn nur ein kleiner Teil des Wassers durch die lückenhafte Vegetation aufgenommen werden kann.

Neben der jährlichen Niederschlagsmenge wirken sich auch noch andere Faktoren auf den Abfluss aus. Dazu gehören Trockenheit und Frost (ein trockener Boden ist nur schwer benetzbar und gefrorener Boden lässt kein Wasser versickern) sowie die Bodenstruktur (in einem Boden mit vielen Grobporen kann Wasser leichter versickern) und die Durchwurzelung (eine starke Durchwurzelung führt zu stärkerer Wasseraufnahme durch die Pflanzen und senkt somit die Versickerung; außerdem legen Wurzeln den Boden fest und verhindern so die Entstehung von Abflussrinnen, durch die größere Wassermengen schnell ablaufen können).

#### 6.2.2.3 Flüsse von Mineralstoffen in und zwischen Ökosystemen

An den Flüssen von Mineralstoffen in und zwischen Ökosystemen sind verschiedene Prozesse beteiligt.

**Tab. 6.9** Beispiele für den Wasserhaushalt ausgedehnter Pflanzenbestände. (Aus Larcher 2001)

| Vegetationstyp und Region | Jahresniederschlag (mm) | Evapotranspiration (% des Niederschlags) | Abfluss (Oberflächen- und Grundwasser; % des Niederschlags) |
|---|---|---|---|
| Tropischer Regenurwald; Nordaustralien | 3900 | 38 | 62 |
| Tropische Regenwälder; Afrika, Südostasien | 2000–3600 | 50–70 | 30–50 |
| Wechselgrüne tropische Wälder; Südostasien | 2500 | 70 | 30 |
| Baumsavanne; Kongobecken | 1250 | 82 | 18 |
| Laubwälder (Flachland); Mitteleuropa | 600 | 67 | 33 |
| Nadelwälder (Flachland); Mitteleuropa | 730 | 60 | 40 |
| Savannen; Tropen | 700–1800 | 77–85 | 15–23 |
| Grünland; Mitteleuropa | 700 | 62 | 38 |
| Steppen; Osteuropa | 500 | 95 | 5 |
| Wüsten; Subtropen | 50 | > 100 | 0 |

Bei einem Eintrag von Mineralstoffen aus der Atmosphäre in Ökosysteme spricht man von **Deposition**. Man unterscheidet **nasse Deposition**, wenn Stoffe mit Regen oder Schnee eingetragen werden, und **trockene Deposition** bei einem Eintrag in Form von Partikeln (zu denen auch Nebel- und Wolkentröpfchen gehören) oder Gasen.

Die Menge und Zusammensetzung der Deposition von Mineralstoffen unterscheiden sich zwischen verschiedenen Regionen der Erde erheblich (Tab. 6.10). In tropischen Regenwäldern Mittelamerikas und des Amazonasgebiets werden jährlich größere Mengen an Kalzium, Kalium und Magnesium deponiert. Diese Elemente stammen größtenteils aus Staub, der aus der Sahara stammt und mit Passatwinden tausende Kilometer weit nach Westen transportiert wird. Diese Depositionen tragen wesentlich zur Mineralstoffversorgung der Regenwälder bei, die auf Millionen Jahre alten Böden wachsen, aus denen ein großer Teil der für Pflanzen essenziellen Mineralstoffe durch Niederschläge ausgelaugt wurde. Die hohen Natriumdepositionsraten in Mittelamerika stammen größtenteils aus dem Salz der nahen Meere, das durch Wind von der Meeresoberfläche verweht und in Form von Aerosolen (festen oder flüssigen Schwebeteilchen) deponiert wird. Die relativ hohen Stickstoff- und Schwefeleinträge in Laubwäldern Nordamerikas stammen aus Intensivlandwirtschaft und Industrie der Großregion. Insgesamt gering sind die Depositionsraten in der nordischen Tundra (▶ Abschn. 7.6.6), in der Staubeinträge in nennenswertem Umfang nicht stattfinden und die räumlich weit entfernt von Regionen mit intensiver Landwirtschaft und Industrie liegt. Die Natriumdepositionen variieren dort mit der Entfernung zum Meer.

Durch Verwitterung des Ausgangsgesteins und von mineralischen Bodenteilchen werden langfristig (im Verlauf von Jahrzehnten bis Jahrhunderten) Mineralstoffe aus dem Boden für Pflanzen verfügbar. Ein großer Teil der von Pflanzen aufgenommenen Mineralstoffe wird aber im Verlauf von Monaten bis Jahren durch **Mineralisierung** organischer Verbindungen aus abgestorbenen Lebewesen oder Teilen von Lebewesen freigesetzt. Gasförmige Austräge aus Ökosystemen spielen v. a. für den Stickstoff eine

**Das Bowen-Verhältnis und der Penman-Monteith-Ansatz – wichtige Elemente zur Ermittlung des lokalen und regionalen Wasserumsatzes**

Die auf die Erdoberfläche eingestrahlte Sonnenenergie wird zu einem gewissen Teil reflektiert (▶ Abschn. 6.2.1) und (zu einem vernachlässigbar geringen Anteil) bei der Photosynthese in chemische Energie umgewandelt sowie bei der Erwärmung von Oberflächen und Körpern und bei der Evapotranspiration umgesetzt. Das Verhältnis der Energie, die zu Erwärmung führt (fühlbare Wärme, ▶ Abschn. 6.2.1), zu der bei Evapotranspiration (latente Wärme) umgesetzten Energie bezeichnet man als **Bowen-Verhältnis** oder ***Bowen ratio*** (abgekürzt $\beta$). Wenn nur wenig oder kein Wasser für die Evapotranspiration zur Verfügung steht wie z. B. in Wüsten oder semiariden Regionen, ist der bei Erwärmung umgesetzte Strahlungsanteil maximal; $\beta$ kann dann Werte von über 10 erreichen. Für gut mit Wasser versorgte Vegetation wie z. B. Wald und Grasland der klimatisch gemäßigten Zonen ist $\beta$ kleiner als 1, in tropischen Ozeanen mit ihren offenen Wasserflächen sogar kleiner als 0,1. Auf der Grundlage des Energieerhaltungssatzes der Thermodynamik, wonach Energie in einem System nur umgewandelt, aber weder erzeugt noch verbraucht werden kann, lässt sich aus der Energiebilanz von Strahlungs- und Wärmeumsatz zusammen mit messbaren Größen wie Lufttemperatur, Luftfeuchte und Windgeschwindigkeit, physikalischen Konstanten von Luft und Wasser und begründeten Annahmen zum Transpirationswiderstand der Vegetation nach dem **Penman-Monteith-Ansatz** die Energiemenge berechnen, die für die Evapotranspiration aufgewendet wird, und damit der Betrag der Evapotranspiration selbst. Auf diese Weise lässt sich der Wasserverbrauch von ganzen Pflanzenbeständen relativ einfach und hinreichend genau ermitteln. Ebenso lässt sich abschätzen, ob bestimmte klimatische Regionen für den Anbau gewisser Arten von Feldfrüchten mit bekanntem Wasserbedarf geeignet sind. Da die zur Berechnung notwendigen Eingangsgrößen relativ einfach gemessen oder von meteorologischen Stationen bezogen werden können, ist der Penman-Monteith-Ansatz zur Bestimmung der Evaporation weit verbreitet.

Ein weiteres wichtiges Anwendungsgebiet für die Ermittlung von Bowen-Verhältnissen ist die Klimaregulation in Städten, insbesondere in Regionen mit warm-trockenen Jahreszeiten. Während $\beta$ in bewaldeten Regionen mit ausreichend Niederschlag deutlich unter 1 liegt, kann der Wert in nahezu vegetationsfreien innerstädtischen Bereichen auf weit über 10 ansteigen und kennzeichnet dann eine starke Oberflächenerwärmung von Straßen und Gebäuden. Dies geht mit einer deutlichen Temperaturerhöhung im Vergleich zum vegetationsbedeckten Umland einher. Der starken Erwärmung innerstädtischer Flächen begegnet man dann mit Kühlung durch Klimaanlagen, für deren Betrieb erhebliche Energiemengen zur Verfügung gestellt werden müssen und die durch Abwärme selber zur Aufheizung der innerstädtischen Außenbereiche beitragen. So steigt im Stadtbereich von Los Angeles durch stetiges Wachstum des besiedelten Gebiets und damit verbundene Bodenversiegelung die Lufttemperatur in 15 Jahren durchschnittlich um 1 °C an. Ein höherer Grünanteil in Innenstädten in Form von Parks, Straßenbäumen und Fassadenbegrünung aber wirkt einer Aufheizung effektiv entgegen. Für den Stadtbereich von Los Angeles hat man berechnet, dass durch verstärktes Pflanzen schattenspendender Bäume, die Transpirationskühlung bewirken, und hellen Anstrich der Dächer, der die Reflexion erhöht, jährlich 0,5 Mrd. Dollar für Raumkühlung und Smogfolgen gespart werden könnten. Hochgerechnet auf alle Städte der südlichen USA würden derartige Maßnahmen Einsparungen von fünf bis zehn Milliarden Dollar pro Jahr erbringen – sowie eine deutliche Erhöhung der Lebensqualität.

Rolle. Insbesondere bei Sauerstoffarmut im Boden kann ein Teil des durch Abbau organischer Verbindungen entstandenen Nitrats ($NO_3^-$) durch bestimmte Bakterien im Verlauf von **Denitrifikation** als Stickstoffoxid oder molekularer Stickstoff in Gasform freigesetzt werden und das Ökosystem verlassen. Diesem gasförmigen Stickstoffverlust steht der Stickstoffeintrag in der Folge von Blitzen und durch biologische Stickstofffixierung gegenüber.

Im Gestein ist so gut wie kein Stickstoff vorhanden, der durch Verwitterung freigesetzt werden könnte. Im Fall einer völlig vegetationslosen Oberfläche, auf oder unter der auch keine stickstoffhaltige organische Substanz vorhanden ist, ist ohne anthropogene Einflüsse der Eintrag oxidierter Stickstoffverbindungen aus der Atmosphäre der einzige Weg der Stickstoffzufuhr. Derartige Stickstoffverbindungen entstehen durch Blitze, die die Luft lokal auf weit über 1000 °C aufheizen. Dabei wird der molekulare Stickstoff der Luft ($N_2$) zu Verbindungen aus Stickstoff und Sauerstoff und damit zu Stickstoffoxiden reduziert ($NO_x$, wobei $x$ für die Anzahl

## Der globale Wasserkreislauf

Es überrascht sicher nicht, dass sich auf globaler Ebene der größte Wasservorrat (mehr als 96 % der gesamten Wassermenge) in den Ozeanen befindet, die ungefähr 70 % der Erdoberfläche bedecken (◘ Abb. 6.17). Der größte Teil des Wassers, der von den Ozeanen verdunstet, kehrt durch Niederschläge zu diesen zurück. Nur knapp 10 % des verdunsteten Wassers werden in Form von Wasserdampf zu den Landmassen verfrachtet, wo sich eine mehrfache Abfolge von Verdunstung (Evapotranspiration) und Niederschlag einstellt. Zur Evapotranspiration trägt die Transpiration der Vegetation erheblich bei. Die Menge des pflanzenverfügbaren Bodenwassers beträgt allerdings weit weniger als 1 % des globalen Wasservorrats. Im Mittel kehrt jährlich die gleiche Wassermenge, die als Wasserdampf von den Ozeanen zum Land verfrachtet wird, über Flüsse zu diesen zurück. Mit nur 0,001 % der gesamten Wassermenge befindet sich auf globaler Ebene der geringste Wasservorrat in der Atmosphäre, die aber wegen ihrer hohen Umsatzraten entscheidend am globalen Wasserkreislauf beteiligt ist: Ein Wassermolekül verbleibt im Durchschnitt nur etwa neun Tage lang in der Atmosphäre, aber mehr als neun Monate im Bodenwasser und nahezu 40.000 Jahre im Ozean.

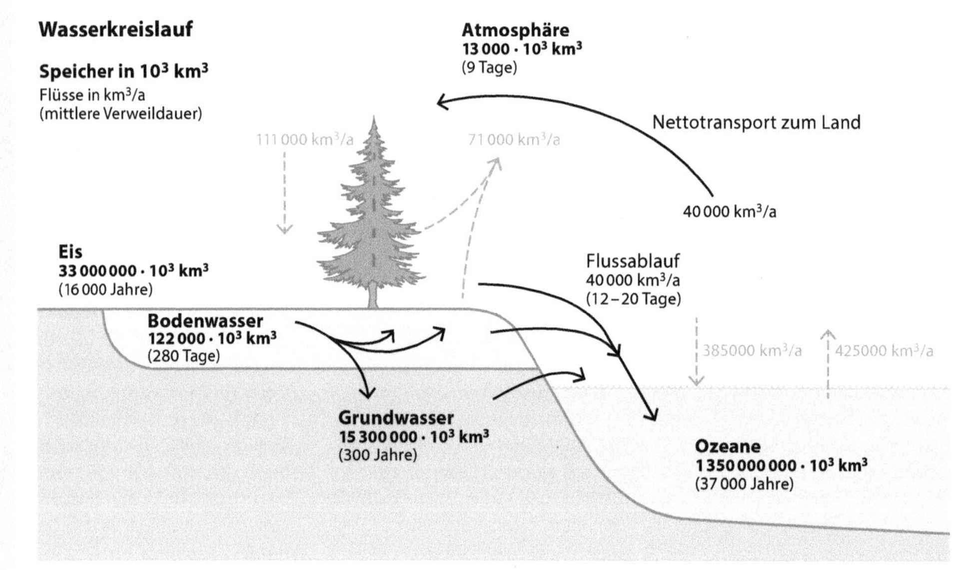


◘ **Abb. 6.17** Der globale Wasserkreislauf. *Fett gedruckte Werte* Wasservorräte in 1000 $km^3$; *Werte an Pfeilen* jährliche Wasserflüsse in $km^3$; *Angaben in Klammern* mittlere Verweildauer im jeweiligen Kompartiment. (Nach Schulze et al. 2002)

der gebundenen Sauerstoffatome steht). Dieser natürliche Hintergrundeintrag von Stickstoff in Ökosysteme beträgt aber im Durchschnitt nur wenige Kilogramm pro Hektar und Jahr. Er stellt aber die Lebensgrundlage dar für Erstbesiedler vegetationsfreier Standorte wie Moose oder Flechten, die nach ihrem Absterben organische Substanz im sich bildenden Boden hinterlassen und somit buchstäblich den Boden bereiten für die Ansiedlung zunächst relativ genügsamer Höherer Pflanzen. Eine höhere Rate des Stickstoffeintrags in Ökosysteme wird durch biologische Stickstofffixierung erreicht, die durch nicht symbiotische oder mit Pflanzen oder Flechten in Symbiose lebende Bakterien vollzogen wird. Insbesondere durch symbiotische Stickstofffixierung können deutlich mehr als 100 kg Luftstickstoff pro Hektar und Jahr in ein Ökosystem eingetragen werden (► Abschn. 4.4.2).

**Tab. 6.10** Mineralstoffzufuhr durch Deposition – Beispiele für unterschiedliche Vegetationstypen. (Werte in kg/[ha · a]; aus Larcher 2001)

| Element | Tropischer Regenwald (Mittelamerika) | Sommergrüner Laubwald (Nordamerika) | Nordische Tundra (Skandinavien) |
|---|---|---|---|
| N | | 20,7 | 0,7–1,0 |
| S | | 18,8 | 5–6 |
| P | 1,0 | 0,004 | |
| Ca | 29,3 | 2,2 | 2,5–5,4 |
| Mg | 4,9 | 0,6 | 0,5–1,5 |
| K | 9,5 | 0,9 | 0,8–1,2 |
| Na | 30,7 | 1,6 | 1–4 |
| Fe | 3,0 | | |

In den meisten Ökosystemen übersteigen aber die Mengen mineralischen Stickstoffs, die bei der Mineralisierung der organischen Substanz abgestorbener Lebewesen freigesetzt werden (▶ Abschn. 3.3.1), die Mengen an biologisch fixiertem Luftstickstoff deutlich (◘ Tab. 6.11). Besonders hohe Mengen an mineralisiertem Stickstoff finden sich unter durchgehend warm-feuchten Bedingungen, wogegen Trockenheit und niedrige Temperaturen die Stickstoffmineralisierung hemmen. Temperatur, Feuchtigkeit, Sauerstoffverfügbarkeit und pH-Wert des Bodens bestimmen auch die Form des letztendlich pflanzenverfügbaren Stickstoffs. Auf stärker sauren Böden in kühlem Klima, in dem wegen Bodennässe zeitweilig auch Sauerstoffmangel herrschen kann, verläuft die Mineralisierung oft nur bis zum Ammonium ($NH_4^+$). Solche Bedingungen sind beispielsweise in Heiden und in den Nadelwäldern Skandinaviens und des nördlichen Nordamerika häufig gegeben. Dort trägt auch die Zufuhr von Aminosäuren durch Mykorrhiza stark zur Stickstoffversorgung der Pflanzen bei (▶ Abschn. 4.4.3). Die nitrifizierenden Bakterien der Gattungen *Nitrosomonas* und *Nitrobacter* benötigen dagegen einen engeren Bereich des pH-Werts im Boden (ungefähr 5,7–10), eine Mindestkonzentration von molekularem Sauerstoff im Boden und Temperaturen im Bereich von 5 bis 40 °C. Eine Nitrifikation (▶ Abschn. 3.3.1) findet daher überwiegend in Regionen mit wärmerem Klima und auf schwächer saurem bis leicht alkalischem Boden

**Tab. 6.11** Stickstoffnettomineralisation im Oberboden verschiedener Ökosystemtypen während der Vegetationsperiode. (Extremwerte in Klammern; aus Larcher 2001)

| Vegetation | Nettomineralisationsrate (kg Stickstoff/ha) |
|---|---|
| **Tropen** | |
| Tropische Regenwälder | 100–800 |
| Tropische saisongrüne Wälder | 100–200 |
| Tropische Savanne | 3–5 |
| **Klimatisch gemäßigte Zonen** | |
| Schluchtwald (Acero-Fraxinetum) | 150–380 |
| Sommergrüne Laubwälder | (20) 100–200 (250) |
| Gedüngte Mähwiesen | 140–260 |
| Atlantische Ericaceenheiden | (5) 10–30 (50) |
| Trockenrasen | 10–30 |
| **Kalte Regionen** | |
| Bergwälder, Taiga | 10–50 |
| Tundra | 0,3–5 |

### Der globale Stickstoffkreislauf

Stickstoff ist das einzige für Pflanzen essenzielle Element, das global seinen größten Vorrat in Gasform in der Atmosphäre hat (Abb. 6.18). Die Menge des Stickstoffs, der durch elektrische Entladungen in der Atmosphäre als Stickstoffoxid auf die Erdoberfläche gelangt, ist trotz etlicher Dutzend Blitze, die global in jeder Sekunde entstehen, insbesondere auf den Landoberflächen gering im Vergleich mit der biologischen Stickstofffixierung. Die ökosysteminternen Stickstoffumsätze sind sowohl in den Ozeanen als auch in Landökosystemen höher als die Einträge in die Ökosysteme und die Austräge aus den Ökosystemen. Die dauerhafte Ablagerung stickstoffhaltiger Verbindungen in Meeressedimenten ist im globalen Kreislauf vernachlässigbar gering. Der Stickstoffkreislauf wird von Menschen massiv beeinflusst durch industrielle Fixierung von Luftstickstoff in Form von Ammoniakfixierung nach dem Haber-Bosch-Verfahren sowie durch Stickstofffreisetzung aus der Landwirtschaft und durch Verbrennungsprozesse aus Industrieanlagen, Kraftwerken und Verkehr.

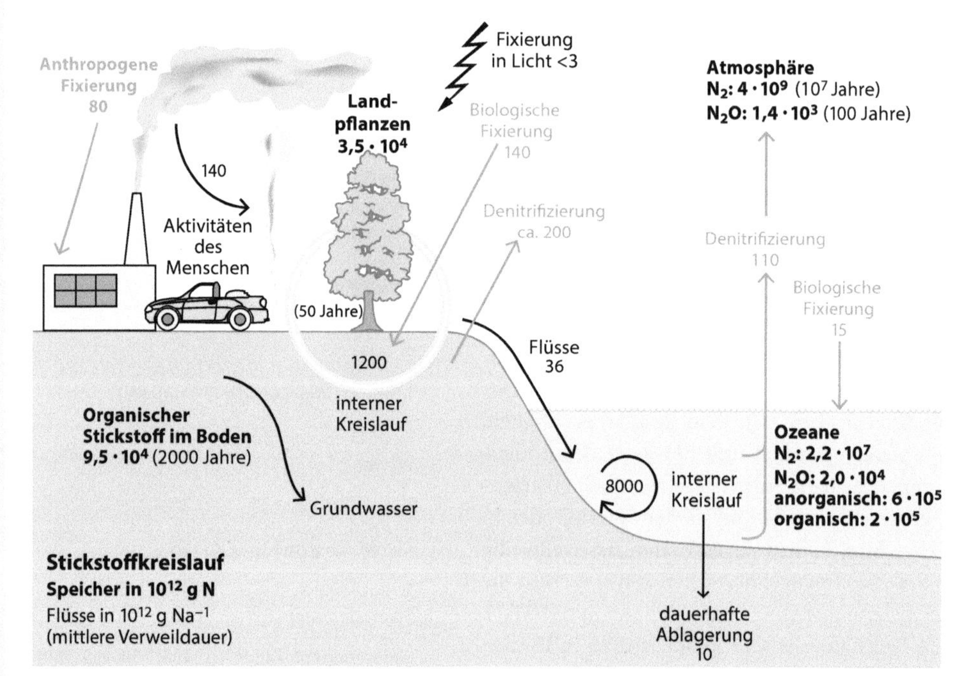


**Abb. 6.18** Der globale Stickstoffkreislauf. *Fett gedruckte Werte* Stickstoff-Vorräte in Millionen Tonnen; *Werte an Pfeilen* jährliche Stickstoffflüsse in Millionen Tonnen pro Jahr; *Angaben in Klammern* mittlere Verweildauer im jeweiligen Kompartiment. (Nach Schulze et al. 2002)

unter aeroben Bodenbedingungen statt. Allerdings können auf stärker saurem Boden heterotrophe Organismen einen gewissen Anteil des $NH_4^+$ bis zum $NO_3^-$ oxidieren.

Zusätzlich zur biologischen Stickstofffixierung und zur ökosysteminternen Mineralisierung stickstoffhaltiger Verbindungen kann Stickstoff aus anthropogenen Quellen über die Atmosphäre in Ökosysteme eingetragen werden. Insbesondere aus Tierhaltung kann Ammoniak ($NH_3$) freigesetzt werden, der sich in der wasserdampfhaltigen Luft zu Ammoniumverbindungen umsetzt, die mit Luftströmungen hunderte von Kilometern weit verfrachtet werden können. Eine weitere Quelle von

Ammoniumverbindungen ist der Düngereinsatz in der Landwirtschaft. Durch Verbrennung fossiler Energieträger in Industrieanlagen, Kraftwerken und Kraftfahrzeugen entstehen Stickstoffoxide, die ebenfalls über große Distanzen transportiert werden und in Gasform oder über Niederschläge in Ökosysteme gelangen können. Austräge von Stickstoff aus anthropogenen Quellen aus Landökosystemen durch Sickerwasser in Bäche und Flüsse führen zu Stickstoffeinträgen in aquatische Ökosysteme. All diese Stickstoffeinträge können die Biomasseproduktion in Ökosystemen erhöhen, aber auch zu massiven Veränderungen des Stickstoffumsatzes und zu gravierenden Belastungen der Ökosysteme führen (▶ Abschn. 8.5).

Der Mineralstoffkreislauf von Kalzium, Kalium und Magnesium in Landökosystemen wird stark durch die Beweglichkeit dieser Elemente in den Pflanzen beeinflusst. Da Kalium- und Magnesiumionen durch das Phloem in den Pflanzen leicht transportiert werden können (▶ Abschn. 3.3.3), werden sie in relativ großen Anteilen aus alternden und absterbenden Pflanzenteilen in Speichergewebe verlagert und können aus diesen wieder mobilisiert werden. Kalzium dagegen wird kaum im Phloem transportiert und geht daher mit den absterbenden Organen in den Bestandsabfall über. Es muss daher im Vergleich mit Kalium und Magnesium zu größeren Anteilen von den Pflanzen aus dem Boden aufgenommen werden.

Auch Phosphor ist als Phosphat in Pflanzen gut über das Phloem verlagerbar. In vielen Ökosystemen ist er jedoch nach (oder sogar zusammen mit) Stickstoff derjenige für Pflanzen essenzielle Mineralstoff, dessen Verfügbarkeit das Pflanzenwachstum am stärksten beeinflusst, da der allergrößte Teil des im Boden vorhandenen Phosphors in stabilen chemischen Verbindungen vorliegt und nur ein sehr kleiner Teil von den Pflanzen aufgenommen werden kann. Phosphor ist daher ein Hauptbestandteil in vielen Pflanzendüngemitteln.

### 6.2.3 Produktivität von Ökosystemen

Die Produktivität von Ökosystemen wird stets als Masse produzierten organischen Materials (oder des in ihm enthaltenen Kohlenstoffs) pro Flächeneinheit des Ökosystems und Zeiteinheit (i. d. R. für ein Jahr) angegeben. Die **Bruttoprimärproduktion** (oft mit BPP oder im Englischen mit GPP für „gross primary production“ abgekürzt) bezeichnet die gesamte autotroph (in Landökosystemen zuallermeist durch Photosynthese) pro Flächen- und Zeiteinheit erzeugte organische Substanz. Die **Nettoprimärproduktion** (NPP, „net primary production“) ist die autotroph pro Flächen- und Zeiteinheit hervorgebrachte Biomasse, die sich ergibt, wenn man von der Bruttoprimärproduktion den Anteil organischer Substanz abzieht, der von den Primärproduzenten (in Landökosystemen i. d. R. den grünen Landpflanzen) durch Atmung (Respiration) in Form von $CO_2$ freigesetzt wird. Nun wird aber in Ökosystemen auch abgestorbene organische Substanz wieder abgebaut und ihre Kohlenstoffanteile werden durch Mineralisierer als $CO_2$ freigesetzt. Da die Mineralisierer bei diesem Prozess organische Verbindungen umsetzen, die sie nicht selbst produziert haben, bezeichnet man ihn als **heterotrophe Atmung** bzw. **heterotrophe Respiration**. Zieht man von der NPP die heterotrophe Respiration ab, so erhält man die **Nettoökosystemproduktion** (NÖP oder NEP für „net ecosystem production“). Sie bezeichnet die pro Flächen- und Zeiteinheit produzierte Masse an organischem Material oder in diesem enthaltenen Kohlenstoff, der längerfristig im Ökosystem verbleibt. Diese einfache Beziehung gilt natürlich nur für Ökosysteme oder Zeiträume, in denen kein nennenswerter Ein- oder Austrag von organischen Verbindungen in das Ökosystem hinein oder aus dem Ökosystem hinaus stattfindet und nichtbiologische Vorgänge der Oxidation kohlenstoffhaltigen Materials keine bedeutende Rolle spielen. Ist Letzteres der Fall wie z. B. in Ökosystemen, in denen natürlicherweise in bestimmten Zeitabständen größere Feuer auftreten, so muss der dadurch hervorgerufene Verlust an organischem Material und darin enthaltenem Kohlenstoff mit berücksichtigt werden. In vielen von Menschen genutzten Ökosystemen kommt zu den genannten Verlusten an Kohlenstoff noch der Entzug durch Ernte hinzu, beispielsweise durch Holzernte in Wäldern oder Heuernte in mitteleuropäischen Graslandökosystemen. Diese Verluste lassen sich oft nur für grö-

## Der globale Phosphorkreislauf

Im Gegensatz zu den globalen Kreisläufen von Wasser, Kohlenstoff und Stickstoff ist der Kreislauf des Phosphors ein Sedimentkreislauf, der sich erst in geologischen Zeiträumen schließt (◘ Abb. 6.19). Landpflanzen nehmen Phosphat auf, das durch Verwitterung von Gestein und Bodenmineralien freigesetzt wird, insgesamt aber nur einen sehr kleinen Teil des im Boden vorhandenen Phosphors ausmacht. Aus den Kreisläufen der Landökosysteme wird Phosphor zu gewissen Anteilen in Form von Staub, aber hauptsächlich in gelöster Form durch Versickerung über Flüsse in die Ozeane eingetragen. Dort durchläuft er nochmals ökosysteminterne Kreisläufe, deren Umfang den der Zirkulation in Landökosystemen weit übertrifft. Über Jahrmillionen hinweg sinkt ein jeweils kleiner Anteil davon stetig auf den Meeresboden ab und bildet dort in Form von Meeressedimenten den global größten Vorrat an Phosphor. Dieser gelangt erst durch geologische Prozesse wieder in Bereiche nahe der Erdoberfläche, wo er durch Verwitterungsprozesse pflanzenverfügbar wird.
Da er ein wichtiger Bestandteil vieler mineralischer Pflanzendüngemittel ist, besteht ein hoher Bedarf an Phosphor. Die Anzahl an Phosphatlagerstätten ist aber begrenzt. Wichtige ausbeutbare Phosphatlagerstätten gibt es in Nordafrika (Marokko, Westsahara), Jordanien, Florida, Russland (Kola-Halbinsel), Südafrika und China. Die an Land förderbaren Mengen sind aber begrenzt und reichen möglicherweise nur noch für wenige Jahrzehnte. Zudem sind die geförderten Phosphate wegen erhöhter Schwermetallgehalte nicht unmittelbar als Dünger geeignet. So unterschreitet nur das auf der Kola-Halbinsel gewonnene Phosphat den EU-Grenzwert für Kadmium in Düngemitteln. Daher sucht man jetzt verstärkt nach geeigneten Technologien zur Rückgewinnung von Phosphat aus Abwässern und Abfällen.

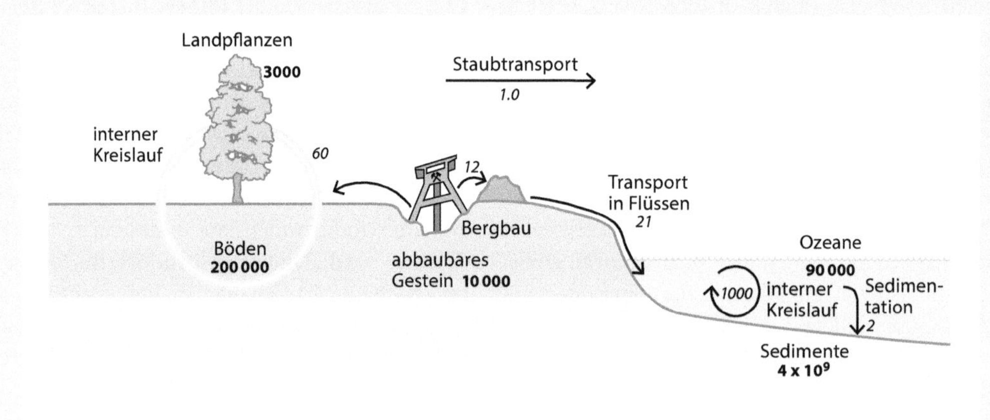


◘ **Abb. 6.19** Der globale Phosphorkreislauf. *Fett gedruckte Werte* Phosphorvorräte in Millionen Tonnen; *kursiv gedruckte Werte an Pfeilen* jährliche Phosphorflüsse in Millionen Tonnen pro Jahr. (Nach Gurevitch et al. 2006)

ßere Einheiten von Lebensräumen, nämlich die v. a. durch das Klima geprägten Großlebensräume, sinnvoll angeben. Zieht man diese Verluste von der Nettoökosystemproduktion (gegebenenfalls unter Berücksichtigung der Verluste durch Feuer) ab, so erhält man die **Nettobiomproduktion** (NBP, „net biome production").

Global betrachtet, weisen tropische Regenwälder im Durchschnitt die höchste NPP pro Jahr auf, wogegen Biome kühler Klimabereiche pro Jahr eine deutlich geringere Menge an Biomasse produzieren (◘ Tab. 6.12). Betrachtet man allerdings die Produktivität in den klimatisch günstigsten Monaten, so sind die Unterschiede zwischen den Biomen deutlich geringer. In Laubwäldern der gemäßigten Zone kann die monatliche NPP sogar über dem Monatswert tropischer Regenwälder liegen. Die hohe Jahresproduktion der tropischen Regenwälder ist also in erster Linie auf die ganzjährig günstigen Bedingungen (hohe Niederschlagsmengen, relativ hohe Temperaturen) für die pflanzliche Produktivität zurückzuführen, während das Pflanzenwachs-

### Produktivität und Kohlenstoffvorräte in Wäldern

Die Produktivität von Landökosystemen lässt sich anhand des Energieflusses in einem Rotbuchenwald verdeutlichen, der in ◘ Abb. 6.13 aus ► Abschn. 6.2.2 dargestellt ist. Legt man dieser Betrachtung die Äquivalenz von 39,9 kJ mit 1 g assimiliertem Kohlenstoff zugrunde, so beträgt die Bruttoprimärproduktion dieses Walds 1,008 kg C $m^{-2}$ $a^{-1}$, von der 0,516 kg C $m^{-2}$ $a^{-1}$ durch pflanzliche Atmung als $CO_2$ wieder abgegeben werden. Es verbleiben an NPP 0,492 kg C $m^{-2}$ $a^{-1}$ oder, auf einen Hektar hochgerechnet, 4,9 t C $ha^{-1}$ $a^{-1}$, was einer Produktion pflanzlicher Biomasse von nahezu 10 t $ha^{-1}$ $a^{-1}$ entspricht, wenn man von einem durchschnittlichen Kohlenstoffanteil von 50 % an der pflanzlichen Trockensubstanz ausgeht. Durch heterotrophe Atmung werden 0,350 kg C $m^{-2}$ $a^{-1}$ in Form von $CO_2$ freigesetzt, sodass die Nettoökosystemproduktion 0,142 kg C $m^{-2}$ $a^{-1}$ oder 2,8 t organische Trockensubstanz pro Hektar und Jahr beträgt. Knapp 90 % davon entfallen auf die Zunahme an Pflanzenbiomasse in Form von Stamm- und Astholz und langlebigen Wurzeln, etwas mehr als 10 % werden längerfristig im Boden als Humus festgelegt. Insgesamt macht die Nettoökosystemproduktion somit knapp 30 % der NPP aus. In alten Waldbeständen kann der Anteil der NÖP an der NPP noch deutlich geringer sein oder auch gegen Null gehen. Dies verdeutlicht das Beispiel eines ungefähr 250-jährigen Bestands der Gelb-Kiefer *(Pinus ponderosa)* im Nordwesten der USA (◘ Abb. 6.20). Die NÖP (NPP minus heterotrophe Atmung) beträgt nur knapp 6 % der NPP. Die jährliche Zunahme des Ökosystems an Kohlenstoff ist gering im Vergleich mit dem Kohlenstoffvorrat in der Biomasse, was für reife Wälder gemäßigter Klimazonen typisch ist. Der weitaus größte Teil des gesamten ökosystemaren Kohlenstoffvorrats ist in den Stämmen der Bäume gespeichert. Ein erheblicher Teil befindet sich allerdings auch in Form von Humus im Boden.

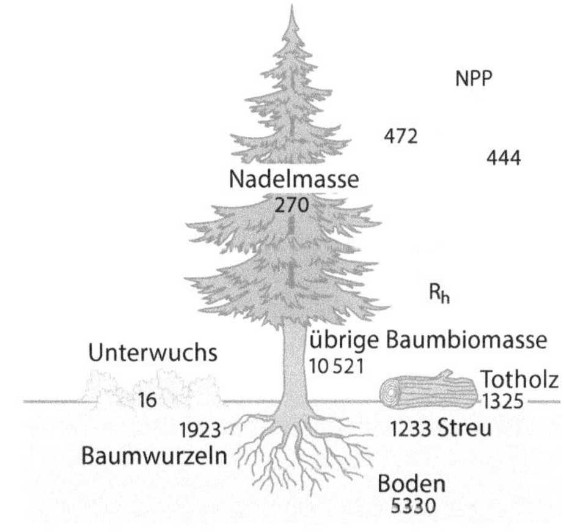


◘ **Abb. 6.20** Kohlenstoffvorräte und -flüsse in einem ungefähr 250-jährigen Nadelwald der klimatisch gemäßigten Zone (*Pinus ponderosa*, Oregon, NW USA). Die Kohlenstoffvorräte sind in g C $m^{-2}$ angegeben, die Kohlenstoffflüsse (*Werte in den Pfeilen*) in g C $m^{-2}$ $a^{-1}$. *NPP* Nettoprimärproduktion; $R_h$ heterotrophe Atmung. (Townsend et al. 2009)

tum z. B. in höheren Gebirgslagen auf eine relativ kurze Zeit des Jahres beschränkt ist.

In den meisten Regionen der Weltmeere dagegen ist die jährliche flächenbezogene NPP, die dort durch Phytoplankton erzeugt wird, deutlich geringer und übersteigt Werte von 0,4 kg/($m^2 \cdot a$) nur in manchen küstennahen Bereichen mit relativ hohen Konzentrationen an im Wasser gelösten Mineralstoffen. Insbesondere die landfernen Bereiche tropischer Meere weisen eine geringe NPP auf, die unter 0,1 kg/($m^2 \cdot a$) liegen kann. Dies liegt an der geringen Konzentration essenzieller Mineralstoffe, insbesondere von Eisen.

Die gesamte globale NPP beträgt jährlich 210–250 Mrd. t Biomasse oder 100–120 Mrd. t Kohlenstoff, von denen jeweils etwa die Hälfte in den Ozeanen und an Land produziert wird (die geringe Produktivität der Ozeane wird durch deren große Ausdehnung kompensiert, die sich über nahezu 70 % der Erdoberfläche erstreckt). Großflächige

**Tab. 6.12** Monatliche und jährliche Nettoprimärproduktion großer Biome. Die Jahressumme ist als globales Mittel mit der Spannbreite der Werte angegeben. (Aus Nentwig et al. 2004; Chapin et al. 2011)

| | | Nettoprimärproduktion (kg/m$^2$) | |
|---|---|---|---|
| **Biom** | **Vegetationszeit (Monate)** | **Monatliches Maximum** | **Jahressumme** |
| Tropischer Regenwald | 12 | 0,21 | 2,5 (1,8–3,0) |
| Laubwälder der gemäßigten Zone | 5 | 0,24 | 1,2 (1,0–1,5) |
| Boreale Wälder | 5 | 0,21 | 1,1 (0,3–2,0) |
| Tropisches Grasland | 10 | 0,25 | 1,1 (0,2–4,0) |
| Grasland der klimatisch gemäßigten Zone | 6 | 0,17 | 1,0 (0,2–1,5) |
| Alpine Vegetation | 2 | 0,20 | 0,4 (0,2–0,6) |

Landregionen mit sehr geringer Produktivität umfassen die größten Teile Grönlands, die Sahara Nordafrikas und die Arabische Halbinsel sowie die Antarktis. Insgesamt verteilt sich die NPP der Landflächen jeweils etwa hälftig auf die Tropen und die außertropischen Regionen.

## 6.2.4 Abbau pflanzlicher Stoffe in Ökosystemen

Der jährliche Streufall in den größeren Biomen ist an die Dichte und die Produktivität der Vegetation gekoppelt: Er ist hoch in den tropischen Regenwäldern, weist in Savannen und in geschlossenen Pflanzenformationen unter mediterranem und gemäßigtem Klima mittlere Werte auf und ist niedrig in trockenen und in kalten Regionen (Tab. 6.14).

Die Abbaugeschwindigkeit organischen Materials hängt stark von seinem Massenverhältnis (g/g) des Kohlenstoffs zum Stickstoff, dem C/N-Verhältnis, ab. Die Destruenten haben in ihrer Körpermasse ein engeres C/N-Verhältnis als Pflanzen (das C/N-Verhältnis von Tieren liegt im Mittel bei 10:1, das von Bakterien und Pilzen bei 10:1 bis 15:1) und bevorzugen daher bei ihrer Ernährung Pflanzenmaterial mit einem ähnlichen C/N-Verhältnis. Relativ stickstoffreiches Pflanzenmaterial mit einem C/N-Verhältnis unterhalb von 30 wird somit meist innerhalb eines Jahres abgebaut, Material mit einem C/N-Verhältnis von über 50 i. d. R. dagegen erst in mehr als drei Jahren. In Tab. 6.15 sind die C/N-Verhältnisse unterschiedlichen Pflanzenmaterials angegeben. Erlen- und Eschenlaub ist ebenso wie die Streu relativ stickstoffreicher Kräuter prinzipiell deutlich schneller abbaubar als das Laub von Buchen und Eichen, das wiederum besser zersetzbar ist als Nadelstreu. Die Abbauraten des organischen Materials hängen aber auch stark von den Bodenbedingungen ab: In einem gut wasserversorgten Rotbuchenwald auf kalkhaltigem Boden mit einer regenwurmreichen, aktiven Bodenfauna wird auch Buchenlaub i. d. R. innerhalb eines Jahres abgebaut, während sein Abbau auf stärker sauren Sandsteinböden mehrere Jahre in Anspruch nimmt.

Die Abbaugeschwindigkeit pflanzlichen Materials bestimmt die **mittlere Verweildauer („mean residence time", MRT)** des Kohlenstoffs im Ökosystem. Mit steigendem Anteil an Lignin, einem wesentlichen Bestandteil verholzter Pflanzenstrukturen, nimmt die Abbaugeschwindigkeit des Pflanzenmaterials ab und die Verweildauer des Kohlenstoffs nimmt zu. Relativ hoch ist die Verweildauer von Kohlenstoff auch in den Abbauprodukten der organischen Auflage des Bodens und im relativ humusreichen oberen Horizont des Mineralbodens, dem A-Horizont (► Abschn. 6.1.1), in dem Kohlenstoff in Form komplexer organischer Substanzen enthalten ist (Tab. 6.16).

## Bestandszuwachs, autotrophe Atmung und Nettoprimärproduktion in einem Rotbuchenwald und einem tropischen Regenwald

Vergleicht man den jährlichen **Bestandszuwachs** (von Bäumen gebildete und über mehrere Jahre vorhandene Strukturen) eines noch aufwachsenden Rotbuchenwalds in gemäßigtem Klima mit demjenigen eines alten tropischen Primärregenwalds, so fällt auf, dass der Bestandszuwachs des Rotbuchenwalds deutlich größer ist (◘ Tab. 6.13), was insbesondere auf die Biomassenzunahme von Stämmen und Ästen zurückzuführen ist (das Laub des Rotbuchenwalds wird ja jedes Jahr im Herbst vollständig abgeworfen). Wie passt dies zu der generell hohen Produktivität der tropischen Regenwälder? Dies wird deutlich, wenn man den jährlichen Bestandsabfall betrachtet, der ja in die Nettoprimärproduktion eingeht: Dieser ist im tropischen Regenwald deutlich höher. Um mehr als das Zehnfache höher ist im tropischen Regenwald aber die pflanzliche Atmung, was an den ganzjährig hohen Temperaturen liegt. Die hohe Produktivität des tropischen Regenwalds schlägt sich also nur zu einem relativ geringen Teil im Bestandszuwachs nieder, wogegen der Bestandszuwachs im Laubwald gemäßigter Breiten sowohl absolut als auch relativ zur Brutto- und Nettoprimärproduktion deutlich höher ist. Vor dem Hintergrund des derzeitigen Klimawandels, für dessen Verlauf die globalen Kohlenstoffbilanzen der Ökosysteme eine mitentscheidende Rolle spielen, zeigt dies, dass die Bedeutung tropischer Regenwälder gar nicht so sehr in der langfristigen Kohlenstofffestlegung durch Zuwachs pro Zeit- und Flächeneinheit besteht, sondern eher in dem relativ großen (potenziellen) Flächenanteil, den diese Wälder einnehmen (ungefähr 11 % der globalen Landmasse sind von tropischen Tieflandregenwäldern bedeckt), und in der großen Menge an Biomasse, die pro Flächeneinheit in den Bäumen dieser Wälder gespeichert ist und nahezu das doppelte der Pflanzenmasse betragen kann, die pro Flächeneinheit in Laubwäldern der klimatisch gemäßigten Zone vorliegt.

◘ **Tab. 6.13** Vergleich von Bestandszuwachs, autotropher Atmung und Nettoprimärproduktion eines Rotbuchenwalds im gemäßigten Klima und eines tropischen Regenwalds. (Aus Larcher 2001)

| **Stoffumsatzprozess und Baumkompartiment** | **Rotbuchenforst (60-jährig, Dänemark)** | **Tropischer Regenwald (Primärwald, Thailand)** |
|---|---|---|
| Blattflächenindex ($m^2/m^2$) | 5,6 | 11,4 |
| **Jährlicher Bestandszuwachs ($kg/m^2$)** | | |
| Laub | 0,00 | 0,003 |
| Stämme, Äste, Zweige | 0,53 | 0,29 |
| Wurzeln | 0,16 | 0,02 |
| **Summe Bestandszuwachs** | 0,69 | 0,31 |
| **Jährlicher Bestandsabfall ($kg/m^2$)** | | |
| Laub | 0,27 | 1,20 |
| Stämme, Äste, Zweige | 0,10 | 1,33 |
| Wurzeln | 0,02 | 0,02 |
| **Summe Bestandsabfall** | 0,39 | 2,55 |
| **Nettoprimärproduktion (NPP − Zuwachs + Abfall)** | **1,08** | **2,86** |
| **Verbrauch durch autotrophe Atmung ($kg/m^2$)** | | |
| Laub | 0,46 | 6,01 |
| Stämme, Äste, Zweige | 0,35 | 3,29 |
| Wurzeln | 0,07 | 0,59 |
| **Summe Verbrauch durch Atmung** | **0,88** | **9,89** |
| **Bruttoprimärproduktion (= NPP + Atmung)** | **1,96** | **12,75** |

### Ermittlung der Biomasse und des Zuwachses von Gehölzen durch Allometrie

In Ökosystemen wie Gras- und Ackerland, deren Vegetation aus niedrigwüchsigen und mehr oder weniger kurzlebigen Pflanzen besteht, sind Vorrat und Produktion oberirdischer Biomasse relativ einfach durch Abernten zu ermitteln. In Ökosystemen mit eher langlebigen Pflanzen wie Sträuchern und Bäumen, in denen man nicht destruktiv vorgehen kann oder will, muss die Bestimmung der Biomasse und des Zuwachses verholzter Strukturen auf eine andere Art und Weise erfolgen. Eine Möglichkeit dazu bietet die **Allometrie,** die Ermittlung bestimmter biologischer Größen, die relativ schwer zu messen sind, aus einfacher zu bestimmenden Variablen der Körpergröße. Bei Bäumen sind dies der Stammumfang in Brusthöhe (konventionellerweise in einer Stammhöhe von 1,3 m oberhalb der Bodenoberfläche) und gegebenenfalls zusätzlich die Baumhöhe. Der Stammumfang in Brusthöhe bzw. der Brusthöhendurchmesser (BHD) wird mit einem Maßband oder, in der forstwirtschaftlichen Praxis, mit einem speziellen Messgerät (einer Kluppe, die einem sehr großen Messschieber ähnelt) gemessen. Aus dem Stammumfang lässt sich der BHD berechnen. Die Baumhöhe misst man mit speziellen Baumhöhenmessgeräten, die heutzutage mit Laser- oder Ultraschalltechnik funktionieren. Durch Ernte einer begrenzten Anzahl von Exemplaren verschiedener Altersstadien einer Baum- oder Strauchart und Wiegen der Stamm- und Astmassen dieser Exemplare lassen sich nun mathematische Beziehungen zwischen dem BHD und gegebenenfalls der Pflanzenhöhe einerseits und den Stamm- und Astmassen andererseits erstellen. Für die Rotbuche lautet eine mögliche Beziehung (Zianis et al. 2005):

$$\text{Oberirdische Biomasse (kg)} = 0{,}1143 \cdot D^{2{,}503} \qquad (6.4)$$

mit

*D* – Stammdurchmesser in Brusthöhe (cm).

Diese Beziehungen nutzt man, um in Beständen zerstörungsfrei mit BHD- und Höhenmessungen die Biomasse der Gehölze zu ermitteln. Misst man an Bäumen zusätzlich noch die jährliche Zunahme der Stammdicke und der Baumhöhe, lässt sich auch die jährliche Holzproduktion und damit die Nettoprimärproduktion eines Walds berechnen (da in Wäldern die Produktivität der Krautschicht im Vergleich zur Produktivität der Bäume vernachlässigbar gering ist). Allometrische Rechenansätze liegen auch den forstlichen **Ertragstafeln** zugrunde (siehe z. B. Schober 1995), mit denen – zumindest für Reinbestände von Baumarten – der Holzertrag je nach Baumalter und Ertragsklasse berechnet werden kann und die somit eine wichtige Planungsgrundlage für die forstliche Bewirtschaftung darstellen.

**Tab. 6.14** Jährliche Mengen oberirdisch anfallender Streu in größeren Biomen. (Extremwert in Klammern; aus Larcher 2001)

| Biom | Streufall (kg/[m$^2$ · a]) |
|---|---|
| Tropische Regenwälder | 2 (2,5) |
| Savannen | Bis 1,5 |
| Mehrzahl der geschlossenen Pflanzenformationen (Wälder und Wiesen der gemäßigten Zone, Sümpfe, Mangroven, Macchien, Zwergstrauchheiden) | 0,6–1,2 |
| Saisongrüne Baumbestände zeitweise trockener Regionen | 0,3–0,6 |
| Steppen, Halbwüsten, Tundren | 0,1–0,5 |

**Tab. 6.15** Kohlenstoff-zu-Stickstoff(C/N)-Verhältnisse in der Trockenmasse unterschiedlichen Pflanzenmaterials. (Aus Nentwig et al. 2004)

| Pflanzenmaterial | C/N-Verhältnis (g/g) |
|---|---|
| Laub von Erlen und Eschen | 15:1 bis 21:1 |
| Pflanzen (Durchschnittswert) | 30:1 bis 40:1 |
| Laub von Linden und Ahorn | 40:1 bis 50:1 |
| Laub von Eichen und Buchen | 50:1 |
| Nadeln von Kiefern und Tannen | 66:1 bis 77:1 |
| Weizenstroh | 100:1 |
| Holz (Durchschnittswert) | 100:1 bis 150:1 |

**Tab. 6.16** Mittlere Verweildauer von Kohlenstoff in verschiedenen Kompartimenten eines Waldökosystems. (Aus Schulze et al. 2002)

| Kompartiment | Mittlere Verweildauer (Jahre) |
|---|---|
| Feinwurzeln | 0,5–1 |
| Streu | < 1–3 |
| Holz | 1–250 |
| O-Horizont des Bodens | 14–52 |
| A-Horizont des Bodens | 70–170 |

## 6.3 Die Rolle pflanzlicher Eigenschaften in Ökosystemen

### 6.3.1 Pflanzliche Funktionseigenschaften

Zur Charakterisierung eines Ökosystems mit seinen Umweltfaktoren ist es oft nützlich, Eigenschaften von in ihnen vorkommenden Lebewesen heranzuziehen, die mit diesen Umweltfaktoren in Beziehung stehen. Derartige Eigenschaften bezeichnet man als **funktionelle Eigenschaften („functional traits")**. Sie können sowohl für Pflanzen als auch für Tiere definiert werden. Bei Pflanzen können dies Eigenschaften der Morphologie, Anatomie, Ökophysiologie, Biochemie, des Lebenszyklus oder der Regeneration einer Art sein, die sich auf Ökosystemeigenschaften auswirken oder die Reaktion (Adaptation) des Pflanzenindividuums auf Umweltbedingungen darstellen. Eine Gruppe von Organismen, die sich in bestimmten ökologischen Funktionen wie beispielsweise in ihrem Kohlenstoff-, Mineralstoff- oder Wasserhaushalt ähnlich verhalten, fasst man unter dem Begriff **funktioneller Typ („functional type")** zusammen. Bei Pflanzen kann ein funktioneller Typ z. B. die Wuchsform (Baum, Strauch, Gras, Kraut etc.), die Lebensdauer (einjährig, zweijährig, mehrjährig), den Photosyntheseweg ($C_3$-, $C_4$- oder CAM-Pflanzen) oder das mutualistische Zusammenleben mit luftstickstofffixierenden Bakterien (Fabaceen im Unterschied zu Nicht-Fabaceen) beinhalten. Gruppen von konkret in der Natur angetroffenen Organismen (i. d. R. Angehörige biologischer Arten) mit ähnlichen und gleichzeitig auftretenden funktionellen Eigenschaften bezeichnet man als **funktionelle Gruppe („functional group")**. Dies kann beispielsweise eine Gruppe von Fabaceen oder von Pflanzen mit $C_4$-Photosynthese sein.

Derartige Eingruppierungen sind oft sinnvoll bei Untersuchungen der Bedeutung von Artenvielfalt für Ökosystemprozesse (▶ Abschn. 6.3.2). Allerdings ist an diesem Konzept auch Kritik geübt worden. So ist die Bedeutung des Einteilungskriteriums für die betrachtete Funktion oft unklar (welche Bedeutung hat z. B. die betrachtete pflanzliche Morphologie für Ökosystemprozesse) und funktionelle Typen, die für eine bestimmte Ökosystemeigenschaft definiert wurden, müssen nicht auch für andere Eigenschaften bedeutsam sein (die Eigenschaft krautige Art steht nicht zwangsläufig mit dem Mineralstoffhaushalt des Ökosystems in Beziehung, die Eigenschaft Angehörige der Familie Fabaceae dagegen schon viel eher). Zudem können Pflanzen zu unterschiedlichen funktionellen Typen gehören (beispielsweise können sich die funktionellen Typen Gras und $C_4$-Pflanze teilweise überschneiden), sodass die Zuordnungen nicht einheitlich und konsistent sind; auch ist die Wahl des Einordnungskriteriums oft willkürlich. Außerdem stellen Auswirkungen von Lebewesen auf ein Ökosystem oft einen kontinuierlichen Gradienten dar und lassen sich somit nur schlecht voneinander getrennten Gruppen zuordnen. Und letztlich unterscheidet der Begriff funktionelle Eigenschaft nicht zwischen Arteigenschaften, die wie die mutualistische Beziehung mit Luftstickstofffixierern auf das Ökosystem einwirken („functional effect traits"), und Arteigenschaften, die eine Angepasstheit an Umweltfaktoren darstellen („functional response traits"). Trotz dieser kritischen Punkte wird das Konzept der funktionellen Eigenschaften, Typen und Gruppen bei Untersuchungen zur Rolle der Biodiversität in Ökosystemen oft genutzt.

Neben dem Konzept der funktionellen Eigenschaften gibt es Begrifflichkeiten, die sich auf die Bedeutung des Vorhandenseins von Arten für das Funktionieren und den längerfristigen Bestand von Ökosystemen beziehen. **Schlüsselarten** („key species" oder „keystone species") sind Arten, die eine

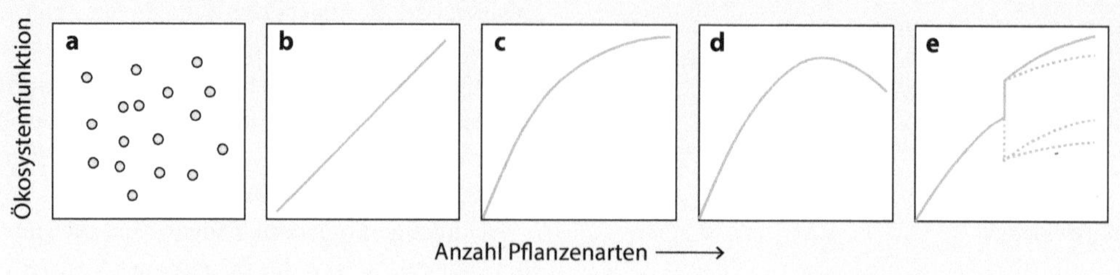


**Abb. 6.21** Mögliche Beziehungen zwischen der Anzahl an Pflanzenarten und Ökosystemfunktionen. **a** Neutralitätshypothese; **b** Nischen-Komplementaritäts-Hypothese; **c** Redundanzhypothese; **d** Optimumskurve; **e** „idiosyncratic response hypothesis." (Nach Bresinsky et al. 2008)

Schlüsselstellung bei ökologischen Prozessen einnehmen oder stark auf andere Arten einwirken und deren Wegfall starke Veränderungen des Ökosystems oder der Artenstruktur nach sich ziehen würde. Sie unterscheiden sich ökologisch von anderen Arten und haben größere Auswirkungen auf Ökosystemprozesse, als es ihre Individuenzahl oder Biomasse erwarten lassen. Ein Beispiel sind Arten der Fabaceae, die durch ihre mutualistische Beziehung mit luftstickstofffixierenden Bakterien die Stickstoffverfügbarkeit im gesamten Ökosystem erhöhen und dadurch auch das Gedeihen anderer Pflanzenarten fördern. Ein fließender Übergang besteht zwischen den Schlüsselarten und den **Ökosystemingenieuren** („ecosystem engineers"), die man auch als Untereinheit der Schlüsselarten auffassen könnte. Ökosystemingenieure sind Arten, die die Umweltbedingungen eines Ökosystems für andere Lebewesen wesentlich beeinflussen. In diesem Sinn wären Fabaceae auch Ökosystemingenieure.

Besondere Typen von Schlüsselarten sind **Schirmarten** („umbrella species"), charakteristische Arten einer besonderen Lebensgemeinschaft oder eines besonderen Lebensraums, die besonders schützenswert sind und durch deren Schutz auch weitere Arten desselben Lebensraums geschützt werden. Im Unterschied zu den Schirmarten, die weder besonders auffällig noch besonders ansehnlich sein müssen, sind **Flaggschiffarten** („flagship species") Arten mit besonders hohem Beliebtheitsgrad wie z. B. Orchideen. Auch in diesem Fall führt der Schutz dieser Arten zum Erhalt weiterer Arten an diesem Wuchsort und damit zum Schutz des gesamten Lebensraums.

### 6.3.2 Die Bedeutung pflanzlicher Diversität für Ökosystemprozesse

Mit dem Begriff **biologische Diversität** oder kurz **Biodiversität** meinte man ursprünglich zumeist die Anzahl der in einem Lebensraum vorhandenen Arten. Heutzutage fasst man diesen Begriff weiter: Zur biologischen Diversität gehören nicht nur Artenvielfalt (einschließlich der Vielfalt von Unterarten und Kulturpflanzensorten bis zur genetischen Ebene), sondern auch die Diversität von Strukturen des Lebensraums und die funktionalen Verknüpfungen beispielsweise der trophischen Ebenen in einem Ökosystem. Eng mit Biodiversität verbunden ist daher die Habitatdiversität, also die Vielfalt der Standorttypen in einem Lebensraum. Dennoch steht der Einfluss der Artenzahl auf Ökosystemprozesse nach wie vor im Zentrum zahlreicher Untersuchungen.

Wie viele Pflanzenarten sind nötig, um das langfristige Funktionieren von Ökosystemen zu gewährleisten? Sind artenreiche Ökosysteme leistungsfähiger in der Produktion von Biomasse und der Ausnutzung von Ressourcen als artenarme? Derartige Fragen stehen im Zentrum der Biodiversitätsforschung. Theoretisch gibt es mehrere Möglichkeiten dafür, ob und wie eine Zunahme der Anzahl an Pflanzenarten die Funktionen von Ökosystemen wie beispielsweise die Biomasseproduktion beeinflusst (Abb. 6.21). Gemäß der Neutralitätshypothese besteht kein Zusammenhang zwischen Artenreichtum und Ökosystemfunktionen. Wie man inzwischen weiß, trifft dies zumindest für Grasland nicht zu. Die Nischen-Komplementaritäts-Hypothese dagegen nimmt einen linearen Zusammenhang zwischen Artenreichtum und Ökosystemfunktionen an, indem jede Pflanzenart einen spezifischen Beitrag beispielsweise zur Biomasseproduktion leistet: Jedes Hinzutreten bzw. jeder Fortfall einer Art zieht eine bestimmte Zu- bzw. Abnahme der Produktivität nach sich. Zumindest für die Produktivität existiert dafür aber kein Bespiel aus der Natur. Die Redundanzhypothese wiederum nimmt einen Sättigungsverlauf an: Mit zunehmender Artenzahl steigt z. B. die Biomasseproduktion, erhöht sich aber ab einer bestimmten Artenzahl nicht mehr deutlich. In diesem Sättigungsbereich mit hoher Artenzahl können sich dann Arten in ihrer Funktion gegenseitig vertreten, sodass ein Fortfall einer Art oder weniger Arten für die betrachtete Ökosystemfunktion nicht besonders ins Gewicht fällt. Optimumskurven können bei Konkurrenz oder allelopathischen Effekten (▶ Abschn. 4.1.3) auftreten. Schließlich können die Auswirkungen des Hinzukommens oder Fortfalls einer Art auf die betrachtete Ökosystemfunktion auch von den Randbedingungen abhängig und daher unvorhersehbar sein oder schlichtweg von den besonderen Eigenschaften dieser Art und ihren Auswirkungen auf Ökosystemprozesse abhängen. Die darauf abzielende Hypothese wird als „idiosyncratic response hypothesis" bezeichnet, was man in diesem Zusammenhang sinngemäß mit Hypothese der spezifischen Empfindlichkeit übersetzen könnte. Diese Hypothese kann in Fällen zutreffen, in denen eine Schlüsselart hinzukommt oder fortfällt oder wenn sich im Verlauf einer Sukzession (▶ Abschn. 6.4.2) die Vegetationszusammensetzung ändert.

Recht intensiv wurden bisher die Auswirkungen des Reichtums an Pflanzenarten auf Graslandökosysteme untersucht. Dieser Ökosystemtyp ist experimentell relativ einfach zu manipulieren (auch wenn der benötigte Arbeitsaufwand hoch ist): Der Boden lässt sich den Anforderungen entsprechend vorbereiten, der Flächenbedarf für die Anzucht einer hinreichenden Anzahl von Kräutern und Gräsern ist vergleichsweise gering, die Artenzusammensetzung kann man durch gezieltes Aussäen und Jäten gezielt beeinflussen, aufgrund der hohen Wachstumsraten stellen sich experimentell hervorgerufene Effekte (z. B. durch Düngung oder durch Abhalten von Niederschlägen) relativ schnell ein und die Ernte der pflanzlichen Biomasse ist mit recht einfachen technischen Mitteln möglich. Die bisher an Graslandökosystemen durchgeführten Untersuchungen ergaben in der Tendenz eine Zunahme der Biomasseproduktion mit steigender Artenzahl im Sinn der Redundanzhypothese. Auch waren über mehrere Jahre hinweg die Schwankungen der Produktivität bei höherer Artenzahl geringer, da ein artenreicherer Bestand mit einer größeren Wahrscheinlichkeit Pflanzenarten enthält, die gegenüber Witterungsextremen wie z. B. Trockenheit vergleichsweise unempfindlich sind. Andere Ökosystemeigenschaften dagegen waren nicht mit der Artenzahl an sich, sondern mit der Anzahl vorhandener funktioneller Gruppen korreliert: So führte eine Zunahme der Anzahl funktioneller Gruppen zu höheren Stickstoffgehalten pro Einzelpflanze und zu geringeren Stickstoffkonzentrationen im Boden und somit zu einem stärkeren Stickstoffrückhalt im Ökosystem.

## 6.4 Veränderungen von Vegetation und Ökosystemen

An einem gegebenen Ort sind Vegetation und Ökosysteme nur während eines bestimmten Zeitraums in Aussehen, Artenzusammensetzung und Funktionsweisen konstant. In Regionen, deren Klima durch jährlich wiederkehrende Kälte- oder Trockenperioden geprägt ist, ändert sich das Erscheinungsbild der Vegetation bereits im Jahreszyklus. Regelmäßige Veränderungen der Erscheinungsformen von Lebewesen im Jahresverlauf sind Gegenstand der **Phänologie**. Veränderungen der Zusammensetzung von Lebensgemeinschaften an einem gegebenen Ort über kürzere oder längere Zeiträume bezeichnet man als **Sukzession**.

### 6.4.1 Phänologie

Die verschiedenen Erscheinungsbilder von Pflanzengesellschaften im Verlauf des Jahres bezeichnet man als **Aspekte**. In einem mitteleuropäischen Rotbuchenwald z. B. unterscheidet man den **Frühjahrsaspekt**, der v. a. in nährstoffreicheren Buchenwäldern durch eine artenreiche krautige Bodenvegetation

## Wie viele Arten benötigt ein Ökosystem?

Das langfristige Funktionieren eines Ökosystems erfordert die dauerhafte Anwesenheit von Primärproduzenten und Mineralisierern. Beide Gruppen können sich theoretisch aus sehr wenigen Arten zusammensetzen; Konsumenten sind im Prinzip verzichtbar. Dass auf dieser Grundlage Ökosysteme über lange Zeiträume funktionsfähig sein können, zeigt das Beispiel eines kryptoendolithischen (unterhalb der Gesteinsoberfläche existierenden) Ökosystems in der extrem kalten und trockenen Ross-Wüste, einer Kältewüste in der Antarktis (◘ Abb. 6.22).

Die Lufttemperaturen in diesem Lebensraum liegen auch im Sommer meist unterhalb von 0 °C, die Wintertemperaturen sinken bis auf −60 °C ab. Niederschläge fallen, wenn überhaupt, nur als Schnee; oft treten starke Stürme auf. In diesem Klima und auf dem nackten, dort anstehenden Fels können keine Höheren Pflanzen gedeihen. Allerdings fanden Wissenschaftler Leben unterhalb der obersten Millimeter des Gesteins, das hauptsächlich aus Sandstein besteht. Dort hat sich eine Flechtenart angesiedelt, deren Algenpartner, eine Art der Gattung *Trebouxia*, Photosynthese betreibt. Auch außerhalb der Flechte leben zwei photosynthesebetreibende Arten: die Algenart *Hemichloris antarctica* und eine Cyanobakterien-Art aus der Gattung *Chroococcidiopsis*, die außerdem in der Lage ist, Luftstickstoff zu fixieren. Zumindest die beiden Algenarten können Photosynthese auch bei Temperaturen unterhalb von 0 °C betreiben. Eine heterotrophe Bakterienart dient als Mineralisierer. Außerdem gehört noch ein parasitischer Pilz zu dieser Lebensgemeinschaft, der ebenfalls als Destruent agiert und in der Flechte lebt. Diese beiden Arten setzen die Mineralstoffe frei, die dann von den Algen und Cyanobakterien wieder aufgenommen werden können. Die Pilze erhöhen außerdem die Photosyntheseleistung der Algen und des Cyanobakteriums, indem sie die Auswaschung dreiwertiger Eisenionen fördern, die sich sonst hemmend auf die Photosynthese auswirken würden. Somit besteht die Lebensgemeinschaft dieses Ökosystems, das möglicherweise

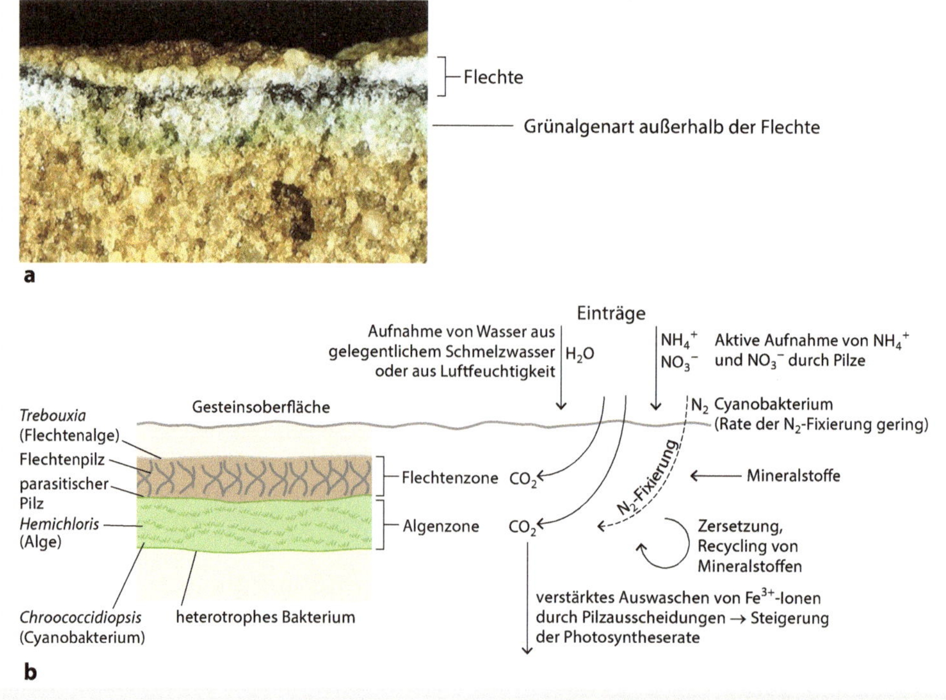


◘ **Abb. 6.22** Ein kryptoendolithisches Ökosystem in der Antarktis. **a** Querschnitt durch den oberen Bereich des Gesteins mit Flechten- und Algenzone (aus Raven et al. 2006); **b** Schema des Ökosystems und seiner Stoffkreisläufe. (Nach Woodward 1993)

schon seit dem Tertiär existiert, nur aus fünf Arten: einer Flechtenart (konventionellerweise wird eine aus einer Algen- und einer Pilzart bestehende Flechtenart als eine Art betrachtet), einer freilebenden Algenart, einer freilebenden Pilzart, einer Cyanobakterienart und einer freilebenden Bakterienart (nicht photosynthetisch aktiver Destruent). Neben der Artenzahl ist mit ungefähr 125 g/m$^2$ auch die gesamte Biomasse dieser Lebensgemeinschaft, die etwa 14 % der Biomasse einer Tundra und 0,3 % der Biomasse eines tropischen Regenwalds beträgt, extrem gering. Doch erfüllt das Zusammenwirken dieser Arten an ihrem Standort alle Kriterien der Definition eines Ökosystems.

aus **Frühblühern** oder **Frühjahrsgeophyten** (► Abschn. 2.5) geprägt ist, deren oberirdische Organe im **Sommeraspekt** bei voll belaubtem Kronendach nicht mehr vorhanden sind. Der **Herbstaspekt** ist durch Laubverfärbung und Laubfall gekennzeichnet, der **Winteraspekt** durch unbelaubte Baumkronen. Somit sind diese jahreszeitlich unterschiedlichen Aspekte durch **Phänophasen** wie Blattaustrieb, Blüte, Fruchtreife und Blattseneszenz bestimmt. Mithilfe dieser Phänophasen lässt sich die Abfolge der Aspekte für die nördliche klimatische Zone der Erde noch etwas genauer unterteilen (◘ Tab. 6.17).

Eine noch feinere Unterteilung erhält man bei Betrachtung der zeitlichen Blühphasen einzelner Pflanzen oder Pflanzengruppen. Beginn und Ende der Blütezeit können sich witterungsbedingt von Jahr zu Jahr verschieben, die Abfolge der Blütezeit einzelner Arten und v. a. von Artengruppen bleibt aber mehr oder weniger gleich (◘ Abb. 6.23). Langjährige Beobachtungen phänologischer Ereignisse wie Blühzeitpunkt, Fruchtansatz und Blattfall werden z. B. im Rahmen des phänologischen Grundnetzes des Deutschen Wetterdienstes an über 1300 Beobachtungsstationen in Deutschland überwiegend von Freiwilligen gesammelt und weitergeleitet. Diese Daten können auch wertvolle Aufschlüsse über biologische Auswirkungen von Klimaänderungen in einzelnen Regionen geben.

### 6.4.2 Sukzession

Als **Sukzession** bezeichnet man eine gerichtete Änderung von Lebensgemeinschaften an einem gegebenen Ort. **Primäre Sukzession** beginnt auf unbesiedeltem Substrat, in dem – im Fall der Sukzession pflanzlicher Lebensgemeinschaften – auch keine keim- oder austriebfähigen Pflanzenteile enthalten sind. Somit verläuft eine primäre Sukzession bei Pflanzengesellschaften oft sehr langsam und erstreckt sich über mehrere Jahrzehnte bis Jahrhunderte. Primäre Sukzessionen vollziehen sich beispielsweise auf Lavafeldern nach Vulkanausbrüchen oder im Vorfeld von Gletschern nach deren Rückzug (◘ Abb. 6.25).

Eine primäre Sukzession beginnt i. d. R. auf nur wenig oder nicht verwittertem Ausgangsgestein. An ihrem Beginn stehen im **Initial**- oder **Pionierstadium** oft Flechten oder Moose, die Wasser und darin gelöste Mineralstoffe aus Niederschlägen oder aus von außen eingetragenen Substanzen wie z. B. Vogelexkremente aufnehmen. Nach ihrem Absterben hinterlassen sie eine erste dünne Humusauflage, auf der sich anspruchslose Gefäßpflanzenarten ansiedeln und somit ein **Gräser-Stauden-Stadium** bilden können. Abgestorbenes Material dieser Pflanzen wiederum ermöglicht die Ansiedlung höherwüchsiger Pflanzen, die nach Durchlaufen eines **Übergangsstadiums** zu einem **Gebüschstadium** führen. In geeignetem Klima schließlich können eingewanderte Baumarten als **Terminalstadium** eine **Schluss**- oder **Klimaxgesellschaft** in Form eines Walds entstehen lassen. In Mitteleuropa sind diese Schlussgesellschaften natürlicherweise großflächige Waldgesellschaften, die über Jahrhunderte bis Jahrtausende relativ stabil sind und deren Zusammensetzung an Pflanzenarten sich langfristig nicht ändert.

Ein **Sukzessionsstadium** ist somit ein floristisch und physiognomisch (vom äußeren Erscheinungsbild her) deutlich abgrenzbarer Abschnitt in einer Sukzession. Innerhalb eines Sukzessionsstadiums lassen sich oft **Sukzessionsphasen** wie Initial-, Optimal- und Degenerations- oder Zerfallsphase unterscheiden, z. B. in der Phase der Überalterung eines Baumbestands. Die aufeinanderfolgenden Sukzessionsstadien wiederum bilden eine **Sukzessionsserie**. Dies ist eine langfristige Abfolge verschiedener Vegetationstypen am selben Wuchsort, wie

**Tab. 6.17** Aspektfolge in (Laub-)Wäldern der nördlichen gemäßigten Zone. (Nach Schaefer 2012)

| Jahreszeit | Aspekt | Dauer in Mitteleuropa | Merkmale |
|---|---|---|---|
| Winter | Hiemal | November bis März | Vegetation im Ruhezustand; stark entwickelte (Laub-)Streuschicht |
| Vorfrühling | Prävernal | März bis April | Noch fehlende Belaubung; Frühblüher |
| Frühling | Vernal | Anfang Mai bis Mitte Juni | Blattentfaltung der Bäume (einschließlich Austreiben neuer Nadeln der Nadelbäume) |
| Sommer | Ästival | Mitte Juni bis Mitte Juli | Hauptentwicklung der Vegetation |
| Hoch- und Spätsommer | Serotinal | Mitte Juli bis Mitte September | Alterung der Blätter |
| Herbst | Autumnal | September bis Ende Oktober | Blattfall |

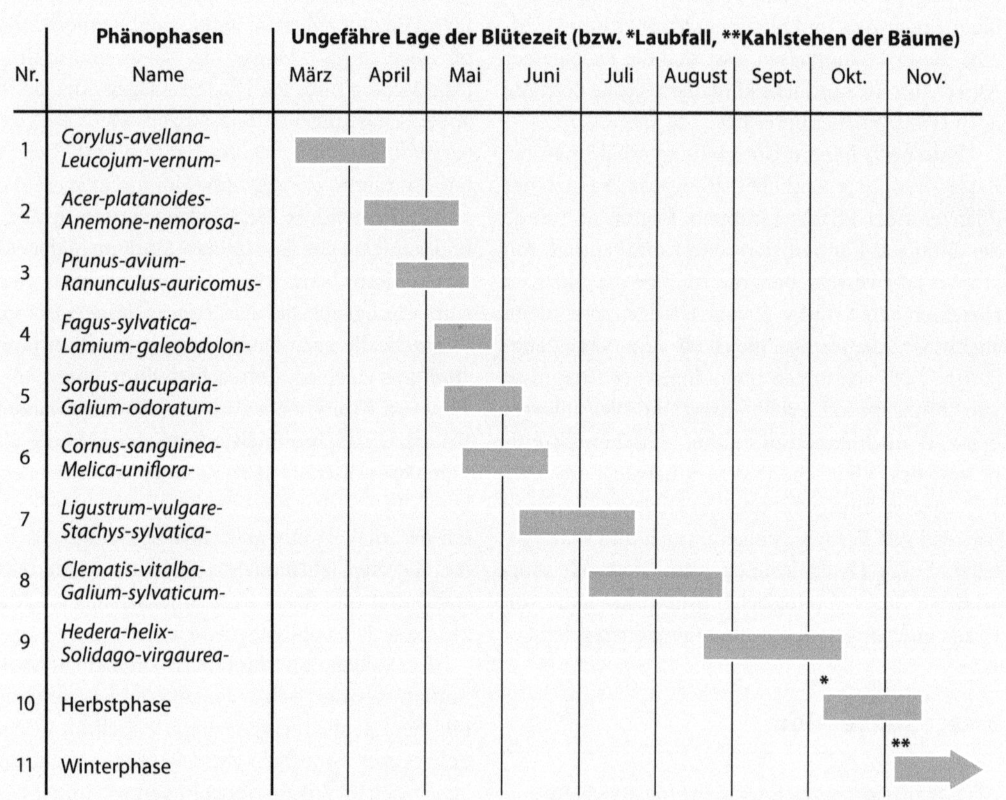


**Abb. 6.23** Phänophasen in einem mitteldeutschen Kalkbuchenwald aufgrund von Blühfolgen, Laubfall und Kahlstehen der Bäume. Die den Phänophasen zugeordneten wissenschaftlichen Namen stehen für die Pflanzenarten, die in den jeweils markierten Zeiträumen blühen. (Nach Schroeder 1998)

### Phänologie in historischer Zeit

Die Bedeutung des Eintritts bestimmter phänologischer Ereignisse wurde in der Kulturgeschichte der Menschheit schon früh erkannt, standen diese doch in Zusammenhang mit dem Eintreten klimatisch günstiger Verhältnisse für landwirtschaftliche Aktivitäten wie das Aussäen von Saatgut. Früheste phänologische Aufzeichnungen fand man bereits für die Zeiten der Zhou- und Qin-Dynastien in China (1027–206 v. Chr.). In Japan wird die erste Kirschblüte des Jahres, die dort eine große kulturelle Bedeutung besitzt, seit dem Jahr 812 registriert. In Europa existieren langjährige phänologische Aufzeichnungen seit dem 18. Jahrhundert. In der Nähe von Norwich (England) wurden von 1736 bis 1947 kontinuierlich 27 phänologische Ereignisse wie das erste Blühen von Schneeglöckchen und Buschwindröschen, die Blattentfaltung von 13 Baumarten, das Erscheinen verschiedener Zugvögel und andere Ereignisse aufgezeichnet. Diese phänologischen Ereignisse stimmen gut mit Messungen der Lufttemperatur überein, die seit 1771 in Greenwich (etwa 160 km südwestlich von Norwich) durchgeführt werden (◘ Abb. 6.24).

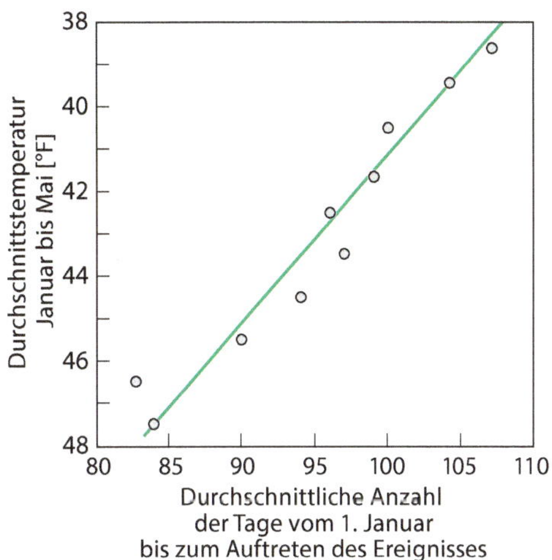


◘ **Abb. 6.24** Zusammenhang zwischen dem Eintreten von zehn phänologischen Ereignissen (Blühbeginn und Laubentfaltung bei verschiedenen Arten) und der Durchschnittstemperatur von Januar bis Mai in der Nähe von Norwich (Ostengland). Angelsächsischer Konvention entsprechend sind die Temperaturwerte in Grad Fahrenheit (°F) angegeben. (Nach Townsend et al. 2009)

sie z. B. bei der Verlandung eines Sees bis hin zur Entstehung eines Moors auftritt.

Durch die Einwanderung von Strauch- und Baumarten differenziert sich die vertikale Struktur der Pflanzengemeinschaft: Pflanzen der Kraut- und Moosschicht werden zunehmend vom Lichteinfall abgeschirmt und müssen schattenertragend sein, falls sie nicht unter Lücken im Kronendach überleben können. Mit der Abfolge pflanzlicher Lebensgemeinschaften geht auch eine fortschreitende Bodenentwicklung einher. Zusammen mit der zunehmenden Pflanzenmasse führt dies zu einem stärkeren Mineralstoffrückhalt im Ökosystem, einschließlich der in der Pflanzenmasse gespeicherten Mineralstoffe, und zu einer Anreicherung von Humus.

Wegen ihres langsamen Verlaufs lassen sich primäre Sukzessionen von Pflanzengesellschaften nicht direkt beobachten. Um sie zu untersuchen, werden stattdessen an verschiedenen Orten Lebensgemeinschaften betrachtet, die mit gutem Grund als verschiedene, aufeinanderfolgende Stadien der Sukzession gelten können. Dieser Untersuchungsansatz wird als „space for time" oder „location for time" bezeichnet. Er spielt eine wichtige Rolle in der Sukzessionsforschung. Indikatoren für das jeweilige Sukzessionsstadium sind z. B. Zeigerpflanzen (▶ Abschn. 3.4.2), der Altersaufbau und die Artenvielfalt von Beständen, Samenbankanalysen und Bodenprofile. Neuerdings können auch Luftbilder und Satellitendaten zur Identifizierung von Sukzes-

**Abb. 6.25** Primäre Sukzession auf Lavaböden im Bereich des Vulkans Llaima im südlichen Zentralchile. **a** Nach wenigen Jahren siedeln sich Flechten- und Moosarten an (hier die Moosart *Racomitrium lanuginosum*); **b** relativ früh wandern anspruchslose Krautarten wie *Senecio chionophilus* ein; **c** nach wenigen Jahrzehnten kommen erste Bäume der Gattung *Nothofagus* (Südbuche) auf

sionsstadien beitragen. Wichtige Hinweise geben zuweilen auch historische Archive wie z. B. Bewirtschaftungsbücher oder auch Experimente, in denen mit unterschiedlicher Düngung, Mahd, Bodenbearbeitung oder dem Ausschluss von Pflanzenfressern gearbeitet wird.

Nicht immer allerdings lassen die Umweltfaktoren die Entstehung der klimatisch bedingten Schlussgesellschaft zu. Verhindern extreme Faktoren, beispielsweise besondere Bodenbedingungen wie Nässe oder hohe Schwermetallkonzentrationen, die Entstehung einer Schlussgesellschaft, so bildet

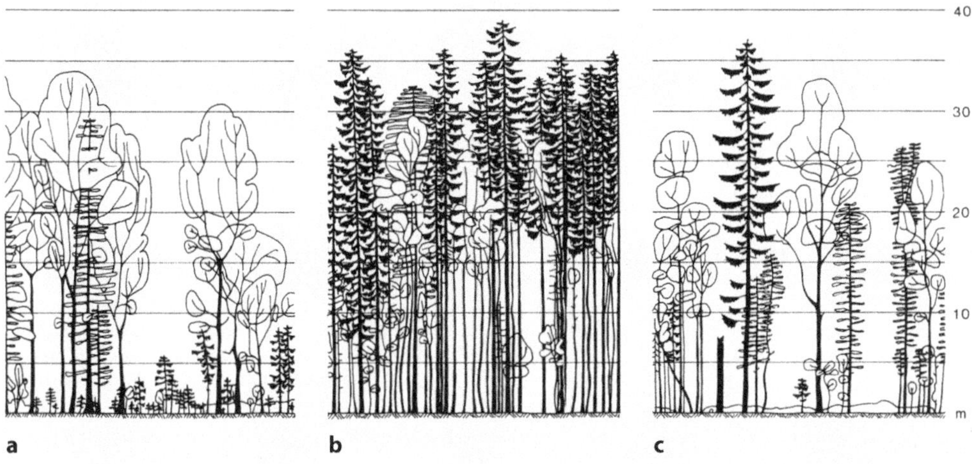


**Abb. 6.26** Zyklische sekundäre Sukzession am Beispiel der Verjüngung eines Bergwalds (Fichten-Tannen-Rotbuchen-Urwald der Ostalpen, 1000 m ü. NN). **a** Verjüngungsphase mit Jungwuchs an Windwurfstellen; **b** Optimalphase mit Kronenschluss und hohem Nadelholzanteil; **c** Zerfallsphase mit Totholz, hohem Rotbuchenanteil und aufkommendem Jungwuchs. *Schwarz mit schwarzen Seitenästen* Fichte; *schwarz mit weißen Seitenästen* Tanne; *weiße Baumkronen* Rotbuche. (Nach Bresinsky et al. 2008)

sich eine **Dauergesellschaft** heraus, die sich in ihrer Struktur und Artenzusammensetzung deutlich von der Schlussgesellschaft unterscheidet, aber ebenfalls längerfristig beständig sein kann. Dauergesellschaften sind z. B. die Pflanzengesellschaften der Dünen und Salzwiesen an Küsten und Schwermetallrasen an natürlicherweise schwermetallreichen Standorten im Bergland. Durch menschliche Nutzung gebildete Dauergesellschaften dagegen bezeichnet man als **anthropogene** oder **Ersatzgesellschaften**. In Mitteleuropa sind dies sind z. B. Wiesen, Weiden, Heiden und Nadelbaumforste.

Ausgangspunkt einer **sekundären Sukzession** (◘ Abb. 6.26) ist stets eine **Störung** in einer bereits bestehenden Lebensgemeinschaft. Diese Art der Sukzession beginnt somit auf zuvor bereits besiedeltem Substrat, sodass eine **Samenbank** vorhanden ist. Im Unterschied zu einer primären Sukzession nimmt die sekundäre Sukzession einen schnelleren Verlauf, in dem von Beginn an Konkurrenz um Raum und Ressourcen herrscht. Daher können von außen auch nur konkurrenzkräftige Arten erfolgreich einwandern.

Störungen können auf natürliche Weise oder durch menschliche Eingriffe auftreten. Sie können sich z. B. in Form eines Windwurfs von Bäumen, durch Holzeinschlag in Wäldern oder durch größere Feuer ereignen. Ist die Störung nicht zu stark, so stellt sich nach einiger Zeit wieder die ursprüngliche Schlussgesellschaft ein. Ist die Störung aber sehr intensiv oder tritt sie in kurzen zeitlichen Abständen mehrmals ein, so kommt es zu einer dauerhaften **Degradation** der Pflanzengesellschaft, die schließlich zu Dauer- oder Ersatzgesellschaften führt. So ist in vielen Regionen des Mittelmeerraums der dort ursprünglich natürlicherweise vorkommende Steineichenwald *(Quercus ilex)* durch jahrhundertelange intensive Holzernte, Beweidung und Feuer zu einer Strauchvegetation, der **Macchie**, oder sogar zu einer Formation aus Zwerg- und Halbsträuchern, der **Garigue**, degradiert (▶ Abschn. 7.6.3). Eine derartige Form der sekundären Sukzession bezeichnet man als **regressive Sukzession**. In einem solchen Fall sind auch Struktur und Mächtigkeit des Bodens deutlich beeinträchtigt.

Aus dem Verlauf von Sukzessionen lässt sich leicht ableiten, dass sowohl das erste als auch das letzte Stadium einer Sukzession nicht die maximale Anzahl von Pflanzenarten umfasst. Das Frühstadium der Sukzession ist durch wenige, meist relativ anspruchslose Arten geprägt, die zudem eventuell auch erst einwandern müssen. Im Spätstadium der

**Das Mosaikzykluskonzept in der Sukzessionsforschung**

Aufgrund von Untersuchungen in Urwäldern entwickelte der Ökologe Hermann Remmert zu Beginn der 1990er-Jahre das Konzept eines Mosaikzyklus bei Sukzessionsprozessen. Demnach vollzieht sich die Sukzession in einem Ökosystem nicht flächendeckend, sondern die verschiedenen Sukzessionsstadien sind auf Teilflächen des Ökosystems gleichzeitig anzutreffen. So entsteht in einem tropischen Regenwald durch Zusammenbruch eines Baums oder einer Baumgruppe eine Lücke, in der Pionierarten hochwachsen können, die zuvor am Waldboden unter Umständen jahrelang in Form eines niedrigwüchsigen Sprosses verharrt haben und nun durch kräftigen Höhenzuwachs langsam wachsende, schattentolerante Arten überwachsen können. Unter dem Schirm dieser Pionierarten kommen mit der Zeit aber diejenigen Baumarten wieder auf, die typischerweise die Kronenschicht des Walds bilden, und verdrängen schließlich die Pionierarten. Unterhalb der Arten der Kronenschicht können sich nun auch die schattentoleranten Arten wieder ansiedeln. Zu einem bestimmten Zeitpunkt findet man im Regenwald mosaikartig die verschiedensten Ausprägungen dieses Prozesses.

Wie Remmert durch vergleichende Untersuchungen feststellte, gilt diese mosaikartige Verteilung von Sukzessionsstadien nicht nur für tropische Regenwälder, sondern auch für die Laubwälder gemäßigter Zonen und die borealen Nadelwälder sowie für gänzlich andere Ökosystemtypen wie die Heiden der atlantischen Regionen, Niedermoore, Savannen, Mangroven und sogar für Korallenriffe und, nach seiner Folgerung, für alle Ökosysteme. Dementsprechend nahm er auch für die sekundäre Sukzession in mitteleuropäischen Buchenwäldern einen solchen Mosaikzyklus an.

In einem mitteleuropäischen Buchenhallenwald (ein Rotbuchenwald mit ausgewachsenen Bäumen, deren Kronendach so dicht ist, dass darunter kaum andere Baum- und Straucharten aufwachsen können) soll gemäß Remmert nach einem altersbedingten Zusammenbruch von Baumgruppen über einen Zeitraum von ungefähr 20 Jahren eine Gras- und Staudenflur dominieren, die von einem ersten Pionierbaumstadium mit Weichholzarten wie Birke oder Pappel abgelöst wird. Dieses Stadium dauert etwa 50 Jahre und geht in ein zweites Pionierbaumstadium über, das durch das Aufkommen von Hartholzarten wie Ahorn oder Esche geprägt ist. Während dieses etwa 150 Jahre dauernden Stadiums stellt sich unter diesen Bäumen dann die Rotbuche ein, die nach einem ungefähr 30-jährigen Dickungsstadium mit sehr dicht stehenden Jungbäumen wieder den Hallenwald schließt.

An dieser Vorstellung eines Mosaikzyklus in mitteleuropäischen Rotbuchenwäldern hat der Pflanzenökologe Heinz Ellenberg auf der Grundlage seiner umfangreichen Arbeiten zur mitteleuropäischen Vegetation substanzielle Kritik geübt. Demnach können sich in diesen Wäldern Gräser und Stauden selbst in größeren Lücken nicht 20 Jahre lang halten. Zudem kommen dort Weichholzpionierbaumarten nur vereinzelt oder in lockeren Gruppen vor und können keine Waldbestände von 50 Jahren Dauer bilden. Dagegen treten Ahorn-Arten oder Eschen relativ früh auf und unter diesen stellt sich schnell die Rotbuche ein. Somit beginnt die Dickungsphase der Rotbuche viel früher, sodass letztlich die neuen Rotbuchen mehr oder weniger direkt auf ihre Vorgänger folgen. Diese Abweichung vom Muster des Mosaikzyklus mag in der besonderen Stellung der extrem konkurrenzkräftigen Rotbuche in den relativ baumartenarmen Wäldern Mitteleuropas begründet sein.

Sukzession dagegen herrschen die konkurrenzstärksten Arten vor, nachdem sie schwächere Arten verdrängt haben. Die höchste Artenzahl ist somit in einem mittleren Sukzessionsstadium zu erwarten, in dem einerseits die Bedingungen für die Ansiedlung und das Gedeihen von Arten schon günstig, andererseits aber die konkurrenzstärksten Arten noch nicht zur Dominanz gelangt sind. Faktoren, die eine Pflanzengesellschaft längerfristig in einem derartigen Zustand halten, müssten sich demnach positiv auf den Artenreichtum auswirken. Solche Faktoren sind Störungen durch Wind, Feuer, Beweidung oder andere Ereignisse, die die Sukzession verzögern oder aufhalten und somit die Dominanz der konkurrenzstärksten Arten verhindern. Diese Vorstellung ist der Kern der **Hypothese der mittleren Störungshäufigkeit („intermediate disturbance hypothesis")**, die der US-amerikanische Ökologe Joseph Connell im Jahr 1978 formulierte. Demnach bewirkt eine mittlere Störungsintensität und -häufigkeit eine maximale Artenvielfalt. Für diese Hypothese fanden sich etliche Beispiele aus Beobachtungen und Experimenten, andererseits aber ist ihre Gültigkeit möglicherweise auf Standorte mit mittleren Bedingungen beschränkt: Auf ressourcenarmen Standorten, die überwiegend von *r*-Strategen

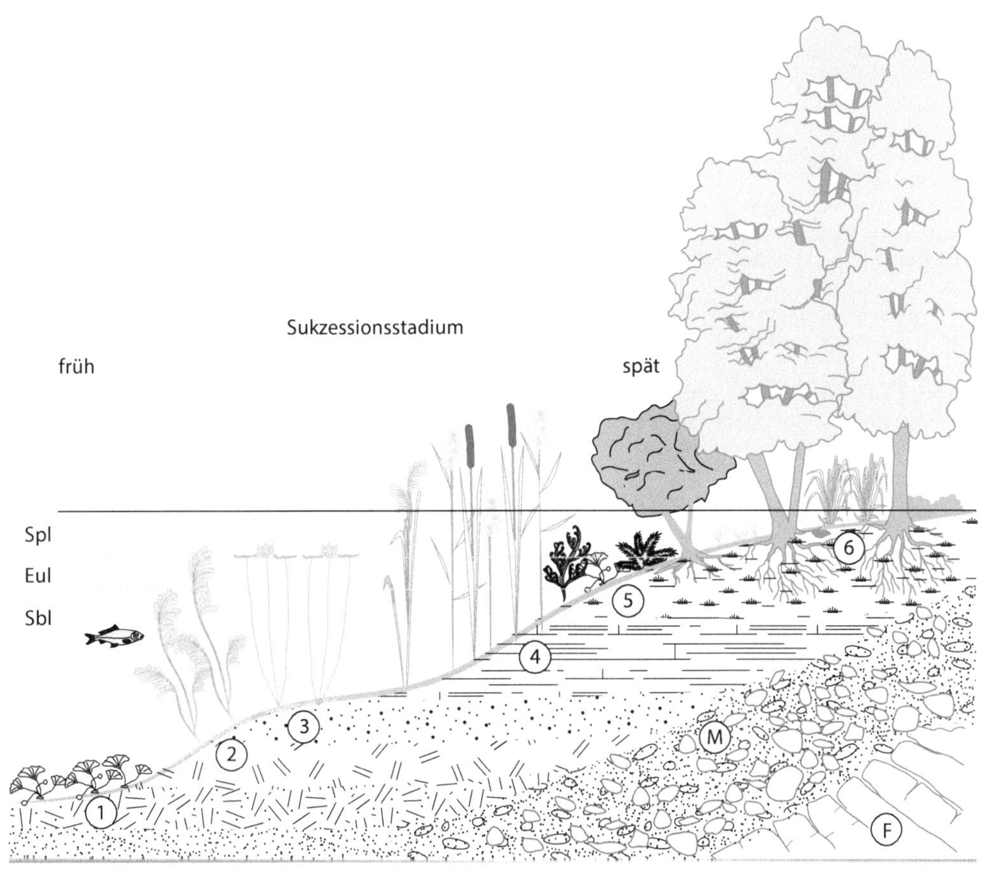


**Abb. 6.27** Zonation entlang eines Seeufers. *1, 2* Uferseewiesen (*1* Armleuchteralgen; *2* untergetaucht [submers] lebende Gefäßpflanzen); *3* Schwimmblattpflanzen (z. B. See-, Teichrosen); *4* Röhricht (z. B. Schilf, Rohrkolben); *5* Sumpfpflanzenflur (Großseggen); *6* Erlenbruchwald; *F* Felsuntergrund; *M* Mineralboden; *Eul* Eulitoral (Uferbereich zwischen Hoch- und Niedrigwasserzone); *Sbl* Sublitoral (dauernd wasserführender Bereich); *Spl* Supralitoral (nur bei Überflutungen mit Wasser bedeckt). Die räumliche Abfolge dieser Zonation entspricht auch dem zeitlichen Sukzessionsverlauf bei der Verlandung des Sees. (Nach Schroeder 1998)

(mit hohen Wachstumsraten; ► Abschn. 5.4.2) geprägt sind, fördern hohe Störungsraten die Diversität dieser Arten, während an Standorten, an denen überwiegend *K*-Strategen (mit niedrigen Wachstumsraten) vorkommen, eine maximale Vielfalt dieser Arten durch geringe Störungsintensitäten erreicht wird.

Neben einer zeitlichen Abfolge von Lebensgemeinschaften existiert in vielen Lebensräumen auch ein räumliches Nebeneinander von Lebensgemeinschaften, das i. d. R. entlang eines ökologischen Gradienten angeordnet ist. Diese räumliche Abfolge bezeichnet man als **Zonation** oder **Zonierung**. So ist die Zonation von Pflanzengesellschaften an Seeufern vom Freiwasser bis zu einem Erlenbruchwald an Land (► Abschn. 7.7.2.2) durch den Faktor Wasserbedeckung bzw. Bodenfeuchtigkeit bedingt (■ Abb. 6.27). Bei der Verlandung von Seen entspricht diese Zonation auch der zeitlichen Sukzessionsabfolge, die vom Freiwasser bis zum Erlenbruchwald, gegebenenfalls über das Zwischenstadium eines Flachmoors, fortschreiten kann.

## Weiterführende Literatur

Ad-Hoc-Arbeitsgruppe Boden (2005) Bodenkundliche Kartieranleitung, 5. Aufl. E. Schweizerbart'sche Verlagsbuchhandlung, Stuttgart

Arbeitskreis Standortskartierung in der Arbeitsgemeinschaft Forsteinrichtung (2016) Forstliche Standortsaufnahme, 7. Aufl. IHW, Eching

Blume H-P, Brümmer GW, Horn R, Kandeler E, Kögel-Knabner I, Kretzschmar R, Stahr K, Wilke B-M (2010) Scheffer/Schachtschabel – Lehrbuch der Bodenkunde, 16. Aufl. Spektrum Akademischer Verlag, Heidelberg

Bresinsky et al (2008) Strasburger – Lehrbuch der Botanik, 36. Aufl. Spektrum, Heidelberg

Canadell J, Jackson RB, Ehleringer JR, Mooney HA, Sala OE, Schulze E-D (1996) Maximum rooting depth of vegetation types at the global scale. Oecologia 108:583–595

Chapin FS III, Matson PA, Vitousek PM (2011) Principles of terrestrial ecosystem ecology, 2. Aufl. Springer, New York

Ellenberg H (1996) Vegetation Mitteleuropas mit den Alpen, 5. Aufl. Ulmer, Stuttgart

Ellenberg H, Mayer R, Schauermann J (1986) Ökosystemforschung – Ergebnisse des Solling-Projekts. Ulmer, Stuttgart

Gale MR, Grigal DF (1987) Vertical root distributions of northern tree species in relation to successional status. Can J For Res 17:829–834

Gurevitch J, Scheiner SM, Fox GA (2006) The ecology of plants, 2. Aufl. Sinauer, Sunderland

Hooper DU, Chapin FS, Ewel JJ, Hector A, Inchausti P, Lavorel S, Lawton JH, Lodge DM, Loreau M, Naeem S, Schmid B, Setälä H, Symstad AJ, Vandermeer J, Wardle DA (2005) Effects of biodiversity on ecosystem functioning: a consensus of current knowledge. Ecol Monogr 75:3–35

Jackson RB, Canadell J, Ehleringer JR, Mooney HA, Sala OE, Schulze ED (1996) A global analysis of root distributions for terrestrial biomes. Oecologia 108:389–411

Jaenicke J, Paul A (2004) Biologie heute entdecken SII. Schroedel, Braunschweig

Kadereit JW, Körner C, Kost B, Sonnewald U (2014) Strasburger – Lehrbuch der Pflanzenwissenschaften, 37. Aufl. Springer Spektrum, Berlin Heidelberg

Körner C (2014) Pflanzen im Lebensraum. In: Kadereit JW, Körner C, Kost B, Sonnewald U (Hrsg) Strasburger – Lehrbuch der Pflanzenwissenschaften, 37. Aufl. Springer Spektrum, Berlin Heidelberg, S 759–810

Larcher W (2001) Ökophysiologie der Pflanzen, 6. Aufl. Ulmer, Stuttgart

Lyr H, Fiedler H-J, Tranquillini W (1992) Physiologie und Ökologie der Gehölze. G. Fischer, Jena

Nentwig W, Bacher S, Beierkuhnlein C, Brandl R, Grabherr G (2004) Ökologie. Spektrum, Heidelberg Berlin

Raven P, Evert RF, Eichhorn SE (2006) Biologie der Pflanzen, 4. Aufl. De Gruyter, Berlin

Reiss J, Bridle JR, Montoya JM, Woodward G (2009) Emerging horizons in biodiversity and ecosystem functioning research. Trends Ecol Evol 24:505–514

Remmert H (Hrsg) (1991) The mosaic-cycle concept of ecosystems. Springer, Berlin Heidelberg

Schaefer M (2012) Wörterbuch der Ökologie, 5. Aufl. Springer Spektrum, Berlin Heidelberg

Schober R (1995) Ertragstafeln wichtiger Baumarten. J.D. Sauerländer's Verlag, Frankfurt

Schroeder F-G (1998) Lehrbuch der Pflanzengeographie. Quelle & Meyer, Wiesbaden

Schulze E-D, Beck E, Müller-Hohenstein K (2002) Pflanzenökologie. Spektrum, Heidelberg Berlin

Townsend CR, Begon M, Harper JL (2009) Ökologie, 2. Aufl. Springer, Dordrecht

Vonlanthen B, Zhang X, Bruelheide H (2010) Clonal structure and genetic diversity of three desert phreatophytes. Am J Bot 97:234–242

Woodward FI (1993) How many species are required for a functional ecosystem? In: Schulze E-D, Mooney HA (Hrsg) Biodiversity and ecosystem function. Ecological Studies 99. Springer, Berlin

Zianis D, Muukkonen P, Mäkipää R, Mencuccini M (2005) Biomass and stem volume equations for tree species in Europe. Silva Fenn Monogr 4:1–63

# Verbreitung von Pflanzen und Pflanzengemeinschaften

*Frank Thomas*




F. Thomas, *Grundzüge der Pflanzenökologie,* https://doi.org/10.1007/978-3-662-54139-5_7

Auf globaler Ebene ist die großräumige Verbreitung von Pflanzen und Pflanzengemeinschaften durch das Klima bedingt, wobei Temperatur und Niederschläge sowie deren jahreszeitliche Variabilität eine entscheidende Rolle spielen. Die Großklimate der Erde sind auch die maßgebliche Grundlage für die Einteilung der globalen Vegetation in Vegetationstypen. In den durch das Großklima bestimmten Regionen, den **Biomen**, kann die Vegetation allerdings auch entscheidend durch die Häufigkeit und Intensität des Auftretens von Feuer und Beweidung geprägt werden. Innerhalb der Biome wird die Vegetation durch das regionale Klima sowie durch verschiedene abiotische Faktoren wie Ausgangsgestein, Bodentyp, Höhenlage, Hangneigung in Gebirgsregionen und Exposition (Ausrichtung der Neigung auf eine bestimmte Himmelsrichtung) bestimmt.

## 7.1 Flora und Vegetation

Die Begriffe **Flora** und **Vegetation** haben grundsätzlich unterschiedliche Bedeutungen. Unter einer Flora versteht man die Gesamtheit aller Pflanzensippen (Pflanzentaxa) eines Gebiets, wobei das betreffende Gebiet von unterschiedlicher Ausdehnung sein und eine Region, ein Land oder einen ganzen Kontinent umfassen kann. In der Regel werden die Pflanzensippen auf der Ebene der Arten erfasst, grundsätzlich kann dies aber auch auf anderer taxonomischer Ebene wie z. B. von Pflanzengattungen oder -familien geschehen. Der Begriff Flora wird aber auch benutzt für Auflistungen aller Pflanzenarten eines bestimmten Gebiets mit näheren Angaben zu Wuchs- und Standorten der Arten, meist ergänzt durch eine morphologische Beschreibung mit Bestimmungsschlüssel. Derartige Florenwerke existieren in Buch- oder digitaler Form für viele verschiedene Regionen der Erde.

Die Verschiedenheit von Floren in zwei Gebieten lässt sich in Form des **Florenkontrasts** angeben. Für zwei Gebiete a und b wird er durch die Summe der Arten, die ausschließlich in Gebiet a vorkommen, und der Arten, die ausschließlich in Gebiet b vorkommen, ermittelt. Bei einem Wert von Null sind die Floren beider Gebiete identisch; ist der ermittelte Wert gleich der Summe der Artenzahlen beider Gebiete, so besteht ein maximaler Florenkontrast. Als **Florengefälle** wird der Florenkontrast pro 100 km Entfernung zwischen den zu vergleichenden Gebieten angegeben. Er ist extrem gering innerhalb eines einheitlichen Großgebiets, aber steil an den Grenzen von Florengebieten. Florenkontrast und Florengefälle dienen auch zur Abgrenzung von Florenreichen und deren untergeordneten Einheiten (► Abschn. 7.3).

Mit dem Begriff **Vegetation** bezeichnet man die Pflanzendecke eines Gebiets, also die Gesamtheit seiner Pflanzengesellschaften bzw. Pflanzenbestände. Unter Vegetation versteht man somit nicht nur die reine Zusammensetzung an Pflanzenarten, sondern die gesamte Erscheinungsform der Vegetation als Wald, Grasland, Savanne oder anderen Ausprägungen. Somit ist die Struktur eine wesentliche Eigenschaft der Vegetation. Die **Vegetationskunde** oder **Phytozönologie** untersucht die pflanzlichen Anteile von Ökosystemen in ihrer Artenzusammensetzung, Vergesellschaftung und raumzeitlichen Veränderung.

### 7.1.1 Naturnähe der Vegetation

Vegetation kann unterschiedlich naturnah sein. **Natürliche Vegetation** ist vom Menschen unbeeinflusst. Es ist leicht nachvollziehbar, dass in Mitteleuropa mit seiner jahrtausendelangen Einflussnahme durch Menschen, hohen Bevölkerungsdichte und intensiven Nutzung der Landschaft natürliche Vegetation kaum noch vorhanden ist. Sie findet sich nur noch kleinräumig an Standorten, die nicht gewinnbringend nutzbar sind. Derartige Vegetationsformen sind z. B. Felsfluren, Steinschutt- und Geröllgesellschaften, Röhrichte und Großseggensümpfe, Salzwiesen, Hochmoore und Schluchtwälder. Bedingt durch frühere oder aktuelle Einwirkungen des Menschen sind auch diese Vegetationsformen allerdings oft nicht mehr natürlich, sondern höchstens **naturnah.** Als **ursprüngliche Vegetation** bezeichnet man die Vegetation vor dem Beginn eines deutlichen menschlichen Einflusses. Für weite Teile Mitteleuropas kann die Vegetation bis ungefähr zur Zeitenwende als weitgehend ursprünglich und natürlich gelten (► Abschn. 2.4). Die gegenwärtig vorhandene Vegetation dagegen ist die **aktuelle** oder **reale Vegetation.**

## Klimatisch bedingte Florenzonen der Erde

Wegen der großen Bedeutung der Temperatur für das Vorkommen und die Verbreitung von Pflanzensippen wurden die großen Temperaturzonen der Erde, die in grober Näherung zwischen bestimmten geographischen Breitengraden liegen, in **Florenzonen** unterteilt, die sich von tropisch bis arktisch bzw. antarktisch gliedern. Ergänzt wird diese Einteilung nach Temperaturbereichen durch Gradienten der Ozeanität bzw. Kontinentalität (◘ Abb. 7.1). Diese Gradienten sind bestimmt durch die Kombination des Temperaturunterschieds zwischen dem wärmsten und dem kältesten Monat des Jahres sowie durch die jährliche Menge und Verteilung des Niederschlags. So sind im atlantischen Bereich Europas mit seinen relativ milden Wintern und kühlen Sommern die Temperaturamplituden im Jahresverlauf relativ gering, im kontinentalen Osten Europas mit kalten Wintern und warmen Sommern jedoch relativ groß. Auch die Niederschlagsverteilung im Jahresverlauf unterscheidet sich: Im atlantischen Bereich sind Winter- und Sommerniederschläge jeweils etwa gleich hoch, während im kontinentalen Bereich die Hauptmenge der Niederschläge in Form heftiger Sommergewitter fällt. Das Konzept der Ozeanität und Kontinentalität entspringt jedoch in erster Linie der europäischen Sichtweise, wo die Gradienten der Temperatur- und Niederschlagsamplituden ungefähr gleichsinnig verlaufen (von West nach Ost). Dies ist in anderen Regionen der Erde jedoch nicht der Fall. So stehen im Osten Nordamerikas der thermische (Wärme-) und der hygrische (Feuchte-)Gradient senkrecht zueinander: Der thermische Gradient verläuft von Süd nach Nord, während sich der hygrische Gradient von Ost nach West erstreckt, da der in Nord-Süd-Richtung verlaufende Gebirgszug der Appalachen die westlich davon gelegenen Regionen von den feuchten Luftmassen aus der Atlantikregion zumindest teilweise abschirmt. In den Tropen verliert das Ozeanitäts-Kontinentalitäts-Konzept noch stärker an Bedeutung, insbesondere in den ozeannahen, aber extrem trockenen Wüstengebieten der Atacama im Westen Südamerikas und der Namib im Westen des südlichen Afrika. Statt der Ozeanität ist für die Tropen ein auf Feuchtigkeit (Humidität) beruhendes Konzept daher besser geeignet.

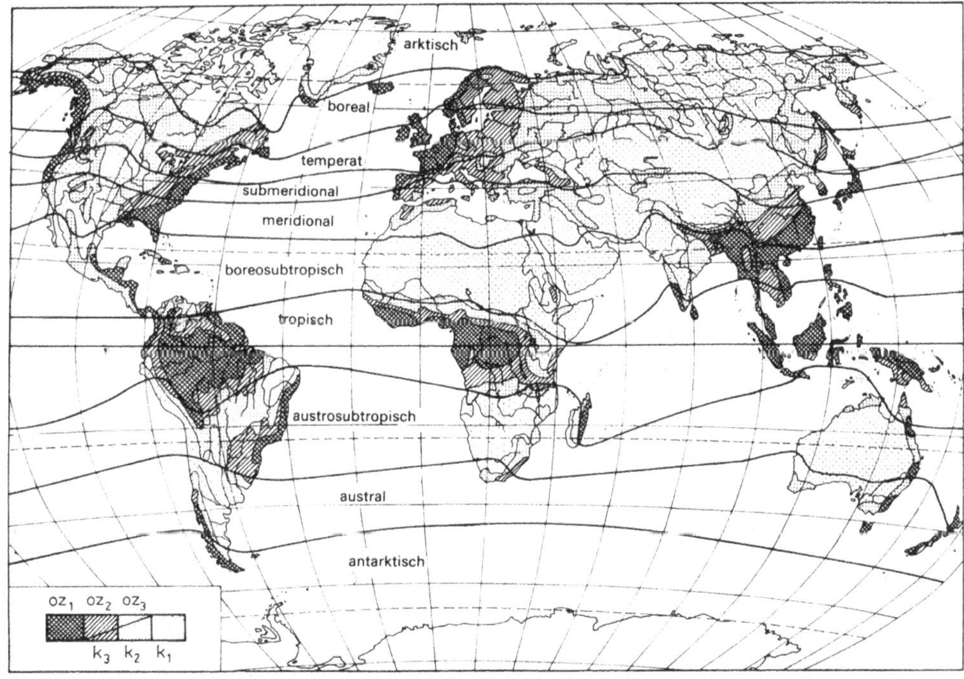


◘ **Abb. 7.1** Florenzonen und Ozeanitätsgliederung der Erde (aufgrund von Arbeiten des deutschen Botanikers Hermann Meusel). Ozeanität (*oz*) und Kontinentalität (*k*) sind entsprechend abnehmender Intensität in Abstufungen von 1 bis 3 unterteilt. (Aus Schroeder 1998)

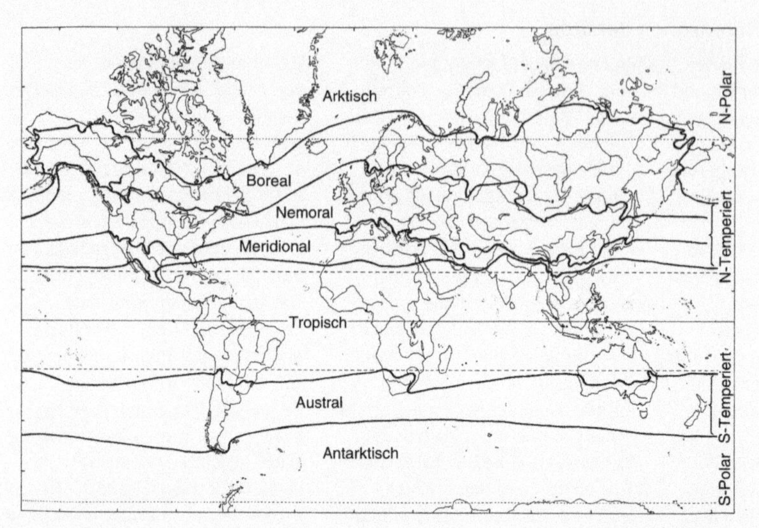


**Abb. 7.2** Thermische Vegetationszonen der Erde. Auf der nördlichen Erdhalbkugel lassen sich die meridionale, nemorale und boreale Vegetationszone zur nördlich-temperierten Zone zusammenfassen, auf der Südhalbkugel entspricht die australe Vegetationszone der südlich-temperierten Zone. Die arktische und antarktische Zone werden auch als nord-polare bzw. süd-polare Zone bezeichnet. (Aus Schroeder 1998)

Die Vegetation, die im Wesentlichen durch das jeweilige Großklima bestimmt ist, wird als **zonale Vegetation** oder **klimatische Klimax** bezeichnet und die jeweilige Pflanzengesellschaft als Schluss- oder Klimaxgesellschaft (▶ Abschn. 6.4.2). Innerhalb ihres klimatisch bestimmten Verbreitungsgebiets können diese Pflanzengesellschaften durch andere Standortfaktoren wie z. B. Bodenbedingungen modifiziert sein. So unterscheiden sich z. B. die Rotbuchenwälder der mitteleuropäischen Mittelgebirge auch aufgrund des Ausgangsgesteins ihrer Standorte: Buchenwälder auf Kalkgestein sind anders zusammengesetzt als Buchenwälder auf mittlerem Buntsandstein, aus dem stärker saure Verwitterungsprodukte hervorgehen.

### 7.1.2 Klima und Vegetation

Auf globaler Ebene bestimmen Temperatur und Feuchtigkeit die Verteilung von Pflanzen- und Tiersippen. Ähnlich wie die Florenzonen (Abb. 7.1), so kann man auch Vegetationszonen entlang thermischer Gradienten über die geographischen Breitengrade hinweg von tropisch bis arktisch bzw. antarktisch definieren (Abb. 7.2). Innerhalb einer gegebenen thermischen Vegetationszone existieren Temperaturgradienten natürlich auch entlang von **Höhenstufen**. Die **planare Stufe** findet sich in Tieflagen und weist klimatisch keine nennenswerten Unterschiede zu dem in der Region herrschenden Großklima auf, da bei der ebenen Topographie kaum reliefbedingte Differenzierungen auftreten können. In der **kollinen Stufe** mit einem durch Hügel deutlich ausgeprägten Kleinrelief finden sich schon größere Standortunterschiede, z. B. (auf der Nordhalbkugel) zwischen der südwestlich exponierten, stärker besonnten und damit wärmeren und trockeneren Hügelseite und der nordöstlichen Seite, die etwas kühler und feuchter ist. Die **submontane Stufe** im Fußbereich von Gebirgen weist gegenüber den tieferen Lagen leicht erhöhte Niederschläge auf. In der **montanen Stufe** herrschen niedrigere Temperaturen und höhere Niederschläge, doch sind die täglichen und jahreszeitlichen Temperaturschwankungen geringer. Als **oreale Stufe** bezeichnet man die Wolkenstufe der oberen montanen Lagen, die besonders in Regionen ausgeprägt ist, die von Passatwinden beeinflusst werden. In der **subalpinen Stufe** lockert sich

### Höhenstufung der Schweizer Alpen

Auch innerhalb einer Großregion können sich die Höhenstufen eines Gebirges unterscheiden. Dies wird am Beispiel der Schweizer Alpen deutlich: Von den Nordalpen einerseits und den Südalpen andererseits verschieben sich in Richtung der Zentralalpen die Grenzen der Höhenstufen zu höheren Lagen (◘ Abb. 7.3). Diese Naturerscheinung bezeichnet man als **Masseneffekt** oder **Massenerhebungseffekt**. Ursache dieses Effekts ist die relativ starke Sonneneinstrahlung, die zu höheren Temperaturen am Tag und somit auch während der Wachstumsperiode führt. Außer in den Alpen ist dieser Effekt auch in den Anden Boliviens und Perus sowie in den trockenen Bereichen des Himalaja ausgeprägt. In isolierten Gebirgen mit ozeanischem Klima dagegen ist er schwächer oder nicht vorhanden.

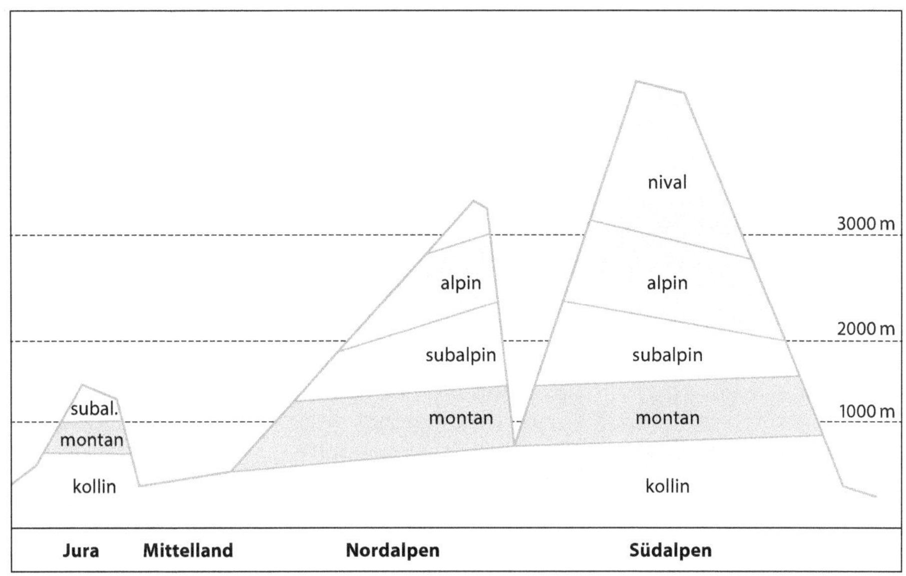


◘ **Abb. 7.3** Höhenstufung der Schweizer Alpen. (Schema; nach Lauber und Wagner 1998)

der Wald auf, während die **alpine Stufe** schon oberhalb der Waldgrenze liegt und höchstens noch einzelne Bäume oder Baumgruppen, aber keinen geschlossenen Wald mehr aufweist. Man unterteilt sie in die eualpine, hochalpine und nivale Stufe. Letztere liegt oberhalb der thermischen Schneegrenze.

Das Vorkommen von Wald ist – neben einer ausreichenden Menge an Niederschlag – an Regionen mit bestimmten Minimumtemperaturen gebunden: Die Jahresmitteltemperatur muss mindestens 5–7 °C betragen und es muss mindestens etwa einen Monat lang eine Durchschnittstemperatur von über 10 °C herrschen. Je nach geographischem Breitengrad befindet sich die Waldgrenze daher in unterschiedlichen Höhenlagen: Während sie in den Tropen bei bis zu ungefähr 4000 m liegt, sinkt sie bei etwa 70° nördlicher und etwa 55° südlicher Breite (südlich davon existieren nördlich der Antarktis keine größeren Landmassen mehr) auf Meereshöhe ab (◘ Abb. 7.4).

Neben der Temperatur hat die für die Pflanzen verfügbare Feuchtigkeit einen entscheidenden Einfluss auf die globale Verteilung der Vegetation. Grundsätzlich unterscheidet man **arides** und **humides Klima**. Arides Klima liegt vor, wenn die potenzielle Verdunstung innerhalb eines Jahres größer ist

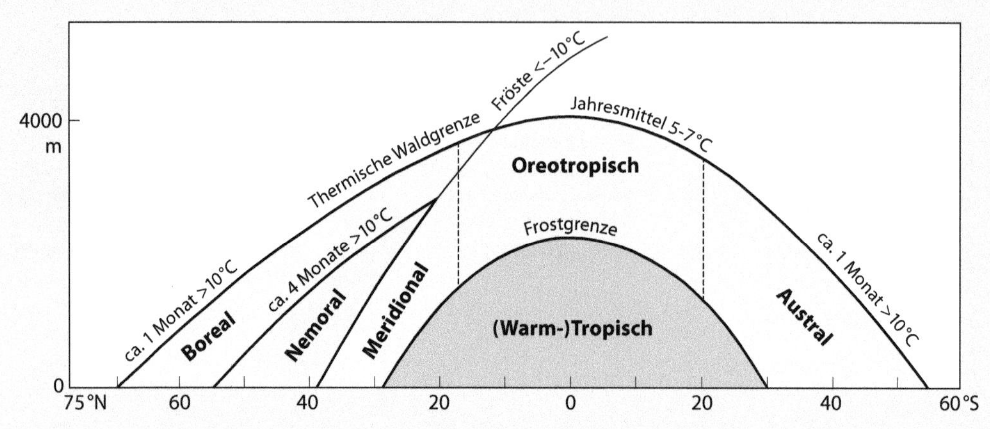


**Abb. 7.4** Thermische Waldzonen humider Regionen. Die oreotropische Zone befindet sich in der orealen Stufe tropischer Gebirge. (Nach Schroeder 1998)

**Veränderungen von Umweltfaktoren mit zunehmender Höhe im Gebirge**

Mit steigender Höhe nimmt die Temperatur im Gebirge pro 100 m durchschnittlich um 0,55 °C ab. Die Temperaturdifferenzen werden im Tages- wie im Jahresverlauf größer. Besonders niedrige Temperaturen herrschen in Tälern und Mulden, da sich dort insbesondere nachts von oben abfließende Kaltluft ansammelt. Deshalb besteht z. T. auch in der Vegetationsperiode Gefahr von Bodenfrost. Mit zunehmender Höhe steigt auch der Jahresniederschlag an. In den Alpen beträgt dieser Anstieg im Höhenbereich von 500 bis 2500 m etwa 100 mm pro 100 m Höhenzunahme. Die Dauer der Schneebedeckung nimmt ebenfalls zu. Dadurch sind einerseits die unter der Schneedecke liegenden Pflanzen durch den Isolationseffekt vor zu niedrigen Temperaturen geschützt, andererseits aber wird die Keimung verzögert oder ganz gehemmt. Die Abnahme des Luftdrucks mit zunehmender Höhe führt zu geringerer Luftfeuchtigkeit und somit zu stärkerer Austrocknungsgefahr sowie zu einem niedrigeren $CO_2$-Partialdruck, wodurch die Leistungsfähigkeit der Photosynthese gemindert wird. Die Sonneneinstrahlung wird intensiver und umfasst einen höheren UV-Anteil, was v. a. an dem geringeren Wasserdampf- und Staubgehalt der Luft liegt. Letzteres bewirkt auch einen größeren Helligkeitsunterschied zwischen besonnten und beschatteten Bereichen und damit auch eine entsprechend größere Temperaturdifferenz. Die Zunahme der Windgeschwindigkeit kann an Pflanzen mechanische Schäden verursachen, führt aber – neben Schneeverfrachtungen – auch zu einer stärkeren Verdunstung des Wassers vom Boden und zu erhöhter Transpiration der Pflanzen.

als die Menge des Jahresniederschlags. Diesen Klimatyp kann man noch in zwei Ausprägungen unterteilen. In **semiaridem Klima** übersteigt die Niederschlagsmenge in bis zu fünf Monaten pro Jahr die potenzielle Verdunstung. Dies ist das Klima, in dem Savannen und Steppen vorkommen, die eine mehr oder weniger geschlossene Vegetationsdecke aufweisen, aber waldfrei sind. **Extrem arides Klima** dagegen ist Wüstenklima, in dem keine geschlossene Vegetationsdecke zu finden ist. In humidem Klima ist die potenzielle Verdunstung in einem Jahr geringer als die Menge des Jahresniederschlags. Unter diesen klimatischen Bedingungen findet sich geschlossener Wald, sofern die Temperaturen hoch genug sind. Humides Klima kann unterteilt werden in **semihumides Klima**, in dem sich längere Regenzeiten mit kürzeren Trockenzeiten abwechseln, und **nivales Klima**, in dem die Menge des festen Niederschlags (v. a. in Form von Schnee) das Abschmelzen von Schnee und Eis übersteigt (diesen Klimatyp findet man im Bereich der Pole und in den Hochlagen von Gebirgen).

Teilt man die global vorkommenden Vegetationsformen schematisch nach Feuchtigkeits(Humiditäts)-

### Das Klimadiagramm nach Walter

Wegen der überragenden Bedeutung des Klimas für die Ausprägung der jeweiligen Vegetation war es äußerst zweckmäßig, für die geographischen Orte von Interesse eine Darstellungsform von Klimavariablen zu entwickeln, in der sich die wichtigen Klimagrößen platzsparend darstellen und leicht erkennen lassen. Eine solche Darstellungsform fand der deutsch-russische Botaniker Heinrich Walter (► Abschn. 1.1). In dem von ihm entworfenen **Klimadiagramm** finden sich in der Mitte der nach Monaten unterteilten x-Achse die Sommermonate des jeweiligen Standorts, am linken und rechten Ende die Wintermonate (◘ Abb. 7.5). Die monatlichen Durchschnittstemperaturen und Niederschlagssummen sind so aufgetragen, dass die Zahlenwerte der Monatsniederschläge (in Millimetern) auf der rechten y-Achse des Diagramms doppelt so hoch sind wie die auf der linken y-Achse des Diagramms in Grad Celsius aufgetragenen monatlichen Durchschnittstemperaturen. Die Temperatur- und die Niederschlagswerte werden mit jeweils einer Linie über die Monate hinweg zu einem Kurvenverlauf verbunden (Monatsniederschläge über 100 mm werden um den Faktor zehn gestaucht, um in der Grafik noch gut darstellbar zu sein; die Fläche oberhalb des 100-Millimeter-Werts bis zur Niederschlagskurve wird schwarz ausgefüllt). Die Besonderheit dieser Darstellungsweise besteht darin, dass man daraus das Vorkommen und die Ausdehnung klimatisch feuchter und trockener Perioden im Jahresverlauf mit einem Blick erkennen kann: Liegt die Niederschlagskurve oberhalb der Temperaturkurve (in diesem Fall wird die Fläche zwischen beiden Kurven senkrecht schraffiert dargestellt), ist der entsprechende Zeitraum durch feuchtes (humides) Klima geprägt, im umgekehrten Fall (dann mit punktierter Fläche zwischen beiden Kurven) ist der entsprechende Zeitraum klimatisch trocken. Zudem werden in der Grafik – zusätzlich zu Ort und Höhenlage der jeweiligen Messstation und zur Länge der Zeitspanne, für die Messdaten verfügbar sind – die durchschnittliche Jahresniederschlagssumme sowie Höchst- und Tiefsttemperaturen angegeben. Schwarze bzw. schräg schraffierte Balken unterhalb der Monatsachse kennzeichnen Monate, in denen regelmäßig Frost auftritt bzw. an manchen Tagen auftreten kann. Auf diese Weise werden auf kleiner Fläche zahlreiche klimatische Kenndaten wiedergegeben, die in engem Zusammenhang mit der Verbreitung von Pflanzenarten, Pflanzengesellschaften und Vegetationsformen stehen.

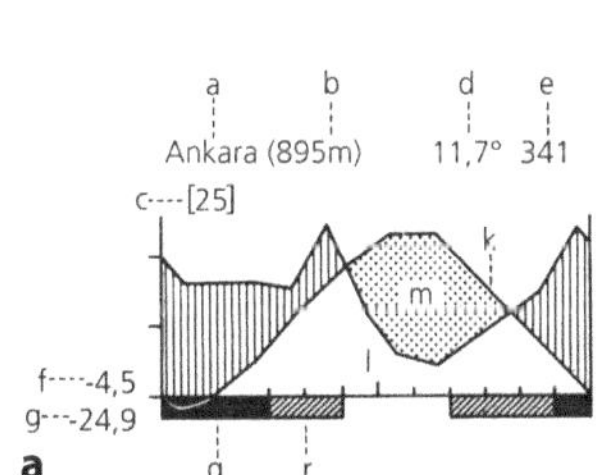


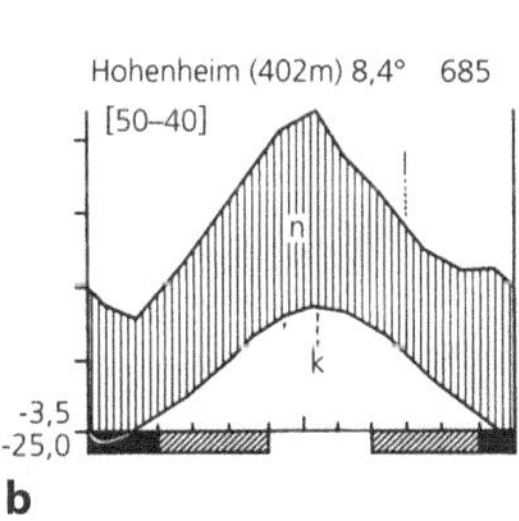


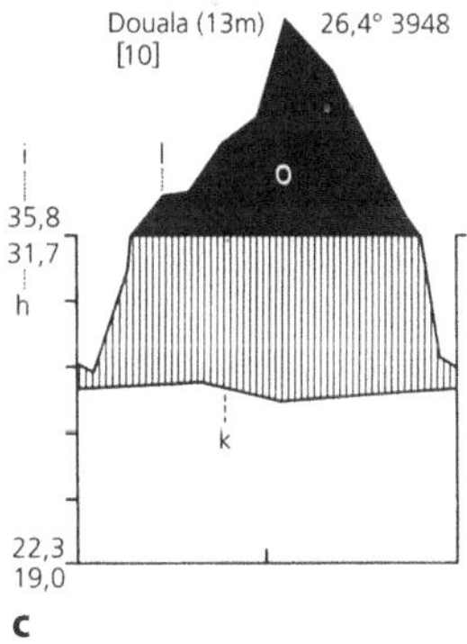


◘ **Abb. 7.5** Klimadiagramme nach Walter. **a** Ankara (Nordtürkei): warm-gemäßigtes Klima mit kontinentalem Einfluss; **b** Hohenheim (Südwestdeutschland): warm-gemäßigtes Klima mit ozeanischem Einfluss; **c** Douala (Kamerun): tropisch-humides Klima. *a* Ort; *b* Höhe über NN; *c* Anzahl der Beobachtungsjahre; *d* Jahresmitteltemperatur; *e* Jahresniederschlag (mm); *f* mittleres Tagesminimum des kältesten Monats (°C); *g* absolutes gemessenes Temperaturminimum (°C); *h* mittleres Tagesmaximum des wärmsten Monats (°C); *i* absolutes gemessenes Temperaturmaximum (°C); *k* Monatsmitteltemperaturen (°C) im Jahresverlauf; *l* mittlere monatliche Niederschlagssummen im Jahresverlauf; *m* Trockenperiode; *n* humide Periode; *o* perhumide Periode (Monatsniederschläge > 100 mm); *q* kalte Jahreszeit (mittleres Tagesminimum < 0 °C); *r* Jahreszeit, in dem Frost auftreten kann (absolutes Temperaturminimum < 0 °C). (Aus Kadereit et al. 2014)

| Humiditätsgrade → | Humid | Semihumid | | Semiarid | | Arid |
|---|---|---|---|---|---|---|
| Thermische Zonen mit Klimagrenzwerten ↓ | | Sommerregen | Winterregen | Sommerregen | Winterregen | |
| **Arktisch** | Tundra | — | — | — | — | — |
| ca. 1 Monat >10°C | Waldgrenze: thermisch | | | | | |
| **Boreal** | Dunkle Taiga | Helle Taiga | — | — | — | — |
| ca. 4 Monate >10°C | | | | | | |
| **Nemoral** | Sommergrüner Laubwald | | Nemoraler Nadelwald | Steppe | Nemorale Trockengehölze | Nemorale Wüste |
| Fröste < ca.–10°C | | | | hygrisch | | |
| **Meridional** | Lorbeerwald | Lorbeerwald mit Sommer- und Regengrünen | Hartlaubwald | Trockengehölze, Steppe | | Eurytropische Wüste |
| Frostgrenze | | | | | | |
| **Tropisch** | Tropischer Regenwald | Regengrüner Wald (Savannen als Feuer- oder biotische Klimax) | | Eurytropische Trockengehölze (Offenwald, Trockenbusch) | | |
| Frostgrenze | | | | | | |
| **Austral** | Lorbeerwald | Lorbeerwald mit Regengrünen | Hartlaubwald | Pampa, Trockengehölze | | |
| ca. 1 Monat >10°C | thermisch | | | | | |
| **Antarktisch** | Tundra | — | — | — | — | — |

**Abb. 7.6** Thermische Vegetationszonen der Erde mit Humiditätsgraden. Der eurytropische Bereich umfasst die tropischen und subtropischen Regionen. (Nach Schroeder 1998)

und thermischen Zonen ein (Abb. 7.6), so lässt sich der humide Bereich (einschließlich des Bereichs semihumiden Klimas) mit der **hygrischen Waldgrenze** abgrenzen gegen den ariden (einschließlich semiariden) Bereich, in dem wegen mangelnder Feuchtigkeit kein geschlossener Wald vorkommt, sondern der von Trockengehölzen (einschließlich Savannen), Grasland und Wüste geprägt ist. Im humiden Bereich dagegen wächst Wald, sofern die Jahresmitteltemperatur mindestens 5–7 °C beträgt und die monatliche Durchschnittstemperatur mindestens in einem Monat des Jahres oberhalb von 10 °C liegt. (Für die Baumgrenze möglicherweise noch wichtiger ist die Temperatur des Oberbodens, die einen Mittelwert von 6 bis 7 °C während der Vegetationszeit nicht unterschreiten darf.) Die aus dieser Temperaturschwelle resultierende **thermische Waldgrenze** grenzt die natürlicherweise bewaldeten Regionen gegen die waldfreie Kältesteppe oder **Tundra** der arktischen und antarktischen Regionen ab.

In einer stärker vereinfachten Darstellungsform (Abb. 7.7) lässt sich das Vorkommen von Waldvegetation auf globaler Ebene in einem Koordinatensystem aus Wärme- und Feuchtigkeitsgradienten auftragen, eine Darstellungsform, die man als Ökogramm bezeichnet (▶ Abschn. 3.4.2). Auch hier lässt sich der Bereich, in dem aus klimatischen Gründen natürlicherweise Waldvegetation vorherrscht, von Nichtwaldvegetation abgrenzen, wobei hier die thermische und die hygrische Waldgrenze jeweils senkrecht zur Wärme- bzw. Feuchtigkeitsachse des Diagramms stehen.

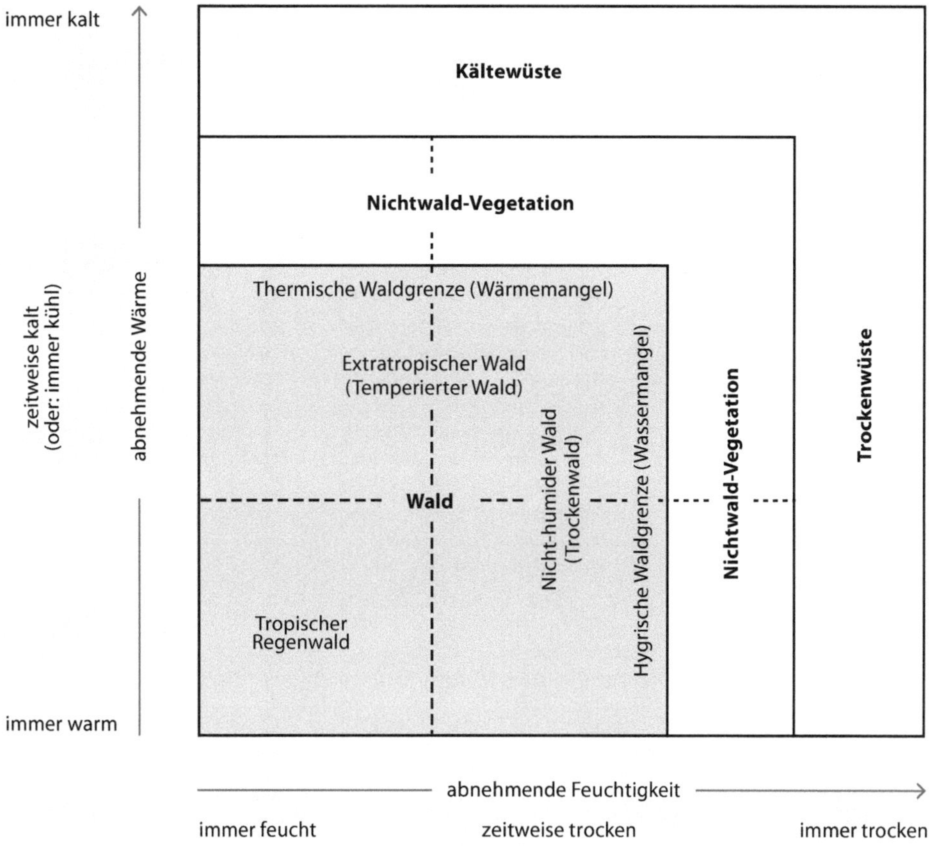


**Abb. 7.7** Grobschema der terrestrischen Vegetationsgliederung in Form eines Ökogramms. (Nach Schroeder 1998)

Auf globaler Ebene lassen sich nun aufgrund klimatischer Bedingungen **Vegetationszonen** definieren, die **Biomen** (Einzahl: Biom) entsprechen, also Lebensgemeinschaften eines aufgrund seines Vegetationstyps einheitlichen Großklimabereichs samt aller zugehörigen Lebensräume (Tab. 7.1). Alternativ dazu formulierte der Botaniker Heinrich Walter sog. **Zonobiome**, die unter Einschluss sämtlicher Lebewesen umfassender biogeographisch ausgerichtet sind als die **Vegetationszonen**, den Vegetationsformationen aber sehr stark folgen, sodass sich beide Einteilungsformen stark ähneln.

Ein für die globale Ebene erstelltes Diagramm der terrestrischen Biome und Vegetationsformen entlang einer Wärme- und einer Feuchtigkeitsachse (Abb. 7.8) wäre aber unvollständig ohne Berücksichtigung dreier weiterer entscheidender ökologischer Faktoren. So spielt nicht nur die Gesamtmenge des Niederschlags eines Jahres, sondern auch dessen Verteilung über das Jahr eine entscheidende Rolle und ist weitgehend für die Ausprägung der (Zono-)Biome in Typ 4 (bzw. IV) oder 5 (bzw. V) verantwortlich (vgl. Tab. 7.1). Zwei andere wichtige Faktoren sind Beweidung durch Herden großer Säugetiere (die beispielsweise in Afrika und Nordamerika verbreitet vorkommen bzw. vorkamen) und auf natürliche Weise (durch Blitzeinschlag) entstehende Feuer mit großflächiger Ausbreitung. Die Intensität und die Häufigkeit des Auftretens dieser beiden Faktoren entscheidet in einem prinzipiell für Wald geeigneten Klima, ob

### Was ist ein Wald?

Neben der ökologisch-vegetationskundlichen Betrachtungsweise von Wäldern ist die Definition dessen, was als Wald bezeichnet werden kann, auch für rechtliche Fragen der Nutzung und des Natur- und Umweltschutzes wichtig. Derartige Definitionen sind aber nicht einheitlich. Laut der Food and Agriculture Organization der Vereinten Nationen (FAO) ist Wald eine Landfläche von mehr als 0,5 ha, auf der Bäume mit einer Höhe von über fünf Metern stehen und die zu mehr als zehn Prozent von Baumkronen bedeckt ist (oder die Bäume enthält, die die genannten Schwellen auf dieser Fläche überschreiten können). Land, das sich vorwiegend in landwirtschaftlicher oder städtischer Nutzung befindet, ist von diesem Waldbegriff ausgenommen. Das im Rahmen der Diskussionen zu den Folgen der Klimaänderungen auch in der Öffentlichkeit weithin bekannt gewordene Kyoto-Protokoll (Protokoll von Kyoto zum Rahmenabkommen der Vereinten Nationen über Klimaänderungen) aus dem Jahr 1997 fasst die Mindestanforderungen für Wald an die Flächengröße (0,5–1 ha), Bestandshöhe (2–5 m) und Deckungsgrad (10–30 %) noch flexibler. Die United Nations Educational, Scientific and Cultural Organization (UNESCO, Organisation der Vereinten Nationen für Erziehung, Wissenschaft und Kultur) definiert Wald als Baumbestand mit geschlossenem Kronendach, dessen Wuchshöhe 5 m übersteigt (für subpolare Gebiete liegt diese Schwelle aber bei nur 3 m, in den Tropen dagegen bei 8–10 m). Nach dem deutschen Bundeswaldgesetz ist Wald jede mit „Forstpflanzen bestockte Grundfläche" einschließlich „aller mit dem Wald verbundenen und ihm dienenden Flächen". Dazu gehören u. a. auch Kahlschläge, Lichtungen, Waldwege, Waldwiesen und Holzlagerplätze. Ausgenommen von dieser Walddefinition sind Baumplantagen mit einer Umtriebszeit von bis zu 20 Jahren, Baumflächen mit gleichzeitigem Anbau landwirtschaftlicher Produkte und Flächen mit nur einzelnen Baumgruppen oder Baumreihen.

**Tab. 7.1** Große terrestrische Vegetationsformationen gemäß der Einteilung in Biome und Zonobiome

| | Biome nach Vegetationszonen und Klima | | Zonobiome (nach Walter 1990) |
|---|---|---|---|
| 1 | Immergrüne tropische Regenwälder und tropische Gebirgsregenwälder. Tageszeitenklima, meist immerfeucht | I | Zonobiom des äquatorialen humiden Tageszeitenklimas mit immergrünem tropischen Regenwald |
| 2 | Tropische halbimmergrüne Regenwälder, regengrüne Monsunwälder und Savannen. Sommerregenzeit und kühlere Dürrezeit, Monsunregen | II | Zonobiom des humidoariden tropischen Sommerregengebiets mit laubabwerfenden Wäldern |
| 3 | Subtropische Wüstenvegetation. Subtropisch-arides Wüstenklima | III | Zonobiom des ariden Klimas mit Wüsten |
| 4 | Hartlaubvegetation (sklerophylle Arten). Winterregen und Sommerdürre | IV | Zonobiom der Winterregengebiete mit aridohumidem Klima und Hartlaubgehölzen (u. a. Mittelmeerraum, Kanarische Inseln, südafrikanisches Kapland) |
| 5 | Temperate Regenwälder, Lorbeerwälder und subtropische Regenwälder. ± Gleichmäßige Verteilung der Jahresniederschlagsmenge (boreal bis subtropisch) | V | Zonobiom des warmtemperierten humiden Klimas (ozeanisches Zonobiom) |
| 6 | Sommergrüne Laubwälder. Gemäßigtes Klima, kurze Winterkälte | VI | Zonobiom des gemäßigten nemoralen Klimas |
| 7 | Steppen und Wüsten. Arid; heiße Sommer, kalte Winter | VII | Zonobiom des ariden gemäßigten Klimas (u. a. Steppen, Prärien, zentralasiatische Wüsten) |
| 8 | Immergrüne boreale Nadelwälder. Kalt-gemäßigt; kühle Sommer, lange Winter | VIII | Zonobiom des kalt-gemäßigten borealen Klimas |
| 9 | Tundra. Subarktisch und subantarktisch mit sehr kurzen Sommern | IX | Zonobiom des arktischen Tundrenklimas |
| 10 | Kältewüsten. Arktisch und antarktisch | - | |

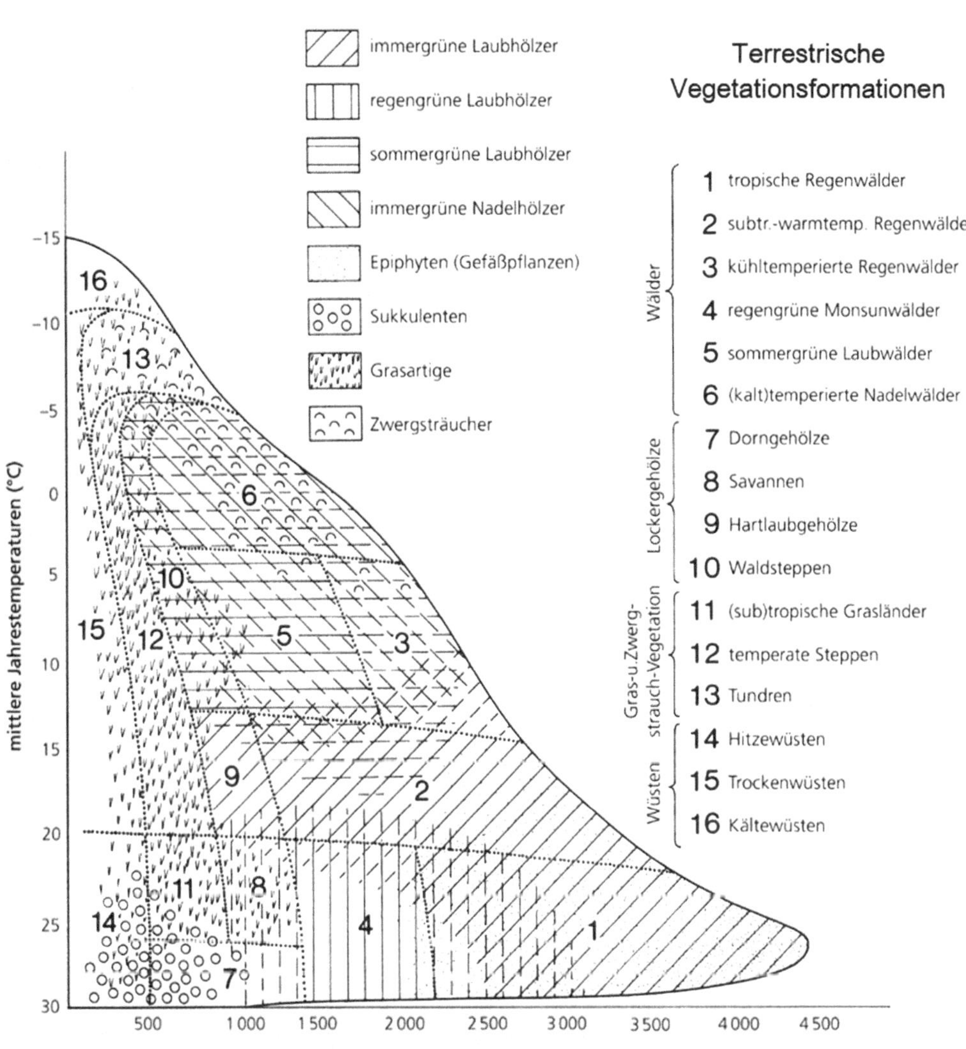


**Abb. 7.8** Verteilung der terrestrischen Vegetationsformationen entlang der Gradienten von Temperatur und Niederschlag im globalen Maßstab. Im Bereich mittlerer Jahresniederschläge zwischen ungefähr 500 und 1500 mm und mittleren Jahrestemperaturen von etwa –5 bis 25 °C ist die Vegetation insbesondere in Regionen mit ausgeprägten Trockenzeiten auch durch Beweidung durch große Säugetiere und/oder durch Feuer geprägt. Dies gilt für die hier dargestellten Vegetationsformationen 7–12. (Aus Bresinsky et al. 2008)

und wie ausgedehnt sich dort eine baum- und waldgeprägte Vegetation etablieren, erhalten und ausbreiten kann oder ob stattdessen Grasland die Oberhand gewinnt.

Entsprechend der klimatischen Bedingungen ihrer Verbreitungsgebiete unterscheiden sich die Vegetationsformen der einzelnen Biome auch in den Anteilen unterschiedlicher pflanzlicher Lebens-

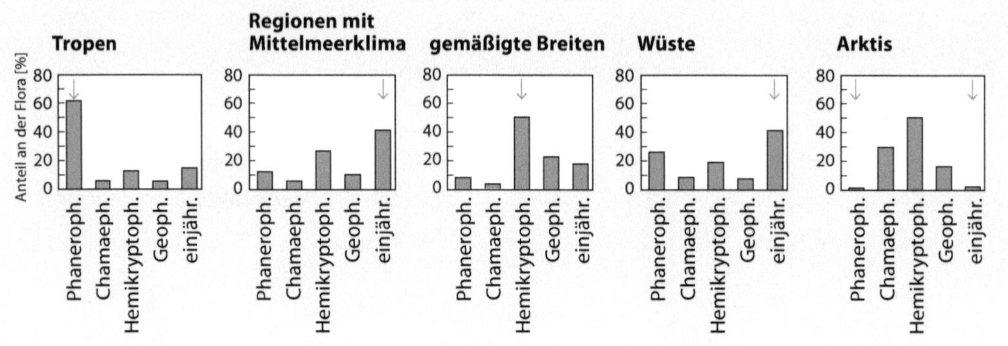


**Abb. 7.9** Lebensformenspektren unterschiedlicher Biome. Die *Pfeile* weisen auf charakteristisches Vorkommen oder Fehlen bestimmter Lebensformen im jeweiligen Biom hin. (Nach Townsend et al. 2003)

formen (▶ Abschn. 2.5) an der gesamten Flora der Großregion (◼ Abb. 7.9). So sind die Tropen mit ihrem ganzjährig warmen Klima und ausreichend hohen Niederschlägen überwiegend durch einen hohen Anteil an Phanerophyten geprägt, während Regionen mit Mittelmeerklima und Wüsten einen hohen Anteil an einjährigen Pflanzen (Therophyten) aufweisen, wobei der Anteil an Phanerophyten in den Wüsten etwas höher ist. In gemäßigtem Klima herrschen Hemikryptophyten vor. Das arktische Biom ist weniger durch das Vorherrschen, sondern stärker durch das geringe Vorkommen bestimmter Lebensformtypen geprägt: Der geringe Anteil an Phanerophyten erklärt sich durch die sehr kurze Vegetationsperiode, während die einjährigen Pflanzen auf dem in weiten Bereichen aus Eis oder nacktem Fels bestehenden Substrat nur relativ wenige geeignete Stellen zur Keimung und Etablierung vorfinden. Derartige Darstellungsformen der Häufigkeit bestimmter Eigenschaften oder Messwerte bezeichnet man als **Spektren**.

### 7.1.3 Vegetation unter dem Einfluss von Standortbedingungen und Einwirkungen durch den Menschen

Nicht jede Vegetationsform ist hauptsächlich durch das dort herrschende Großklima bestimmt. In **Dauergesellschaften** verhindern extreme Faktoren, z. B. besondere Bodenbedingungen wie Nässe oder hohe Konzentrationen an Salz oder Schwermetallen, die Entwicklung zu einer rein klimatisch bedingten Schlussgesellschaft. Beispiele sind die Vegetation im Bereich von Fluss- und Seeufern, Salzwiesen an Meeresküsten und Schwermetallrasen an Standorten mit erzreichem Ausgangsgestein. Dauergesellschaften können über lange Zeiträume bestehen bleiben.

Vom Menschen stark beeinflusste Pflanzengesellschaften bezeichnet man als **anthropogene Gesellschaften** oder **Ersatzgesellschaften**. An diesen Standorten kann – bedingt durch den menschlichen Einfluss – die Sukzession nicht mehr bis zur klimatisch möglichen Klimaxgesellschaft ablaufen. In Mitteleuropa sind Wiesen, Weiden, Ackerfluren, Heiden, Ruderalvegetation (▶ Abschn. 3.4.3) und Nadelbaumforste Beispiele für solche Ersatzgesellschaften. Als **potenzielle natürliche Vegetation** (PNV) definierte der Botaniker **Reinhold Tüxen** (▶ Abschn. 1.1) im Jahr 1956 das hypothetische Mosaik aus Pflanzengesellschaften in einer gegebenen Klimaregion, dass entstünde, wenn dort die menschlichen Einwirkungen aufhören würden. Werden bei dieser Projektion auch die bisherigen dauerhaften und nicht umkehrbaren Veränderungen der Standortbedingungen berücksichtigt, so ergibt sich daraus die **heutige potenzielle natürliche Vegetation (HPNV)**. Beide Konzepte berücksichtigen jedoch nicht die möglichen Folgen von Klimaänderungen und ziehen somit möglicherweise die zeitliche Dynamik der Veränderungen von Ökosystemen nur unzureichend in Betracht (▶ Kap. 6).

Das Ausmaß menschlicher Einwirkungen auf die Vegetation wird mit dem **Hemerobiegrad** ausgedrückt (altgr. „hemerós" für in Kultur genommen;

■ Tab. 7.2 Hemerobiegrade und Intensität des menschlichen Einflusses mit Beispielen von Vegetationsformen

| Hemerobiegrad (zugewiesener Zahlenwert und Benennung) | | Menschlicher Einfluss | Beispielhafte Vegetationsformen |
|---|---|---|---|
| 0 | Ahemerob | Ohne | Natürliche Pflanzengesellschaften ohne Neophyten |
| 1 | Oligohemerob | Schwach, episodisch | Schwach durchforstete Wälder, gemähte oder beweidete Salzwiesen und alpine Magerrasen; Vegetation nur quantitativ verändert |
| 2 | Mesohemerob | Mäßig oder periodisch | Wiesen, Weiden, Heiden, Nadelholzforsten |
| 3 | Euhemerob | Stark, regelmäßig | Äcker, intensiv genutzte Wiesen und Weiden |
| 4 | Polyhemerob | Sehr stark, permanent | Ruderalvegetation, Kulturpflanzenreinbestände |
| 5 | Metahemerob | Total und letal | Ohne Pflanzendecke |

■ Tab. 7.2). **Hemerophobe** Arten reagieren auf menschlichen Einfluss empfindlich und verschwinden schließlich aus dem beeinflussten Gebiet. Dazu gehören z. B. etliche Moosarten, insbesondere diejenigen der Hochmoore. **Hemerophile** Arten dagegen wie der Löwenzahn *(Taraxacum officinale)* bleiben bei menschlichem Einfluss bestehen und haben durch diesen gegebenenfalls sogar einen Konkurrenzvorteil gegenüber anderen Pflanzenarten.

## 7.2 Arten und Areale

### 7.2.1 Artbegriff und biologische Systematik

Im Bereich der biologischen Systematik ist die **biologische Art** oder **Biospezies** die wichtigste Einheit, die bei ökologischen Fragestellungen betrachtet wird. Eine Art in diesem Sinn ist eine Population (eine Gruppe von Lebewesen in einem bestimmten Lebensraum) oder eine Gruppe von Populationen, deren Mitglieder sich unter natürlichen Bedingungen kreuzen können und dabei lebensfähige, fruchtbare Nachkommen hervorbringen. Traditionellerweise werden Arten v. a. nach morphologischen und anatomischen Eigenschaften, d. h. nach ihrem Körperbau, eingeteilt; diese dienen in Schlüsseln zur Artbestimmung bis heute als Kriterien zur Identifizierung einer Art. Fortschritte in Techniken der Genetik und Molekularbiologie führten aber zu erweiterten Methoden der Artidentifikation, sodass eine ganze Reihe taxonomischer (nach festgelegten Kriterien in hierarchische Gruppen vorgenommener) Eingruppierungen heute revidiert werden muss. Daher ist die Erstellung der Systematik der Lebewesen weiterhin in Bearbeitung und auf absehbare Zeit nicht abgeschlossen.

Gemäß der von Carl von Linné (▶ Abschn. 1.1) eingeführten Nomenklatur ist jeder Artname zweiteilig und besteht aus dem vorangestellten Gattungsnamen in Groß- und dem nachgestellten Artnamen in Kleinschreibung, dem in vollständiger Schreibweise noch ein Kürzel des Autors folgt, der die Art in der aktuell gültigen Form beschrieben und klassifiziert hat (z. B. bei der Rotbuche *Fagus sylvatica* L. für Linné). Miteinander verwandte Arten werden zu Gattungen (z. B. *Fagus*, Buche) zusammengefasst, Gattungen zu Familien (*Fagaceae*, Buchengewächse, zu denen u. a. auch die Eichen [Gattung *Quercus*] gehören), Familien zu Ordnungen (z. B. Fagales, Buchenartige) und Ordnungen zu Klassen (z. B. Magnoliopsida, Bedecktsamer oder Angiospermen). Ab der Familie haben in der wissenschaftlichen Nomenklatur alle höherrangigen systematischen Einheiten eine charakteristische Endung, die in den Beispielen dieses Absatzes unterstrichen sind. Grundsätzlich erfolgt die systematische Anordnung dieser Kategorien nach **phylogenetischer** Verwandtschaft auf der Grundlage der Abstammungsverhältnisse im Verlauf der Evolution. Diese Abstammungsverhältnisse werden aus Körperbau und **Ontogenese** (Entwicklungsverlauf des einzelnen Individuums von der Eizelle an) sowie aus physiologischen und genetischen Eigenschaften abgeleitet.

### 7.2.2 Areale, Arealtypen und Reaktionen auf Standortveränderungen

Das **Areal** ist das Verbreitungsgebiet einer Art oder einer anderen systematischen Einheit (einer Sippe oder eines **Taxons [Mehrzahl: Taxa]**) im hierarchischen System der pflanzlichen Systematik. Das Areal einer Sippe wird begrenzt durch geographische Faktoren wie die Übergänge vom Land zum Wasser, geographisch-klimatische Faktoren wie die Höhe über dem Meeresspiegel, klimatische Faktoren wie die Temperatur (insbesondere extreme Temperaturen), Niederschlagsmenge und -verteilung, die täglichen und saisonalen Änderungen der Sonneneinstrahlung, die Bodenbedingungen (insbesondere Wasser- und Mineralstoffverfügbarkeit sowie Kalkgehalt und pH-Wert) und auch die Ausbreitungsmechanismen der betreffenden Sippe.

Generell unterscheidet man zwischen dem **Hauptareal**, das auch als **Hauptverbreitungsgebiet** oder **Häufigkeitszentrum** bezeichnet wird, und randlichen **Teilarealen**. Teilareale größerer Ausdehnung bezeichnet man als **Exklaven**, Teilareale als kleine Vorkommen in Randlage vor dem Hauptareal als **Vorposten**. **Geschlossene Areale** liegen vor, wenn die Umgrenzung der Fundorte einer Art eine zusammenhängende Fläche bildet, wogegen **disjunkte Areale** aus zwei oder mehr voneinander getrennten Teilarealen bestehen (◘ Abb. 7.10). Bei **disperser Verbreitung**, die beispielsweise bei weit verbreiteten Wasserpflanzen vorliegt, ist kein Areal erkennbar.

Die Abgrenzung des Areals einer Art hängt auch davon ab, wie weit diese Art gefasst wird. So hat das Buschwindröschen (*Anemone nemorosa* im engeren Sinn, also *sensu stricto*) mit seinem Areal, das sich über Nord-, Nordwest- und Mitteleuropa erstreckt, zwei Geschwisterarten in Nordamerika *(Anemone americana)* und im Nordosten Asiens *(Anemone amurensis)*. Aufgrund von Erkenntnissen zur evolutiven Entstehungsgeschichte dieser Arten könnte man sie aber auch zu einer gemeinsamen Art *Anemone nemorosa sensu lato* (im weiteren Sinn) zusammenfassen. Ebenso lassen sich bei etlichen Arten Areale für deren Unterarten oder für **Ökotypen** angeben. Solche Ökotypen stellen Angepasstheiten an die klimatischen oder sonstigen Standorteigenschaften einzelner Regionen innerhalb des Areals der Art dar. So existieren z. B. für die Waldkiefer *(Pinus sylvestris)*, deren Hauptareal sich von Mitteleuropa über Skandinavien und Osteuropa bis nach Sibirien erstreckt, zahlreiche genetisch an ihr jeweiliges Vorkommen angepasste Ökotypen, die sich u. a. in der Form ihrer Krone (von breit über kegelförmig bis schmal) und der Struktur ihrer Borke (von dünn bis dick und von klein- bis großschuppig) unterscheiden. Insbesondere die Kronenform kann als Angepasstheit an die am jeweiligen Wuchsort auftretende winterliche Schneelast gesehen werden. In der Forstwirtschaft bezeichnet man die verschiedenen Ausprägungen einer Art nach ihrer jeweiligen geografischen Herkunft als **Provenienzen**. Für das zukünftige Gedeihen des Waldbestands, aber auch für das erfolgreiche Anpflanzen von Ziergehölzen unter Berücksichtigung von Resistenzen gegen verschiedene Stressfaktoren ist zur Aussaat oder Pflanzung des Materials die Wahl der jeweils am besten geeigneten Provenienz von entscheidender Bedeutung.

Nahe miteinander verwandte Arten, die an unterschiedlichen Standorten mit verschieden ausgeprägten Umweltfaktoren wachsen und sich somit in ihrem Vorkommen „gegenseitig vertreten", nennt man **vikariierende Arten**. Derartige vikariierende Arten finden sich an Standorten mit unterschiedlicher Bodenzusammensetzung wie im Fall der Alpenrose *(Rhododendron)* in den Alpen: Die Rostblättrige Alpenrose *(Rhododendron ferrugineum)* wächst auf sauren Silikatverwitterungsböden, die Bewimperte Alpenrose *(Rhododendron hirsutum)* dagegen auf Kalkböden (◘ Abb. 7.11). In Alpenregionen mit kleinräumig stark wechselndem Ausgangsgestein kann man in wenigen Metern Abstand beide Arten finden. Ein Beispiel für nahe verwandte Arten entlang eines Höhengradienten sind der Wiesen-Storchschnabel *(Geranium pratense)* an feuchten, mineralstoffreichen Standorten im mitteleuropäischen Tiefland und Mittelgebirge und der Wald-Storchschnabel *(Geranium sylvaticum)* an entsprechenden subalpinen Gebirgsstandorten.

Areale können Flächen sehr unterschiedlicher Ausdehnung umfassen. Für das obere Extrem der Arealgröße stehen Arten, die in weiten Gebieten der Festlandsoberfläche der Erde vorkommen. Beispiele dafür sind der Adlerfarn *(Pteridium aquilinum)*, das Einjährige Rispengras *(Poa annua)*, viele Wasser-

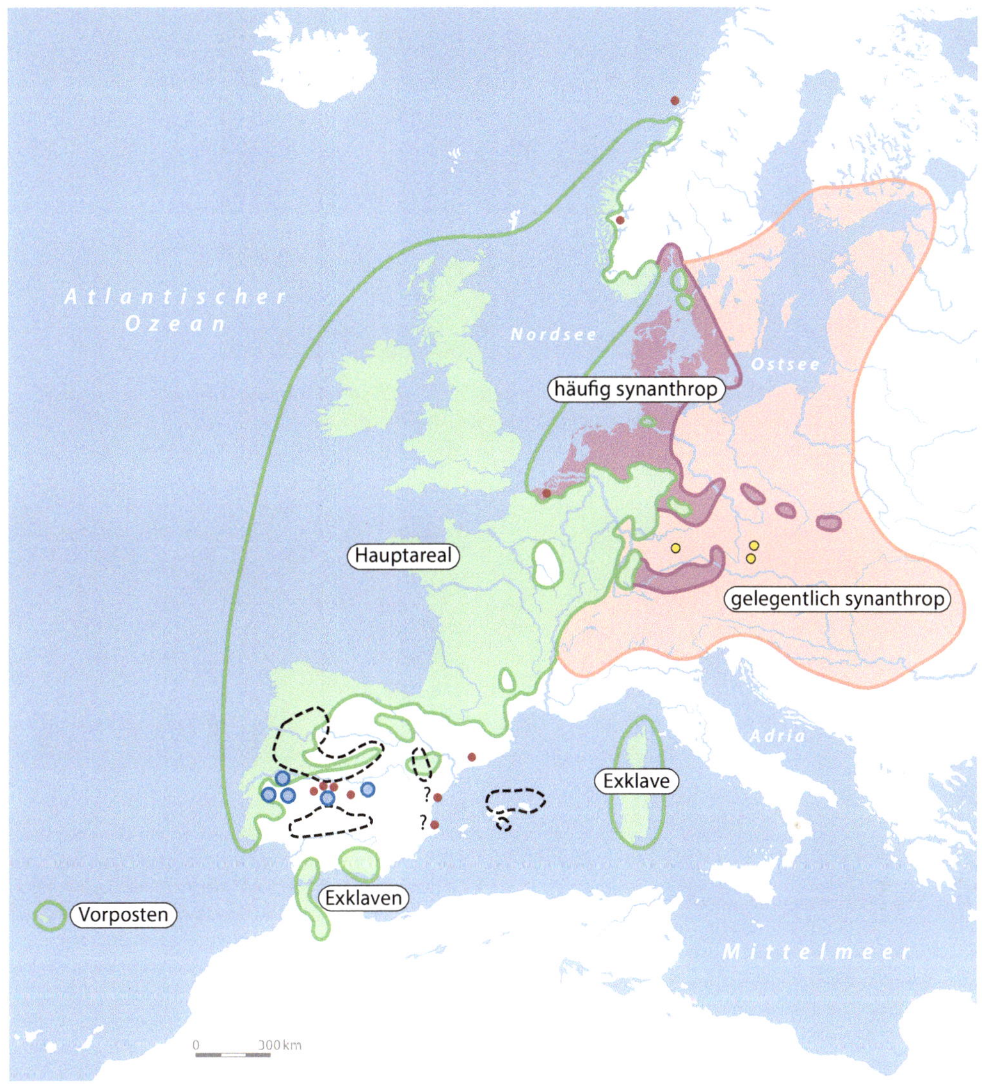


**Abb. 7.10** Disjunktes Areal des Roten Fingerhuts *(Digitalis purpurea)*. Der Begriff synanthrop bezeichnet ein Vorkommen, das an den Menschen und seine Tätigkeiten gebunden ist. *Gelbe Punkte* (○) kennzeichnen lokal häufige synanthrope Vorkommen. *Gestrichelte schwarze Linien, rote Punkte* (●) und *blaue Punkte* (○) bezeichnen das Vorkommen von Unterarten bzw. nahe verwandten Arten. (Nach Meusel et al. 1978)

und Sumpfpflanzen wie die Kleine Wasserlinse *(Lemna minor)* und Schilfrohr *(Phragmites australis)*, Arten von Ruderalstandorten wie Löwenzahn *(Taraxacum officinale)* und Brennnessel *(Urtica dioica)* sowie viele Salzpflanzenarten. Arten mit einem derartig großen Areal oder mit disperser Verbreitung bezeichnet man als **Kosmopoliten**. Ihr Vorkommen wird weniger durch das Klima, sondern stärker durch Besonderheiten ihres Standorts und durch ihre Verbreitungsmechanismen bestimmt.

Das untere Ende der Arealgröße dagegen wird durch Arten repräsentiert, die sehr kleine Areale von möglicherweise nur wenigen Hektar aufweisen. Arten (oder Taxa) mit einem mehr oder weniger eng begrenzten Verbreitungsgebiet werden als **Endemiten** bezeichnet. Charakteristischerweise kom-

**Abb. 7.11** **a** Rostblättrige Alpenrose *(Rhododendron ferrugineum)*, **b** Bewimperte Alpenrose *(R. hirsutum)*; zwei nah verwandte, aber an unterschiedlichen Standorten vorkommende (vikariierende) Arten

**Abb. 7.12** Drachenbaum *(Dracaena draco)* mit Fruchtstand auf Teneriffa. Drachenbäume gehören (wie auch Gräser, grasartige Pflanzen, Orchideen und etliche andere Gruppen) zu den einkeimblättrigen Pflanzen, bei denen die Leitbündel (► Abschn. 2.2.2) über den gesamten Sprossquerschnitt verteilt sind und kein sekundäres Dickenwachstum (► Abschn. 2.2.2) ermöglichen (im Gegensatz zu zweikeimblättrigen Baumarten und den Nadelbäumen, bei denen der Holzkörper durch einen geschlossenen Kambiumring gebildet wird)

**Abb. 7.13** Männliches Exemplar einer Welwitschie *(Welwitschia mirabilis)* mit Blütenständen (Namibia, südöstlich von Swakopmund). Die Welwitschie gehört zur Ordnung Gnetales der nacktsamigen Pflanzen (Gymnospermae). Im Gegensatz zu den meisten Nacktsamern verfügt das Holz der Welwitschie über Tracheen (► Abschn. 3.1.3). Diese ermöglichen einen effizienten Wassertransport in der Pflanze, die angesichts der extrem geringen Niederschläge in ihrem Lebensraum auf die Wasseraufnahme aus tieferen Bodenschichten angewiesen ist. Welwitschien besitzen in aller Regel nur ein Paar Blätter. Diese können allerdings aufgrund von Wachstumsprozessen in Längsrichtung aufreißen, wodurch das Vorhandensein mehrerer Blätter vorgetäuscht wird

men Endemiten in Regionen und Lebensräumen vor, in denen der Austausch mit Nachbargebieten fehlt. Dies sind z. B. Inseln und isolierte Gebirgsstöcke, in denen die Umweltbedingungen über längere Zeiträume hinweg relativ konstant sind, sodass Anpassungsdruck und Aussterberisiko unter natürlichen Bedingungen relativ gering sind. Aufgrund der isolierten Lage ihrer Areale sind Endemiten einer höchstens geringen Konkurrenz durch einwandernde Arten ausgesetzt. Als **Reliktendemiten** oder **Paläoendemiten** bezeichnet man Arten, die schon seit längerer Zeit an ihrem gegenwärtigen Wuchsort vorkommen, wobei ihr ursprüngliches Areal durchaus größer gewesen sein kann. Beispiele für Reliktendemiten sind der Drachenbaum (*Dracaena draco*; Abb. 7.12) auf einem Teil der makaronesischen Inseln (Madeira bis Kapverden) und in Nordafrika sowie die Welwitschie (*Welwitschia mirabilis*; Abb. 7.13) in den Wüstenregionen Namibias.

## Das „Gesetz" der relativen Standortkonstanz bei Veränderung des Großklimas

Das „Gesetz" der relativen Standortkonstanz wurde 1954 von dem Botaniker Heinrich Walter formuliert. Es besagt, dass bei Klimaänderung innerhalb des Areals einer Pflanzenart diese Art ihr Biotop in einer Weise wechselt, dass der Effekt der Klimaänderung mehr oder weniger aufgehoben wird. So kommt das Kalk-Blaugras *(Sesleria caerulea)* in Mitteleuropa in den Alpen und kalkreichen Mittelgebirgen vor, aber auch auf den schwedischen Ostseeinseln Öland und Gotland. In den Alpen und im Mittelgebirge unter den dort allgemein niedrigeren Lufttemperaturen wächst es in Felsheiden und auf Felsschutthalden an lockeren, trockenen Kalkhängen, während es auf den Ostseeinseln mit ihren warm-trockenen Sommern an periodisch nassen Tümpeln gedeiht. Wahrscheinlich wirkt sich dabei die Bodentemperatur entscheidend aus, die sich unter den jeweiligen Standortbedingungen in den Gebirgslagen und auf den Ostseeinseln ähneln.

Das Gesetz der relativen Standortkonstanz gilt auch für ganze Pflanzengemeinschaften. Durchläuft man z. B. auf den Südseiten der Kanarischen Inseln Teneriffa oder La Palma die Vegetationszonen auf den verschiedenen Höhenstufen von Meereshöhe bis auf über 2400 m über dem Meeresspiegel, so lässt man bis in etwa 100 m Höhe zunächst eine Halbwüste hinter sich (die sich in entsprechender Exposition auch auf anderen Kanareninseln findet; ◘ Abb. 7.14), bevor man in einen Sukkulentenbusch gelangt, der im Wesentlichen aus Euphorbienarten besteht (◘ Abb. 7.15). Oberhalb davon erstreckt sich in Lagen mit ausreichender Feuchtigkeit bis in eine Höhe von ungefähr 1100 m Lorbeerwald (◘ Abb. 7.16). Ober- und unterhalb des Lorbeerwalds, insbesondere auf den trockeneren südwestlich exponierten Seiten der Inseln, kann sich noch ein Buschwald aus Baumheide *(Erica arborea)* und Gagelbaum *(Myrica faya)* erstrecken, der schließlich in einen Wald aus Kanaren-Kiefern *(Pinus canariensis)* übergeht (◘ Abb. 7.17). Oberhalb der Baumgrenze bei etwa 2000 m herrscht eine baumlose Kugelbuschvegetation (◘ Abb. 7.18) mit verschiedenen Straucharten der Hülsenfrüchtler (Fabaceae), während die Hochlagenvegetation oberhalb von 2400 m nur noch einige wenige, spezialisierte Gefäßpflanzenarten wie das Teide-Veilchen *(Viola cheiranthifolia)* umfasst (◘ Abb. 7.19).

Diese Abfolge von Vegetationstypen entlang von Höhenstufen findet sich allerdings nicht nur auf den Kanarischen Inseln, sondern auch auf den anderen mittelatlantischen (makaronesischen) Inseln mit entsprechender Höhenerstreckung (◘ Abb. 7.20). Allerdings sind die Höhenlinien der Grenzen zwischen diesen Vegetationstypen je nach dort herrschendem Klima in Richtung auf größere oder geringere Höhen verschoben: Auf der nördlich der Kanaren gelegenen Insel Madeira mit ihren kühleren Temperaturen geht der Sukkulentenbusch schon in tieferen Lagen in einen Buschwald über und Halbwüste kommt überhaupt nicht vor, während die Halbwüste auf den Kapverden sich bis in 1000 m Höhe erstrecken kann. Lorbeerwald findet sich in dem dortigen warm-trockenen Klima überhaupt nicht mehr, während er auf den nördlichsten makaronesischen Inseln, den Azoren, natürlicherweise den gesamten unteren Bereich der Inseln einnehmen würde. Auf den einzelnen Inseln sind die Grenzen der Vegetationstypen von der Nordost- zur Südwestseite nach oben verschoben, da die Regenwolken von den Passatwinden aus Nordosten herangetragen werden. Oberhalb des Einflussbereichs der Passatwolken, der bei ungefähr 2000 m endet, unterscheiden sich die Inselseiten in Klima und Vegetation dagegen nur relativ wenig.

Obwohl etliche Beispiele für eine relative Standortkonstanz sowohl für einzelne Arten als auch für ganze Pflanzengemeinschaften vorliegen, ist es unpassend, diesen Zusammenhang als ein Gesetz zu bezeichnen, auch wenn dieser Begriff in der Literatur einen festen Platz hat. Gesetze in der mit diesem Begriff verbundenen Bedeutung der generellen und uneingeschränkten Gültigkeit gibt es in der Biologie und der Ökologie angesichts der Variabilität der Lebensbeziehungen und -äußerungen nicht. Daher wäre der Begriff „Regel" eher angemessen.

◘ **Abb. 7.14** Halbwüste an der Westküste (Caleta de Famara) von Lanzarote. (Kanarische Inseln)

■ **Abb. 7.15** Sukkulentenbusch mit *Euphorbia canariensis.* (Nord-Teneriffa; ungefähr 200 m über NN)

■ **Abb. 7.16** Lorbeerwald mit *Laurus azorica.* (Parque Nacional de Garajonay, Gomera, Kanarische Inseln; etwa 1200 m über NN)

**Abb. 7.17** **a** Kanaren-Kiefern-Wald *(Pinus canariensis)* und **b** männlicher Blütenstand einer Kanaren-Kiefer in der Umgebung der Cañadas (durch Einsturz eines früheren Zentralvulkans entstandener Kessel im Bereich des Pico del Teide, Teneriffa, Kanarische Inseln; etwa 1600 m über NN). Diese Baumart ist auf den Kanarischen Inseln endemisch. Im Hintergrund ist die Schicht der Passatwolken erkennbar

**Abb. 7.18** **a,b** Kugelbuschvegetation in den Cañadas (Teneriffa, Kanarische Inseln; ungefähr 2200 m über NN). Diese Kugelbüsche sind meist strauchige Arten von Hülsenfrüchtlern (Fabaceae), die oft Dornen tragen

**Abb. 7.19** Teide-Veilchen *(Viola cheiranthifolia)* nahe dem Gipfel des Guajara (etwa 2600 m über NN, Cañadas, Teneriffa, Kanarische Inseln), eine in den hohen Gebirgslagen der Kanarischen Inseln endemische Art. Sie ist namensgebend für die Teide-Veilchen-Flur dieser Regionen und muss an die dort herrschenden Umweltbedingungen (u. a. starke Sonneneinstrahlung, große Temperaturunterschiede und intensive Trockenheit) angepasst sein

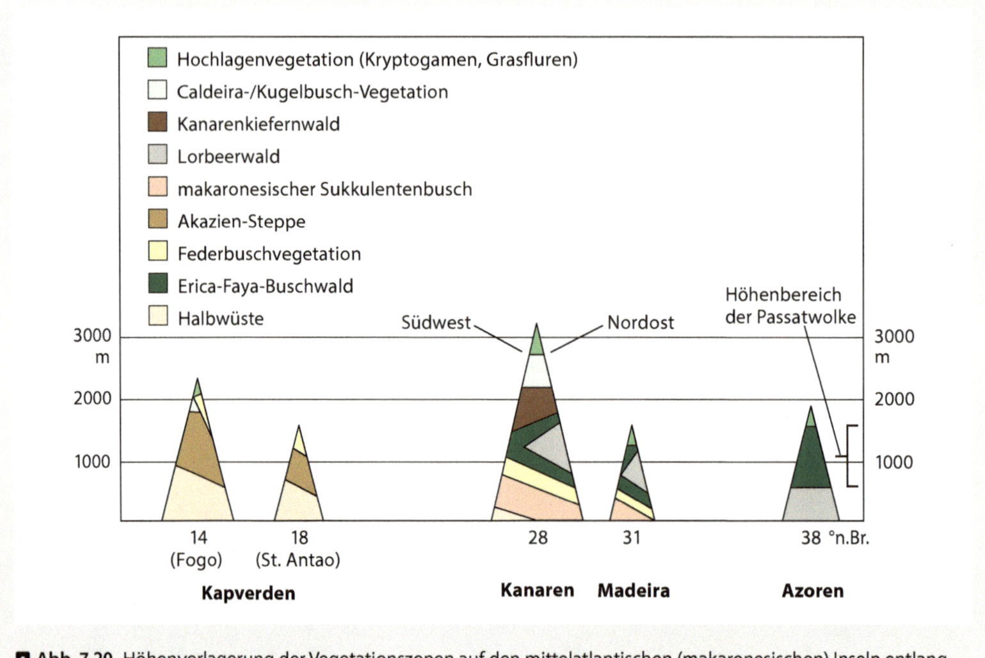


**Abb. 7.20** Höhenverlagerung der Vegetationszonen auf den mittelatlantischen (makaronesischen) Inseln entlang der geographischen Breitengrade. (Nach Frey und Lösch 2010)

Die Existenz von Reliktendemiten verdeutlicht, dass sich Areale von Arten mit der Zeit verändern können. So können klimatische Veränderungen dazu führen, dass sich Arten aus Bereichen ihres früheren Areals zurückziehen und **Reliktareale** bilden. Ein Beispiel ist das Haar-Pfriemengras *(Stipa capillata)*, das sein Hauptareal in osteuropäischen Steppen hat und sich in der trockenwarmen Periode der Nacheiszeit nach Mitteleuropa ausbreitete. Aufgrund der seitdem eingetretenen Klimaänderungen kommt es heute in Mitteleuropa aber nur noch in lokalklimatisch günstigen Reliktarealen wie im relativ trockenen Bereich Mitteldeutschlands im Regenschatten des Harzes vor, wo das Klima dem der osteuropäischen Steppe ähnelt. Ein weiteres Beispiel ist das Alpen-Edelweiß *(Leontopodium alpinum)*, das in der Nacheiszeit aus Steppengebieten der höheren Lagen Zentralasiens in die Alpen eingewandert ist und dort heute ein Reliktareal bildet, wo die Konkurrenz mit anderen Arten geringer ist als in tieferen Lagen mit milderem Klima.

**Neoendemiten** dagegen sind entwicklungsgeschichtlich junge Arten, die insbesondere in Gattungen mit intensiver Artbildung vorkommen. Ihre Entstehung wird durch ein stark gegliedertes Landschaftsrelief gefördert, das im Lauf der Zeit klimatische oder geomorphologische Veränderungen erfahren hat. Auch Insellagen fördern die Entstehung von Neoendemiten. So kommt die Hauswurz *(Aeonium)* auf den Kanarischen Inseln mit 34 endemischen Arten vor. Die Aufspaltung eines einheitlichen Taxons in mehrere Untertaxa im Lauf der Evolution bezeichnet man als **Radiation. Adaptive Radiation** ist Radiation unter Anpassung an unterschiedliche Standortbedingungen. Einen (vergleichsweise) kleinen Raum mit besonders vielen Arten einer Gattung nennt man **Entfaltungszentrum.** Dieses muss nicht notwendigerweise das Entstehungszentrum der Gattung sein.

Durch die Kombination von geografischen und ökologischen Gegebenheiten lassen sich **Arealtypen** definieren. Entsprechend dem globalen Wärmegradienten vom Äquator zu den Polen kann man eine **zonale Strukturierung** vornehmen (die allerdings zum Teil nur für Europa sinnvoll ist; ► Abschn. 7.1) und die geografischen Regionen in eine tropische

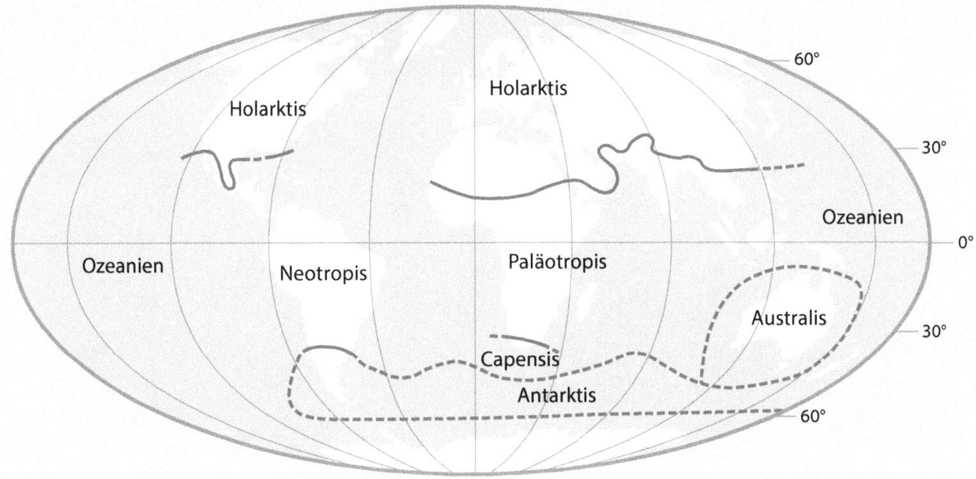


**Abb. 7.21** Die sechs Florenreiche der Erde mit zusätzlicher Berücksichtigung von Ozeanien, zu dem manchmal auch Neuseeland gezählt wird. (Nach Pott 2005)

(trop), subtropische (strop), meridionale (m), submeridionale (sm), temperate (temp), boreale (bor), arktische (arkt) und antarktische (antarkt) Zone einteilen. Nach Höhe über dem Meeresspiegel kann eine planare (plan), colline (coll), montane (mo), subalpine (salp) und alpine (alp) Höhenstufe unterschieden werden, nach Ozeanitätsgefälle (v. a. für Europa anwendbar; ▶ Abschn. 7.1) hochozeanische bis extrem kontinentale Bereiche, die in jeweils drei Ozeanitäts- (oz) und Kontinentalitätsstufen (k) untergliedert sind, mit der Ziffer 1 für eine starke und 3 für eine schwache Ausprägung. Dazu kommt die Kontinentzugehörigkeit, wobei ein Vorkommen auf der Südhalbkugel mit austral (austr) bezeichnet wird. Aus der Kombination dieser Angaben lässt sich für das Areal jeder Art eine **Arealdiagnoseformel** erstellen. Im Fall des Buschwindröschens (*Anemone nemorosa sensu lato*; siehe oben) lautet sie folgendermaßen:

$$\mathrm{sm}_{(\mathrm{mo})} - \mathrm{temp} - (\mathrm{bor}) - \mathrm{oz}_{1\text{–}3} - \mathrm{NAm} + \mathrm{Eur} + \mathrm{OAs}. \tag{7.1}$$

Diese Formel besagt, dass die Art schwerpunktmäßig in der temperaten Klimazone und in der montanen Höhenstufe der submeridionalen Klimazone, eingeschränkt auch in der borealen Klimazone Nordamerikas, Europas und Ostasiens mit jeweils mehr oder weniger stark ozeanischer Ausprägung vorkommt.

## 7.3 Florenreiche und Florenregionen

### 7.3.1 Florenreiche

Aufgrund des großen Florenkontrasts zwischen ihnen und einem starken Florengefälle in den Übergangsbereichen lässt sich die Flora der Erde in sechs terrestrische Florenreiche einteilen. Zuweilen wird noch Ozeanien als siebtes Florenreich hinzugezählt, dem man aber oft nur für den marinen Bereich Bedeutung zumisst (■ Abb. 7.21).

Als größtes Florenreich umfasst die **Holarktis** nahezu die gesamte Nordhalbkugel der Erde. Der nordamerikanische Teil dieses Florenreichs und sein europäischer, nordafrikanischer und nord- und ostasiatischer Bereich lassen sich zu einem gemeinsamen Florenreich zusammenfassen, weil Nordamerika und Eurasien noch im frühen Tertiär (Eozän) miteinander verbunden waren, wodurch ein umfangreicher Florenaustausch möglich war. So sind Sippen der in Europa weit verbreiteten Pflan-

■ **Abb. 7.22** Ganzer Baum (**a**) und Blätter (**b**) des Tamboti *(Spirostachys africana)*, eines im südlichen Afrika (hier: Nordnamibia, östlich des Etosha-Nationalparks) vorkommenden Wolfsmilchgewächses (Familie Euphorbiaceae). Im Gegensatz zu Mitteleuropa, wo nur krautige Wolfsmilchgewächse vorkommen, umfassen die global ungefähr 6000 Arten dieser Familie auch etliche strauch- bis baumförmige Arten. Einige Wolfsmilcharten (wie auch die hier abgebildete) enthalten einen giftigen Milchsaft. Der Milchsaft des Tamboti wird bzw. wurde in manchen Regionen beim Fischfang zum Betäuben der Fische benutzt. **c** Indischer Mandelbaum *(Terminalia catappa)*, eine Art aus der Familie der Flügelsamengewächse *(Combretaceae)*, die an die 500 Arten von Holzgewächsen umfasst. Der indische Mandelbaum ist im Bereich des malaiischen Archipels bis Neuguinea und im westlichen Pazifik heimisch. Die salztolerante Art wird in nahezu allen Tropengebieten in Strandnähe als Schattenspender angebaut. Die Krone junger Bäume besitzt einen typisch etagenförmigen Aufbau

zenfamilien der Birkengewächse (Betulaceae), Buchengewächse (Fagaceae), Kieferngewächse (Pinaceae), Hahnenfußgewächse (Ranunculaceae), Rosengewächse (Rosaceae) und Weidengewächse (Salicaceae) auch in Nordamerika und Asien zu finden. Diese Familien sind die charakteristischen Pflanzenfamilien der Holarktis.

Die Regionen Afrikas südlich der Sahara (mit Ausnahme der Kapregion) und das südliche Asien einschließlich Neuguinea gehören zur **Paläotropis**, dem tropischen Florenreich der Alten Welt. Der große geographische Raum, den dieses Florenreich umfasst, bringt es mit sich, dass es in drei Unterreiche unterteilt werden kann: das afrikanische, das indomalaiische und das polynesische (sofern Letzteres nicht separat dem ozeanischen Bereich zugeschlagen wird). Charakteristische Pflanzenfamilien der Paläotropis sind die Maulbeergewächse (Moraceae), u. a. mit der wichtigen, mehr als 800 Arten umfassenden Gattung der Feigen *(Ficus)*, die Schraubenbaumgewächse (Pandanaceae) mit ihren typischerweise scheinbar schraubenförmig angeordneten Blättern, die Ingwergewächse (Zingiberaceae) des malaiischen Raums, die v. a. in Afrika und Indien artenreich vorkommenden Wolfsmilchgewächse (Euphorbiaceae, ■ Abb. 7.22a,b); die Flügelfruchtgewächse (Dipterocarpaceae), eine v. a. in Südostasien verbreitete Pflanzenfamilie mit etlichen als Holzquelle bedeutsamen Baumarten, die oft Brettwurzeln aufweisen; die Flügelsamengewächse (Combretaceae; ■ Abb. 7.22c) Afrikas mit verholzten Arten von Zwergsträuchern über Lianen bis Bäumen und die Kannenpflanzengewächse (Nepenthaceae) mit der einzigen Gattung Kannenpflanze *(Nepenthes)*, die etwa 100 Arten fleischfressender Pflanzen umfasst.

Das flächenmäßig mit Abstand kleinste Florenreich, die **Kapensis**, umfasst nur knapp 8000 $km^2$ an der Südspitze Afrikas, aber beherbergt eine große floristische Vielfalt mit vielen Endemiten. Die floristische Isolation ergibt sich geographisch durch den angrenzenden ozeanischen Bereich im Osten, Süden

**Abb. 7.23** Eine Art der Gattung *Carpobrotus*, die zu den Mittagsblumengewächsen (Aizoaceae) gehört, einer für das kapensische Florenreich typischen Pflanzenfamilie. Arten dieser Gattung sind kriechende Zwergsträucher mit fleischigen (sukkulenten) Blättern. Die beerenartigen Früchte sind essbar

**Abb. 7.24** Epiphytische Tillandsie (Gattung *Tillandsia*) im Randbereich eines tropischen Regenwalds (Tobago Forest Reserve, Main Ridge) auf der zu den Kleinen Antillen gehörenden Insel Tobago. Mit mehr als 500 Arten ist die Gattung *Tillandsia* die artenreichste in der Familie der Bromeliaceae. Die meisten Tillandsien-Arten leben epiphytisch oder auf Felsen (einschließlich von Menschen geschaffener Strukturen). Epiphytisch lebt auch die Mehrzahl der zu den Bromeliengewächsen gehörenden Arten

und Westen und durch die ausgedehnten Wüstengebiete im Norden. Charakteristische Pflanzenfamilien sind die Silberbaumgewächse (Proteaceae), die Mittagsblumengewächse (Aizoaceae) mit den auch im Mittelmeerraum als Bodendecker verwendeten Arten der Gattung *Mesembryanthemum* und *Carpobrotus* (Abb. 7.23) und den „Lebenden Steinen" der Gattung *Lithops* sowie den Heidekrautgewächsen (Ericaceae), die in der Kapensis ihren Artenschwerpunkt haben. Neuerdings wird aber die Kapensis von manchen Autoren nicht als eigenständiges Florenreich, sondern als Unterreich oder Florenregion eines afrikanischen Florenreichs angesehen.

Manche Beispiele der für die Paläotropis und die Kapensis charakteristischen Pflanzenfamilien machen bereits deutlich, dass das Vorkommen einer für ein Florenreich typischen Pflanzenfamilie nicht nur auf dieses eine Florenreich beschränkt sein muss. So kommen Arten der Wolfsmilchgewächse (charakteristisch für die Paläotropis) und der Heidekrautgewächse (Kapensis) durchaus auch in der Holarktis einschließlich Mitteleuropas vor, nur sind sie dort mit deutlich weniger Arten vertreten und diese Arten wachsen i. d. R. nicht strauch- oder baumförmig, im Gegensatz zu einigen in der Paläotropis und Kapensis vorkommenden Arten.

Im Gegensatz zur Holarktis, die die nördlichen Kontinentalbereiche der Alten und Neuen Welt rund um die nördliche Hemisphäre umfasst, sind sich die südlichen Teile dieser Kontinente aufgrund ihrer schon seit längeren geologischen Zeiträumen bestehenden geographischen Trennung floristisch so unähnlich, dass für Mittel- und Südamerika (bis auf dessen südlichsten Teil) ein eigenes Florenreich der **Neotropis** definiert wurde. Zwar weisen Paläo- und Neotropis eine Reihe gemeinsamer Pflanzenfamilien auf, doch nur 13 % aller tropischen Pflanzengattungen kommen sowohl in der Paläo- als auch in der Neotropis vor. Charakteristische Pflanzenfamilien der Neotropis sind die Bromeliengewächse (Bromeliaceae), u. a. mit den Gattungen *Ananas* und *Tillandsia*, die über 500 meist epiphy-

**Abb. 7.25** Typische Florenelemente der Australis. **a** Ein mehr als 300 Jahre alter und 33 m hoher Baum der Art *Corymbia papuana*, einer früher zur Gattung *Eucalyptus* gestellten und wegen ihres weißen Stamms als „ghost gum" bezeichneten Baumart in Nordaustralien und Neuguinea (hier: Trephina Gorge Nature Park, East MacDonnell Ranges, Northern Territory, Australien). Große Bäume dieser Art zeigen eine gute Verfügbarkeit von Grundwasser an; **b** eine Art der Gattung *Banksia* aus der Pflanzenfamilie der Silberbaumgewächse (Proteaceae), aufgenommen im Südwesten Australiens; Arten dieser Gattung haben als Nektarproduzenten eine große Bedeutung für eine Vielzahl an Tierarten; **c** eine von nahezu 30 Arten von Grasbäumen *(Xanthorrhoea)*, eines typischen Florenelements der Australis (aufgenommen in Südwestaustralien). Diese Pflanzen sind an die häufig auftretenden Buschbrände angepasst; ihre Verbreitung und Vermehrung wird durch Feuer sogar gefördert, weshalb sie, ebenso wie die *Banksia*-Arten, zur ökologischen Gruppe der Pyrophyten (Feuerpflanzen) gezählt werden

tische (als Aufsitzerpflanzen lebende, ► Abschn. 2.5) Arten umfasst (Abb. 7.24); die Kakteengewächse (Cactaceae), die bis auf eine Art ausschließlich in Amerika vorkommen (die u. a. im Mittelmeerraum und auf den Kanaren vorkommenden Opuntien [Gattung *Opuntia*] mit ihren charakteristischen Flachsprossen und den bei manchen Arten genießbaren Früchten wurden dorthin eingeführt), und die Nachtschattengewächse (Solanaceae), die in der Neotropis ihren Artenschwerpunkt haben. Die Nord-Süd-Grenzen zwischen Paläo- und Neotropis verlaufen in der Mitte des Atlantiks und im östlichen Pazifik, wobei die Galapagosinseln zur Neotropis gehören.

Die auf den gleichnamigen Kontinent beschränkte **Australis** hat eine isolierte Stellung, da nur 14 % der ihr zugehörigen Arten auch außerhalb Australiens vorkommen. Charakteristische Pflanzenfamilien sind die Myrtengewächse (Myrtaceae), u. a. mit etwa 500 Arten der Gattung *Eucalyptus*; die Silberbaumgewächse (Proteaceae) mit der nur in Australien vorkommenden Gattung *Banksia*; die Kasuarinengewächse (Casuarinaceae); die Grasbaumgewächse (Xanthorrhoeaceae) mit der nur in Australien vorkommenden Gattung *Xanthorrhoea* (Abb. 7.25) sowie die Gattung Akazie *(Acacia)* aus der Familie der Hülsenfrüchtler (Fabaceae), die über 900 Arten umfasst, von denen manche zwar auch in Südamerika und Afrika vorkommen, deren Artenschwerpunkt aber in Australien liegt.

Die **Antarktis** ist ein heute nur noch auf einer relativ kleinen Fläche vorkommendes Florenreich, das auf den südlichen Teil Südamerikas und die äußersten Ränder des antarktischen Kontinents beschränkt ist; oft wird auch die neuseeländische Inselwelt mit dazugerechnet. Charakteristische Pflanzensippen sind die mit den Buchengewächsen verwandten Scheinbuchen- oder Südbuchengewächse (Nothofagaceae) mit der im südlichen Südamerika und auf Neuseeland weit verbreiteten Gattung *Nothofagus* (Abb. 7.26) sowie die polsterbildende Gattung *Azorella* aus der Familie der

Abb. 7.26 *Nothofagus*-Wald im Fiordland National Park im Süden der Südinsel Neuseelands

Doldenblütler (Apiaceae). Auf dem antarktischen Festland kommen natürlicherweise lediglich zwei Bedecktsamerarten vor: die Antarktische Schmiele *(Deschampsia antarctica)* aus der Familie der Süßgräser (Poaceae) und die Antarktische Perlwurz *(Colobanthus quitensis)* aus der Familie der Nelkengewächse (Caryophyllaceae). Durch den zunehmenden Antarktistourismus wurden in den vergangenen Jahren allerdings weitere Gefäßpflanzenarten eingeschleppt.

**Ozeanien** umfasst die pazifische Inselwelt von Polynesien, Melanesien (mit Neuguinea) und Mikronesien. Charakteristische Pflanzensippen sind die Sagopalme *(Metroxylon sagu)* aus der Familie der Palmengewächse (Arecaceae), die in der Region Melanesiens, Mikronesiens und Ostpolynesiens vorkommt und die wegen der Gewinnung von Stärke aus Stammgewebe in der Ernährungstradition der einheimischen Bevölkerung eine wichtige Rolle spielt, und die Gattung Eisenholz *(Metrosideros)* aus der Familie der Myrtengewächse (Myrtaceae) in Polynesien und Ostmelanesien, wo Vertreter dieser Gattung von der Erstbesiedlung neuer Lavaflächen bis zur Bildung geschlossener Wälder des Klimaxstadiums eine dominierende Rolle in der Vegetation spielen (Abb. 7.27).

Die Florenreiche werden noch weiter hierarchisch untergliedert in Florenregionen, Florenprovinzen und Florenbezirke mit weiteren Differenzierungen in Unterregionen, Unterprovinzen und Unterbezirke. Kriterien für diese Untergliederungen stammen aus empirischen Befunden durch den visuellen Vergleich von Arealen, v. a. anhand typischer Taxa; aus florenstatistischen Erhebungen aufgrund quantitativer Vergleiche von Floreninventaren und aus vegetationskundlichen Untersuchungen, in denen die wesentlichen Pflanzensippen qualitativ nach ihrer Bedeutung in der Vegetation gewertet werden.

## 7.3.2 Florenregionen

Beispielhaft für die Unterteilung in Florenregionen werden im Folgenden die Florenregionen des europäisch-westsibirischen Raums (Abb. 7.28) als eines der drei großen geographischen Räume des holarktischen Florenreichs vorgestellt, das außerdem noch den nordamerikanischen und den zentralsibirisch-ostasiatischen Raum umfasst. Die Trennlinie zwischen dem europäisch-westsibirischen und dem zentralsibirisch-ostasiatischen Raum verläuft entlang einer ungefähren Linie von der Mündung des Jenissej in das Nordpolarmeer im Norden bis zum Baikalsee im Süden. Sie entspricht in etwa der Grenze von Auswirkungen der von Westen kommenden Zyklonen (dynamischen Tiefdruckgebiete).

Der europäisch-westsibirische Raum ist in die arktische, boreale, atlantische, mitteleuropäische, pontische, submediterrane und mediterrane Florenregion unterteilt. Die **arktische Florenregion** weist eine relativ einheitliche Flora mit nur wenigen Gehölzarten auf. Charakteristische Arten sind Kriechweiden aus der Gattung *Salix*, verschiedene Arten der Heidekrautgewächse und Sauergräser (Cyperaceae) sowie viele Moos- und Flechtenarten. Die arktische Florenregion kann weiter untergliedert wer-

■ **Abb. 7.27** **a** Wald aus der Baumart *Metrosideros polymorpha* im Volcanoes National Park, Hawaii; **b** Blütenstand aus mehreren Einzelblüten dieser Art, deren Kelch- und Kronblätter nur sehr kurz ausgebildet sind, sodass die roten Staubblätter den bei Weitem auffälligsten Teil der Blüte darstellen. Die Art wächst sowohl strauchförmig als einer der sehr frühen Besiedler erkalteter Lavaströme als auch baumförmig in Waldbeständen als Endstadium der Sukzession auf diesen Böden. Sie ist auf den Hawaii-Inseln endemisch; die Gattung aber ist im Pazifikraum weit verbreitet

den in den arktischen Bereich im engeren Sinn; den arktisch-alpinen Bereich, der einige Sippen mit disjunktem Areal in Skandinavien und in den Alpen umfasst und den subarktischen Bereich.

Die **boreale Florenregion** ist v. a. von Nadelbaumgattungen geprägt (■ Abb. 7.29), insbesondere von der Rotfichte *(Picea abies)*, der Waldkiefer *(Pinus sylvestris)*, der Tanne *(Abies)* und der Lärche *(Larix)* sowie von den Laubbaumgattungen Erle *(Alnus)*, Pappel *(Populus)*, Eberesche *(Sorbus)* und Weide *(Salix)*. In der Bodenflora finden sich viele Zwergsträucher der Heidekrautgewächse, z. B. die Besenheide *(Calluna vulgaris)*, Heidekraut-Arten (Gattung *Erica*) und Heidelbeer-Arten der Gattung *Vaccinium*.

Floristische Merkmale der **atlantischen Florenregion** sind Arten der Zwergstrauchheiden (■ Abb. 7.30) mit Europäischem Stechginster *(Ulex europaeus)* und immergrüne Baumarten wie die Europäische Stechpalme *(Ilex aquifolium)*. In Mooren findet sich typischerweise die Glockenheide *(Erica tetralix;* ■ Abb. 7.31).

Die **mitteleuropäische Florenregion** setzt sich aus der eumitteleuropäischen und der mittelrussischen Teilregion zusammen. In Europa ist sie die typische Zone der sommergrünen Laubwälder unter gemäßigtem (temperatem) Klima (■ Abb. 7.32). Ihre östliche und nördliche Grenze deckt sich mit den Arealgrenzen von Hainbuche *(Carpinus betulus)* und Stieleiche *(Quercus robur)* ungefähr am Ural. Die Ostgrenze der eumitteleuropäischen Teilregion entspricht in etwa der Ostgrenze des Areals der Rotbuche *(Fagus sylvatica)* im Bereich der Weichsel im östlichen Polen. Im Westen wird sie durch die dortige Dominanz der atlantischen Zwergstrauchheiden begrenzt. Die südliche Grenze bilden die hohen Gebirge der Pyrenäen, der Alpen und des Balkan.

Die **pontische Florenregion** ist das Gebiet der Steppen nördlich und östlich des Schwarzen Meeres (altgr. „póntos áxeinos", später „póntos eúxeinos" für Schwarzes Meer), wobei die Grenze zwischen Wald und Steppe ungefähr der Linie eines Jahresniederschlags von 450 mm entspricht. Im Winter herrschen tiefe Temperaturen, im Sommer starke Trockenheit. Charakteristische Steppengräser sind Pfriemengräser der Gattung *Stipa* und Schwingel-Arten der Gattung *Festuca* (■ Abb. 7.33).

Die **submediterrane Florenregion** umfasst die Gebirge des Mittelmeerraums (Südalpen, nördlicher Balkan) und ist durch (allerdings noch frostemp-

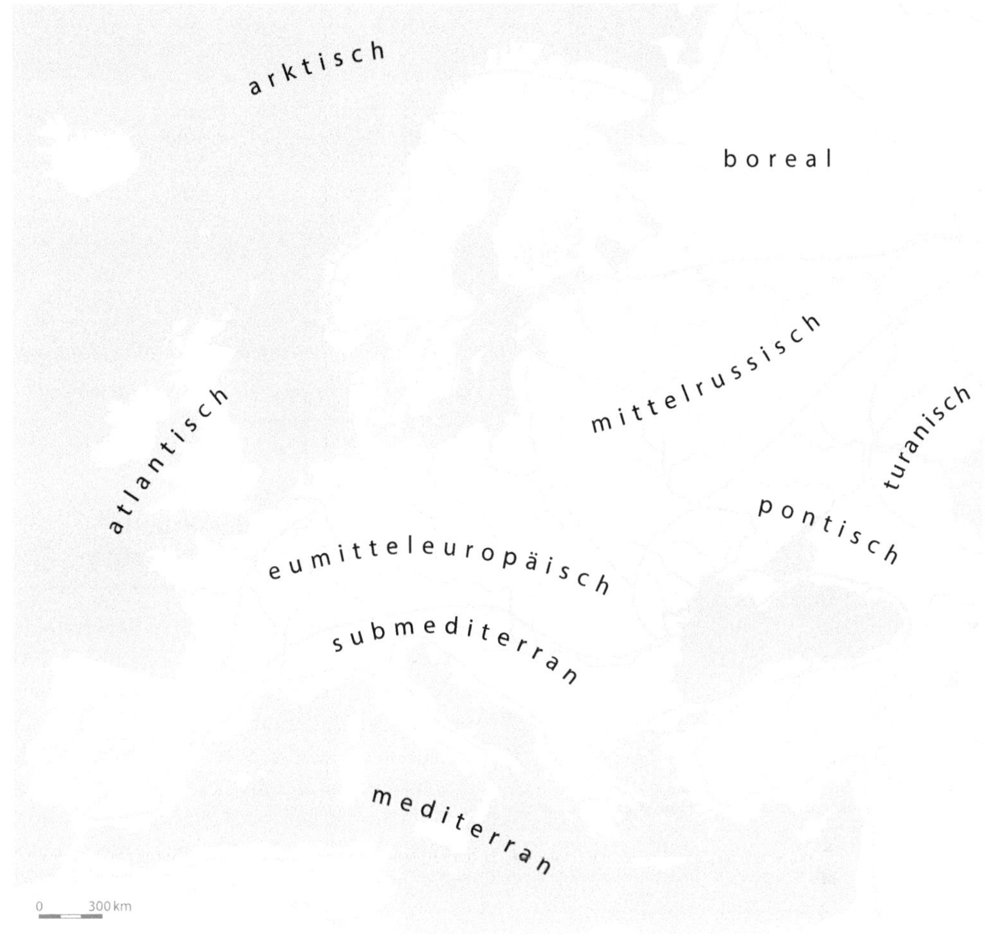


**Abb. 7.28** Die Florenregionen des europäisch-westsibirischen Raums. Die im Osten der pontischen Florenregion angeschnittene turanische Florenregion ist die von Halbwüsten geprägte Trockenregion West- und Zentralasiens. (Nach Frey und Lösch 2010)

findliche) sommergrüne Laubbaumarten geprägt. Die natürlicherweise dominierende Waldbaumart insbesondere in Italien und im südlichen Balkan ist die Flaumeiche *(Quercus pubescens)*, die heutzutage allerdings oft nur noch in landwirtschaftlich nicht nutzbaren Hanglagen Wälder bildet. Die atlantische, mitteleuropäische, pontische und submediterrane Florenregion kann man auch zur **südeurosibirischen Florenregion** zusammenfassen.

Demgegenüber hebt sich die **makaronesisch-mediterrane Florenregion** klimatisch und floristisch ab. Sie ist die Region der Winterregen und sommerlichen Dürreperioden, in der keine strengen Winterfröste unterhalb von –5 bis –10 °C auftreten. Die mediterrane Unterregion dieser Florenregion ist im Gegensatz zur submediterranen Florenregion auf die küstennahen Tieflagen des Mittelmeerraums beschränkt. Sie ist durch das Vorkommen immergrüner Eichenarten geprägt, insbesondere der Steineiche *(Quercus ilex)* und im westlichen Teil dieser Region auch durch die Korkeiche *(Quercus suber)*. Naturnahe Eichenwälder sind heutzutage aber kaum noch vorhanden, sondern durch menschliche Nutzung zu Buschwald (Macchie) oder (z. T. artenreichen) Dornstrauchfluren degradiert. Die dort vorkommenden charakteristischen Arten und Gat-

**Abb. 7.29** Nadelwald der borealen Florenregion Europas. (Tiveden Nationalpark, Südschweden)

tungen sind u. a. Kermeseiche *(Quercus coccifera)*, Zistrosen-Arten der Gattung *Cistus* (Familie Zistrosengewächse, Cistaceae), Arten der Lippenblütler (Lamiaceae), Kleinsträucher aus der Familie der Hülsenfrüchtler und andere (Abb. 7.34). Die **makaronesische Unterregion** dieser Florenregion umfasst die makaronesischen Inseln der Azoren, Madeira, die Kanaren und Kapverden, die durch ganzjährig warmes bis gemäßigtes Klima geprägt sind. Auf ihnen findet sich eine Reliktflora aus dem Tertiär mit Gattungen der Lorbeergewächse (Lauraceae), u. a. mit den Gattungen Lorbeer (*Laurus*; Abb. 7.16) und *Persea* (auf den Kapverden gibt es allerdings keinen Lorbeerwald) und einigen auf dem europäischen Festland nicht vorkommenden Familien. In trockenen (ariden) küstennahen Gebieten ist die Gattung Wolfsmilch *(Euphorbia)* mit einigen kakteenähnlichen Arten vegetationsprägend vertreten.

**Abb. 7.30** Atlantische Zwergstrauchheide bei Irún, Baskenland, Nordostspanien

## 7.4 Anthropogene Arealveränderungen: invasive Pflanzenarten

Die sog. **Indigenophyten** (auch Idiochorophyten genannt) sind einheimische, innerhalb ihres Areals natürlicherweise vorkommende Pflanzenarten, die in der Region ihres aktuellen Vorkommens durch Evolution entstanden oder vor Eingreifen des Menschen eingewandert sind. In Mitteleuropa sind dies z. B. die Rotbuche *(Fagus sylvatica)* sowie die Stiel- und die Traubeneiche *(Quercus robur* und *Q. petraea)*, die zwar während des Pleistozäns in dieser Region ausgestorben waren, aber nach der letzten Kaltzeit ohne Mitwirkung des Menschen wieder dorthin zurückgewandert sind. Im Gegensatz dazu sind die **Archäophyten** vor dem Jahr 1492, also vor der Entdeckung Amerikas durch die Europäer, im Gefolge des Menschen in andere Regionen eingewandert, oft zusammen mit Saatgut, das im Zuge der Ausbreitung des Ackerbaus von seinen Ursprungsorten im östlichen Mittelmeerraum und angrenzenden Gebieten über tausende von Kilometern transportiert wurde. Zu diesen Arten gehört beispielsweise der Klatschmohn *(Papaver rhoeas)*, der ursprünglich aus Eurasien oder Afrika stammt und heute seit vielen Jahrhunderten in Mitteleuropa eingebürgert ist. **Neophyten** dagegen sind nach 1492 im Gefolge des Menschen eingewandert. Zu ihnen gehört in Mitteleuropa die aus Nordamerika stammende Kanadische Goldrute *(Solidago canadensis)*, die an vielen Ruderalstandorten wie z. B.

**Abb. 7.31** Typische Pflanzenarten der atlantischen Florenregion. **a** Sprossabschnitt des Europäischen Stechginsters *(Ulex europaeus)*; **b** Glockenheide *(Erica tetralix)*

**Abb. 7.32** Sommergrüner Laubwald (Rotbuchenwald) auf Kalkgestein mit Frühblühern (Frühjahrsgeophyten; hier: Aspekt mit Bärlauch, *Allium ursinum*; Umgebung von Göttingen, Südniedersachsen)

**Abb. 7.33** Steppe im Nationalpark Kiskunság, Ungarn, mit Fieder- oder Pfriemengras der Gattung *Stipa*

landwirtschaftlichen Brachflächen in dichten Beständen zu finden ist.

Archäophyten und Neophyten sind Kategorien nichteinheimischer Pflanzenarten nach dem Zeitpunkt ihrer Einwanderung bzw. der Dauer ihrer Anwesenheit in der örtlichen Flora. Nichteinheimische Arten können aber auch nach dem Grad ihrer Einbürgerung gruppiert und in etablierte und nicht etablierte Arten unterteilt werden. Manche dieser etablierten, also dauerhaft an ihrem Standort vorkommenden und sich dort fortpflanzenden Arten können wie die Edel- oder Esskastanie *(Castanea sativa)* als **Agriophyten** auch in der natürlichen Vegetation gedeihen, während die Kulturabhängigen, die **Epökophyten**, nur an vom Menschen geschaffenen Standorten existieren kön-

**Abb. 7.34** Typische Florenelemente der makaronesisch-mediterranen Florenregion (mediterrane Unterregion). **a** Trieb einer Stein-Eiche (*Quercus ilex* subspecies *rotundifolia*; Provinz Saragossa, Spanien); **b** Blätter und Früchte einer Kermes-Eiche (*Quercus coccifera*; Katalonien, Spanien); **c** Kork-Eichen-Bestand (*Quercus suber*; Süd-Portugal); **d** Blütenstand des Breitblättrigen Lavendels (*Lavandula latifolia*, Lamiaceae; Provinz Saragossa, Spanien); **e** Kretische Cistrose (*Cistus creticus*; Akámas-Halbinsel, Zypern)

nen. Ein Beispiel dafür ist die Kornrade *(Agrostemma githago)*, die nur zusammen mit Saatgut ausgebreitet wird. Nicht etablierte Arten kommen entweder nur kultiviert als **Ergasiophyten** vor wie der sterile Hybrid des China-Schilfs *(Miscanthus* × *giganteus)* oder sie sind als **Ephemerophyten** unbeständig, gehen also bei der nächsten für sie ungünstigen Witterungsperiode wieder ein.

Eine weitere Unterteilungsmöglichkeit besteht aufgrund der Art und Weise, wie diese nichteinheimischen Arten an ihre neuen Standorte gelangten. **Akolutophyten** (Eindringlinge) wurden nicht notwendigerweise vom Menschen direkt eingebracht, sondern sind infolge anthropogener Veränderungen wie dem Bau von Straßen und Schienenwegen eingewandert. Dazu gehört das Japanische Liebesgras *(Eragrostis multicaulis)*. **Xenophyten** (Eingeschleppte) wie das Beifußblättrige Traubenkraut *(Ambrosia artemisiifolia)* wurden vom Menschen unbeabsichtigt eingeführt. Die absichtlich als Nutzpflanzen eingeführten Pflanzenarten wiederum kann man in die **Ergasiophygophyten** (Verwilderte) wie

| **Gruppierungen nach Einbürgerungsgrad** | | **Etablierte Arten** | | **nicht etablierte Arten** | |
|---|---|---|---|---|---|
| | | in natürlicher Vegetation | nur in anthropogener Vegetation | wildwachsend vorkommend | nur kultiviert vorkommend |
| | | **Agriophyten** Neuheimische | **Epökophyten** Kulturabhängige | **Ephemerophyten** | **Ergasiophyten** steriler China-schilf-Hybrid (*Miscanthus × giganteus*) |
| Kornrade (*Agrostemma githago*) | | Eingebürgerte | | Unbeständige | |
| | | Wildwachsende Adventive | | | Kultivierte |
| **Gruppierung nach Einwanderungszeit** | vor 1492 | Klatschmohn (*Papaver rhoeas*) **Archäophyten** Altadventive | | | |
| | nach 1492 | *Impatiens glandulifera* **Neophyten** Neuadventive | | | |
| **Gruppierung nach Einführungsweise** | infolge anthropogener Veränderungen eingewandert | **Akolutophyten** Eindringlinge Japanisches Liebesgras (*Eragrostis multicaulis*) | | | |
| | unbeabsichtigt eingebracht | **Xenophyten** Eingeschleppte Beifußblättr. Traubenkraut (*Ambrosia artemisiifolia*) | | | |
| | absichtlich eingeführt | **Ergasiophygophyten** Verwilderte Topinambur (*Helianthus tuberosus*) | | | **Ergasiophyten** (ausschließlich) Kultivierte |

**Abb. 7.35** Gruppierungen nichteinheimischer Pflanzenarten mit Beispielen. (Nach Kowarik 2003)

den Topinambur *(Helianthus tuberosus)* und die **Ergasiophyten** (Kultivierte) gruppieren. Eine Übersicht über die möglichen Eingruppierungen nichteinheimischer Pflanzenarten gibt Abb. 7.35.

Je nach Pflanzenart können sich vom Menschen eingeführte Neophyten in ihrer neuen Umgebung unterschiedlich verhalten: Falls sie überhaupt in der Lage sind, dort zu überleben, können sie an dem Ort ihrer Einführung verbleiben (wie die Kornrade), sich darüber hinaus ausbreiten und sich in die einheimische Flora integrieren (wie die Edelkastanie) oder sich so stark ausbreiten und vermehren, dass einheimische Arten mehr oder weniger stark zurückgedrängt werden. Im letzteren Fall spricht man von **invasiven Arten**, die dann alle drei Kriterien – dauerhafte Anwesenheit, starke Vermehrung und aggressive Ausbreitung – auf Kosten einheimischer Arten erfüllen. Diese Charakterisierung entspricht auch der Definition der International Union for the Conservation of Nature (IUCN). Danach sind invasive Arten („invasive species") nichteinheimische Arten („alien species"), die in natürlichen oder halbnatürlichen Ökosystemen oder Habitaten etabliert sind, Veränderungen verursachen und die heimische Biodiversität bedrohen. Demgegenüber steht eine weitergefasste, wertneutrale Definition, der zufolge eine biologische Invasion ein vom Menschen vermittelter biologischer Prozess einer Vermehrung und Ausbreitung von Organismen in einem Gebiet ist, das diese Organismen zuvor auf natürlichem Weg nicht erreicht haben (Kowarik 2003). Diese Definition verdeutlicht auch, dass biologische Invasionen grundsätzlich vom Menschen verursacht sind – sei es durch die Schaffung von Einwanderungswegen, durch das unbeabsichtigte Einschleppen oder das bewusste Einführen von Arten, die an ihrem Einführungsort eigentlich als Nutzarten dienen sollten.

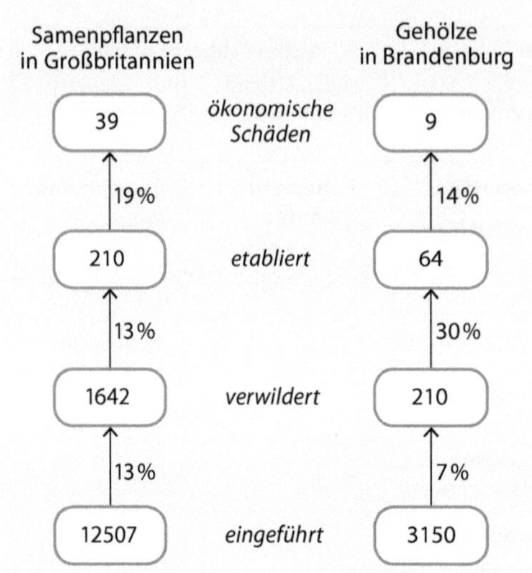


**Abb. 7.36** Ausbreitung gebietsfremder Pflanzenarten in Großbritannien und Brandenburg. Die Prozentwerte oberhalb der Artenzahlen beziehen sich auf die Übergänge von einer Ausbreitungsstufe zur nächsten. Es ist zu erkennen, dass in diesen beiden Beispielen die Zehnerregel zumindest größenordnungsmäßig gilt. (Auge et al. 2001)

Allerdings wird nur ein kleiner Teil der eingeführten Arten invasiv. In grober Näherung gilt dafür die sog. Zehnerregel („tens rule"), wonach von zehn eingeführten Pflanzenarten sich eine Art außerhalb ihres Einführungsareals ansiedelt, von zehn angesiedelten Arten sich eine Art naturalisiert, indem sie eigenständige, dauerhafte Populationen begründet, und von zehn naturalisierten Arten nur eine Art invasiv wird. Von dieser Regel gibt es allerdings etliche Ausnahmen, zudem kann es zu beträchtlichen zeitlichen Verzögerungen vor der invasiven Ausbreitung kommen. Im Fall verschiedener nach Großbritannien eingeführter Samenpflanzen und von Gehölzen in Brandenburg trifft diese Regel aber in guter Näherung zu (Abb. 7.36). Insgesamt haben sich in Deutschland seit dem Übergang vom Mittelalter zur Neuzeit 315 Pflanzenarten erfolgreich etabliert.

Der Etablierungs- und Ausbreitungserfolg gebietsfremder Pflanzenarten ist höher, wenn diese Arten aus einer geographisch benachbarten Region mit ähnlichem Klima stammen. Zudem siedeln sich diese Neuankömmlinge bevorzugt auf stark vom Menschen beeinflussten oder gestörten Orten an, sofern dort das Angebot an Mineralstoffen hoch genug ist. Demzufolge finden sich besonders viele Neophyten in städtischen Bereichen, an Ruderalstandorten, in Hecken und Gebüschen, Äckern und Gärten sowie an Felsen und Mauern. Besonders empfindlich für die Ausbreitung von Neophyten sind Regionen, in denen sich aufgrund ihrer Abgeschiedenheit eine speziell angepasste Vegetation entwickelt hat, die dort wegen der kleinräumigen Struktur der Lebensräume kaum Ausweichmöglichkeiten findet. Damit wird verständlich, dass insbesondere auf Inseln die einheimische Vegetation durch eingeschleppte Arten in ihrer Zusammensetzung bedroht sein kann, v. a. dann, wenn viele fremde Arten innerhalb relativ kurzer Zeiträume eingeführt werden. Diese Situation besteht z. B. auf den Hawaii-Inseln und in Neuseeland. In Mitteleuropa dagegen ist die einheimische Flora und Vegetation schon seit Jahrtausenden, seit dem Vordringen landwirtschaftlicher Techniken aus dem vorderasiatischen Raum, der Einfuhr gebietsfremder Arten ausgesetzt und hatte die Möglichkeit, sich innerhalb dieser Zeiträume auf neu hinzukommende Arten einzustellen. Dennoch gibt es auch in Deutschland einige Neophyten, die Probleme verursachen, indem sie die Vegetation verändern, einheimische Arten zurückdrängen oder Gesundheitsrisiken darstellen (Tab. 7.3).

Verschiedene Merkmale ihrer genetischen Ausstattung, ihrer Reproduktion und Ausbreitung, ihres Wachstums und ihrer ökologischen Eigenschaften begünstigen die Fähigkeit von Neophyten, sich in ihrem neuen Lebensraum zu behaupten oder sich sogar invasiv auszubreiten. So weisen viele Neophyten eine hohe genetische Variabilität und die Fähigkeit zur Hybridisierung auf; Eigenschaften, die auch für phylogenetisch junge Gruppen kennzeichnend sind, zu denen manche Neophyten auch gehören. Nach einem kurzen Jugendstadium sind viele von ihnen früh reproduktionsfähig. Die Bestäubung wird oft durch Selbstbestäubung oder Fremdbestäubung durch unspezifische Bestäuber oder durch Wind vollzogen, sodass keine Abhängigkeit von komplexen, spezifischen Bestäubungsmechanismen besteht. Oft werden große Mengen langlebiger und widerstandsfähiger Samen produziert. Form und Bau von Früchten oder Samen sind für weiträumige Ausbreitung durch Wind, Tiere und v. a. den Men-

**Tab. 7.3** Beispiele für problematische Neophyten in Deutschland. (Aus Smith und Smith 2009; Kowarik 2003)

| Art | Betroffene Lebensräume | Problem |
|---|---|---|
| Kartoffel-Rose *(Rosa rugosa)* | Küstendünen | Artenarmut dichter Bestände |
| Indisches Springkraut *(Impatiens glandulifera)* | Ufer von Fließgewässern | Bildung dichter Einartbestände (Problem eventuell überschätzt) |
| Staudenknöterich-Arten *(Fallopia japonica, F. sachalinensis, F. × bohemica)* | Ufer, Auen | Veränderung der Ufervegetation; nicht angepasste Fauna |
| Amerikanische Kulturheidelbeere *(Vaccinium corymbosum × angustifolium)* | Feuchtgebiete, Kiefernforste | Verdrängung der Bodenvegetation durch Beschattung |
| Herkulesstaude *(Heracleum mantegazzianum)* | Weg-, Gewässerränder; Ruderal-, Grünflächen | Gesundheitsrisiken; geringerer Artenreichtum in Dominanzbeständen |
| Kanadische und Riesen-Goldrute *(Solidago canadensis, S. gigantea)* | Brachen, Weinberge, Auwälder *(S. gigantea)* | Beeinträchtigung der Sukzession |
| Spätblühende Traubenkirsche *(Prunus serotina)* | Forste, Heiden, entwässerte Feuchtgebiete | Behinderung der Naturverjüngung; Verminderung des Artenreichtums |
| Robinie *(Robinia pseudoacacia)* | Magerrasen, Waldgrenzstandorte | Vegetationsveränderung durch Stickstoffbindung mit Auswirkungen auf Fauna und Boden |
| Stauden-Lupine *(Lupinus polyphyllus)* | Bergwiesen | Vegetationsveränderung durch hohen Wuchs und Bindung von Luftstickstoff |

schen geeignet. Die Keimungs- und Entwicklungsvorgänge sind nicht spezialisiert und die Pflanzen wachsen schnell, indem sie üppige Mineralstoffangebote effektiv nutzen können und hohe Photosynthese- und Atmungsraten aufweisen. Oft ist ihr Lebenszyklus kurz und einfach; falls sie mehrjährig sind, können sich viele von ihnen vegetativ stark vermehren. Oft sind sie Generalisten mit einer breiten Amplitude des Vorkommens unter verschiedenen Klima- und Bodenbedingungen und einem hohen Akklimatisierungspotenzial. Das schnelle Populationswachstum vieler Arten mit einer hohen Wachstumsrate und frühen Reproduktionsfähigkeit weist sie als *r*-Strategen aus, gleichzeitig sind sie aber sehr konkurrenzstark, was eine typische Eigenschaft von *K*-Strategen ist (► Abschn. 5.4.2). An diesem Beispiel invasiver Neophyten zeigt sich, dass die Zweiteilung populationsökologischer Typen in *r*- und *K*-Strategen in einigen Fällen problematisch ist. Es sind also nicht eine oder wenige Eigenschaften, sondern eine Kombination vieler Merkmale, die einen invasiven Neophyten ausmachen. Daher ist es auch schwierig bis unmöglich, das invasive Potenzial einer Art im Voraus abzuschätzen.

## 7.5 Pflanzengesellschaften und ihre Erfassung

Die Zusammensetzung der Pflanzenarten an ihren jeweiligen Standorten wird von der **Pflanzensoziologie**, einem Teilbereich der Pflanzenökologie, untersucht. Die Pflanzensoziologie ist somit die Wissenschaft von den **Pflanzengesellschaften** oder **Phytozönosen** einschließlich ihrer Artenzusammensetzung, ihrer Strukturen, ihrer Verbreitung, ihrer Geschichte und ihres Verhältnisses zur Umwelt sowie den Ursachen, die diesen Eigenschaften und Prozessen zugrunde liegen. Pflanzengesellschaften sind unter gleichen ökologischen Bedingungen regelmäßig wiederkehrende Vergesellschaftungen von Pflanzenarten in charakteristischer Artenkombina-

## Invasive Ausbreitung eines Neophyten am Beispiel des Englischen Schlickgrases (*Spartina anglica*)

Etliche für invasive Neophyten typische Eigenschaften lassen sich am Beispiel des Englischen Schlickgrases *(Spartina anglica)* aufzeigen, das als letztlich polyploider Hybrid aus außereuropäischen Arten entstanden ist, sich jetzt aber stark entlang der Nordsee- und europäischen Atlantikküste ausbreitet.
Die Ursprungsart ist das Glatte Schlickgras *(Spartina alterniflora)*, eine nordamerikanische $C_4$-Art (► Abschn. 3.2.2) mit einem Chromosomensatz von 2n = 62. Diese Art wurde um 1800 von Schiffen mit Ballastwasser nach England eingeschleppt. Dort kreuzte sie sich ungefähr im Jahr 1870 mit dem Niederen Schlickgras *(Spartina maritima)*, das seinerseits im 16. Jahrhundert von westafrikanischen Küsten nach Südengland verschleppt worden war und einen Chromosomensatz von 2n = 60 aufweist. Der daraus entstandene Hybrid *Spartina* × *townsendii* hat einen Chromosomensatz von 2n = 61–62 und ist steril, kann sich also nur vegetativ ausbreiten. Aus dieser Art entstand aber durch Polyploidisierung die tetraploide Art *Spartina anglica* mit einem Chromosomensatz von 2n = 122–124, die nun fertil ist, d. h. zur generativen Fortpflanzung fähig. Diese Art breitete sich nach 1890 massenhaft aus.
Ihre Ausbreitung wurde durch den Menschen noch gefördert. Im englischen Nordseewatt wurde sie zur Landgewinnung eingesetzt. Aufgrund der dortigen positiven Erfahrungen pflanzte man die Art in den Niederlanden erstmals im Jahr 1924, in Ost- und Nordfriesland 1927 an. Dort wurden allerdings die mit dem Einsatz der Art verbundenen Erwartungen insgesamt nicht erfüllt, da sie sich v. a. in Bereichen mit bereits festgelegtem Sediment ausbreitete und als Weidegras unbrauchbar ist. Ihre heutige Verbreitung erstreckt sich über das gesamte Nordseewatt vom 48. bis zum 58. Breitengrad; außerdem kommt sie in Küstenbereichen Chinas, Australiens und Neuseelands vor.
Die Geschwindigkeit der Ausbreitung wird am Beispiel der Nordseeinsel Sylt deutlich. Im Jahr 1985 kam das Englische Schlickgras auf der östlich gelegenen Wattseite der Insel mit einigen Horsten an der Ostspitze bei Morsum, auf der Südostseite zwischen Rantum und Hörnum und ganz vereinzelt weiter nördlich auf der Höhe von Kampen vor, wobei sich zwischen Rantum und Hörnum schon einige Horste miteinander zu zusammenhängenden Gürteln verbunden hatten. Sechzehn Jahre später hatten sich die Horste auch im Bereich von Hörnum schon zu ausgedehnten Gürteln zusammengeschlossen und kamen zahlreich fast durchgehend bis zur Höhe Kampens vor sowie nun auch vereinzelt ganz im Norden am Lister Königshafen. Im Jahr 2009 schließlich wurden Horste rund um den Königshafen gefunden und an den anderen Fundstellen hatte sich die Art weiter ausgebreitet.
Wodurch lässt sich der invasive Erfolg dieser Art erklären? Als $C_4$-Art ist das Schlickgras relativ kälteempfindlich: Es keimt erst ab einer Temperatur von 4 °C und betreibt erst ab 7 °C Photosynthese. Auf Sylt haben sich aber die Durchschnittstemperaturen der Monate Januar bis April im Zeitraum von 1970 bis 2009 deutlich erhöht: Seit ungefähr 1990 treten Durchschnittstemperaturen oberhalb von 4 °C in einigen Jahren nun schon im Februar auf und die Schwelle einer Mitteltemperatur von 7 °C wird, im Gegensatz zu früheren Jahren, jetzt im April jedes Jahres zum Teil deutlich überschritten. Der Nachteil der Kälteempfindlichkeit in der Konkurrenz mit $C_3$-Pflanzen wird dadurch zumindest teilweise aufgehoben. Die überwinternd grünen Blätter dieser mehrjährigen Art können somit schon relativ früh Kohlenstoff assimilieren und in das Wachstum der Horste investieren, die eine Höhe von bis zu 1,3 m erreichen und damit die einheimischen Wattarten Strand-Salzschwaden (*Puccinellia maritima*, ein Süßgras) und den im Watt weit verbreiteten Gewöhnlichen Queller (*Salicornia europaea*; ein Gänsefußgewächs) überwachsen. Zudem kann sich das Englische Schlickgras vegetativ ebenso wie generativ vermehren. Durch die Kombination dieser Eigenschaften kann sich dieser Neophyt in den genannten Küstenbereichen gegenüber den einheimischen Arten durchsetzen.

tion. Die zentrale Einheit in der hierarchischen Anordnung der Pflanzengesellschaften ist die **Assoziation.** Dies ist eine Pflanzengesellschaft, die durch **Charakter-** und **Differenzialarten** erkennbar ist und eine charakteristische Kombination von Arten umfasst, die in mindestens der Hälfte aller **Vegetationsaufnahmen** (Erhebungen der Artenzusammensetzung), d. h. mit einer **Stetigkeit** von mindestens 50 %, vorkommen. Eine Charakterart ist eine Pflanzenart mit einem Verbreitungsschwerpunkt in der betreffenden Pflanzengesellschaft. Eine Differenzialart (Trennart) grenzt durch ihr Vorkommen oder Fehlen Untereinheiten einer Pflanzengesellschaft gegeneinander ab. Eine Struktureinheit der Vegetation mit Dominanz einer oder weniger Arten wird als **Fazies** bezeichnet.

**Tab. 7.4** Geeignete Größen von Aufnahmebereichen für Pflanzengesellschaften Mitteleuropas. (Nach Dierschke 1994)

| **Für flächig ausgebreitete Vegetation: Rechtecke oder Quadrate** | |
|---|---|
| **Vegetationstyp** | **Größe ($m^2$)** |
| Moos- und Flechtenbestände, Wasserlinsendecken | ≤ 1 |
| Quellfluren, Kleinbinsenuferfluren, Tritt-, Fels- und Mauerspaltenvegetation | ≤ 5 |
| Hochmoore, Kleinseggensümpfe, Salzmarschen, Intensivweiden, artenarme Pionierrasen, Schneetälchen | ≤ 10 |
| Küstendünen, Wiesen, Mager- und Gebirgsrasen, Zwergstrauchheiden, Wasservegetation, Röhrichte, Großseggenriede, Hochstaudenfluren | 10–25 |
| Ackerwildkraut-, Ruderal- und Schlagvegetation, Gesteinsfluren, Gebüsche | 25–100 |
| Krautschicht von Wäldern | 100–200 |
| Gehölzschichten von Wäldern, Pilzbestände | > 100 bis > 1000 |
| **Für linear ausgebreitete Vegetation: Streifen** | |
| **Vegetationstyp** | **Länge (m)** |
| Säume, Spülsäume | 10–20 |
| Ufervegetation | 10–50 |
| Gebüsche, Hecken | 30–50 |
| Fließgewässer | 30–100 |

Zur Erkennung von Assoziationen im Freiland ist ein methodisches Vorgehen nach bestimmten Kriterien erforderlich. Wichtig ist zunächst der Zeitpunkt der Erfassung, der in einer Periode optimaler Entfaltung der Pflanzen liegen sollte. Bei zeitlich gegeneinander verschobenen Entwicklungsverläufen der am Aufnahmeort vorkommenden Arten können mehrere Aufnahmen pro Jahr erforderlich sein. Die zur Erfassung der Artenzusammensetzung ausgewählten **Aufnahmeflächen** sollten in einem homogenen, ungestörten Pflanzenbestand mit einheitlichen Standortbedingungen liegen und eine ausreichende Flächengröße, ein sog. **Minimumareal**, aufweisen, das in Voruntersuchungen festzulegen ist. Minimumareale werden ermittelt, indem man mit der Erfassung der Arten auf einer sehr kleinen Aufnahmefläche (gegebenenfalls von deutlich unter einem Quadratmeter) beginnt und diese Flächengröße so lange verdoppelt, bis die Anzahl der nach Verdopplung zusätzlich gefundenen Arten um weniger als 5 % zunimmt. Für die mitteleuropäischen Vegetationstypen sind aufgrund jahrzehntelanger Erfahrungen die geeigneten Minimumareale bereits bekannt (Tab. 7.4).

In der auf diese Weise festgelegten Aufnahmefläche wird zunächst die Schichtung der Vegetation mit entsprechenden Höhenangaben erfasst. Die **Baumschicht** (B) umfasst Gehölze mit einer Wuchshöhe von mehr als 5 m; gegebenenfalls wird sie in mehrere Schichten (B1, B2 etc.) unterteilt. Die **Strauchschicht** (S) enthält Gehölze mit einer Wuchshöhe von mehr als 1,5 bis 5 m (auch diese wird gegebenenfalls in S1, S2 etc. untergliedert). Die **Krautschicht** (K; bis zu 1,5 m Höhe) besteht aus Kräutern, Gräsern und Jungpflanzen der Gehölze. Zuunterst liegt die **Moosschicht** (M) mit auf dem Boden wachsenden Moosen und Flechten (sowie auch gegebenenfalls Pilzen und Algen).

Nun wird der **Deckungsgrad** der einzelnen Schichten in Prozent geschätzt. Der Deckungsgrad entspricht einer gedachten prozentualen Beschattung der Bodenfläche durch sämtliche direkt oberhalb davon befindlichen Pflanzenteile der jeweiligen Schicht. Danach werden, nach Schichten getrennt, alle Arten der auf der Aufnahmefläche vorkom-

**Tab. 7.5** Schätzskala der Artmächtigkeit nach Braun-Blanquet

| Skalenwert | Anzahl der Pflanzenindividuen und Deckungsgrad | Mittlerer Deckungsgrad (%) |
|---|---|---|
| r | Ein Individuum, kleine Wuchsformen | – |
| + | 2–5 Individuen, Deckung ≤ 5 % | 0,5 |
| 1 | 6–50 Individuen (1–5 bei großen Wuchsformen), Deckung ≤ 5 % | 2,5 |
| 1 m | > 50 Individuen, Deckung ≤ 5 % | 2,5 |
| 2a | Individuenzahl beliebig, Deckung > 5–15 % | 10,0 |
| 2b | Individuenzahl beliebig, Deckung > 15–25 % | 20,0 |
| 3 | Individuenzahl beliebig, Deckung > 25–50 % | 37,5 |
| 4 | Individuenzahl beliebig, Deckung > 50–75 % | 62,5 |
| 5 | Individuenzahl beliebig, Deckung > 75–100 % | 87,5 |

menden Höheren Pflanzen, Moose und Flechten aufgelistet. Zuletzt wird die Artmächtigkeit der einzelnen Arten als Deckungsgrad nach einem vorgegebenen Schema geschätzt. Traditionellerweise benutzt man dafür das Schema nach Braun-Blanquet (▶ Abschn. 1.1; Tab. 7.5); eine andere Schätzmöglichkeit ist das Verfahren nach Londo, das enger am Dezimalsystem orientiert ist.

Ein mögliches Ergebnis einer Vegetationsaufnahme im Laubwald ist beispielhaft in Abb. 7.37 dargestellt. Es wird deutlich, dass neben den Angaben zur Struktur und Artenzusammensetzung der Vegetation stets auch geographische (Ort mit genauen Koordinaten und Höhenlage, Neigung und Exposition, d. h. Ausrichtung nach der Himmelsrichtung), geologische (Ausgangsgestein) und bodenkundliche Angaben (Bodentyp) enthalten sein müssen, ebenso wie das Datum der Aufnahme und der Name des Bearbeiters (die Ergebnisse von Vegetationsaufnahmen sind auch stets abhängig von Kenntnisstand, Erfahrung und Gründlichkeit der aufnehmenden Person und sind am besten dann miteinander vergleichbar, wenn die Aufnahmen in einem bestimmten Gebiet immer von derselben Person durchgeführt wurden). Diese Angaben liefern in ihrer Gesamtheit eine wichtige Interpretationsgrundlage für die spätere Auswertung der Ergebnisse. Zur Ermittlung der am Aufnahmestandort vorliegenden Pflanzengesellschaft sollten in dieser Vegetation an verschiedenen Stellen mindestens zehn, nach Möglichkeit 20–30 Aufnahmen durchgeführt werden. Die Ergebnisse dieser Aufnahmen werden heutzutage mit spezieller Software in Tabellenform gruppiert und ausgewertet, um letztendlich die im Gelände vorgefundenen Vegetationseinheiten klassifizieren zu können.

Aus der in Abb. 7.37 dargestellten Vegetationsaufnahme, die hier repräsentativ für eine Reihe weiterer Aufnahmen am selben Untersuchungsstandort stehen soll, wird deutlich, dass die dort untersuchte Assoziation ein Wald-Haargersten-Buchenwald ist. Die wissenschaftliche Bezeichnung dafür lautet Hordelymo-Fagetum (mit der für Assoziationen typischen Endung -etum). Für diese Klassifikation spricht das Vorkommen der für diese Assoziation typischen Charakterart Wald-Haargerste *(Hordelymus europaeus)*, einer Grasart, die charakteristisch für mitteleuropäische frische (d. h. gut mit Wasser versorgte) Rotbuchenwälder auf Kalkgestein ist. Entscheidend dabei ist das Vorkommen dieser Art, nicht die Höhe ihres Deckungsgrads, der gerade im Fall der Wald-Haargerste oft niedrig ist. Das Vorhandensein der Differenzialart Bingelkraut *(Mercurialis perennis)* grenzt diese Assoziation gegen die Assoziation Waldmeister- oder Braunmull-Buchenwald (Galio-odorati-Fagetum) ab, die an kalkärmeren, aber noch recht gut mit Mineralstoffen versorgten Waldstandorten zu finden ist.

Ähnlich wie die Sippen (Taxa) in der phylogenetischen Systematik und Taxonomie, so lassen sich auch die Pflanzengesellschaften in ein hierarchisch gegliedertes, **syntaxonomisches** System einordnen.

**Abb. 7.37** Protokollbogen einer Vegetationsaufnahme in einem mitteleuropäischen Rotbuchenwald auf Muschelkalk als Ausgangsgestein mit bereits integriertem Auswertungsergebnis zur Assoziation einschließlich Charakter- und Differenzialart. Der Waldtyp bezeichnet den ökologischen Standort der Pflanzengesellschaft, die Ortsangabe mit geographischen Koordinaten dagegen den Wuchsort

**Protokollbogen Vegetationsaufnahme**

**Name des Bearbeiters:** H. Mustermann **Datum:** 10.05.2007
**Lfd. Nummer:** 2 **Waldtyp:** Kalkbuchenwald **Flächengröße:** 100 $m^2$

**Ort:** Mohrenkopf/Trierweiler **Koordinaten:** N 49°45,96' E 006°32,35'
**Höhe über NN:** 300 m **Exposition:** ESE **Neigung:** 5°
**Ausgangsgestein:** mittlerer Muschelkalk **Bodentyp:** Rendzina

| Schicht | Baumschicht 1 | Baumschicht 2 | Strauchschicht | Krautschicht | Moosschicht |
|---|---|---|---|---|---|
| Höhe | 20 m | 12 m | 1 m | 0,3 m | – |
| Deckung | 75 % | 10 % | 5 % | 80 % | 0 % |

| Schicht | Art | Deckungsgrad |
|---|---|---|
| B1 | Rotbuche | 4 |
| | Hainbuche | 1 |
| | Stieleiche | 1 |
| B2 | Rotbuche | 2a |
| | Hainbuche | 1 |
| S | Rotbuche | 1 |
| | Feldahorn | 1 |
| | Elsbeere | r |
| K | Bingelkraut | 4 |
| | Efeu | 3 |
| | Waldmeister | 2 |
| | Buschwindröschen | 2 |
| | Flattergras | 1 |
| | Gewöhnliche Goldnessel | 1 |
| | Große Sternmiere | 1 |
| | Einblütiges Perlgras | + |
| | Wald-Haargerste | + |
| | Aronstab | + |
| | Gewöhnlicher Wurmfarn | r |
| | Vielblütige Weißwurz | r |
| | Wald-Segge | r |

Differenzialart gegen die kalkärmere Assoziation Galio-odorati-Fagetum (Waldmeister- oder Braunmull-Buchenwald)

Charakterart des Hordelymo-fagetums

Ergebnis der Vegetationsaufnahme: **Assoziation Hordelymo-Fagetum (Wald-Haargersten-Buchenwald)**

Von ihrem Rang in diesem System her entspricht die Assoziation in etwa der biologischen Art, stellt also eine Einheit dar, die bei der Untersuchung eines gegebenen Lebensraums im Freiland, gegebenenfalls mithilfe geeigneter Bestimmungsliteratur, konkret aufgefunden werden kann. Ähnlich wie Ökotypen einer biologischen Art, so können auch unterhalb einer Assoziation Subassoziationen auftreten, die durch bestimmte Umweltfaktoren bedingt sind. So kommt der Bärlauch-Wald-Haargersten-Buchenwald (Hordelymo-Fagetum allietosum; nach dem Bärlauch *Allium ursinum*) an sehr frischen und vergleichsweise tiefgründigen Rotbuchenwaldstandorten vor, während der Platterbsen-Wald-Haargersten-Buchenwald (Hordelymo-Fagetum lathyretosum; nach der Frühlings-Platterbse *Lathyrus vernus*) für trockenere, eher flachgründige Standorte in Süd- oder Südwestexposition typisch ist. Daneben kann noch die typische Subassoziation Hordelymo-Fagetum typicum auf basenreichen Böden der Typen Rendzina oder Braunerde mit häufigem Vorkommen des Bingelkrauts *(Mercurialis perennis)* unterschieden werden.

Die Wald-Haargersten-Buchenwälder gehören zusammen mit anderen Assoziationen zum Unterverband der Waldmeister-Buchenwälder (Galio

**Tab. 7.6** Syntaxonomische Klassifikation von Pflanzengesellschaften am Beispiel mitteleuropäischer Rotbuchenwälder

| Hierarchischer Rang | Endung | Beispiel | Charakterart(en) |
|---|---|---|---|
| Klasse | -etea | Sommergrüne Laubwälder und Gebüsche außerhalb vernässter Standorte (Querco-Fagetea) | Etliche Waldpflanzenarten inklusive Laubbaumarten |
| Ordnung | -etalia | Edellaub-Mischwälder (Fagetalia sylvaticae) | Etliche Waldkräuter und -gräser, z. B. Hohe Schlüsselblume *(Primula elatior)* |
| Verband | -ion | Rotbuchenwälder (Fagion sylvaticae; nach der Rotbuche *Fagus sylvatica*) | Keine eigenen Charakterarten |
| Unterverband | -enion | Waldmeister-Buchenwälder (Galio (odorati)-Fagenion), sehr gut bis mittelmäßig mineralstoffversorgte Böden | Waldmeister *(Galium odoratum)* |
| Assoziation | -etum | Wald-Haargersten-Buchenwald (Hordelymo-Fagetum), mineralstoff- und kalkreiche Böden | Wald-Haargerste *(Hordelymus europaeus)* |

(odorati)-Fagenion), die zusammen mit anderen Buchenwaldtypen zum Verband der Rotbuchenwälder (Fagion) zusammengefasst werden, die wiederum gemeinsam mit anderen Verbänden (Ahorn- und Linden-Mischwälder, hainbuchenreiche Laubmischwälder, eschen- und erlenreiche Laubmischwälder) die Ordnung Edellaubmischwälder (Fagetalia sylvaticae) bilden (Tab. 7.6). Diese höheren Einheiten sind i. d. R. nur auf einer geographischen Skala mit größerem Maßstab erkennbar.

Eine klare Zuordnung zu Pflanzengesellschaften ist nicht immer einfach, teilweise deshalb, weil es in einigen Fällen (insbesondere bei Waldgesellschaften) keine eindeutigen Charakterarten gibt und ein alternatives Heranziehen von Differenzialarten leicht zu einer zu starken Untergliederung der Vegetationseinheiten führt, teilweise aber auch wegen vielfältiger anthropogener Beeinflussungen und Veränderungen. Zudem ist dieses Verfahren auf globaler Ebene nicht für jeden Vegetationstyp geeignet. Für (Mittel-)Europa, wo es seinen Ursprung hat, wird es aber auch in der Praxis der Landschaftsplanung, der forstlichen Standortkunde und des Naturschutzes vielfältig erfolgreich angewandt.

## 7.6 Ökozonen der Erde

Aufgrund der in den vorangegangenen Kapiteln dargestellten Umweltfaktoren (insbesondere Temperatur und Niederschlag, aber auch saisonale Änderungen dieser Faktoren sowie Häufigkeit und Intensität von Beweidung und Feuer) sowie der Struktur der Vegetation und der darin dominierenden pflanzlichen Lebensformen lässt sich die Vegetation der Erde in **Ökozonen** einteilen, die weitgehend den Biomen (► Abschn. 7.1.2) entsprechen, teilweise aber nach Höhenabstufungen noch stärker unterteilt sind. Auf globaler Ebene lässt sich feststellen, dass auf der geographischen Höhe des Äquators bei einem Aufstieg vom Tiefland ins Hochgebirge die gleichen Vegetationszonen durchlaufen werden wie bei einer gedachten Fahrt vom Äquator in die Arktis (Abb. 7.38). Ein Kilometer Höhengewinn entspricht dabei in etwa einer Strecke von 2000 km über die nördlichen Breitengrade. In humiden Regionen werden verschiedene Waldtypen passiert, vom tropischen Tieflandregenwald bis zum borealen Nadelwald (der schließlich von Tundra abgelöst wird); in semiariden Regionen Trockenbuschvegetation bis hin zum Grasland der Pampa, Prärien und Steppen.

Im Folgenden werden die charakteristischen Merkmale von Klima, Struktur und Stoffumsatz der Ökozonen der Erde entlang einer Abfolge der Brei-

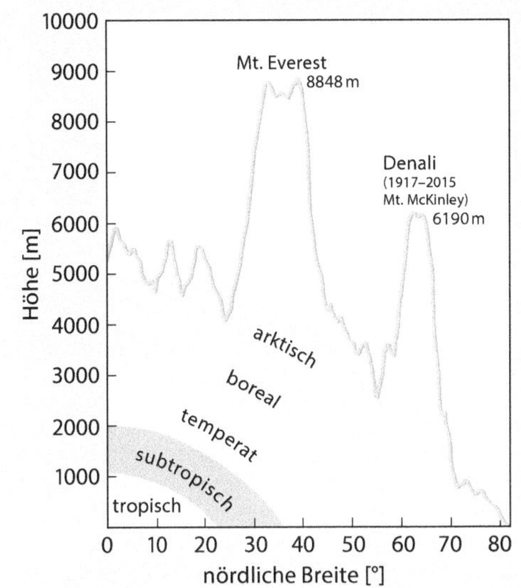


**Abb. 7.38** Parallele Änderungen von Vegetations- und Klimazonen mit Höhenlage und geographischer Breite auf globaler Ebene. In Europa liegt die polare Waldgrenze auf 68 bis 70° nördlicher Breite, dies entspricht einer Entfernung zum Äquator von ungefähr 8000 km. (Nach Bresinsky et al. 2008)

tengrade und Klimazonen vom innertropischen Bereich bis zur Arktis dargestellt.

### 7.6.1 Tropische Wälder und Hochgebirgsvegetation der Tropen

**Feucht-tropische Tieflandwälder** umfassen global eine Fläche von 16 bis 17 Mio. km$^2$ und damit ungefähr 11 % der Landfläche. Bei einer Jahresmitteltemperatur von 24 bis 30 °C sind diese Regionen ganzjährig frostfrei. Der Jahresniederschlag liegt bei 2000 bis 4000 mm; kurze, regenlose Perioden können bei Epiphyten (► Abschn. 2.5) aber zu Trockenstress führen. Allerdings liegen die monatlichen Niederschlagssummen auch in trockenen Perioden bei mindestens 60–65 mm. Längere Trockenperioden können v. a. in Ostasien bei zyklischen Klimaphänomenen wie El Niño auftreten.

Die Struktur dieser Wälder ist durch eine 30–50 m hohe Baumschicht gekennzeichnet, die von Baumriesen mit einer Höhe von bis zu 70 m überragt werden kann. Auf einem Hektar können 60–100, in manchen Regionen sogar bis zu 300 Baumarten vorkommen, allerdings findet sich pro Hektar oft nur ein Individuum derselben Art. Den Stämmen vieler Baumarten, die i. d. R. nicht sehr tief wurzeln, verleihen Brettwurzeln in Bodennähe zusätzliche Standfestigkeit (Abb. 7.39). Die Bäume sind oft stark von Epiphyten besiedelt. Unterhalb der Baumschicht befindet sich typischerweise eine Strauchschicht und eine Großstaudenschicht, wobei in allen Schichten (bis zur Baumschicht) Lianen vorkommen (Abb. 7.40). Viele Blätter sind mit **Epiphyllen** bewachsen, das sind auf den Blättern sitzende Algen, Flechten oder Moose. Die stehende Pflanzenmasse beträgt im frischen Zustand 45–75 kg/m$^2$ (im Vergleich dazu liegt sie bei 42–46 kg/m$^2$ in der Optimalphase von Laubwäldern der klimatisch gemäßigten Zone). Die Nettoprimärproduktion, zu der v. a. die Bäume beitragen, beträgt 1,8–3,0 kg/(m$^2$ · a), dagegen 1,0–1,5 kg/(m$^2$ · a) in Laubwäldern der gemäßigten Zone. Abgestorbene organische Substanz wird unter den recht gleichmäßig warm-feuchten Bedingungen am Boden sehr schnell umgesetzt, sodass sich kaum Humus auf und im Boden anreichert. Die mineralisierten Stoffe werden von den Pflanzen auch sehr schnell wieder aufgenommen. Demzufolge sind die Mineralstoffe überwiegend in der Pflanzenmasse und weniger im Boden gebunden. Insbesondere die in Pflanzen gespeicherte Menge an Kalium kann bis über 90 % des gesamten Ökosystemvorrats ausmachen. Daher gehen dem Ökosystem bei Entfernung der Biomasse durch Brandrodung oder Holzeinschlag große Mengen an essenziellen Mineralstoffen verloren, was eine Wiederbewaldung in absehbaren Zeiträumen schwer bis unmöglich macht. Bestäubung und Samenverbreitung der Pflanzen geschehen überwiegend durch Tiere.

**Feucht-tropische Bergwälder** finden sich oberhalb von 1000 bis 1800 m und erreichen Höhenlagen bis zu etwa 4000 m. Fast täglich bildet sich vormittags bis in den späten Nachmittag Nebel, der aus kondensierender Feuchtigkeit aufsteigender Luftmassen entsteht (konvektive Kondensationszone) oder durch den Stau von Passatwolken. Durch Auskämmeffekte der Vegetation trägt der Nebel ungefähr 5–20 % zum Gesamtniederschlag bei, wobei dieser Prozentsatz in regenärmeren Wäldern höher ist. Der Jahresniederschlag beträgt in der unteren

**Abb. 7.39** Brettwurzeln von *Tetrameles nudiflora* (Tetramelaceae), Cat Tien Nationalpark, Vietnam. Diese laubabwerfende Baumart, die einzige Art der Gattung *Tetrameles*, ist in großen Teilen Süd- und Südostasiens bis nach Queensland (Nordostaustralien) verbreitet (auch die andere Gattung dieser Pflanzenfamilie enthält nur eine Art). Zum Zeitpunkt dieser Aufnahme hatte der Stamm bereits eine Höhe von mehr als 40 m erreicht

**Abb. 7.40** Tropischer Tieflandregenwald (Daintree National Park) in Queensland, Nordostaustralien. Im Unterwuchs dieses Walds wachsen häufig stachelbewehrte, kletternde Rattanpalmen der Gattung *Calamus* (Familie Arecaceae, Palmengewächse), die ein Durchqueren der Wälder stark erschweren. Diese Gattung ist auch in den feuchten Tropen Süd- und Südostasiens weit verbreitet. Aus den Stämmen einiger ihrer Arten (und anderen Arten verwandter Gattungen) wird Rattan produziert

Bergwaldstufe etwa 2000 mm, ist aber oberhalb der Kondensationszone geringer. Der Abfluss des Niederschlagswassers birgt ein hohes Erosionsrisiko. Die Jahresmitteltemperaturen liegen auf 2000 m bei etwa 17 °C und auf 3000 m bei ungefähr 11 °C und fallen an der Waldgrenze auf etwa 6 °C ab. Frost tritt ab etwa 2500 m mit zunehmender Häufigkeit und oberhalb von 4000 m fast jede Nacht auf.

Die Baumschicht dieser Wälder ist in unteren Höhenlagen bis 45 m, an der Waldgrenze aber nur noch 3–5 m hoch. Vor allem in den unteren Höhenlagen herrscht ein großer Artenreichtum, in mittleren Höhenlagen findet sich ein reichhaltiger Epiphytenbesatz. In größeren Höhenlagen reichern sich mächtige Rohhumus- und Moderlagen (▶ Abschn. 6.1) mit darin festgelegten Mineralstoffen an, da dort der Streuabbau durch Nässe und niedrige Temperaturen gehemmt ist.

**Tropische und subtropische Hochgebirge** oberhalb von 3600 bis 4000 m sind durch baumlose Regionen charakterisiert, wobei die Baumgrenze in sehr trockenen (Hochgebirgswüsten) oder stark windexponierten Lagen schon bei 3100 m liegen kann. In diesen Regionen herrscht Tageszeitenklima mit regelmäßigen Nachtfrösten. In subtropischen Hochgebirgen können auch wärmere und kältere Jahreszeiten ausgeprägt sein. Auf offenen Flächen bildet sich in den obersten Zentimetern des Bodens nachts regelmäßig Eis, das die Etablierung von Jungpflanzen behindert. Der Jahresniederschlag ist meist deutlich geringer als 1500 mm. Unter geschlossener Vegetation sind die Böden anmoorig (mit 15–30 % organischen Materials), wogegen sich in trockeneren Gebieten mit offener Vegetation i. d. R. Rohböden finden. In den feuchteren Gebieten der äquatornahen Tropen herrschen große Horstgräser und baumförmige Schopfrosettenpflanzen vor; diese Vegetationsform wird als **Páramo** bezeichnet. Die **Puna** dagegen ist die typische Vegetationsform trockenerer Gebiete mit Polsterpflanzen und xerophytischen (▶ Abschn. 3.4.1.3), klonal wachsenden Gräsern.

Potenziell 42 % aller tropischen Wälder auf insgesamt ungefähr 7 Mio. km$^2$ Landfläche gehören zu den **tropischen halbimmergrüne Wäldern** in Regionen mit einer Regenzeit (Monsun) im Sommer und regenarmen, kühleren Wintern, in denen viele

**Abb. 7.41** **a** Affenbrotbaum oder Baobab *(Adansonia gregorii)* in der Savanne Nordaustraliens (Northern Territory, Gebiet des Victoria River) während der Trockenzeit. Aus der Gattung *Adansonia*, einer Gattung laubabwerfender Bäume, kommt in Australien nur *A. gregorii* vor; die übrigen acht Arten sind in Madagaskar oder Westafrika heimisch. Der Stamm kann Wasser speichern; **b** Savannenlandschaft in Arnhemland (Nordaustralien, Northern Territory). Charakteristisch sind die oft weit über 1 m hohen Termitenbaue in der durch Gräser und relativ niedrigwachsende Gehölze geprägten Landschaft

Gehölzarten ihr Laub abwerfen. Allerdings sind diese Wälder in vielen Regionen durch ausgedehnte Rodungen stark zurückgegangen. In jedem Jahr tritt mindestens eine ausgeprägte Trockenzeit auf. Der Jahresniederschlag liegt bei 600–2500 mm und die Jahresmitteltemperatur bei 20 °C oder höher. Die Böden sind meist stark verwittert und durchlaufen einen ausgeprägten Wechsel zwischen Nässe und Trockenheit, wobei die Wasserhaltefähigkeit der Böden für die Ausprägung der Vegetation eine wichtige Rolle spielt. Die Wälder zeichnen sich durch eine hohe Artenvielfalt aus. Die Baumschicht wird, in Abhängigkeit von der Niederschlagshöhe und der Dauer der Trockenzeit, bis etwa 15 m hoch. Die Frischmasse der Pflanzen beträgt 6–10 kg/m$^2$ und die Nettoprimärproduktion 1,0–2,5 kg/(m$^2$ · a). Der größte Teil des Bestandsabfalls fällt zu Beginn der Trockenperiode an und wird bis zur Regenzeit kaum mikrobiell, sondern v. a. durch Termiten und Feuer abgebaut.

### 7.6.2 Ökozonen der (semi-)ariden Tropen

**Savannen** bedecken eine Landfläche von etwa 15 Mio. km$^2$. Die Jahresmitteltemperatur in dem nahezu frostfreien Klima beträgt 18–25 °C. Die jährliche Niederschlagsmenge liegt meist unterhalb von 1500 mm, gebietsweise sogar unterhalb von 1000 mm und ist von Jahr zu Jahr sehr variabel. Sommerliche Regenzeiten wechseln mit winterlichen Trockenzeiten. Bei Jahresniederschlägen von weniger als 500 mm geht die Vegetation in eine Halbwüste über. Die Böden weisen ein durch die Topographie bestimmtes, kleinräumiges Muster aus trockenen, mineralstoffarmen, verwitterten Bereichen auf Erhebungen einerseits und feuchten, lehmigen, mineralstoffreichen, z. T. alkalischen Bereichen in Senken andererseits auf. Durch Verbacken von Aluminium-, Eisen- und Manganoxiden entstehen harte, wasserundurchlässige Lateritkrusten in geringen Bodentiefen. Sie tragen mit dazu bei, dass keine Waldvegetation aufkommt. Die Pflanzengemeinschaft besteht aus zerstreut stehenden, typischerweise regengrünen Bäumen (Abb. 7.41a) oder Sträuchern in einer mehr oder weniger geschlossenen Grasschicht mit einigen Kräutern

**Abb. 7.42** Bereich einer tropischen (heißen) Wüste im Osten der Namibwüste (Namibia; etwa 900 m über NN). In diesem Bereich geht die Sandwüste der Namib in eine Felsschutt- oder Steinwüste (Hammada) über, die durch Verwitterungsprodukte der östlich gelegenen Naukluftberge geprägt ist. Fels- und Steinwüsten sind global wesentlich weiter verbreitet als Sandwüsten (Ergs)

(Abb. 7.41b). Feuer und weidende Großsäuger sind weitere Faktoren, die das Aufkommen geschlossener Baumbestände verhindern und die Verbreitung von Grasvegetation fördern. Die Frischmasse der Pflanzen beträgt 0,2–15 kg $m^{-2}$ und die Nettoprimärproduktion, die v. a. durch $C_4$-Gräser und Kräuter erzeugt wird, beläuft sich auf 0,5–1,6 kg $m^{-2}$ $a^{-1}$. Wesentliche Destruenten der abgestorbenen organischen Substanz sind Ameisen, Termiten, Pilze und Bakterien; auch Feuer spielt bei der Zersetzung eine entscheidende Rolle.

**Tropische und subtropische (heiße) Wüsten** (Abb. 7.42) weisen bei starken tageszeitlichen Schwankungen Jahresmitteltemperaturen von 20 bis 30 °C auf. Der maximale Jahresniederschlag liegt bei 250 mm, in manchen Regionen oder Jahren kann Niederschlag auch völlig ausbleiben. Sehr heiße Sommer wechseln mit kühlen Wintern, in denen gelegentlich Frost auftritt. Die Böden sind wenig entwickelt bis roh. An ihrer Oberfläche reichern sich durch Verdunstung oft Alkalisalze oder Gips an, sodass ihr pH-Wert bis auf über 10 ansteigen kann. Die Frischmasse der Pflanzen erreicht maximal etwa 1,5 kg/$m^2$ und die Nettoprimärproduktion, die v. a. durch Sträucher mit sehr tiefen Wurzeln (bis in über 50 m Tiefe; ▶ Abschn. 6.1.1) gebildet wird, maximal 0,2 kg $m^{-2}$ $a^{-1}$. Bei den Pflanzen sind $C_4$- und CAM-Photosynthese verbreitet. Da sie ein Mindestangebot an Wasser benötigen, kommen Sukkulenten (je nach Region v. a. Arten der Cactaceae oder Euphorbiaceae) nur in feuchteren Bereichen vor. Als Destruenten fungieren Ameisen, Termiten, Pilze und Bakterien.

### 7.6.3 Winterregengebiete des mediterranen Klimatyps und Lorbeerwaldzone

**Winterregengebiete des mediterranen Klimatyps** sind zwar global verbreitet (Kalifornien, Zentralchile, Mittelmeerraum, Südspitze Afrikas, Süd- und Südwestaustralien), doch nehmen sie nur einen kleinen Teil der Landfläche ein. Die Jahresmitteltemperatur dieser Regionen liegt bei 15 °C. Frost kommt selten vor, aber extreme Winterminima bis unterhalb von −6 °C (und minimal etwa −10 °C) können auftreten. Dagegen liegen die Sommermaxima stets oberhalb von 35 °C. Der Jahresniederschlag beträgt meist zwischen 500 und 800 mm, je nach Region können aber auch Werte unter 400 m (südliches Kalifornien, östlicher Mittelmeerraum) wie auch von bis zu etwa 1100 mm gemessen werden. In jedem Fall ist der Sommer regelmäßig durch eine trockene, heiße Periode geprägt.

Die Böden sind oft Alluvialböden (Schwemmböden an Küsten oder Ufern) oder fossile Verwitterungsböden (Braun- oder Parabraunerden), die auf Kalkgestein unterhalb des Ah-Horizonts typischerweise einen charakteristisch rötlich gefärbten Bodenhorizont aufweisen und daher dann als Kalksteinrotlehm oder Terra rossa bezeichnet werden (Abb. 7.43a). In vielen Regionen finden sich auch flachgründige Böden (Rendzinen, Ranker) auf Fels.

Die Vegetation bestand ursprünglich aus Arten der immergrünen Hartlaubwälder, im Mittelmeerraum mit Kronenhöhen von bis zu ungefähr 18 m mit v. a. der Stein-Eiche *(Quercus ilex)* als dominierender Baumart, zu der im westlichen Mittelmeerraum die ebenfalls immergrüne Korkeiche *(Quercus suber)* tritt. Insbesondere im Mittelmeerraum wurden die Wälder jedoch seit Jahrtausenden intensiv genutzt und sind durch Holzeinschlag, Beweidung und Feuer zu einer dichten Gebüschvegetation, der bis zu etwa 5 m hohen **Macchie**, oder sogar zur nur maximal 1,5 m hohen Strauchheidevegetation der **Garigue** degradiert (Abb. 7.43b). Typisch für die Gehölzarten all dieser Vegetationsformen sind derbe, langlebige Blätter (Hartlaub). Die Pflanzen-

■ **Abb. 7.43** **a** Terra rossa auf der Insel Ugljan (Region Dalmatien, Kroatien) auf Kalkgestein; **b** Vegetationsübergang von Macchie (Vorder- und Hintergrund) zu Garigue (Mittelgrund) in der Umgebung von Cassis (Provence, Südfrankreich)

frischmasse beträgt ungefähr 6 kg/m$^2$, die Nettoprimärproduktion 0,25–1,5 kg/(m$^2$ · a). Der Reichtum an Pflanzenarten ist hoch. Im Mittelmeerraum sind Zistrosen-*(Cistus-)*Arten, Arten der Lippenblütler (Lamiaceae; ■ Abb. 7.34) und Kleinsträucher der Fabaceae weit verbreitet. Bestäubung und Samenverbreitung finden meist durch Tiere statt. Neben Mikroorganismen fungieren als Destruenten Termiten und Feuer.

Die Vegetation der **Lorbeerwaldzone** war im Tertiär global weit verbreitet. Heutzutage ist sie nur noch zerstreut und durch Menschen dezimiert auf kleineren Reliktarealen zu finden (■ Abb. 7.16), in den Subtropen in Höhenlagen von 1400 bis 2000 m. Die Durchschnittstemperaturen weisen im Jahresverlauf nur relativ geringe Schwankungen auf. Je nach Breitengrad können allerdings die Monatsmitteltemperaturen kühl bis subtropisch heiß sein, das Klima ist aber weitgehend frostfrei. Der Jahresniederschlag beläuft sich auf 1000–2000 mm, im Extremfall auf bis zu 6000 mm und kennzeichnet ein perhumides Klima, in dem die Feuchtigkeit während zehn bis zwölf Monaten im Jahr Pflanzenwachstum ermöglicht. Ausgeprägte Trockenperioden fehlen.

Die Böden sind typischerweise dicht mit Laubstreu bedeckt und humos bis torfig. Meist enthalten sie einen lehmig-schluffigen Verwitterungshorizont. Die Baumschicht ist bis zu 25 m, teilweise sogar bis zu 40 m hoch und bildet dichte Wälder mit nur spärlichem Unterwuchs. Je nach Region kommen in ihnen insbesondere Arten der Lorbeergewächse vor (Gattungen *Laurus* im Mittelmeerraum sowie *Persea* v. a. in der Neotropis), aber auch Arten der Gattungen *Eucalyptus*, *Nothofagus* und *Sequoia*, die zur Familie der Mammutbäume gehört. Viele Gehölzarten besitzen die für die Lorbeergewächse typischen festen, ovalen und ganzrandigen Blätter, was als Laurophyllie bezeichnet wird.

### 7.6.4 (Semi-)Aride außertropische Ökozonen

**Wüsten der temperaten Zone** finden sich im südwestlichen Nordamerika (■ Abb. 7.44a), im südöstlichen Südamerika und in Zentralasien (■ Abb. 7.44b) sowie auf einer relativ kleinen Fläche in Südaustralien. Ihr Klima ist durch heiße Sommer mit Temperaturen oft oberhalb von 40 °C und durch sehr kalte Winter mit Frost bis zu −50 °C gekennzeichnet. Der Jahresniederschlag beträgt weniger als 250 mm, in manchen Regionen beläuft er sich sogar nur auf etwa 10 mm. Die Sommer sind oft völlig regenlos. Wie in den heißen Wüsten, so ist auch die Vegetation der temperaten

**Abb. 7.44** Wüsten der temperaten Zone. **a** Region im kalifornischen Teil der Mojave-Wüste mit *Cylindropuntia (Opuntia) bigelovii*, einer in dieser Wüste weit verbreiteten Kaktusart. Als sukkulente CAM-Pflanze (► Abschn. 3.2.2) ist diese Art im Vergleich mit $C_4$-Pflanzen auf ein höheres Wasserangebot angewiesen; **b** Bereich im Inneren der zentralasiatischen Taklamakan-Wüste (Provinz Xinjiang, Nordwestchina). Nach der Wüstenregion der Arabischen Halbinsel ist sie die zweitgrößte Sandwüste der Erde. Die schachbrettartig angeordneten Streifen aus Schilfrohr sollen die im rechten Mittelgrund erkennbare Straße, die die Wüste von Süden nach Norden durchquert, vor Sandüberwehung schützen; durch die Straße wird ein mitten in der Wüste gelegenes Erdölfördergebiet an das Verkehrsnetz angeschlossen (inzwischen wird die Straße entlang weiter Strecken beidseitig durch aus Sträuchern bestehende Grünstreifen geschützt, die durch hochgepumptes Grundwasser bewässert werden). Auf den Dünenkuppen sind Tamariskensträucher (Gattung *Tamarix*) zu erkennen, die mit ihrem umfangreichen Wurzelwerk effektiv Sand festlegen können und auf diese Weise kuppelförmige Dünen, die sog. Nebkhas, entstehen lassen. Tamarisken sind diejenigen Arten, die am weitesten in diese Wüste vordringen können. Sie beziehen ihr Wasser aus Grundwasser (wie alle mehrjährigen Pflanzenarten dieser Region).

Wüsten nicht zusammenhängend, sondern höchstens kontrahiert, also auf Stellen begrenzt, wo im Boden noch (Grund-)Wasser erreichbar ist. Zum Teil aber verhindern Gipsschichten in den obersten Metern den Grundwasseranschluss der Pflanzen. Die Vegetation enthält oft viele Salzpflanzen (Halophyten), vorwiegend aus der Familie der Gänsefußgewächse (Chenopodiaceae), sowie Sukkulenten, Halbsukkulenten und Zwergsträucher. Die Böden weisen häufig einen hohen Salzgehalt auf. Die Frischmasse der Pflanzen beläuft sich auf 0,1–4,0 kg $m^{-2}$, die Nettoprimärproduktion auf 0,01–0,25 kg $m^{-2}$ $a^{-1}$.

Als **außertropisches Grasland** sind **Steppen, Prärien** und die **Pampa** die typische Vegetationsform im semiariden Klima der gemäßigten Zone, wobei die Bezeichnung Steppe für das Grasland Eurasiens, Prärie für das Grasland Nordamerikas und Pampa für das Grasland Argentiniens verwendet wird, der Begriff Steppe aber auch als Sammelbegriff für alle diese Graslandformationen dient. Oft sind diese Vegetationsformen in größeren Höhenlagen (oberhalb von 1000 m) zu finden. Vor allem im Inneren der Kontinente sind die Winter sehr kalt (bis –50 °C), die Sommer dagegen sehr warm (Temperaturen oft oberhalb von 40 °C). Der Jahresniederschlag beläuft sich meist auf 250–500 mm und fällt großenteils als Frühjahrsregen und – in feuchteren Gebieten – in Form von Sommergewittern. Die Böden bestehen aus Löss, Lösslehm oder Sand und sind oft sehr tiefgründig. Wegen des hohen Anteils unterirdischer Primärproduktion weisen sie oft tiefe, dunkel gefärbte Humusprofile auf, die durch wühlende Nagetiere durchmischt werden. Durch diese Wühl- und Grabungstätigkeit wird auch die Mineralisation der abgestorbenen organischen Substanz beschleunigt.

Man unterscheidet vier Formen des Graslands, die alle natürlicherweise baumlos sind: die **Kurzgrasprärie** bzw. typische Steppe aus Grasbeständen mit einer Höhe von maximal 50 cm, in Nordamerika u. a. mit $C_4$-Gräsern der Gattungen *Buchloe* und *Bouteloua* (Abb. 7.45a); die **Langgrasprärie** Nordamerikas und die Pampa Argentiniens (die einzige Steppe der Südhemisphäre) mit Grasbeständen einer Höhe von mindestens 50 cm, meist aber über 100 cm und großen Horstgräsern; die ***Artemisia*-Steppe** aus *Artemisia*-(Beifuß-)Zwergsträuchern in den kalten Regionen des Great Basin (Nordamerika) und Zentralasiens, wo es für Gräser bereits zu trocken ist (Abb. 7.45b); und die **Dornpolstersteppe** mit bei-

**Abb. 7.45** Außertropisches Grasland. **a** Kurzgras-Prärie mit *Bouteloua eriopoda* (*black grama*; $C_4$-Gras), Arizona, USA, kurz vor einem Gewitter. Durch Gewitter ausgelöste Feuer stellen einen mitentscheidenden Faktor für die Ausprägung der Vegetation dar; **b** Zwergstrauchsteppe im Südwesten der Mongolei. (Vorland des Altai-Gebirges)

spielsweise der Gattung Tragant *(Astragalus)* aus der Familie der Hülsenfrüchtler (Fabaceae) in den Hochlagen Mittel- und Vorderasiens. Feuer und Beweidung durch Huftiere prägen die Vegetation. Die oberirdische Pflanzenfrischmasse beträgt 0,2–5 kg/ $m^2$ und die Nettoprimärproduktion 0,2–1,5 kg/ ($m^2 \cdot a$). Die Bestäubung erfolgt v. a. bei den Gräsern durch Wind, bei den Kräutern oft durch Tiere. Die Samen werden durch Wind und Tiere verbreitet.

### 7.6.5 Laubabwerfende temperate Wälder und boreale Wälder

Die Ökozone der **laubabwerfenden Wälder der klimatisch temperaten Zone** (■ Abb. 7.32), die sich wie die übrigen Ökozonen temperater Klimate überwiegend auf der Nordhalbkugel befindet, umfasst den humiden Klimabereich mit Jahresniederschlägen zwischen 500 und 1000 mm und Höchstmengen von bis zu 2500 mm. Die Niederschlagsmaxima liegen in vielen Regionen im Sommer. Die Jahresmitteltemperatur beträgt 5–15 °C und ermöglicht eine Vegetationszeit von fünf bis acht Monaten, wobei in vier bis sechs Monaten Mitteltemperaturen von 10 °C überschritten werden. Im Winter treten längere Kälteperioden mit Frösten von bis zu ungefähr –25 °C auf. Böden sind überwiegend Braunerden mit unterschiedlich mächtigen Verwitterungshorizonten; oft sind sie von Löss beeinflusst. Die Baumschicht erreicht eine Höhe von etwa 35 m, doch sind die Wälder mit einem Blattflächenindex (► Abschn. 6.1.2) von ungefähr 5 bis 6 relativ licht. Global betrachtet, ist die Eiche *(Quercus)* die Gattung mit den meisten Gehölzarten in diesen Wäldern. Die Wälder Mitteleuropas sind nach dem Aussterben zahlreicher Gehölzsippen während der letzten eiszeitlichen Kaltzeiten allerdings arm an Baumarten. Die Frischmasse der Pflanzen beträgt 42–46 kg/$m^2$ in der Optimalphase der Wälder. Die Nettoprimärproduktion beläuft sich auf 1,0–1,5 kg/ ($m^2 \cdot a$). Die Bestäubung erfolgt überwiegend durch Wind, die Samenverbreitung auch durch Vögel und Säugetiere. Als Destruenten fungieren Mikroorganismen und Bodentiere.

**Boreale Wälder**, die auch als **Taiga** bezeichnet werden, nehmen den nördlichen Teil Nordamerikas und Asiens südlich der Subarktis ein und bilden den holarktischen Nadelwaldgürtel nördlich der temperaten Zone. Das nördlichste Waldgebiet befindet sich in Westsibirien auf 72° nördlicher Breite. Die Wachstumsperiode beträgt nur drei bis fünf Monate, allerdings können die Sommer warm (bis zu 30 °C) und schwül sein. Im Winter herrschen recht niedrige Temperaturen (in Sibirien bis zu –70 °C). Der Jahresniederschlag beträgt 500–1500 mm mit deutlichen Maxima im Sommer. Meist ist Feuchtigkeit in für die Vegetation ausreichendem Maß vorhanden.

Die dominanten Baumgattungen dieser Wälder sind Fichte *(Picea)*, Kiefer *(Pinus)*, Tanne *(Abies)* und Lärche *(Larix)*. Der Wald mit seiner bis zu 20 m hohen Baumschicht ist offener als der temperate Laubwald und enthält eine relativ große Menge an

**◘ Abb. 7.46** Borealer Nadelwald im Nordosten Kanadas (Provinz Quebec). Die Böden borealer Nadelwälder sind oft sehr feucht (**a**) oder – auf dem anstehenden Fels – flachgründig (**b**)

Totholz, was das Ausbrechen periodischer Feuer begünstigt. Darüber hinaus können Permafrost (Eis in bestimmten Bodentiefen während eines Zeitraums von mindestens zwei Jahren) und Staunässe die Bildung geschlossener Waldbestände behindern (◘ Abb. 7.46). Die Nadelbäume sind oft schlank und bis an den Boden beastet. Dadurch können sie bei der oft flach stehenden Sonne das Licht besser ausnutzen; zudem wird die Schneelast verringert und die Erwärmung des Bodens wird gefördert. Bei nachhaltiger Bodenerwärmung taut der Boden bis in größere Tiefen auf und Bäume können sich leichter ansiedeln und besser wachsen, bis eine stärker geschlossene Kronenschicht die Sonneneinstrahlung wieder stärker abschirmt, der Boden stärker abkühlt und bis in obere Bereiche wieder gefriert. In der Folge absterbende Bäume lassen wieder Bestandslücken entstehen, in denen sich der Boden erneut erwärmen kann. Auf diese Weise entstehen mosaikartig im Bestand Wechsel zwischen dichteren und lockereren Bestandsteilen. Die nur langsam und schwer zersetzbare Nadelstreu fördert die Bodenversauerung. Die Böden sind somit rohhumusreiche Braunerden, Podsole, Moorböden, Rendzinen oder Ranker (▶ Abschn. 6.1.1).

Der Unterwuchs der Wälder wird v. a. durch Zwergsträucher (Heidelbeer-Arten der Gattung *Vaccinium*), Moose und Flechten gebildet. Die Frischmasse der Pflanzen erreicht 20–52 kg/m$^2$ und die Nettoprimärproduktion 0,3–2,0 kg/(m$^2$ · a). Auf diese relativ hohe Produktivität und die große Flächenausdehnung dieser Wälder ist zurückzuführen, dass etwa 40 % des Holzes für die globale Papierproduktion aus borealen Wäldern stammen. Auch als Erzeuger von Bauholz spielen diese Wälder eine große Rolle. Die Bestäubung und Samenverbreitung erfolgen überwiegend durch Wind. Destruenten sind Mikroorganismen, v. a. Pilze, die auch als Bestandteil von Mykorrhiza eine wichtige Rolle für die Ernährung der Pflanzen spielen. Mykorrhiza-Pilze machen den Pflanzen Aminosäuren, die als Abbauprodukte organischer Substanzen in der Bodenlösung auftreten, als Stickstoffquelle zugänglich. Im weniger stark sauren pH-Bereich des Bodens wird $NH_4^+$ die wesentliche Stickstoffquelle für die Vegetation.

### 7.6.6 Subarktische und arktische Vegetation

Die **Tundra** ist die geschlossene Vegetationsdecke der Subarktis in 62–75° nördlicher Breite, die hauptsächlich in der Nordhemisphäre nördlich der Waldgrenze ungefähr 5 % der globalen Landoberfläche bedeckt. Bis auf 83° nördlicher Breite findet sich fragmentierte Vegetation. Die Flora ist arm an Arten: Der Großteil der Nettoprimärproduktion, die bei einer Pflanzenmasse von 0,1 bis 3,0 kg/m$^2$ 0,1–1,0 kg/(m$^2$ · a) beträgt, wird von weniger als 100 Arten gebildet. Die wichtigsten Familien sind Heidekrautgewächse (Ericaceae), Sauergrasgewächse (Cyperaceae) und Weidengewächse (Salicaceae). Fast alle Pflanzen können sich vegetativ ausbreiten. Die Wachstumsperiode ist auf 6–16 Wochen beschränkt, in denen aber großenteils bis zu 24 h pro Tag Tageslicht herrscht. Wachstumsentscheidend für die Pflanzen ist somit die Dauer der Wachstumsperiode und weniger ihre Temperatur. Die Sommertemperaturen steigen im

Südteil der Tundra bis auf über 20 °C an. Der Jahresniederschlag beträgt i. d. R. weniger als 400 mm, doch ist das Klima wegen der relativ geringen Verdunstung bei den insgesamt niedrigen Temperaturen humid.

Aufgrund ihrer unterschiedlichen Formen lässt sich die Vegetation der Tundra unterteilen in Zwergstrauchtundra, Seggen- und Wollgrastundra, Moore, offene Rohbodengesellschaften Höherer Pflanzen sowie Moos- und Flechtenvegetation, die als Bodenbedeckung überall eine große Rolle spielt. Wie in der Taiga, so ist auch in der Tundra die Mykorrhiza für die Mineralstoffversorgung der Pflanzen von entscheidender Bedeutung. Neben $NH_4^+$ nutzen Pflanzen über die Mykorrhiza auch freie Aminosäuren als Stickstoffquelle. Die Zusammensetzung der Vegetation wird durch Topographie und Staunässe wesentlich mitbestimmt. Die Bestäubung der Pflanzen wird v. a. durch Insekten vollzogen, in feuchteren Regionen auch durch Wind. Die Samen werden überwiegend durch Wind verbreitet. Die Böden sind oft moorig und sehr sauer. Ihre Struktur wird durch den häufigen Wechsel von Gefrieren und Tauen geprägt.

## 7.7 Vegetationsformen Mitteleuropas

Abgesehen von den Hochlagen der Gebirge, gehört die Vegetation Mitteleuropas zur Ökozone der laubabwerfenden Wälder der klimatisch temperaten Zone bzw. zum Biom der sommergrünen Laubwälder. Regionale Abweichungen vom Großklima, Unterschiede im Ausgangsgestein und in den daraus entstandenen Böden, besondere Bodenbedingungen z. B. in Feuchtigkeit oder Salzkonzentration sowie insbesondere die zahlreichen und vielfältigen Einflüsse Jahrhunderte bis Jahrtausende langer Nutzung durch Menschen führten jedoch zu einem Mosaik verschiedenster Vegetationsformen auf relativ engem Raum. Dennoch ist v. a. in Deutschland der Wald mit einem Anteil von 32 % an der Gesamtfläche prägend für viele Landschaften. Die nachfolgende Kurzdarstellung der Vegetationsformen Mitteleuropas folgt im Wesentlichen der Einteilung durch Ellenberg (Ellenberg und Leuschner 2010).

### 7.7.1 Naturnahe Wälder und Gebüsche

Die naturnahen mitteleuropäischen Wälder unterscheiden sich von den außereuropäischen Waldformationen klimatisch vergleichbarer Regionen durch eine ausgesprochene Armut an Waldbaumarten. Vor allem wegen des Aussterbens zahlreicher Gehölzarten im Verlauf der vergangenen Kaltzeiten (▶ Abschn. 2.4) enthalten sie nur etwa 75 Baumarten, von denen nur eine niedrige zweistellige Anzahl häufiger vorkommt und nur etwa 20 Arten bestandsprägend sein können. Eine mit etwas mehr als 200 Arten höhere Artenzahl dagegen weisen die typischen Waldkräuter und -gräser auf.

#### 7.7.1.1 Laubwälder

Im subozeanischen Klima Mitteleuropas ist die Rotbuche *(Fagus sylvatica)* über einen weiten Bereich der Bodenfeuchtigkeit (von mäßig trocken bis feucht) und der Bodenreaktion (von stärker sauer bis alkalisch) die dominierende Baumart der naturnahen Wälder (◘ Abb. 7.47). Die Rotbuche ist die einzige mitteleuropäische Baumart, bei der sich physiologisches und ökologisches Optimum (▶ Abschn. 3.4.2) nahezu decken, während das ökologische Optimum aller anderen Baumarten, sofern diese überhaupt wesentlich an der Kronenschicht der Bestände beteiligt sind, am Rand ihres physiologischen Optimums liegt (◘ Abb. 7.48). Die große Konkurrenzstärke der Rotbuche gegenüber anderen einheimischen Waldbaumarten beruht auf ihrer hohen Schattentoleranz im Jugendstadium (unter dem dichten Schirm ihrer eigenen Mutterbäume), der geringen Lichtdurchlässigkeit ihrer Kronen, wodurch konkurrierende Arten stark beschattet werden, und ihrer Fähigkeit, durch effiziente Investition von Biomasse in Äste, Zweige und Blätter den Kronenraum rasch und effektiv zu erobern.

Entsprechend dem Vorherrschen charakteristischer Waldbaumarten entlang der Gradienten von Bodenfeuchtigkeit und Bodenreaktion (◘ Abb. 7.47) lassen sich auch die Pflanzengesellschaften mitteleuropäischer Laubwälder auf der Ebene der Verbände entlang dieser Gradienten anordnen (◘ Abb. 7.49). Von der Rotbuche beherrschte Wälder werden zum Verband des **Fagion** zusammengefasst. Dieses weist nur fünf Charak-

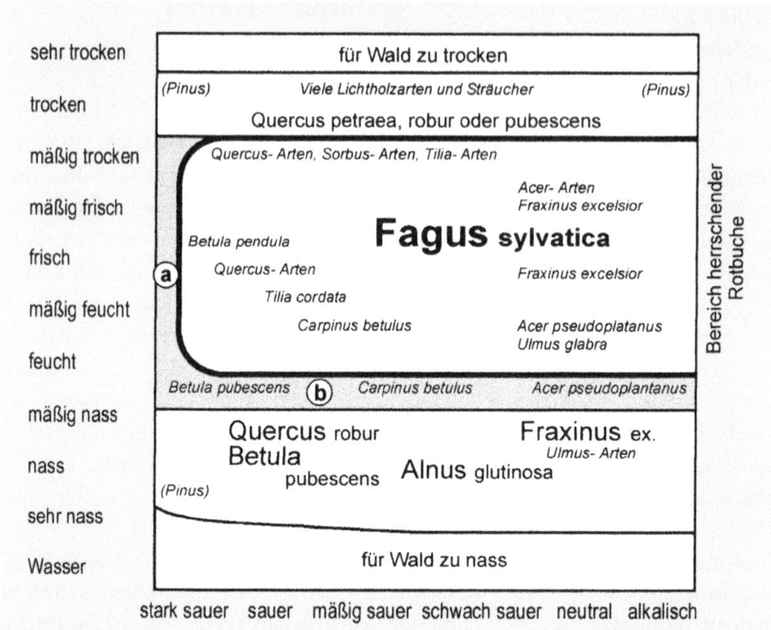


**Abb. 7.47** Ökogramm des Vorkommens bestandsprägender Baumarten mitteleuropäischer Wälder bis in die submontane Stufe entlang der Gradienten von Bodenfeuchtigkeit und Bodenreaktion. Die Schriftgröße bezeichnet den Anteil der jeweiligen Baumart an der Kronenschicht unter naturnahen Konkurrenzverhältnissen. Der Dominanzbereich der Rotbuche *(Fagus sylvatica)* ist schwarz umrandet. **a** Dominanz der Rotbuche auf sehr sauren und mineralstoffarmen Böden, falls sie dort eine mächtige Humusauflage bilden kann; **b** je sandiger und damit besser drainiert der Boden ist, desto weiter kann die Rotbuche in den staunassen Bereich vordringen. Baumarten mit eingeklammertem Namen kommen nur in manchen Gebieten vor. (Aus Ellenberg und Leuschner 2010)

terarten (▶ Abschn. 7.5) auf, die in sämtlichen Formationen dieses Verbands verbreitet sind: den Waldmeister *(Galium odoratum)*, das Zwiebel-Schaumkraut *(Dentaria bulbifera)*, den Purpur-Hasenlattich *(Prenanthes purpurea)*, die Vogel-Nestwurz *(Neottia nidus-avis)* und den als Horstgras wachsenden Wald-Schwingel *(Festuca altissima)*. Innerhalb dieses Verbands lassen sich die Buchenwälder nach der Bodenreaktion unterteilen, die maßgeblich vom Kalkgehalt des Bodens bestimmt wird. Die auf Kalkgestein wachsenden Buchenwälder, deren Bodentyp i. d. R. eine Rendzina oder ein der Rendzina verwandter Bodentyp ist, kann man noch gliedern in die gut wasserversorgten (frischen) Kalkbuchenwälder mit z. B. der Frühlings-Platterbse *(Lathyrus vernus)*, dem Bingelkraut *(Mercurialis perennis)* und dem Gefleckten Lungenkraut *(Pulmonaria officinalis)* und die bärlauchreichen *(Allium ursinum)* Buchenwälder mit besonders günstigem Wasser- und Mineralstoffangebot. Für letztere besonders charakteristisch sind Frühjahrsgeophyten der Lerchensporn-Gruppe mit u. a. dem Hohlen Lerchensporn *(Corydalis cava)*, dem Gelben Windröschen *(Anemone ranunculoides)* und dem Märzenbecher *(Leucojum vernum)*. Beide Buchenwaldvarianten sind aber grundsätzlich reich an Frühjahrsgeophyten. Bei vielen dieser Arten werden die Samen von Ameisen verbreitet (Myrmekochorie; ▶ Abschn. 5.3). An eher flachgründigen und oft süd- bis südwestexponierten Hängen, die somit trockener sind, wachsen Trockenhangbuchenwälder mit beispielsweise dem Maiglöckchen *(Convallaria majalis)*, der Pfirsichblättrigen Glockenblume *(Campanula persicifolia)*, der Weißen Schwalbenwurz *(Vincetoxicum hirundinaria)* und Orchideen-Arten der Gattung *Cephalanthera* (Waldvöglein). In der oberen montanen Stufe gesellt sich die Weißtanne *(Abies alba)* zur Buche. In Regionen wie den Westalpen und den Vogesen, in denen die Winter mild genug sind,

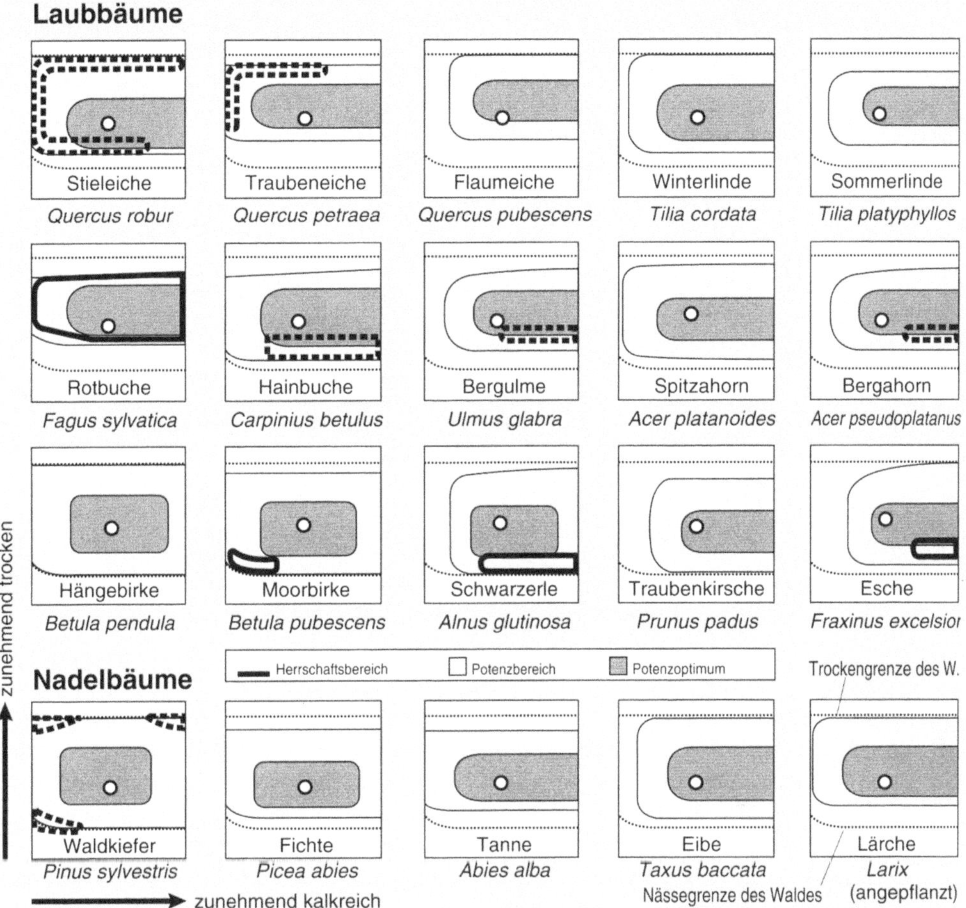


**Abb. 7.48** Physiologisches und ökologisches Optimum wichtiger mitteleuropäischer Waldbaumarten bis in den submontanen Bereich. *Zentraler Kreis* gutes Gedeihen aller hier gezeigten Baumarten; *dunkelgrau* Bereich des physiologischen Optimums; *hellgrau* physiologisch möglicher Bereich des Vorkommens; *dick umrandet* Dominanzbereich unter Konkurrenzbedingungen; *dick gestrichelt umrandet* Dominanzbereich gemeinsam mit anderen Baumarten oder nur im östlichen und südlichen Mitteleuropa gegeben (Wald-Kiefer); *horizontale punktierte Linien* Trockenheits- und Nässegrenze des Walds. (Aus Ellenberg und Leuschner 2010)

erreicht die Rotbuche sogar die Baumgrenze, dort zusammen mit dem Berg-Ahorn *(Acer pseudoplatanus)*.

Auch Buchenwälder, die nicht an von Kalkgestein beeinflussten Standorten wachsen, können über eine relativ gute Mineralstoffversorgung verfügen. Als Bodentypen sind in ihnen Braunerden und Parabraunerden verbreitet. Wegen ihrer vorherrschenden Humusform werden sie auch als Braunmull-Buchenwälder bezeichnet. Je nach Wasserversorgung unterscheidet man feuchte Formen mit Krautarten wie dem Großen Hexenkraut *(Circaea lutetiana)*, dem Großen Springkraut *(Impatiens noli-tangere)* und dem Wald-Ziest *(Stachys sylvatica)* und mittlere Formen mit charakteristischen Arten wie Busch-Windröschen *(Anemone nemorosa)*, Waldmeister *(Galium odoratum)* und Wald-Flattergras *(Milium effusum)*.

Auf stärker sauren Böden, die z. B. regelmäßig auf mittlerem Buntsandstein als Ausgangsgestein vorkommen, wachsen Moderbuchenwälder mit meist spärlicher Strauch- und Krautschicht, aber

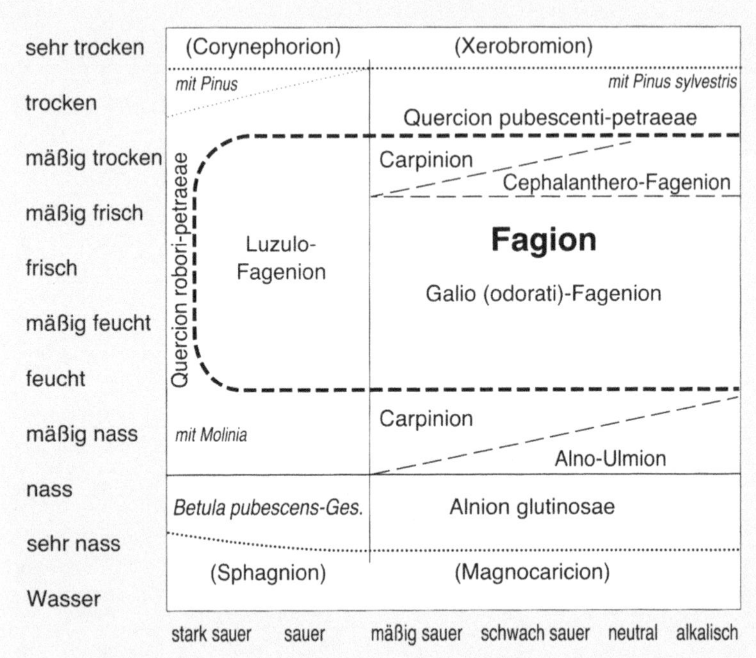


**Abb. 7.49** Vorkommen der Verbände mitteleuropäischer Laubwaldgesellschaften entlang der Gradienten von Bodenfeuchtigkeit und Bodenreaktion. Im sehr trockenen und sehr nassen Bereich kommen keine Waldgesellschaften, sondern nur noch waldfreie Vegetationsformen vor. (Nach Ellenberg und Leuschner 2010)

Säurezeigern wie der Draht-Schmiele *(Deschampsia flexuosa)*, der Pillen-Segge *(Carex pilulifera)* und der Heidelbeere *(Vaccinium myrtillus)*. Besonders charakteristisch für derartige Buchenwälder ist die Schmalblättrige Hainsimse *(Luzula luzuloides)*. In den artenärmsten Ausprägungen dieser Wälder kann die Krautschicht aber auch fast oder vollständig fehlen. In ihrer Gesamtheit bilden derartige Buchenwälder den Unterverband des Luzulo-Fagenion. Je nach Höhenlage unterscheiden sich Untereinheiten dieser Wälder in der Artenzusammensetzung, u. a. im Vorhandensein von Trauben-Eiche (*Quercus petraea*; im Hügel- und unteren Bergland) oder Nadelbaumarten wie Weiß-Tanne *(Abies alba)* oder Rotfichte *(Picea abies)* in montanen Lagen. An noch saureren Standorten, aber in relativ mildem und humidem Klima finden sich die bodensauren Eichenmischwälder des Quercion-robori-petraeae. In ihrem Unterwuchs wachsen Strauch- und Zwergstraucharten wie der Echte Faulbaum *(Frangula alnus)*, die Preiselbeere *(Vaccinium vitis-idaea)* und das Heidekraut *(Calluna vulgaris)*, aber nur spärlich Kräuter wie der Wiesen-Wachtelweizen *(Melampyrum pratense)*.

Außerhalb des Fagions finden sich sowohl im mäßig trockenen wie auch im mäßig nassen Bereich mit mäßig bis nur schwach saurer Bodenreaktion die hainbuchenreichen Laubmischwälder des Carpinion (benannt nach der Hainbuche, *Carpinus betulus*). Vor allem im Osten Mitteleuropas gehört die Winter-Linde *(Tilia cordata)* zu diesen Wäldern, während in den weiter westlich gelegenen, stärker ozeanisch geprägten Regionen die klassischen Sternmieren-Eichen-Hainbuchenwälder (Stellario-Carpinetum), mit lichterer Struktur und oft üppigem Vorkommen der Echten Sternmiere *(Stellaria holostea)*, beheimatet sind. Im mäßig nassen Bereich, aber auf Böden mit relativ hohem pH-Wert wachsen die eschen- und erlenreichen Laubwälder des Alno-Ulmion mit der Gewöhnlichen Esche *(Fraxinus excelsior)* und der Berg-Ulme *(Ulmus glabra)*; auch Berg- und Spitz-Ahorn *(Acer pseudoplatanus, A. platanoides)* und die Sommer-Linde *(Tilia platyphyllos)* können dazu gehören. In Flussnähe gehen derartige Wälder über eine Hartholzaue mit Stiel-Eiche *(Quercus robur)* und Ulmen-Arten (z. B. Feld-Ulme, *Ulmus minor*; und Flatter-Ulme, *U. laevis*) in eine Weichholz-Aue mit Schwarz-Erle *(Alnus glutinosa)* und Weiden-Arten (Gattung *Salix*) über.

#### 7.7.1.2 Nadelwälder

Je stärker die klimatischen und die Bodenverhältnisse von den für Laubbäume, insbesondere für die Rotbuche, günstigen Bedingungen abweichen, desto stärker können sich Nadelbaumarten in den Wäldern behaupten. Dies gilt für kontinentaler geprägtes Klima, kürzere Vegetationsperioden, stärker saure Böden und intensivere Ausprägungen von Bodentrockenheit wie auch von Bodennässe. Auf stark sauren nassen wie trockenen Böden ebenso wie an trockenen kalkreichen Standorten kann die Wald-Kiefer *(Pinus sylvestris)* bestandsbildend vom Flachland bis ins Gebirge vorkommen, vorausgesetzt, dass sie relativ lichtreiche Standorte findet. Die Vielfalt der Standorte, an denen sie vorkommen kann, spiegelt sich in der Vielfalt ihrer Wuchsformen wider. Das natürliche Vorkommen der Rotfichte *(Picea abies)* dagegen ist in Mitteleuropa auf die höheren Gebirgsregionen ab etwa 800 m begrenzt. Sie wächst oft auf stark sauren Böden mit mächtigen Rohhumusdecken. In ihrem Unterwuchs ist typischerweise die Heidelbeere *(Vaccinium myrtillus)* zu finden. Die Weißtanne *(Abies alba)* wiederum, die im Vergleich mit der Rotfichte als weniger frosthart gilt, wächst im südlichen und südöstlichen Bereich Mitteleuropas und nimmt in der Abfolge der Höhenlagen eine Zwischenstellung zwischen Buche und Fichte ein, ist in Bergwäldern aber oft der Buche beigemischt. Sind die Tannenwälder frei von Laubholzarten, so sind sie auch arm an den typischen Krautschichtarten der Buchenwälder einschließlich der Frühjahrsgeophyten. In den oberen subalpinen Lagen der Alpen wird die Waldgrenze von der Europäischen Lärche *(Larix decidua)* oder von Arven bzw. Zirbel-Kiefern *(Pinus cembra)* gebildet, regional aber auch von der hochwachsenden Form der Krummholz-Kiefer (*Pinus rotundata* = *P. mugo* subsp. *uncinata*; im westlichen Teil der Alpen) oder von ihrer niederliegenden Variante, der Legföhre oder Latschenkiefer (*Pinus uncinata* = *P. montana* subsp. *uncinata*; in den Ostalpen und östlich angrenzenden Gebirgen).

### 7.7.2 Naturnahe waldfreie Vegetationsformen

Im Großklima Mitteleuropas kann sich waldfreie Vegetation dauerhaft nur dort halten, wo der Boden für Wald zu trocken oder zu nass, zu salzig oder zu flachgründig ist oder das Klima in Höhenlagen der Gebirge keinen geschlossenen Wald mehr zulässt. Dies ist der Fall in unmittelbarer Ufer- und Küstennähe einschließlich der Sanddünen, in Mooren und im (sub-)alpinen Bereich.

#### 7.7.2.1 Moore

Moore sind mehr oder weniger mächtige, mit Vegetation bedeckte, aber mineralstoffarme Ansammlungen von Humus, der wegen starker Durchtränkung mit Wasser aus Sauerstoffmangel nicht stärker zersetzt wurde. Diese Humusansammlung bezeichnet man als Torf. Entstehung und Entwicklung von Mooren verliefen auf unterschiedliche Weise und auch innerhalb eines Moors können sich die Lebensbedingungen und die Artenzusammensetzung deutlich unterscheiden. Im Verlauf der Umwandlung von Mooren in Ackerland durch Trockenlegung und durch Torfabbau zur Gewinnung von Brennstoff und zur Verwendung im Gartenbau (Blumenerde) sind in historischer Zeit bis in die jüngste Vergangenheit viele mitteleuropäische Moore verschwunden oder in ihrer Flächenausdehnung stark reduziert. Heutzutage versucht man, die erhaltenen Moore durch Schutzmaßnahmen vor einem weiteren Rückgang zu bewahren oder sie durch Vernässung zu renaturieren. Dies dient nicht nur dem Schutz seltener Arten, sondern verhindert auch die Freisetzung gasförmiger Kohlenstoffverbindungen, die bei Trockenlegung von Mooren in die Atmosphäre entweichen und zum Treibhauseffekt beitragen würden. Da v. a. in einigen Regionen außerhalb Mitteleuropas teilweise noch ausgedehnte Moorflächen existieren, ist dieser Aspekt v. a. auf globaler Ebene von Bedeutung. Eine weitere Gefährdung der Moore stellen heutzutage die anthropogenen Stickstoffeinträge aus der Atmosphäre dar. Sie haben in vielen Regionen schon zu einer deutlichen Veränderung der Vegetation geführt, insbesondere auch durch eine starke Ausbreitung des Gewöhnlichen Pfeifengrases *(Molinia caerulea)*.

Dem Wasserhaushalt der Moore entsprechend, unterscheidet man **Nieder-** oder **Flachmoore** und **Hochmoore**. **Niedermoore** werden v. a. durch Grundwasser gespeist und sind daher von den Niederschlagsmengen weitgehend unabhängig. Je nach Kalkgehalt des Untergrunds und pH-Wert unter-

**◘ Abb. 7.50** Breites Moor bei Eschede (Region Celle, Ostniedersachsen). Der hier abgebildete Bereich nimmt die Stellung eines Zwischenmoors ein. Die weißen Blütenstände gehören zum Schmalblättrigen Wollgras *(Eriophorum angustifolium)*

scheiden sie sich in ihrer Zusammensetzung an Pflanzenarten. Beide Formen können aber durchaus noch Bäume und Sträucher enthalten: die eutrophen Niedermoore (mit mäßigem bis hohem Kalkgehalt und pH-Werten des Torfs im schwächer sauren bis schwach alkalischen Bereich) Schwarz-Erlen *(Alnus glutinosa)*, Echten Faulbaum *(Frangula alnus)* und Weiden-Arten (Gattung *Salix*), die oligotrophen Niedermoore (kalkarm mit pH-Werten des Torfs im stark bis mäßig sauren Bereich) Moor-Birken *(Betula pubescens)*, Schwarz-Erlen und Rotfichten. Die Krautschicht beider Niedermoortypen ist durch Seggen (Gattung *Carex*) geprägt, wenn auch in jeweils unterschiedlicher Artenzusammensetzung. Mit mehr als 100 Arten sind jedoch die Moose sehr stark in den Mooren vertreten. Im oligotrophen Niedermoor bilden verschiedene Moosarten rasenähnliche Decken.

Im Unterschied zu den Niedermooren erhält die Vegetation der **Hochmoore** ihr Wasser nur aus Niederschlägen. Sie entstehen durch das Wachstum bestimmter Moosarten der Gattung ***Sphagnum* (Torfmoos)** über das Niveau des Grundwassers hinaus. Dadurch wölbt sich die Mitte des Hochmoors im Verlauf seiner Entstehung über den meist nasseren, da vom abfließenden Wasser der Umgebung beeinflussten Randbereich empor. Bei größeren Mooren allerdings ist der Abfluss des Niederschlagswassers zum Rand hin teilweise oder vollständig gehemmt. Dann bilden sich dort mehr oder weniger stark wassergefüllte Einsenkungen von bis zu wenigen Metern Breite, die sog. Schlenken. Zwischen ihnen entstehen buckelartige Aufwölbungen, die Bulte, die von Gräsern oder Zwergsträuchern bewachsen sein können. Der Torf der Hochmoore ist i. d. R. stark sauer und extrem arm an Mineralstoffen. Auch aus diesem Grund ist er nur sehr schwach zersetzt. Gehölzvegetation in Form von Kieferbeständen tritt höchstens im Randbereich auf. Stattdessen sind die Gesellschaften Höherer Pflanzen geprägt durch Heidekraut-Arten u. a. der Gattungen *Erica* oder *Calluna*, durch Moosbeeren-Arten wie *Vaccinium oxycoccos* und durch Haarsimsen-Arten der Gattung *Trichophorum*.

Zwischen Nieder- und Hochmooren existieren Übergangsformen, die sog. **Zwischenmoore** (◘ Abb. 7.50). Sie sind gekennzeichnet durch **Kleinseggenriede**, das sind moosreiche Pflanzengesellschaften mit der Blasenbinse *(Scheuchzeria palustris)*, dem Scheidigen Wollgras *(Eriophorum vaginatum)* und dem Schmalblättrigen Wollgras (*E. angustifolium*; dieses kommt i. d. R. an den aufgewölbten Stellen des Hochmoors nicht mehr vor).

#### 7.7.2.2 Süßwasser- und Ufervegetation

Auf der Oberfläche stehender Gewässer breiten sich oft **freischwimmende Wasserpflanzen** aus, die von Wasserlinsen-Arten, insbesondere der Kleinen Wasserlinse *(Lemna minor)*, gebildet werden. Ist das Wasser im Randbereich so flach, dass Höhere Pflanzen im Gewässerboden wurzeln und auch mit weitgehend untergetaucht lebenden Sprossorganen durch Photosynthese eine positive Kohlenstoffbilanz erreichen können, bilden sich **Unterwasserwiesen** mit Arten wie dem Wechselblütigen Tausendblatt *(Myriophyllum alterniflorum)*, Hornblatt-Arten der Gattung *Ceratophyllum* und Laichkraut-Arten der Gattung *Potamogeton*, von denen manche auch an der Wasseroberfläche treibende Schwimmblätter formen können. Weiter uferwärts entstehen artenarme **Schwimmblattgesellschaften** mit Pflanzen, bei denen zumindest ein Teil der Blätter auf der Wasseroberfläche liegt. Dazu gehören die Große Teichrose *(Nuphar lutea)* und die Weiße Seerose *(Nymphaea alba)*. Bei den Arten des **Röhrichts** ragt zumindest ein größerer Teil des Sprosses fast immer aus dem Wasser empor (◘ Abb. 7.51). Diese Arten umfassen das Gewöhnliche Schilf *(Phragmites australis)* und den Breitblättrigen Rohrkolben *(Typha latifolia)* sowie die Gewöhnliche Teichsimse *(Schoenoplectus lacustris)*, die allerdings auch vollständig von Wasser überdeckt sein kann. Weiter zum Ufer

**Abb. 7.51** Röhrichtzone im Randbereich eines norddeutschen Sees (Schwarzer See, Wendland, östliches Niedersachsen). Die gelben Blüten gehören zur Sumpf-Schwertlilie *(Iris pseudacorus)*, einer in der Röhrichtzone häufig vorkommenden Art

**Abb. 7.52** Erlenbruchwald (gebildet durch die Schwarz-Erle, *Alnus glutinosa*) mit Drachenwurz (*Calla palustris*; herzförmige grüne Blätter) und Europäischer Wasserfeder (*Hottonia palustris*; weiße Blüten) in der Krautschicht (Wendland, östliches Niedersachsen)

hin, wo sich der Gewässerboden durch Ansammlung absterbender Röhrichtpflanzen immer mehr der Wasseroberfläche nähert, wachsen **Großseggenriede** mit hoch wachsenden Seggen-Arten. Je nach Region und Nährstoffreichtum des Gewässers sind darin Steife Segge (*Carex elata*; südliches Mitteleuropa und Südosteuropa), Schlanke Segge (*C. acuta*; nordöstliches Mitteleuropa) oder Schnabel-Segge (*C. rostrata*; nährstoffarme Gewässer) stark vertreten. Im Uferbereich, wo das Grundwasser dauernd nahe der Oberfläche steht, der Boden aber i. d. R. nur im zeitigen Frühjahr überschwemmt wird, wachsen **Erlenbruchwälder** mit der Schwarz-Erle *(Alnus glutinosa)* als dominierender Baumart (Abb. 7.52), zu der sich aber auch einige Weiden-Arten wie die Grau-Weide *(Salix cinerea)*, die Ohr Weide *(S. aurita)* und die Lorbeer Weide (*S. pentandra*; vorwiegend im nördlichen Mitteleuropa) gesellen. Insgesamt werden Struktur und Artenzusammensetzung der Süßwasser- und Ufervegetation stark von der Nährstoffkonzentration des Gewässers bestimmt.

Die räumliche Abfolge der Pflanzengesellschaften vom offenen Wasser bis zu den Erlenbruchwäldern in Form einer Zonierung entspricht auch einer **Verlandungsreihe** in der zeitlichen Abfolge der Gesellschaften bei der Verlandung eines Sees. Entsprechend dem Location-for-time-Ansatz lassen sich somit die verschiedenen Sukzessionsstadien durch annähernd zeitgleiche Untersuchungen unterschiedlicher Standorte erfassen (▶ Abschn. 6.4.2).

In Fließgewässern wachsen bei schnellerer Strömung Arten wie z. B. der Haarblättrige Wasser-Hahnenfuß *(Ranunculus trichophyllus)* und der Flutende Schwaden *(Glyceria fluitans)*, bei geringerer Strömungsgeschwindigkeit die Süßgras-Arten Wasser-Schwaden *(Glyceria maxima)* und Rohr-Glanzgras *(Phalaris arundinacea)*.

### 7.7.2.3 Vegetation entlang von Meeresküsten

In den Regionen des Wattenmeers, in dem weite Teile zweimal täglich während des Niedrigwassers trockenfallen, ist die Vegetation des unmittelbaren Küstenbereichs durch salzertragende Pflanzen, die Halophyten, geprägt (▶ Abschn. 3.4.1.4). Am weitesten in das offene Watt, bis zu ungefähr 30 cm unterhalb der mittleren Hochwasserlinie, dringt der Gewöhnliche Queller vor *(Salicornia europaea)*. Weiter auf das Land zu hat sich durch die Festlegung angeschwemmter Sedimente über Jahrzehnte bis Jahrhunderte **Marschland** oder **Marsch** gebildet. An der Bildung der Marsch ist das Andel-Gras (oder Strand-Salzschwaden; *Puccinellia maritima*) maßgeblich beteiligt. Zu den Arten, die die darauf wachsenden **Salzwiesen** bilden, gehören auch weitere obligate Halophyten wie die Pannonische Salzaster (*Tripolium pannonicum*; früher klassifiziert als Strand-Aster, *Aster tripolium)*, die Strand-Sode *(Suaeda maritima)* und der Strand-Dreizack *(Triglochin maritima)*. Oberhalb von 25 cm über der mittleren Hochwasserlinie beginnt der **Strandnel-**

**Abb. 7.53** Europäischer Meersenf (*Cakile maritima*; Familie Kreuzblütler, Brassicaceae), ein einjähriger, fakultativer Halophyt (▶ Abschn. 3.4.1.4) an der Küste der Cotentin-Halbinsel, Normandie, Nordfrankreich

**kenrasen** mit der namensgebenden Strandnelke (auch Gewöhnliche Grasnelke genannt; *Armeria maritima*), dem Strand-Wegerich *(Plantago maritima)* und den salzertragenden Unterarten des Rot-Schwingels *(Festuca rubra* subsp. *litoralis)* und des Ausläufer-Straußgrases *(Agrostis stolonifera* var. *maritima)*. Mit Salzzahlen (▶ Abschn. 3.4.2) von sechs bis sieben tolerieren diese Arten das Salz bereits aber weniger gut als die obligaten Halophyten der Salzwiesen mit einer Salzzahl von mindestens acht. Die ökologische Bedeutung der Salzwiesen und Strandnelkenrasen liegt im Küstenschutz und in ihrer Eigenschaft als Rast- und Brutgebiete für viele Vogelarten.

Direkt am Sandstrand können sich einige therophytische Arten ansiedeln wie der Europäische Meersenf (*Cakile maritima*; Abb. 7.53), das Küsten-Salzkraut *(Salsola kali)* und die salzertragende Unterart der Spieß-Melde *(Atriplex prostrata* subsp. *triangularis)*. Diese Arten des **Spülsaums**, deren Standort von der Flut noch erreicht werden kann, profitieren von dem reichlichen Angebot an Nitrat, das durch Zersetzung des angespülten Tangs freigesetzt wird. Aus vom Wind angewehtem Sand entstehen **Dünen**, die von Vegetation festgelegt werden können (Abb. 7.54). Eine wichtige Rolle spielen dabei Gräser wie die Binsen-Quecke *(Elymus farctus)*, die lange Rhizome bildet, der Ausläufer bildende Strandroggen *(Leymus arenarius)* und, v. a. in den etwas späteren Stadien der Dünenbildung, der als Horstgras wachsende Gewöhnliche Strandhafer *(Ammophila arenaria)*, der nur geringe Salzkonzentrationen im Wurzelraum verträgt. Diese Arten können auch die ständige mechanische Belastung durch Wind und durch ihn verursachten Sandschliff ertragen. Das dichte und hohe Wachstum des Strandhafers lässt infolge kontinuierlicher Sandfestlegung schließlich eine mehr oder weniger steil ansteigende **Weißdüne** entstehen. Vom Wind herangewehtes Material sorgt trotz weitgehend fehlender Tonminerale in den Sanden für eine relativ gute Mineralstoffversorgung der Pflanzen. In Dünenbereichen, die weiter vom Strand entfernt sind, ist der Mineralstoffeintrag durch Wind geringer. Zudem sorgen Niederschläge für eine stetige Auswaschung von Kalk und anderen Mineralstoffen. Es bildet sich eine **Graudüne** heraus mit Grasarten wie dem Gewöhnlichen Silbergras *(Corynephorus canescens)* und dem Sand-Rot-Schwingel *(Festuca rubra* subsp. *arenaria)* sowie mit manchen krautigen Arten, z. B. dem Doldigen Habichtskraut *(Hieracium umbellatum)*. Im Verlauf der Entstehung eines Regosols (▶ Abschn. 6.1.1) hat die Bodenentwicklung dort schon zur Bildung eines Ah-Horizonts geführt. In feuchteren Dünentälern können sich Kriechweidengebüsche mit der Dünenform der Kriech-Weide *(Salix repens* subsp. *dunensis)* und Sanddorn *(Hippophaë rhamnoides)* ansiedeln. Durch fortschreitende Humusanreicherung und Bodenentwicklung entsteht schließlich eine **Braundüne**, deren Bodentyp i. d. R. eine mineralstoffarme Braunerde ist. Die ursprünglich aus Meeresorganismen stammenden Carbonate sind nun nahezu vollständig aus dem Boden ausgewaschen und die Bodenentwicklung verläuft weiter in Richtung auf einen Podsol. Die Vegetation dieser Dünen wird geprägt durch Heidekrautgewächse wie die Gewöhnliche Krähenbeere *(Empetrum nigrum)* und das Heidekraut *(Calluna vulgaris)* sowie durch den Gewöhnlichen Tüpfelfarn *(Polypodium vulgare)*, verschiedene Moos- und manche Flechtenarten.

#### 7.7.2.4 Vegetation oberhalb der alpinen Waldgrenze

In der alpinen Höhenlage ist die Vegetation ausgesprochen artenreich und umfasst schätzungsweise 20 % der einheimischen Flora Europas. Oberhalb der Baumgrenze ist sie großflächig von **alpinen Rasen** geprägt, die sich aber je nach Standortbedin-

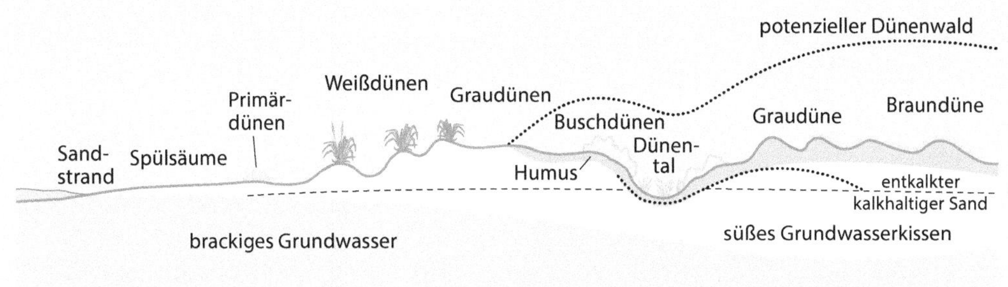


**Abb. 7.54** Vegetations- und Dünenabfolge an den Küsten der Nordsee. Die *punktierte* Linie markiert den Bereich potenziellen Walds, der sich ohne Einfluss von Mensch und Vieh etablieren würde. (Nach Ellenberg und Leuschner 2010)

gungen wie Ausgangsgestein, Bodenstruktur, Wasserangebot und Dauer der Schneebedeckung floristisch stark voneinander unterscheiden können. Auf Carbonatgestein wachsen **Blaugras-Horstseggenrasen**, in denen auch das Alpen-Edelweiß *(Leontopodium alpinum)* vorkommt. Sie sind gekennzeichnet durch das Kalk-Blaugras *(Sesleria caerulea)* und die Horst-Segge *(Carex sempervirens)* sowie etliche krautige Arten mit sehr unterschiedlichen Blütenfarben. Auf Silikatgestein dagegen entwickeln sich **Krummseggenrasen** mit der Krumm-Segge *(Carex curvula)* als charakteristischer Art. Die Böden dieser Vegetationsform sind zwar mineralstoffärmer als die Blaugras-Horstseggenrasen, aber weniger trocken. Der Reichtum an Blütenfarben ist insgesamt geringer; der Blühaspekt wird geprägt von den gelben Blüten u. a. der Echten Arnika *(Arnica montana)* und des Schweizer Schuppenlöwenzahns *(Scorzoneroides helvetica)*. Auf stärker sauren Böden herrscht das Borstgras *(Nardus stricta)* vor.

In der unteren alpinen Stufe und im subalpinen Bereich wachsen **Zwergstrauchheiden** (Abb. 7.55). Auf Carbonatgestein ist die Bewimperte Alpenrose *(Rhododendron hirsutum)* besonders auffällig, auf carbonatarmem Gestein ihre vikariierende Schwesterart, die Rostblättrige Alpenrose *(Rhododendron ferrugineum*; ▶ Abschn. 7.2.2), sowie die Gamsheide *(Kalmia procumbens)*, ein Heidekrautgewächs. An relativ kleinflächigen Standorten, die ziemlich früh schneefrei werden und durch abfließendes Niederschlagswasser zusätzliche Mineralstoffe erhalten, bilden sich **Hochstaudenfluren** aus mit dem Alpen-Milchlattich *(Cicerbita alpina)*, dem Wald-Storchschnabel *(Geranium sylvaticum)*, dem Platanen-Hahnenfuß *(Ranunculus platanifolius)* und, insbesondere an von Weidevieh beeinflussten Stellen, die für Vieh ungenießbaren Eisenhut-Arten *Aconitum lycoctonum* (Gelber Eisenhut) und *A. napellus* (Blauer Eisenhut). Auf mehr oder weniger wasserundurchlässigen und deshalb wasserstauend wirkenden Silikatgesteinen und Tonschiefern können sich, insbesondere an Schatthängen, **Grünerlengebüsche** *(Alnus alnobetula)* ausdehnen. Auch diese Art wird vom Vieh nicht gefressen und ist daher ein gefürchtetes Weideunkraut. Begünstigt durch anthropogene Stickstoffeinträge, breitet sie sich derzeit weiter aus.

### 7.7.3 Anthropogen geschaffene und erhaltene Vegetation

Die anthropogene Entwaldung großer Gebiete Mitteleuropas während des Mittelalters und der frühen Neuzeit zur Schaffung von Acker- und Weideland und zur Holzgewinnung führte je nach Entstehungsgeschichte und Nutzungsform zur Entstehung vielfältiger Ersatzgesellschaften (▶ Abschn. 6.4.2). Auf den entwaldeten Flächen stellte sich im Bereich der Bodenvegetation ein weniger ausgeglichenes Mikroklima ein, das wegen des Fehlens einer beschirmenden Kronenschicht der Waldbäume nun lichtreicher, im Sommer wärmer und trockener, im Winter aber kälter war als im stärker ausgeglichenen Mikroklima des Waldinneren. Damit waren Bedingungen gegeben, die im Prinzip denen der Steppen oder der alpinen Lagen ähneln. Auf diese Weise

**Abb. 7.55** Alpiner Rasen mit *Rhododendron* als Element der subalpinen Zwergstrauchheiden. (Oberengadin, Schweiz, 1800 m über NN)

entstanden auf flachgründigen, sonnenexponierten Böden die Trocken- und Halbtrockenrasen mit ihren charakteristischen Artenkombinationen. Auf tiefergründigen Böden mit einem höheren Wasserangebot wurde die Vegetation durch Mähen oder Beweidung in Mähwiesen und Futterweiden umgewandelt. Auf mineralstoffarmen Sandböden entwickelten sich Zwergstrauchheiden, die zur Schafhaltung und als Bienenweide genutzt wurden. Verbreiteter Holzmangel führte schließlich zur gezielten Aufforstung weiter Flächen, zuerst vorzugsweise mit schnellwachsenden Nadelbaumarten.

### 7.7.3.1 Magerrasen

Die trocken-warmen Bedingungen der Xerothermrasen Mitteleuropas sind einerseits durch ihr Mesoklima in einer eher warmen und tendenziell sommertrockenen Region oder durch Exposition nach Süden oder Südwesten bedingt, andererseits auch durch die Flachgründigkeit ihrer Böden (Abb. 7.56). Dies führt sowohl zu einer starken Verringerung des Wasserangebots als auch zu einer Einschränkung der Nachlieferung von Mineralstickstoff, da die Aktivität der Destruenten und insbesondere der Mineralisierer durch die Trockenheit gehemmt ist. Auf diese Weise wirken diese Standorte mager und ihre Vegetation wird deshalb auch als **Magerrasen** bezeichnet. Mit mindestens 500–600 Arten, die zusammen deutlich mehr als 10 % der mitteleuropäischen Gefäßpflanzenflora umfassen, sind die mitteleuropäischen Magerrasen ausgesprochen artenreich. Der Grund für diesen Artenreichtum ist höchstwahrscheinlich die knappe Verfügbarkeit an den Ressourcen Wasser und Mineralstickstoff, wodurch schnellwachsende und hochwüchsige, konkurrenzstarke Krautarten ausgeschlossen werden und langsamwüchsige, konkurrenzschwache Arten sich halten können. Daher führt Stickstoffdüngung auf diesen Standorten zu einem mehr oder weniger starken Rückgang des Artenreichtums, da sich nun gerade die produktiven, konkurrenzstarken Arten etablieren können. Je nach Ausgangsgestein, auf dem sie vorkommen, unterteilt man die Magerrasen in die **Kalkmagerrasen** und die **Silikat**- oder **Sandmagerrasen**. Die Kalkmagerrasen werden je nach der Trockenheitstoleranz ihrer Vegetation weiter unterteilt in **Trockenrasen** (oder Volltrockenrasen) und **Halbtrockenrasen**.

Abgesehen von den Pioniergesellschaften auf Fels mit extrem flachgründigem Boden gehören die Pflanzengesellschaften der flachgründigen trockenen Kalkmagerrasen (Volltrockenrasen) zum Verband des **Xerobromion**. Sie kommen in Mitteleuropa nur noch auf relativ wenigen Flächen vor. Typische Arten sind z. B. das Walliser Schillergras *(Koeleria vallesiana)*, der Berg-Gamander *(Teucrium montanum)*, das Gewöhnliche Nadelröschen *(Fumana procumbens)* und der Schmalblättrige Lein *(Linum tenuifolium)*. Im Vergleich mit dem Xerobromion ist die Vegetation des **Mesobromions** vom Typ eines Halbtrockenrasens (Abb. 7.57a) aufgrund der höheren Wasserverfügbarkeit dichter geschlossen. Charakteristische Arten sind dort u. a. die Grasarten Aufrechte Trespe *(Bromus erectus)* und Fieder-Zwenke *(Brachypodium pinnatum)* sowie der Knollige Hahnenfuß *(Ranunculus bulbosus)*, die Hopfen-Luzerne *(Medicago lupulina)*, die Saat-Esparsette *(Onobrychis viciifolia)* und der Dornige Hauhechel *(Ononis spinosa)*, ein Zwergstrauch. Diese Halbtrockenrasen sind oft auch relativ reich an seltenen Orchideenarten wie dem Kleinen Knabenkraut *(Orchis morio)* und den Ragwurz-Arten Hummel-Ragwurz *(Ophrys holoserica)*, Bienen-Ragwurz *(Ophrys apifera)* und Fliegen-Ragwurz (*Ophrys insectifera*; Abb. 7.57b), deren Blüten in Gestalt und Färbung den namensgebenden Insektengruppen ähneln und diese daher als Bestäuber anlocken. Wegen des großen Artenreichtums, der relativ großen Anzahl an seltenen Arten und auch als jahrhundertelanger Bestandteil der mitteleuropäischen Kulturlandschaft sind diese Halbtrockenrasen

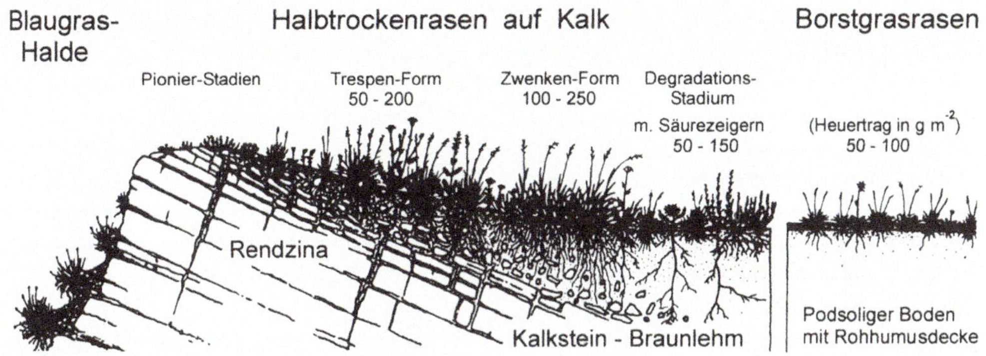


**Abb. 7.56** Magerrasen auf Jurakalk (Schwäbische Alb) entlang eines Gradienten der Bodenentwicklung von einer Blaugrashalde mit Kalk-Blaugras *(Sesleria caerulea)* über die Trespen-Form mit der Aufrechten Trespe *(Bromus erectus)* und die Zwenken-Form mit der Fieder-Zwenke *(Brachypodium pinnatum)* bis zum Degradationsstadium mit Bodenversauerung. Im Vergleich ein Borstgrasrasen mit Borstgras *(Nardus stricta)*. Die Zahlenwerte geben den Heuertrag in g/m$^2$ an. Als natürliche Vegetation würde sich auf der Trespenform frischer Kalkbuchenwald einstellen, auf der Zwenken-Form reicher Braunmull-Buchenwald und statt des Degradationsstadiums typischer Braunmull-Buchenwald. Anstelle des Borstgrasrasens stünde ein Moder-Buchenwald. (Aus Ellenberg und Leuschner 2010)

**Abb. 7.57** **a** Halbtrockenrasen auf verkarstetem Kreidefels im Mecsek-Gebirge, Südwest-Ungarn. Das Vorkommen von Ähren-Ehrenpreis (*Veronica spicata*, blaue Blütenstände) und Gelbem Lauch *(Allium flavum)*, einer Art mit eher submediterraner bis mediterraner Verbreitung, zeigt bereits stärker trockene Bedingungen an. **b** Insekten-Ragwurz *(Ophrys insectifera)*, eine typische Orchideenart mitteleuropäischer Halbtrockenrasen (hier südniedersächsisches Bergland). Männchen von Grabwespen-Arten führen auf der Blüte, die einen weiblichen Partner vortäuscht (Insektentäuschblume oder Sexualtäuschblume), Begattungsbewegungen aus. Dabei werden vom Insektenmännchen transportierte Pollen übertragen. Andere, morphologisch ähnliche Insekten dagegen halten sich meist von der Blüte fern, da sie scheinbar bereits besetzt ist

ebenso schützens- und erhaltenswert wie die Volltrockenrasen. Allerdings ist heutzutage ein recht großer Aufwand nötig, um sie zu erhalten, da die Wanderweidewirtschaft, v. a. in Form der Schafweide, die zur Schaffung und Erhaltung dieser Lebensräume führte, stark zurückgegangen ist. Überlässt man diese Flächen sich selbst, so breiten sich dort bedornte Straucharten wie die Schlehe *(Prunus spinosa)*, die Gewöhnliche Berberitze *(Berberis vulgaris)* und der Purgier-Kreuzdorn *(Rhamnus cathartica)* aus, was schließlich zur Verdrängung der Halbtrockenrasenarten führt und eine Sukzession in Richtung auf einen Wald einleitet.

Die Silikatmagerrasen sind charakterisiert durch das Vorkommen niedrigwüchsiger Gras- und Krautarten wie Borstgras *(Nardus stricta)*, Gewöhnliches Silbergras *(Corynephorus canescens)*, Ausdauernder Knäuel *(Scleranthus perennis)* und Harzer Labkraut *(Galium saxatile)*. Auch bei ihnen wirkt sich die Gründigkeit des Bodens stark auf die Artenzusammensetzung aus. Bei etlichen Arten dieser Lebensräume ist es weniger der pH-Wert des Bodens selbst, der sie am Vordringen in die Kalkmagerrasen hindert, sondern eher die wegen des dort höheren pH-Werts geringere Pflanzenverfügbarkeit der essenziellen Mineralstoffe Eisen, Mangan und Phosphor.

Besondere Vegetationsformen sind die **Schwermetallrasen**. Sie entstanden mehr oder weniger kleinflächig an Orten mit hohen Konzentrationen an Schwermetallen wie Zink und Kupfer im Oberboden, oft infolge von Bergbau nach Ablagerung von Schlacke. Die Pflanzen, die sich dort halten können, repräsentieren zum Teil keine eigenen Arten, sondern Unterarten oder Ökotypen von Arten mit ansonsten weiterer Verbreitung (► Abschn. 3.4.1.4). Dazu gehören z. B. Ökotypen oder Unterarten der Sand-Grasnelke *(Armeria maritima)*, der Frühlingsmiere (Galmei-Frühlingsmiere, *Minuartia verna* subsp. *hercynica*) und des Gewöhnlichen Leimkrauts *(Silene vulgaris)*. Mehr oder weniger schwermetalltolerant sind außerdem das Galmei-Hellerkraut *(Thlaspi calaminare)* und das Gelbe Galmei-Stiefmütterchen *(Viola calaminaria)*. Die Angepasstheit von Pflanzen an anthropogen beeinflusste Ruderalstandorte wurde bereits in ► Abschn. 3.4.3 behandelt.

#### 7.7.3.2 Wiesen und Weiden

Als sich die Haltung von Nutztieren, die Weidegrund und Winterfutter benötigen, in Mitteleuropa ausbreitete, wurden in verstärktem Ausmaß Wälder gerodet und Wiesen und Weiden geschaffen. Im Vergleich mit den Magerrasen ist die Wasserverfügbarkeit für die Pflanzen in diesem **Wirtschaftsgrünland** oder **Kulturgrasland** höher, da die Böden tiefgründiger sind und damit mehr Niederschlagswasser festhalten können oder da sie über Grundwasseranschluss verfügen. Zudem finden sich diese Vegetationsformen in klimatisch stärker humiden Regionen Mitteleuropas. Ähnlich wie auf den Magerrasen haben die Grünlandarten einen höheren Lichtgenuss als die Arten der Waldbodenvegetation, erreichen wegen des höheren Wasser- und oft auch Mineralstoffangebots aber größere Wuchshöhen als auf den mageren Graslandstandorten. Auf **Mähwiesen** müssen deshalb niedrigwachsende Arten wie die Schaftlose Primel (*Primula vulgaris*; Blütezeit März bis April) oder die Herbst-Zeitlose (*Colchicum autumnale*; Blütezeit September bis Oktober) diejenigen Zeiten des Jahres nutzen, in denen hochwachsende Arten größere Wuchshöhen noch nicht oder – nach einer Mahd – noch nicht wieder erreicht haben. Zeitpunkt und Häufigkeit der Mahd während einer Vegetationsperiode bestimmen also weitgehend den Aspekt (► Abschn. 6.4.1) der Wiesen.

Je früher und je häufiger die Wiesen im Jahr gemäht werden, desto mehr Mineralstoffe werden ihnen entzogen. Deswegen werden viele Wiesen mehr oder weniger häufig gedüngt. Bei mäßiger bis guter Wasserversorgung fördert Düngung über eine breite Spanne der Bodenreaktion (von sauer bis alkalisch) die Arten der Glatthaferwiesen, benannt nach dem charakteristischerweise dort gedeihenden Glatthafer *(Arrhenatherum elatius*; ◘ Abb. 7.58). Charakteristische krautige Arten sind die Wiesen-Glockenblume *(Campanula patula)*, das Wiesen-Labkraut *(Galium mollugo)*, der Wiesen-Storchschnabel *(Geranium pratense)* und die Wiesen-Witwenblume *(Knautia arvensis)*. Im nassen Bereich gehen diese Wiesen in die Feuchtwiesen des Verbands Calthion über. Diese sind u. a. gekennzeichnet durch das Vorkommen der Sumpf-Dotterblume *(Caltha palustris)*, der Trauben-Trespe *(Bromus racemosus)*, der Kohl-Kratzdistel *(Cirsium oleraceum)* und der inzwischen in Deutschland stark gefährdeten Schachblume *(Fritillaria meleagris)*. Manche der in gedüngten Wiesen vorkommenden Feuchtigkeitszeiger wie die Kohl-Kratzdistel, das Echte Mädesüß *(Filipendula ulmaria)* und die Rasen-Schmiele *(Deschampsia cespitosa)* wachsen allerdings auch an feuchten bis nassen Waldstandorten einschließlich Auwäldern und zeigen damit an, dass diese ihre in Mitteleuropa ursprünglichen Standorte sind. Ungedüngte Wiesen

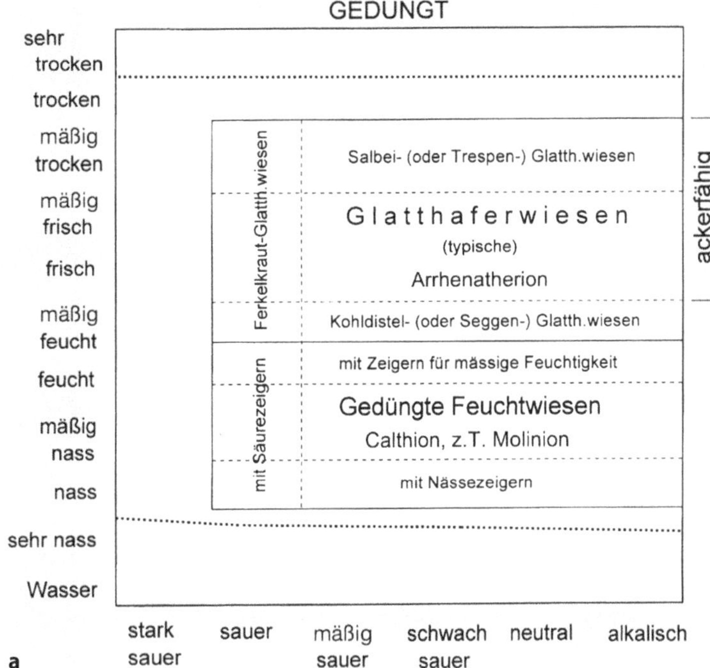


**Abb. 7.58** Pflanzengesellschaften gedüngter (**a**) und ungedüngter Wiesen (**b**). Der Feuchtigkeitsgradient bezieht sich auf die kombinierte Wirkung von Bodenfeuchtigkeit und Klima. Abgesehen von sehr trockenen und sehr nassen Standorten wäre Kulturgrasland von Natur aus bewaldet. Mäßig trockene bis frische Böden werden in Mitteleuropa weitgehend als Ackerland genutzt. (Aus Ellenberg und Leuschner 2010)

dagegen sind Pfeifengraswiesen mit dem namensgebenden Gewöhnlichen Pfeifengras *(Molinia caerulea)*, deren Verbreitung sich über den gesamten pH-Bereich mitteleuropäischer Böden erstreckt (◘ Abb. 7.58). Der Wuchs und die Ausbreitung dieser Art werden allerdings durch Stickstoffeinträge auf Kosten einiger konkurrierender Arten, die an weniger stickstoffreiche Standorte angepasst sind, gefördert. Weitere charakteristische Arten der Feuchtwiesen sind u. a. die Gewöhnliche Betonie *(Betonica officinalis)*, der Weidenblättrige Alant *(Inula salicina)* und die Färber-Scharte *(Serratula tinctoria)*. Im nassen Bereich gehen diese Wiesen zunächst in die Vegetationsform der Kleinseggenriede mit der Davall-Segge *(Carex davalliana)* als namensgebender Art über oder, im stärker sauren Bereich, in die Braunseggenriede mit der Wiesen-Segge *(Carex nigra)* oder Binsen-Arten wie der Faden-Binse *(Juncus filiformis)* als vorherrschende Arten. An sehr nassen Standorten dominieren Großseggenriede und schließlich Röhrichte (► Abschn. 7.7.2.2).

Über eine breite Spanne von Bodentypen hinweg sind **Weiden** i. d. R. geprägt von den Arten der Weidelgras-Weißkleeweide mit dem Weide-Kammgras *(Cynosurus cristatus)*, dem Wiesen-Rispengras *(Poa pratensis)*, dem Wiesen-Lieschgras *(Phleum pratense)* und, bei guter Düngung, dem Ausdauernden Lolch *(Lolium perenne)* als wesentliche Grasarten sowie Rot- und Weiß-Klee *(Trifolium pratense, T. repens)*, Gewöhnlicher Schafgarbe *(Achillea millefolium)*, Spitz-Wegerich *(Plantago lanceolata)* und Scharfem Hahnenfuß *(Ranunculus acris)* als einigen charakteristischen krautigen Arten. Vor allem bei intensiver Beweidung sinkt die Artenzahl deutlich ab und ist geringer als auf Mähwiesen.

### 7.7.3.3 Heiden

Die Heiden, die aus pflanzenökologischer Sicht passender als **Zwergstrauchheiden** zu bezeichnen sind, kommen in Mitteleuropa natürlicherweise nur in Moor- und Küstenregionen sowie oberhalb der alpinen Waldgrenze vor. In allen anderen Gebieten, in denen sie heutzutage auftreten, sind sie – z. T. schon lange vor der Zeitenwende – durch Rodung entstanden. Genutzt wurden die Heiden als Lieferant von Dünger, indem das Heidekraut *(Calluna vulgaris)* und der darunter liegende, humusreiche Oberboden abgestochen (geplaggt) und, mit Viehdung angereichert, auf Äckern ausgebracht wurde, sowie zur Haltung von Schafherden. Zur Erhaltung der Weideflächen wurden aufkommende Gehölze von Hirten immer wieder entfernt. Auch die Bienenweide spielt traditionell eine wichtige Rolle.

Die relativ schwer zersetzbare Streu der Vegetation sowie die kontinuierliche Abfuhr von organischer Substanz und darin enthaltenen Mineralstoffen begünstigte auf den von Natur aus mineralstoffarmen Sandböden die Entstehung von Rohhumus als Humusform und, im Verlauf von Jahrhunderten, von Podsol als Bodentyp (► Abschn. 6.1). Diese Bodenentwicklung wurde auch ermöglicht durch das generell feucht-kühle Klima dieser Standorte. Obwohl längere Trockenperioden i. d. R. fehlen, sind die Pflanzen auch wegen der meist schlechten Wasserhaltekapazität der Sandböden oft sommerlichem Trockenstress ausgesetzt. Beim Heidekraut sind eingerollte Blätter sowie eingesenkte und mit Haaren umgebene Spaltöffnungen xeromorphe Blattmerkmale (► Abschn. 3.4.1.3), die Angepasstheiten an Trockenstress darstellen.

Aufgrund des vorherrschenden Bodentyps und der Struktur ihrer Vegetation enthalten Zwergstrauchheiden zwar eine recht große Anzahl von Moos- und v. a. von Flechtenarten, aber nur relativ wenige Arten an Gefäßpflanzen. Zu diesen gehören u. a. einige niedrig wachsende Horstgräser wie die Draht-Schmiele *(Deschampsia flexuosa)*, das Rote Straußgras *(Agrostis capillaris)* und der Dreizahn *(Danthonia decumbens)* sowie zwar typische, aber insgesamt eher seltene Straucharten wie der Englische und der Haar-Ginster *(Genista anglica, G. pilosa)* an etwas besser mit Mineralstoffen versorgten Standorten.

Nach weitestgehender Aufgabe der traditionellen Nutzungsformen ist der Bestand der Zwergstrauchheiden in den Binnenlandschaften Mitteleuropas v. a. auf zweierlei Weise gefährdet. Erstens kann nach der Einstellung von Beweidung und Plaggenwirtschaft die Sukzession der Vegetation über Birken-Kiefern-Pionierwälder, die sich bereits innerhalb weniger Jahrzehnte ausbilden, bis zu Kiefern-Eichen- und schließlich bis zu Rotbuchen-Wäldern ablaufen, die sich bei ausreichend mächtiger Humusauflage auch auf armen Sandböden etablieren können (Leuschner 1994). Zweitens führen anthropogene Stickstoffeinträge aus der Atmosphäre zu einer **Vergrasung** infolge der Ausbreitung der Draht-Schmiele und des Gewöhnlichen Pfeifengrases (▶ Abschn. 7.7.2.1). Um die Heidelandschaften zu erhalten und die Verjüngung des Heidekrauts zu fördern, trägt man daher heutzutage in manchen Regionen die Vegetationsdecke und zumindest einen Teil der Humusauflage maschinell ab.

#### 7.7.3.4 Forste

Um dem weitverbreiteten Holzmangel abzuhelfen, der sich nach der weitgehenden Entwaldung großer Teile Mitteleuropas im Mittelalter und in der frühen Neuzeit einstellte, begann man im Rahmen einer wirtschaftlich nachhaltigen Forstwirtschaft im 17. Jahrhundert mit großflächigen Aufforstungen. Dazu benutzte man v. a. die Rotfichte *(Picea abies)*, die auch an Standorten, die an Mineralstoffen verarmt waren, ein rasches Wachstum und einen für die Holzwirtschaft günstigen Stammaufbau aufweist (◘ Abb. 7.59). In die vergleichsweise kühlen und dunklen Bestände konnten erfolgreich etliche Moosarten einwandern, die durch die Nadelstreu weniger stark vom Licht abgeschirmt werden als durch Laubstreu. Durch Lücken zwischen den relativ schlanken Kronen kann jedoch auch in Altbeständen im Sommer u. U. mehr Licht zum Boden durchdringen als in gleichhohen Rotbuchenbeständen, sodass der Artenreichtum an Höheren Pflanzen durchaus größer sein kann als in bodensauren Buchenwäldern. In Fichtenforsten weit verbreitete Arten der Samenpflanzen sind z. B. die Draht-Schmiele *(Deschampsia flexuosa)* und das Rote Straußgras *(Agrostis capillaris)*, die auch in Heiden zu finden sind, sowie die Heidelbeere *(Vaccinium myrtillus)* und das Harzer Labkraut *(Galium saxatile)* und, v. a. an stark beschatteten Stellen, der Wald-Sauerklee *(Oxalis acetosella)*. Als Farnarten kommen der Breitblättrige Wurmfarn *(Dryopteris dilatata)* und der Gewöhnliche Frauenfarn *(Athyrium filix-femina)* häufig vor.

Außerhalb von Mooren hat die Rotfichte in Mitteleuropa keine natürlichen Standorte unterhalb der montanen Lagen. In den als Ersatzgesellschaften existierenden Fichtenbeständen des Flachlands und der unteren Mittelgebirge wirken sich die Fichten wegen ihrer schwer zersetzbaren Nadelstreu, bei

◘ **Abb. 7.59** Rotfichtenforst

deren Abbau saure Verbindungen produziert werden, ungünstig auf die Chemie und damit auch auf die Struktur des Bodens aus. Zudem sind Fichten wegen ihres an vielen Standorten flach ausgebildeten Wurzelsystems (▶ Abschn. 2.2.2) anfällig gegen Windwurf. Aus diesen Gründen werden in Deutschland seit einigen Jahren Anstrengungen unternommen, Rotfichten-Reinbestände in naturnähere Buchen-Fichten-Mischbestände oder in naturnahe Rotbuchenwälder zu überführen.

Insbesondere in den durch Sandböden geprägten Regionen Nordwestdeutschlands wurde auch mit der Wald-Kiefer *(Pinus sylvestris)* aufgeforstet. Diese Bestände sind v. a. wegen der Morphologie der Bäume wesentlich lichter als die Rotfichtenforste. Je nach standörtlicher Variation der Bodentextur und der Bodenfeuchtigkeit sowie nach Alter der Bestände unterscheidet sich die Bodenvegetation der Kiefernforste im Anteil ihrer Moosarten und in der Artenzusammensetzung der Gefäßpflanzen, zu denen durchaus auch Arten der Silikatmagerrasen wie Borstgras *(Nardus stricta)* und Harzer Labkraut *(Galium saxatile)* oder der Nasswiesen wie das Gewöhnliche Pfeifengras *(Molinia caerulea)* gehören können. Durch anthropogene Stickstoffeinträge aus der Atmosphäre breiten sich v. a. in den etwas mineralstoffreicheren Beständen Brombeer-Arten der Gattung *Rubus* und das Sand-Reitgras oder Landschilf *(Calamagrostis epigejos)* aus, die die Verjüngung der Bäume massiv behindern können.

## Weiterführende Literatur

Auge H, Klotz S, Prati D, Brandl R (2001) Die Dynamik von Pflanzeninvasionen: ein Spiegel grundlegender ökologischer und evolutionsbiologischer Prozesse. In: Bayerische Akademie der Wissenschaften (Hrsg) Gebietsfremde Arten, die Ökologie und der Naturschutz. Rundgespräche der Kommission für Ökologie, Bd. 22. Dr. Friedrich Pfeil, München, S 41–58

Bresinsky et al (2008) Strasburger – Lehrbuch der Botanik, 36. Aufl. Spektrum, Heidelberg

Dierschke H (1994) Pflanzensoziologie. Ulmer, Stuttgart

Ellenberg H, Leuschner C (2010) Vegetation Mitteleuropas mit den Alpen, 6. Aufl. Ulmer, Stuttgart

Frey W, Lösch R (2010) Geobotanik, 3. Aufl. Springer Spektrum, Berlin Heidelberg

Kadereit JW, Körner C, Kost B, Sonnewald U (2014) Strasburger – Lehrbuch der Pflanzenwissenschaften, 37. Aufl. Springer Spektrum, Berlin Heidelberg

Körner C (2012) Alpine Treelines. Springer, Basel

Kowarik I (2003) Biologische Invasionen: Neophyten und Neozoen in Mitteleuropa. Ulmer, Stuttgart

Lauber L, Wagner G (1998) Flora helvetica. Paul Haupt, Bern

Leuschner C (1994) Walddynamik auf Sandböden in der Lüneburger Heide. Phytocoenologia 22:289–324

Leuschner C (1998) Mechanismen der Konkurrenzüberlegenheit der Rotbuche. Ber Reinhold-Tüxen-Ges 10:5–18

Meusel H, Jäger E, Rauschert S, Weinert E (Hrsg) (1978) Vergleichende Chorologie der zentraleuropäischen Flora, Karten Band II. G. Fischer, Jena

Pfadenhauer JS, Klötzli FA (2014) Vegetation der Erde. Springer Spektrum, Berlin Heidelberg

Pott R (2005) Allgemeine Geobotanik. Springer, Berlin

Remmert H (1998) Terrestrische Ökosysteme. Springer, Berlin

Schroeder F-G (1998) Lehrbuch der Pflanzengeographie. Quelle & Meyer, Wiesbaden

Schultz J (2016) Die Ökozonen der Erde, 5. Aufl. Ulmer, Stuttgart

Smith TM, Smith RL (2009) Ökologie. Pearson Studium, München

Townsend CR, Harper JL, Begon M (2003) Ökologie. Springer, Berlin Heidelberg New York

Walter H (1990) Vegetation und Klimazonen, 6. Aufl. Ulmer, Stuttgart

Walter H, Breckle S-W (1991ff) Vegetation der Erde. Bde. 1–4. G. Fischer, Spektrum, Stuttgart München

Wilmanns O (1998) Ökologische Pflanzensoziologie, 6. Aufl. Quelle & Meyer, Wiesbaden

Wittig R (2012) Geobotanik. Haupt, Bern Stuttgart Wien

# Vergangene und aktuelle ökologische Veränderungen

*Frank Thomas*




F. Thomas, *Grundzüge der Pflanzenökologie*, https://doi.org/10.1007/978-3-662-54139-5_8

## 8.1 Globale Veränderungen im Verlauf der Erdgeschichte

Aufgrund geologischer, klimatischer und astronomischer Phänomene traten im Verlauf der Erdgeschichte schon häufig Veränderungen der Umweltbedingungen auf, die sich in Form von Aussterbeereignissen und Evolutionsprozessen auch auf Pflanzen und die Vegetation auswirkten (► Abschn. 2.3). So kam es seit dem Ende des Erdaltertums zu mehreren Ereignissen von **Massenaussterben**, von denen auch Landpflanzen betroffen waren (Aussterbeereignisse früherer Zeiträume, im oberen Ordovizium vor etwa 444 Mio. Jahren und im oberen Devon vor etwa 360 Mio. Jahren, betrafen v. a. marine Organismen).

Gegen Ende des Perm (vor 251 Mio. Jahren) traten in Nordsibirien in den sog. Siberian traps auf einer Fläche von mindestens fünf Millionen Quadratkilometern innerhalb von weniger als 500.000 Jahren gewaltige Vulkanausbrüche auf. Vor dem Austritt an die Erdoberfläche floss das Magma durch kohle- und erdölhaltige Schichten und durch Salzlagerstätten. Unter Einwirkung von Grundwasser bildeten sich dabei halogenierte Kohlenwasserstoffe, die die stratosphärische Ozonschicht schädigten. Weitere Schädigungen der Ozonschicht ergaben sich durch eine massive Freisetzung von Schwefelwasserstoff in die Atmosphäre, der infolge anoxischer Bedingungen in den Ozeanen aufgrund zunehmender Erwärmung von Bakterien produziert wurde (dies führte auch zu toxischen Bedingungen in den Ozeanen). Schwefelwasserstoff reagiert in der Atmosphäre mit atomarem Sauerstoff, der Vorstufe von Ozon, und verhindert dadurch die Ozonbildung. Schließlich wurde die Ozonschicht auch durch große Mengen halogenierter Kohlenwasserstoffe geschädigt, die von Mikroorganismen im Flachwasser des Zechsteinmeers auf dem Gebiet des heutigen Europa produziert wurden und in die Atmosphäre entwichen. Nach heutigem Kenntnisstand gingen gemäß Modellrechnungen über der Nordhemisphäre ungefähr 40 % des stratosphärischen Ozons verloren, auf der Südhemisphäre etwa 20 %.

Durch den massiven Abbau der Ozonschicht erreichten wesentlich höhere Dosen von UV-B-Strahlung die Erdoberfläche. Dies führte zu DNA-Schäden und infolgedessen zu stark erhöhten Mutationsraten in Sporen und Pollen (► Abschn. 3.4.1.1). Fossile Reste derartig mutierter Diasporen fand man in verschiedenen Regionen sowohl der Nordhemisphäre (Nordamerika, Grönland, Sibirien, heutiger Mittelmeerraum) als auch der südlichen Halbkugel (u. a. in Ostafrika und Nordostindien in der damaligen Position der heutigen Kontinentalmassen). $CO_2$ vulkanischen Ursprungs und Methan ($CH_4$), das durch die anfängliche Erwärmung des Ozeanwassers in großen Mengen aus Meeresböden freigesetzt wurde, ließen die Temperatur der Atmosphäre ansteigen. Dadurch wurde das Klima wärmer und trockener. Dies begünstigte wahrscheinlich auch die Ausbreitung der Nacktsamer, die gegenüber Trockenheit resistenter sind als Farnpflanzen. Zu dieser höheren Trockenheitsresistenz trägt wohl auch die höhere Wassernutzungseffizienz (► Abschn. 3.2.3) der Nacktsamer im Vergleich mit den Farnpflanzen bei, da die Nacktsamer ihre Spaltöffnungsweite flexibler regulieren können.

Vor etwa 200 Mio. Jahren ereignete sich ein weiteres Massenaussterben, das innerhalb weniger 100.000 Jahre durch massive Vulkanausbrüche in der Central Atlantic Magmatic Province, der Region des heutigen mittelatlantischen Rückens, eingeleitet wurde und den Übergang von der Trias zum Jura markiert. Diese Vulkanausbrüche stellen auch die Vorstufe für das Auseinanderbrechen des damaligen globalen Einheitskontinents Pangäa dar. Emissionen großer Mengen an $CO_2$ und Schwefeldioxid ($SO_2$) führten zu einer Erwärmung der Atmosphäre, wodurch wiederum biogenes $CH_4$ aus Gashydraten der Ozeanböden freigesetzt wurde. Ein Teil des $CH_4$, das als Treibhausgas selbst schon viel wirksamer ist als $CO_2$, wurde in der Atmosphäre zu $CO_2$ oxidiert, das nach Lösung im Wasser eine Versauerung der Ozeane verursachte. In Form eines sich selbst verstärkenden Kreislaufs resultierte die Erwärmung auch in einer Veränderung von Meeresströmungen und in zusätzlicher $CH_4$-Freisetzung, wodurch die Erwärmung weiter zunahm. Eine Abnahme der Sauerstoffkonzentration in dem nun wärmeren Wasser der Ozeane sowie starker Hitze- und Trockenstress auf den Kontinenten ließen schätzungsweise bis zu 80 % aller biologischen Arten aussterben. Am Übergang von der Kreidezeit zum Tertiär schließlich, vor ungefähr 66 Mio. Jah-

### Warum gibt es in Mitteleuropa so viele calcicole Pflanzenarten?

In der Liste der Zeigerwerte nach Ellenberg sind die Arten Höherer Pflanzen oder Tracheophyten Mitteleuropas mit Kennzahlen entsprechend ihres Vorkommens entlang der Gradienten von Umweltfaktoren aufgeführt, zu denen auch die Bodenreaktion bzw. der Kalkgehalt des Bodens gehört (▸ Abschn. 3.4.2). Stellt man mit diesen Werten statistische Vergleiche an, so fällt auf, dass 55 % der in Deutschland vorkommenden Arten Höherer Pflanzen oder 64 % aller Pflanzenarten, für die Reaktionszahlen angegeben sind, auf kalkhaltigen oder zumindest sehr basenreichen Böden wachsen (◘ Abb. 8.1). Entsprechende Verhältnisse findet man auch bei der Betrachtung der Flora mitteleuropäischer Wälder, die seit der nacheiszeitlichen Wiederbewaldung als natürliche Artenpools der mitteleuropäischen Flora gelten können. Allerdings weisen 90 % aller in Deutschland untersuchten Waldstandorte einen zumindest mäßig sauren pH-Wert (≤ 5,5) des Oberbodens auf, 75 % dieser Standorte sogar einen stark sauren pH-Wert (< 4,5). Als Erklärung für die Diskrepanz zwischen der Häufigkeit calcicoler Arten und der Verbreitung der Bodentypen können rezente ökologische Faktoren ebenso ausgeschlossen werden wie eine höhere Evolutionsrate der calcicolen Pflanzen. Deshalb wird angenommen, dass in den Kaltzeiten des Pleistozäns die Rückzugsgebiete für viele Arten eher kalk- oder zumindest basenreich waren, da Bodenbildungsprozesse im Einflussbereich der Gletscher zur Entstehung junger Böden unter Beteiligung von Löss führten. Die älteren, eher sauren Böden dagegen nahmen stark ab und infolgedessen verarmte die Flora an calcifugen Arten. Die Anteile an calcifugen und calcicolen Arten an der rezenten Zusammensetzung der mitteleuropäischen Flora können also als das Ergebnis einer „ökologischen Drift" gesehen werden, die durch den Flaschenhals der pleistozänen Umweltbedingungen verursacht wurde (Ewald 2003).

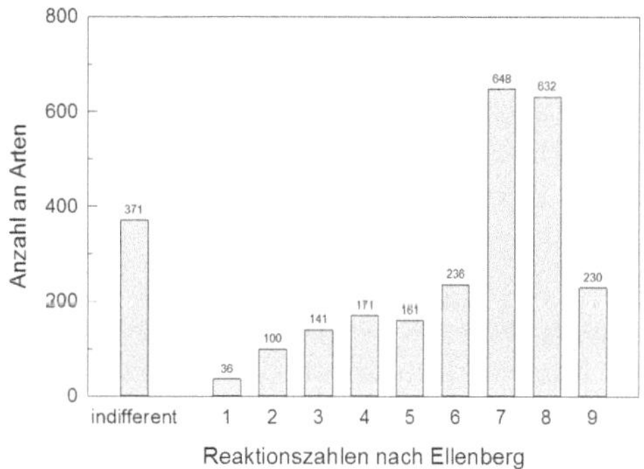


◘ **Abb. 8.1** Häufigkeitsverteilung der Zeigerwerte nach Ellenberg für die Bodenreaktion von Arten Höherer Pflanzen der Flora Deutschlands. Die Werte über den Säulen geben die jeweilige Anzahl der Arten an

ren, war vermutlich ein gigantischer Meteoriteneinschlag in der Region der heutigen Halbinsel Yucatán in Mexiko Ursache eines globalen Massenaussterbens, zu dem möglicherweise aber auch massiver Vulkanismus beitrug.

Im Verlauf abnehmender $CO_2$-Konzentration in der Atmosphäre und daraus folgender Abkühlung und Trockenheit entwickelten sich vor 25–32 Mio. Jahren die $C_4$-Gräser (▶ Abschn. 3.2.2). Vor 18 Mio. Jahren, zu Beginn des Miozäns und bei weiter abnehmender $CO_2$-Konzentration der Atmosphäre, erhielten sie ausgehend von Zentralasien, das wahrscheinlich durch die Anhebung der tibetischen Hochebene vom regenbringenden Monsun weitgehend abgeschirmt wurde, die Möglichkeit einer stärkeren Ausbreitung auf Kosten der Wälder. Ihre bessere Entflammbarkeit und stärkere Regenerationsfähigkeit nach Bränden förderte noch ihr Vordringen in zuvor von Wald bedeckte Regionen. Vor ungefähr acht Millionen Jahren waren sie global verbreitet. Beginnend vor 2,4 Mio. Jahren, führten dann die pleistozänen Vereisungen v. a. auf der Nordhalbkugel zumindest zeitweise zu drastischen Veränderungen der Vegetation und der Areale von Pflanzensippen (▶ Abschn. 2.4).

Wenn auch diese dramatischen Einschnitte in die Flora und Fauna innerhalb erdgeschichtlich recht kurzer Zeitspannen abliefen, so spielen sich die seit wenigen tausend Jahren durch die Menschen herbeigeführten Veränderungen, die die Anzahl an Arten und die Zusammensetzung der Lebensgemeinschaften beeinflussen, in einer um Größenordnungen schnelleren Rate ab. Man schätzt, dass pro Jahrhundert natürlicherweise 100–1000 Arten aussterben, was bei einer angenommenen Zahl von insgesamt etwa zehn Millionen rezenter biologischer Arten einer Aussterberate von 0,001–0,01 % in hundert Jahren entspricht. Die zurzeit beobachtete Aussterberate ist zumindest bei manchen Organismengruppen hundert- bis tausendmal höher als die natürliche Rate. Angesichts dieser Entwicklungen sprechen Wissenschaftler von einem sechsten Massenaussterben, das in diesem Fall von Menschen verursacht wird.

## 8.2 Kurze Geschichte der Landnutzung in Mitteleuropa

In der Jungsteinzeit (Neolithikum) vollzog sich vor mindestens 7000 Jahren im südlichen Mitteleuropa der Übergang von der Sicherung der Lebensgrundlage durch Jagen und Sammeln in einer nomadischen Lebensweise hin zum Ackerbau, der zwangsläufig mit Sesshaftigkeit verbunden ist. Diesen Übergang bezeichnet man wegen seiner weitreichenden Bedeutung für die Entwicklung neuer Gemeinschaftsstrukturen durch Entstehung von permanenter Arbeitsteilung auch als Neolithische Revolution. Er ereignete sich höchstwahrscheinlich nicht einmalig und innerhalb kurzer Zeit, sondern als allmählicher Übergang mit zeitweise nebeneinander existierender (halb-)nomadischer und sesshafter Lebensweise. Zunächst wurden lichtere, leicht zu rodende Eichenmischwälder trocken-warmer, allerdings oft mineralstoffarmer Standorte in Ackerland umgewandelt und mit Hakenpflügen aus Holz bearbeitet. In Form einer relativ ungeregelten Bewirtschaftungsweise folgte nach einigen Jahren Ackerbau ein Brachfallen der Ackerfläche. In dieser Zeit wurden im Boden die durch Biomasseentzug entzogenen Mineralstoffe durch Verwitterung zumindest teilweise wieder ersetzt.

In der späten Bronze- und in der Eisenzeit (vor 3700–2000 Jahren), als durch die Entwicklung von

**Abb. 8.2** Eichen-Niederwald im Moseltal (Frühjahrsaspekt)

Techniken der Metallverarbeitung Eisenpflug und -sichel zur Feldarbeit eingesetzt wurden, ging die ungeregelte Bewirtschaftungsweise in eine geregelte Rotation aus Ackerbau und Weide über. Landwirtschaftlich genutzte Flächen wurden durch **Hecken** begrenzt. Aus den Wäldern bezog man Bau- und Brennholz; auch hielt man in ihnen Nutzvieh (Rinder und Schweine), das sich z. B. von Eicheln ernährte, in Form einer **Waldweide.** Nüsse und andere Früchte wurden auch von den Menschen als Nahrung genutzt. Auf diese Weise entstanden die ersten **Niederwälder**; dies sind Wälder vornehmlich aus Eichen, Eschen, Hainbuchen, Haselsträuchern und Linden, die mehrfaches Zurückschneiden zur Gewinnung von Holz relativ gut vertragen und sich durch Stockausschlag regenerieren können (im Gegensatz zu anderen Baumarten wie der Rotbuche, die häufiges Ernten von Ästen nicht oder nur unter besonders günstigen Umständen vertragen und deshalb aus den niederwaldartig bewirtschafteten Wäldern verdrängt wurden; Abb. 8.2). Da die **Umtriebszeit** (Zeit bis zum Abholzen) dieser Wälder nur 15–25 Jahre, höchstens bis zu 30 Jahren betrug, wurden die Bäume nur wenige Meter hoch. Bis in das 20. Jahrhundert hinein wurde die gerbstoffreiche Rinde von Eichen zum Gerben von Leder genutzt. Bis in das 19. Jahrhundert diente das Holz auch zur Produktion von Holzkohle durch Köhlerei. Die insgesamt recht intensive Nutzung von Äckern und Wäldern führte wahrscheinlich zu ersten standörtlichen Beeinträchtigungen durch Bodenerosion.

Der Zeitraum von etwa 600 n. Chr., gegen Ende der Völkerwanderungszeit, bis zum Beginn der

Neuzeit um das Jahr 1500 herum umfasste eine mittelalterliche Warmzeit, die sich ungefähr vom 10. bis zum 13. Jahrhundert erstreckte. Die starke Zunahme der Bevölkerung in dieser Zeit führte zu mehreren Rodungsperioden in Mitteleuropa und infolgedessen zu einer Dezimierung der Wälder durch steigenden Bedarf an Holz, das insbesondere als Energieträger genutzt wurde. Im Mittelalter entwickelte sich um das Jahr 800 die **Dreifelderwirtschaft** mit einem periodischen Wechsel zwischen dem Anbau von Winter- und Sommergetreide sowie von Brachflächen, die allerdings auch beweidet sein konnten. Im Kulturgrünland und auf Äckern entwickelten sich unterschiedliche Unkrautgesellschaften.

Da außer Brennholz auch Bauholz benötigt wurde, ließ man im Unterwuchs der Niederwälder eine gewisse Anzahl hoher Stämme v. a. von Eichen stehen, die zu ausgewachsenen Bäumen heranreifen konnten und dann erst geschlagen wurden. Auf diese Weise entstand der **Mittelwald** als die typische mittelalterliche Bewirtschaftungsart der Wälder, die z. T. bis in das 20. Jahrhundert hinein fortgeführt wurde. Auch aus dieser Waldform wurde die Buche, deren Holz als Bauholz kaum geeignet ist, verdrängt. Aus den Wäldern wurde außerdem die Streu intensiv genutzt, die – mit Stallmist vermengt – als Dünger auf den Äckern ausgebracht wurde. Diese intensive Nutzung der Wälder in Form von Biomasseentzug führte auch zu einem massiven Verlust an Mineralstoffen einschließlich von Kationen wie $Ca^{2+}$, $K^+$ und $Mg^{2+}$ und damit zu einer Versauerung des Bodens. Die fortschreitende Abholzung der Wälder resultierte gegen Ende des Mittelalters in erheblicher Holzknappheit. Deswegen begann man, auch Torf aus Mooren abzubauen und als Brennstoff zu nutzen.

Seit dem 16. Jahrhundert werden Wälder zunehmend als **Hochwald** bewirtschaftet. In diesen Wäldern können nahezu alle Bäume bis in eine hohe Baumkronenschicht durchwachsen. Insbesondere seit Beginn des Industriezeitalters ab dem Ende des 18. Jahrhunderts werden diese Hochwälder oft aus Aufforstungen mit nur einer Baumart aus Samen oder durch Pflanzung begründet. Zur Aufforstung degradierter Waldflächen und aufgegebener Ackerflächen wurden v. a. Nadelhölzer, insbesondere Fichte und Kiefer, genutzt (▶ Abschn. 7.7.3.4), aber auch nicht einheimische Baumarten wie z. B. die aus dem westlichen Nordamerika stammende Douglasie (*Pseudotsuga menziesii*) wurden erfolgreich angebaut. Nieder- und Mittelwälder überführte man schrittweise in Hochwälder. Seit den 1990er-Jahren werden standortfremde Nadelforste schrittweise in artenreiche Laub-Nadel-Mischwälder oder reine Laubwälder umgebaut, vorzugsweise mit der Rotbuche als natürlicherweise vorherrschender Baumart.

In der Landwirtschaft führte der Einsatz von mineralischen Düngern, v. a. nach der Entwicklung des Haber-Bosch-Verfahrens zur industriellen Synthese von Ammoniak aus Luftstickstoff, und von Pestiziden zu einer erheblichen Ertragssteigerung im Ackerbau und einer dauerhaften Sicherung der Grundernährung für die Bevölkerung. Weniger ertragreiche Flächen wurden, gegebenenfalls unter Düngereinsatz, in Grünland umgewandelt. In einer verbesserten Dreifelderwirtschaft wurde die Brache aufgegeben. Statt ihrer hielt der Anbau von Hackfrüchten wie v. a. der Kartoffel Einzug in Mitteleuropa. Moore wurden trockengelegt und für Ackerbau und Weidewirtschaft genutzt. In der Tierhaltung ging die Wanderschäferei fast vollständig zurück, was zur Verbuschung von Magerrasen und Heiden führte.

In der jüngeren Vergangenheit, ab der zweiten Hälfte des 20. Jahrhunderts, war der Ackerbau durch Flurbereinigung und hochtechnisierte Großflächenbewirtschaftung geprägt. Insbesondere durch Düngung wurde ein in seiner Artenzusammensetzung relativ einheitliches Intensivgrünland geschaffen. Der Einsatz großer und schwerer landwirtschaftlicher Maschinen führte zu Bodenverdichtung und damit zu Problemen des Wasserhaushalts. Intensivtierhaltung mit massenhafter Produktion von Gülle, die wiederum bei dem ausgedehnten Anbau von Mais eingesetzt wird, resultiert in **Eutrophierung** von Ökosystemen und in Grundwasserbelastung durch Nitrat. In den Städten entwickelte sich eine neuartige Flora unter Beteiligung nicht einheimischer Arten. Luftverschmutzung durch Abgase aus Industrie, Haushalt und Verkehr veränderten die Flechtenflora. Flächenverbrauch für Siedlungen, Industrie- und Gewerbegebiete sowie für Verkehrswege resultierte in einer Zerschneidung und Verkleinerung vegetationsbedeckter Flächen. Vor allem

### Entwicklung einer mitteleuropäischen Flusstallandschaft infolge von Landnutzungsänderungen

In den ursprünglichen Landschaften Mitteleuropas waren auch im Oberlauf der größeren Flüsse die Hänge der Flusstäler bis in die Tallagen hinab bewaldet (◘ Abb. 8.3). Bereits zur Römerzeit kam es im Bereich flussnaher Siedlungen, wo auf den fruchtbaren Talböden Ackerbau und Viehzucht betrieben wurde, durch Waldweide und durch Rodungen an den Hängen zwecks Gewinnung zusätzlicher landwirtschaftlicher Nutzflächen zur Erosion des Hangbodens. Das erodierte Material sammelte sich im Flusstal. Das Flusswasser grub sich nun tiefer in das Sediment ein und schuf dabei ein engeres Flussbett, das eine höhere Fließgeschwindigkeit des Wassers bewirkte. Durch das tiefere Einschneiden des Flusses in den Untergrund senkte sich auch der Grundwasserspiegel stärker ab. Parallel zur Entwaldung und den dadurch hervorgerufenen Veränderungen im Oberlauf änderten sich die Bedingungen auch im Unterlauf des Flusses. In der ursprünglichen Auenlandschaft, die in Zeiten starker Wasserführung großflächig überflutet wurde, setzte sich in Form von Auelehm Bodenmaterial ab, das vom Oberlauf des Flusses herangeführt wurde. Auch im Unterlauf grub sich der Fluss nun in ein tieferes, aber engeres Bett ein, was auch dort einerseits zu Grundwasserabsenkungen, andererseits aber in Zeiten von Hochwasser zu stärkeren Überflutungen führte. Flussbegradigungen im Mittellauf trugen zur erhöhten Wasserfracht bei Hochwasserereignissen bei. Der äußerst fruchtbare Boden in den Flussniederungen des Unterlaufs wurde immer intensiver genutzt. Siedlungen und dazu gehörige landwirtschaftliche Flächen mussten aber durch die Errichtung von Deichen vor Überschwemmungen geschützt werden. Die Eindeichung begrenzte jedoch die Ausbreitung der Wassermengen, die sich nun noch tiefer in den Untergrund einschnitten. Dies führte einerseits zu großflächigen Grundwasserabsenkungen im ehemaligen Einflussbereich des Flusses, andererseits aber zu noch intensiveren Überschwemmungen in Zeiten von Hochwasser, woraufhin der Deichbau weiter verstärkt wurde. Die Folgen dieser Veränderungen machen sich bis in die Gegenwart bemerkbar, wenn es infolge von starken oder lange anhaltenden Niederschlägen zu Überschwemmungen von flussnahen Wiesen und Weiden, Äckern und Siedlungen kommt. Inzwischen werden Gegenmaßnahmen eingeleitet, die darauf abzielen, bei Hochwasserereignissen dem abfließenden Wasser wieder mehr Raum in der Landschaft zu geben. Dabei muss man zwar Minderungen des landwirtschaftlichen Ertrags in Kauf nehmen, schützt aber den materiellen Besitz und gegebenenfalls auch das Leben der Anwohner.

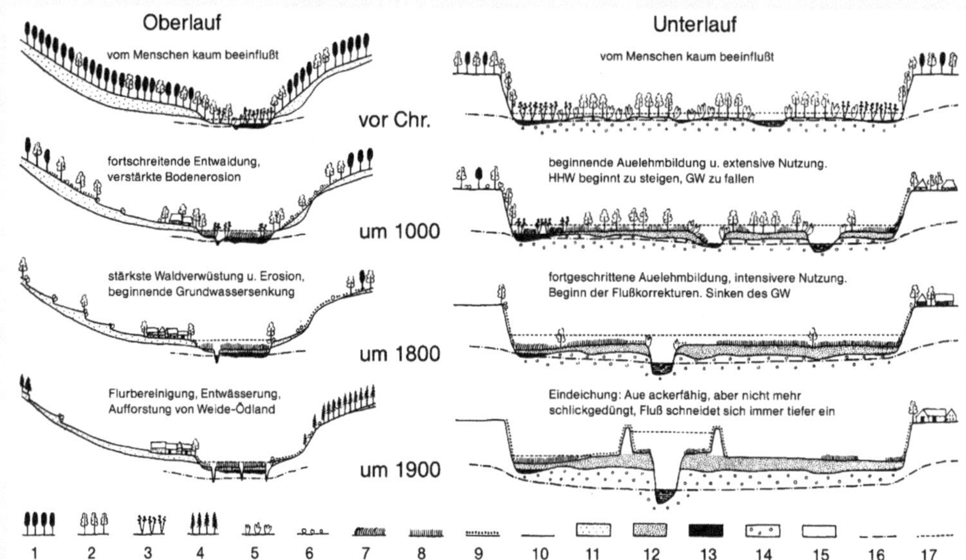


◘ **Abb. 8.3** Entwicklung einer mitteleuropäischen Flusslandschaft infolge von Landnutzungsänderungen von der vorchristlichen Zeit bis zur Gegenwart. *1* Buchenwald; *2* Laubmischwälder; *3* Erlenbruch; *4* Nadelholz-Aufforstung; *5* Weidengebüsch; *6* Gebüsche; *7, 8* Nass-, Frischwiesen; *9* Trockenwiesen; *10* Äcker; *11* Lösslehm; *12* Auelehm; *13* Moor; *14* Kies; *15* andere Bodenarten; *16* mittlerer Grundwasserstand (*GW*); *17* höchster Hochwasserstand (*HHW*). (Aus Ellenberg 1996)

entlang von Verkehrswegen entstand eine **Ruderalvegetation,** teilweise mit blei- und streusalztoleranten Arten (▶ Abschn. 3.4.1.4 und 3.4.3).

Durch gesetzliche Regelungen in den Bereichen Landwirtschaft, Umwelt- und Naturschutz sowie durch technologische Fortschritte, z. B. in Form von **„precision farming"** durch das globale Positionsbestimmungssystem („global positioning system", GPS) gestützte, auf die lokalen Bodenbedingungen abgestimmte Bewirtschaftung von Feldern, wurden teilweise bereits Erfolge bei der Minderung von Umweltbelastungen erzielt. In Ballungsräumen führten Maßnahmen zur Reduktion des Ausstoßes von Schwefeldioxid ($SO_2$) aus Industrie- und Kraftwerksanlagen sowie von Stickstoffoxiden aus Kraftfahrzeugen zu einer Erholung der Flechtenflora.

## 8.3 Nachhaltigkeit und Ökosystemdienstleistungen

Die intensive Nutzung der Wälder während des Mittelalters und der darauf folgenden Jahrzehnte führte in Mitteleuropa zumindest regional zu einer starken Entwaldung und im 17. Jahrhundert schließlich auch zu Holzknappheit. Etliche Landschaftsbilder, die vom 17. bis in das frühe 19. Jahrhundert entstanden sind, zeigen parkähnliche Landschaften, in denen statt Wäldern nur einzelne Bäume oder Baumgruppen zu sehen sind. Vor diesem Hintergrund wurden in Deutschland die Grundlagen der modernen Forstwirtschaft geschaffen. Hans Carl von Carlowitz (1645–1714), der in der Bergbauverwaltung tätig war, führte in die Forstwirtschaft den Begriff der **Nachhaltigkeit** als Richtlinie für die Waldbewirtschaftung ein. Demgemäß soll dem Wald immer nur so viel Holz entnommen werden, wie nachwachsen kann, sodass sich der Wald immer wieder regenerieren kann. Forstwissenschaftler wie Johann Heinrich Cotta (1763–1844) und Georg Ludwig Hartig (1764–1837) machten diese Leitidee durch ihre Lehr- und Forschungstätigkeit zur Richtlinie für die forstliche Praxis. Nach heutigem Verständnis ist Nachhaltigkeit („sustainability") die Fähigkeit eines ökologischen Systems, über längere Zeit eine gleiche Leistung zu erbringen wie z. B. Erträge von landwirtschaftlichen Kulturen und Forsten oder die dauerhafte Erhaltung ästhetischer Attraktivität von Lebensräumen. **Nachhaltige Entwicklung** („sustainable development") entspricht einer Ökosystemnutzung, die auch durch zukünftige Generationen in gleicher Weise erfolgen kann, bei der also keine negativen, ertragsmindernden Veränderungen der Umwelt eintreten, erneuerbare Ressourcen in gleicher Höhe verfügbar bleiben und es zu keinem Rückgang der Biodiversität kommt (Schaefer 2012).

Angesichts der Erkenntnis zunehmender globaler Umweltbeeinträchtigungen durch Ressourcen(über)nutzung infolge des ungebremsten Bevölkerungswachstums wurde der Aspekt der (mangelhaften) Nachhaltigkeit im 20. Jahrhundert wieder Gegenstand wissenschaftlicher, politischer und öffentlicher Diskussionen. Im Auftrag des Club of Rome, eines multinationalen Zusammenschlusses von Politikern, Industriellen, Ingenieuren und Wissenschaftlern zur Lösung von Zukunftsproblemen der Menschheit, veröffentlichte der US-amerikanische Ökonom Dennis L. Meadows im Jahr 1972 den Bericht *The Limits to Growth* (Die Grenzen des Wachstums). In diesem Bericht wurde die Suche nach einem global nachhaltigen System der Ressourcennutzung zur Sicherstellung der materiellen Bedürfnisse aller Menschen als zentrale Aufgabe formuliert. Im Rahmen der Ecological Society of America propagierten US-amerikanische Ökologen im Jahr 1991 eine Initiative zur nachhaltigen Nutzung der Biosphäre (Sustainable Biosphere Initiative) einschließlich der Bewahrung der biologischen Diversität. Im selben Jahr veröffentlichten die World Conservation Union, das United Nations Environment Programme (UNEP) und der World Wide Fund for Nature das Strategiepapier *Caring for the Earth: A Strategy for Sustainable Living*, das dazu beitragen soll, Nachhaltigkeitsprinzipien praktisch umzusetzen. Seit 1993 schließlich publiziert die UN-Kommission für Nachhaltige Entwicklung jährlich Dokumente zum Stand und zur Entwicklung der Nachhaltigkeit in verschiedenen Bereichen von Natur, Umwelt und Wirtschaft auf regionaler und globaler Ebene.

### Der ökologische Fußabdruck der Menschheit

Ausgehend vom Ressourcenbedarf der Menschen, wurden Ansätze entwickelt, den ökologischen Fußabdruck („ecological footprint") der Menschheit in Form eines Pro-Kopf-Flächenbedarfs zu ermitteln (Wackernagel et al. 2002). Auf der Grundlage des Bedarfs an Nahrung, Kleidung, Brennstoffen, Baumaterial, Transportmitteln und anderen Ressourcen und Strukturen wurden die Größen aller Land- und Wasserflächen in den verschiedenen Ökosystemkategorien berechnet, die als biologische Produktionsflächen zur Erzeugung der Ressourcen und zur Entsorgung des Abfalls benötigt werden. Diese umfassen ackerbauliche Nutzflächen, Weidegebiete, Wälder, Ozeane, Bauland und fossile Energieareale (Vegetationsflächen zur Absorption des bei der Verbrennung fossiler Energieträger produzierten $CO_2$). Diese Flächengrößen wurden addiert und auf eine einzelne Person umgerechnet. Es ergibt sich als globaler Wert ein Flächenbedarf von 1,9 ha pro Kopf. Davon ist noch ein Anteil von mindestens 10 % abzuziehen, der zur Erhaltung der Biodiversität vorzusehen ist. Im Verlauf des Bevölkerungswachstums in der jüngsten Vergangenheit und des damit verbundenen steigenden Ressourcenverbrauchs sowie insbesondere des überdurchschnittlich hohen Ressourcenverbrauchs der hochentwickelten Industrieländer wurde die globale Kapazität der Biosphäre schon in den 1980er-Jahren überschritten. Hochrechnungen ergaben, dass gegen Mitte des 21. Jahrhunderts bereits fast drei Planeten von der Größe und Beschaffenheit der Erde benötigt würden, wenn die bisherigen Entwicklungen – selbst in gemäßigter Form – weiter wie bisher verlaufen würden. Mit einer einzigen Erde käme man dementsprechend nur bei rascher und deutlicher Reduktion des Ressourcenverbrauchs aus.

Die verschiedenen Arten von Nutzen, die Menschen aus Ökosystemen ziehen können, bezeichnet man als **Ökosystemdienstleistungen („ecosystem services")**. Gemäß dem Millennium Ecosystem Assessment (2005), einem Bericht an die Vereinten Nationen im Auftrag ihres Generalsekretärs, unterscheidet man vier Formen von Ökosystemdienstleistungen:

- **bereitstellende Dienstleistungen („provisioning services")**, die von Ökosystemen auf natürliche Weise oder infolge von Bewirtschaftung durch den Menschen zur Verfügung gestellt werden wie Nahrung (z. B. Meeresfische, Waldbeeren und -pilze), Faserstoffe, Brennholz, Trinkwasser oder Anbauprodukte landwirtschaftlicher Ökosysteme;
- **regulierende Dienstleistungen („regulating services")** wie die Filterung und der Abbau von Schadstoffen, die Abschwächung von Störungen wie z. B. Überschwemmungen und die Klimaregulation (einschließlich der Festlegung von anthropogen freigesetztem $CO_2$);
- **kulturelle Dienstleistungen („cultural services")** beispielsweise für Erholung, Bildung und Freizeitgestaltung sowie
- **unterstützende Dienstleistungen („supporting services")** wie die Primärproduktion (► Abschn. 6.2.1), Stoffkreisläufe und Bodenbildung.

### Der globale Wert von Ökosystemdienstleistungen

In einem sehr bekannt gewordenen Artikel unternahm ein Team von Autoren den Versuch, den Wert von Dienstleistungen der verschiedenen Ökosystemtypen auf globaler Ebene in Form eines Geldwerts zu ermitteln (Costanza et al. 1997). Dabei griffen sie in Form einer Metaanalyse auf über 100 wissenschaftliche Untersuchungen wie auch auf eigene Studien zurück. Insgesamt untersuchten sie für 16 Ökosystemtypen 17 verschiedene Dienstleistungen von Ökosystemen als Teilaspekte der vier Grundtypen von Ökosystemdienstleistungen: Gasaustausch (insbesondere die $CO_2$-Bilanz), Klimaregulation, Regulation von Störungen, Regulation des Wasserkreislaufs, Wasserversorgung, Erosionskontrolle und Sedimentrückhalt, Bodenbildung, Nährstoffkreislauf, Entsorgung von Abfallstoffen, Bestäubung, Schädlingsbekämpfung, Aufwuchs- und Rückzugsorte für Arten, Nahrungsproduktion, pflanzliche Rohstoffe, genetische Ressourcen, Erholung und kulturelle Dienstleistungen. Als Berechnungsgrundlage zogen sie den Marktwert von Produkten heran sowie die Bereitschaft der Bevölkerung, für bestimmte Dienstleistungen einen gewissen Betrag zu zahlen („willingness to pay") – ein in den Wirtschaftswissenschaften häufig eingesetzter Untersuchungsansatz. Aus ◘ Tab. 8.1, die eine Zusammenstellung wesentlicher Informationen aus der genannten Veröffentlichung enthält, wird deutlich, dass Feuchtgebiete einen besonders hohen Wert für die Regulation von Störungen (z. B. bei Überschwemmungen), für die Wasserversorgung und die Entsorgung von Abfallstoffen besitzen, während Küstenregionen (einschließlich Ästuare, Korallenriffe und Schelfgebiete) insbesondere für den Nährstoffkreislauf von Bedeutung sind. Mit über 12.000 Mrd. US-Dollar pro Jahr steht der Wert der Küsten auch auf globaler Ebene an erster Stelle, gefolgt von den offenen Ozeanen, deren Wert sich aufgrund ihrer großen Fläche zu einem hohen Betrag addiert. Mit einer Summe von jährlich mehr als 33 Bio. US-Dollar ist der globale Wert der Ökosystemdienstleistungen nach dieser Aufstellung fast doppelt so hoch wie der Wert des gesamten globalen Bruttosozialprodukts von ungefähr 18 Bio. US-Dollar.

Die hier genannten Angaben stammen zwar aus den 1990er-Jahren, doch macht diese Arbeit auch heute noch deutlich, auf welche Weise sich Ökosystemdienstleistungen als monetäre Werte angeben lassen und wie wertvoll diese Dienstleistungen in relativer und absoluter Hinsicht sind. Sicher kann der Ansatz, sämtliche Ökosystemdienstleistungen in Form von Geldwerten anzugeben, auch kritisch gesehen werden, doch können derartige Informationen in politischen und öffentlichen Diskussion zu Interessenkonflikten bei der Nutzung oder Umwandlung von Ökosystemen, insbesondere bei der Abwägung ökonomischer Interessen gegenüber Anliegen des Natur- und Umweltschutzes, sinnvoll und nützlich sein.

◘ **Tab. 8.1** Globaler Wert (Stand 1994) jährlicher Ökosystemdienstleistungen verschiedener Ökosystemtypen in US-Dollar pro Hektar Fläche und Jahr (eine Auswahl wesentlicher Ökosystemtypen und Ökosystemdienstleistungen nach Costanza et al. 1997). Als Fläche ist die globale Fläche des jeweiligen Ökosystemtyps angegeben. Besonders große Flächen und Werte sind fett hervorgehoben. In dieser Auswahl sind weder sämtliche Ökosystemdienstleistungen noch alle Ökosystemtypen aufgeführt, sodass die Zeilen- und Spaltensummen nicht zwangsläufig der Summe der hier aufgeführten Werte entsprechen

| **Ökosystemtyp** | **Fläche (Mio. ha)** | **Störungsregulation** | **Wasserversorgung** | **Nährstoffkreislauf** | **Entsorgung von Abfallstoffen** | **Kulturelle Dienstleistungen** | **Gesamtwert pro ha und Jahr (US-Dollar)** | **Globaler Wert (Mrd. US-Dollar pro Jahr)** |
|---|---|---|---|---|---|---|---|---|
| Offene Ozeane | **33.200** | | | 118 | | 76 | 252 | **8381** |
| Küstenregionen | 3102 | 88 | | **3677** | | 62 | 4052 | **12.568** |
| Wälder | 4855 | 2 | 3 | **361** | 87 | 2 | 969 | **4706** |
| Tropischer Wald | 1900 | 5 | 8 | **922** | 87 | 2 | 2007 | **3813** |
| Temperater und borealer Wald | 2955 | | 0 | | 87 | 2 | 302 | 894 |
| Grasland | 3898 | | | | 87 | | 232 | 906 |
| Feuchtgebiete (inklusive Watt, Mangroven) | 330 | **4539** | **3800** | | **4177** | 881 | **14.785** | **4879** |
| Flüsse, Seen | 200 | | **2117** | | 665 | | 8498 | 1700 |
| … | … | … | … | … | … | … | | … |
| **Summe** | **51.625** | **1779** | **1692** | **17.075** | **2277** | **3015** | (zu wenig Informationen verfügbar) | **33.268** |

## 8.4 Ressourcenverbrauch

Auch in Mitteleuropa führte im Verlauf der Jahrhunderte eine zunehmend intensivere Nutzung des Walds in Form von Holzeinschlag und Waldweide sowie des Kulturgrünlands durch Beweidung zu fortschreitendem Mineralstoffentzug und zu **Bodendegradation** (◘ Abb. 8.4). Der Begriff Degradation oder Degradierung, der heutzutage auch im Zusammenhang mit Vegetationsveränderungen benutzt wird, war ursprünglich v. a. in der Bodenkunde als Bodendegradation („soil degradation") gebräuchlich. Unter Bodendegradation versteht man eine Veränderung der physikalischen, chemischen oder biologischen Eigenschaften des Bodens, insbesondere seines A-Horizonts (► Abschn. 6.1.1), die zu deutlichen Beeinträchtigungen der in ihm ablaufenden Prozesse und der Produktivität der Vegetation führen. Derartige physikalische Veränderungen umfassen Verdichtung, Versiegelung, Verkrustung und die Entstehung von Staunässe sowie die Setzung organischer Böden. Chemische Veränderungen schließen den Verlust von Mineralstoffen und organischer Substanz, Versalzung, Versauerung und Verschmutzung ein. Biologische Veränderungen äußern sich in Form von Änderungen der Artenzusammensetzung und Abundanz von Bodenorganismen, die sich wiederum auf die Prozesse des Abbaus organischer Substanz auswirken. Die Ursachen dieser Veränderungen können sowohl in anthropogenen Eingriffen als auch in Veränderungen des Klimas und der Vegetation liegen.

Ein bekanntes Beispiel für die Degradation von Boden und Vegetation ist die **Verkarstung** weiter Flächen in den nördlichen Randgebieten des Mittelmeers durch Übernutzung des ursprünglichen mediterranen Hartlaubwalds (► Abschn. 7.6.3) infolge von Holzentnahme, Brandrodung und Beweidung. Im Verlauf von Jahrhunderten verlief die Degradation der Vegetation über die Entstehung einer strauchartig ausgeprägten, bis zu ungefähr 5 m hohen Macchie und einer Garigue aus niedriger Strauchheidevegetation bis hin zu einer Felsheide und Karstweide, die auch giftige Weideunkräuter enthält. Die Bodendegradation verläuft in Richtung auf einen vollständigen Verlust der humusreichen Lagen des A-Horizonts (◘ Abb. 8.5). In dem wärmeren und trockeneren Klima Nordafrikas kann die Degradation der Hartlaubwälder bis zur Desertifikation verlaufen (s. u.). Ein weiteres Beispiel für die Degradation der Vegetation mit dadurch bedingter Bodendegradation ist die Zurückdrängung tropischer Wälder in Asien, Afrika und Lateinamerika. Hauptursachen sind Rodung und anschließende Umwandlung insbesondere in dauerhaft landwirtschaftlich intensiv genutzte Flächen, einschließlich von Viehhaltung und industriell genutzten Baumplantagen.

Global sind zurzeit etwa 300 Mio. ha landwirtschaftlicher Nutzfläche stark degradiert, weitere 1,2 Mrd. ha – dies entspricht ungefähr 10 % der vegetationsbedeckten Landfläche – gelten als mäßig degradiert. In gemäßigtem Klima wie z. B. in Großbritannien beträgt die Bodenbildungsrate etwa 200 kg/(ha · a), demgegenüber wurden Erosionsraten von bis zu 48.000 kg/(ha · a) nachgewiesen! Techniken zur Verringerung der Bodenerosion, die in manchen Regionen der Erde traditionell schon seit Jahrhunderten praktiziert werden, sind der – allerdings sehr arbeitsaufwendige – Terrassenfeldbau, bei dem die Felder (wie auch in anderen Regionen mit deutlichem Gefälle der zu nutzenden Bodenfläche) entlang der Höhenlinien angelegt werden, die Errichtung von Dämmen um Felder sowie die Erhaltung bzw. Wiederherstellung der Vegetation, die der Erosion des Bodens durch Wind oder Wasser vorbeugt, im Umfeld der Nutzflächen. Insbesondere Wälder schützen vor Erosion, indem sie das direkte Auftreffen von Regen auf den Boden verhindern, den Boden durch ihr mehrjähriges Wurzelsystem festlegen und durch Streufall für den Eintrag organischer Substanz in den Boden sorgen. Im Umkehrschluss folgt daraus, dass der Boden nach Kahlschlag der Gefahr erhöhter Erosion ausgesetzt ist.

In Trockenregionen der Erde kann Degradation zu **Desertifikation** führen. Der Begriff Desertifikation (lat. „desertus" für öde, unbewohnt, wüst; „facere" für machen, verursachen) bezeichnet gemäß der Konvention der Vereinten Nationen zur Bekämpfung der Desertifikation (United Nations Convention to Combat Desertification, UNCCD) aus dem Jahr 1994 eine Landdegradation in ariden, semiariden und subhumiden Regionen, die durch verschiedene Faktoren bewirkt wird, einschließlich Klimavariationen und menschliche Aktivitäten.

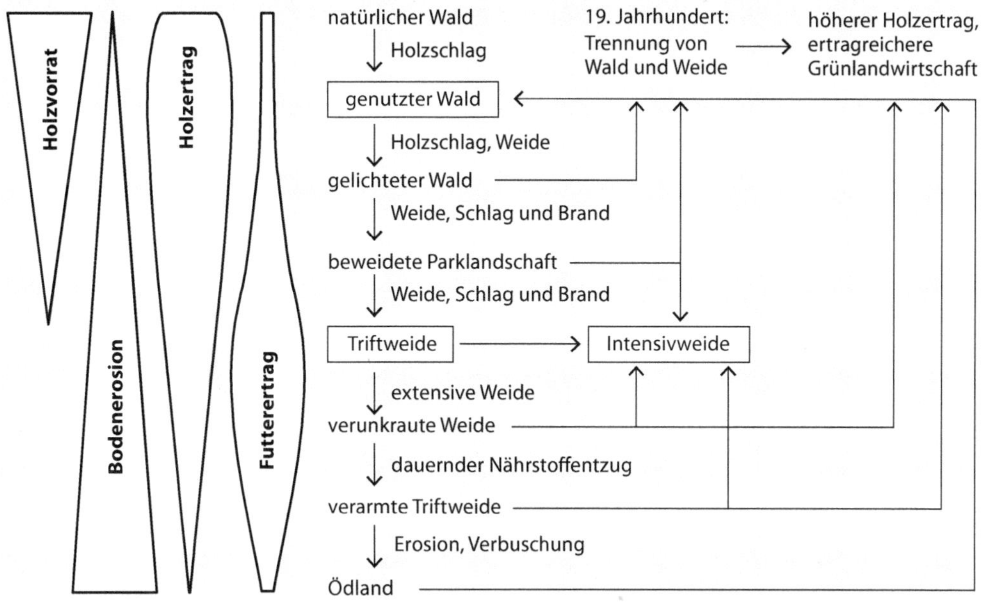


**Abb. 8.4** Auswirkungen von Holz- und Weidewirtschaft in Mitteleuropa auf Mineralstoffhaushalt und Bodenbeschaffenheit im Verlauf von Verstärkungen der Nutzungsintensität. Die Trennung von Wald und Weide, die seit dem 19. Jahrhundert vollzogen wurde, führt zu höherem Holzertrag und zu einer ertragreicheren Grünlandwirtschaft. (Nach Ellenberg 1996)

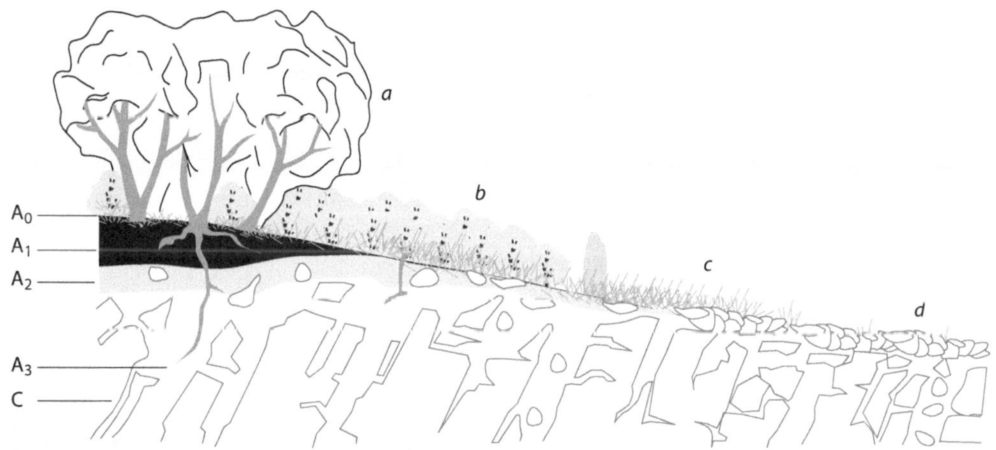


**Abb. 8.5** Degradation des mediterranen Hartlaubwalds im Verlauf von Verkarstung. *a* Niederwald (Macchie) mit Stein-Eiche *(Quercus ilex)*; *b* Garigue mit Kermes-Eiche *(Q. coccifera)*; *c* Felsheide (mit der Grasart *Brachypodium ramosum*); *d* Karstweide (mit giftiger Palisaden-Wolfsmilch *[Euphorbia characias]*); $A_0$ Laubstreu; $A_1$ Feinerde (rendzinaähnlich); $A_2$ humusarme Übergangsschicht; $A_3$ Rotlehm (fossile, fast humusfreie Terra rossa; ► Abschn. 7.6.3); *C* Jurakalk. (Nach Sitte et al. 2002)

An Desertifikationsprozessen sind somit stets sowohl rein anthropogene als auch klimatische Ursachen beteiligt. Anthropogene Ursachen sind v. a. Überweidung, wodurch die schützende Vegetation entfernt und infolge von Viehtritt die Erosion verstärkt wird, sowie Entwaldung zur Nutzung von

**Probleme und Risiken landwirtschaftlicher Monokulturen**

Mit den heutigen landwirtschaftlichen Techniken lassen sich auf relativ kleinen Flächen Intensivkulturen landwirtschaftlicher Nutzpflanzen betreiben, die hochproduktiv sind und dazu beitragen, die Ernährung eines relativ großen Anteils der stetig wachsenden globalen Bevölkerung sicherzustellen. Neben einem schwindenden Lebensraum für Wildarten bestehen die Nachteile landwirtschaftlicher Monokulturen in der Verarmung genetischer Ressourcen bei ausschließlicher Verwendung einiger weniger Hochleistungssorten, im intensiven Einsatz von Dünger, dessen nicht von Pflanzen aufgenommene Bestandteile die Umwelt belasten können, und in der Gefahr der epidemieartigen Ausbreitung von Schädlingen und Krankheiten, der mit z. T. massivem Einsatz von Pestiziden begegnet wird.

In historischer Vergangenheit kam es auch durch den überwiegenden Anteil einer einzigen Kulturpflanzenart im landwirtschaftlichen Anbau zu katastrophalen Hungersnöten und demzufolge zu gravierenden gesellschaftlichen Veränderungen. In der Mitte des 16. Jahrhunderts wurde die Kartoffel *(Solanum tuberosum)* von den Anden Südamerikas nach Europa eingeführt. Im 19. Jahrhundert hatte sie in den ländlichen Regionen Irlands andere Nahrungsmittel weitgehend ersetzt und wurde zur nahezu ausschließlichen Nahrung des ärmeren Teils der Bevölkerung. Um 1840 wurde aus Nordamerika das Wurzelpathogen *Phytophthora infestans* eingeschleppt, das bei Kartoffeln die berüchtigte Kraut- und Knollenfäule verursacht. In den Jahren 1845 und 1846 sowie in den Folgejahren vernichteten *Phytophthora*-Epidemien, begünstigt durch kühl-feuchte Witterung, große Teile der Kartoffelernte Irlands. In Kombination mit der ohnehin schlechten wirtschaftlichen Situation der zuvor rasch angewachsenen Landbevölkerung führte dies im Zeitraum von 1845 bis 1849 zu einer Hungersnot, die als die Große Hungersnot („great famine") in die irisch-englische Geschichtsschreibung einging. An Unterernährung und ihren Folgen starben etwa 1,1 Mio. Menschen von einer Gesamtbevölkerung, die damals 8 Mio. Menschen umfasste. Weitere 1,5 Mio. Menschen wanderten in der Folge dieser Ereignisse aus Irland nach England, Nordamerika oder Australien aus. Die Einwohnerzahl vor der Hungersnot wurde danach nie wieder erreicht; sie beträgt heute (einschließlich Nordirlands) ungefähr 6,4 Mio. Menschen.

Holz als Energiequelle, wodurch der Boden Mineralstoffe verliert und ebenfalls Erosion induziert wird. Das Problem der Desertifikation ist global von großer Bedeutung, da Trockengebiete etwa 41 % der terrestrischen Erdoberfläche umfassen, mehr als 38 % der globalen Bevölkerung beherbergen und in 10–20 % der Trockengebiete schwerwiegende Landdegradationen auftreten, die Einfluss auf etwa 250 Mio. Menschen ausüben. Ein besonders dramatisches Beispiel für Desertifikation ist der drastische Rückgang der Wasserfläche (auf 20 % der Ausgangsfläche) und des Wasservolumens (auf 7 % des Ausgangsvolumens) des Aralsees, des früher viertgrößten Binnensees der Erde, im Grenzgebiet von Kasachstan und Usbekistan in Zentralasien. Seinen südlichen und östlichen Zuflüssen wurden seit den 1960er-Jahren gewaltige Wassermengen zur Bewässerung ausgedehnter Baumwollfelder entnommen. Große Flächen des ehemaligen Seebodens fielen trocken. Von ihnen wurden große Mengen an Sand und Salz sowie in den See zuvor eingeschwemmte Rückstände von Düngemitteln und Pestiziden in umliegendes Kulturland und in Siedlungen verweht.

Eine in Trockenregionen häufig auftretende Form der Desertifikation ist die **Versalzung des Bodens („soil salinization"; ◘** Abb. 8.6). Sie entsteht i. d. R. als Folge falscher Bewässerung von wasserintensiven Anbaupflanzen wie z. B. Baumwolle. In manchen ariden Regionen gehen dadurch bis zu 50 % der landwirtschaftlichen Anbaufläche verloren. Geeignete Gegenmaßnahmen und -strategien sind

**◘ Abb. 8.6** Versalzung von Weizenfeldern am Südrand der dsungarischen Gobi. (Xinjiang, Nordwestchina)

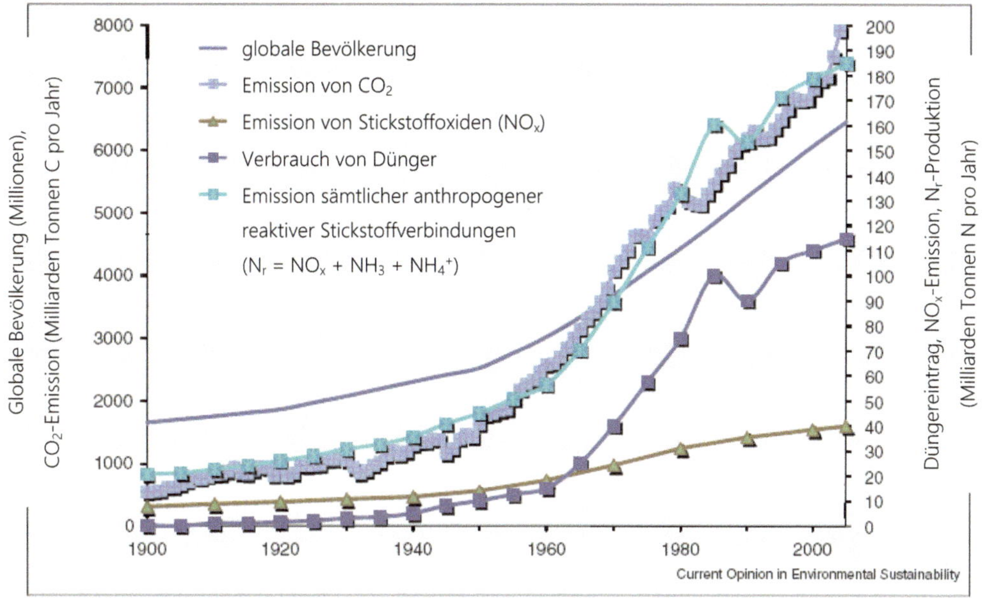


**Abb. 8.7** Produktion, Emission und Verbrauch von Stickstoffverbindungen im Vergleich mit dem Anstieg der $CO_2$-Emission und der Zunahme der globalen Bevölkerung. (Aus Erisman et al. 2011)

eine ausreichende, großflächige Bewässerung mit Drainage des Sickerwassers (zur Vermeidung des kapillaren Aufstiegs salzhaltigen Wassers an die Bodenoberfläche bei Verdunstung), alternative Bewässerungssysteme z. B. in Form von Tröpfchenbewässerung („drip irrigation"), bei der nur geringe Wassermengen über Schläuche direkt an die Pflanzen gebracht werden, sowie ein Wechsel zu stärker salztoleranten Nutzpflanzen (z. B. zu Gerste anstelle von Weizen).

## 8.5 Eutrophierung

Als Eutrophierung („eutrophication") bezeichnet man eine Anreicherung von Nährstoffen, insbesondere von Stickstoff- und Phosphorverbindungen, in Ökosystemen oder ihren Kompartimenten. In terrestrischen Ökosystemen sind v. a. Stickstoffverbindungen, oft in Form von Nitrat- und Ammoniumionen, von Bedeutung. Da in den meisten natürlichen oder naturnahen terrestrischen Ökosystemen die Biomasseproduktion durch die Verfügbarkeit von Stickstoff für Pflanzen (ko-)limitiert ist, erhöht die Zufuhr von Stickstoff die Biomasseproduktion. Die wesentlichen anthropogenen Stickstoffquellen, aus denen Veränderungen von Vegetation und Ökosystemen resultieren, sind Landwirtschaft, Industrie und Verkehr.

Durch die Entwicklung des Haber-Bosch-Verfahrens gelang es, in industriellem Maßstab unter hohem Energieaufwand molekularen Stickstoff ($N_2$) aus der Atmosphäre zu Ammoniak ($NH_3$) zu reduzieren, der wiederum die Grundlage für die Produktion mineralischen Düngers liefert. Dies trug wesentlich dazu bei, in vielen Regionen der Erde die landwirtschaftliche Produktion und damit die Ernährung der Bevölkerung auf absehbare Zeit sicherzustellen: Ungefähr 80 % des synthetisierten $NH_3$ werden für die Herstellung von Pflanzendünger verwendet. Die globale Stickstofffixierung durch das Haber-Bosch-Verfahren beträgt inzwischen ungefähr 50 % der Menge des Stickstoffs, der durch bestimmte Bakterienarten auf biologischem Weg fixiert wird (► Abschn. 4.4.2 und 6.2.2.3). Ebenso wie der anthropogene Ausstoß an $CO_2$ nahmen in den vergangenen Jahrzehnten auch die Emissionen von Stickstoffverbindungen und der Düngerverbrauch

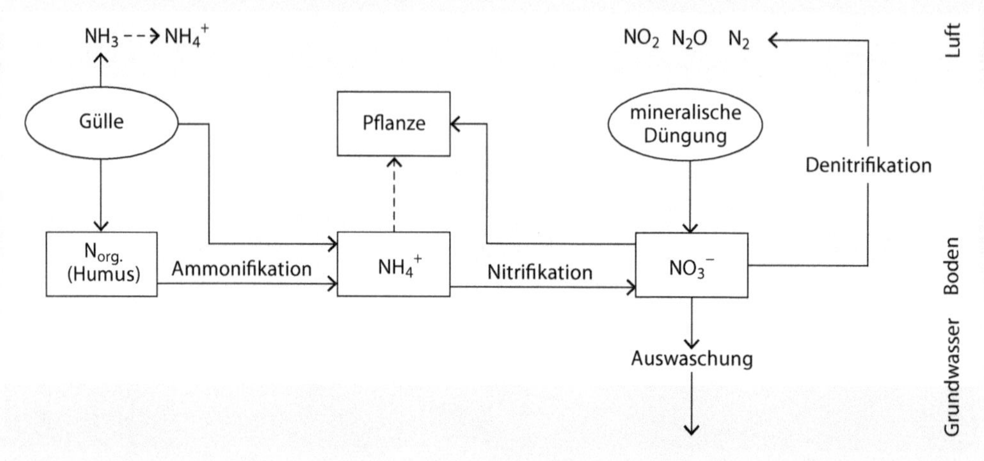


**Abb. 8.8** Stickstoffeintrag und -umsetzung in Ökosystemen infolge von Düngung landwirtschaftlicher Nutzflächen. (Nach Nentwig et al. 2004)

auf globaler Ebene zumindest zeitweise überproportional zum Anstieg der Bevölkerung zu (Abb. 8.7).

In Deutschland werden pro Hektar landwirtschaftlicher Fläche ungefähr 120 kg Stickstoff aus Mineraldünger und 80 kg Stickstoff aus organischem Dünger aufgewendet; dazu kommt Kraftfutter für Viehwirtschaft, aus dem ebenfalls Stickstoffverbindungen in die Umwelt freigesetzt werden. Laut Umweltbundesamt beträgt der Stickstoffüberschuss in Deutschland durchschnittlich nahezu 100 kg/ha, sodass ein großer Teil des Düngers nicht von den Nutzpflanzen aufgenommen wird: Schätzungsweise gelangen davon 40 % als Nitrat ($NO_3^-$) in Meere sowie 25 % als $NH_3$ und 30 % als $N_2$ und Stickstoffoxide ($N_2O$, $NO_2$) in die Atmosphäre. Ein erheblicher Teil des Stickstoffs erreicht in Form von $NO_3^-$ das Grundwasser (Abb. 8.8). Da die Aufnahme nitratbelasteten Wassers bei Menschen zu Gesundheitsproblemen führen kann, darf Wasser mit einer $NO_3^-$-Konzentration von mehr als 50 mg/l in Deutschland laut Trinkwasserverordnung nicht mehr als Trinkwasser genutzt werden (für Babynahrung werden 10 mg/l $NO_3^-$ als Obergrenze empfohlen). Die Überschreitung des verordneten Grenzwerts führte in Deutschland bereits zumindest zeitweise zur Stilllegung einer Reihe von Trinkwasserbrunnen.

Während in den vergangenen zwei bis drei Jahrzehnten in Deutschland die Emissionen von $NO_x$ aus Kraftfahrzeugverkehr und Industrieanlagen infolge der Einführung von Kfz-Katalysatoren sowie von Entstickungsanlagen in Kraftwerken deutlich zurückgegangen sind, verharren die Emissionen von $NH_3$ und $NH_4^+$ auf nahezu konstant hohem Niveau. Modellrechnungen ergaben dieselben Trends für verschiedene Regionen der Erde sowie auf globaler Ebene.

Die Auswirkungen zusätzlicher Stickstoffzufuhr auf Landpflanzen wurden auf globaler Ebene in einer Metaanalyse auf der Grundlage von 304 Studien untersucht, die zusammen 456 Pflanzenarten abdeckten (Xia und Wan 2008). Demnach nahm die pflanzliche Biomasse bei Stickstoffanreicherung um durchschnittlich 54 % zu, wobei diese Zunahme bei Samenpflanzen stärker ausgeprägt war als bei Sporenpflanzen (Farnen, Moosen und Flechten), bei krautigen Pflanzen stärker als bei Gehölzen, bei Laubbäumen stärker als bei Nadelbäumen und – innerhalb derselben funktionalen Gruppe (► Abschn. 6.3.1), aber nicht bei krautigen Arten – bei oberirdischen Pflanzenteilen stärker als bei unterirdischen. Die Zunahme der Biomasse war stärker, wenn gleichzeitig auch andere Ressourcen besser verfügbar waren. Die Stickstoffkonzentration des pflanzlichen Gewebes nahm durchschnittlich um 29 % zu; diese Reaktion war in Gehölzen stärker ausgeprägt als in krautigen Pflanzen und bei Laubbäumen stärker als bei Nadelbäumen. Das Ausmaß der

**Tab. 8.2** „Critical loads" für Stickstoffeinträge in Ökosysteme entsprechend der Festlegung durch die United Nations Economic Commission for Europe (UNECE, Wirtschaftskommission für Europa der Vereinten Nationen) und Indikatoren für Überschreitung dieser Schwellenwerte

| Ökosystem | „Critical load" (kg Stickstoff/[ha · a]) | Indikator |
|---|---|---|
| Bodensaure Nadelwälder | 15–20 | Veränderungen der Bodenflora und der Artenzahl und Abundanz von Mykorrhiza-Pilzen (erkennbar an den Fruchtkörpern) |
| Bodensaure Laubwälder | 15–20 | Veränderungen der Bodenflora |
| Trockene (feuchte) Heide, Tiefland | 15 (17)–20 (22) | Übergang von Heide zu Gras |
| Arktische und alpine Heiden | 5–15 | Rückgang von Flechten, Moosen, immergrünen Zwergsträuchern; Zunahme von Gräsern und Kräutern |
| Artenreiches Grasland auf Kalk<br>Artenreiches Grasland, Boden neutral bis sauer | 14–25<br>20–30 | Zunahme hochwüchsiger Gräser, Abnahme der Artenvielfalt |
| Montan-subalpines Grasland | 10–15 | Zunahme hochwüchsiger Grasartiger, Abnahme der Artenvielfalt |
| Sümpfe mit mittlerer Mineralstoff-versorgung | 20–35 | Zunahme hochwüchsiger Grasartiger, Abnahme der Artenvielfalt |
| Nährstoffarme Hochmoore | 5–10 | Rückgang typischer Moose, Zunahme hochwüchsiger Grasartiger |

Reaktionen nahm mit zunehmendem Breitengrad ab und mit zunehmendem Jahresniederschlag zu.

Die bei etlichen Pflanzenarten beobachtete stärkere Zunahme der Biomasse oberirdischer Pflanzenteile im Vergleich mit den unterirdischen kann zu einem stark erweiterten Spross-Wurzel-Verhältnis führen, wodurch die Aufnahmefähigkeit für andere Mineralstoffe und Wasser sowie die Standfestigkeit der Pflanze verringert werden können. Insbesondere bei einer nur knappen Verfügbarkeit anderer essenzieller Mineralstoffe wie Kalium und Magnesium kann in der Pflanze ein Ungleichgewicht an Mineralstoffen oder sogar ein Mangel an einzelnen Mineralstoffen entstehen. Bei Trockenheit kann die Pflanze durch die reduzierte Aufnahmekapazität für Wasser empfindlicher für Trockenstress werden. Weitere mögliche negative Auswirkungen auf Pflanzen sind eine erhöhte Anfälligkeit für Herbivorie (da das stickstoffreichere Gewebe nun attraktiver für Pflanzenfresser ist), eine (zu) späte Abhärtung gegen Frost wegen einer Verzögerung der Blattseneszenz sowie eine verringerte Frosthärte (und damit erhöhte Anfälligkeit für Frostschäden). Das durch erhöhte Stickstoffzufuhr zunächst geförderte Sprosswachstum kann anfangs allerdings auch den Eindruck von gesunden, da gut gedeihenden Pflanzen vermitteln.

Auf der Ebene von Ökosystemen führt ein erhöhter Stickstoffeintrag aus der Atmosphäre zu einer Veränderung der Vegetation in Form einer veränderten Artenzusammensetzung und eines Rückgangs der Artenvielfalt. Häufig wird dabei eine Zunahme der Abundanz bestimmter Gras- oder Krautarten auf Kosten von Flechten, Moosen und Zwergsträuchern beobachtet. Grundsätzlich reagieren Ökosysteme mit relativ geringer Mineralstoffverfügbarkeit empfindlicher auf Eutrophierung als Ökosysteme besser mineralstoffversorgter Standorte. Zur Bewertung der Belastungsfähigkeit bestimmter Ökosysteme wurden **kritische Belastungsgrenzen** oder **„critical loads"** des Stickstoffeintrags definiert, deren Überschreiten zu den genannten Vegetationsveränderungen führt. In Tab. 8.2 sind „critical loads" für verschiedene Ökosysteme Europas aufgeführt. An Waldstandorten in Deutschland wurden bereits jährliche Stickstoffeinträge von nahezu 40 kg/ha gemessen, in Nordwestdeutschland und in den Niederlanden sogar 70–80 kg/(ha · a).

Auf der Ebene von Ökosystemen existieren zwei Ansätze, ein terrestrisches Ökosystem als stickstoffgesättigt einzustufen. Nach Ågren und Bosatta (1988) ist ein Ökosystem mit Stickstoff gesättigt, wenn der Stickstoffverlust aus dem System (durch Versickerung oder Abgabe gasförmiger Stickstoffverbindungen) sich dem Eintrag von Stickstoff annähert oder diesen übersteigt. Dies lässt sich durch die Bilanz von Stickstoffeintrag und Stickstoffaustrag ermitteln. Nach Aber et al. (1989) hat ein Ökosystem den Zustand der Stickstoffsättigung erreicht, wenn die Verfügbarkeit von $NH_4^+$ und $NO_3^-$ größer ist als der gesamte Bedarf von Pflanzen und Mikroorganismen an diesen Verbindungen. Für Waldökosysteme definieren die Autoren drei Stadien der Stickstoffeutrophierung: Im ersten Stadium nehmen die Stickstoffkonzentration in den Blättern und die Stickstoffmineralisation im Boden sowie die Nettoprimärproduktion (NPP) zu; im zweiten Stadium verringern sich NPP und Stickstoffmineralisation aufgrund sinkender $Ca^{2+}/Al^{3+}$- und $Mg^{2+}$/Stickstoff-Verhältnisse und zunehmender Säurekonzentration des Bodens, zudem führt überschüssiges $NH_4^+$ zu verstärkter Nitrifikation; im dritten Stadium steigt die $NO_3^-$-Auswaschung stark an (◘ Abb. 8.9).

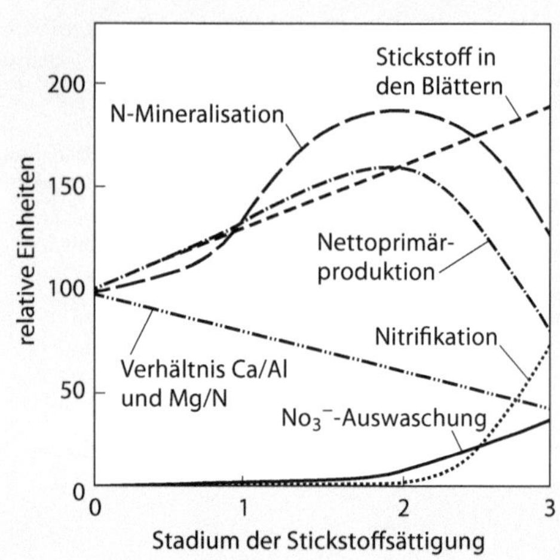


◘ **Abb. 8.9** Stadien der Stickstoffeutrophierung von Waldökosystemen. (Nach Aber et al. 1998)

Mit dem Stickstoffeintrag geht in bestimmten Konstellationen eine Versauerung des Bodens einher. Wenn die Nitrifikation in einer Zeitphase abläuft, in der, wie z. B. im Spätsommer oder frühen Herbst, keine größeren Mengen an $NO_3^-$ von den Pflanzen mehr aufgenommen werden können (da die Wachstumsphase der Pflanzen bereits abgeschlossen ist), kann es aufgrund der Bildung von Protonen (▶ Abschn. 3.3.1) zu einem Versauerungsschub kommen. Das als Anion im Boden sehr mobile $NO_3^-$ wird zusammen mit (Neutral-)Kationen wie $K^+$ oder $Mg^{2+}$ aus dem Boden ausgewaschen. Eine weitere mögliche Quelle der Versauerung ist der Eintrag größerer Mengen an $NH_4^+$ aus der Atmosphäre und anschließende Nitrifikation des $NH_4^+$. Falls das dabei entstehende $NO_3^-$ nicht quantitativ von den Pflanzen aufgenommen wird, kommt es wie im zuvor dargestellten Fall zu einem Versauerungsschub und zur Auswaschung des $NO_3^-$ zusammen mit (Neutral-)Kationen. Aufgrund dieser Prozesse prognostiziert man eine chemische Drift im Oberboden von Waldökosystemen in Richtung auf generell engere Kohlenstoff-Stickstoff-Verhältnisse und geringere pH-Werte und somit hin zu einer Angleichung der chemischen Verhältnisse im Oberboden von Wäldern, die sich in der chemischen Charakteristik ihrer Oberböden zuvor deutlich unterschieden (◘ Abb. 8.10). Deutliche Anzeichen für diese Entwicklung wurden im Humus und in den Ah-Horizonten mitteleuropäischer Wälder bereits festgestellt.

## 8.6 Folgen der Industrialisierung

Die Industrialisierung und die Entwicklung und Verbreitung des Kraftfahrzeugverkehrs führten nicht nur zu erhöhter anthropogener Emission von $CO_2$, sondern auch von einer Reihe phytotoxischer (für Pflanzen giftiger) Substanzen, die über die Atmosphäre verbreitet werden und den Boden belasten oder die Vegetation direkt schädigen können. In ◘ Tab. 8.3 sind die wichtigsten Typen von Schadstoffen und ihre chemisch wirksamen Bestandteile aufgeführt. Von den genannten Substanzen sind Schwefeldioxid ($SO_2$) und Ozon ($O_3$) überregional wohl die bedeutendsten Schadstoffe. Daher sind auch die Auswirkungen dieser Stoffe

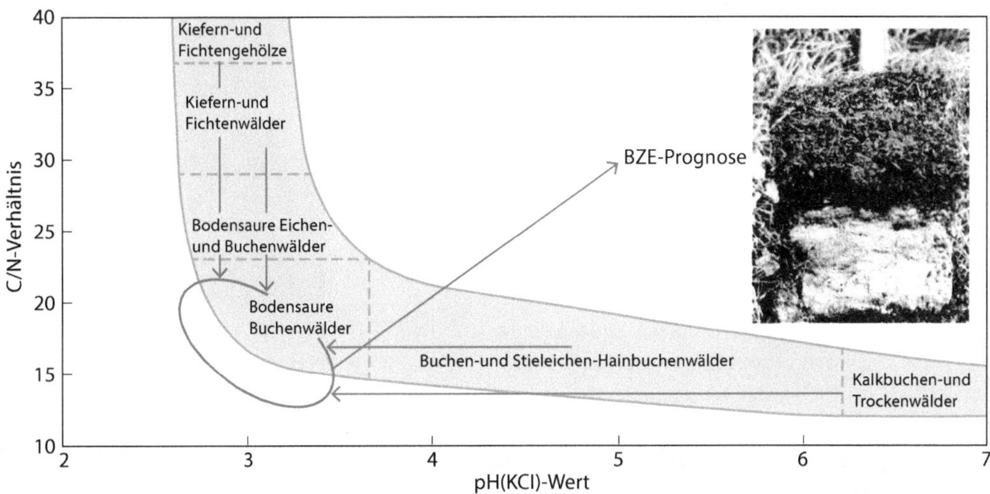


**Abb. 8.10** Prognose zur Bodenentwicklung: chemische Drift des Oberbodens. *BZE* Bodenzustandserhebung im Wald, eine im Auftrag des Bundesministeriums für Ernährung, Landwirtschaft und Verbraucherschutz (BMELV) bisher zweimal (1987–1993 und 2006–2008) an definierten Probenahmestandorten bundesweit durchgeführte Erhebung des chemischen Zustands von Waldböden. (Nach Lethmate 2005)

**Tab. 8.3** Die wichtigsten phytotoxischen Luftschadstoffe

| Schadstofftyp | Schadstoff |
|---|---|
| Reduktiver Smog (London-Typ) | Schwefeldioxid ($SO_2$; Schwefel aus $SO_2$ wird oxidiert und wirkt dadurch chemisch reduzierend) |
| Oxidativer Smog (Los Angeles-Typ) | Stickstoffdioxid ($NO_2$), Peroxiacetylnitrat (PAN), Ozon ($O_3$; Sauerstoff aus $O_3$ wird chemisch reduziert und wirkt dadurch oxidierend) |
| Säuren | Flusssäure (HF), schweflige Säure ($H_2SO_3$), Schwefelsäure ($H_2SO_4$), Salzsäure (HCl) |
| Stäube | Vor allem Zementstaub und verblasene Erde, in Ballungsraumen Ruß |
| Auf Pflanzen wirkende organische Verbindungen | Ethylen, verblasene Herbizide und Pflanzenschutzmittel |
| Allelopathische Wirkstoffe | Beispielsweise Terpenoide |

auf Pflanzen umfassend untersucht worden. In Mitteleuropa allerdings hat die Belastung mit $SO_2$ aufgrund gesetzlicher Regelungen und technischer Entwicklungen und Umstellungen stark abgenommen.

### 8.6.1 Emission und Schadwirkung von Schwefeldioxid ($SO_2$)

Durch Vulkanismus sowie durch Zersetzung terrestrischer und mariner Biomasse entsteht $SO_2$ mit einer jährlichen Rate von ungefähr 20 Mio. t auch aus natürlichen Quellen. Mit etwa 150 Mio. t pro Jahr ist die anthropogene Freisetzung durch Verbrennung fossiler Energieträger jedoch weitaus stärker. Während die $SO_2$-Konzentration in Reinluft ungefähr 1 µg/m$^3$ oder, nach herkömmlicher Konzentrationsangabe, 0,3 ppb („parts per billion" oder Teile pro einer Milliarde Teile; 1 ppb = 2,67 µg $SO_2/m^3$ bei 20 °C und einem Luftdruck von 101,3 kPa) beträgt, enthält hoch belastete Luft bis zu 1500 µg $SO_2/m^3$. In der Luft kann $SO_2$ mit Wasserdampf zu schwefliger Säure ($H_2SO_3$) reagieren. Ein großer Teil verbindet sich jedoch mit dem Hydroxylradikal $OH^•$, einem der häufigsten Radikale der Atmosphäre, das unter UV-Einwirkung aus $H_2O$ und $O_3$ entsteht, und bildet das stark hygroskopische (wasserbindende) Schwefeltrioxid ($SO_3$), das wiederum mit Wasserdampf zu Schwefelsäure ($H_2SO_4$) reagiert. Schwefelsäure, eine starke Säure, führt zur Versauerung des Bodens und beschleunigt dadurch den chemischen Übergang kalkarmer Böden in Richtung auf den Aluminium- oder sogar Eisenpufferbereich (▶ Abschn. 3.3.2). Dies führt zu Veränderungen der Bodenfauna und -flora und zu verringerten Raten der Streuzersetzung, Auswaschung von für die Pflanzen essenziellen Mineralkationen wie $K^+$ und $Mg^{2+}$ sowie zur Freisetzung wasserlöslicher, kationischer Aluminiumverbindungen, die bei Pflanzen zu Wurzelschäden führen können. Der Schwefel selbst wird in tieferen Bodenschichten in Form komplexer, schwer löslicher Aluminiumverbindungen festgelegt, die erst langsam im Verlauf vieler Jahre wieder in Lösung gehen. Dabei kommt es zu einem Austrag von $SO_4^{2-}$, das von Metallkationen wie $Mg^{2+}$ begleitet wird, durch das Sickerwasser. Dieser Prozess ist auch gegenwärtig noch zu beobachten.

Bei der Aufnahme von $SO_2$ durch die Spaltöffnungen (oder auch über die übrige Blattoberfläche durch die Cuticula, deren Leitfähigkeit für $SO_2$ etwa 20-mal höher ist als für $CO_2$ und fast 200-mal so hoch wie für Wasserdampf) und Diffusion in die lebenden Zellen führt $SO_2$ zur Hemmung von Enzymen und damit auch der Photosynthese, zu einer Schädigung von Membranlipiden sowie zu einer Ansäuerung des Zytoplasmas. Die Empfindlichkeit von Pflanzenarten gegenüber $SO_2$-Exposition ergibt sich aus der $SO_2$-Dosis, also dem Produkt aus $SO_2$-Konzentration und Einwirkungsdauer. Empfindliche bis mäßig empfindliche Pflanzen vertragen mittlere Konzentrationsmaxima von 400 µg $SO_2/m^3$ über 30–60 min, Mittelwerte von 70 bis 100 µg $SO_2/m^3$ über 8–24 Stunden und von 20 bis 80 µg $SO_2/m^3$ über eine ganze Vegetationsperiode oder ein Jahr. Sichtbare Auswirkungen direkter $SO_2$-Schädigung sind bei Nadeln gelbe, meist von der Spitze ausgehende Verfärbungen und abgestorbene (nekrotische) Gewebebereiche im mittleren Nadelteil sowie Vergilbungen der Blattspreite und Nekrosen zwischen den Blattnerven bei Laubblättern. Je nach Standortbedingungen gelten die indirekten Auswirkungen des sauren Regens auf den Boden oder die direkten Auswirkungen auf die Pflanzen als wesentliche Ursachen für die seit Ende der 1970er-Jahre überregional beobachteten Waldschäden in den höheren Mittelgebirgslagen Mitteleuropas (◼ Abb. 8.11; Neuartige Waldschäden in Mitteleuropa).

◼ **Abb. 8.11** Ehemalige Waldflächen in den Hochlagen des östlichen Erzgebirges (Kahleberg, ungefähr 900 m über dem Meeresspiegel) zu Beginn der 1990er-Jahre. Die Region war bis etwa 1990 massiv durch Luftschadstoffe einschließlich $SO_2$ belastet, die mit Luftströmungen von Norden und Westen aus den sächsischen Industriegebieten und von Süden und Osten aus dem böhmischen Industrierevier herangeweht wurden. Die ursprünglich dort wachsenden Fichtenbestände sind auf dem basenarmen Ausgangsgestein vollständig zusammengebrochen. Aufforstungen gestalteten sich als schwierig, da die jungen Fichten deutliche Schadsymptome aufwiesen, sobald ihre Kronen wieder in die etwas bodenferneren Luftschichten hineinragten. Gute Erfolge in den ersten Stadien der Wiederaufforstung erzielte man u. a. mit der Eberesche *(Sorbus aucuparia)*, die weniger empfindlich gegenüber $SO_2$-Belastung ist

In gewissem Ausmaß sind Pflanzen in der Lage, $SO_2$ oder dessen Folgeprodukte zu entgiften. Das Hydrogensulfitanion ($HSO_3^-$), das durch Lösung von $SO_2$ im Wasser der Zellwand oder des Zytoplasmas entsteht, ist als starkes Reduktionsmittel für Pflanzen etwa 20-mal giftiger als das nur wenig schädliche Sulfatanion ($SO_4^{2-}$). Es kann aber in der Zellwand und in den Chloroplasten zu $SO_4^{2-}$ oxi-

## Neuartige Waldschäden in Mitteleuropa

Ende der 1970er-Jahre wurden zunächst in Tannenbeständen süddeutscher Mittelgebirge, darauf auch in etlichen anderen Waldbeständen insbesondere von Mittelgebirgsregionen deutliche Schadsymptome an Bäumen sowie Absterbevorgänge beobachtet (Schäden an Fichten in den Hochlagen der Mittelgebirge sowie an Kiefern, ab Mitte der 1980er-Jahre auch Schäden an den Rotbuchen und Eichen). Anfang der 1980er-Jahre wurden diese Phänomene unter dem Begriff Neuartige Waldschäden Gegenstand der wissenschaftlichen und öffentlichen Diskussion. Neuartig an diesen Schäden war ihr überregionales Auftreten innerhalb nur weniger Jahre in geographisch großen Räumen und der Befund, dass sie nicht auf einen einzelnen Faktor zurückgeführt werden konnten, sondern dass offenbar ein Komplex aus mehreren Faktoren wirksam war. In einer Veröffentlichung von Wissenschaftlern der Forstlichen Fakultät der Universität Göttingen wurden die Waldschäden aufgrund von Langzeituntersuchungen in Waldökosystemen des Solling, eines Mittelgebirgszugs im Weserbergland, mit Luftverunreinigungen in Verbindung gebracht (Ulrich et al. 1979). Auf der Grundlage dieser langjährigen, systematischen Untersuchungen schlossen die Autoren, dass die Wälder massiven Einträgen aus anthropogenen Emissionen, v. a. von Sulfat und Säure, aber auch von Stickstoffverbindungen und Schwermetallen ausgesetzt sind. Sie schlussfolgerten daraus, dass es infolge des Säureeintrags zu erheblicher Mineralstoffverarmung und Versauerung des Bodens kommen wird, wobei die Situation nicht auf den Solling beschränkt sein würde, und prognostizierten massive Absterbeerscheinungen in Wäldern im Verlauf von Jahren bis Jahrzehnten.

Aufgrund dieser Erkenntnisse wurden von Anfang der 1980er- bis zu Beginn der 1990er-Jahre von der Bundesregierung, den Bundesländern und verschiedenen Forschungseinrichtungen zahlreiche Forschungsvorhaben initiiert, um die Ursachen der Waldschäden aufzuklären. Parallel dazu wurden die Waldschäden ab 1984 jährlich systematisch erfasst (► Abschn. 8.8.1). Eine zentrale Hypothese der Göttinger Forstwissenschaftler zur Erklärung der Waldschäden besagte, dass die Bäume über den Boden durch die versauerungsbedingte Freisetzung positiv geladener, löslicher Aluminiumverbindungen Wurzelschäden erleiden (► Abschn. 3.3.2). Dies konnte zumindest in Nährlösungsversuchen mit Jungbäumen experimentell nachgewiesen werden. In Waldbeständen wurde ein Rückzug des Feinwurzelsystems aus humusarmem Unterboden mit hohen Gehalten an austauschbarem $Al^{3+}$ beobachtet, was im Einklang mit der Aluminiumhypothese stand. Daher wurde beschlossen, carbonatfreie Böden in geschlossenen Waldbeständen in Form einer Kompensationskalkung zum Ausgleich gegen die Säureeinträge aus der Atmosphäre mit magnesiumhaltigen Kalken zu versorgen. Seit Mitte der 1980er-Jahre wurden an derartigen Standorten von Staatsforsten flächenhaft bisher mindestens zweimal mit Fahrzeugen oder Hubschraubern drei Tonnen Kalk pro Hektar ausgebracht, was jeweils etwa 50 kmol an Basenäquivalenten pro Hektar entsprach. Kritiker dieser Maßnahme verwiesen aber auf die Risiken für die Waldökosysteme, die in Veränderungen von Bodenflora und -fauna, in verstärkter Feinwurzelproduktion im Auflagehumus und damit erhöhter Gefahr von Trocknisschäden in Perioden mit warm-trockener Witterung sowie in verstärkter Nitrifikation bestehen, wodurch die Gefahr von Nitratauswaschung erhöht wird. Parallel zu diesen Maßnahmen wurde durch gesetzliche Regelungen und technische Veränderungen der Ausstoß von $SO_2$ durch Kraftwerks- und Industrieanlagen sowie durch Kraftfahrzeuge und durch Heizungsanlagen drastisch verringert. Starke Schäden an Waldbeständen mit Absterbeerscheinungen durch Luftverunreinigungen blieben weitgehend auf die höheren Mittelgebirgslagen beschränkt. Die Forschungen zu den Ursachen der Waldschäden ergaben komplexe Ursache-Wirkungs-Muster, die sich zwischen Baumarten und Standorttypen unterscheiden und sowohl abiotische (Luftverunreinigungen, extreme Witterungsereignisse) als auch biotische Faktoren (Herbivore, Pathogene) umfassen (Thomas et al. 2002, Elling et al. 2007).

Im Jahr 1996 legte eine europaweite Studie dar, dass die Wälder inzwischen besser wuchsen als in der jüngeren Vergangenheit (Spiecker et al. 1996). Dies markierte gleichzeitig das Ende der öffentlichen Waldschadensdiskussion, nachdem entsprechende Forschungsförderungen bereits zuvor ausgelaufen waren. Der erhöhte Zuwachs der Wälder wurde aber v. a. im südlichen Skandinavien, im südlichen und östlichen Mitteleuropa sowie in Zentralfrankreich registriert, also in Regionen, für die Modellierungsergebnisse für den Zeitraum von 1986 bis 1995 auch erhöhte Stickstoffdepositionen konstatierten (Müller-Edzards et al. 1997; ► Abschn. 8.5).

**Tab. 8.4** $SO_2$-Empfindlichkeit verschiedener Pflanzenarten. Derartige Einstufungen von Sensitivitäten werden auch bei der Auswahl von Pflanzen für den Landschafts- und Gartenbau berücksichtigt. (Aus VDI-Richtlinie 2310 Blatt 2)

| Sehr empfindlich | Empfindlich | Weniger empfindlich |
|---|---|---|
| **Laubgehölze** | | |
| Echte Walnuss *(Juglans regia)*, Rote Johannisbeere *(Ribes rubrum)*, Stachelbeere *(R. uva-crispa)* | Hainbuche *(Carpinus betulus)*, Rotbuche *(Fagus sylvatica)*, Linde *(Tilia* spec.*)* | Erle (*Alnus* spec.), Ahorn (*Acer* spec.), Birke (*Betula* spec.), Eberesche *(Sorbus aucuparia)*, Eiche (*Quercus* spec.), Pappel (*Populus* spec.), Weide (*Salix* spec.), Weinrebe *(Vitis vinifera)* |
| **Nadelgehölze** | | |
| Tanne (*Abies* spec.), Fichte (*Picea* spec.), Douglasie *(Pseudotsuga menziesii)* | Lärche (*Larix* spec.), Wald-Kiefer *(Pinus sylvestris)*, Strobe *(P. strobus)* | Wacholder (*Juniperus* spec.), Schwarz-Kiefer *(Pinus nigra)*, Eibe *(Taxus baccata)*, Lebensbaum (*Thuja* spec.) |
| **Landwirtschaftliche Nutzpflanzen** | | |
| Lupine (*Lupinus* spec.), Luzerne *(Medicago sativa)*, Garten-Erbse *(Pisum sativum)*, Spinat *(Spinacia oleracea)*, Acker-Bohne *(Vicia faba)*, Saat-Wicke *(V. sativa)* | Raps *(Brassica napus)*, Getreide (Weizen, Roggen, Hafer, Gerste), Garten-Salat *(Lactuca sativa)*, Bohne (*Phaseolus* spec.) | Lauch (*Allium* spec.), Gewöhnliche Rübe *(Beta vulgaris)*, Gemüse-Kohl *(Brassica oleracea)*, Möhre *(Daucus carota)*, Tomate *(Lycopersicon esculentum)*, Kartoffel *(Solanum tuberosum)*, Mais *(Zea mays)* |

diert werden. Dieses wiederum kann in ungiftige organische Verbindungen wie die Aminosäure Cystein oder – allerdings in sehr begrenztem Umfang – in das flüchtige $H_2S$ überführt werden. Der Ansäuerung des Zytoplasmas kann durch verstärkte Aufnahme und Reduktion von $NO_3^-$ (► Abschn. 3.3.1) oder letztlich durch Ausscheidung von Protonen aus den Wurzeln begegnet werden. Die unterschiedlichen Entgiftungskapazitäten verschiedener Pflanzenarten sind sicher ein Grund für die Unterschiede in der $SO_2$-Empfindlichkeit zwischen den Arten (■ Tab. 8.4).

Während der Zeit starker $SO_2$-Belastungen in Ballungsräumen veränderte sich auch die Flechtenflora innerstädtischer Bereiche und ihrer Randlagen deutlich. Arten wie die Krustenflechtenart *Lecanora conizaeoides*, die von allen bekannten Flechtenarten am wenigsten empfindlich auf sauer wirkende Luftschadstoffe reagiert, konnten noch an relativ stark belasteten Orten überleben und dort innerhalb der Flechtenflora dominant werden, während sehr empfindliche Flechtenarten wie *Usnea florida*, eine Bartflechte, und die Echte Lungenflechte *(Lobaria pulmonaria)*, eine Blattflechte, von diesen Orten weitgehend oder vollständig verschwanden. Aufgrund der Luftreinhaltungsmaßnahmen der vergangenen Jahrzehnte hat sich allerdings die Flechtenflora auch in Ballungsräumen wieder deutlich erholt.

Ebenso wie für den Eintrag von Stickstoffverbindungen aus der Atmosphäre in Ökosysteme, so gelten auch für den Eintrag von Säure bestimmte „critical loads", deren Höhe von den Bodenbedingungen des Standorts abhängt: Kalk- und basenreiche Standorte vertragen eine stärkere Säurebelastung als von Natur aus basenarme oder saure (■ Tab. 8.5). Nach Angaben des Umweltbundesamts aus dem Jahr 2015 ist der Anteil der Flächen, auf denen die „critical loads" für Säureeinträge deutlich bis sehr deutlich überschritten wurden, in Deutschland aufgrund von Luftreinhaltemaßnahmen von 95 % im Jahr 1980 auf 18 % im Jahr 2010 zurückgegangen. Für die Überschreitung der „critical loads" auf den übrigen Flächen sind versauernde Stickstoffeinträge hauptverantwortlich.

### 8.6.2 Entstehung und Schadwirkung von Ozon

In der Stratosphäre absorbiert eine Ozonschicht die für Lebewesen schädliche ultraviolette Strahlung

**Tab. 8.5** „Critical loads" für Säureeinträge in Mitteleuropa. (Aus Nagel et al. 2004)

| Ökosystemtyp | „Critical load" (mol Protonenäquivalente/[ha · a]) |
|---|---|
| **Wälder** | |
| Mittelgebirge, sauer verwitterndes Ausgangsgestein | 500–1500 |
| Kalkbraunerden der Alpen (Degradationsschutz!) | 500–1000 |
| Sandige Böden (geringe Produktivität → geringer Entzug basischer Kationen durch Vegetation) | 1000–2000 |
| Basenreiche Böden | 1000–2500 |
| **Naturnahes Grünland** | |
| Basenarm, stark podsoliert | < 1000 |
| Basenarm, podsoliert | 1000–1500 |
| Basenreich | 1500–2500 |
| Heiden, Moore | 1000–1500 |

**Tab. 8.6** AOT40-Werte („accumulated exposure of ozone above the threshold of 40 nl/l"), die bei verschiedenen Pflanzenarten zu einem Biomasserückgang oder einer Ertragsminderung von 10 % führen. (Aus UN ECE (1993); Fuhrer und Achermann 1994)

| Pflanzenart | AOT40 (ppb · h) |
|---|---|
| Sommerweizen *(Triticum aestivum)* | 5300 |
| Rotbuche *(Fagus sylvatica)*, Eiche (*Quercus* spec.) | 6000–7000 |
| Birke (*Betula* spec.) | 9000 |
| Weißtanne *(Abies alba)*, Rotfichte *(Picea abies)*, Waldkiefer *(Pinus sylvestris)* | 12000 |

(UV-Strahlung) weitgehend und ermöglicht somit erst das Leben auf Landoberflächen (▶ Abschn. 2.3). Im Gegensatz dazu wirkt Ozon ($O_3$) in der bodennahen Troposphäre auf viele Organismen schädigend. Troposphärisches Ozon entsteht aus Stickstoffdioxid ($NO_2$), einer Komponente der Luftverunreinigungen, die bei der Verbrennung fossiler Energieträger durch Industrieanlagen und Kraftfahrzeugverkehr freigesetzt wird. Unter Einwirkung von UV-Strahlung im Wellenlängenbereich zwischen 300 und 400 nm, die noch die bodennahen Luftschichten erreicht, entstehen aus $NO_2$ Stickstoffmonoxid (NO) und atomarer Sauerstoff (O), der unmittelbar mit molekularem Sauerstoff ($O_2$) Ozon ($O_3$) bildet. Liegt in ausreichender Konzentration NO vor, was in Ballungsräumen oft der Fall ist, wird $O_3$ durch Reaktion mit NO wieder zu $NO_2$ und $O_2$ abgebaut; dieser Abbau erfolgt aber nicht in Reinluftgebieten, in die $O_3$ mit Luftströmungen verfrachtet werden kann.

Ozon schädigt Pflanzen durch Veränderung der Assimilatverlagerung (der Transport von synthetisierten Kohlenhydraten im Phloem wird gestört), Beeinträchtigung der Schließzellenfunktion (die Schließzellen reagieren weniger sensibel auf Änderungen der Luftfeuchtigkeit), Membranschäden (ungesättigte Membranlipide werden oxidiert), Pigmentzerstörung infolge der Bildung chemischer Radikale (wodurch die Photosynthese beeinträchtigt wird), Reaktionen mit löslichen Proteinen (wie z. B. mit dem $CO_2$-fixierenden Enzym RubisCO; ▶ Abschn. 3.2.1) und durch Beschleunigung der Seneszenz. Da $O_3$ die Funktion der Schließzellen beeinträchtigt, wird die Wirkung von Trockenstress verstärkt. Sichtbare $O_3$-Schadsymptome sind chlorotische Verfärbungen, die z. B. an Nadeln in Form eines scheckigen Musters, an Blättern wie denen der Rotbuche als bronzefarbene Sprenkelung auftreten können. Durch biochemische Reaktionsmechanismen, an denen Ascorbat, das Salz der Ascorbinsäure, beteiligt ist, kann $O_3$ in Pflanzenzellen in einem gewissen Umfang entgiftet werden. Je nach Pflanzenart wirken diese Entgiftungsreaktionen aber nicht mehr, wenn eine gewisse $O_3$-Dosis überschritten wird. Die Intensität der $O_3$-Belastung ermittelt man herkömmlicherweise durch die Anzahl der Stunden, in denen der Mittelwert der $O_3$-Konzentration die Schwelle von 40 nl/l (40 ppb) überschritten hat, die der durchschnittlichen $O_3$-Konzentration in Mitteleuropa entspricht (die natürliche Hintergrundkonzentration an $O_3$ liegt bei 5–10 ppb). Der resultierende

Belastungswert ist der AOT40 („accumulated exposure of ozone above the threshold of 40 nl/l"), der in ppb · h angegeben wird. Dementsprechend sind Sommerweizen sowie die Laubbaumarten Rotbuche und Eichenarten relativ empfindlich, Nadelbäume wie Weißtanne, Rotfichte und Waldkiefer dagegen eher unempfindlich (◘ Tab. 8.6). Neuere Untersuchungen haben aber gezeigt, dass die AOT40-Werte nur bedingt geeignet sind, um die tatsächliche $O_3$-Belastung der Pflanzen zu erfassen, denn sie beruhen ausschließlich auf der $O_3$-Konzentration der Umgebungsluft, während die $O_3$-Belastung aus der Menge an tatsächlich von der Pflanze aufgenommenem $O_3$ resultiert. Um diese zu ermitteln, sind Modellansätze erforderlich, die den Fluss des $O_3$ von der Außenluft in die Pflanze (im Wesentlichen über die Spaltöffnungen) erfassen.

## 8.7 Globaler Klimawandel

### 8.7.1 Anstieg der atmosphärischen $CO_2$-Konzentration und ihre direkten Auswirkungen auf die Vegetation

Die $CO_2$-Konzentration der Atmosphäre ist von ungefähr 280 ppm (0,028 Vol.-%) in der Zeit vor der Ausbreitung der Industrialisierung, d. h. vor etwa 200 Jahren, auf derzeit mehr als 400 ppm angestiegen (◘ Abb. 8.12a) und wird in den kommenden Jahrzehnten weiter zunehmen. Deutliche Änderungen in der atmosphärischen $CO_2$-Konzentration sind zwar im Verlauf der Erdgeschichte schon mehrfach aufgetreten, doch nach sämtlichen erkennbaren Fakten verlief eine solche Zunahme der Konzentration noch nie innerhalb eines derartig kurzen Zeitraums. Die Erhöhung der $CO_2$-Konzentration in der Atmosphäre verstärkt deren natürlichen Treibhauseffekt. Inzwischen gibt es keine wissenschaftlich begründeten Zweifel mehr daran, dass die Zunahme der atmosphärischen $CO_2$-Konzentration anthropogen bedingt ist. Dafür sprechen u. a. zwei wesentliche Gründe. Erstens nimmt parallel zur zunehmenden $CO_2$-Konzentration der Atmosphäre deren $O_2$-Konzentration in vergleichbarem Umfang ab (◘ Abb. 8.12b). Dies ist zwar kein Anlass zur Besorgnis wegen eines zu geringen $O_2$-Gehalts der Atmosphäre, ist aber ein deutliches Anzeichen dafür, dass der Anstieg der $CO_2$-Konzentration mit der Verbrennung organischen Materials zusammenhängt; dafür kommen in diesem Ausmaß nur fossile Energieträger infrage. Zweitens wird parallel zum Anstieg der $CO_2$- und zur Abnahme

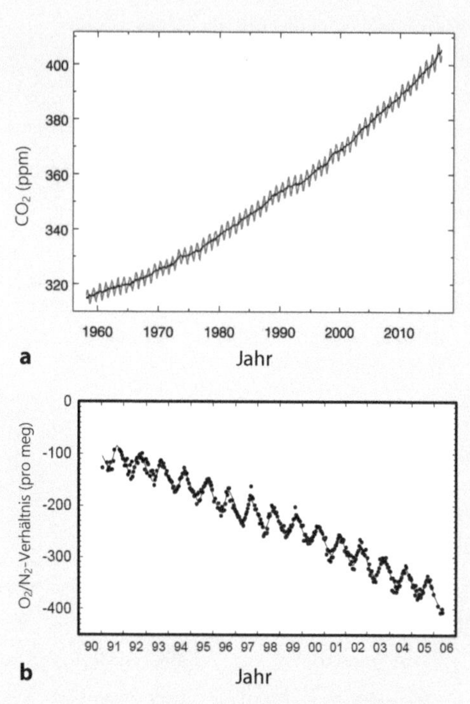


◘ **Abb. 8.12** **a** Aus monatlichen Mittelwerten erstellter Verlauf der atmosphärischen $CO_2$-Konzentration auf der Nordhalbkugel seit der Mitte des 20. Jahrhunderts, gemessen am Mauna-Loa-Observatorium auf etwa 3400 m ü. NN. Die Minima der Amplituden markieren die $CO_2$-Aufnahme durch die Vegetation im Sommerhalbjahr, die Maxima die Zeit der winterlichen Vegetationsruhe; **b** Änderung des Verhältnisses der atmosphärischen Konzentrationen von molekularem Sauerstoff zu molekularem Stickstoff als Maß für die Abnahme der atmosphärischen Sauerstoffkonzentration im Verlauf von 16 Jahren der jüngeren Vergangenheit, gemessen am Mauna-Loa-Observatorium und am Kap Kumukahi auf Hawaii und angegeben in relativen Änderungen in Bezug auf ein Standardverhältnis, multipliziert mit 1.000.000 (meg). Aufgrund der sommerlichen Photosyntheseaktivität auf der Nordhalbkugel verhalten sich die jährlichen Amplituden des $O_2/N_2$-Verhältnisses gegenläufig zu denen der $CO_2$-Konzentration. (Quellen: NOAA Global Monitoring Division, Earth System Research Laboratory, National Oceanic and Atmospheric Administration, USA; Scripps Institution of Oceanography; Institute of Arctic and Alpine Research, University of Colorado)

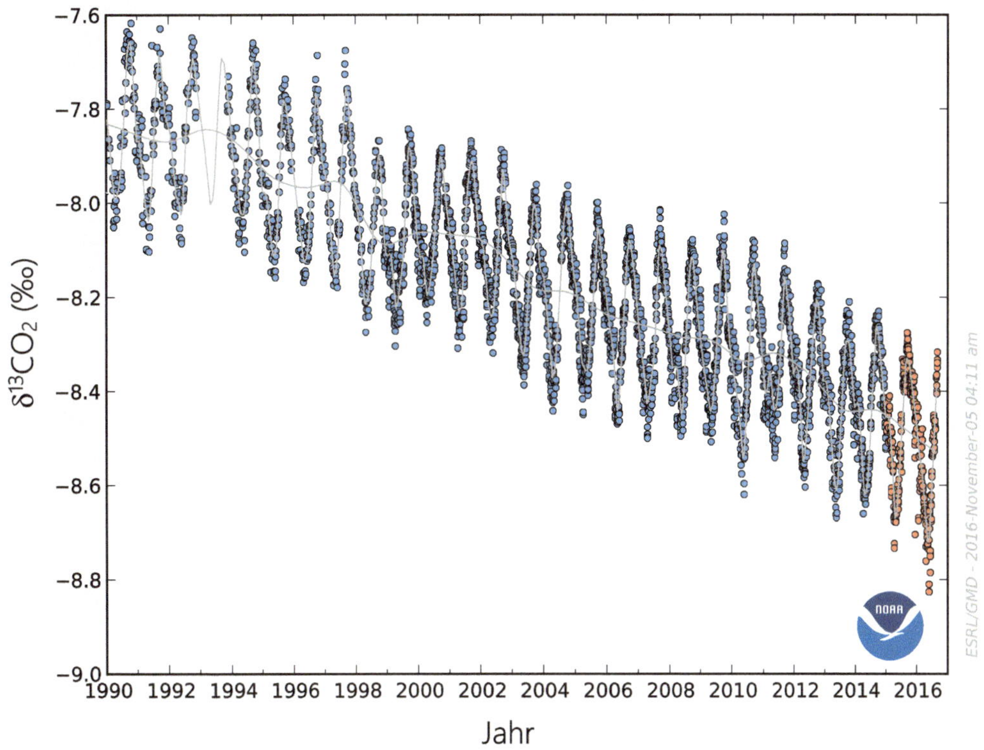


**Abb. 8.13** Änderungen des $\delta^{13}C$-Verhältnisses im $CO_2$ der Atmosphäre im Verlauf von 26 Jahren der jüngeren Vergangenheit, gemessen am Mauna Loa-Observatorium auf Hawaii. Die *orangefarbenen Symbole* stellen vorläufige Ergebnisse dar. (Quellen: NOAA Global Monitoring Division, Earth System Research Laboratory, National Oceanic and Atmospheric Administration, USA; Institute of Arctic and Alpine Research, University of Colorado)

der $O_2$-Konzentration das $\delta^{13}C$-Verhältnis im atmosphärischen $CO_2$ immer negativer (Abb. 8.13). Auch dies ist ein eindeutiger Beleg dafür, dass das sich in der Atmosphäre anreichernde $CO_2$ großteils aus pflanzlichem Material stammt und damit aus fossilen Energieträgern wie Kohle, Erdöl und Erdgas, die aus Pflanzen entstanden sind (▶ Abschn. 2.3 und 2.4). Im Verlauf der Photosynthese diskriminieren ja v. a. die Pflanzen mit $C_3$-Photosyntheseweg das schwerere Kohlenstoff-Isotop $^{13}C$ und weisen in ihrem Gewebe deshalb ein im Verhältnis zum $CO_2$ der Atmosphäre deutlich negativeres $\delta^{13}C$-Verhältnis auf (▶ Abschn. 3.2.3).

Außer durch die Verbrennung fossiler Energieträger wird $CO_2$ auch durch Änderungen der Landnutzung infolge der (Brand-)Rodung von Wäldern und der daraufhin verstärkten Mineralisierung organischer Bodensubstanz freigesetzt. Die umfangreiche Produktion von Zement trägt ebenfalls zur Freisetzung von $CO_2$ bei, während Vulkanismus gegenwärtig nur eine geringe Rolle spielt. Die Aufnahme von $CO_2$ durch die Vegetation und durch Ozeane kann die anthropogene Freisetzung von $CO_2$ nicht ausgleichen (▶ Abschn. 6.2.2.1). Wegen der global feststellbaren Erhöhung der atmosphärischen $CO_2$-Konzentration durch anthropogene Aktivitäten seit Beginn des Industriezeitalters sprechen manche Wissenschaftler auch vom neuen Erdzeitalter des **Anthropozäns**.

Eine Erhöhung der atmosphärischen $CO_2$-Konzentration lässt zunächst eine erhöhte Photosyntheseaktivität und infolgedessen ein verstärktes Wachstum von Pflanzen erwarten, ein Effekt, der z. B. durch Begasung mit $CO_2$ in Gewächshäusern

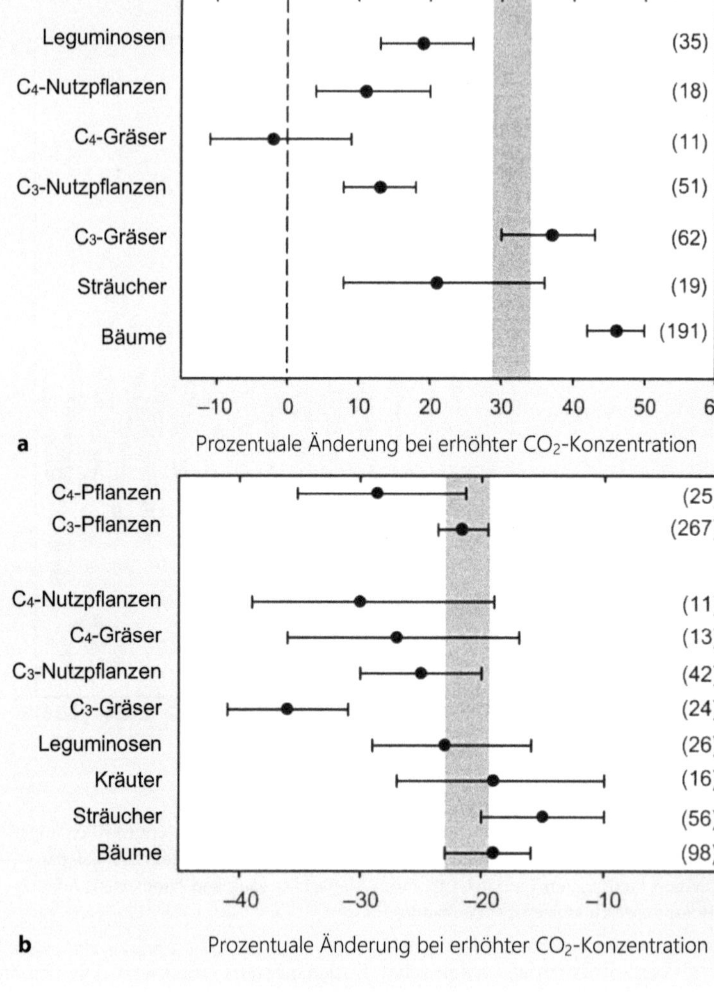


**Abb. 8.14** Auswirkungen erhöhter $CO_2$-Konzentrationen auf die Nettophotosynthese bei Lichtsättigung (**a**) und die stomatäre Leitfähigkeit (**b**) bei verschiedenen funktionellen Gruppen von Pflanzen (▸ Abschn. 6.3.1) unter Freilandbedingungen. Angegeben sind jeweils Mittelwerte mit 95 %-Vertrauensbereich (▸ Abschn. 1.3.4). Der *graue vertikale Balken* bezeichnet den Gesamtmittelwert mit 95 %-Vertrauensbereich aus allen Untersuchungen. Die *Zahlen in Klammern* sind die Freiheitsgrade als Maß für die Anzahl der einzelnen Untersuchungen. Die erhöhte $CO_2$-Konzentration belief sich im Mittel auf 567 ppm, die in Kontrollansätzen herrschende $CO_2$-Konzentration der Umgebungsluft betrug 366 ppm. (Aus Ainsworth und Rogers 2007)

schon seit Längerem bei der Produktion von Nahrungspflanzen genutzt wird. Tatsächlich führte $CO_2$-Begasung auch unter Freilandbedingungen bei allen untersuchten Pflanzengruppen mit Ausnahme der $C_4$-Gräser zu erhöhten Raten der Nettophotosynthese (◘ Abb. 8.14a). Außerdem war – ebenfalls erwartungsgemäß – die stomatäre Leitfähigkeit (▸ Abschn. 3.1.5) bei allen untersuchten Pflanzengruppen verringert (im Mittel um 22 %), wobei diese Reaktion bei $C_3$-Gräsern besonders ausgeprägt, bei Bäumen und Sträuchern aber deutlich geringer war (◘ Abb. 8.14b). Daraus wäre abzuleiten, dass die Transpiration von Bäumen bei erhöhter $CO_2$-Konzentration herabgesetzt ist. Bei $CO_2$-Begasungen gesamter Baumbestände im Freiland stellte man jedoch keineswegs eine durchgehende Verringerung der Bestandstranspiration fest, vielmehr waren art- und regionalspezifische Unterschiede zu verzeichnen.

Insgesamt ergaben Untersuchungen der Wachstumsreaktionen von Bäumen auf erhöhte $CO_2$-Konzentrationen auf Blattebene eine Zunahme von Blattfläche, Blattmasse und Blattflächenindex (▸ Abschn. 6.1.2), auf Stammebene eine Zunahme von Holzmasse, Astanzahl, Astlänge und Verzweigung sowie eine Zunahme der Wurzelmasse. Allerdings zeigten manche Untersuchungen, dass eine Zunahme der Biomasse auf die Jugendstadien der

Bäume beschränkt war. Auf Bestandsebene konstatierte man in vielen Fällen nur eine geringe Zunahme der Biomasse, insbesondere dann, wenn die Wachstumsrate mit der Baumlebensdauer stark abnahm (bei vielen Baumarten stehen die maximale Lebensdauer und die maximale Wachstumsrate in einem entgegengesetzten Verhältnis zueinander). Auf Landschaftsebene war ein wachstumsfördernder Effekt teilweise nur gering oder überhaupt nicht vorhanden. Die Gründe für diese uneinheitlichen Befunde liegen sicher zumindest teilweise darin, dass eine erhöhte $CO_2$-Konzentration allein für eine Wachstumsförderung nicht ausreicht, sondern andere Ressourcen wie Licht, Wasser und Mineralstoffe ebenfalls in entsprechendem Ausmaß zur Verfügung stehen müssen. Außerdem unterscheiden sich die Reaktionen auf eine erhöhte $CO_2$-Konzentration ebenso wie die Reaktionen auf die gesteigerte Verfügbarkeit anderer Ressourcen von Art zu Art teilweise deutlich. Trotz der Feststellung einer – in begrenztem Maß – erhöhten $CO_2$-Festlegung durch die Vegetation auf globaler Ebene (▶ Abschn. 6.2.2.1) kann man nicht davon ausgehen, dass die anthropogene $CO_2$-Freisetzung durch eine entsprechend starke Wachstumsförderung der Vegetation ausgeglichen wird. Zu diesem Ergebnis gelangte man bereits in den 1990er-Jahren auf der Grundlage von Modellrechnungen, die belegten, dass auch mit einer großflächigen Aufforstung auf globaler Ebene der Anstieg der atmosphärischen $CO_2$-Konzentration nur relativ geringfügig verzögert, aber nicht gestoppt werden könnte.

### 8.7.2 Indirekte Auswirkungen gestiegener atmosphärischer $CO_2$-Konzentration: Erwärmung

Die gashaltige Atmosphäre der Erde bewirkt durch einen natürlichen Treibhauseffekt, der v. a. durch den in ihr enthaltenen Wasserdampf, durch $CO_2$, Methan ($CH_4$) und $O_3$ hervorgerufen wird, dass die globale Durchschnittstemperatur an der Erdoberfläche +15 °C beträgt anstatt −18 °C, die im globalen Mittel an der Erdoberfläche ohne diesen Treibhauseffekt herrschen würden. Dieser natürliche Treibhauseffekt ermöglicht erst das Leben auf der Erde von seiner evolutiven Entwicklung bis zu seiner heutigen Form. Durch anthropogene Einflüsse wird dieser Effekt allerdings seit Beginn der Industrialisierung deutlich verstärkt, hauptsächlich durch die Freisetzung von $CO_2$ infolge der Verbrennung fossiler Energieträger und von Änderungen der Landnutzung, aber auch durch die Freisetzung von $CH_4$ insbesondere als Ausscheidungsprodukt aus der Massentierhaltung sowie als Beiprodukt im Bergbau und als Abgas aus Abfalldeponien. Dieses Gas ist in der Atmosphäre zurzeit zwar nur in einer Konzentration von knapp 2 ppm enthalten (im Gegensatz zu einer $CO_2$-Konzentration von etwas mehr als 400 ppm im Jahr 2016), ist aber ungefähr 25-mal so klimawirksam wie $CO_2$. Weitere, am anthropogenen Treibhauseffekt beteiligte Gase sind Distickstoffoxid (Lachgas, $N_2O$), andere Stickstoff- sowie Schwefelverbindungen und fluorhaltige Kohlenwasserstoffe. Innerhalb der vergangenen 100 Jahre ist die globale Durchschnittstemperatur um mehr als 0,7 °C gestiegen. Bis zum Jahr 2100 wird mit einem Anstieg der globalen Mitteltemperatur von 1,8 bis 4,0 °C im Vergleich zur vorindustriellen Zeit gerechnet, wobei auch ein Anstieg um bis zu 6,4 °C möglich erscheint. Auf regionaler Ebene wird sich der Temperaturanstieg in den höheren Breitengraden stärker vollziehen als in den Tropen und ihren Randgebieten. In der Wissenschaft besteht aufgrund zahlreicher Untersuchungen und Beobachtungen kaum noch ein Zweifel daran, dass die anthropogen bedingte Freisetzung von Treibhausgasen den größten Anteil zu diesem Temperaturanstieg beiträgt. Dabei ist nicht nur die Erhöhung des Temperaturmittelwerts von Bedeutung, sondern die Tatsache, dass sich die gesamte statistische Temperaturverteilung, die näherungsweise eine Glockenform aufweist, in Richtung auf höhere Temperaturen verschiebt; damit erhöht sich die Wahrscheinlichkeit, dass extrem hohe Temperaturen häufiger und länger anhaltend auftreten. Diese Temperaturerhöhung vollzieht sich um ein Vielfaches schneller als die Temperaturveränderungen, die man für verschiedene Perioden der erdgeschichtlichen Vergangenheit rekonstruieren konnte. Daher bestehen Befürchtungen, dass die Geschwindigkeit dieses Temperaturanstiegs – neben den nachteiligen Folgen für die menschlichen Gesellschaften – zu hoch ist, um eine entsprechende Anpassung biologischer Arten zu ermöglichen.

Auf der Grundlage phänologischer Beobachtungen (► Abschn. 6.4.1) aus den vergangenen Jahrzehnten stellt man bereits jetzt für etliche europäische Pflanzenarten einen früheren Blattaustrieb, einen früheren Blühzeitpunkt und eine frühere Fruchtreife fest, während sich der Zeitpunkt von Laubverfärbung und Laubfall im Herbst nicht deutlich veränderte; insgesamt führt dies für etliche Pflanzen in Regionen mit Winterkälte zu einer Verlängerung der Vegetationsperiode. Andere Arten, die eher an kühlere Klimabedingungen angepasst sind und einen winterlichen Kältereiz (Vernalisation) zum Austrieb im Frühjahr benötigen, könnten dagegen einen Konkurrenznachteil gegenüber eher wärmeangepassten Arten erleiden. In wärmeren Regionen Europas wird ein Rückzug von Pflanzenarten, die ihren Verbreitungsschwerpunkt in eher kühlen Regionen haben, in Richtung auf höhere Gebirgslagen mit tieferen Temperaturen beobachtet. Da diese Rückzugsbewegungen aufgrund der bestehenden maximalen Höhen der Gebirge an Grenzen stoßen können, wurde bereits ein Aussterben mancher kälteadaptierten Arten befürchtet. Räumlich hochauflösende Temperaturmessungen in den Alpen ergaben jedoch, dass in Gebirgen kleinräumig Standorte mit erheblichen Unterschieden im Mikroklima existieren, die kälteadaptierten Arten Rückzugsmöglichkeiten auch bei regionaler Temperaturerhöhung bieten könnten.

Klimaprognosen sagen für etliche Regionen Europas, darunter auch für Mitteleuropa, einerseits eine zunehmende Häufigkeit von Jahren mit höheren Temperaturen und Niederschlägen im Winter und Frühjahr, andererseits aber ein vermehrtes Auftreten längerer warm-trockener Perioden in den Sommern voraus. Derartige sommerliche Hitzewellen führen – abgesehen von gesundheitlichen Beeinträchtigungen bei Menschen – zu einer deutlichen Abnahme der pflanzlichen Biomasseproduktion. Dies zeigten Messungen von Klimavariablen und von Kohlenstoffflüssen in europäischen Waldökosystemen und darauf beruhende Modellrechnungen für das Jahr 2003. In diesem Sommer wurden v. a. im südlichen Mittel- und in Westeuropa deutlich höhere Temperaturen sowie in ganz Europa – mit Ausnahme der iberischen und der Balkanhalbinsel sowie Süditaliens – stark verringerte Niederschläge

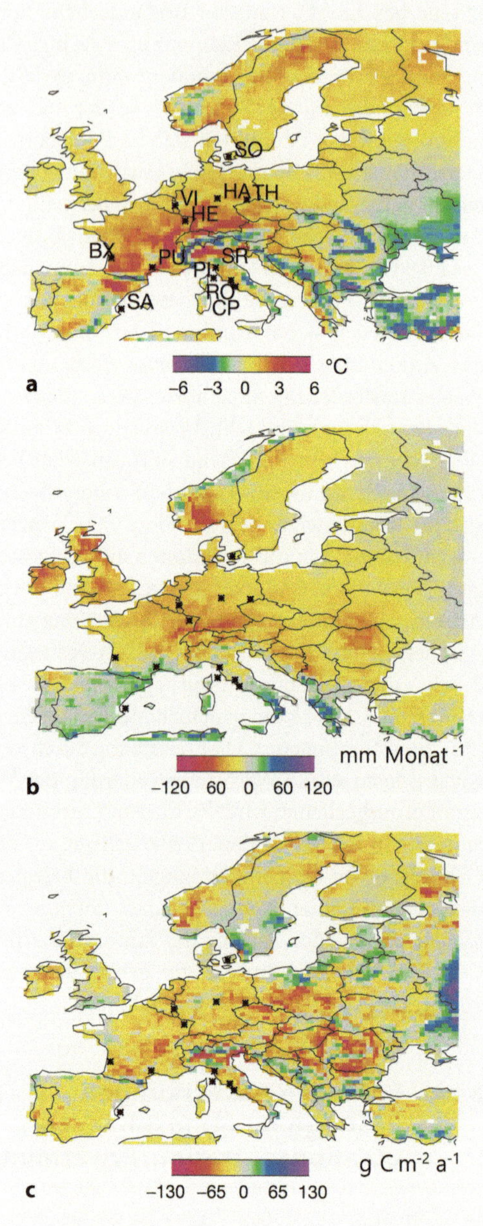


**Abb. 8.15** Veränderungen von Lufttemperatur (**a**) und Niederschlag (**b**) im Zeitraum Juli bis September und der Nettoprimärproduktivität in Gramm Kohlenstoff pro $m^2$ und Jahr (**c**) im heiß-trockenen Jahr 2003 im Vergleich zum Mittelwert der Jahre 1998–2002 in Europa. Die *Buchstabencodes* in (**a**) und die *schwarzen Quadrate* bezeichnen Stationen zur Messung des $CO_2$-Austauschs in Wäldern. (Nach Ciais et al. 2005)

verzeichnet. Dementsprechend nahm 2003 europaweit die Nettoprimärproduktivität der Wälder um durchschnittlich 16 % und diejenige landwirtschaftlicher Nutzflächen um bis zu 36 % ab (◘ Abb. 8.15). Die Verringerung der Kohlenstoffbindung durch die Ökosysteme entsprach insgesamt der gleichen Menge, die sonst während einer Zeitdauer von vier Jahren festgelegt wird.

Aufgrund von Vegetationsmodellen wird auf globaler Ebene bis zum Ende des 21. Jahrhunderts eine Verschiebung der borealen Nadelwälder in Nordamerika und Nordasien nach Norden und eine Ausdehnung der Wälder gemäßigter Zonen im östlichen Nordamerika, in Europa und im westlichen Asien erwartet. In Nordafrika und in Australien wird sich das Grasland in Flächen hinein ausbreiten, die zurzeit von Wüsten oder Halbwüsten eingenommen werden. In manchen Regionen wie z. B. im Südwesten Nordamerikas wird sich die Vegetation der Trockengehölze ausdehnen (▶ Abschn. 7.1.2). In diesen Gegenden wie auch in den von Grasland geprägten Landschaften rechnet man mit einer Zunahme von Trockenstress und Feuer.

## 8.8 Maßnahmen zum Schutz von Arten und Lebensräumen

### 8.8.1 Umweltmonitoring

Um geeignete Maßnahmen zum Schutz von Arten und Lebensräumen ergreifen zu können, müssen Auswirkungen von Faktoren, die sich auf Natur und Umwelt auswirken, zunächst erkannt, dokumentiert, quantifiziert und bewertet werden. Die Beobachtung und Dokumentation von Umweltvariablen in Ökosystemen, die sich bei Einwirkung externer Faktoren verändern können, ist Gegenstand des **Umweltmonitorings**. Ein Bereich des Umweltmonitorings, in dem Arten und Lebensgemeinschaften von Pflanzen oder Tieren beobachtet oder systematisch erfasst werden, ist das **Biomonitoring**. Dabei benutzt man v. a. Bioindikatoren oder **Indikatororganismen**, die gegenüber einem oder mehreren Umweltfaktoren stenopotent sind (▶ Abschn. 3.4.2). Werden diese Organismen an Standorten erfasst, an denen sie normalerweise vorkommen, spricht man von **passivem Biomonitoring**. Dazu gehört beispielsweise im Rahmen des **Flechtenmonitorings** die Erfassung der Arten und Abundanzen von Flechten in Ballungsräumen zur Abschätzung der Belastung der Luft mit Schadstoffen (▶ Abschn. 8.6.1). Bestimmte Flechtenarten oder auch Arten Höherer Pflanzen, deren Empfindlichkeit gegenüber bestimmten Schadstoffen bekannt ist, kann man aber auch in Form eines **aktiven Biomonitorings** gezielt an zu überwachenden Orte ausbringen und nach definierten Zeiten ihre Reaktion auf die dort herrschende Belastung prüfen. Dafür geeignete Pflanzen sind z. B. bestimmte Sorten des Tabaks *(Nicotiana tabacum)*, der Buschbohne *(Phaseolus vulgaris)*, der Kapuzinerkresse *(Tropaeolum majus)* und der Sonnenblume *(Helianthus annuus)*, die alle empfindlich auf erhöhte $O_3$-Konzentrationen der Luft reagieren.

Nach Auftreten der Neuartigen Waldschäden werden seit 1984 in den alten, seit 1991 bundeseinheitlich auch in den neuen Bundesländern jährlich Erhebungen des Waldzustands durchgeführt, bei denen an festgelegten Untersuchungsstandorten der Kronenzustand der wichtigsten Waldbaumarten erfasst wird. Seit 1986 wird der Waldzustand auch europaweit an ungefähr 6500 Dauerbeobachtungsflächen des sog. Level-I-Netzes erfasst, das vom International Co-operative Programme on Assessment and Monitoring of Air Pollution Effects on Forests (ICP Forests) im Rahmen der Convention on Long-range Transboundary Air Pollution (verabschiedet von der Wirtschaftskommission der Vereinten Nationen für Europa; UNECE) koordiniert wird. Ergänzt wird diese Einstufung des Waldzustands durch die bisher zweimal bundesweit durchgeführte Bodenzustandserhebung im Wald (BZE), bei der nach standardisierten Methoden der physikalische und chemische Zustand des Bodens auf diesen Dauerbeobachtungsflächen untersucht wird. Entlang eines gröberen Rasters erfolgen diese Bodenuntersuchungen auch europaweit. Darüber hinaus werden an insgesamt etwa 860 sog. Level-II-Flächen in Europa intensivere Untersuchungen durchgeführt, die Stoffein- und -austräge, Baumwachs-

## Systematische Erfassung des Waldzustands in Deutschland

Seit 1984 wird in den alten, seit 1991 auch in den neuen Bundesländern der Zustand des Walds jährlich flächendeckend erfasst. Dieses anfänglich als **Waldschadenserhebung (WSE)**, später als **Waldzustandserhebung (WZE)** bezeichnete Monitoring wird auf dem Höhepunkt der Vegetationsentwicklung innerhalb von vier Wochen von Mitte Juli bis Mitte August durchgeführt, also nach Ende des Triebwachstums und vor Beginn der herbstlichen Laubfärbung.

Aufnahmeteams aus je zwei Personen, die sich aus speziell geschulten Forstleuten oder aus Forstleuten mit eingehender Erfahrung zusammensetzen, unternehmen unmittelbar im Anschluss an die Einweisung für das aktuelle Jahr einen zweitägigen Probelauf unter Praxisbedingungen.

An einem Teil der Aufnahmepunkte werden die Ergebnisse durch die jeweilige Bereichsleitung in Form einer zweiten, unabhängig durchgeführten Bonitierung an einem Teil der Punkte überprüft.

Bei der sog. **Vollstichprobe**, die seit 1991 in jedem dritten Jahr durchgeführt wird, werden sämtliche festgelegten Untersuchungspunkte in Wäldern auf einem Raster aus Quadraten mit vier Kilometern Seitenlänge entlang von Gauß-Krüger-Koordinaten erfasst. In den anderen Jahren werden Unterstichproben einschließlich der Aufnahmepunkte des europaweiten Rasters aus 16 km × 16 km im Rahmen des Level-I-Monitorings auf Grundlage der EU-/ECE-Vereinbarungen vorgenommen (ECE Economic Commission for Europe). Die Unterstichproben werden auf Landesebene nur für die Hauptbaumarten Fichte, Kiefer, Buche und Eiche ausgewertet.

Die Probenahmepunkte sind in Form von **Kreuztrakten** angelegt. Von dem aufgrund der Gauß-Krüger-Koordinaten festgelegten Zentralpunkt wird entlang der Haupthimmelsrichtungen ein gedachtes Kreuz mit Armlängen von jeweils 25 m konstruiert. Die Armendpunkte bilden dann die Aufstellungsmittelpunkte der sechs nächststehenden Bäume, deren Kronenzustand anschließend beurteilt wird. Falls aus topographischen Gründen kein Kreuztrakt angelegt werden kann, wird ein Quadrat mit 100 m Seitenlänge gebildet, dessen Mitte durch den festgelegten Koordinatenpunkt definiert wird.

Die Kronen der in die Auswahl aufgenommenen Bäume müssen an der oberen Kronenschicht beteiligt sein. Jeder anfangs ausgewählte Baum wird während der folgenden Aufnahmejahre so lange wie möglich beibehalten. Nur diejenigen Bäume, die z. B. durch Nutzung, Windwurf oder Schneebruch ausgefallen sind, werden durch den jeweils nächststehenden, geeigneten Baum ersetzt.

Abgestorbene, aber noch stehende Bäume werden erst nach Abfall des Feinreisigs von weiteren Aufnahmen ausgeschlossen und durch den jeweils nächsten geeigneten Baum ersetzt; dabei wird die Schadstufe des Ersatzbaums derjenigen des Vorgängerbaums vor dessen Absterben gleichgesetzt, um eine Beeinflussung des Ergebnisses in Richtung auf eine positivere Einschätzung zu vermeiden. Fällt ein gesamter Aufnahmepunkt aus, so ruht dieser, bis sich an dieser Stelle Jungwuchs fest etabliert hat.

Bei jeder regulären Erhebung werden zunächst die zuvor vergebenen Baumnummern sowie Art und geschätztes Alter der Bäume registriert. Zusätzlich werden standortkundliche Daten aufgenommen, die in Abständen von zehn Jahren überprüft werden.

Danach schätzt das Aufnahmeteam – i. d. R. mithilfe von Ferngläsern – den Nadel- oder Blattverlust sowie den Anteil vergilbter Nadeln oder Blätter in Stufen von je 5 % ab. Als Referenz für die Einstufungen dienen standardisierte Fotografien von bestimmten Schädigungsgraden der einzelnen Baumarten. Bei der Kiefer werden außerdem noch die Anzahl der am Baum befindlichen Nadeljahrgänge und die Menge an Trockenreisig erfasst. Des Weiteren werden die soziale Stellung (das Ausmaß seiner Dominanz im Bestand) des jeweiligen Baums, seine Kronenlänge, der Kronenschluss, die Einsehbarkeit der Oberkrone, das Ausmaß des Fruchtansatzes, Stammschäden, Kronenbruch durch Sturm oder Schneelast, Insekten- und Pilzbefall sowie besondere Schadereignisse registriert. Die baumweise ermittelten Nadel- und Blattverluste werden dann gemittelt und fünf Ausprägungen von Verluststufen zugeordnet. Parallel dazu wird das Ausmaß der Blatt- oder Nadelvergilbung vier Ausprägungen von Vergilbungsstufen zugewiesen. Aus einer Kombination von Blattverlust und Vergilbungsstufe wird schließlich die Schadstufe ermittelt, die einer Skala von Null (ohne sichtbare Schadmerkmale) über schwach, mittelstark und stark geschädigt bis zum Wert 4 (abgestorben) entnommen wird (■ Tab. 8.7). Für die Hauptbaumarten Fichte, Kiefer, Buche und Eiche werden die Ergebnisse zunächst landes- und schließlich auch bundesweit zusammengeführt. Sie sind für das jeweilige Jahr über die Internetseiten der jeweils zuständigen Ministerien abrufbar.

Die Beurteilung des Waldzustands auf der Grundlage von Blattverlust und Blattvergilbung hat allerdings auch Kritik hervorgerufen. Demnach würden Standortsunterschiede unzureichend berücksichtigt, da man nicht davon ausgehen könne, dass es einen einheitlichen Normalzustand für eine bestimmte Baumart unabhängig vom Wuchsort eines beliebigen Baumindividuums gäbe. Dementsprechend wäre der

Schluss vom Belaubungsgrad auf einen Laubverlust ungerechtfertigt und der geschätzte Laubverlust kein adäquates Maß für den Gesundheitszustand des Baums. Der je nach Wuchsort unterschiedliche Normalzustand des Belaubungsgrads eines Baums ist möglicherweise ein Grund dafür, dass zwischen verschiedenen Ländern auf europäischer, teilweise aber auch auf nationaler Ebene systematische Abweichungen in den Schätzungen des Blattverlustes gefunden wurden. Ein weiterer Kritikpunkt besagt, dass Unterschiede im Belaubungsgrad zwischen den Aufnahmejahren ausschließlich witterungsbedingt sein könnten. Dementsprechend wurde auch bezweifelt, dass Bäume mit einem Laubverlust von etwas mehr als 25 % tatsächlich als deutlich geschädigt einzustufen sind, insbesondere angesichts der oft gefundenen Variabilität des Kronenzustands von Jahr zu Jahr. Der ökologische Wert der langjährigen Beobachtungsreihen wird allerdings auch von manchen Kritikern anerkannt. Die inzwischen teilweise bis über 30 Jahre zurückreichenden Datenreihen bieten zumindest eine Grundlage für die Erkennung von Mustern und Trends im Waldzustand verschiedener Regionen.

**Tab. 8.7** Einteilung der Schadstufen von Bäumen aufgrund von Blattverlusten und Blattvergilbung

| **Kronenverlichtung, Nadel-/Blattverluste** | | **Vergilbung der vorhandenen Nadeln/Blätter** | | | | |
|---|---|---|---|---|---|---|
| Verlust-stufe | Verlust-prozent | 0 | 1 | 2 | 3 | Vergilbungsstufe |
| | | 0–10 | 11–25 | 26–60 | 61–100 | Vergilbungsprozent |
| 0 | 0–10 | 0 | 0 | 1 | 2 | **Kombinationsschadstufe** |
| 1 | 11–25 | 1 | 1 | 2 | 2 | |
| 2 | 26–60 | 2 | 2 | 3 | 3 | |
| 3 | 61–99 | 3 | 3 | 3 | 3 | |
| 4 | 100 | 4 (abgestorben) | | | | |

Bezeichnung der kombinierten Schadstufen aufgrund von Nadel-/Blattverlusten und Vergilbung: *0* ohne sichtbare Schadmerkmale; *1* schwach geschädigt; *2* mittelstark geschädigt; *3* stark geschädigt; *4* abgestorben. Die Stufen 2–4 werden als deutlich geschädigt zusammengefasst. Interpretationsbeispiel: Eine Fichte mit 20 % Nadelverlust erhält die Schadstufe 1, wenn maximal 25 % der verbleibenden Nadeln vergilbt sind; ist der Anteil vergilbter Nadeln größer, wird sie in die Schadstufe 2 eingruppiert

tum, Klimavariablen, Artenzusammensetzung und teilweise auch die Phänologie umfassen.

### 8.8.2 Pflanzenschutz und nachhaltige Landwirtschaft

Wohl seit Beginn dauerhafter Landbewirtschaftung insbesondere in Form von Monokulturen sind Menschen mit der Aktivität von Schädlingen an Nutzpflanzen konfrontiert. Global sind etwa 67.000 Schädlingsarten an Nutzpflanzen bekannt; dazu zählen ungefähr 8000 Unkrautarten (Konkurrenten von Nutzpflanzen), 9000 Insekten- und Milbenarten (Herbivore) sowie 50.000 Pathogene (Krankheitserreger). Diese Schädlinge werden in erheblichem Umfang mit **Pestiziden** bekämpft (die **Herbizide**, die gegen Unkräuter verwendet werden, grenzt man zuweilen begrifflich ab gegen die Pestizide im engeren Sinn, zu denen Mittel zählen, die gegen Tiere und Pathogene eingesetzt werden). Das Ziel der Schädlingsbekämpfung ist sinnvoller- und praktischerweise nicht die Vernichtung des Schädlings (die in der Praxis oft ohnehin nicht erreichbar ist), sondern die Senkung der Populationsgröße des Schädlings unter die **ökonomische Schadensschwelle**. Dabei ist es von großer Bedeutung, die Bekämpfung zu starten, bevor die Schädlingspopulation bereits eine Dichte erreicht hat, bei der sie ökonomische Schäden verursacht. Diese Ermittlung der **Bekämpfungsschwelle** („control action threshold", CAT) beruht auf Vorhersagen, die auf detaillierten Studien von Schädlingsausbrüchen in der Vergangenheit oder auf Korrelationen mit Klimaaufzeichnungen basieren.

Seit etlichen Jahrzehnten beobachtet man aber die Entstehung von Resistenzen bei der Schädlingsbekämpfung. So verzeichnet man eine globale Zunahme sowohl der Anzahl von als Schädlingen auftretenden Arthropoden-Arten (Gliederfüßer, zu denen Insekten, Tausendfüßer, Krebs- und Spinnentiere gehören), die eine Pestizidresistenz entwickelt haben, als auch der Anzahl an Pestiziden, gegen die schädigende Arthropoden-Arten eine Resistenz ausgebildet haben. Dabei entwickelte im Durchschnitt jeder Schädlingsarthropode eine Resistenz gegen mehr als ein Pestizid. Neben der allgemeinen Umweltbelastung mit Chemikalien besteht ein Problem bei der Schädlingsbekämpfung mit Pestiziden darin, dass auch die natürlichen Feinde der Schädlinge dezimiert werden können und daraufhin zusätzliche Schädlinge auftreten. Dafür ist der Anbau von Baumwolle in Mittelamerika ein eindrucksvolles Beispiel: Die Anwendung organischer Pestizide führte zu Beginn der 1950er-Jahre zwar zunächst zu einer Ertragssteigerung. Nach dem Auftreten zusätzlicher Schädlinge wurde aber eine starke Intensivierung der Pestizidanwendung notwendig, die allerdings ein Auftreten weiterer Sekundärschädlinge nicht verhindern konnte. In den 1960er-Jahren brachte man dann im Durchschnitt 28-mal pro Jahr Pestizide aus, hatte es aber dennoch mit acht Schädlingsarten statt mit zwei Arten zu Beginn zu tun. Diese Schädlingsbekämpfung war also weder effizient noch nachhaltig.

Global betrachtet ist das Kosten-Nutzen-Verhältnis der Pestizidanwendung allerdings immer noch positiv, da der Gewinn nach Pestizideinsatz i. d. R. höher ist als die Investition, die für diese Anwendung getätigt werden musste. Zudem ist Schädlingsbekämpfung bei der Anlage von Monokulturen in gewissem Umfang notwendig, da Monokulturen, auf denen ein Großteil der Produktion von Grundnahrungsmitteln für die Menschen beruht, prinzipiell die massenhafte Ausbreitung von Schädlingen begünstigen. Insbesondere in ärmeren Ländern könnte ein Verzicht auf Pestizidanwendung die Nahrungsmittelversorgung gefährden. Die Nachhaltigkeit der Pestizidanwendung hängt von einer ständigen Entwicklung neuer Pestizide ab, die dem Resistenzerwerb von Schädlingen immer einen Schritt voraus sind, möglichst schädlingsspezifisch wirken, weniger lange persistent (chemisch unverändert) und stattdessen biologisch abbaubar sind.

Alternativen zur Pestizidanwendung bietet die **biologische Schädlingsbekämpfung („biological control")**, die auf dem Einsetzen von natürlichen Feinden der Schädlinge beruht. Man unterscheidet drei Hauptformen der biologischen Schädlingsbekämpfung: „classical biological control" („importation biological control"), das ist die Einfuhr eines natürlichen Feindes aus einer anderen geographischen Region (i. d. R. aus dem natürlichen Verbreitungsgebiet des Schädlings); „conservation biological control", die Manipulation der Populationsdichte natürlicher Feinde (z. B. durch Herstellen günstiger Lebensbedingungen) in der Region, in der der Schädling schädigend wirkt; und die „inoculation biological control", das regelmäßig neue Ausbringen des natürlichen Feindes (z. B. in Gewächshäusern). „Importation biological control" wurde beispielsweise höchst erfolgreich in US-amerikanischen Zitrusplantagen angewendet, in denen eine Marienkäfer- und eine parasitische Fliegenart äußerst erfolgreich zur Bekämpfung einer sich massenhaft ausbreitenden Schildlausart eingesetzt wurden. Allerdings existieren auch Fälle mangelnder Wirksamkeit einer biologischen Schädlingsbekämpfung. Außerdem gibt es Fälle, in denen eine zur Schädlingsbekämpfung eingeführte Art den Schädling nur wenig oder gar nicht zurückdrängte, sondern stattdessen negative Auswirkungen auf andere Arten hatte. Ein bekanntes Beispiel dafür ist die in Kontinentalamerika heimische Aga-Kröte (*Rhinella marina*), die zur Bekämpfung von Schadinsekten in Zuckerrohrplantagen in andere Regionen eingeführt wurde, dort aber v. a. einheimische Arten dezimierte.

Eine effektive Form nachhaltiger Landwirtschaft ist die **integrierte Schädlingsbekämpfung („integrated pest management")** im Rahmen **integrierter Anbausysteme („integrated farming systems")**. Diese bestehen in einer Kombination von physikalischer Bekämpfung (beispielsweise durch das Fernhalten von Schädlingen), kulturtechnischer Bekämpfung (z. B. in Form von Fruchtwechsel),

Verwendung resistenter Sorten, biologischer Schädlingsbekämpfung und einer sehr sparsamen Anwendung von chemischer Schädlingsbekämpfung.

### 8.8.3 Maßnahmen zum Schutz von Pflanzen und ihren Lebensräumen

Verschiedene Aktivitäten der Menschen haben insbesondere seit dem ausgehenden 19. Jahrhundert zu einem deutlichen Rückgang der Anzahl und der Verbreitung von Pflanzenarten geführt. Die wesentlichen Ursachen dieses Rückgangs waren und sind v. a. die Zerstörung von Lebensräumen hauptsächlich durch den Bau von Verkehrswegen, Siedlungen, Industrie- und Gewerbegebieten, aber auch die landwirtschaftliche Nutzung (einerseits durch Aufgabe früherer Nutzungsformen wie z. B. der Wanderschäferei, andererseits die Intensivierung in Form von Düngung und Pestizideinsatz sowie der Anlage großflächiger Monokulturen), die Forstwirtschaft (durch Begründung standortfremder Monokulturen in der Vergangenheit) und hoch gehaltene Dichten des Wilds. Das Vorkommen und die Ausdehnung von Feuchtlebensräumen wie Sümpfen, Mooren und Auwäldern wurden durch Trockenlegung (zur Gewinnung von landwirtschaftlichen Nutzflächen oder Torfabbau) und durch Eindeichungen und Flussbegradigungen zurückgedrängt. Eutrophierung (▶ Abschn. 8.5) und anthropogene Einträge von Schadstoffen wie $SO_2$ trugen ebenfalls zum Rückgang der pflanzlichen Artenvielfalt bei.

Heutzutage arbeitet man vielerorts an einer **Renaturierung** anthropogen veränderter Lebensräume, um diese wieder näher an ihren natürlichen Zustand heranzuführen. Dies geschieht z. B. durch die Schaffung von naturnäheren Flussbetten und -ufern, was eine Wiederansiedlung dort typischerweise vorkommender Tier- und Pflanzenarten ermöglicht (und auch die Gefahr der Überschwemmungen von Kultur- und Siedlungsflächen verringern kann). Die Rückführung von Lebensräumen in ihren ursprünglichen, eindeutig historischen Zustand, wie beispielsweise die Wiederherstellung ursprünglicher Moore durch Fällen von Fichtenmonokulturen, die dort nach Drainage angelegt wurden, und durch Aufstauen von Wasser, bezeichnet man als **Restauration** oder **Restaurierung**.

Der anthropogene Rückgang biologischer Arten ist ein globales Problem. Als eine Reaktion darauf wurden erstmalig im Jahr 1966 von der Weltnaturschutzunion (International Union for Conservation of Nature and Natural Resources, IUCN) **Rote Listen** herausgegeben, die Auflistungen gefährdeter Pflanzen- und Tierarten enthalten. Aufbauend auf Vorläuferarbeiten aus den 1950er- und 1960er-Jahren wurden in den 1970er-Jahren auch in der Bundesrepublik Deutschland Rote Listen gefährdeter Farn- und Blütenpflanzen veröffentlicht. Der in Deutschland vertretene Ansatz zur Einschätzung des Gefährdungsgrads beruht im Wesentlichen auf der Größe der Bestände sowie ihrem Rückgang und ihrer konkreten Gefährdung. Dabei wird auch die Anzahl der Lebensräume und Landschaften berücksichtigt, die eine Art ursprünglich besiedelte. Nach ihrem Gefährdungsgrad und ihrer Seltenheit werden Pflanzenarten (ebenso wie Tierarten) in die folgenden Kategorien eingeordnet: ausgestorben oder verschollen (Symbol: 0), vom Aussterben bedroht (1), stark gefährdet (2), gefährdet (3), Gefährdung unbekannten Ausmaßes (G) und extrem selten (R). Für Deutschland werden Rote Listen gefährdeter Arten vom Bundesamt für Naturschutz (BfN) publiziert, auf Landesebene von den jeweils zuständigen Behörden. Von den knapp 14.000 Arten an Gefäßpflanzen, Moosen, Flechten, Algen und Pilzen, die zurzeit noch in Deutschland vorkommen, ist etwa ein Viertel mehr oder weniger stark gefährdet oder vom Aussterben bedroht. Nur ungefähr die Hälfte dieser Arten kann derzeit als ungefährdet eingestuft werden (◘ Abb. 8.16).

Nach der Einführung der Roten Listen war auf globaler Ebene die **Konferenz der Vereinten Nationen für Umwelt und Entwicklung (UNCED)** in Rio de Janeiro im Jahr 1992 (Rio-Konferenz) ein wichtiger Meilenstein auf dem Weg zur Erhaltung von Arten und Lebensräumen. Auf dieser Konferenz wurde ein Übereinkommen über die biologische Vielfalt getroffen (Biodiversitätskonvention; Convention on Biological Diversity, CBD), die auch die Bedürfnisse der Menschen nach Nahrung, Trinkwasser, Behausung und sauberer Umwelt berücksichtigt. Als Schlussdokument der Konferenz, das von 179 Nationen unterzeichnet wurde, verabschie-

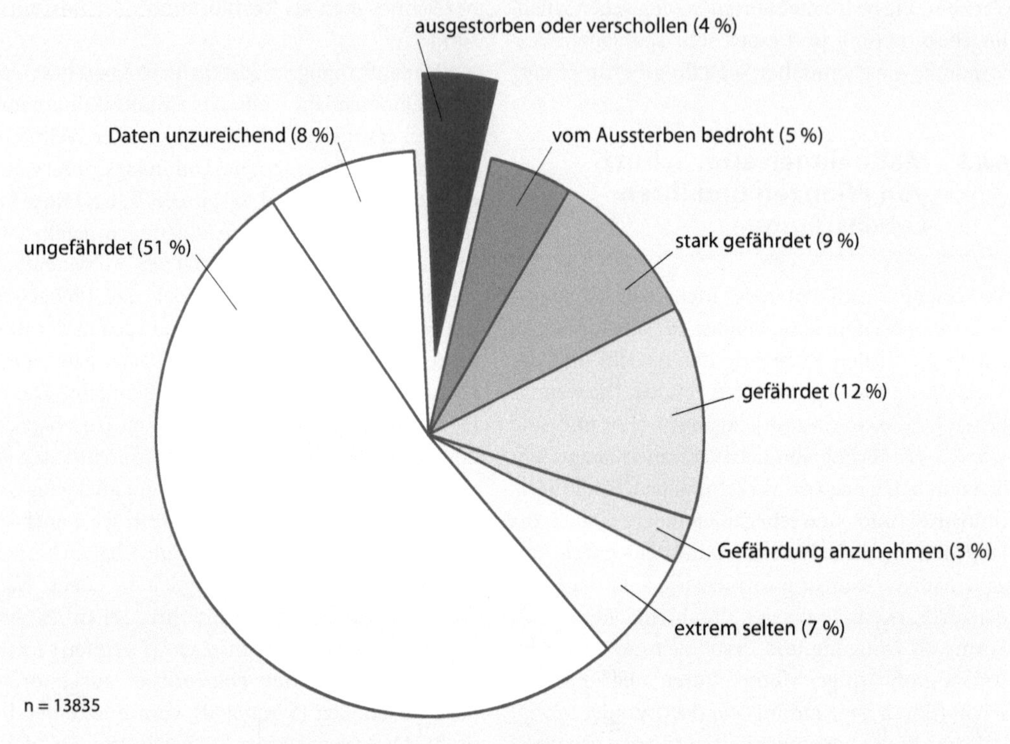


**Abb. 8.16** Anteile von Arten unterschiedlicher Gefährdungskategorien an der Gesamtzahl von 13.835 Arten an Gefäßpflanzen, Moosen, Flechten, Algen und Pilzen in Deutschland. (Stand 2015; nach Bundesamt für Naturschutz)

dete man mit der **Agenda 21** ein „Globales Aktionsprogramm für eine nachhaltige Entwicklung", das – auch in Form konkreter Handlungen auf lokaler Ebene – die Erhaltung von Lebensräumen und Artenvielfalt ermöglichen soll.

Auf europäischer Ebene wurde 1992 von den damaligen Mitgliedsstaaten der Europäischen Union eine „Richtlinie zur Erhaltung der natürlichen Lebensräume sowie der wildlebenden Tiere und Pflanzen" beschlossen, die auch **Fauna-Flora-Habitat-Richtlinie (FFH-Richtlinie)** genannt wird. Sie soll wildlebende Arten dadurch schützen, dass ihre Lebensräume europaweit vernetzt werden. Dieses zusammenhängende Netz wird offiziell als **Natura 2000** bezeichnet. Es umfasst 18 % der Landfläche und fast 6 % der Meeresfläche der EU. Dieses Programm wurde – ebenso wie die anderen verbindlichen länderübergreifend getroffenen Regelungen – in das **Bundesnaturschutzgesetz** übernommen, das den Umgang mit besonders geschützten Arten und Lebensräumen festlegt. Wesentliche Bestandteile des Bundesnaturschutzgesetzes sind auch die Definition von **Naturschutzgebieten (NSG)** und Regelungen zum Umgang mit ihnen. In Naturschutzgebieten stehen Natur und Landschaft wegen ihrer Seltenheit, besonderen Eigenart oder Schönheit oder aus wissenschaftlichen, naturgeschichtlichen oder landeskundlichen Gründen unter besonderem Schutz.

## Weiterführende Literatur

Aber J, McDowell W, Nadelhoffer K, Magill A, Berntson G, Kamakea M, McNulty S, Currie W, Rustad L, Fernandez I (1989) Nitrogen saturation in temperate forest ecosystems. Bioscience 48:921–934

Ågren GI, Bosatta E (1988) Nitrogen saturation of terrestrial ecosystems. Environ Pollut 54:185–197

Ainsworth EA, Rogers A (2007) The response of photosynthesis and stomatal conductance to rising [CO2]: mechanisms and environmental interactions. Plant Cell Environ 30:258–270

Beerling D (2007) The emerald planet. Oxford University Press, Oxford

Ceballos G, Ehrlich PR, Barnosky AD, García A, Pringle RM, Palmer TM (2015) Accelerated modern human-induced species losses: Entering the sixth mass extinction. Sci Adv 1:e1400253

Ciais P, Reichstein M, Viovy N, Granier A, Ogée J, Allard V, Aubinet M, Buchmann N, Bernhofer C, Carrara A, Chevallier F, De Noblet N, Friend AD, Friedlingstein P, Grünwald T, Heinesch B, Keronen P, Knohl A, Krinner G, Loustau D, Manca G, Matteucci G, Miglietta F, Ourcival JM, Papale D, Pilegaard K, Rambal S, Seufert G, Soussana JF, Sanz MJ, Schulze ED, Vesala T, Valentini R (2005) Europe-wide reduction in primary productivity caused by the heat and drought in 2003. Nature 437:529–533

Costanza R, d'Arge R, de Groot R, Farber S, Grasso M, Hannon B, Limburg K, Naeem S, O'Neill RV, Paruelo J, Raskin RG, Sutton P, van den Belt M (1997) The value of the world's ecosystem services and natural capital. Nature 387:253–260

Ellenberg H (1995) Allgemeines Waldsterben – ein Konstrukt? Naturwiss Rundsch 48:93–96

Ellenberg H (1996) Vegetation Mitteleuropas mit den Alpen, 5. Aufl. Ulmer, Stuttgart

Ellenberg H, Leuschner C (2010) Vegetation Mitteleuropas mit den Alpen, 6. Aufl. Ulmer, Stuttgart

Elling W, Heber U, Polle A, Beese F (2007) Schädigung von Waldökosystemen. Elsevier, München

Erisman JW, Galloway J, Seitzinger S, Bleeker A, Butterbach-Bahl K (2011) Reactive nitrogen in the environment and its effect on climate change. Curr Opin Environ Sustain 3:281–290

Ewald J (2003) The calcareous riddle: why are there so many calciphilous species in the Central European flora? Folia Geobot 38:357–366

Fuhrer J, Achermann B (Hrsg) (1994) Critical levels for ozone. A UN-ECE Workshop Report. Schriftenreihe FAC Liebefeld, Nr. 16

IUCN, UNEP, WWF (1991) Caring for the earth – a strategy for sustainable living. Routledge, Oxford

Lethmate J (2005) Stickstoff-Regen – ein globales Eutrophierungsexperiment. Biol Unserer Zeit 35:108–117

Lubchenco J, Olson AM, Brubaker LB, Carpenter SR, Holland MM, Hubbell SP, Levin SA, MacMahon JA, Matson PA, Melillo JM, Mooney HA, Peterson CH, Pulliam HR, Real LA, Regal PJ, Risser PG (1991) The sustainable biosphere initiative: an ecological research agenda. Ecology 72:371–412

McAdam SA, Brodribb TJ (2012) Stomatal innovation and the rise of seed plants. Ecol Lett 15:1–8

Meadows DH, Meadows DL, Randers J, Behrens WW III (1972) Limits to growth. Potomac Associates, Washington DC

Menzel A, Sparks TH, Estrella N, Koch E, Aasa A, Ahas R, Alm-Kübler K, Bissolli P, Braslavská O, Briede A, Chmielewski FM, Crepinsek Z, Curnel Y, Dahl A, Defila C, Donnelly A, Filella Y, Jatczak K, Måge F, Mestre A, Nordli Ø, Peñuelas J, Pirinen P, Remišová V, Scheifinger H, Striz M, Susnik A, Van Vliet AJH, Wielgolaski F-E, Zach S, Zust A (2006) European phenological response to climate change matches the warming pattern. Glob Change Biol 12:1969–1976

Millennium Ecosystem Assessment (2005) Ecosystems and human well-being: synthesis. Island Press, Washington DC

Müller-Edzards C, De Vries W, Erisman JW (Hrsg) (1997) Ten years of monitoring forest condition in europe. UN/ECE-EC technical background report. EC-UN/ECE, Brüssel, Genf

Nagel H-D, Becker R, Eitner H, Hübener P, Kunze F, Schlutow A, Schütze G, Weigelt-Kirchner R (2004) Critical Loads für Säure und eutrophierenden Stickstoff. Umweltbundesamt, Berlin (https://www.umweltbundesamt.de/sites/default/files/medien/publikation/long/2991.pdf) (letzter Zugriff: 04.03.2018)

Nentwig W, Bacher S, Beierkuhnlein C, Brandl R, Grabherr G (2004) Ökologie. Spektrum, Heidelberg Berlin

Reynolds JF, Stafford Smith DM, Lambin EF, Turner BL II, Mortimore M, Batterbury SPJ, Downing TE, Dowlatabadi H, Fernández RJ, Herrick JE, Huber-Sannwald E, Jiang H, Leemans R, Lynam T, Maestre FT, Ayarza M, Walker B (2007) Global desertification: building a science for dryland development. Science 316:847–851

Schaefer M (2012) Wörterbuch der Ökologie, 5. Aufl. Springer Spektrum, Berlin Heidelberg

Scherrer D, Körner C (2011) Topographically controlled thermal-habitat differentiation buffers alpine plant diversity against climate warming. J Biogeogr 38:406–416

Sitte P et al (2002) Strasburger – Lehrbuch der Botanik. Spektrum, Heidelberg

Spiecker H, Mielikäinen K, Köhl M, Skovsgaard JP (Hrsg) (1996) Growth trends in European forests. Springer, Berlin

Steffen W, Crutzen PJ, McNeill JR (2007) The anthropocene: are humans now overwhelming the great forces of nature? Ambio 36:614–621

Thomas FM, Blank R, Hartmann G (2002) Abiotic and biotic factors and their interactions as causes of oak decline in Central Europe. For Path 32:277–307

Ulrich B, Mayer R, Khanna PK (1979) Deposition von Luftverunreinigungen und ihre Auswirkungen in Waldökosystemen im Solling. Schr Forstl Fak Univ Gött 58. Sauerländer, Frankfurt

UN ECE (1993) Manual on methodologies and criteria for mapping critical levels/loads and geographical areas where they are exceeded. Texte 25/93. Umweltbundesamt, Berlin

VDI (Verein Deutscher Ingenieure) (1978) Maximale Immissions-Werte zum Schutze der Vegetation: Maximale Immissions-Werte für Schwefeldioxid. VDI 2310, Blatt 2. VDI-Verlag, Düsseldorf

Wackernagel M, Schulz NB, Deumling D, Callejas Linares A, Jenkins M, Kapos V, Monfreda C, Loh J, Myers N, Norgaard R, Randers J (2002) Tracking the ecological overshoot of the human economy. Proc Natl Acad Sci 99:9266–9271

Xia J, Wan S (2008) Global response patterns of terrestrial plant species to nitrogen addition. New Phytol 179:428–439

Zerbe S, Wiegleb G (Hrsg) (2009) Renaturierung von Ökosystemen in Mitteleuropa. Springer Spektrum, Berlin Heidelberg

Zohner CM, Renner SS (2014) Common garden comparison of the leaf-out phenology of woody species from different native climates, combined with herbarium records, forecasts long-term change. Ecol Lett 17:1016–1025

# Serviceteil

F. Thomas, *Grundzüge der Pflanzenökologie*, https://doi.org/10.1007/978-3-662-54139-5

# Stichwortverzeichnis

## A



## B



## C



## D

## E



## F



## G



## H



## I



## J



## K

# L



# M



# N



# O



# P

# U



# V



# W



# X



# Z